2024年版

共通テスト
過去問研究

物理
物理基礎

✔ 共通テストってどんな試験？

大学入学共通テスト（以下，共通テスト）は，大学への入学志願者を対象に，高校における基礎的な学習の達成度を判定し，大学教育を受けるために必要な能力について把握することを目的とする試験です。一般選抜で国公立大学を目指す場合は原則的に，一次試験として共通テストを受験し，二次試験として各大学の個別試験を受験することになります。また，私立大学も9割近くが共通テストを利用します。そのことから，共通テストは50万人近くが受験する，大学入試最大の試験になっています。以前は大学入試センター試験がこの役割を果たしており，共通テストはそれを受け継いだものです。

✔ どんな特徴があるの？

共通テストの問題作成方針には「思考力，判断力，表現力等を発揮して解くことが求められる問題を重視する」とあり，「思考力」を問うような出題が多く見られます。たとえば，日常的な題材を扱う問題や複数の資料を読み取る問題が，以前のセンター試験に比べて多く出題されています。特に，授業において生徒が学習する場面など，学習の過程を意識した問題の場面設定が重視されています。ただし，高校で履修する内容が変わったわけではありませんので，出題科目や出題範囲はセンター試験と同じです。

✔ どうやって対策すればいいの？

共通テストで問われるのは，高校で学ぶべき内容をきちんと理解しているかどうかですから，普段の授業を大切にし，教科書に載っている基本事項をしっかりと身につけておくことが重要です。そのうえで出題形式に慣れるために，過去問を有効に活用しましょう。共通テストは問題文の分量が多いので，過去問に目を通して，必要とされるスピード感や難易度を事前に知っておけば安心です。過去問を解いて間違えた問題をチェックし，苦手分野の克服に役立てましょう。

また，共通テストでは思考力が重視されますが，思考力を問うような問題はセンター試験でも出題されてきました。共通テストの問題作成方針にも「大学入試センター試験及び共通テストにおける問題評価・改善の蓄積を生かしつつ」と明記されています。本書では，共通テストの内容を詳しく分析し，過去問を最大限に活用できるよう編集しています。

はじめに

本書が十分に活用され，志望校合格の一助になることを願ってやみません。

Contents

●過去問掲載内容

<共通テスト>

本試験　物理　　　3年分（2021～2023年度）
　　　　物理基礎　3年分（2021～2023年度）
追試験　物理　　　1年分（2022年度）
　　　　物理基礎　1年分（2022年度）
第2回　試行調査　物理
　　　　試行調査　物理基礎
第1回　試行調査　物理

<センター試験>

本試験　物理　　　4年分（2017～2020年度）

＊ 2021年度の共通テストは，新型コロナウイルス感染症の影響に伴う学業の遅れに対応する選択肢を確保するため，本試験が以下の2日程で実施されました。
第1日程：2021年1月16日(土)および17日(日)
第2日程：2021年1月30日(土)および31日(日)

＊ 第2回試行調査は2018年度に，第1回試行調査は2017年度に実施されたものです。

＊ 物理基礎の試行調査は，2018年度のみ実施されました。

物理
物理基礎

共通テストについてのお問い合わせは…

独立行政法人 大学入試センター
志願者問い合わせ専用（志願者本人がお問い合わせください）03-3465-8600
9：30～17：00（土・日曜，祝日，5月2日，12月29日～1月3日を除く）
https://www.dnc.ac.jp/

共通テストの
基礎知識

本書編集段階において，2024 年度共通テストの詳細については正式に発表されていませんので，ここで紹介する内容は，2023 年 3 月時点で文部科学省や大学入試センターから公表されている情報，および 2023 年度共通テストの「受験案内」に基づいて作成しています。変更等も考えられますので，各人で入手した 2024 年度共通テストの「受験案内」や，大学入試センターのウェブサイト（https://www.dnc.ac.jp/）で必ず確認してください。

共通テストのスケジュールは？

A　2024 年度共通テストの本試験は，1 月 13 日(土)・14 日(日)に実施される予定です。

「受験案内」の配布開始時期や出願期間は未定ですが，共通テストのスケジュールは，例年，次のようになっています。1 月なかばの試験実施日に対して出願が 10 月上旬とかなり早いので，十分注意しましょう。

- 9 月初旬　「受験案内」配布開始
  - 志願票や検定料等の払込書等が添付されています。
- 10 月上旬　出願（現役生は在籍する高校経由で行います。）
- 1 月なかば　共通テスト
  - 2024 年度本試験は 1 月 13 日(土)・14 日(日)に実施される予定です。
- 自己採点
- 1 月下旬　国公立大学の個別試験出願
  - 私立大学の出願時期は大学によってまちまちです。各人で必ず確認してください。

共通テストの出願書類はどうやって入手するの？

A 「受験案内」という試験の案内冊子を入手しましょう。

「受験案内」には，志願票，検定料等の払込書，個人直接出願用封筒等が添付されており，出願の方法等も記載されています。主な入手経路は次のとおりです。

現役生	高校で一括入手するケースがほとんどです。出願も学校経由で行います。
過年度生	共通テストを利用する全国の各大学の窓口で入手できます。 予備校に通っている場合は，そこで入手できる場合もあります。

個別試験への出願はいつすればいいの？

A 国公立大学一般選抜は「共通テスト後」の出願です。

国公立大学一般選抜の個別試験（二次試験）の出願は共通テストのあとになります。受験生は，共通テストの受験中に自分の解答を問題冊子に書きとめておいて持ち帰ることができますので，翌日，新聞や大学入試センターのウェブサイトで発表される正解と照らし合わせて**自己採点**し，その結果に基づいて，予備校などの合格判定資料を参考にしながら，出願大学を決定することができます。

私立大学の共通テスト利用入試の場合は，出願時期が大学によってまちまちです。大学や試験の日程によっては**出願の締め切りが共通テストより前**ということもあります。志望大学の入試日程は早めに調べておくようにしましょう。

受験する科目の決め方は？

A 志望大学の入試に必要な教科・科目を受験します。

次ページに掲載の 6 教科 30 科目のうちから，受験生は最大 6 教科 9 科目を受験することができます。どの科目が課されるかは大学・学部・日程によって異なりますので，受験生は志望大学の入試に必要な科目を選択して受験することになります。

共通テストの受験科目が足りないと，大学の個別試験に出願できなくなります。第一志望に限らず，**出願する可能性のある大学の入試に必要な教科・科目は早めに調べておきましょう。**

● 科目選択の注意点

地理歴史と公民で 2 科目受験するときに，選択できない組合せ

✕ 「世界史A」と「世界史B」

✕ 「日本史A」と「日本史B」

✕ 「地理A」と「地理B」

✕ 「倫 理」と「倫理，政治・経済」

✕ 「政治・経済」と「倫理，政治・経済」

● 2024年度の共通テストの出題教科・科目（下線はセンター試験との相違点を示す）

<table>
<tr><th colspan="2">教　科</th><th>出題科目</th><th>備考（選択方法・出題方法）</th><th>試験時間
（配点）</th></tr>
<tr><td colspan="2">国　語</td><td>『国語』</td><td>「国語総合」の内容を出題範囲とし，近代以降の文章（2問100点），古典（古文（1問50点），漢文（1問50点））を出題する。</td><td>80分
（200点）</td></tr>
<tr><td colspan="2">地理歴史</td><td>「世界史A」
「世界史B」
「日本史A」
「日本史B」
「地理A」
「地理B」</td><td rowspan="2">10科目から最大2科目を選択解答（同一名称を含む科目の組合せで2科目選択はできない。受験科目数は出願時に申請）。
『倫理，政治・経済』は，「倫理」と「政治・経済」を総合した出題範囲とする。</td><td rowspan="2">1科目選択
60分
（100点）

2科目選択*1
解答時間120分
（200点）</td></tr>
<tr><td colspan="2">公　民</td><td>「現代社会」
「倫理」
「政治・経済」
『倫理，政治・経済』</td></tr>
<tr><td rowspan="2">数学</td><td>①</td><td>「数学Ⅰ」
『数学Ⅰ・数学A』</td><td>2科目から1科目を選択解答。
『数学Ⅰ・数学A』は，「数学Ⅰ」と「数学A」を総合した出題範囲とする。「数学A」は3項目（場合の数と確率，整数の性質，図形の性質）の内容のうち，2項目以上を学習した者に対応した出題とし，問題を選択解答させる。</td><td>70分
（100点）</td></tr>
<tr><td>②</td><td>「数学Ⅱ」
『数学Ⅱ・数学B』
『簿記・会計』
『情報関係基礎』</td><td>4科目から1科目を選択解答。
『数学Ⅱ・数学B』は，「数学Ⅱ」と「数学B」を総合した出題範囲とする。「数学B」は3項目（数列，ベクトル，確率分布と統計的な推測）の内容のうち，2項目以上を学習した者に対応した出題とし，問題を選択解答させる。</td><td>60分
（100点）</td></tr>
<tr><td rowspan="2">理科</td><td>①</td><td>「物理基礎」
「化学基礎」
「生物基礎」
「地学基礎」</td><td rowspan="2">8科目から下記のいずれかの選択方法により科目を選択解答（受験科目の選択方法は出願時に申請）。
A　理科①から2科目
B　理科②から1科目
C　理科①から2科目および理科②から1科目
D　理科②から2科目</td><td rowspan="2">【理科①】
2科目選択*2
60分（100点）

【理科②】
1科目選択
60分（100点）

2科目選択*1
解答時間120分
（200点）</td></tr>
<tr><td>②</td><td>「物理」
「化学」
「生物」
「地学」</td></tr>
<tr><td colspan="2">外国語</td><td>『英語』
『ドイツ語』
『フランス語』
『中国語』
『韓国語』</td><td>5科目から1科目を選択解答。
『英語』は，「コミュニケーション英語Ⅰ」に加えて「コミュニケーション英語Ⅱ」および「英語表現Ⅰ」を出題範囲とし，「リーディング」と「リスニング」を出題する。「リスニング」には，聞き取る英語の音声を2回流す問題と，1回流す問題がある。</td><td>『英語』*3
【リーディング】
80分（100点）

【リスニング】
解答時間30分*4
（100点）

『英語』以外
【筆記】
80分（200点）</td></tr>
</table>

＊1 「地理歴史および公民」と「理科②」で2科目を選択する場合は，解答順に「第1解答科目」および「第2解答科目」に区分し各60分間で解答を行うが，第1解答科目と第2解答科目の間に答案回収等を行うために必要な時間を加えた時間を試験時間（130分）とする。
＊2 「理科①」については，1科目のみの受験は認めない。
＊3 外国語において『英語』を選択する受験者は，原則として，リーディングとリスニングの双方を解答する。
＊4 リスニングは，音声問題を用い30分間で解答を行うが，解答開始前に受験者に配付したICプレーヤーの作動確認・音量調節を受験者本人が行うために必要な時間を加えた時間を試験時間（60分）とする。

理科や社会の科目選択によって有利不利はあるの？

A 科目間の平均点差が20点以上の場合，得点調整が行われることがあります。

共通テストの本試験では次の科目間で，原則として，「20点以上の平均点差が生じ，これが試験問題の難易差に基づくものと認められる場合」，得点調整が行われます。ただし，受験者数が1万人未満の科目は得点調整の対象となりません。

● 得点調整の対象科目

地理歴史	「世界史B」「日本史B」「地理B」の間
公　民	「現代社会」「倫理」「政治・経済」の間
理 科 ②	「物理」「化学」「生物」「地学」の間

得点調整は，平均点の最も高い科目と最も低い科目の平均点差が15点（通常起こり得る平均点の変動範囲）となるように行われます。2023年度は理科②で，2021年度第1日程では公民と理科②で得点調整が行われました。

2025年度の試験から，新学習指導要領に基づいた新課程入試に変わるそうですが，過年度生のための移行措置はありますか？

A あります。2025年1月の試験では，旧教育課程を履修した人に対して，出題する教科・科目の内容に応じて，配慮を行い，必要な措置を取ることが発表されています。

「受験案内」の配布時期や入手方法，出願期間などの情報は，大学入試センターのウェブサイトで公表される予定です。各人で最新情報を確認するようにしてください。

WEBもチェック！〔教学社 特設サイト〕

共通テストのことがわかる！

http://akahon.net/k-test/

試験データ

※ 2020 年度まではセンター試験の数値です。

最近の共通テストやセンター試験について，志願者数や平均点の推移，科目別の受験状況などを掲載しています。

● 志願者数・受験者数等の推移

	2023 年度	2022 年度	2021 年度	2020 年度
志願者数	512,581 人	530,367 人	535,245 人	557,699 人
内，高等学校等卒業見込者	436,873 人	449,369 人	449,795 人	452,235 人
現役志願率	45.1%	45.1%	44.3%	43.3%
受験者数	474,051 人	488,384 人	484,114 人	527,072 人
本試験のみ	470,580 人	486,848 人	482,624 人	526,833 人
追試験のみ	2,737 人	915 人	1,021 人	171 人
再試験のみ	—	—	10 人	—
本試験＋追試験	707 人	438 人	407 人	59 人
本試験＋再試験	26 人	182 人	51 人	9 人
追試験＋再試験	1 人	—	—	—
本試験＋追試験＋再試験	—	1 人	—	—
受験率	92.48%	92.08%	90.45%	94.51%

※ 2021 年度の受験者数は特例追試験（1 人）を含む。
※ やむを得ない事情で受験できなかった人を対象に追試験が実施される。また，災害，試験上の事故などにより本試験が実施・完了できなかった場合に再試験が実施される。

● 志願者数の推移

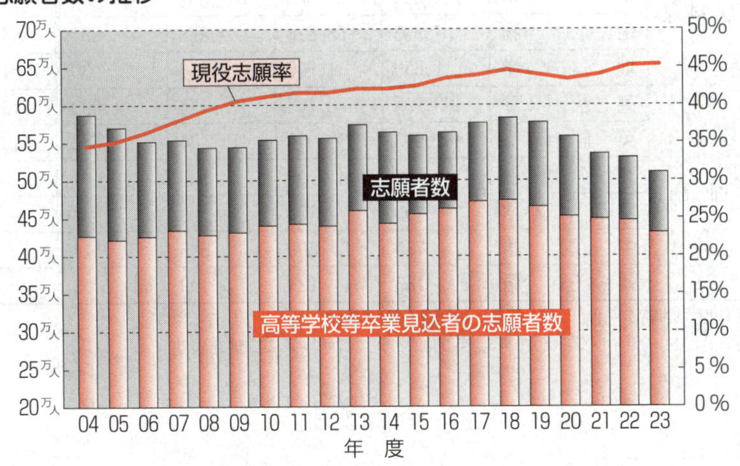

● 科目ごとの受験者数の推移（2020〜2023 年度本試験）

（人）

教科		科目	2023 年度	2022 年度	2021 年度①	2021 年度②	2020 年度
国語		国語	445,358	460,967	457,305	1,587	498,200
地理歴史		世界史A	1,271	1,408	1,544	14	1,765
		世界史B	78,185	82,986	85,690	305	91,609
		日本史A	2,411	2,173	2,363	16	2,429
		日本史B	137,017	147,300	143,363	410	160,425
		地理A	2,062	2,187	1,952	16	2,240
		地理B	139,012	141,375	138,615	395	143,036
公民		現代社会	64,676	63,604	68,983	215	73,276
		倫理	19,878	21,843	19,955	88	21,202
		政治・経済	44,707	45,722	45,324	118	50,398
		倫理, 政治・経済	45,578	43,831	42,948	221	48,341
数学	数学①	数学Ⅰ	5,153	5,258	5,750	44	5,584
		数学Ⅰ・A	346,628	357,357	356,493	1,354	382,151
	数学②	数学Ⅱ	4,845	4,960	5,198	35	5,094
		数学Ⅱ・B	316,728	321,691	319,697	1,238	339,925
		簿記・会計	1,408	1,434	1,298	4	1,434
		情報関係基礎	410	362	344	4	380
理科	理科①	物理基礎	17,978	19,395	19,094	120	20,437
		化学基礎	95,515	100,461	103,074	301	110,955
		生物基礎	119,730	125,498	127,924	353	137,469
		地学基礎	43,070	43,943	44,320	141	48,758
	理科②	物理	144,914	148,585	146,041	656	153,140
		化学	182,224	184,028	182,359	800	193,476
		生物	57,895	58,676	57,878	283	64,623
		地学	1,659	1,350	1,356	30	1,684
外国語		英語（R※）	463,985	480,763	476,174	1,693	518,401
		英語（L※）	461,993	479,040	474,484	1,682	512,007
		ドイツ語	82	108	109	4	116
		フランス語	93	102	88	3	121
		中国語	735	599	625	14	667
		韓国語	185	123	109	3	135

・2021 年度①は第 1 日程，2021 年度②は第 2 日程を表す。
※英語の R はリーディング（2020 年度までは筆記），L はリスニングを表す。

科目ごとの平均点の推移（2020〜2023年度本試験）

（点）

教科		科目	2023年度	2022年度	2021年度①	2021年度②	2020年度
国語		国語	52.87	55.13	58.75	55.74	59.66
地理歴史		世界史A	36.32	48.10	46.14	43.07	51.16
		世界史B	58.43	65.83	63.49	54.72	62.97
		日本史A	45.38	40.97	49.57	45.56	44.59
		日本史B	59.75	52.81	64.26	62.29	65.45
		地理A	55.19	51.62	59.98	61.75	54.51
		地理B	60.46	58.99	60.06	62.72	66.35
公民		現代社会	59.46	60.84	58.40	58.81	57.30
		倫理	59.02	63.29	71.96	63.57	65.37
		政治・経済	50.96	56.77	57.03	52.80	53.75
		倫理,政治・経済	60.59	69.73	69.26	61.02	66.51
数学	数学①	数学Ⅰ	37.84	21.89	39.11	26.11	35.93
		数学Ⅰ・A	55.65	37.96	57.68	39.62	51.88
	数学②	数学Ⅱ	37.65	34.41	39.51	24.63	28.38
		数学Ⅱ・B	61.48	43.06	59.93	37.40	49.03
		簿記・会計	50.80	51.83	49.90	—	54.98
		情報関係基礎	60.68	57.61	61.19	—	68.34
理科	理科①	物理基礎	56.38	60.80	75.10	49.82	66.58
		化学基礎	58.84	55.46	49.30	47.24	56.40
		生物基礎	49.32	47.80	58.34	45.94	64.20
		地学基礎	70.06	70.94	67.04	60.78	54.06
	理科②	物理	63.39	60.72	62.36	53.51	60.68
		化学	54.01	47.63	57.59	39.28	54.79
		生物	48.46	48.81	72.64	48.66	57.56
		地学	49.85	52.72	46.65	43.53	39.51
外国語		英語（R※）	53.81	61.80	58.80	56.68	58.15
		英語（L※）	62.35	59.45	56.16	55.01	57.56
		ドイツ語	61.90	62.13	59.62	—	73.95
		フランス語	65.86	56.87	64.84	—	69.20
		中国語	81.38	82.39	80.17	80.57	83.70
		韓国語	79.25	72.33	72.43	—	73.75

・各科目の平均点は100点満点に換算した点数。
・2023年度の「理科②」，2021年度①の「公民」および「理科②」の科目の数値は，得点調整後のものである。
　得点調整の詳細については大学入試センターのウェブサイトで確認のこと。
・2021年度②の「—」は，受験者数が少ないため非公表。

数学①と数学②の受験状況（2023年度）

（人）

受験科目数	数学①		数学②				実受験者
	数学Ⅰ	数学Ⅰ・数学A	数学Ⅱ	数学Ⅱ・数学B	簿記・会計	情報関係基礎	
1科目	2,729	26,930	85	346	613	71	30,774
2科目	2,477	322,079	4,811	318,591	809	345	324,556
計	5,206	349,009	4,896	318,937	1,422	416	355,330

地理歴史と公民の受験状況（2023年度）

（人）

受験科目数	地理歴史						公民				実受験者
	世界史A	世界史B	日本史A	日本史B	地理A	地理B	現代社会	倫理	政治・経済	倫理，政経	
1科目	666	33,091	1,477	68,076	1,242	112,780	20,178	6,548	17,353	15,768	277,179
2科目	621	45,547	959	69,734	842	27,043	44,948	13,459	27,608	30,105	130,433
計	1,287	78,638	2,436	137,810	2,084	139,823	65,126	20,007	44,961	45,873	407,612

理科①の受験状況（2023年度）

区分	物理基礎	化学基礎	生物基礎	地学基礎	延受験者計
受験者数	18,122人	96,107人	120,491人	43,375人	278,095人
科目選択率	6.5%	34.6%	43.3%	15.6%	100.0%

・2科目のうち一方の解答科目が特定できなかった場合も含む。
・科目選択率＝各科目受験者数／理科①延受験者計×100

理科②の受験状況（2023年度）

（人）

受験科目数	物理	化学	生物	地学	実受験者
1科目	15,344	12,195	15,103	505	43,147
2科目	130,679	171,400	43,187	1,184	173,225
計	146,023	183,595	58,290	1,689	216,372

平均受験科目数（2023年度）

（人）

受験科目数	8科目	7科目	6科目	5科目	4科目	3科目	2科目	1科目
受験者数	6,621	269,454	20,535	22,119	41,940	97,537	13,755	2,090

平均受験科目数
5.62

・理科①（基礎の付された科目）は，2科目で1科目と数えている。

・上記の数値は本試験・追試験・再試験の総計。

共通テスト

対策講座

ここでは，これまでに実施された試験をもとに，共通テストについてわかりやすく解説し，具体的にどのような対策をすればよいか考えます。

藤原 滉二　Fujiwara, Koji

出身は，草食竜ティタノサウルスで話題の兵庫県丹波市。現在，甲陽学院中学校・高等学校講師。授業の傍ら，小・中学生に，実験とパズルで科学の楽しさと物理のしくみを教える。長くバスケットボール部顧問・日本公認審判員を務めた。趣味は神社仏閣・パワースポット巡り，ドライブ・フェリーの旅。

どんな問題が出るの？

まず，大学入試センターから発表されている資料をもとに，共通テストの物理および物理基礎の問題を詳しく分析してみましょう。

共通テスト「物理」とは？

共通テストにおける理科の問題作成の方針には，次の点が示されている。

- 科学の基本的な概念や原理・法則に関する深い理解を基に，基礎を付した科目との関連を考慮しながら，自然の事物・現象の中から本質的な情報を見いだしたり，課題の解決に向けて主体的に考察・推論したりするなど，科学的に探究する過程を重視する。
- 問題の作成に当たっては，受験者にとって既知ではないものも含めた資料等に示された事物・現象を分析的・総合的に考察する力を問う問題や，観察・実験・調査の結果などを数学的な手法を活用して分析し解釈する力を問う問題などとともに，科学的な事物・現象に係る基本的な概念や原理・法則などの理解を問う問題を含めて検討する。

すなわち，共通テスト「物理」の特徴は

①基本事項の理解と，それをもとにした考察問題が出題される可能性がある
②既知でない資料・事物・現象を扱った考察問題が出題される可能性がある
③実験や観察の場面を想定した問題，計算問題が出題される可能性がある

といえるだろう。

解答時間・配点

解答時間は 60 分で，配点は 100 点である。

大問構成

ここからは，共通テストと，2017・2018 年度に実施された試行調査（第 1 回・第 2 回試行調査）を分析していく。

それぞれの大問別の出題分野をまとめると，次の表のようになる。

試験	2023 年度 本試験		2022 年度 本試験		2021 年度 本試験（第 1 日程）		試行調査		
							第 2 回		第 1 回
	分野	配点	分野	配点	分野	配点	分野	配点	分野
第 1 問	総合題	25	総合題	25	総合題	25	総合題	30	総合題
第 2 問	力学	25	力学	30	電磁気	25	力学	28	力学
第 3 問	力学 波	25	電磁気	25	波	16	波	20	力学 熱力学
					原子	14			
第 4 問	電磁気	25	原子	20	力学	20	電磁気	22	電磁気
平均点	63.39		60.72		62.36		38.54		

・第 1 回試行調査は配点の設定なし。
・第 2 回試行調査は受験者のうち高校 3 年生の得点の平均値。
・2023 年度・2021 年度第 1 日程の平均点は得点調整後の値。

全体的な構成は，第 1 問が設問ごとに分野の異なる小問集合，第 2 問以降が分野別の大問（中問で分野が分かれることもある）である。共通テスト・試行調査ともに，大問での出題はない分野はあるものの，小問集合では出題されているので，全分野をとおして抜かりなく対策を行うことが重要である。

特徴的な出題

2023 年度では，第 1 問，第 3 問，第 4 問の問 1 で，基本事項の理解が問われた（特徴①）。特に，第 1 問の問 3，第 3 問の問 4 と問 5 では，様々な物理現象のしくみの正しい理解が必要である。

第 2 問は，物体が空気中を落下するときに受ける抵抗力の大きさが，速さに比例する場合と，速さの 2 乗に比例する場合について，仮説を立てながら実験から得られたグラフや表によって，これらの仮説を考察する問題（特徴②，③）である。会話文の中には，物理的に誤った仮説も含まれ，実験結果は，抵抗力の大きさが速さに比例せず，速さの 2 乗に比例する結論が得られた。

同様に，第 4 問の問 2 ～問 5 は，コンデンサーと抵抗の回路で，実験によってコンデンサーの電気容量を求める問題である。回路を流れる電流の時間変化のグラフからコンデンサーに蓄えられた電気量を求める方法を 2 つ設定し（特徴②，③），それぞれ設定による計算で求めた電気容量の大小関係を比較しなければならない。

設問形式

すべてマーク式であるが，**計算結果の数値を直接マークする形式の問題**が出題されている。なお，試行調査で出題された，1 つの枠に複数の（正解がいくつあるか与えられていない）解答をマークする形式の問題については，大学入試センターから「共通テスト導入当初から実施することは困難であると考えられる」※と発表されており，2021〜2023 年度は出題されなかったが，同様の形式での出題は検討されている（たとえば，題意に当てはまるものをすべて挙げた選択肢を 1 つ選ぶ形式など)。

※大学入学共通テストの導入に向けた試行調査（プレテスト）（平成 30 年度（2018 年度）実施）の結果報告より

問題の分量

設問数（すべて正しくマークした場合のみ正解となる組を 1 つと数えたマーク数）は，2023 年度では 23 個，2022 年度では 22 個，2021 年度第 1 日程では 24 個であった。ただし，計算結果の数値を直接マークする形式の問題や部分点が設定された問題が出題されたことで満点を取るために必要なマーク数はそれよりも多く，2023 年度では 26 個，2022 年度では 25 個，2021 年度第 1 日程では 28 個であった。また，会話文を扱った問題や，実験・観察に関する考察問題は，問題文が長く，解答に必要な情報を得るために読まなければならない文章量が多い傾向にある。そのため，**設問 1 個あたりに要する時間が長い問題が多い**といえる。試験時間の配分に注意するなどの対策が必要であろう。

難易度

2023年度の平均点は63.39点，2022年度の平均点は60.72点，2021年度第1日程の平均点は62.36点であった。これらの数字からは，毎年安定して6割以上の平均点となっているように見える。しかし，試行調査では，平均得点率として5割程度を念頭に実施されたが，第1回試行調査では，配点は設定されなかったものの，公表されている設問ごとの正答率を平均すると32.6％であった。また，第2回試行調査では，受験した高校3年生の平均点は38.54点であった。試行調査は，第1回共通テストが実施される前に行われており，当時は共通テストの過去問がなかったことを踏まえると，試行調査の平均点が低かったことから，共通テストの内容や形式の問題がどのようなものかを知らない状態では，「問題の分量」で述べたような，実質的な問題の分量の多さに対応できなかったり，共通テストに特徴的な場面設定・形式の問題が，多くの受験生にとって難しく感じられるものであったりすることが考えられる。すなわち，本試験での平均点は，受験生が試行調査や過去問で十分に対策をしたうえでの結果であると考えるのが妥当であるから，油断してはならない。

対策

複数マークする形式（または同様の形式）では，消去法に頼らず，すべての選択肢を吟味できるだけの盤石な力が求められる。数値を直接マークする形式では，なんとなくマークしたり，勘に頼ったりすると，まず得点は期待できない。演習の時から，計算問題では最後まで自力で計算し，解答の形まで得るよう，心がけよう。また，センター試験でも，文章や語句を選択する問題や，数値計算の問題は出題されてきたので，共通テスト対策には有効である。たとえば，文章や語句を選択する問題で，正解の選択肢を見つけるだけでなく，他の選択肢が確実に不正解であることを確認したり，数値計算の問題で，選択肢に頼らず，有効数字のすべての桁の数字を計算しきってから解答したりすることが考えられる。会話文を扱った問題，具体的な実験設定を想定した問題の対策としては，日頃から実験・観察や探究活動に積極的に参加することや，日常生活に見られる自然現象を物理的に説明してみることなどが挙げられるが，どちらもセンター試験対策の延長線上にある内容である。すなわち，**センター試験も含めて過去問を完璧に理解しつくすことが最大の対策**といえる。本書には最近のセンター試験の過去問も収載しているので，p. 037からの**「過去問の上手な使い方」**を参考にして十分に活用してほしい。

共通テスト「物理基礎」とは？

共通テストにおける理科基礎の問題作成の方針には，次の点が示されている。

- 日常生活や社会との関連を考慮し，科学的な事物・現象に関する基本的な概念や原理・法則などの理解と，それらを活用して科学的に探究を進める過程についての理解などを重視する。
- 問題の作成に当たっては，身近な課題等について科学的に探究する問題や，得られたデータを整理する過程などにおいて数学的な手法を用いる問題などを含めて検討する。

すなわち，共通テスト「物理基礎」の特徴は

①基本事項の理解と，それをもとにした考察問題が出題される可能性がある
②実験や観察の場面を想定した，考察問題や表・グラフの読み取り問題，計算問題が出題される可能性がある
③日常生活と関連のある題材が出題される可能性がある

といえるだろう。

解答時間・配点

解答時間は，「物理基礎」「化学基礎」「生物基礎」「地学基礎」から２科目を選択して60分で，１科目のみの受験は認められない。配点は，１科目50点である。

大問構成

ここからは，共通テストと，2018年度に実施された試行調査を分析していく。
それぞれの大問別の出題分野をまとめると，次の表のようになる。

試験	2023 年度 本試験		2022 年度 本試験		2021 年度 本試験（第 1 日程）		試行調査	
	分野	配点	分野	配点	分野	配点	分野	配点
第 1 問	総合題	16	総合題	16	総合題	16	総合題	20
第 2 問	力学	18	電磁気	16	波	9	力学	18
					電磁気	9		
第 3 問	電磁気	16	熱 力学 電磁気	18	力学	16	電磁気 熱	12
平均点	28.19		30.40		37.55		29.02	

・試行調査は受験者のうち高校 3 年生の得点の平均値。

全体的な構成は，第 1 問が設問ごとに分野の異なる小問集合，第 2 問と第 3 問は大問または中問ごとに設定された場面のなかで設問に解答していく形式である。ただし，大問または中問ごとに単一の分野とは限らず，異なる分野の設問を含む融合問題が出題されることがあるので，注意が必要である。なお，大問での出題はない分野でも小問集合では出題されているので，全分野をとおして抜かりなく対策を行うことが重要である。

特徴的な出題

2023 年度では，第 1 問では，力学，熱，波の基本事項の理解が問われた（特徴①）。

第 2 問は，小球の水平投射，自由落下と鉛直投げ上げで，いくつかの対比実験を行う問題であり，実験結果の表やグラフを読み取る必要はあるが，落体に関する基本事項が問われたオーソドックスな出題（特徴①，②）である。

第 3 問は，風力発電についての探究活動がテーマ（特徴③）となっているが，再生可能エネルギー，発電と送電，変圧器に関する基本事項を問う典型的な問題（特徴①）である。

設問形式

すべてマーク式であるが，**計算結果の数値を直接マークする形式の問題**が出題されることがある。

問題の分量

設問数（すべて正しくマークした場合のみ正解となる組を1つと数えたマーク数）は，2023年度では16個，2022年度では12個，2021年度第1日程では16個であった。ただし，計算結果の数値を直接マークする形式の問題や，部分点が設定された問題が出題されたことで満点を取るために必要なマーク数はそれよりも多く，2023年度は同じく16個であったが，2022年度では17個，2021年度第1日程では19個であった。また，会話文を扱った問題や，実験・観察に関する考察問題は，従来の問題よりも問題文が長く，解答に必要な情報を得るために読まなければならない文章量が多い傾向にある。さらに，複数の空所に当てはまる数値や語句を1つのマーク欄で問う設問が増えている傾向も見られる。そのため，**設問1個あたりに要する時間が長い問題が多い**といえる。試験時間の配分に注意するなどの対策が必要であろう。

難易度

2023年度は28.19点，2022年度は30.40点，2021年度第1日程は37.55点であった。また，試行調査では，平均得点率として5割程度を念頭に実施され，受験した高校3年生の平均点は29.02点であった。平均点のブレが大きいが，これは受験生の間で出来不出来の差が大きいことを意味するので，対策が十分であればしっかりと得点できるが，不十分なところが残っていると，点数が急落してしまう可能性があるといえる。「問題の分量」で述べたように，共通テストでは，実質的な問題の分量が多いことから，十分に対策をしておきたい。

対策

計算結果の数値を直接マークする形式の問題では，なんとなくマークしたり，勘に頼ったりすると，まず得点は期待できない。演習の時から，計算問題では最後まで自力で計算し，解答の形まで得るよう，心がけよう。会話文を扱った問題，具体的な実験設定を想定した問題の対策としては，日頃から実験・観察や探究活動に積極的に参加することや，日常生活に見られる自然現象を物理的に説明してみることなどが挙げられる。また，p. 037からの**「過去問の上手な使い方」**で述べるとおり，過去問の研究が最大の対策であるので，十分に活用してほしい。

形式を知っておくと安心

共通テストで出題される問題形式について，解き方を詳細に解説！　問題のどこに着目して，どのように解けばよいのかをマスターすることで，共通テストに対応するための力を鍛えましょう。

「どんな問題が出るの？」で見てきた内容を踏まえると，共通テスト「物理」では，以下のような形式の問題に対応する必要がある。

- **科学的に探究する問題**
- **数学的手法を用いる問題（＝計算問題）**
- **実験考察問題**
- **グラフ・図・表の読み取り問題**

これらのような問題は，共通テストで初めて出題されたのではなく，センター試験でも出題されていた。ここでは，それぞれの形式について，センター試験「物理」の過去問から典型例を紹介するとともに，考え方と対策を紹介していく。

科学的に探究する問題

例題１　次の文章中の空欄［ア］に入れる記号として最も適当なものを，次ページの［3］の解答群から一つ選べ。また，空欄［イ］・［ウ］に入れる語句の組合せとして最も適当なものを，次ページの［4］の解答群から一つ選べ。［3］［4］

図２のように，透明な板の下面にある点Ｐから観測者へ向かう光は，空気と板の境界面で実線のように屈折して進むため，空気中にいる観測者から点Ｐを見ると，矢印１の向きではなく，矢印２の向きに見える。

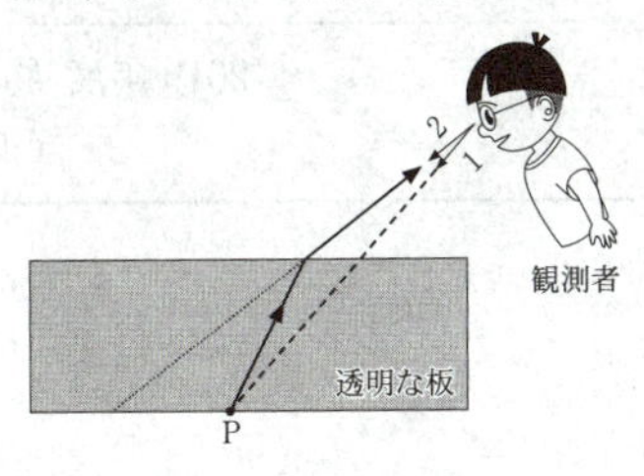

図　2

図3(a)のように，水平面に直方体の壁が置かれており，姉と弟がこの壁の両側に立っている。壁は透明で，その屈折率は空気よりも大きい。

図2を参考に光の経路を作図すると，姉の目から弟の目へ向かう光は壁の中を図3(b)の［ア］の経路に沿って進む。したがって，弟から見た姉の目の位置は，壁のないとき（図3(a)の破線）と比べて［イ］見えることがわかる。また，姉から見た弟の目の位置は，壁のないとき（図3(a)の破線）と比べて［ウ］見えることがわかる。ただし，直線BEは図3(a)の破線と同一であり，姉の目の位置は弟の目の位置より高い。

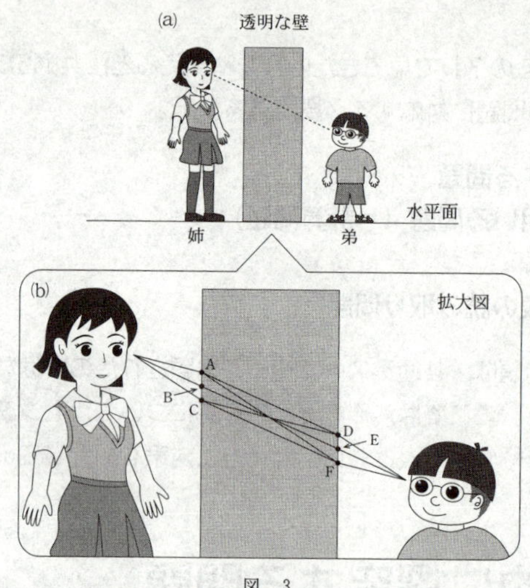

図　3

［3］の解答群

	①	②	③	④	⑤
ア	A→D	A→F	B→E	C→D	C→F

［4］の解答群

	①	②	③	④	⑤
イ	上にずれて	上にずれて	同じに	下にずれて	下にずれて
ウ	上にずれて	下にずれて	同じに	上にずれて	下にずれて

（2019年度　物理　本試験　第3問　問2）

（正解は［3］④［4］②）

図３のような，ガラス越しに人や景色を眺める経験は誰しもがしているだろうが，実際よりも高い位置に見えるか低い位置に見えるかを意識したことのある受験生は少ないかもしれない。だが，本問ではその経験の有無を問うているのではない。リード文から，図２が解答のヒントになっていることが読み取れる。この仕組みは，たとえば風呂やプールなどで，水中の物体が浮かび上がって見える現象と同じであり，教科書や問題集でもよく取り上げられるが，これを与えられた状況下で正しく応用できるかどうかが問われているのである。

ポイント

対策　物理法則の応用力を養おう！

日頃から実験や観察に自ら進んで取り組み，法則の成り立ちや仕組みを理解するように努める必要がある。さらにその法則を用いて，別の現象を説明できるように視野を広げておくことが大切である。

例題で取り上げた波動の分野に限ると，波の反射・屈折・干渉，ドップラー効果，弦・気柱の振動の実験や，次の①〜③のようなテーマが考えられる。力学・熱・電磁気・原子の分野でも，教科書に記載されている実験や観察に留意しておきたい。

1. しゃぼん玉の観察より，せっけん膜の厚さと光の色との関係を考察する（第２回試行調査「物理」で出題）。
2. 虹には，雨滴の中で１回の反射と２回の屈折によってつくられる主虹と，２回の反射と２回の屈折によってつくられる副虹があるが，これらについて光の進み方や色の並び方を考察する。
3. 凸レンズ２枚を用いた道具として顕微鏡や望遠鏡があるが，これらについて物体から目に向かう光の経路や像のつくられ方の違いを考察する。

数学的手法を用いる問題（＝計算問題）

例題２　原子核の結合エネルギーは，質量欠損から求めることができる。$^{4}_{2}$He 原子核の結合エネルギーは何 J か。最も適当なものを，次の①〜⑥のうちから一つ選べ。ただし，陽子の質量は 1.673×10^{-27}kg，中性子の質量は 1.675×10^{-27}kg，$^{4}_{2}$He 原子核の質量は 6.645×10^{-27}kg，真空中の光の速さは 3.0×10^{8}m/s とする。

［ 2 ］J

① 5.2×10^{-29}　② 3.3×10^{-27}　③ 1.6×10^{-20}
④ 9.9×10^{-19}　⑤ 4.6×10^{-12}　⑥ 3.0×10^{-10}

（2020 年度　物理　本試験　第６問　問２）

正解は⑤

10^{-27} や 10^8 のように，日常では触れる機会が少ない数字が並んでいるが，怖気づいてはいけない。原子分野のみならず，他の分野でも，複雑な文字式に多くの数値を当てはめる計算や，桁数の多い有効数字を扱う計算は珍しくない。教科書や問題集ではどうしても文字式が多くなるが，それを実際の物理現象に当てはめたり，実験結果を分析したりする際には，このような計算が必須になる。これも大事な物理の力なのである。

対策 数値計算を面倒がらない！

日頃から，丁寧な数値計算を心がける必要がある。このとき，求められた値が日頃の学習や実験での経験値や，日常生活の中での常識的な値とかけ離れていないか，たとえば光波の干渉実験で得られた可視光線の波長や，ミリカンの実験で得られた電気素量などについて，特に有効数字と指数部分のオーダー（桁数）や，単位の整合性を意識しておかなければならない。

数値計算の問題における，計算で得られた値を直接マークする形式は，共通テストで出題された形式に従えば，次の［1］～［4］に入れる数値を選択肢①～⓪から選んでマークすることになる。

［1］.［2］×10^-［3］［4］ J

選択肢：①1　②2　③3　④4　⑤5　⑥6　⑦7　⑧8　⑨9　⓪0

実験考察問題

例題3　次の問いに答えよ。

問2　次の文章中の空欄［ウ］～［オ］に入れる語句の組合せとして最も適当なものを，次ページの①～⑧のうちから一つ選べ。［2］

図2のような箔(はく)検電器とガラス棒およびポリエチレンシートを用いて，次の手順1～6で実験を行った。

1．箔検電器の金属円板に指で触れて放電させた後，指を離した。
2．ガラス棒をポリエチレンシートでよくこすり，ガラス棒を帯電させた。
3．ガラス棒を箔検電器の金属円板に近づけ，接触しない状態で静止させた。このとき箔は［ウ］。
4．ガラス棒を近づけたまま，箔検電器の金属円板に指で触れると，箔は［エ］。

5．箔検電器の金属円板から［オ］。

6．最終的に，箔検電器が帯電しているのを確認した。

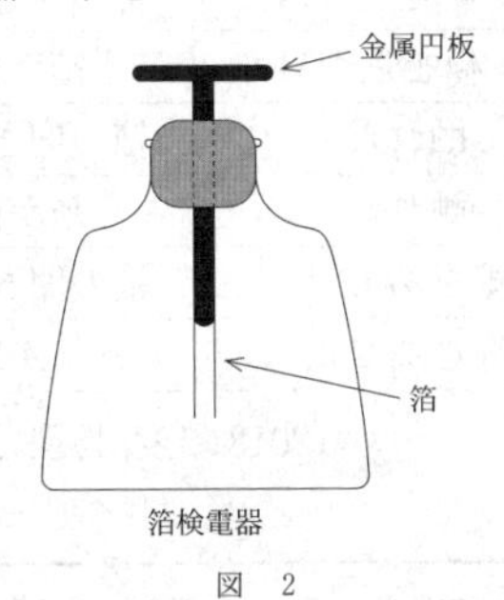

図 2

	ウ	エ	オ
①	開いていた	開いたままだった	ガラス棒を遠ざけたのち，指を離した
②	開いていた	開いたままだった	指を離したのち，ガラス棒を遠ざけた
③	開いていた	閉じた	ガラス棒を遠ざけたのち，指を離した
④	開いていた	閉じた	指を離したのち，ガラス棒を遠ざけた
⑤	閉じていた	開いた	ガラス棒を遠ざけたのち，指を離した
⑥	閉じていた	開いた	指を離したのち，ガラス棒を遠ざけた
⑦	閉じていた	閉じたままだった	ガラス棒を遠ざけたのち，指を離した
⑧	閉じていた	閉じたままだった	指を離したのち，ガラス棒を遠ざけた

問3　次の文章中の空欄［カ］・［キ］に入れる語句の組合せとして最も適当なものを，下の①～⑥のうちから一つ選べ。［3］

問2の操作によって箔検電器に蓄えられた電荷の符号を調べるためには，電荷の符号に応じて，箔検電器の箔の開閉状態が変わるような操作を行えばよい。例えば，帯電した箔検電器の金属円板に［カ］ときに，［キ］ならば電荷は負であり，そうでなければ電荷は正であると確認できる。

	カ	キ
①	磁石のＮ極を近づけた	箔の開きが大きくなる
②	磁石のＮ極を近づけた	箔が閉じていく
③	指で触れた	箔の開きが大きくなる
④	指で触れた	箔が閉じていく
⑤	紫外線をあてた	箔の開きが大きくなる
⑥	紫外線をあてた	箔が閉じていく

（2018年度 物理 追試験 第6問 問2・問3）

正解は 2 ④ 3 ⑥

箔検電器を用いた実験であるが，問2と問3では問われる力が異なっている。問2では「このような実験を行うと結果はどうなるか」が問われているが，問3では「ほしい結果（電荷の正負）を得るためにはどのような実験を行えばよいか」が問われている。共通テストでは解答を選択肢から選ぶので，選択肢に書かれた操作を行うとどのような結果になるかを，それぞれ判断していけばよいのだが，当然，既に行う実験が決まっている問題よりも，多くの知識と経験が要求される。

また，「電荷の符号に関することだから電磁気の実験を考える」と決めつけてはいけない。金属円板に「紫外線をあてた」ときに起こる現象は，原子分野の光電効果による光電子の放出である。一つの実験で，力学・熱力学・波・電磁気・原子の分野をまたぐ題材にも注意が必要である。

ポイント

対策 物理法則に基づいた実験考察を！

教科書に記載されている実験を行うとき，結果を求めるだけでなく，実験結果の検証や物理法則に対応した理解を深めておく必要がある。そのためには，「示された手順を逆にするとどうなるか」，「与えられた道具ではないものを用いると何が起こるか」なども考えておきたい。

- 問2の手順4と5で，示された手順とは逆に「箔検電器の金属円板からガラス棒を遠ざけたのち，指を離した」ならばどうなるか？　→ 手順1と同様で最終的に箔は閉じて箔検電器は帯電していない状態になる。
- 問3 カ で，帯電した「箔検電器の金属円板に指で触れる」と何が起こるか？
→ 箔検電器に蓄えられた電荷の符号によらず，電荷は放電して箔は閉じる。
「箔検電器の金属円板に磁石のＮ極を近づける」と何が起こるか？　→ 蓄えられた電荷は磁場の影響を受けないから，箔の開閉状態は変わらない。
- 問3 キ で，逆に「蓄えられていた電荷が正」ならばどうなるか？　→ 負電荷の放出によって蓄えられた正の電荷量は増加するので箔の開きが大きくなる。

グラフ・図・表の読み取り問題

例題4　図1(a)のように，円筒形の導体を中心軸を含む平面で二つに切り離し，これら二つの導体で大きな誘電率をもつ薄い誘電体をはさんだ。これに電池をつないだ図1(b)の回路は，図1(c)のように電気容量の等しい2個の平行板コンデンサーを並列接続した回路とみなせる。

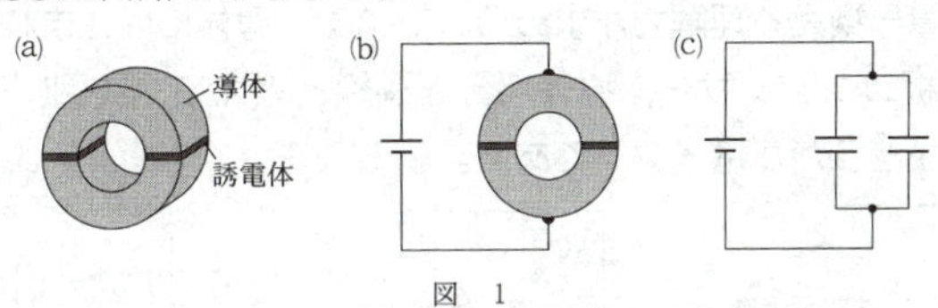

図　1

問　次に，導体を加工して，等しい形状の導体P，Q，R，Sに切り離し，図1(a)と同じ誘電体をはさんだ。図2のように導体P，R間に電池をつないだ回路は，図1(c)の平行板コンデンサーを4個接続した回路とみなせる。この回路として最も適当なものを，下の①～⑥のうちから一つ選べ。

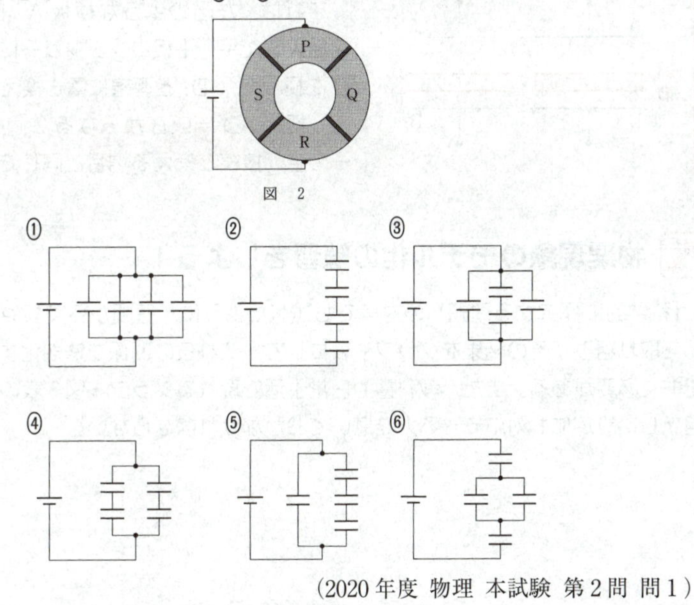

(2020年度 物理 本試験 第2問 問1)

正解は④

　コンデンサーでは，簡単のために２枚の極板を向かい合わせた平行平板コンデンサーを扱うが，最初に発明されたコンデンサーは，油やパラフィンを含浸させた紙をアルミニウム箔ではさみ，ロール状に巻き取ったペーパーコンデンサーであった。科学の進歩とともに改良が加えられ，より効率の高いものが作られるようになってきた。

　本問で扱うのは，導体を切り離し，その間に誘電体をはさんで作ったコンデンサーである。見慣れない設定であるが，リード文と図１(a)・(b)の情報を読み取り，(c)の等価回路に置き換える理解力が求められている。導体にはさまれた誘電体部分を１個の平行平板コンデンサー，導体部分を導線と考えて，次図(i)→(ii)→(iii)の置き換えができるかどうかがポイントである。

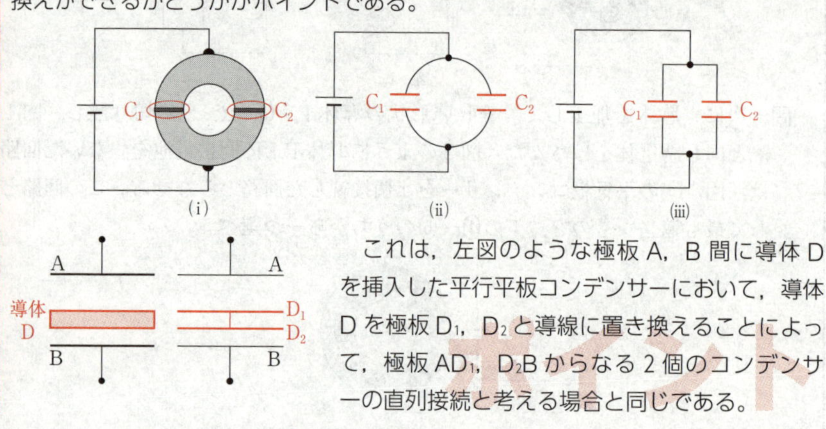

　これは，左図のような極板 A，B 間に導体 D を挿入した平行平板コンデンサーにおいて，導体 D を極板 D_1，D_2 と導線に置き換えることによって，極板 AD_1，D_2B からなる２個のコンデンサーの直列接続と考える場合と同じである。

ポイント

対策　物理現象のモデル化の練習をしよう！

「科学的に探究する問題」の対策でも述べたように，日頃から実験や観察に自ら進んで取り組み，その結果をグラフや表にして，それらの関係を法則化する練習を積んでおく必要がある。また，教科書や日常生活で現れるグラフ・図・表の内容を理解し，目新しい設定にも対応できる力を磨いておかなければならない。

ねらいめはココ！

　これまでに見てきたように，共通テスト対策においてセンター試験の過去問を分析することも大いに役に立ちます。ここでは，共通テストと最近のセンター試験の本試験・追試験の出題分野について分析します。

　以下の表では，本書収載の共通テスト・試行調査・センター試験の「物理」「物理基礎」の過去問を，「力学」「熱力学」「波」「電磁気」「原子」の5分野にしたがって分類している（2021年度の①・②はそれぞれ本試験第1日程・第2日程を表す）。大学入試センターから発表された出題範囲では，「物理基礎」では「物理」の内容が出題されることはないが，「物理」では「物理基礎」において取り扱われる関連内容を出題範囲に含む，とされており，実際に2023年度本試験「物理」の第2問は「物理基礎」の内容からの出題であった。「物理基礎」を選択する受験生だけでなく，「物理」を選択する受験生も，「物理基礎」の出題傾向はチェックしておきたい。

物理

力学

- **運動量**と**剛体のつり合い**については，ほぼ毎年出題されている。
- 「物理基礎」の分野である**力のつり合い**，**運動の法則**，**力学的エネルギー保存則**も，力学の基本であり，毎年のように出題されているから，しっかりと身につけておかなければならない。
- **円運動**，**慣性力**，**単振動**は，いずれかが毎年出題されているから，十分に対策しておく必要がある。
- 2022年度本試験の第2問に見られるように，実験・観察や探究活動に関する問題にも注意したい。

● 出題内容一覧（共通テスト本試験）

年度	平面内の運動と剛体のつり合い			運動量			円運動と単振動		万有引力
	曲線運動の速度と加速度	斜方投射	剛体のつり合い	運動量と力積	運動量の保存	はね返り係数	円運動 慣性力	単振動	万有引力
2023			Ⅰ 1		Ⅰ 3		Ⅲ 1		
2022			Ⅰ 3	Ⅱ 4	Ⅱ 5,6		Ⅳ 1		Ⅳ 2
2021①		Ⅳ 1-4			Ⅳ 2	Ⅳ 4	Ⅰ 1		
2021②			Ⅰ 1		Ⅰ 4		Ⅰ 2	Ⅳ 4,5	

● 出題内容一覧（共通テスト追試験）

年度	平面内の運動と剛体のつり合い			運動量			円運動と単振動		万有引力
	曲線運動の速度と加速度	斜方投射	剛体のつり合い	運動量と力積	運動量の保存	はね返り係数	円運動 慣性力	単振動	万有引力
2022				Ⅰ 5	Ⅰ 1	Ⅰ 1	Ⅰ 2		

● 出題内容一覧（試行調査）

実施回	平面内の運動と剛体のつり合い			運動量			円運動と単振動		万有引力
	曲線運動の速度と加速度	斜方投射	剛体のつり合い	運動量と力積	運動量の保存	はね返り係数	円運動 慣性力	単振動	万有引力
第2回		Ⅰ 1,2		Ⅱ 2-5		Ⅱ 1			
第1回	Ⅰ 1・Ⅲ 1-3						Ⅲ 1-3	Ⅱ 1-5	

● 出題内容一覧（センター試験本試験）

年度	平面内の運動と剛体のつり合い			運動量			円運動と単振動		万有引力
	曲線運動の速度と加速度	斜方投射	剛体のつり合い	運動量と力積	運動量の保存	はね返り係数	円運動 慣性力	単振動	万有引力
2020			Ⅰ 1		Ⅰ 5・Ⅳ 1		Ⅳ 2		
2019				Ⅰ 1	Ⅰ 1		Ⅰ 1・Ⅳ 1-4	Ⅰ 5・Ⅲ 3	
2018			Ⅰ 5		Ⅰ 1			Ⅳ 2	Ⅴ 1-3
2017			Ⅰ 2		Ⅰ 1		Ⅳ 2,5		

（注）Ⅰ，Ⅱ，…は大問番号を，1，2，…は小問番号を表す。

熱力学

　ボイル・シャルルの法則，状態方程式，熱力学第１法則，内部エネルギー，熱効率の計算問題が出題されている。また，熱サイクルの p-V グラフや，文章を選択させる問題，正文・誤文選択問題も出題されたことがあるので，注意が必要である。

● 出題内容一覧（共通テスト本試験）

年度	熱力学		
	気体分子の運動と圧力	気体の内部エネルギー	気体の状態変化
2023		Ⅰ 2	Ⅰ 2
2022		Ⅰ 4	Ⅰ 4
2021①			Ⅰ 5
2021②		Ⅰ 5	Ⅰ 5

● 出題内容一覧（共通テスト追試験）

年度	熱力学		
	気体分子の運動と圧力	気体の内部エネルギー	気体の状態変化
2022			Ⅲ 2-4

● 出題内容一覧（試行調査）

実施回	熱力学		
	気体分子の運動と圧力	気体の内部エネルギー	気体の状態変化
第２回	Ⅰ 3	Ⅰ 3	Ⅰ 3
第１回			Ⅲ 6

● 出題内容一覧（センター試験本試験）

年度	熱力学		
	気体分子の運動と圧力	気体の内部エネルギー	気体の状態変化
2020	Ⅴ 3	Ⅰ 4	Ⅰ 4
2019	Ⅰ 4	Ⅴ 1,2	Ⅴ 1-3
2018	Ⅰ 4	Ⅳ 3,4	Ⅳ 5
2017		Ⅲ 3	Ⅲ 3-5

（注）Ⅰ，Ⅱ，…は大問番号を，1，2，…は小問番号を表す。

波

波の干渉，反射と屈折，ドップラー効果，レンズ，ヤングの実験，回折格子，薄膜，光のスペクトルなどが出題されている。

2018 年度本試験の第 1 問 問 2 に見られるように，波全般の総合的な知識の理解も要求され，偏りなく学習しておく必要がある。

また，2021 年度本試験第 1 日程の第 3 問 A，2019 年度本試験の第 3 問 問 2 に見られるように，実験・観察や探究活動に関する問題にも注意したい。

● 出題内容一覧（共通テスト本試験）

年度	波の伝わり方		音		光	
	波の伝わり方とその表し方	波の干渉と回折	音の干渉と回折	音のドップラー効果	光の伝わり方	光の回折と干渉
2023				Ⅲ 2-5		
2022		Ⅰ 1			Ⅰ 2	
2021①				Ⅰ 4	Ⅲ 1-3	
2021②	Ⅲ 3					Ⅲ 4-7

● 出題内容一覧（共通テスト追試験）

年度	波の伝わり方		音		光	
	波の伝わり方とその表し方	波の干渉と回折	音の干渉と回折	音のドップラー効果	光の伝わり方	光の回折と干渉
2022				Ⅱ 3-5		

● 出題内容一覧（試行調査）

実施回	波の伝わり方		音		光	
	波の伝わり方とその表し方	波の干渉と回折	音の干渉と回折	音のドップラー効果	光の伝わり方	光の回折と干渉
第 2 回		Ⅲ 3,4			Ⅰ 4	Ⅲ 1,2
第 1 回		Ⅰ 4			Ⅰ 3	

● 出題内容一覧（センター試験本試験）

年度	波の伝わり方		音		光	
	波の伝わり方とその表し方	波の干渉と回折	音の干渉と回折	音のドップラー効果	光の伝わり方	光の回折と干渉
2020	Ⅲ 1,2		Ⅰ 3			Ⅲ 3,4
2019				Ⅲ 3,4	Ⅰ 3・Ⅲ 2	Ⅲ 1
2018	Ⅲ 1,2		Ⅰ 2	Ⅰ 2		Ⅲ 4,5
2017			Ⅰ 5	Ⅴ 1-3	Ⅰ 4	Ⅲ 1,2

（注） Ⅰ，Ⅱ，…は大問番号を，1，2，…は小問番号を表す。

電磁気

コンデンサーについてはよく出題されている。この他には，**直流回路**，**ローレンツ力**，**電磁誘導**が中心に出題されている。日常生活に密着したテーマに対しては，教科書本文を丁寧に読むだけでなく，コラムや図解などのサブテキストも活用したい。

また，2023年度本試験の第4問，2022年度本試験の第3問，2021年度本試験第2日程の第2問 A・Bに見られるように，実験・観察や探究活動に関する問題にも注意したい。

● 出題内容一覧（共通テスト本試験）

年度	電気と電流				電流と磁界			
	電荷と電界	電界と電位	コンデンサー	電気回路	電流による磁界	電流が磁界から受ける力	電磁誘導	電磁波の性質とその利用
2023	Ⅳ 1		Ⅳ 1-5	Ⅳ 2		Ⅰ 4		
2022					Ⅰ 5	Ⅰ 5	Ⅲ 1-5	
2021①		Ⅰ 3	Ⅰ 3・Ⅱ 1-3	Ⅱ 1-3		Ⅱ 5	Ⅱ 4-6	
2021②	Ⅰ 3	Ⅰ 3		Ⅱ 1,2		Ⅱ 3	Ⅱ 4,5	

● 出題内容一覧（共通テスト追試験）

年度	電気と電流				電流と磁界			
	電荷と電界	電界と電位	コンデンサー	電気回路	電流による磁界	電流が磁界から受ける力	電磁誘導	電磁波の性質とその利用
2022				Ⅰ 3		Ⅰ 4		

● 出題内容一覧（試行調査）

実施回	電気と電流				電流と磁界			
	電荷と電界	電界と電位	コンデンサー	電気回路	電流による磁界	電流が磁界から受ける力	電磁誘導	電磁波の性質とその利用
第2回						Ⅳ 2	Ⅳ 1,2,4	Ⅲ 3,4
第1回							Ⅰ 2・Ⅳ 1,2	

● 出題内容一覧（センター試験本試験）

年度	電気と電流				電流と磁界			
	電荷と電界	電界と電位	コンデンサー	電気回路	電流による磁界	電流が磁界から受ける力	電磁誘導	電磁波の性質とその利用
2020			Ⅱ 1,2		Ⅰ 2	Ⅱ 3,4		
2019	Ⅰ 2			Ⅱ 1			Ⅱ 2-4	
2018	Ⅰ 3		Ⅱ 1,2	Ⅱ 2			Ⅱ 3,4	
2017	Ⅰ 3	Ⅱ 1	Ⅱ 1,2				Ⅱ 3,4	

（注） Ⅰ，Ⅱ，…は大問番号を，1，2，…は小問番号を表す。

 原子

光電効果，Ｘ線，粒子性と波動性，水素原子の構造，放射線，核エネルギーなどが出題されている。この他には，原子核崩壊，半減期が中心になるであろう。

2018 年度本試験に出題された素粒子についても，ひととおり教科書で確認しておく必要がある。

● 出題内容一覧（共通テスト本試験）

年度	電子と光		原子と原子核			物理学が築く未来
	電子	粒子性と波動性	原子とスペクトル	原子核	素粒子	物理学が築く未来
2023		Ⅰ 5				
2022			Ⅳ 2-4			
2021①	Ⅲ 4		Ⅲ 5,6			
2021②		Ⅰ 4				

● 出題内容一覧（共通テスト追試験）

年度	電子と光		原子と原子核			物理学が築く未来
	電子	粒子性と波動性	原子とスペクトル	原子核	素粒子	物理学が築く未来
2022		Ⅳ 1-4				

● 出題内容一覧（試行調査）

実施回	電子と光		原子と原子核			物理学が築く未来
	電子	粒子性と波動性	原子とスペクトル	原子核	素粒子	物理学が築く未来
第２回			Ⅰ 5			
第１回			Ⅰ 6			Ⅰ 5

● 出題内容一覧（センター試験本試験）

年度	電子と光		原子と原子核			物理学が築く未来
	電子	粒子性と波動性	原子とスペクトル	原子核	素粒子	物理学が築く未来
2020				Ⅵ 1-3		
2019		Ⅵ 1-3				
2018				Ⅵ 1-3	Ⅵ 1	
2017				Ⅵ 1-3		

（注）Ⅰ，Ⅱ，…は大問番号を，１，２，…は小問番号を表す。

物理基礎

力学

物理学を理解する上で最も基本的な内容であり，公式が比較的多いので，計算を含めた十分な演習が必要である。

力学の基本である**等加速度直線運動**，***x*-*t* グラフ**，***v*-*t* グラフ**，**運動方程式**，**運動エネルギーと仕事との関係**，**力学的エネルギー保存則**が中心である。近年は，**ばねの弾性力**，**摩擦力**，**圧力を含む力のつり合いと運動方程式**なども頻出項目である。**空気抵抗のある運動**，**質量と重さ**などの定性的な扱いにも注意が必要である。

また，2023 年度本試験「物理」の第 2 問，2022 年度本試験の第 3 問，2021 年度本試験第 1 日程の第 3 問，第 2 日程の第 3 問に見られるように，実験・観察や探究活動に関する問題にも注意したい。

● 出題内容一覧（共通テスト本試験）

年度	運動の表し方			様々な力とその働き				力学的エネルギー	
	物理量の測定と扱い方	運動の表し方	直線運動の加速度	様々な力	力のつり合い	運動の法則	物体の落下運動	運動エネルギーと位置エネルギー	力学的エネルギーの保存
2023					Ⅰ 2	Ⅰ 1 物理Ⅱ 5	Ⅱ 1-5 物理Ⅱ 1-5	Ⅰ 2	Ⅱ 5 物理Ⅰ 3
2022		Ⅰ 1		Ⅲ 2	Ⅲ 2	Ⅰ 2 物理Ⅱ 1-3	Ⅰ 3	Ⅰ 3	Ⅰ 3
2021①		Ⅲ 1-4	Ⅲ 2,4		Ⅰ 1 物理Ⅰ 2	Ⅲ 2,3		Ⅲ 5 物理Ⅳ 3,4	物理Ⅳ 3,4
2021②	Ⅱ 5 物理Ⅲ 5	Ⅲ 2	Ⅲ 1	Ⅰ 1	物理Ⅳ 1-3			Ⅲ 4	Ⅲ 4

● 出題内容一覧（共通テスト追試験）

年度	運動の表し方			様々な力とその働き				力学的エネルギー	
	物理量の測定と扱い方	運動の表し方	直線運動の加速度	様々な力	力のつり合い	運動の法則	物体の落下運動	運動エネルギーと位置エネルギー	力学的エネルギーの保存
2022		Ⅰ 1	Ⅱ 2-4	物理Ⅲ 1	物理Ⅰ 2	Ⅰ 1・Ⅱ 1 物理Ⅱ 1,2	物理Ⅱ 1-2		Ⅱ 4 物理Ⅲ 4

● 出題内容一覧（試行調査）

実施回	運動の表し方			様々な力とその働き				力学的エネルギー	
	物理量の測定と扱い方	運動の表し方	直線運動の加速度	様々な力	力のつり合い	運動の法則	物体の落下運動	運動エネルギーと位置エネルギー	力学的エネルギーの保存
第２回	Ⅱ 1,2	Ⅱ 1	Ⅱ 2	Ⅰ 1・Ⅱ 3	Ⅰ 1 物理Ⅰ 2	Ⅱ 3	Ⅱ 3,4 物理Ⅳ 4		Ⅱ 4
第１回			物理Ⅰ 1 物理Ⅲ 2	物理Ⅰ 1				物理Ⅲ 4-6	

● 出題内容一覧（センター試験本試験）

年度	運動の表し方			様々な力とその働き				力学的エネルギー	
	物理量の測定と扱い方	運動の表し方	直線運動の加速度	様々な力	力のつり合い	運動の法則	物体の落下運動	運動エネルギーと位置エネルギー	力学的エネルギーの保存
2020				物理Ⅴ 1,2	物理Ⅳ 3 物理Ⅴ 1,2	物理Ⅳ 4			
2019								物理Ⅰ 1	物理Ⅳ 3
2018					物理Ⅳ 1				
2017			物理Ⅳ 1		物理Ⅳ 5	物理Ⅳ 1			物理Ⅳ 3,4

(注) Ⅰ，Ⅱ，…は大問番号を，1，2，…は小問番号を表す。

✔ 熱・波・電磁気・エネルギー

熱の分野は，**比熱**，**熱力学第1法則**，**熱効率**の計算問題や，**熱現象における不可逆変化**などで，文章を選択させる問題，正文・誤文選択問題が出題されている。

波の分野は，**波の基本式**，**波の固定端反射と自由端反射**，**縦波と横波**，**定常波**，**うなり**，**気柱と弦の固有振動**などが出題されている。

電磁気の分野は，**オームの法則**，**ジュール熱**，**電力**，**変圧器や送電**の計算問題や，**モーターや発電機の原理**，**電流による磁界**，**電流が磁界から受ける力**，**電磁誘導**，**家庭用電源としての交流**などが，いずれも実験・観察を通して身につけた基本的な概念と法則，定性的な知識と理解，それを用いた考察力を求める問題として，出題されている。日常生活に密着したテーマに対しては，教科書本文を丁寧に読むだけでなく，コラムや図解などのサブテキストも活用したい。

また，2023年度本試験第3問，2022年度本試験第3問，2021年度本試験第2日程の第2問Aに見られるように，実験・観察や探究活動に関する問題にも注意したい。

● 出題内容一覧（共通テスト本試験）

年度	熱		波		電磁気		エネルギーとその利用	物理学が拓く世界
	熱と温度	熱の利用	波の性質	音と振動	物質と電気抵抗	電気の利用	エネルギーとその利用	物理学が拓く世界
2023		Ⅰ 3		Ⅰ 4	Ⅲ 2,3	Ⅲ 4	Ⅲ 1	
2022	Ⅲ 1		Ⅰ 4		Ⅱ 1-4・Ⅲ 3			
2021①	Ⅰ 4	Ⅰ 4		Ⅱ 1,2	Ⅰ 2・Ⅱ 5	Ⅰ 3・Ⅱ 3,4		
2021②		Ⅰ 4	Ⅰ 3	Ⅱ 1,2 物理Ⅲ 1,2	Ⅰ 2・Ⅱ 3-5・Ⅲ 3			

● 出題内容一覧（共通テスト追試験）

年度	熱		波		電磁気		エネルギーとその利用	物理学が拓く世界
	熱と温度	熱の利用	波の性質	音と振動	物質と電気抵抗	電気の利用	エネルギーとその利用	物理学が拓く世界
2022	Ⅰ 2		Ⅲ 1-3		Ⅰ 3	Ⅰ 4		

● 出題内容一覧（試行調査）

実施回	熱		波		電磁気		エネルギーとその利用	物理学が拓く世界
	熱と温度	熱の利用	波の性質	音と振動	物質と電気抵抗	電気の利用	エネルギーとその利用	物理学が拓く世界
第2回	Ⅰ2・Ⅲ3	Ⅲ3	Ⅰ2 物理Ⅲ3,4	Ⅰ2 物理Ⅳ1	Ⅰ4・Ⅲ1,2	Ⅰ3 物理Ⅳ1,3		
第1回	物理Ⅲ4	物理Ⅲ4-6		物理Ⅰ4		物理Ⅰ2	物理Ⅰ5 物理Ⅲ5	

● 出題内容一覧（センター試験本試験）

年度	熱		波		電磁気		エネルギーとその利用	物理学が拓く世界
	熱と温度	熱の利用	波の性質	音と振動	物質と電気抵抗	電気の利用	エネルギーとその利用	物理学が拓く世界
2020								
2019								
2018				物理Ⅲ3				
2017								

（注）　Ⅰ，Ⅱ，…は大問番号を，1，2，…は小問番号を表す。

過去問の上手な使い方

ここまで見てきたように，共通テストでは，過去問を解くことが対策に直結するといえるでしょう。とはいえ，ただ解くだけでは効果が薄れてしまいます。以下のポイントに気を付けながら過去問に取り組むことで，より効果的に対策をしておきましょう！

学習対策

対策①
教科書で物理の原理・法則を理解する

共通テストの土台となるのは教科書なので，まずは教科書を何度もしっかりと読もう。太字部分や公式だけでなく，文章を読むことが理解には欠かせない。そこで物理用語の定義や法則の大枠をしっかりと暗記し，物理現象や物理の原理を文章や図を用いて説明する表現力を養いたい。

教科書のグラフや図は，その形を暗記するのではなく自分で一から描けるように練習し，その意味を理解することが必要である。また，公式も単に暗記するだけでなく，公式の持つ意味，導出過程，どんな場面で使えるか，どんな図と対応しているかなどを説明できるようにしておくことが大切である。

対策②
正解しても解説を丁寧に読む

過去問を解いていく中で，間違ったところはいうまでもなく，正解したところでも，必ず解説は丁寧に読んでもらいたい。その際，解説に書かれている内容と自分の理解が違っていないことを確認する。それが自信につながり，設定が変わった問題や，初めて見る問題にも対応できる力となる。

対策③
同じ過ちを繰り返さない

「間違ったけれども，解説を読めばわかった」というのが最も危険である。このような時は，どこで間違ったのか，何が原因であったのかを追究し，二度と同じ過ちを繰り返さないように注意しよう。解説を読んでも不明な点が出てくれば必ず教科書に戻って確認し，その周囲の法則や図，グラフにも注意を払っておきたい。

対策④

正誤判定問題に惑わされない

近年，受験生は正誤判定問題を苦手とする傾向があるが，これは公式暗記に頼っている証拠といえる。物理現象の深い理解と思考力を試すにはこのタイプの出題が必須である。物理現象を的確に表現したり，論理的に説明したりする能力を養うためにも，常に「何が原因でその現象が起こっているのか」を考えておかなければならない。

対策⑤

実験・観察，探究活動には積極的に参加する

近年の教育課程では，実験・観察，探究活動が重視されており，共通テストでもその傾向が強く現れている。すべての分野において，身近な題材を用いた実験・観察や，身のまわりの現象を通して物理の理解を問う問題が出題されているので，教科書をよく読み，その原理を理解しておく必要がある。また，探究活動に関しては，仮説の検証，データ処理の方法などの過程を重視した思考力を問う問題が出題されているので，学校での実験や観察には積極的に取り組み，資料集や図解にも十分に目を通しておきたい。

対策⑥

マークシート方式が易しいとは限らない

解答方式がマークシート方式だからといって，問題が易しいわけではない。近年，選択肢の多い問題が増加傾向にあり，わからない問題を直感で正解するのは無理だと考えた方がよい。正誤判定問題や文章を選ぶ問題では，特に紛らわしい選択肢を含むものがある。物理的な理解・センスを持っていれば簡単に解答できるところが，数式で処理しようとしたために，思わぬ苦戦を強いられたりすることもある。やはり，独創的な出題に耐え得るだけの，ワンランク上の対策をしておく必要がある。

対策⑦

自己採点を確実にする

共通テストの物理は，出題形式が多様な上に，文章量，選択肢の多い問題が増加しているので，制限時間内に解けるよう，時間感覚と解答スピードを養っておく必要がある。また，マークシート方式の解答用紙に正しくマークすると同時に，後で大学入試センターが発表する正解に基づいて正しく自己採点できるよう，問題冊子に解答を書き留めておかなくてはならない。国公立大学の一般選抜ではこの自己採点結果を基準に，二次試験の出願先を決定するわけであるから，提出した解答用紙のマークと，

自分の問題冊子の記録が違っていたのでは，元も子もない。過去問や模試などによって，共通テストと同じ時間，同じレベルの問題，同じタイプの解答用紙で演習を行い，正しくマークし，正しく自己採点できるよう訓練を積んでおかなければならない。

思考力問題対策

ここでは，共通テストで重要視される「思考力」を問う問題について，その対策を考える。

物理における「思考力問題」とは？

大学入試センターから公表されている，理科における「思考力・判断力・表現力」についてのイメージでは，**課題の把握**（図・表や資料等を用いて情報を整理し，関係性などを発見する力）・**課題の探究（追究）**（発見した関係性などから，仮説を設定し，それを検証する実験を計画・実行し，結果を分析・解釈する力）・**課題の解決**（実験や分析の結果をもとに仮説を検証し，次の課題を発見したり，新たな知見を得たりする力）の3つの力について，共通テストで問う，とされている。実際に共通テストでは，これまでの大学入試でよく見られてきた，公式を用いて計算により答えを求めさせる問題よりも，物理現象をグラフや表，文章を用いて表現させることに重点をおいた問題や，日常生活や社会と関連した課題等を科学的に探究する問題，ICT 機器の利活用を含む，実験・観察を重視した問題などが出題されている。

「思考力問題」の例

共通テストおよび過去のセンター試験本試験で出題された問題から，実験・観察，探究活動を重視した出題や日常生活に密着したテーマに関する出題を挙げると，次のようになる。また，**「形式を知っておくと安心」**（p. 019〜026）や**「ねらいめはココ！」**（p. 027〜036）でも，実験・観察や探究活動に関する問題をいくつか挙げているので，参考にしてほしい。

● 実験・観察，探究活動を重視した出題

- 落下するアルミカップにはたらく空気の抵抗力の実験（2023 年度「物理」第 2 問）
- コンデンサーの電気容量を測定する実験（2023 年度「物理」第 4 問）
- 力学台車を用いた物体の運動（2022 年度「物理」第 2 問）
- 電磁誘導で発生する誘導起電力のオシロスコープでの観察（2022 年度「物理」第 3 問）
- スプーンが純金製かどうかを判断する実験（2022 年度「物理基礎」第 3 問）
- クラシックギターの音の波形と音階（2021 年度第 1 日程「物理基礎」第 2 問 A）
- 記録タイマーを使った台車の加速度運動を調べる実験（2021 年度第 1 日程「物理基礎」第 3 問）
- 電流計と電圧計の構造（2021 年度第 2 日程「物理」第 2 問 A）
- オームの法則の実験（2021 年度第 2 日程「物理基礎」第 2 問 B）
- 円筒形導体に誘電体をはさんだコンデンサー（2020 年度「物理」第 2 問 A）
- レンズや透明な板を通した物体の観測（2019 年度「物理」第 1 問 問 3，第 3 問 問 2）
- 単振動する音源によるドップラー効果（2019 年度「物理」第 3 問 問 3・問 4）
- 電気力線（2017 年度「物理」第 1 問 問 3）と，磁力線（2020 年度「物理」第 1 問 問 2）

● 日常生活に密着したテーマにも注意

- ギターの弦の調律（2023 年度「物理基礎」第 1 問 問 4）
- 再生可能エネルギー（2023 年度「物理基礎」第 3 問 問 1）
- 送電の仕組み（2023 年度「物理基礎」第 3 問 問 2～問 4）
- ドライヤーの消費電力（2022 年度「物理基礎」第 2 問 B）
- ダイヤモンドがさまざまな色で明るく輝く理由（2021 年度第 1 日程「物理」第 3 問 A）
- 電車の等加速度直線運動と駆動用モーター（2021 年度第 2 日程「物理基礎」第 3 問）
- さいころの模擬実験（原子核崩壊のモデル）（2018 年度「物理」第 6 問 問 3）

以下に，実験・観察や探究活動の具体例をいくつか紹介する。

◎運動の軌跡を図示する

物理における質点の運動は，等加速度直線運動や放物運動，円運動，単振動が挙げられるが，それぞれどのような力がはたらくときに起こる運動かを正しく理解している必要がある。力学だけでなく，波における媒質の運動や，電気と磁気における静電気力やローレンツ力を受けた運動でも，その軌跡の概略は正しくイメージできなければならない。

◎ 2 変数の関係をグラフで表す

力学における x-t グラフや v-t グラフ，点電荷のまわりの静電気力による位置エネルギーのグラフ，熱力学における気体の状態図など，物理では様々な場面でグラフが登場する。共通テストでは，与えられたグラフ上の個々の点を読み取るだけでなく，

傾きや面積に相当する物理量を問うことで，実験データを俯瞰的に分析させる問題が出題されている。教科書のグラフを覚えるだけでなく，日頃からグラフを自ら作成・分析する能力を養ってきたかが問われることになる。

「思考力問題」対策

「実験・観察，探究活動を重視した出題」に対する対策は，038ページの対策④や対策⑤で紹介しているので，よく読んでほしい。特に，資料や図，グラフを読み取る力は，一朝一夕に身につくものではなく，日頃からの訓練が大事である。

また，共通テストで出題された問題では，解答形式について，従来の「最も適当なものを一つ選べ」ではなく，数学のように計算結果を直接マークさせる形式も出題されている。このような問題では，いわゆる消去法は通用しないため，より確かな物理の力が求められる。

本書に収載している共通テスト・センター試験の過去問にも，上記のように，「思考力問題」といえる問題が多数見られる。特に前ページに挙げた問題は確実に解けるようになっておいてほしい。

共通テスト
攻略アドバイス

　ここでは，共通テストで高得点をマークした先輩方に，その秘訣を伺いました。実体験に基づく貴重なアドバイスの数々。これをヒントに，あなたも攻略ポイントを見つけ出してください！

✓ 教科書の理解と過去問での演習を！

　共通テストは，「物理」「物理基礎」の全分野から出題されます。また，教科書等では扱われていない事物・現象を考察する問題が含まれることが発表されていますが，その土台となる知識は，やはり教科書の内容です。まずは教科書を隅々まで読み込み，その内容を漏れなく定着させておきましょう。

　共通テストでは，深い**思考力**が問われるとされており，それぞれの公式がなぜ成り立つのかを理解していないと思わぬところで失点してしまいかねません。過去問を活用した苦手分野の克服も効果的でしょう。

　共通テストでは，公式をただただ暗記しただけではいい点数を取れません。なので，公式を覚えるというよりは，なぜそのような公式が成り立つのかなどを考えて，勉強しましょう。　Y. K. さん・大阪大学（工学部）

共通テストの物理は公式の暗記だけでは解くことが難しく，物理現象を理解していなければなりません。普段の学校の授業からそのことを意識して勉強するのがいいと思います。　K. K. さん・金沢大学（理工学域）

共通テストは公式を覚えているだけでは太刀打ちできないので，しっかりと原理から学ぶことが重要です。なぜそうなるのか？などと疑問を毎回もち，教科書などで理解するといいと思います。共通テスト物理は教科書の範囲から出ることが多いので教科書を読むことが重要です。

S. A. さん・大分大学（医学部）

教科書に載っているような基本事項を完璧に。応用問題をやる前に，自分は基本問題が解けるのか，公式はなぜ成り立つかを説明できるのか，この 2 点を確認しましょう。　T. T. さん・筑波大学（総合学域群）

物理は高校 2 年生まではすごく苦手でした。しかし，基本をやり込めばやり込むほど点数は上がっていきました。共通テストの物理は基本の確認と演習を繰り返し行うことが重要です。　S. M. さん・三重大学（工学部）

共通テストの物理は物理の基本的な原理から問われることが多く，公式の丸暗記だけでは通用しないです。しっかりと公式の意味を理解して，色々な問題を解いておくことが重要だと思います。

M. K. さん・徳島大学（医学部）

二次・個別試験対策だけでは危険？

共通テストでは，二次・個別試験ではあまり問われないような，**身近な現象**を扱う問題が出題されます。また，物理現象を定性的に扱う問題では，図やグラフを選ぶ問題がよく出されます。二次・個別試験ではあまり問われない形式の問題こそ，過去問での演習が最適です。

身近な話題の問題が出題されやすくなっています。普段から周りの物理現象に目を向けてみてください。　S. F. さん・和歌山県立医科大学（医学部）

選択肢で迷いやすい問題が多いので，自分の計算でしっかり答えを出してから選択肢に目を向けるようにしましょう。また見慣れない図が出ても落ち着いて理解することが大事です。　K. N. さん・鹿児島大学（医学部）

基本的な問題集を終えたあと，共通テストの独自の問題に慣れるために，演習は不可欠です。共通テストの物理はかなり本質を問われる問題なので，人によっては，共通テストは二次試験よりも難しいかもしれません。

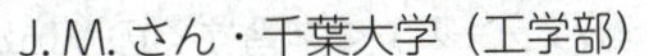

J. M. さん・千葉大学（工学部）

二次試験の物理と共通テストの物理は結構違う気がしていたので，共通テスト前は，なるべく共通テストの出題傾向に合わせせることを頑張りました。適当に解答を選ぶのではなく，しっかりゆっくりじっくり考えて答えを出すようにしていました。　H. M. さん・北海道大学（総合入試理系）

問題を解くことができるようになっているだけでなく，現象や法則の理解に力を入れることが大切です。また，視覚的に解ける問題もあるので，教科書の図や写真も見るようにしておくといいです。

K. B. さん・長崎大学（医学部）

高得点を狙うなら…

共通テスト物理は，理科の他の科目に比べると，暗記する量が少なく，安定的に高得点を狙いやすい科目のようです。ただし，１問あたりの配点が高いことから，油断すると一気に失点してしまう恐れもあります。苦手分野や基本事項の抜けが残らないよう，万全の対策が必要です。

基本が固まっていないと安定して点数を取ることができません。逆に言えば，基本さえしっかりしていれば，高得点を狙える科目なので，教科書等で公式の導出過程などをしっかり理解しておくといいと思います。

S. S. さん・自治医科大学（医学部）

答えを求めるだけでなく，公式がどうやってつくられたのか，この原理はなぜ成立するのかを，教科書を使ってしっかりと理解を深めていくと高得点が狙えます。　S. K. さん・京都工芸繊維大学（工芸科学部）

一問の配点が高く問題数が少ないので，安定して点数を取るためには各分野バランスよく学習するのがいいと思います。特に原子分野は習ってから試験までの期間が短いので自主的に勉強するのがいいと思います。

M. I. さん・岐阜大学（工学部）

覚える量が少ない分しっかりと考察しないと選択肢を選び間違えてしまうので，筋道立てて考える力は必要です。しかし，暗記一辺倒にならないので，文系だからといって毛嫌いするのは損です。

A. O. さん・金沢大学（人間社会学域）

NOTE

NOTE

NOTE

NOTE

Keys & Answers

解答・解説編

<共通テスト>

- 2023 年度　物理　本試験　　物理基礎　本試験
- 2022 年度　物理　本試験・追試験　　物理基礎　本試験・追試験
- 2021 年度　物理　本試験（第 1 日程）　　物理基礎　本試験（第 1 日程）
- 2021 年度　物理　本試験（第 2 日程）　　物理基礎　本試験（第 2 日程）
- 第 2 回　試行調査　物理
  第 2 回　試行調査　物理基礎
- 第 1 回　試行調査　物理

<センター試験>

- 2020 年度　物理　本試験
- 2019 年度　物理　本試験
- 2018 年度　物理　本試験
- 2017 年度　物理　本試験

凡　例

POINT：受験生が誤解しやすい事項をポイントとして示しています。
CHECK：設問に関連する内容で，よく狙われる事項をチェックとして示しています。

物理
物理基礎

解答・配点に関する注意

本書に掲載している正解および配点は，大学入試センターから公表されたものをそのまま掲載しています。

物理 本試験

問題番号(配点)	設問	解答番号	正解	配点	チェック
第1問 (25)	問1	1	③	5	
	問2	2	③	2	
		3	③	3	
	問3	4	④	2	
		5	②	3	
	問4	6	④	5	
	問5	7	⑤	5	
第2問 (25)	問1	8	⑥	5	
	問2	9	①	5*1	
		10	⑤		
		11	⓪		
	問3	12	②	4	
	問4	13-14	④-⑧	6 (各3)	
	問5	15	⑨	5	

問題番号(配点)	設問	解答番号	正解	配点	チェック
第3問 (25)	問1	16	⑤	5*2	
	問2	17	⑥	5	
	問3	18	⑥	5*3	
	問4	19	①	5	
	問5	20	④	5	
第4問 (25)	問1	21	⑧	5	
	問2	22	⑦	5	
	問3	23	③	2	
		24	⑧	3	
	問4	25	④	5	
	問5	26	⑤	5	

(注)

1　＊1は，全部正解の場合のみ点を与える。ただし，解答番号9で①，解答番号10で⑥，解答番号11で⓪を解答した場合は2点を与える。

2　＊2は，②，④のいずれかを解答した場合は1点を与える。

3　＊3は，④，⑤のいずれかを解答した場合は1点を与える。

4　-（ハイフン）でつながれた正解は，順序を問わない。

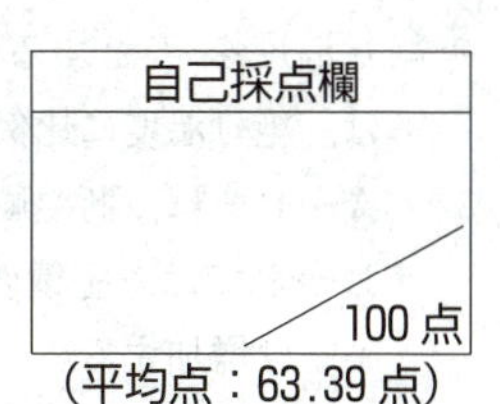

（平均点：63.39点）

第1問 標準 《総　合　題》

問1　1　正解は③

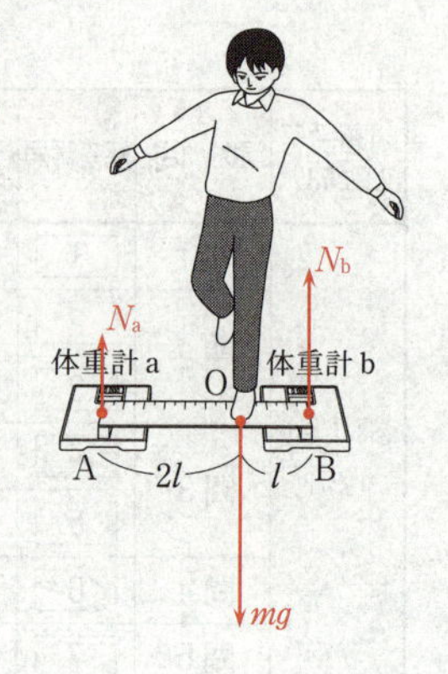

体重計 a，b にのせた角材が板の下面を支える点をそれぞれA，B，人の片足が板にのっている点をOとする。人の質量を m，重力加速度の大きさを g，点A，Bで板が受ける力の大きさを N_a，N_b とすると，N_a，N_b は体重計 a，b にかかる力の大きさに等しい。

板が静止しているから，鉛直方向の力のつりあいの式より

$$N_a+N_b=mg$$

板が回転しないから，$OA=2l$，$OB=l$ として，点Oのまわりの力のモーメントのつりあいの式より

$$N_a\times 2l=N_b\times l$$

これらを連立して解くと

$$N_a=\frac{1}{3}mg,\ N_b=\frac{2}{3}mg$$

$m=60$〔kg〕であるから

$$N_a=20\times g,\ N_b=40\times g$$

よって，体重計 a と b の表示は，それぞれ **20** kg と **40** kg となる。

したがって，数値の組合せとして最も適当なものは③である。

別解　力のモーメントのつりあいの式は，回転軸をA，B，Oのどこにとっても同じである。次のようにすると，力のつりあいの式を用いずに求めることもできる。

点Aのまわりの力のモーメントのつりあいの式より

$$N_b\times 3l=mg\times 2l\qquad \therefore\quad N_b=\frac{2}{3}mg=40\times g$$

点Bのまわりの力のモーメントのつりあいの式より

$$N_a\times 3l=mg\times l\qquad \therefore\quad N_a=\frac{1}{3}mg=20\times g$$

問2　2　正解は③　　3　正解は③

2　理想気体の内部エネルギー U は，気体の物質量を n，定積モル比熱を C_V，絶対温度を T とすると，$U=nC_VT$ である。すなわち，理想気体の内部エネルギーは，絶対温度に比例する。

- A→Bでは，断熱膨張で温度は下がり，気体の内部エネルギーは減少する。
- B→Cでは，定積変化で圧力が増加するので温度は上がり，気体の内部エネルギーは増加する。

- C→Aでは，等温変化で温度は一定なので，気体の内部エネルギーは一定である。

よって，サイクルを一周する間で，気体の温度は変化するがもとの値に戻るので，気体の内部エネルギーは変化するがもとの値に戻る。

したがって，語句として最も適当なものは③である。

3　気体が吸収した熱量を Q，気体がされた仕事を W，気体の内部エネルギーの増加を ΔU とすると，熱力学第１法則より

$$\Delta U = Q + W$$

ここで，

- Q は，熱量を吸収するときが“正”，熱量を放出するときが“負”。
- W は，気体の体積が減少して仕事をされるときが“正”，気体の体積が増加して仕事をするときが“負”。
- ΔU は，気体の温度が上昇して内部エネルギーが増加するときが“正”，気体の温度が下降して内部エネルギーが減少するときが“負”。

ア　圧力－体積グラフと横軸で囲まれた面積は，気体がされた（した）仕事を表す。

- A→Bでは，気体の体積が増加しているので，気体がされた仕事は負。
- B→Cでは，定積変化なので，気体がされた仕事は０。
- C→Aでは，気体の体積が減少しているので，気体がされた仕事は正。

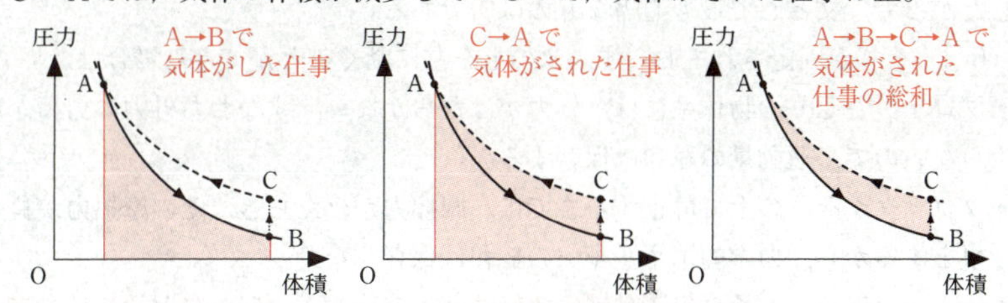

ここで，A→Bのグラフと横軸で囲まれた面積（負の仕事）より，C→Aのグラフと横軸で囲まれた面積（正の仕事）の方が大きいので，A→B→C→Aで，気体がされた仕事の総和 W は正である。

イ　A→B→C→Aのサイクルを一周する間で，熱力学第１法則 $\Delta U = Q + W$ より，$\Delta U = 0$ で，W は正であるから，気体が吸収した熱量の総和 Q は負である。

したがって，語の組合せとして最も適当なものは③である。

POINT　◎単原子分子の理想気体の場合，定積モル比熱 C_V は，気体定数 R を用いて，$C_V = \frac{3}{2}R$ であるから，$U = nC_VT = \frac{3}{2}nRT$ である。気体の温度が ΔT だけ変化した場合，気体の内部エネルギーの変化 ΔU は，$\Delta U = nC_V\Delta T = \frac{3}{2}nR\Delta T$ である。

◎熱力学第１法則では，気体の仕事に「された仕事」の場合と「した仕事」の場合があ

るので，これらの正負には注意が必要である。気体が吸収した熱量を Q，気体がした仕事を W'，気体の内部エネルギーの増加を ΔU とすると，熱力学第１法則は $Q=\Delta U+W'$ である。過去にはこのスタイルで扱われたこともある。

CHECK　◎A→Bでは，熱の出入りがない（断熱変化）ので $Q=0$ である。また，気体の体積が増加しているので $W<0$ である。よって，$\Delta U=Q+W$ より，$\Delta U<0$ となる。
◎B→Cでは，定積変化（体積が一定）なので $W=0$ である。また，体積一定で圧力が増加するとき，ボイル・シャルルの法則より，気体の温度は上昇するので $\Delta U>0$ である。よって，$\Delta U=Q+W$ より，$Q>0$ となる。
◎C→Aでは，等温変化（温度が一定）なので $\Delta U=0$ である。また，気体の体積が減少しているので $W>0$ である。よって，$\Delta U=Q+W$ より，$Q<0$ となる。

問3　[4]　正解は④　　[5]　正解は②

[4]　そりが岸に固定されていて動けない場合，ブロックがそりの上を滑り始めてからそりの上で静止するまでの間，

- ブロックとそりの物体系には，氷に対してそりが動かないようにするための外力がはたらき，その外力が力積を加えるから，運動量の総和は保存しない。
- ブロックがそりの上で静止するまでに，摩擦力がはたらき，その摩擦力が負の仕事をするから，力学的エネルギーの総和は保存しない。

よって，**ブロックとそりの運動量の総和も，ブロックとそりの力学的エネルギーの総和も保存しない**。

したがって，文として最も適当なものは④である。

[5]　そりが固定されておらず，氷の上を左に動くことができる場合は，

- ブロックとそりの物体系には，外力がはたらかない，すなわち外力の力積が加わらないので，運動量の総和は保存する。
- ブロックがそりの上で静止するまでに，摩擦力がはたらき，その摩擦力が負の仕事をするから，力学的エネルギーの総和は保存しない。

よって，**ブロックとそりの運動量の総和は保存するが，ブロックとそりの力学的エネルギーの総和は保存しない**。

したがって，文として最も適当なものは②である。

POINT　◎物体系の運動量が保存する条件は，物体系に外力が力積を加えない場合，すなわち，物体系に外力がはたらかない場合である。物体系に対して外部からはたらく力が力積を加えると，物体系の運動量は変化する。
◎物体の力学的エネルギーが保存する条件は，物体にはたらく力が保存力だけの場合，または保存力以外の力がはたらいてもその力が仕事をしない場合である。物体に対して外部からはたらく力が仕事を加えると，物体の運動エネルギーは変化する。重力や弾性力などの保存力が仕事をすると，位置エネルギーが変化し，運動エネルギーに変換される。

CHECK　ブロックの質量を m，そりの質量を M，ブロックがそりに移る直前の速さを v_0，ブロックとそりとの間の動摩擦係数を μ，重力加速度の大きさを g とする。この水平方

向の運動では，ブロックとそりの重力による位置エネルギーは変化しない。

◎そりが岸に固定されていて動けない場合

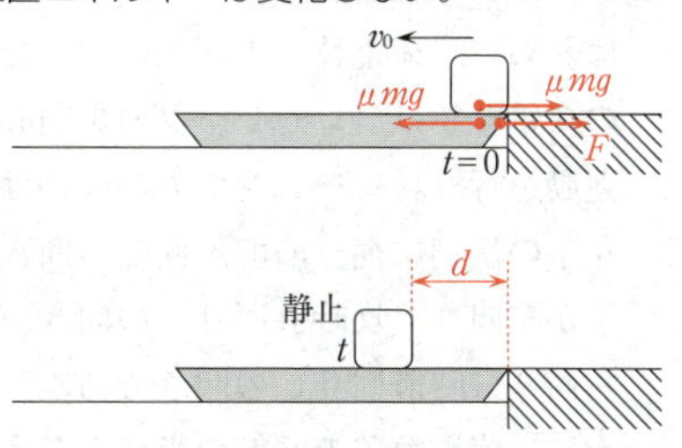

そりを固定する力の大きさを F，ブロックがそりの上を滑り始めてからそりの上で静止するまでの時間を t，その間にブロックがそりに対して滑った距離を d とする。

- ブロックの運動量の変化は，ブロックが受けた力積に等しいので

$$0-mv_0=-\mu mg\cdot t$$

- ブロックの運動エネルギーの変化は，ブロックが受けた仕事に等しいので

$$0-\frac{1}{2}mv_0{}^2=-\mu mg\cdot d$$

そりの運動量と運動エネルギーは変化しないので，ブロックとそりの運動量の総和も，ブロックとそりの力学的エネルギーの総和も保存しない。

◎そりが固定されておらず，氷の上を左に動くことができる場合

ブロックがそりの上を滑り始めてからそりの上で静止するまでの時間を t，そのときの氷に対するブロックとそりの速さを V，その間にブロックが氷に対して滑った距離を d，そりが氷に対して滑った距離を D とする。

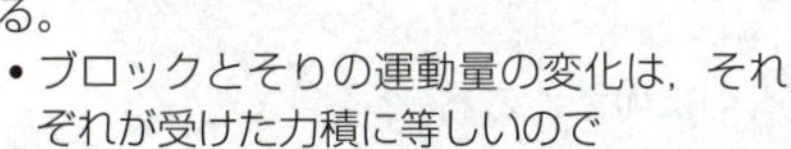

- ブロックとそりの運動量の変化は，それぞれが受けた力積に等しいので

$$\text{ブロック：}mV-mv_0=-\mu mg\cdot t$$

$$\text{そり：}MV-0=\mu mg\cdot t$$

両辺の和をとると

$$(mV-mv_0)+MV=0$$

$$\therefore\quad mV+MV=mv_0$$

よって，ブロックとそりの運動量の総和は保存する。これは，ブロックとそりのそれぞれに対して摩擦力が加えられた時間が等しいので，それらの力積は相殺されるからである。

- ブロックとそりの運動エネルギーの変化は，それぞれが受けた仕事に等しいので

$$\text{ブロック：}\frac{1}{2}mV^2-\frac{1}{2}mv_0{}^2=-\mu mg\cdot d$$

$$\text{そり：}\frac{1}{2}MV^2-0=\mu mg\cdot D$$

両辺の和をとると

$$\left(\frac{1}{2}mV^2-\frac{1}{2}mv_0{}^2\right)+\frac{1}{2}MV^2=-\mu mg\cdot d+\mu mg\cdot D$$

$$\therefore\quad \left(\frac{1}{2}mV^2+\frac{1}{2}MV^2\right)-\frac{1}{2}mv_0{}^2=-\mu mg(d-D)$$

よって，ブロックとそりの力学的エネルギーの総和は保存しない。このとき，$d>D$ であるから，摩擦力がした仕事は負で，力学的エネルギーは減少する。

問4　6　正解は④

はじめに，荷電粒子の回転の向きを考える。磁場中の荷電粒子は，ローレンツ力を向心力として等速円運動を行う。ローレンツ力の向きは，フレミングの左手の法則に従うので，回転の向きは，正の荷電粒子が左回り（反時計回り）の向き，負の荷電粒子が右回り（時計回り）の向きである。よって，②または④が正しい。

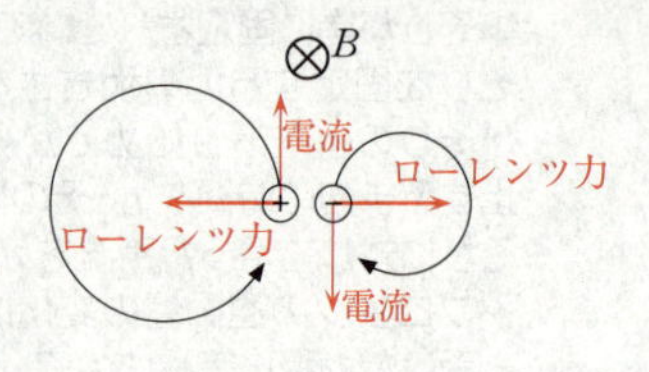

次に，荷電粒子の回転の半径を考える。磁場の磁束密度の大きさを B，荷電粒子の質量を m，電気量の大きさを q，円運動の速さを v，半径を r とすると，中心方向の運動方程式より

$$m\frac{v^2}{r}=qvB$$

$$\therefore\quad r=\frac{mv}{qB}$$

B は一様で，q，v は正の荷電粒子と負の荷電粒子において同じなので，回転半径 r は質量 m に比例する。質量は，正の荷電粒子の方が負の荷電粒子より大きいから，回転半径は，正の荷電粒子の方が負の荷電粒子より大きくなるので，②，④のうち，④が正しい。

したがって，模式図として最も適当なものは④である。

問5　7　正解は⑤

光電効果では，振動数 ν の光子1個は，そのエネルギー $h\nu$ すべてを原子に束縛された電子に与えて，光子自身は消滅する。電子はそのエネルギー $h\nu$ すべてを受け取り，そのエネルギーの一部を金属表面から外へ飛び出すのに使い，残りを金属の外での運動エネルギーにする。金属表面の電子が外に出るための必要最小限のエネルギーを仕事関数 W という。

したがって，金属表面からは，いろいろな速さをもつ電子が飛び出すことになるが，そのうちで最大の運動エネルギー K_0 をもつ電子についてのエネルギーの関係式が，アインシュタインの光電効果の式 $h\nu=W+K_0$ である。

図4で，$\nu=\nu_0$ のとき，$K_0=0$ であるから

$$h\nu_0=W$$

$$\therefore\quad h=\frac{W}{\nu_0}$$

POINT

◎光電効果を起こす最小の振動数を限界振動数 ν_0 といい，金属表面の電子だけがちょうど外へ出られたという状況で，外へ飛び出しても運動エネルギーをもたない。仕事関数 W は，金属表面の電子が外に出るための必要最小限のエネルギーで，金属の奥深く

にある電子が外に出るためには W よりも多くのエネルギーを必要とする。
◎図4の直線の式は，縦軸が K_0，横軸が ν，縦軸の切片が $-W$ であり，傾きがプランク定数 h であるから，$K_0=h\nu-W$ となる。

第2問 標準 ── 力学《空気中での落下運動に関する探究》

問1 8 正解は⑥

ア・イ・ウ 物体が空気中を運動するとき，物体は運動の向きと逆向きの抵抗力を受ける。

抵抗力の大きさ R が速さ v に比例すると仮定したとき，正の比例定数を k とすると，$R=kv$ である。物体の質量を m，重力加速度の大きさを g，物体の速さが v のときの加速度を a とすると，運動方程式より

$$ma=mg-kv$$

落下直後は $t=0$ で $v=0$ であるから，抵抗力 $kv=0$ となり

$$ma=mg$$

$$\therefore\quad a=g$$

物体は，はじめ重力加速度に等しい加速度で落下し始め，加速して速さ v が増加すると，抵抗力 kv が増加し，加速度 a は減少する。

したがって，語句の組合せとして最も適当なものは⑥である。

CHECK 最後には，抵抗力 kv が重力 mg に等しくなるまで速さ v が増加し，これらの力がつりあって，物体は一定の速さで落下するようになる。この速さが終端速度の大きさ v_f である。このときは加速度が0であるから

$$0=mg-kv_f$$

$$\therefore\quad v_f=\frac{mg}{k}$$

問2 9 正解は① 10 正解は⑤ 11 正解は⓪

アルミカップを3枚重ねた（$n=3$）とき，区間が40～60〔cm〕以降のところでは，20cm（$=0.20$m）を落下するのに要する時間が0.13sとなって一定である。この落下の速さが終端速度の大きさ v_f であるから，等速直線運動の式より

$$v_f=\frac{距離}{時間}=\frac{0.20}{0.13}=1.53\cdots\fallingdotseq 1.5=1.5\times 10^0〔\mathrm{m/s}〕$$

問3 12 正解は②

「$v_f=\dfrac{mg}{k}$ に基づく予想」とは，会話文中の「アルミカップは，何枚か重ねることによって質量の異なる物体にすることができる」が，「その物体の形は枚数によら

ずほぼ同じなので，k は変わらない」とでき，「物体の質量 m はアルミカップの枚数 n に比例」するので，「v_f が n に比例する」ことである。よって，予想通りであれば，v_f と n は比例関係にあるので，グラフは原点を通る傾きが正の直線になるはずである。

①不適。図3で，アルミカップの枚数 n を増やすと，v_f が大きくなっているといえるが，v_f が n に比例しているわけではない。

②適当。予想していた結果と異なると判断できるのは，図3が，**測定値のすべての点のできるだけ近くを通る直線が，原点から大きくはずれ**ていることである。

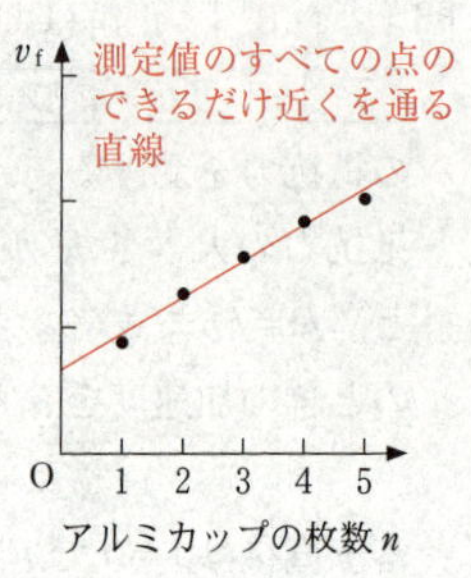

③不適。図3を，v_f がアルミカップの枚数 n に反比例していると考えるのは誤りである。

④不適。アルミカップの枚数 n は整数値であり，実験そのものがとびとびの値である。これは，v_f が n に比例するかどうかということとは無関係である。

したがって，根拠として最も適当なものは②である。

問4　13 - 14　正解は④-⑧

アルミカップ1枚の質量を m_0 とすると，$m=n\cdot m_0$ である。速さの2乗に比例する抵抗力 $R=k'v^2$ がはたらく場合，終端速度の大きさ v_f は

$$v_f=\sqrt{\frac{mg}{k'}}=\sqrt{\frac{n\cdot m_0g}{k'}}=K\sqrt{n}$$

ここで，m_0，g，k' は一定値であるから，$\sqrt{\dfrac{m_0g}{k'}}=K$（正の比例定数）とした。よって，$v_f$ は $\sqrt{n}$ に比例するので，**縦軸に v_f，横軸に $\sqrt{n}$** を選ぶと，グラフは原点を通る直線となる。

また，$v_f=K\sqrt{n}$ の両辺を2乗すると

$$v_f{}^2=K^2n$$

K^2 を K' とすると

$$v_f{}^2=K'n$$

よって，$v_f{}^2$ は n に比例するので，**縦軸に $v_f{}^2$，横軸に n** を選ぶと，グラフは原点を通る直線となる。

したがって，選び方の組合せとして最も適当なものは④または⑧である。

CHECK　表1より，$v_f{}^2$，n を求めると，次の表のようになる。

アルミカップの枚数 n	1	2	3	4	5
20cm の落下時間の一定値〔s〕	0.23	0.16	0.13	0.11	0.10
終端速度の大きさ v_f〔m/s〕	0.87	1.25	1.54	1.82	2.00
v_f^2〔m^2/s^2〕	0.76	1.56	2.37	3.31	4.00

これより，縦軸に v_f^2，横軸に n を選んでグラフを描くと，v_f^2 は n に比例することがわかるので，$R=k'v^2$ が測定値によく合うことになる。

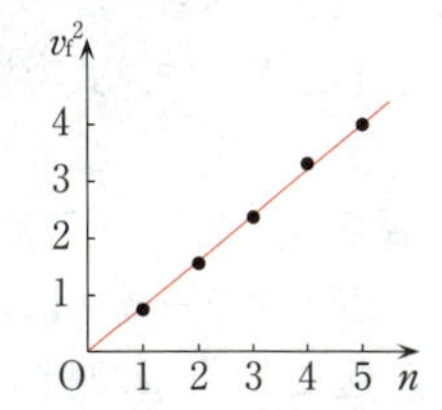

問5　15　正解は⑨

エ　(a)不適。v-t グラフのすべての点のできるだけ近くを通る一本の直線を引き，その傾きから求めた加速度は，運動している全体の時間での平均の加速度である。よって，時間 t とともに変化する加速度 a を求めたことにはならない。

(b)不適。v-t グラフから終端速度を求めると，速度は一定になっているので，加速度 a は0である。よって，時間 t とともに変化する加速度 a を求めたことにはならない。

(c)適当。v-t グラフの傾きは加速度の大きさ a を表す。隣り合う2点間で，$\Delta t=0.05$〔s〕間の速度の変化 Δv を求めると，その間のグラフの傾き $\dfrac{\Delta v}{\Delta t}$ が平均の加速度の大きさ a である。すなわち　$a=\dfrac{\Delta v}{\Delta t}$

よって，加速度の大きさ a を調べるために，**v-t グラフから Δt ごとの速度の変化を求めることによって a-t グラフをつくる**。

オ　アルミカップの運動方程式より

$$ma=mg-R \qquad \therefore \quad R=m(g-a)$$

したがって，記述および数式を示す記号の組合せとして最も適当なものは⑨である。

第3問　標準　―― 力学・波　《円運動をする音源または観測者によるドップラー効果》

問1　16　正解は⑤

向心力の大きさ

等速円運動をする音源にはたらいている向心力の大きさは $\dfrac{mv^2}{r}$ である。

仕事

音源にはたらいている向心力の向きは円軌道の中心向き，音源の運動の向きは円軌道の接線の向きであり，これらは互いに垂直である。よって，向心力は音源の運動方向の成分をもたないから，向心力は仕事をしない，すなわち，向心力がする仕事は0である。

したがって，式の組合せとして正しいものは⑤である。

問2　17　正解は⑥

ドップラー効果による振動数の変化が起こらず，観測者に届いた音波の振動数 f が，音源が出す音の振動数 f_0 と等しくなるのは，音源の速度の直線PQ方向の成分が0，すなわち，音源の運動方向が直線PQ方向と垂直になったときである。これは，音源がCとDを通過したときに出した音を測定した場合である。

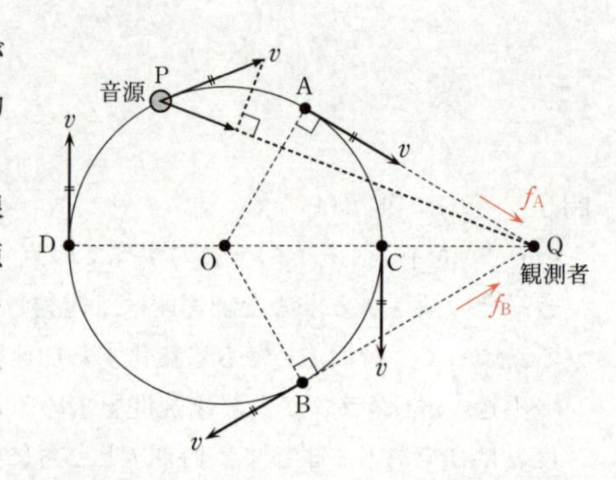

したがって，語句として最も適当なものは⑥である。

問3　18　正解は⑥

ドップラー効果の式で，観測者が静止していて，音源が速度 v_S で観測者に近づく場合，観測者が測定する振動数 f' は，$f'=\dfrac{V}{V-v_S}$（v_S は，音源→観測者の向き（音源が観測者に近づく向き）を正とする）である。

音源が観測者に近づく速度成分は，点Aにおいて v，点Bにおいて $-v$ であるから

$$f_A=\frac{V}{V-v}f_0$$

$$f_B=\frac{V}{V-(-v)}f_0$$

これらの式の $V\cdot f_0$ が等しいとおいて消去すると

$$f_A(V-v)=f_B(V+v)$$

$$\therefore\quad v=\frac{f_A-f_B}{f_A+f_B}V$$

したがって，式の組合せとして正しいものは⑥である。

問4 19 正解は①

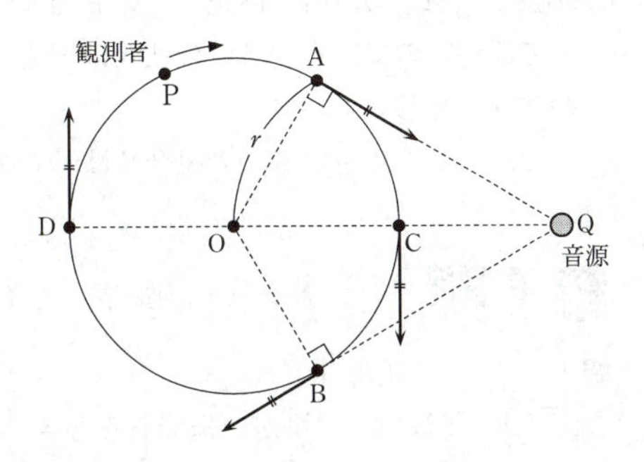

等速円運動をする観測者が測定する音の振動数は周期的に変化する。これは，観測者と音源の位置をそれぞれ点P，Qとすると，観測者の速度の直線PQ方向の成分によるドップラー効果が起こるからである。

ドップラー効果の式で，音源が静止していて，観測者が速度 v_0 で音源から遠ざかる場合，観測者が測定する振動数 f' は，$f'=\frac{V-v_0}{V}f$（v_0 は，音源→観測者の向き（観測者が音源から遠ざかる向き）を正とする）である。

観測者が測定する音の振動数が最も大きいのは，観測者が音源に近づく速度の成分が最も大きい点Aにおいてであり，観測者が測定する音の振動数が最も小さいのは，観測者が音源から遠ざかる速度の成分が最も大きい点Bにおいてである。

よって，点Aにおいて最も大きく，点Bにおいて最も小さい。

したがって，記述として最も適当なものは①である。

問5 20 正解は④

(a)誤り。図1の場合，音源が運動しながら音を出したとしても，空気中を伝わる音の速さが変化することはない。波とは，媒質（物質）の振動が伝わる現象であって，媒質そのものが移動する現象ではない。波の速さは，波を伝える媒質の種類と状態によって決まる。たとえば，空気中を伝わる音の速さが340m/sのとき，20m/sで運動する自動車が運動の向きに音を出したとしても，音の速さは340m/sであり，360m/sにはならない。

(b)正しい。図1の場合，音源Pから原点Oに向かう方向の音源の速度成分が0であるから，原点Oを通過する音波の波長は，音源の位置によらずすべて等しい。音源が運動する前方に音波を送り出すと波長は短くなり，逆に後方に音波を送り出せば波長は長くなる。

(c)正しい。図3の場合，静止している音源から出た音は，すべての向きに等しい速さで伝わるので，音源から見た音の速さは，音が進む向きによらずすべて等しい。観測者が運動すると，観測者が単位時間に受け取る音波の数が変化し，これは，観測者に対する音の相対速度が変化することと等しい。観測者が音源に近づくように動くと単位時間に多くの波を受け取れるので音の速さが大きくなったことになり，逆に遠ざかるように動くと少ない波しか受け取れないので音の速さが小さくなったことになる。

(d)誤り。図3の場合，静止している音源から出された音は，物質中での波の振動として伝わるので，その音波の波長は一定である。点A～点Dのすべての点で，音波の波長は等しい。
したがって，正しいものの組合せは④である。

第4問　標準　――　電磁気《コンデンサーの電気容量を測定する実験》

問1　21　正解は⑧

ア　極板間の電場が一様であるとき，極板間の電場の大きさ E と，極板間の電圧 V，極板間隔 d の間には

$$E=\frac{V}{d}$$

の関係が成り立つ。

イ　電場の強さが E のところでは，単位面積を垂直に貫く電気力線の本数が E である。よって，図1の電場の強さが E，面積が S の極板間を垂直に貫く電気力線の総本数は ES である。これがガウスの法則より $4\pi k_0Q$ 本に等しいから

$$ES=4\pi k_0Q$$

$$\frac{V}{d}\cdot S=4\pi k_0Q$$

$$\therefore\quad Q=\frac{S}{4\pi k_0d}V$$

$Q=CV$ と比較すると，比例定数（電気容量）C は

$$C=\frac{S}{4\pi k_0d}$$

したがって，式の組合せとして正しいものは⑧である。

問2　22　正解は⑦

図2で，スイッチを閉じて十分に時間が経過したとき，コンデンサーは完全に充電されてコンデンサーには電流が流れず，回路には電流が直流電源から抵抗を流れる。スイッチを開く直前では，電圧計が5.0Vを示しているので，

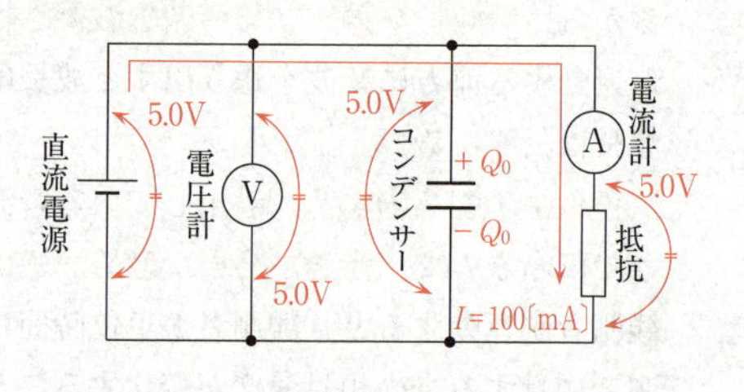

直流電源の電圧，コンデンサーの極板間電圧（これを V_0 とする），抵抗での電圧降下はこれに等しく5.0Vである。その後，スイッチを開くと，コンデンサーに蓄えられていた電荷が，電流となって抵抗へ流れるようになる。

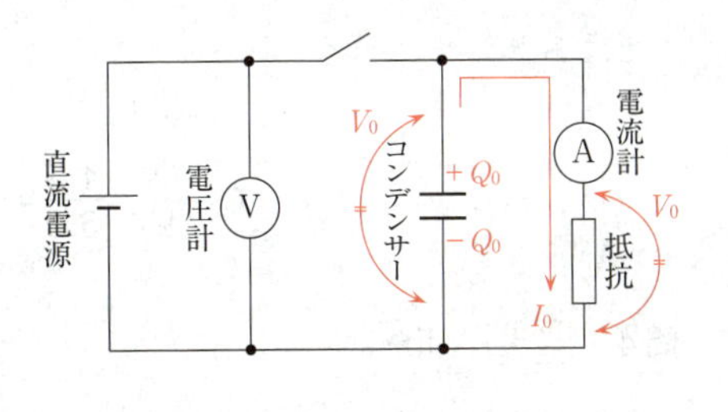

スイッチを開いた直後は，コンデンサーの極板間電圧が $V_0=5.0$〔V〕のままであるから，抵抗での電圧降下も5.0Vとなる。図3で $t=0$ のとき，回路を流れる電流は $I_0=100$〔mA〕（=0.10〔A〕）であるから，抵抗の値を R〔Ω〕とすると，オームの法則より

$$R=\frac{V_0}{I_0}=\frac{5.0}{0.10}=50〔\Omega〕$$

別解　スイッチを開いた直後において，上図の I_0 の矢印の向きに一周する閉回路に，キルヒホッフの第2法則を用いると，起電力は0であり，コンデンサーでは矢印の向きに電位が5.0V上昇し，抵抗では矢印の向きに電位が（$R\times 0.10$）〔V〕下降するから

$$0=5.0-R\times 0.10$$

$$\therefore\quad R=50〔\Omega〕$$

問3　23　正解は③　24　正解は⑧

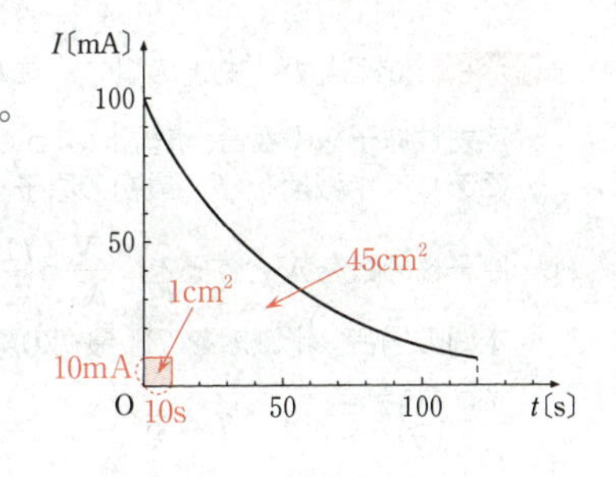

23　縦軸×横軸 が表す物理量は，「電流」×「時間」で，これは「電気量」である。縦軸の1cmが「電流」10mA（=0.01〔A〕），横軸の1cmが「時間」10sであるから，縦軸×横軸 の 1cm^2 は

「電流」0.01〔A〕×「時間」10〔s〕
=「電気量」0.1〔C〕

に対応する。

POINT　時間 Δt の間に導体の断面を通る電気量が Δq のとき，電流の強さ I は

$$I=\frac{\Delta q}{\Delta t}$$

$$\therefore\quad \Delta q=I\Delta t$$

24　図4の斜線部分の面積は，$t=0$ から $t=120$〔s〕までの間にコンデンサーから放電された電気量である。$t=120$〔s〕以降に放電された電気量を無視するので，この面積で与えられる電気量が，$t=0$ でコンデンサーに蓄えられていた電気量である。面積 1cm^2 が電気量0.1Cに対応するので，面積が 45cm^2 の電気量を Q_0〔C〕とすると

$$Q_0=0.1\times 45=4.5〔C〕$$

よって，$t=0$ で，コンデンサーに蓄えられていた電気量が $Q_0=4.5$〔C〕で，コンデンサーの電圧が $V_0=5.0$〔V〕であるから，コンデンサーの電気容量を C〔F〕

とすると

$$Q_0 = CV_0$$

$$\therefore \quad C = \frac{Q_0}{V_0} = \frac{4.5}{5.0} = 0.90 = 9.0\times10^{-1}〔\mathrm{F}〕$$

問4　25　正解は④

電流の値が $\frac{1}{2}$ 倍になるまでの時間が35sであり，この n 倍の時間が経過すると電流の値は $\left(\frac{1}{2}\right)^n$ 倍になるので，$\left(\frac{1}{2}\right)^n \fallingdotseq \frac{1}{1000}$ となる n を求めればよい。

$$\left(\frac{1}{2}\right)^{10} = \frac{1}{2^{10}} = \frac{1}{1024} \fallingdotseq \frac{1}{1000}$$

であるから

$$n \fallingdotseq 10$$

よって，電流の大きさが最初の $\frac{1}{1000}$ になるまでの時間はおよそ35〔s〕×n であり

$$35\times10 = 350〔\mathrm{s}〕$$

CHECK　ある量が，もとの量の $\frac{1}{2}$ になるまでの時間を半減期という。

放射性原子核の場合，崩壊によって最初の原子核の数が半分になるまでの時間が半減期であり，半減期を T，最初の原子核の数を N_0，時間 t の後に崩壊しないで残っている原子核の数を N とすると，$\frac{N}{N_0} = \left(\frac{1}{2}\right)^{\frac{t}{T}}$ である。

本問の場合，半減期を T，最初の電流の値を I_0，時間 t の後の電流の値を I とすると，$\frac{I}{I_0} = \left(\frac{1}{2}\right)^{\frac{t}{T}}$ である。$T=35$〔s〕，$I = \frac{1}{1000}I_0$ である時間 t を求めると

$$\frac{\frac{1}{1000}I_0}{I_0} = \left(\frac{1}{2}\right)^{\frac{t}{35}} \qquad \left(\frac{1}{2}\right)^{\frac{t}{35}} = \left(\frac{1}{10}\right)^3$$

両辺の対数をとり，$\log_{10}2 = 0.30$ とすると

$$\frac{t}{35}\log_{10}\frac{1}{2} = 3\log_{10}\frac{1}{10} \qquad -\frac{t}{35}\log_{10}2 = -3$$

$$\therefore \quad t = \frac{35\times3}{\log_{10}2} = \frac{35\times3}{0.30} = 350〔\mathrm{s}〕$$

問5　26　正解は⑤

ウ　はじめ，$t=0$ で，抵抗を流れる電流は I_0，コンデンサーの電圧は V_0，コンデンサーに残っている電気量は Q_0 である。

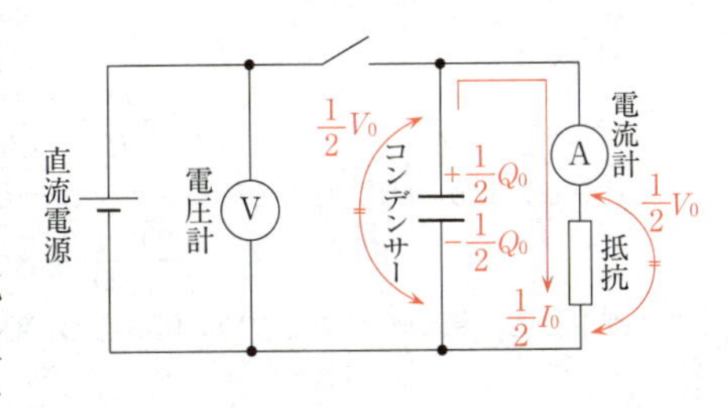

時刻 $t=t_1$ で，電流の値が $t=0$ での値 I_0 の半分になるので，抵抗を流れる電流は $\frac{1}{2}I_0$ となる。このとき，「コンデンサーに蓄えられた電荷が抵抗を流れるときの電流はコンデンサーの電圧に比例」し，「コンデンサーに残っている電気量もコンデンサーの電圧に比例」するから，コンデンサーの電圧は $\frac{1}{2}V_0$，コンデンサーに残っている電気量は $\frac{1}{2}Q_0$ となる。

よって，$t=0$ から $t=t_1$ までに放電された電気量 Q_1 は

$$Q_1=Q_0-\frac{1}{2}Q_0=\frac{1}{2}Q_0$$

$$\therefore\quad Q_0=\mathbf{2Q_1}$$

エ　最初の方法では，図 4 の $t=120$〔s〕以降にコンデンサーから放電された電気量を無視したので，$t=0$ にコンデンサーに蓄えられている電気量 Q_0 は，正しい電気量より小さい。一方，$t=0$ でのコンデンサーの電圧 $V_0=5.0$〔V〕はどちらの場合でも正しい。

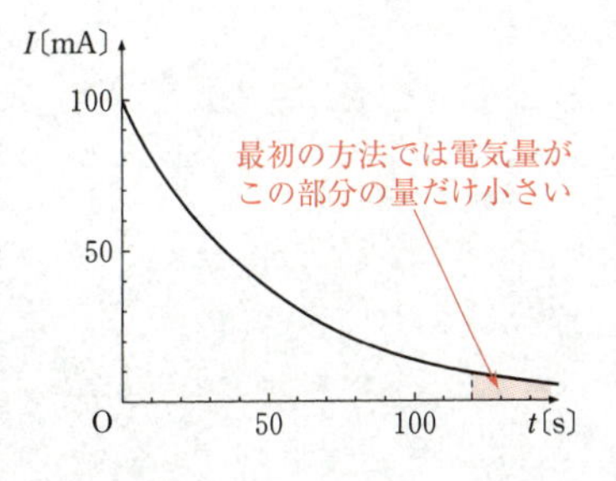

よって，最初の方法で求めたコンデンサーの電気容量 C は，$C=\frac{Q_0}{V_0}$ より，正しい値より**小さかった**ことになる。

したがって，式と語句の組合せとして最も適当なものは⑤である。

CHECK　$t=0$ から $t=t_1$ までに放電された電気量 Q_1 は，右のグラフの網かけ部分の面積である。これを，$I_0=100$〔mA〕（$=0.10$〔A〕），$\frac{1}{2}I_0=50$〔mA〕（$=0.050$〔A〕），$t=35$〔s〕の台形の面積と近似すると

$$Q_1 \fallingdotseq \frac{1}{2}(0.10+0.050)\times 35=2.625\text{〔C〕}$$

よって

$$Q_0=2Q_1=2\times 2.625=5.25\text{〔C〕}$$

$$C=\frac{Q_0}{V_0}=\frac{5.25}{5.0}=1.05\text{〔F〕}$$

実際の網かけ部分の面積はこれよりやや小さい。ここで，$Q_0=5.00$〔C〕を得ていたと

考えると

$$C=\frac{Q_0}{V_0}=\frac{5.00}{5.0}=1.00\,〔\mathrm{F}〕$$

となり，最初の方法で求めたコンデンサーの電気容量の相対誤差は

$$\frac{0.90-1.00}{1.00}\times 100=-10\,〔\%〕$$

すなわち，最初の方法で求めた値は正しい値より 10％小さいことになる。

物理基礎　本試験

問題番号(配点)	設問	解答番号	正解	配点	チェック
第1問(16)	問1	1	②	4	
	問2	2	⑤	4	
	問3	3	③	4	
	問4	4	④	4	
第2問(18)	問1	5	④	3	
	問2	6	①	3	
	問3	7	④	3	
		8	②	3	
	問4	9	⑥	3	
	問5	10	⑦	3	
第3問(16)	問1	11	①	2	
		12	④	2	
	問2	13	⑥	4	
	問3	14	②	2	
		15	③	2	
	問4	16	⑥	4	

自己採点欄
50点

（平均点：28.19点）

第1問 標準 《総　合　題》

問1　1　正解は②

箱Bに着目すると，箱Bには水平方向にf_1，f_2の力がはたらいて，右向きに一定の加速度で運動している。箱Bの質量をm_B，加速度をaとすると，水平方向の運動方程式より

$$m_Ba=f_1-f_2$$

ここで，$a>0$であるから

$$f_1-f_2>0$$

$$\therefore\quad f_1>f_2$$

すなわち，f_1の大きさは，f_2の大きさよりも大きい。

したがって，説明として最も適当なものは②である。

CHECK　箱Aの水平方向にはたらく力は，右向きに押す力（これをFとする）とf_1の反作用で左向きにf_1と同じ大きさの力，箱Cの水平方向にはたらく力は，f_2の反作用で右向きにf_2と同じ大きさの力である。箱A，Cの質量をそれぞれm_A，m_Cとすると，水平方向の運動方程式より

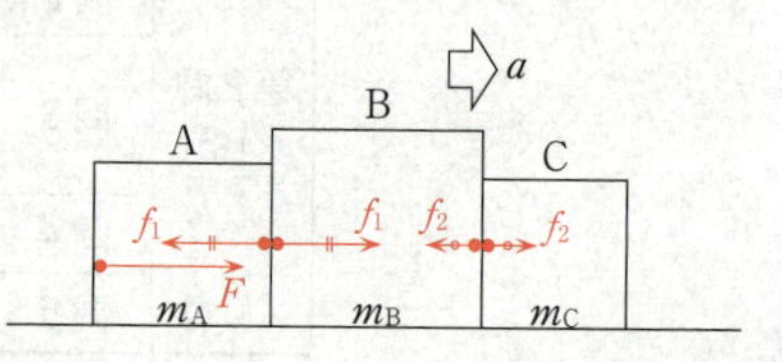

$$m_Aa=F-f_1$$

$$m_Ca=f_2$$

よって，$F>f_1>f_2$であることがわかる。

また，箱A，B，Cをまとめて考えると

$$(m_A+m_B+m_C)a=F$$

問2　2　正解は⑤

ばねA，Bのばね定数をそれぞれk_A，k_B，重力加速度の大きさをgとする。それぞれで，おもりにはたらく弾性力と重力のつりあいの式より

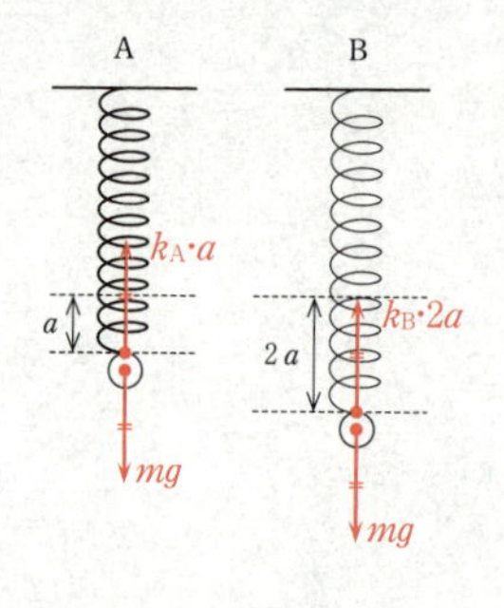

$$\text{A}：k_A\cdot a=mg\qquad\therefore\quad k_A=\frac{mg}{a}$$

$$\text{B}：k_B\cdot 2a=mg\qquad\therefore\quad k_B=\frac{mg}{2a}$$

ばねA，Bの弾性力による位置エネルギーをそれぞれU_A，U_Bとすると

$$\text{A}：U_A=\frac{1}{2}k_Aa^2=\frac{1}{2}\frac{mg}{a}a^2=\frac{1}{2}mga$$

$$\text{B}：U_B=\frac{1}{2}k_B(2a)^2=\frac{1}{2}\frac{mg}{2a}4a^2=mga$$

よって

$$\frac{U_B}{U_A}=2 \text{ 倍}$$

問3 [3] 正解は③

[ア]・[イ] 外部の気圧が一定の状態で，容器内の気体が膨張し，ピストンが押し上げられたので，気体はピストンに仕事をする。よって　$W'>0$

容器内の気体の内部エネルギーの増加を ΔU とする。容器内の気体は，お湯から熱量を受け取って温度が上がるので，気体の内部エネルギーは増加する。よって

$\Delta U>0$

気体が受け取った熱量 Q，気体がピストンにした仕事 W'，気体の内部エネルギーの増加 ΔU の間には，熱力学第1法則より

$$Q=\Delta U+W'$$

の関係がある。ここで，$\Delta U>0$ であるから

$$Q>W'$$

したがって，式と語の組合せとして最も適当なものは③である。

問4 [4] 正解は④

[ウ] 「おんさの発生する 440 Hz の音と比べると，ギターの音の高さの方が少し低かった」ので，ギターの音の振動数は 440 Hz より小さい。

「ギターの音とおんさの音を同時に鳴らすと，1秒あたり2回のうなりが聞こえた」とき，1秒あたりのうなりの回数（うなりの振動数）は，2つの音の振動数の差であるから，ギターの音の振動数は 440 Hz ± 2 Hz，すなわち 438 Hz または 442 Hz である。

よって，ギターの音の振動数は 438 Hz である。

[エ] 弦の張力を調節して，1秒あたりのうなりの回数が減っていくようにすると，ギターの音の振動数は 438 Hz から大きくなり，うなりが聞こえなくなったときに，ギターの音の振動数はおんさの音の振動数に等しく 440 Hz になる。

弦を伝わる波の速さを v，振動数を f，波長を λ とすると，波の式より $v=f\lambda$ の関係がある。弦の長さは一定であるので，弦に生じる定常波の波長 λ は一定である。波長 λ が一定の状態で，振動数 f を大きくするためには，波の速さ v を大きくする必要がある。「弦の張力の大きさが大きいほど，弦を伝わる波の速さは大きくなる」ので，波の速さを大きくするためには，弦の張力の大きさを大きくしていけばよい。

したがって，数値と語の組合せとして最も適当なものは④である。

POINT 振動数 f_1，f_2 がわずかに異なる2つの波が重なるとき，音の大小が繰り返されて聞こえる現象をうなりという。2つの音源から出る波の数が1個ずれる時間をうなりの

周期といい，T とすると，波の数の差$=|f_1T-f_2T|=1$ であるから

$$T=\frac{1}{|f_1-f_2|}$$

1 秒間のうなりの回数をうなりの振動数といい，f とすると

$$f=\frac{1}{T}=|f_1-f_2|$$

第2問 標準 ―― 力学《重力による小球の運動》

問1 　5 　正解は④

図1のように，水平右向きに投射された小球の運動を水平方向と鉛直方向に分けて考えると，水平方向には，力がはたらかないので等速直線運動をし，鉛直方向には，重力がはたらくので等加速度直線運動（自由落下）をする。

表1より，水平方向では，一定の時間 0.1s ごとに一定の距離 0.39m だけ進んでいることがわかるので，時刻 0.3s のときの位置は

$$0.39\times3=1.17\text{〔m〕}$$

別解　等速直線運動であるから，時刻 0.3s のときの位置は，時刻 0.2s での位置と 0.4s での位置の中間値であるから

$$\frac{0.78+1.56}{2}=1.17\text{〔m〕}$$

問2 　6 　正解は①

小球の鉛直下向きの速さ v と時刻 t の間には，重力加速度の大きさを g として，等加速度直線運動（自由落下）の式より

$$v=gt$$

の関係がある。よって，v は t に比例し，傾き g が一定であるので，グラフは右図のように原点を通る直線となる。

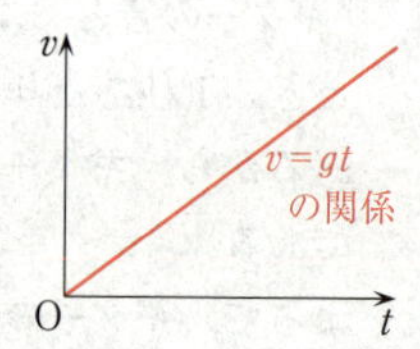

したがって，グラフとして最も適当なものは①である。

問3 　7 　正解は④　　8 　正解は②

7 　小球を水平投射させたとき，水平方向には等速直線運動をし，鉛直方向には自由落下（等加速度直線運動）をするが，鉛直方向の落下時間は，水平方向の初速度の大きさに無関係であり，実験ア，実験イ，実験ウの小球が同時に床に到達した。

したがって，記述として最も適当なものは④である。

POINT　三つの実験で，小球の最初の高さを h，小球が床に到達するまでの時間を t とす

ると，鉛直方向の自由落下の式より

$$h=\frac{1}{2}gt^2$$

$$\therefore\quad t=\sqrt{\frac{2h}{g}}$$

8　小球の質量を m とし，床から高さ h の位置から水平投射させたときの初速度の大きさを v_0，床に到達したときの速さを v とする（右図の $v_{0ア}$，$v_{0イ}$，$v_{0ウ}$ と $v_ア$，$v_イ$，$v_ウ$ は，それぞれ実験ア，実験イ，実験ウでの v_0 と v を表す）。

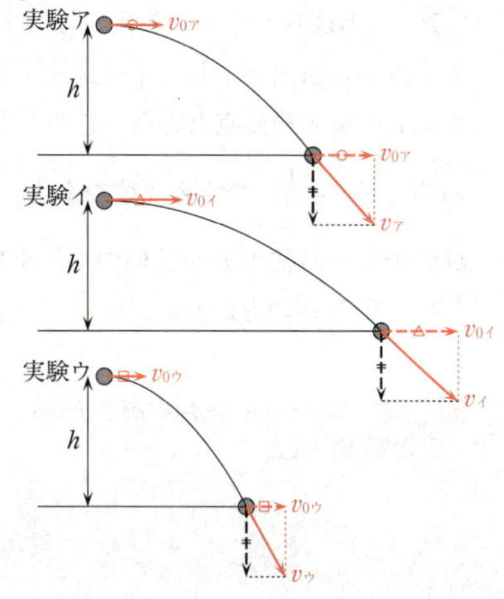

水平な床を重力による位置エネルギーの基準面とする。運動エネルギーは速度の向きによらないことに注意すると，水平投射させた位置と床に到達した位置との間で力学的エネルギー保存則より

$$\frac{1}{2}mv_0{}^2+mgh=\frac{1}{2}mv^2$$

ここで，高さ h は同じであるから，v_0 が大きい方が v が大きい。よって，床に到達したときの速さは，初速度の大きさが最も大きい実験イの小球の速さが最も大きい。

したがって，記述として最も適当なものは②である。

問4　9　正解は⑥

図2のように，小球Aを高さ h の位置から自由落下させたとき，床に到達するまでの時間を t_0 とすると，問3より

$$t_0=\sqrt{\frac{2h}{g}}$$

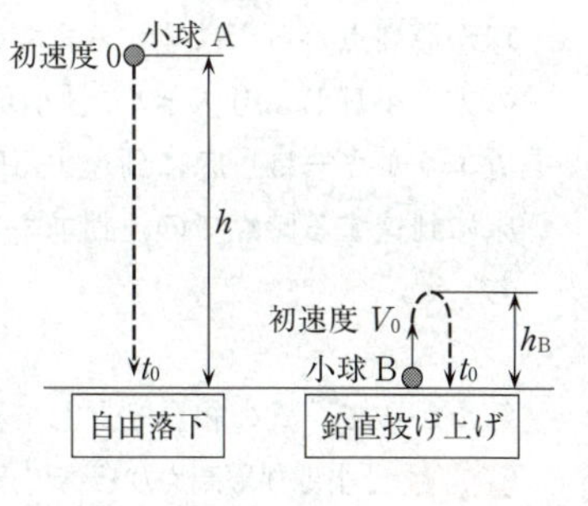

小球Bが床から初速度 V_0 で鉛直に投げ上げられてから床に到達するまでの時間は小球Aと同じ t_0 である。鉛直投げ上げの式（鉛直上向きを正）より，投げ上げてから時間 t_0 の後にもとの位置に戻っていることを用いると

$$0=V_0t_0-\frac{1}{2}gt_0{}^2$$

$t_0\neq 0$ であるから

$$V_0=\frac{1}{2}gt_0=\frac{1}{2}g\times\sqrt{\frac{2h}{g}}=\sqrt{\frac{gh}{2}}$$

問5　10　正解は⑦

ア　小球Bが床から鉛直に投げ上げられてから最高点に到達するまでの時間と，最高点から自由落下して床に到達するまでの時間は等しいので，これを t_B とする。小球Bの床と最高点との間の往復時間 $2t_B$ と，小球Aの自由落下の時間 t_0 とが等しいので，$t_B=\frac{1}{2}t_0$ である。すなわち，小球Bの最高点からの落下時間に比べて，小球Aの落下時間の方が長いので，小球Bの最高点の高さ h_B に比べて，小球Aのはじめの高さ h の方が高い。よって

$$h>h_B$$

CHECK　小球Bの最高点の高さ h_B は，鉛直投げ上げの式に，最高点での速さが0であることを用いると

$$0-V_0{}^2=-2gh_B \qquad \therefore \quad h_B=\frac{V_0{}^2}{2g}=\frac{\frac{gh}{2}}{2g}=\frac{1}{4}h$$

あるいは，時間 $t_B=\frac{1}{2}t_0$ での自由落下と考えると

$$h_B=\frac{1}{2}gt_B{}^2=\frac{1}{2}g\left(\frac{1}{2}\sqrt{\frac{2h}{g}}\right)^2=\frac{1}{4}h$$

すなわち，小球Bの往復運動の片道の時間は，小球Aの落下時間の $\frac{1}{2}$ であるが，小球Bの最高点の高さは，小球Aの最高点の高さの $\frac{1}{4}$ である。

イ　最高点の高さは，小球Aの h の方が小球Bの h_B より大きい。よって，小球が最高点から床に達するまでの間に失った重力による位置エネルギーは，小球Aの方が小球Bより大きい。「小球が最高点から床に達する間に失った重力による位置エネルギーは，床に到達する時点で運動エネルギーにすべて変換される」ので，床に到達する時点での運動エネルギーも，小球Aの方が小球Bより大きい。すなわち

$$K_A>K_B$$

したがって，式の組合せとして正しいものは⑦である。

POINT　「小球が最高点から床に達する間に失った重力による位置エネルギーは，床に到達する時点で運動エネルギーにすべて変換される」ことは，力学的エネルギー保存則より「小球が最高点にあるときの重力による位置エネルギー mgh と，床に到達したときの運動エネルギー K が等しい」ということである。すなわち，$mgh=K$ である。よって

$$\text{A}: K_A=mgh$$

$$\text{B}: K_B=mgh_B=\frac{1}{4}mgh$$

第3問 標準 —— 電磁気 《発電と送電》

問1 11 正解は① 12 正解は④

風力発電は，運動する空気（風）がもつ運動エネルギー，すなわち力学的エネルギーを利用して風車を回し，それに接続された発電機で電気エネルギーを得る発電である。

太陽光発電は，太陽電池を用いて太陽の光エネルギーを直接，電気エネルギーに変換する発電である。

問2 13 正解は⑥

図2より，常に10m/s〜15m/sの風が吹き続けているとき，この風力発電機1機の出力（電力）はおよそ18kWであり，1日（24時間）に発電する電力量は18〔kW〕×24〔h〕となる。

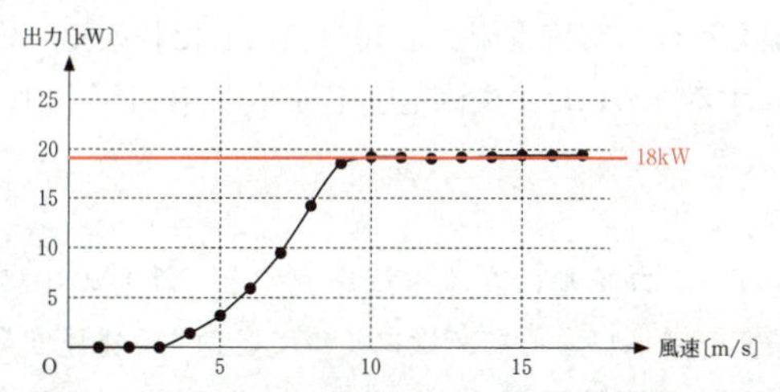

一方，日本の一般家庭の1日の消費電力量はおよそ18kWhであるから，風力発電機1機が1日に発電する電力量は，日本の一般家庭の1日の消費電力量に対して

$$\frac{18〔\mathrm{kW}〕\times 24〔\mathrm{h}〕}{18〔\mathrm{kWh}〕}=24\,倍$$

CHECK 力学的な機械・道具において，時間 t〔s〕の間にする仕事が W〔J〕のとき，その機械・道具の仕事率 P〔W〕は

$$P=\frac{W}{t} \qquad すなわち \qquad W=Pt$$

電気を使用する機械・道具において，消費電力 P〔W〕，使用時間 t〔s〕と消費電力量 W〔J〕の関係は

$$P=\frac{W}{t} \qquad または \qquad W=Pt$$

消費電力は力学の仕事率に，消費電力量は力学の仕事に対応する。

日本の一般家庭の1日の消費電力量18kWhを，kWh単位からJ単位に書き換えると，$W=Pt$ を用いて

$$18〔\mathrm{kWh}〕=18〔\mathrm{kW}〕\times 1〔\mathrm{h}〕$$
$$=18\times 10^3〔\mathrm{W}〕\times 3600〔\mathrm{s}〕=18\times 3.6\times 10^6〔\mathrm{J}〕=6.48\times 10^7〔\mathrm{J}〕$$

よって，風力発電機1機が出力（電力）18kWで1日に発電する電力量は

$$18〔\mathrm{kW}〕\times 24〔\mathrm{h}〕=18\times 10^3〔\mathrm{W}〕\times 24\times 3600〔\mathrm{s}〕\fallingdotseq 1.55\times 10^9〔\mathrm{J}〕$$

その比の値は

$$\frac{1.55\times10^9}{6.48\times10^7}\fallingdotseq 24 \text{倍}$$

問3　14　正解は②　　15　正解は③

14　送電線を流れる交流電流が I のとき，送電線の抵抗 r によって生じる電力損失（発熱による損失）を ΔP とすると，交流でも直流と同様に消費電力が計算できるので

$$\Delta P = rI^2$$

ここで，送電線を流れる電流が変化しても抵抗 r は一定である。よって，r が一定の状態で，ΔP を 10^{-6} 倍にするためには，I を 10^{-3} 倍にすればよい。

15　発電所から送電線に電力を送り出す際の交流電圧が V，送電線を流れる交流電流が I のとき，発電所が送り出す電力を P とすると

$$P = VI$$

よって，送電線を流れる交流電流 I を 10^{-3} 倍にした状態で，発電所から送り出す電力 P を一定にするためには，交流電圧 V を 10^3 倍にしなければならない。

問4　16　正解は⑥

ア　変圧器の一次コイルに交流電流を流すと，鉄心の中に変動する磁場（磁界）が発生し，電磁誘導によって二次コイルに変動する電圧が発生する。

POINT　一次コイルに交流電圧 V_1 がかかると，一次コイルには向きと大きさが変化する交流電流が流れるので，これを貫く磁力線（磁場）が変化する。この変化する磁力線（磁場）は鉄心を通って二次コイルを貫き，二次コイルにも一次コイルと同じ周期で向きと大きさが変化する交流電圧 V_2 が生じる。これを「電磁誘導」という。
導線に電流が流れると，導線のまわりには円形状の磁場が発生する。このとき，電流が流れる向きに「ねじが進む向き」を合わせると，磁場の向きは「ねじを回す向き」になる。これを「右ねじの法則」という。

イ　理想的な変圧器では，一次コイルと二次コイルを貫く磁力線（磁場）の変化量は等しいので，コイルに生じる電圧と巻き数は比例する。すなわち，入力電圧 V_1，出力電圧 V_2，一次コイルの巻き数 N_1，二次コイルの巻き数 N_2 の間に，次の関係が成り立つ。

$$\frac{V_1}{V_2}=\frac{N_1}{N_2}$$

$$\therefore\quad V_2=\frac{N_2}{N_1}V_1$$

したがって，語句と式の組合せとして最も適当なものは⑥である。

物理 本試験

問題番号(配点)	設問	解答番号	正解	配点	チェック
第1問 (25)	問1	1	②	5	
	問2	2	③	3	
		3	③	2	
	問3	4	②	5	
	問4	5	②	5	
	問5	6	⑦	5*1	
第2問 (30)	問1	7	④	5	
	問2	8	①	5*2	
		9	②		
	問3	10	④	5	
	問4	11	④	5	
	問5	12	①	5	
	問6	13	③	5	

問題番号(配点)	設問	解答番号	正解	配点	チェック
第3問 (25)	問1	14	⑤	5*2	
		15	①		
	問2	16	②	2	
		17	③	3*2	
		18	①		
	問3	19	⑤	5	
	問4	20	③	5	
	問5	21	④	5	
第4問 (20)	問1	22	⑥	5	
	問2	23	④	5	
	問3	24	④	5	
	問4	25	②	5	

(注)

1 ＊1は，⑧を解答した場合は3点，①，③，⑤のいずれかを解答した場合は2点を与える。

2 ＊2は，両方正解の場合のみ点を与える。

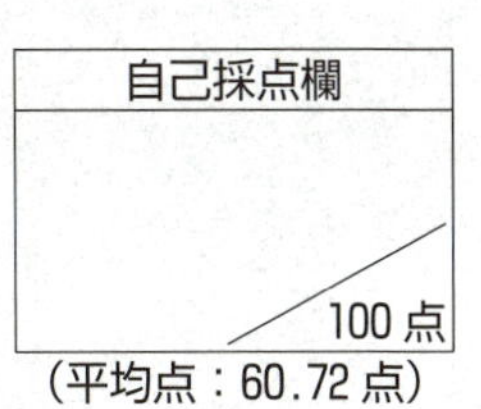

(平均点：60.72 点)

第1問　標準　《総　合　題》

問1　1　正解は②

2個の波源S_1，S_2が逆位相で単振動することに注意する。

2個の波源から点Pまでの距離の差$|l_1-l_2|$が，波長λの整数倍であれば，点Pに届く2つの水面波は逆位相（位相差π）で，互いに打ち消しあい，波長λの半整数倍であれば，点Pに届く2つの水面波は同位相で，互いに強めあう。よって

$$|l_1-l_2|=\begin{cases} m\lambda & \cdots\text{打ち消しあう} \\ \left(m+\frac{1}{2}\right)\lambda & \cdots\text{強めあう} \end{cases} \quad (m=0,\ 1,\ 2,\ \cdots)$$

CHECK　2個の波源S_1，S_2が同位相で単振動するときは

$$|l_1-l_2|=\begin{cases} m\lambda & \cdots\text{強めあう} \\ \left(m+\frac{1}{2}\right)\lambda & \cdots\text{打ち消しあう} \end{cases} \quad (m=0,\ 1,\ 2,\ \cdots)$$

この右辺の条件を，半波長の偶数倍か奇数倍かで表すこともある。

$$|l_1-l_2|=\begin{cases} 2m\cdot\frac{\lambda}{2} & \cdots\text{強めあう} \\ (2m+1)\cdot\frac{\lambda}{2} & \cdots\text{打ち消しあう} \end{cases} \quad (m=0,\ 1,\ 2,\ \cdots)$$

問2　2　正解は③　　3　正解は③

2　光源を凸レンズの左側（前方）の焦点Fの外側に配置すると，像は凸レンズの右側（後方）の焦点Fの外側にでき，上下左右が反転した実像を生じる。観測者とスクリーンの位置関係に注意すると，光源の太い矢印はy軸の負の向き，細い矢印はx軸の負の向きに映る。

したがって，最も適当なものは③である。

3　レンズの中心より上半分を通る光を遮っても，光源のすべての点から出る光はレンズの下半分を通るので，光源全体の像ができ，像の一部が欠けることはない。しかし，レンズを通る光の量が半分になるので，像の全体が暗くなる。

したがって，最も適当なものは③である。

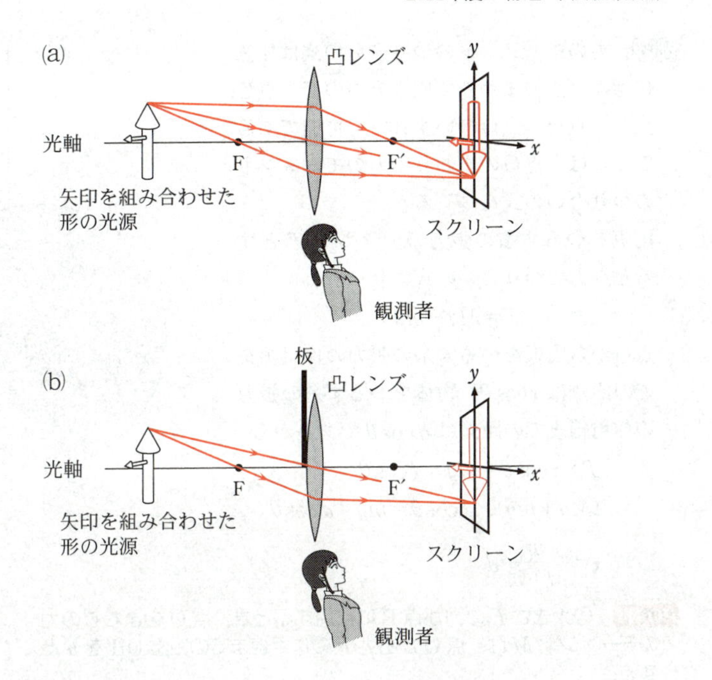

問３　4　正解は②

$\angle OPC=\theta$ として，点Ｐのまわりの力のモーメントのつり合いの式をつくる。

円板の重心は点Ｏであるから，円板の重力 Mg が点Ｏにかかり，点Ｃから重力 Mg の作用線までの距離は $x\cos\theta$ である。

物体にはたらく力のつり合いの式より，物体をつるす糸の張力の大きさは物体の重力 mg に等しいから，この力 mg が点Ｑにかかり，点Ｃから力 mg の作用線までの距離は $(d-x)\cos\theta$ である。円板をつるす糸の張力の点Ｐのまわりのモーメントは０であるから

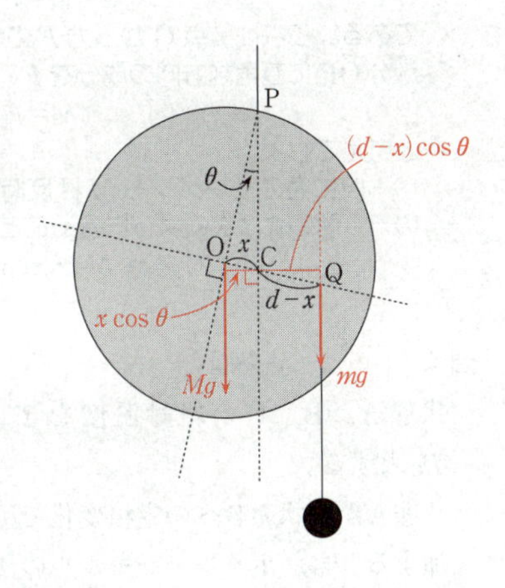

$$Mg\times x\cos\theta=mg\times(d-x)\cos\theta$$

$$\therefore\quad x=\frac{m}{M+m}d$$

別解　力のモーメントのつり合いの式は任意に選んだ点のまわりで成り立つので，点C，点P，点O，点Qのいずれでも可能である。ここでは，点Oのまわりの力のモーメントのつり合いの式をつくる。

円板をつるす糸の張力の大きさを T とすると，力のつり合いの式より

$$T=Mg+mg$$

点Oから円板をつるす糸の張力の作用線までの距離は $x\cos\theta$，物体をつるす糸の張力の作用線までの距離は $d\cos\theta$ であるから

$$T\times x\cos\theta=mg\times d\cos\theta$$

$$(Mg+mg)\times x\cos\theta=mg\times d\cos\theta$$

$$\therefore\quad x=\frac{m}{M+m}d$$

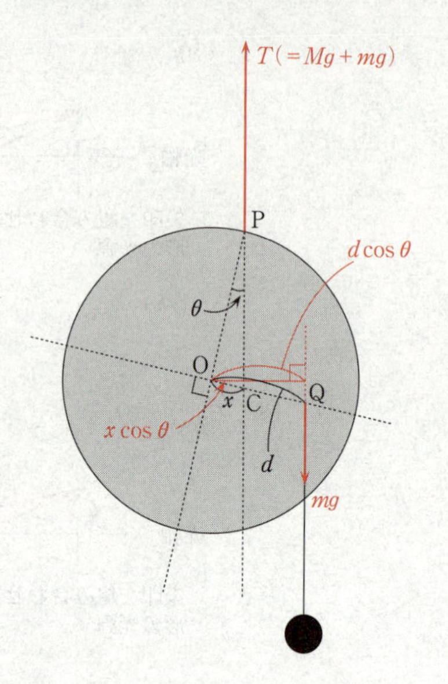

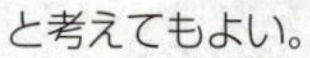

○大きさ F の力が点Pに作用するとき，点Oのまわりの力のモーメント M は，点Oから力 F の作用線までの距離OHを h とすると

$$M=F\times h$$

である。これは，点Oから力 F の作用点Pまでの距離を l，力 F の線分OPに直角な方向の成分を F_N とすると

$$M=F_N\times l$$

と考えてもよい。

○一般に力のモーメント M は反時計（左）まわりを正，時計（右）まわりを負とするので，解の式は次のように書くことができる。

$$Mg\times x\cos\theta-mg\times(d-x)\cos\theta=0$$

問4　5　正解は②

状態A，B，Cの絶対温度を T_A，T_B，T_C とする。

状態Aから状態Bへの定積変化で圧力が増加するとき，ボイル・シャルルの法則より，絶対温度は上昇する。よって　$T_B>T_A$

状態Bから状態Cへの断熱変化で体積が増加するとき，熱力学第1法則より，絶対温度は下降する。よって　$T_C<T_B$

状態Cから状態Aへの定圧変化で体積が減少するとき，ボイル・シャルルの法則より，

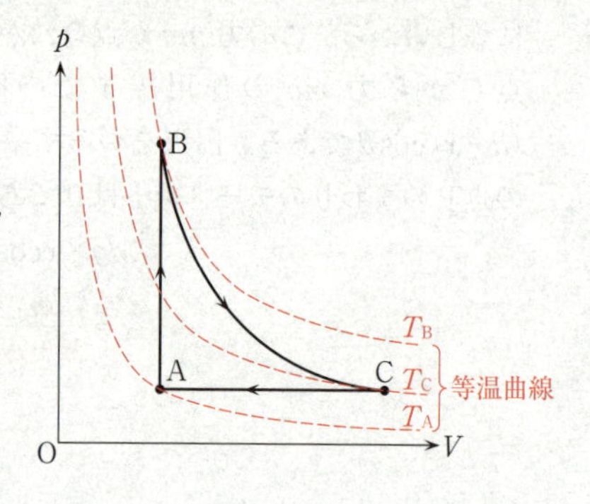

絶対温度は下降する。よって　　$T_A < T_C$

$$\therefore \quad T_A < T_C < T_B$$

理想気体の内部エネルギーは絶対温度に比例するから

$$U_A < U_C < U_B$$

POINT　○理想気体の物質量を n，定積モル比熱を C_V，絶対温度を T とすると，内部エネルギー U は

$$U = nC_VT$$

○気体が吸収した熱量を Q，気体の内部エネルギーの増加を ΔU，気体が外部にした仕事を W とすると，熱力学第1法則より $Q = \Delta U + W$ である。断熱変化では $Q = 0$ であり，体積が微小量 ΔV だけ変化するとき，圧力 p を一定とみなして，温度変化を ΔT とすると

$$0 = \Delta U + W = nC_V\Delta T + p\Delta V$$

$$\therefore \quad nC_V\Delta T = -p\Delta V$$

すなわち，断熱圧縮（$\Delta V < 0$）では温度が上がり（$\Delta T > 0$），断熱膨張（$\Delta V > 0$）では温度が下がる（$\Delta T < 0$）。

○状態方程式 $pV = nRT$ より，n，R が一定であるから，p-V グラフで，T＝一定（等温曲線）のグラフは反比例のグラフとなる。

このとき，p-V グラフ上の温度 T は，グラフが原点から離れるほど高い。

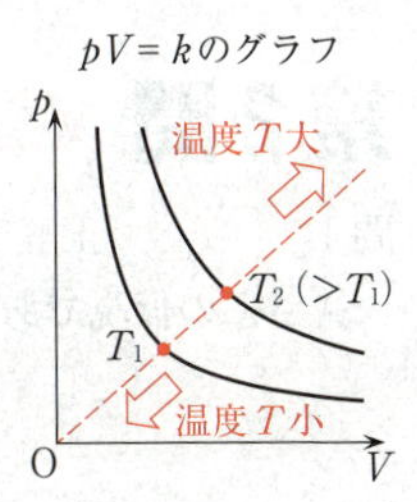

問5　6　正解は⑦

ア　導線1の電流が導線2の位置につくる磁場の向きは，右ねじの法則より，(c)の向きである。

イ　この磁場から導線2を流れる電流が受ける力の向きは，フレミングの左手の法則より，(d)の向きである。

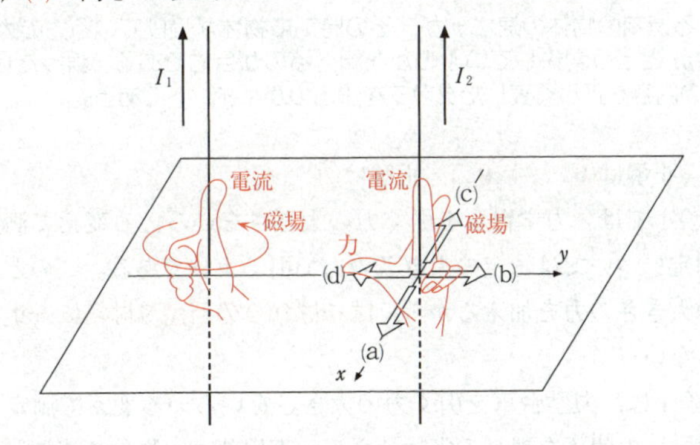

ウ　導線1を流れる大きさI_1の電流が，距離r離れた導線2の位置につくる磁場の強さをH_1とすると

$$H_1=\frac{I_1}{2\pi r}$$

この磁場の位置での磁束密度の大きさをB_1とすると

$$B_1=\mu_0 H_1$$

B_1から導線2を流れる大きさI_2の電流の長さlの部分が受ける力の大きさFは

$$F=I_2B_1l=I_2\cdot\mu_0H_1\cdot l=I_2\cdot\mu_0\frac{I_1}{2\pi r}\cdot l=\mu_0\frac{I_1I_2}{2\pi r}l$$

したがって，記号と式の組合せとして最も適当なものは⑦である。

第2問　標準　―― 力学《物体の運動に関する探究，運動の法則，運動量と力積》

問1　7　正解は④

Aさんの仮説である下線部(a)の内容を，比例定数をkとして式に表すと

$$v=k\frac{F}{m}$$

mが一定のとき，vはFに比例するから，v-Fグラフの①と②のうち，②は不適である。

また，vがFに比例するとき，mが大きいほどvは小さいから，①は不適である。

Fが一定のとき，vはmに反比例するから，v-mグラフの③と④のうち，③は不適である。

また，vがmに反比例するとき，Fが大きいほどvは大きいから，④は適当。

POINT　ある時刻の物体の速さvが，その時刻に物体が受けている力の大きさFと，物体の質量mとどう関係しているのかを調べるのが目的である。誤った仮説であるが，その仮説の内容を正しく表したグラフを選ぶのがポイントである。

問2　8　正解は①　　9　正解は②

8　実験1では，力学台車を引く力の大きさをいろいろ変えて測定するが，それぞれの測定については一定の大きさの力で引く実験である。このとき，ばねばかりが一定の大きさの力を加えるから，ばねばかりの目盛りは常に一定にしておかなければならない。

9　実験1は，力学台車を引く力の大きさをいろいろ変えて測定し，物体の速さと力の大きさの関係を調べる実験である。下線部(a)の物体の速さと力の大きさが変化するので，それぞれの測定では物体の質量は常に一定にしておかなければならない。すなわち，力学台車とおもりの質量の和を同じ値にする。

問3　10　正解は④

①不適。時刻0〔s〕<t〔s〕<0.3〔s〕では，質量が最も大きい(ア)の速さが最も大きいが，時刻0.3〔s〕<t〔s〕<1〔s〕では，質量が最も小さい(ウ)の速さが最も大きいので，質量が大きいほど速さが大きいとするのは不適である。

②不適。(イ)と，(イ)に対して質量が約2倍になっている(ア)を比較すると，時刻0〔s〕<t〔s〕<0.22〔s〕では，(ア)の速さが大きく，時刻0.22〔s〕<t〔s〕<1〔s〕では，(イ)の速さが大きいので，質量が2倍になると速さは$\frac{1}{4}$倍になっているとするのは不適である。

③不適。質量が異なると時間の経過にともなう速さの変化が異なるので，質量による運動への影響は見いだせないとするのは不適である。

④適当。(ア)，(イ)，(ウ)のそれぞれ質量が一定の物体に一定の力を加えると，時間の経過とともに速さが大きくなっているので，ある質量の物体に一定の力を加えても，速さは一定にならないとするのは適当である。

したがって，最も適当なものは④である。

POINT　実験2は，台車を同じ大きさの一定の力で引いて，物体の質量と速さの関係を調べているが，一定の大きさの力で引いているにもかかわらず，速さが時間変化していることに着目する。

CHECK　(ア)，(イ)，(ウ)のグラフは，台車に一定の大きさの力を加えたときに，それぞれの質量における加速度を求める実験の結果である。このとき，物体の速さはいずれの場合も時刻とともに大きくなっている。

v-t グラフの傾きは加速度 a を表すから，グラフを最小目盛りの$\frac{1}{10}$まで（すなわち0.05m/s 刻みで）目分量で読み取り加速度を求めると

(ア)　$m=3.18$〔kg〕の場合

$t=0.2$〔s〕のとき $v=0.70$〔m/s〕，$t=0.8$〔s〕のとき $v=1.10$〔m/s〕より

$$a=\frac{1.10-0.70}{0.8-0.2}\fallingdotseq 0.67\,[\mathrm{m/s^2}]$$

(イ)　$m=1.54$〔kg〕の場合

$t=0.2$〔s〕のとき $v=0.60$〔m/s〕，$t=0.8$〔s〕のとき $v=1.30$〔m/s〕より

$$a=\frac{1.30-0.60}{0.8-0.2}\fallingdotseq 1.17\,[\mathrm{m/s^2}]$$

(ウ)　$m=1.01$〔kg〕の場合

$t=0.2$〔s〕のとき $v=0.55$〔m/s〕，$t=0.8$〔s〕のとき $v=1.70$〔m/s〕より

$$a=\frac{1.70-0.55}{0.8-0.2}\fallingdotseq 1.92\,[\mathrm{m/s^2}]$$

この結果，(ウ)に対して質量が約3倍の(ア)は加速度の大きさが約$\frac{1}{3}$倍に，(イ)に対して質量が約2倍の(ア)は加速度の大きさが約$\frac{1}{2}$倍になり，加速度の大きさが質量に反比例することがわかる。

問4　11　正解は④

物体が受けた力積＝物体が受けた力 F×その力を受けていた時間Δt

であるから

物体の運動量の変化 Δp＝その間に物体が受けた力積 $F\Delta t$　……(あ)

となり，運動量の変化 Δp を計算せずに，力積 $F\Delta t$ の大きさを計算すればよい。

(ア)，(イ)，(ウ)のいずれも物体を引く力の大きさは一定であるから，物体が受けた力積の大きさは力を受けていた時間 Δt に比例するので，グラフの傾きは一定である。ただし，力の大きさは0ではないので，グラフの傾きは0ではない。よって，①は不適である。

さらに，物体(ア)，(イ)，(ウ)を引く力の大きさは同じであるから，グラフの傾きは同じである。よって，④が適当で，②，③は不適である。

POINT　(あ)より

$$F=\frac{\Delta p}{\Delta t}$$

であるから，p-t グラフの傾きは，力の大きさ F を表す。

グラフの p 切片の値の違いは，図2のように台車を引く力が一定となったときの時刻 $t=0$ での運動量の大きさが異なることが原因である。

問5　12　正解は①

小球の打ち上げ直前では，小球は台車とともに水平方向に速度 V で運動しているから，台車の速度の水平成分，小球の速度の水平成分はともに V である。

小球の打ち上げ直後では，台車に対する小球の相対速度の水平成分は0であるから，

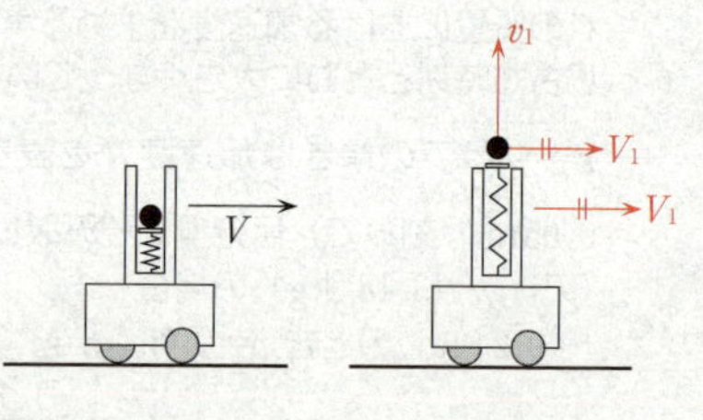

台車の速度の水平成分が V_1 のとき，小球の速度の水平成分も V_1 である。

小球の打ち上げ前後で，台車と小球の運動量の水平成分の和は保存するので

$$(M_1+m_1)V=(M_1+m_1)V_1$$

$$\therefore \quad V=V_1$$

台車と小球の運動エネルギーについては，小球の打ち上げに必要な発射装置がもつエネルギーを含めなければ，エネルギー保存則は成り立たないので，⑤，⑥とも誤りである。

したがって，関係式として正しいものは①である。

POINT　○小球の打ち上げ前に発射装置がもっているエネルギーを E とする。このエネルギー E がすべて小球を打ち上げるのに用いられたとし，小球の打ち上げ前後での高さの変化を無視すると，力学的エネルギー保存則は

$$\frac{1}{2}(M_1+m_1)V^2+E=\frac{1}{2}M_1{V_1}^2+\frac{1}{2}m_1({V_1}^2+{v_1}^2)$$

○小球の運動を，台車とともに運動する人が見ると，小球は台車から鉛直上方に速さ v_1 で打ち上げられ，最高点に達した後，台車に戻ってくるという，鉛直投げ上げ運動になる。
小球の運動を，水平な実験机上に静止した人が見ると，小球は台車から斜め上方に打ち上げられ，最高点に達した後，台車に戻ってくるという，斜方投射運動になる。
○運動量はベクトル量であるので，水平成分と鉛直成分に分解してそれぞれの方向で保存則を考えることが多い。打ち上げ直後の小球の運動量をスカラー量の和として $m_1V_1+m_1v_1$ とするのは誤りである。
○運動エネルギーはスカラー量であるので，水平成分と鉛直成分に分解してそれぞれの方向で力学的エネルギー保存則を考えるのは誤りである。打ち上げ直後の小球の運動エネルギーは $\frac{1}{2}m_1({V_1}^2+{v_1}^2)$ である。
○小球の打ち上げ前後で，水平方向には，台車と小球の物体系の外部から力積を受けないので，運動量の水平成分の和は保存する。鉛直方向には，小球の打ち上げ時に，小球は台車の発射装置から鉛直上向きの力を受け，台車は小球から鉛直下向きの力を受ける。これらは，物体系の内力であるから外力の力積とは無関係であるが，台車は物体系の外部である実験机から鉛直上向きの垂直抗力を受けるので，運動量の鉛直成分の和は保存しない。

問6 13 正解は③

一体となる直前では，台車は水平方向に速度 V で運動し，一体となった直後では，おもりは台車とともに水平方向に速度 V_2 で運動している。
一体となる直前，おもりの速度の水平成分は0であり，台車と一体となって水平方向に速度 V_2 で運動するまでの間に，おもりは台車の水平な上面から力を受け，おもりの運動量の水平成分は増加する。一方，台車はおもりからその反作用による力を受け，台車の運動量の水平成分は減少する。これらの力は，台車とおもりを合わせた物体系では内力であり，この物体系は水平方向に外力の力積を受けない。
よって，台車と小球の運動量の水平成分の和は保存するので

$$M_2V=(M_2+m_2)V_2$$

台車とおもりの運動エネルギーについては，台車とおもりが衝突して一体となることによって，力学的エネルギーが減少しているので，④，⑤とも不適である。
したがって，関係式として正しいものは③である。

POINT ○鉛直方向には，台車とおもりが一体となる完全非弾性衝突であるから，力学的エネルギーは減少し，熱量となって失われる。この熱量を Q とすると

$$\frac{1}{2}M_2V^2+\frac{1}{2}m_2{v_2}^2=\frac{1}{2}(M_2+m_2){V_2}^2+Q$$

○台車とおもりが一体となるときに，問5と同様に，台車は物体系の外部である実験机から鉛直上向きの垂直抗力を受けるので，運動量の鉛直成分の和は保存しない。

第3問 標準 ―― 電磁気《電磁誘導に関する探究》

問1　14　正解は⑤　15　正解は①

図2の電圧が急激に変化するのは，棒磁石がコイルを通過するときである。台車に固定した棒磁石がコイルの中を通るときに誘導起電力による電圧が発生し，棒磁石がコイルに近づくとき電圧が正になり，棒磁石がコイルから遠ざかるとき電圧が負になっている。電圧が0になるのは棒磁石の中心がコイルの中心を通る瞬間，および二つのコイル間を運動しているときである。

電圧が最大になってから次に最大になるまでの時間は0.7−0.3=0.4〔s〕であり，この時間に台車は二つのコイルの間を通過するから，等速直線運動をする台車の速さをv〔m/s〕とすると

$$v=\frac{0.20}{0.4}=0.5=\mathbf{5\times10^{-1}}\text{〔m/s〕}$$

CHECK　N回巻きコイルを貫く磁束が時間Δtの間に$\Delta\Phi$変化するとき，コイルに生じる誘導起電力Vは，誘導起電力の向きが磁束の変化を妨げる向きであることをレンツの法則より“−”符号で表すと

$$V=-N\frac{\Delta\Phi}{\Delta t}\quad\cdots\cdots(い)$$

これを，ファラデーの電磁誘導の法則という。図2では，誘導起電力の大きさと時間変化が読み取れるが，この法則を用いて台車の速さを求めることはできない。

問2　16　正解は②　17　正解は③　18　正解は①

16　図1の左側のコイルに向かって棒磁石のN極が近づくと，コイルを貫く右向きの磁束が増加する。レンツの法則より，コイルにはそれを妨げる左向きの磁束をつくるように誘導電流が流れ，コイルの左側の面がN極に，右側の面がS極になる。このとき，コイルに向かって近づく棒磁石のN極とコイルのN極が互いに向かい合い斥力を及ぼし合うので，台車の速さを**小さく**する。

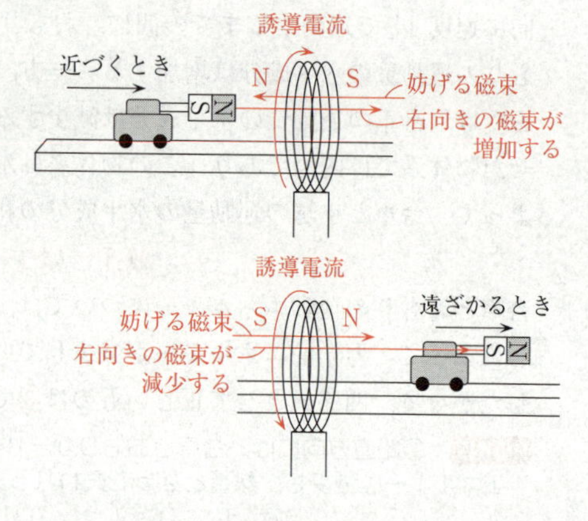

図1の左側のコイルから棒磁石のS極が遠ざかると，コイルを貫く右向きの磁束が減少する。レンツの法則より，コイルにはそれを妨げる右向きの磁束をつくるように誘導電流が流れ，コイルの左側の面がS極に，右側の面がN極になる。このとき，

コイルから遠ざかる棒磁石のS極とコイルのN極が互いに向かい合い引力を及ぼし合うので，台車の速さを小さくする。

したがって，電流による磁場は，台車の速さを小さくする力を及ぼす。

別解 オシロスコープには内部抵抗がある。コイルに生じた誘導電流が内部抵抗を流れ，ジュール熱が発生するので，台車とコイルの系のエネルギーが減少する。この失われたジュール熱の量だけ台車の運動エネルギーは減少するので，台車の速さは小さくなる。

17 コイルに向かって棒磁石のN極が近づくとき，棒磁石のN極とコイルのN極が互いに及ぼし合う力が小さいのは，コイルに生じる磁場が小さいからである。コイルの巻き方向の厚みを無視すると，N 回巻きで半径 r のコイルを流れる大きさ I の電流が，円の中心につくる磁場の強さを H とすると，$H=N\cdot\dfrac{I}{2r}$ である。よって，電流がつくる磁場が小さいということから，コイルを流れる電流が小さいと考えられる。

誘導起電力により生じた電圧を一定として，コイルを流れる電流が小さいためには，オシロスコープの内部抵抗が大きい必要がある。

CHECK 図のコイルを，巻き方向の厚みが無視できないソレノイドと考えると，単位長さあたり n 回巻きのソレノイドを流れる大きさ I の電流がソレノイド内部につくる一様な磁場の強さを H とすると，$H=nI$ である。この場合も，電流がつくる磁場を小さくするためには，ソレノイドを流れる電流を小さくすればよい。

18 空気抵抗の大きさを f，台車の質量を m，空気抵抗による加速度を a とすると，運動方程式より

$$ma=-f$$

$$\therefore \quad a=-\frac{f}{m}$$

よって，空気抵抗の大きさ f を一定として，空気抵抗による加速度の影響を小さくするためには，台車の質量が大きい必要がある。

CHECK 空気中を運動する物体が受ける空気抵抗の大きさ f は，物体の速さ v に比例する。比例定数を k とすると

$$f=kv$$

であり，台車の質量によらない。よって，台車の速度が遅い場合には空気抵抗の影響が小さいことがわかる。

問3 19 正解は⑤

図3の実験条件の変更前後で，次のことがわかる。

(i)最大電圧が観測される時間間隔は等しい。

②のように台車の速さを2倍にすると，コイルを通過する時間が $\dfrac{1}{2}$ になるので，

最初に最大電圧を観測するまでの時間と，最大電圧を観測する時間間隔は$\frac{1}{2}$になる。すなわち，変更後に最大電圧を観測する時間は，最初が0.15s，2回目が0.35sになるはずである。また，コイルに近づくときの速さが速くなると，コイル内部を通過する時間Δtが小さくなり，時間Δtあたりの磁場の変化が大きくなるので，変更前の最大電圧100mVより大きくなるが，何倍になるかはこれだけではわからない。台車の速さを$\sqrt{2}$倍にするときも同様で，①，②は不適である。

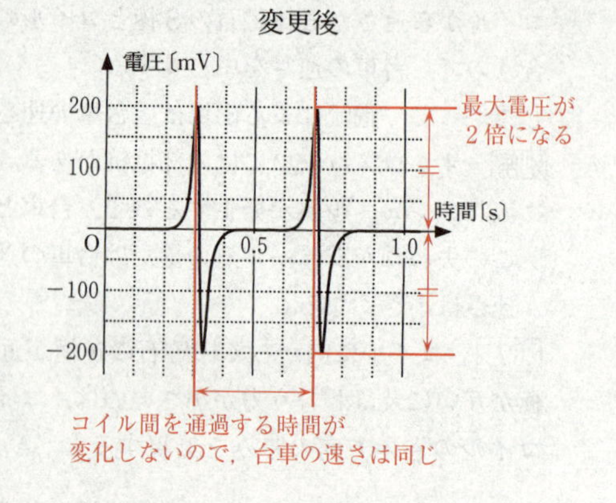

(ii)最大電圧が2倍になっている。

これは，(い)で，時間Δtあたりの磁束の変化$\Delta \Phi$が2倍になったからであり，そのためには，磁石による磁場の強さを強くするか，台車の速さを速くしてコイルを通過する時間を短くするかであるが，台車の速さを速くする場合は(i)より不適である。

よって，台車につける磁石の磁場の強さを2倍にしたときであり，⑤のように磁石を2個たばねて実験をすればよい。

③のように磁石を2個つなげても，中央のN・Sは打ち消されるので，磁場の強さは変わらない。④のように磁石を2個たばねると，磁石の両端のN・Sは打ち消されるので，磁場の強さは0となる。よって，③，④は不適である。

問4　20　正解は③

図6を図5と比べると，最初に観測される電圧の時間変化の正負が逆になっている。すなわち，③のように，図6の実験装置のコイル1の巻き方が逆であったことがわかる。

①，②のように，コイルの巻数を半分にすると，最大電圧が半分になるので，不適である。

④のように，コイル2，コイル3の巻き方が逆であれば，コイル2，コイル3での電圧の時間変化の正負が逆になるので，不適である。

⑤のように，オシロスコープのプラスマイナスのつなぎ方が逆であれば，すべてのコイルでの電圧の時間変化の正負が逆になるので，不適である。

問5 [21] 正解は④

台車が傾いた板の上をすべり降りると，台車は加速してその速さは次第に速くなる。このとき

(i)コイル間を通過するのに要する時間が短くなるので，コイル1とコイル2の間を通過する時間に比べて，コイル2とコイル3の間を通過する時間の方が短い。

(ii)コイルに近づく速さが速くなると，(い)で，コイル内部を通過する時間 Δt が小さくなるので，観測される電圧 V は大きくなる。コイル1を通過するときの電圧に比べて，コイル2を通過するときの電圧の方が大きくなり，コイル3を通過するときの電圧はさらに大きくなる。

これらの条件を満たすグラフの概形として最も適当なものは④である。

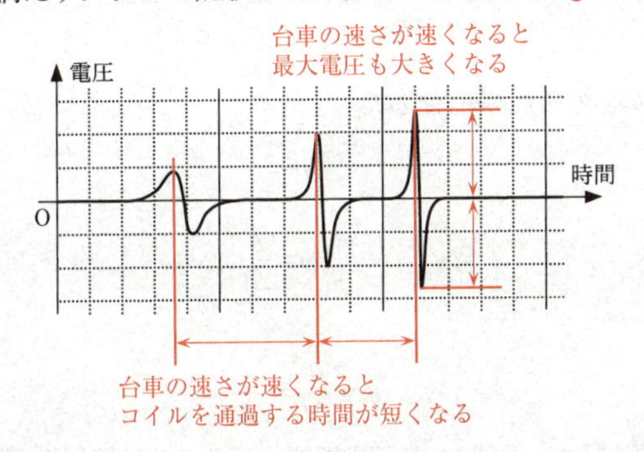

第4問 標準 ── 原子《等速円運動，万有引力，エネルギー準位》

問1 [22] 正解は⑥

[ア] 等速円運動の速さ v は，角速度 ω を用いて

$$v = r\omega$$

$$\therefore \quad \omega = \frac{v}{r}$$

別解 図2(a)の扇形において，中心角 $\omega\Delta t$，半径 r，弧の長さ $v\Delta t$ の間に成り立つ関係より

$$\omega\Delta t = \frac{v\Delta t}{r}$$

$$\therefore \quad \omega = \frac{v}{r}$$

[イ] 等速円運動の向心加速度の大きさ a は，角速度 ω または速さ v を用いて

$$a = r\omega^2 = \frac{v^2}{r}$$

ベクトルとしての加速度 $\vec{a}$ の定義より

$$\vec{a}=\frac{\Delta\vec{v}}{\Delta t}=\frac{\vec{v_2}-\vec{v_1}}{\Delta t}$$

$$\therefore\quad \vec{v_2}-\vec{v_1}=\vec{a}\Delta t$$

よって，$\vec{v_1}$ と $\vec{v_2}$ との差の大きさは

$$|\vec{v_2}-\vec{v_1}|=|\vec{a}|\Delta t=\frac{v^2}{r}\Delta t$$

したがって，式の組合せとして最も適当なものは⑥である。

POINT　○電子が半径 r の円軌道上を一定の速さで運動するときの速さ v は，時間 Δt の間に円軌道に沿って進んだ長さ（弧の長さ）を s とすると

$$v=\frac{s}{\Delta t}$$

時間 Δt の間の回転角 θ，角速度 ω は

$$\theta=\frac{s}{r}$$

$$\omega=\frac{\theta}{\Delta t}$$

よって

$$\omega=\frac{\theta}{\Delta t}=\frac{s}{r\Delta t}=\frac{v}{r}$$

○時刻 t での速度 $\vec{v_1}$，時刻 $t+\Delta t$ での速度 $\vec{v_2}$ の大きさは等しく，円軌道上を運動する速さ v であるから

$$|\vec{v_1}|=|\vec{v_2}|=v$$

図２(b)の微小角 $\omega\Delta t$ を中心角とする扇形において，半径が v であり，弧の長さを l，弦の長さを d とすると

$$\omega\Delta t=\frac{l}{v}$$

また，速度 $\vec{v_2}$ と速度 $\vec{v_1}$ の差を $\Delta\vec{v}$ とすると

$$\Delta\vec{v}=\vec{v_2}-\vec{v_1}$$

その大きさは $|\Delta\vec{v}|$ であり，これが弦の長さ d に等しい。中心角 $\omega\Delta t$ が微小角であるから，弧の長さ l と弦の長さ d が等しいとして

$$|\Delta\vec{v}|=d\fallingdotseq l=v\cdot\omega\Delta t=v\cdot\frac{v}{r}\Delta t=\frac{v^2}{r}\Delta t$$

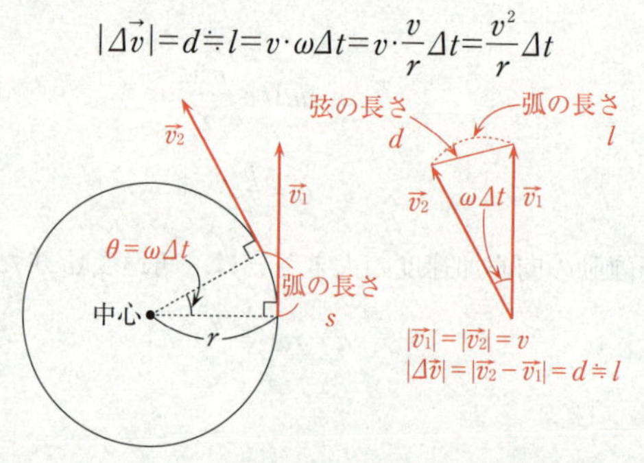

問2 23 正解は④

水素原子中の電子と陽子の間にはたらくニュートンの万有引力の大きさを F_G とすると

$$F_G = G\frac{Mm}{r^2}$$

静電気力の大きさを F_E とすると

$$F_E = k_0\frac{e \cdot e}{r^2}$$

その大きさの比は

$$\frac{F_G}{F_E} = \frac{G\frac{Mm}{r^2}}{k_0\frac{e \cdot e}{r^2}} = \frac{GMm}{k_0 e^2}$$

表1の値を指数部分だけ用いた計算で概数で求めると

$$\frac{F_G}{F_E} = \frac{GMm}{k_0 e^2} \fallingdotseq \frac{10^{-10} \times 10^{-27} \times 10^{-30}}{10^{10} \times (10^{-19})^2} = 10^{-39}$$

したがって，数値として最も適当なものは④である。

CHECK 選択肢が指数部分だけの数値であるから，計算は有効数字１桁の概数で十分である。表１の有効数字２桁の値を用いて計算すると

$$\frac{F_G}{F_E} = \frac{GMm}{k_0 e^2} \fallingdotseq \frac{6.7 \times 10^{-11} \times 1.7 \times 10^{-27} \times 9.1 \times 10^{-31}}{9.0 \times 10^9 \times (1.6 \times 10^{-19})^2}$$
$$= 4.49 \times 10^{-40} \fallingdotseq 4.5 \times 10^{-40}$$

問3 24 正解は④

電子の運動エネルギー K は

$$K = \frac{1}{2}mv^2 \quad \cdots\cdots(う)$$

円運動の向心力は陽子と電子の間にはたらく静電気力のみであるとすると，中心方向の運動方程式より

$$m\frac{v^2}{r} = k_0\frac{e^2}{r^2} \quad \cdots\cdots(え)$$

(う)，(え)より v を消去して K を求めると

$$K = \frac{1}{2}mv^2 = \frac{1}{2}k_0\frac{e^2}{r}$$

無限遠を基準とした静電気力による位置エネルギー U は

$$U = -k_0\frac{e^2}{r}$$

よって，電子のエネルギー E_n は

$$E_n=K+U=\frac{1}{2}k_0\frac{e^2}{r}-k_0\frac{e^2}{r}=-\frac{k_0e^2}{2r}$$

これに，問題に与えられた電子の軌道半径 r を代入すると

$$E_n=-\frac{k_0e^2}{2r}=-\frac{k_0e^2}{2\times\frac{h^2}{4\pi^2k_0me^2}n^2}=-2\pi^2k_0{}^2\times\frac{me^4}{n^2h^2}\quad\cdots\cdots(お)$$

CHECK　電子の円軌道の一周の長さ $2\pi r$ が電子のド・ブロイ波の波長 $\frac{h}{mv}$ の n 倍に等しいから

$$2\pi r=n\cdot\frac{h}{mv}$$

よって，ボーアの量子条件

$$mvr=n\frac{h}{2\pi}\quad\cdots\cdots(か)$$

が得られる。(え)，(か)より v を消去して r を求めるために $(mv)^2$ をつくると，(え)より

$$\frac{(mv)^2}{mr}=k_0\frac{e^2}{r^2}$$

(か)より

$$(mv)^2=\left(n\frac{h}{2\pi r}\right)^2$$

よって，量子数 n に対応した軌道半径を r_n とすると

$$\left(n\frac{h}{2\pi r_n}\right)^2=k_0\frac{me^2}{r_n}$$

$$\therefore\quad r_n=\frac{h^2}{4\pi^2k_0me^2}n^2$$

軌道半径 r_n は量子数 n に対応したとびとびの値しかもたない。また，(お)の E_n は

$$E_n=-\frac{2\pi^2k_0{}^2me^4}{h^2}\frac{1}{n^2}$$

となり，エネルギー E_n も量子数 n に対応したとびとびの値をもつ。これをエネルギー準位という。

問4　25　正解は②

電子が，量子数 n のエネルギー準位 E から量子数 n' のより低いエネルギー準位 E' へ移るとき，エネルギー準位の差に等しいエネルギーを，エネルギーが $h\nu$ の光子１個として放出する。これを振動数条件という。よって

$$E-E'=h\nu$$

$$\therefore\quad \nu=\frac{E-E'}{h}$$

CHECK　○電子がエネルギー準位の高いところから低いところに落ちると，エネルギーが放出される。そのエネルギーは光子１個のエネルギーになる。
○この振動数 ν に対応する波長 λ は，リュードベリ定数 R を用いて

$$\frac{1}{\lambda}=\frac{\nu}{c}=\frac{E-E'}{ch}=\frac{2\pi^2 k_0{}^2 me^4}{ch^3}\cdot\left(\frac{1}{n'^2}-\frac{1}{n^2}\right)=R\cdot\left(\frac{1}{n'^2}-\frac{1}{n^2}\right)$$

よって，水素原子から放出される光の波長（振動数）は，エネルギー準位の差に対応した特定の値しかとらない。

物理基礎　本試験

問題番号（配点）	設問		解答番号	正解	配点	チェック
第1問（16）	問1		1	⑦	4＊1	
	問2		2	④	4＊2	
	問3		3	⑨	4	
	問4		4	⑤	4＊3	
第2問（16）	A	問1	5	③	4	
		問2	6	④	4	
	B	問3	7	④	4	
		問4	8	①	4＊4	
			9	②		
第3問（18）	問1		10	①	5＊5	
			11	②		
			12	①		
	問2		13	③	5＊6	
			14	①		
			15	①		
	問3		16	③	4	
			17	④	4	

（注）

1　＊1は，⑧を解答した場合は2点を与える。

2　＊2は，③を解答した場合は2点を与える。

3　＊3は，①を解答した場合は3点，⑥，⑦，⑧のいずれかを解答した場合は1点を与える。

4　＊4は，両方正解の場合のみ点を与える。

5　＊5は，解答番号11及び12のみ正答の場合は3点を与える。

6　＊6は，解答番号13及び14のみ正答の場合または解答番号14及び15のみ正答の場合は3点を与える。

自己採点欄
50点

（平均点：30.40点）

第1問 標準 《総　合　題》

問１ 　1　 正解は⑦

ア　右向きを正とすると，電車Aの速度 v_A は $v_A=10$〔m/s〕，電車Bの速度 v_B は $v_B=-15$〔m/s〕である。電車Aに対する電車Bの相対速度を $v_{A→B}$〔m/s〕とすると

$$v_{A→B}=v_B-v_A=-15-10=-25〔m/s〕$$

よって，相対速度の大きさは　　25 m/s

イ　電車Aの乗客から電車Bを見ると，先頭から最後尾までの長さ 100 m を，相対速度の大きさ 25 m/s で通過するから，その時間を Δt〔s〕とすると

$$\Delta t=\frac{100}{25}=4.0〔s〕$$

したがって，数値の組合せとして最も適当なものは⑦である。

問２ 　2　 正解は④

おもりの加速度を a とすると，運動方程式より

$$ma=F-mg$$

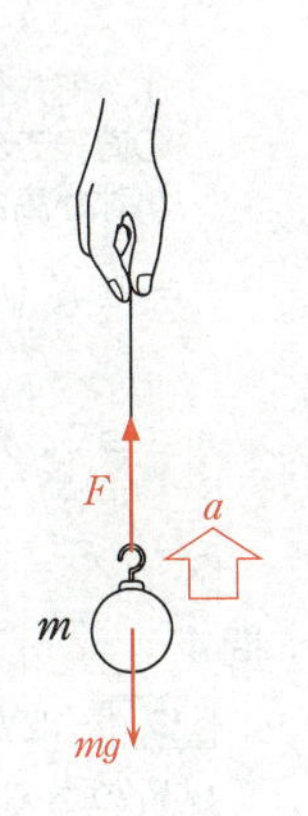

区間１　$F=mg$ であるから，運動方程式より，$a=0$。このとき，おもりは静止を含めて等速直線運動をする。
時刻 $t=0$ で，おもりは静止していたから，時刻 $t=t_1$ まで，おもりはそのまま静止している。

区間２　$F>mg$ であるから，運動方程式より，$a>0$。このとき，おもりは等加速度直線運動をする。
時刻 $t=t_1$ で，おもりは静止していたから，時刻 $t=t_2$ まで，おもりは一定の加速度で速さが増加しながら鉛直方向に上昇している。

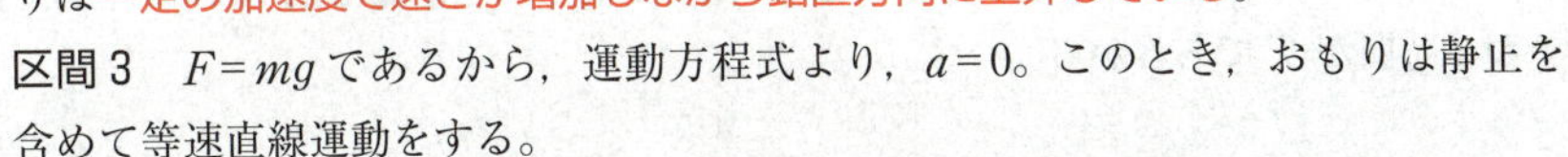

区間３　$F=mg$ であるから，運動方程式より，$a=0$。このとき，おもりは静止を含めて等速直線運動をする。
時刻 $t=t_2$ で，おもりはある速さで鉛直方向に上昇していたから，それ以降は，おもりはその速さのまま，一定の速さで鉛直方向に上昇している。

したがって，文の組合せとして最も適当なものは④である。

POINT　区間１と区間３では，おもりにはたらく合力が０となって，運動方程式より加速度 $a=0$ が得られる。すなわち，おもりにはたらく糸の張力と重力がつり合い，加速度が０の場合，静止しているものは静止を続け，運動しているものは等速直線運動をする。
区間１では，時刻 $t=0$ でおもりは静止していたから，おもりはそのまま静止を続ける。
区間３では，時刻 $t=t_2$ でおもりはある速度で運動していたから，おもりはそのまま等速直線運動を続ける。
加速度が０だからといって，区間１でも区間３でも静止するとか，区間１でも区間３で

も等速直線運動をすると考えるのは誤りである。

問3　3　正解は⑨

小球にはたらく力が重力だけの場合，小球の力学的エネルギー E が保存する。すなわち，小球の運動エネルギー K と位置エネルギー U の和が一定である。

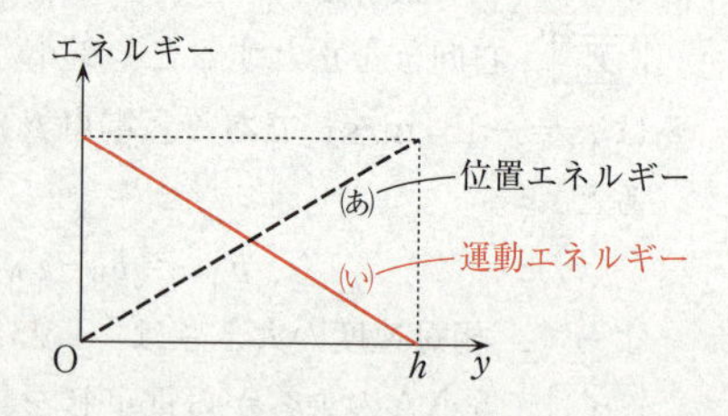

$y=0$ を基準にすると，小球の位置エネルギー U は高さ y に比例するから，小球が上昇しているときも下降しているときも，U と y の関係は右上がりの直線のグラフ(あ)で表される。小球の運動エネルギー K と位置エネルギー U の和が一定であるから，K と y の関係は右下がりの直線のグラフ(い)で表される。

したがって，組合せとして最も適当なものは⑨である。

CHECK　小球の質量を m，重力加速度の大きさを g とすると

$$U=mgy$$

よって，位置エネルギー U と高さ y のグラフは，原点を通り傾きが mg（正の一定値）の直線である。

小球が高さ $y=0$ にあるときの運動エネルギーを K_0，高さ y にあるときの運動エネルギーを K $\left(\text{小球の速さを } v \text{ として } K=\frac{1}{2}mv^2\right)$ とすると，力学的エネルギー保存則より

$$K_0=K+mgy \qquad \therefore \quad K=-mgy+K_0$$

よって，運動エネルギー K と高さ y のグラフは，縦軸切片が K_0 で傾きが $-mg$（負の一定値）の直線である。

問4　4　正解は⑤

ウ　波が媒質中を伝わる速さ v とは，媒質の変位（波形）が伝わる速さである。媒質のある点が最も密になってから，その最も密の状態が距離 L 離れた点まで伝わる時間が T であるから

$$v=\frac{L}{T}$$

エ　媒質が振動していない状態(i)と，媒質が振動して最初の位置から変位している状態(ii)とを比較し，変位の向きを矢印で表すと，次図のようになる。

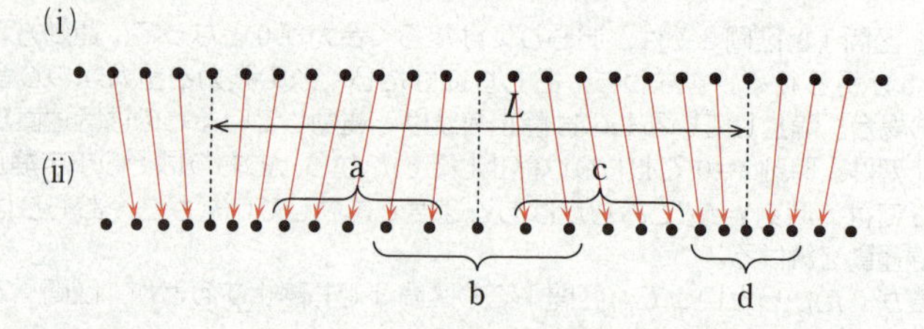

よって，媒質の変位がすべて左向きであるのは，a である。

したがって，式と記号の組合せとして最も適当なものは⑤である。

CHECK 縦波は，横波のように表示することができる。振動していない状態から右向きへの変位を上向きに，左向きの変位を下向きに表すと次図のようになる。図の A，C が最も密，B が最も疎であり，A，B，C を除いて AB 間の媒質の変位はすべて左向き，BC 間の媒質の変位はすべて右向きである。

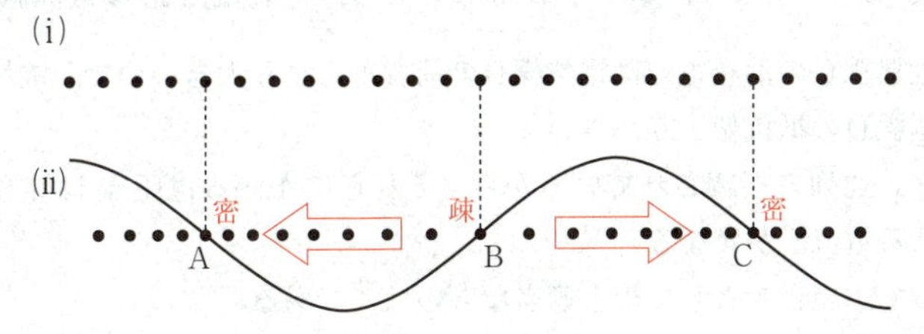

第2問 ── 電磁気

A 標準 《電熱線による水の温度の上昇実験》

問1 [5] 正解は③

抵抗値 R の電熱線に電圧 V がかかり電流 I が流れるとき，電熱線での消費電力 P は

$$P=VI=RI^2=\frac{V^2}{R} \qquad \text{ただし，オームの法則より} \qquad V=RI$$

図1で，電熱線Aを入れた水の温度の方が高かったから，電熱線Aの消費電力の方が大きい。

ア 誤文。電熱線Aと電熱線Bは直列に接続されているから，それらを流れる電流 I は等しい。電熱線Aと電熱線Bのそれぞれにかかる電圧 V が異なる。

イ 誤文。$P=RI^2$ より，電流 I が等しいとき，消費電力 P は抵抗値 R に比例する。電熱線Aの消費電力は電熱線Bの消費電力より大きいので，電熱線Aの抵抗値は電熱線Bの抵抗値より大きい。

ウ 正文。$P=VI$ より，電流 I が等しいとき，消費電力 P は電圧 V に比例する。電熱線Aの消費電力は電熱線Bの消費電力より大きいので，電熱線Aにかかる電圧は電熱線Bにかかる電圧より大きい。

したがって，組合せとして最も適当なものは③である。

問2 [6] 正解は④

図2で，電熱線Cを入れた水の温度の方が高かったから，電熱線Cの消費電力の方が大きい。

ア　正文。電熱線Cと電熱線Dは並列に接続されているから，それらにかかる電圧 V は等しい。$P=VI$ より，電圧 V が等しいとき，消費電力 P は電流 I に比例する。電熱線Cの消費電力は電熱線Dの消費電力より大きいので，電熱線Cを流れる電流は電熱線Dを流れる電流より大きい。

イ　正文。$P=\dfrac{V^2}{R}$ より，電圧 V が等しいとき，消費電力 P は抵抗値 R に反比例する。電熱線Cの消費電力は電熱線Dの消費電力より大きいので，電熱線Cの抵抗値は電熱線Dの抵抗値より小さい。

ウ　誤文。並列に接続されているから，それらにかかる電圧 V は等しく，それぞれを流れる電流 I が異なる。

したがって，組合せとして最も適当なものは④である。

POINT　消費電力 P の電熱線に，電流が時間 t の間流れたとき，消費される電力量 W は

$$W=Pt=VIt=RI^2t=\frac{V^2}{R}t$$

このとき，消費された電力量は電熱線で発生する熱となる。この熱をジュール熱という。
質量 m，比熱 c の水に熱量 Q を加えて，水の温度が ΔT 上昇したとき

$$Q=mc\Delta T$$

電熱線で発生した熱がすべて水に与えられたとき

$$W=Q$$

問１の直列接続では，$RI^2t=mc\Delta T$ において，I，t，m，c が一定のとき，温度変化 ΔT が大きい電熱線の方が抵抗値 R が大きい。

問２の並列接続では，$\dfrac{V^2}{R}t=mc\Delta T$ において，V，t，m，c が一定のとき，温度変化 ΔT が大きい電熱線の方が抵抗値 R が小さい。

B　易　《ドライヤーの消費電力》

問３　7　正解は④

電熱線とモーターは並列に接続されているが，接続が直列か並列かにかかわらず，ドライヤー全体で消費されている電力 P は，電熱線で消費されている電力 P_h とモーターで消費されている電力 P_m の和に等しい。よって

$$P=P_h+P_m$$

問４　8　正解は①　　9　正解は②

電熱線で消費される電力量 W は

$$W=\frac{V^2}{R}t=\frac{100^2}{10}\times 2\times 60=1.2\times 10^5\ \text{〔J〕}$$

第3問 標準 —— 力学，熱，電磁気 《スプーンが純金製か否かを判別する実験，浮力，比熱，抵抗率》

問1 10 正解は① 11 正解は② 12 正解は①

10 スプーンAの比熱を c_A〔J/(g·K)〕，スプーンBの比熱を c_B〔J/(g·K)〕，水の比熱を c〔J/(g·K)〕とする。スプーンが失った熱量と水が得た熱量が等しいので

スプーンAの場合

$$100.0\times c_A\times(60.0-20.6)=200.0\times c\times(20.6-20.0)$$

スプーンBの場合

$$100.0\times c_B\times(60.0-20.7)=200.0\times c\times(20.7-20.0)$$

右辺の値はスプーンBの方がスプーンAより大きい。このとき，左辺のスプーンBの温度変化がスプーンAの温度変化より小さいので，スプーンBの比熱はスプーンAの比熱より大きい。

POINT 質量 m，比熱 c の物体の温度変化が ΔT のとき，物体に出入りした熱量 Q は

$$Q=mc\Delta T$$

スプーンの質量を m_S〔g〕，水の質量を m〔g〕，スプーンの比熱を c_S〔J/(g·K)〕，最初のスプーンの温度を t_S〔K〕，水の温度を t〔K〕，熱平衡に達したときの温度を T〔K〕とすると，高温物体（スプーン）が失った熱量と低温物体（水）が得た熱量が等しいので

$$m_Sc_S(t_S-T)=mc(T-t)$$

これを，熱量保存則という。

11 熱量の式 $Q=mc\Delta T$ より

$$\Delta T=\frac{Q}{mc}$$

スプーンAとスプーンBでの実験結果の温度の違いをより大きくするためには，水の温度変化 ΔT を大きくすればよい。そのためには，水の質量 m を小さくすればよいので，ここでは水の量を半分にしておけばよい。

POINT 水の量を半分にすることで移動する熱量 Q も変化するので，温度変化がちょうど2倍になるわけではないが，もとの温度の違いが $0.7-0.6=0.1$〔℃〕と非常に小さいので，水の量を減らせばこの温度の違いは十分に大きくなる。

12 熱量の式 $Q=mc\Delta T$ より，水の温度変化 ΔT を大きくするためには，移動する熱量 Q を大きくすればよい。そのためには，水に入れる前のスプーンと水の温度差を大きくしておけばよい。

問2 13 正解は③ 14 正解は① 15 正解は①

13 重力は，地球がスプーンに及ぼす力であるから，スプーンが空気中にあっても水中にあっても同じである。スプーンBとスプーンAの質量は等しいから，スプーンBにはたらく重力の大きさは，スプーンAにはたらく重力の大きさと同じで

ある。

14　ひもの張力の大きさと重力の大きさは，スプーンＡとスプーンＢとで等しいから，スプーンＢにはたらく浮力の大きさと，スプーンＡにはたらく浮力の大きさと容器の底からの垂直抗力の大きさの和が，等しい関係にある。よって，スプーンＢにはたらく浮力の大きさは，スプーンＡにはたらく浮力の大きさよりも大きい。

POINT　スプーンA，スプーンBにはたらく重力の大きさをともに W，ひもの張力の大きさを T，スプーンA，スプーンBにはたらく浮力の大きさをそれぞれ F_A，F_B，スプーンAにはたらく容器の底からの垂直抗力の大きさを N とする。力のつり合いの式は

スプーンA：$T+F_A+N=W$

スプーンB：$T+F_B=W$

2式より

$F_B=F_A+N$　　$\therefore\ F_B>F_A$

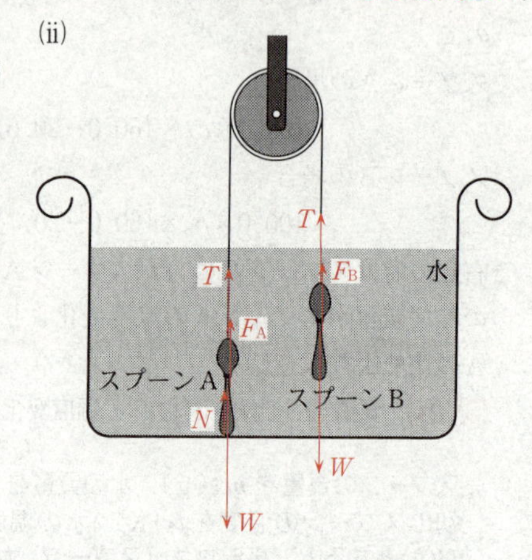

15　水中にあるスプーンが受ける浮力の大きさ F は，水の密度を ρ，スプーンの体積を V，重力加速度の大きさを g とすると

$$F=\rho Vg$$

よって，スプーンＢにはたらく浮力の大きさは，スプーンＡにはたらく浮力の大きさよりも大きいので，スプーンＢの体積はスプーンＡの体積よりも大きい。

問3　16　正解は③　　17　正解は④

16　図３の電流-電圧の関係より，針金Ｂについて，$V=0$ で $I=0$ であり，$V=1$〔V〕のとき $I=0.24$〔A〕と読み取ると，オームの法則より

$$R=\frac{V}{I}=\frac{1}{0.24}=4.16〔\Omega〕$$

選択肢から最も近いものを選ぶと，4.1Ω である。

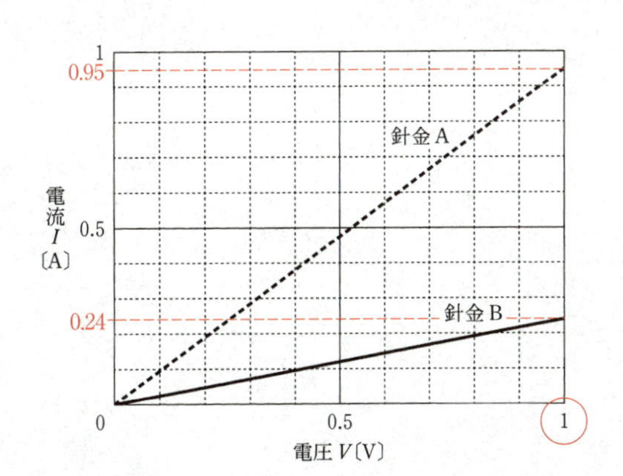

POINT グラフの値は，最小目盛りの $\frac{1}{10}$ までを目分量で読み取るのが原則である。縦軸の電流 I の最小目盛りは 0.1 A であるから，0.01 A まで読み取る。

17 抵抗値 R は，ρ，S，l を用いて

$$R=\rho\frac{l}{S}$$

$$\therefore \quad \rho=R\frac{S}{l}$$

CHECK ○$R=\rho\frac{l}{S}$ の単位の関係は，$R〔\Omega〕=\rho〔\Omega\cdot\mathrm{m}〕\cdot\frac{l〔\mathrm{m}〕}{S〔\mathrm{m}^2〕}$ である。

○針金Bの抵抗率 ρ は，与えられた断面積 S と長さ l の値を用いると

$$\rho=R\frac{S}{l}=4.1\times\frac{2.0\times10^{-8}}{1.0}=8.2\times10^{-8}〔\Omega\cdot\mathrm{m}〕$$

一方，針金Aの抵抗率 ρ は，図3の電流-電圧の関係より，$V=0$ で $I=0$ であり，$V=1$〔V〕のとき $I=0.95$〔A〕と読み取ると，オームの法則より

$$R=\frac{V}{I}=\frac{1}{0.95}=1.05\fallingdotseq1.1〔\Omega〕$$

$$\rho=R\frac{S}{l}=1.1\times\frac{2.0\times10^{-8}}{1.0}=2.2\times10^{-8}〔\Omega\cdot\mathrm{m}〕$$

『理科年表』には，純金の抵抗率は 20℃で $\rho=2.4\times10^{-8}$〔Ω·m〕とあり，この実験結果とほぼ一致する。一方，純銀の抵抗率は 20℃で $\rho=1.6\times10^{-8}$〔Ω·m〕とあり，純金に比べて抵抗率が小さく電流が流れやすい。

この実験結果は，純金の抵抗率に比べて，金に銀を混ぜ合わせた合金の抵抗率が大きく約4倍もあることを表している。純金属の場合，原子はきれいに配列しているので，電子が通りやすく電流が流れやすいが，合金の場合，異なる原子が混じり合って配列しているので，電子が通りにくく電流が流れにくくなっている。よって，合金は純金属より抵抗率が大きいことが多い。

物理　追試験

問題番号(配点)	設問	解答番号	正解	配点	チェック
第1問 (30)	問1	1	④	5	
	問2	2	③	5	
		3	①	5	
	問3	4	②	5	
	問4	5	⑥	5	
	問5	6	⑤	5	
第2問 (25)	問1	7	①	5	
	問2	8	⑤	5	
	問3	9	⑤	5	
	問4	10	①	5	
	問5	11	②	5	

問題番号(配点)	設問		解答番号	正解	配点	チェック
第3問 (25)	問1		12	③	5	
	問2		13	⑥	5	
	問3		14	④	5	
	問4		15	①	5	
			16	①	5	
第4問 (20)	A	問1	17	②	4	
			18	④	4	
	B	問2	19	③	4	
		問3	20	④	4	
		問4	21	③	4	

自己採点欄
100点

第1問 標準 《総　合　題》

問1　1　正解は④

図２より，$t=0.2$〔s〕～0.4〔s〕の間は，ばねを介して台車ＡとＢの間に作用・反作用の関係にある力積がはたらきあい，台車Ａ，Ｂとばねの物体系では，衝突前後で運動量保存則が成立する。図２より，衝突前の台車Ａの速度を $v_A=0.6$〔m/s〕，台車Ｂの速度を $v_B=0.3$〔m/s〕，衝突後の台車Ａの速度を $v_A'=0.4$〔m/s〕，台車Ｂの速度を $v_B'=0.7$〔m/s〕と読み取ると

$$m_A\times0.6+m_B\times0.3=m_A\times0.4+m_B\times0.7$$

$$\therefore\quad \frac{m_A}{m_B}=2.0$$

別解１　$t=0.3$〔s〕では，ばねが最も縮んで台車Ａ，Ｂの速度が等しく 0.5m/s となり，２台の台車が一体となって運動する。運動量保存則より

$$m_A\times0.6+m_B\times0.3=(m_A+m_B)\times0.5$$

$$\therefore\quad \frac{m_A}{m_B}=2.0$$

別解２　台車Ａ，Ｂの衝突における反発係数（はね返り係数）を e とすると

$$e=-\frac{v_A'-v_B'}{v_A-v_B}=-\frac{0.4-0.7}{0.6-0.3}=1$$

よって，台車Ａ，Ｂの衝突は弾性衝突であり，衝突前後で力学的エネルギー保存則が成立する。すなわち，ばねが伸び縮みするときにエネルギーを損失せず，衝突前の台車ＡとＢの運動エネルギーの和と，衝突後の台車ＡとＢの運動エネルギーの和が等しい。よって

$$\frac{1}{2}m_A\times0.6^2+\frac{1}{2}m_B\times0.3^2=\frac{1}{2}m_A\times0.4^2+\frac{1}{2}m_B\times0.7^2$$

$$\therefore\quad \frac{m_A}{m_B}=2.0$$

POINT　時刻 $t=0.2$〔s〕～0.4〔s〕の間は，ばねが伸縮することによって，台車Ａ，Ｂはばねから力積を受ける。
台車Ａがばねから受けた力積の大きさを I とすると，運動量の変化と力積の関係より

$$m_Av_A'-m_Av_A=-I$$

台車Ｂは，作用・反作用の法則よりばねから大きさが等しく向きが反対の力積を受けるから

$$m_Bv_B'-m_Bv_B=I$$

これらの式から I を消去すると

$$m_Av_A+m_Bv_B=m_Av_A'+m_Bv_B'$$

となって，運動量保存則が得られる。

問2 [2] 正解は③ [3] 正解は①

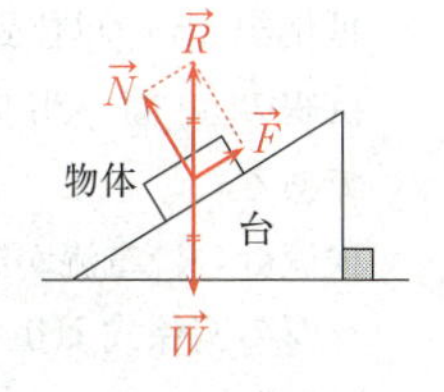

[2] 物体が受ける力を重力 $\vec{W}$，垂直抗力 $\vec{N}$，静止摩擦力 $\vec{F}$ とする。物体が静止しているとき，これらの力がつりあい，合力が0であるから

$$\vec{W}+\vec{N}+\vec{F}=\vec{0}$$

$$\therefore \quad \vec{N}+\vec{F}=-\vec{W}$$

よって，垂直抗力 $\vec{N}$ と静止摩擦力 $\vec{F}$ の合力は，重力 $\vec{W}$ と大きさが等しく向きが反対である。重力が鉛直方向下向きの⑦の向きであるから，垂直抗力と静止摩擦力の合力は鉛直方向上向きの③の向きである。

POINT 垂直抗力 $\vec{N}$ も静止摩擦力 $\vec{F}$ も，ともに物体が斜面から受ける力であり，これらの合力 $\vec{N}+\vec{F}$ を抗力 $\vec{R}$ という。このとき，力のつりあいの式は

$$\vec{W}+\vec{R}=\vec{0}$$

よって，$\vec{W}$ と $\vec{R}$ は大きさが等しく向きが逆である。

[3] [ア] 観測者の加速度が右向きであるから，慣性力の向きはそれと逆向きの左向きである。

[イ] 水平に対する斜面の傾きを θ とする。図4で台を動かしたときは，図3の台が固定されていたときと比較して，斜面に平行な方向には，下向きに慣性力の成分 $ma\cos\theta$ を受けるようになる。物体が静止しているときは，この力の大きさだけ静止摩擦力が増えることになる。

したがって，語句の組合せとして最も適当なものは①である。

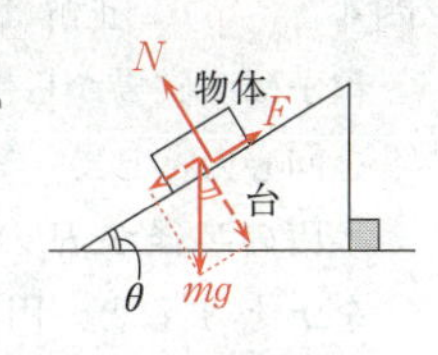

POINT 重力加速度の大きさを g として，物体が受ける重力の大きさを mg，垂直抗力の大きさを N，静止摩擦力の大きさを F とする。力のつりあいの式は，

図3で台が固定されていたとき

- 斜面に平行方向　$F-mg\sin\theta=0$
- 斜面に垂直方向　$N-mg\cos\theta=0$

図4で台を動かしたとき

- 斜面に平行方向　$F-mg\sin\theta-ma\cos\theta=0$
- 斜面に垂直方向　$N-mg\cos\theta+ma\sin\theta=0$

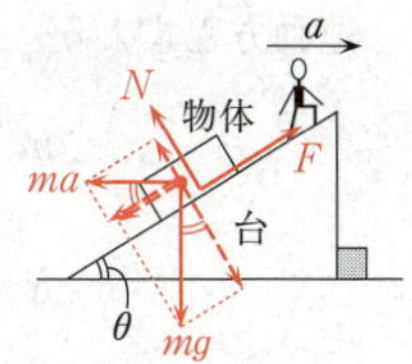

よって，図4で台を動かしたときの静止摩擦力の大きさ F は，図3で台が固定されていたときと比較して $ma\cos\theta$ だけ増える。また，垂直抗力の大きさ N は，$ma\sin\theta$ だけ減る。

問3　4　正解は②

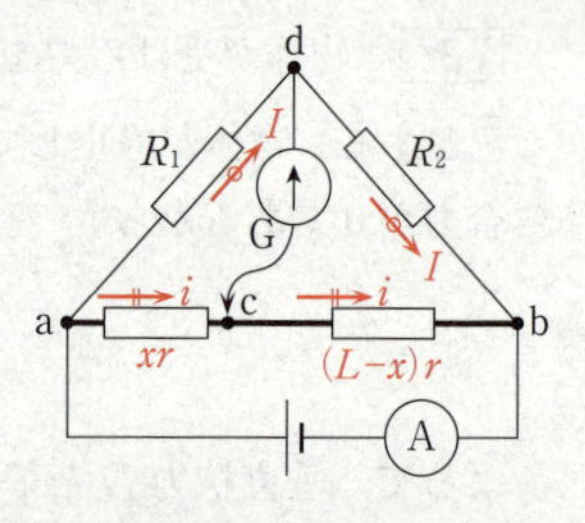

抵抗線 ab の単位長さ当たりの抵抗を r とすると，抵抗線の ac 間，cb 間の抵抗値はそれぞれ xr，$(L-x)r$ である。

検流計Gに電流が流れないので，ホイートストンブリッジの関係式より

$$\frac{R_1}{R_2}=\frac{xr}{(L-x)r}=\frac{x}{L-x}$$

POINT　抵抗１，抵抗２にかかる電圧をそれぞれ V_1，V_2，抵抗線の ac 間，cb 間にかかる電圧をそれぞれ V_{ac}，V_{cb} とする。検流計Gに電流が流れないとき，上図の点 c と点 d は等電位であるから

$$V_1=V_{ac},\quad V_2=V_{cb}$$

このとき，抵抗１と抵抗２を流れる電流は等しくこれを I とすると

$$V_1=R_1I,\quad V_2=R_2I$$

また，抵抗線の ac 間と cb 間を流れる電流は等しくこれを i とすると

$$V_{ac}=xr\cdot i,\quad V_{cb}=(L-x)r\cdot i$$

よって

$$R_1I=xr\cdot i$$
$$R_2I=(L-x)r\cdot i$$

辺々割ると

$$\frac{R_1}{R_2}=\frac{x}{L-x}$$

問4　5　正解は⑥

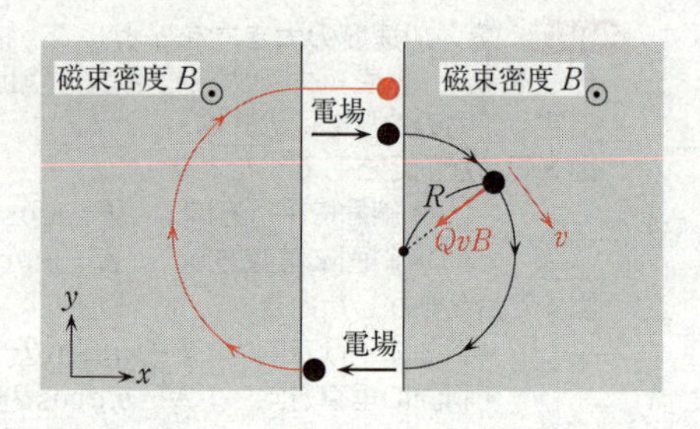

粒子は，磁場から受けるローレンツ力を向心力として，等速円運動をする。半円の半径が R のときの粒子の速さを v とすると，円運動の中心方向の運動方程式より

$$m\frac{v^2}{R}=QvB$$

$$\therefore\quad R=\frac{mv}{QB}$$

半円を描くのに要する時間 T は

$$T=\frac{1}{2}\times\frac{2\pi R}{v}=\frac{\pi}{v}\times\frac{mv}{QB}=\frac{\pi m}{QB}$$

よって，粒子の速さ v が大きくなるにつれて R は増加するが，T は v に無関係で一定である。

したがって，変化の組合せとして最も適当なものは⑥である。

POINT ○図６の左右の灰色の領域内を運動する荷電粒子にはたらくローレンツ力の向きは，フレミングの左手の法則に従い，荷電粒子の運動の向きと常に垂直な向きである。よって，ローレンツ力は荷電粒子に仕事をしないので，荷電粒子の運動エネルギーは変化しない。したがって，荷電粒子は等速円運動をし，磁場内での粒子の速さは一定である。
○図６の中間の無色の領域内では，荷電粒子の運動の向きと電場の向きが一致し，荷電粒子が電場から受ける力が仕事をするので，荷電粒子の運動エネルギーが増加する。したがって，荷電粒子は電場を通過することで加速される。

問５　6　正解は⑤

題意の速度 v の単位と同様にして

$$1\left[\frac{\mathrm{kg\cdot m}}{\mathrm{s}}\right]=\frac{1〔\mathrm{kg}〕\times1〔\mathrm{m}〕}{1〔\mathrm{s}〕}=\frac{1000〔\mathrm{g}〕\times100〔\mathrm{cm}〕}{1〔\mathrm{s}〕}=100000\left[\frac{\mathrm{g\cdot cm}}{\mathrm{s}}\right]$$

$$=10^5\times1\left[\frac{\mathrm{g\cdot cm}}{\mathrm{s}}\right]$$

第２問　標準 ―― 力学，波 《物体の落下と空気の抵抗力，ドップラー効果》

問１　7　正解は①

装置の落下速度が v のときの加速度を鉛直方向下向きを正として a とすると，装置全体の運動方程式より

$$Ma=Mg-kv \quad \cdots\cdots(あ)$$

落下開始後しばらくして装置の落下速度の大きさが一定の終端速度 v' に達したとき，加速度 a は0であるから

$$0=Mg-kv'$$

$$\therefore\quad v'=\frac{Mg}{k}$$

問２　8　正解は⑤

糸の張力の大きさを T とする。

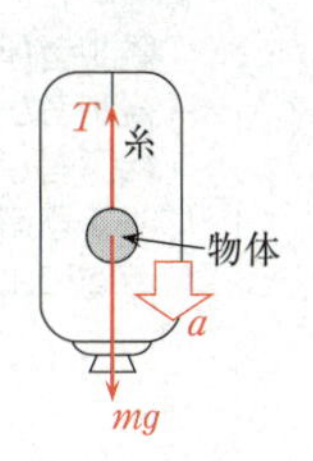

(i)落下前は，物体は静止しているので，力のつりあいの式より

$$T=mg$$

(ii)落下中で，装置の落下速度が v のとき，物体の運動方程式より

$$ma=mg-T \quad \cdots\cdots(い)$$

(あ)より $a=g-\dfrac{kv}{M}$ を代入すると

$$m\left(g-\frac{kv}{M}\right)=mg-T$$

$$\therefore \quad T=\frac{m}{M}kv \quad \cdots\cdots(う)$$

落下開始と同時では，$v=0$ であるから　$T=0$

その後，落下速度 v は徐々に増加するから，張力の大きさ T も**徐々に増加**する。

(iii)終端速度に達すると，加速度 a は0であるから，(い)より

$$T=\boldsymbol{mg}$$

したがって，文として最も適当なものは⑤である。

別解　(iii)で，終端速度に達したときの張力の大きさ T は，(う)，問1の答の v' を用いると

$$T=\frac{m}{M}kv'=\frac{m}{M}k\times\frac{Mg}{k}=mg$$

問3　9　正解は⑤

音源Sが静止したマイク（観測者O）に向かって速さ v' で動くから，ドップラー効果の式より

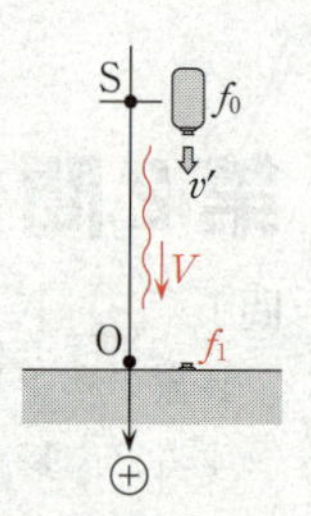

$$f_1=\frac{V}{V-v'}f_0$$

POINT　音源S（source）と観測者O（observer）がこれらを結ぶ直線上を動く場合，音速を V，音源から観測者に向かう向きを正として，音源，観測者の速度をそれぞれ v_S，v_O，音源が出す音の振動数を f_S，観測者が受け取る音の振動数を f_O とすると，ドップラー効果の公式は

$$f_O=\frac{V-v_O}{V-v_S}f_S$$

○音源が動く場合

• 音源が動いても，音速が変化することはない。音源から発せられた音波は，媒質そのものの振動として伝わっていくので，音速は媒質の種類や状態で決まる。

• 音源が動くと，音源から単位時間当たりに出る音波の数は変化せず，音波の波長が変化する。音源が音波を送り出す向きに動けば波長を圧縮し，逆向きに動けば波長を引き伸ばす。

○観測者が動く場合

• 観測者が動いても，音波の波長が変化することはない。

• 観測者が動くと，観測者が単位時間に受け取る音波の数が変化する。これは，観測者に対する音の相対速度が変化することと等しい。観測者が音源に近づく向きに動けば単位時間により多くの波を受け取れ，遠ざかる向きに動けばより少ない波しか受け取れない。

問4 10 正解は①

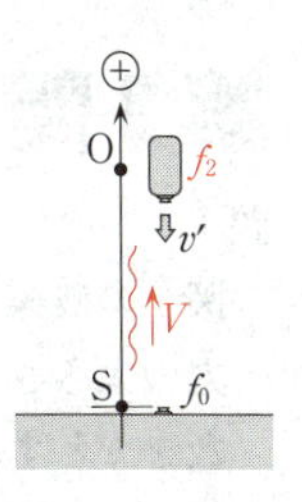

マイク（観測者O）が静止した音源Sに向かって速さ v' で動くから，ドップラー効果の式より

$$f_2=\frac{V-(-v')}{V}f_0=\frac{V+v'}{V}f_0 \quad \cdots\cdots(え)$$

問5 11 正解は②

装置の落下速度が v のとき，マイクに届いた音の振動数 f は，(え)より

$$f=\frac{V+v}{V}f_0$$

$f>f_0$ であるから

$$|f-f_0|=\frac{V+v}{V}f_0-f_0=\frac{v}{V}f_0=\frac{f_0}{V}\times v$$

$\frac{f_0}{V}$ は一定であるから，$|f-f_0|$ は v に比例する。すなわち，$|f-f_0|$ と t の関係のグラフは，v と t の関係のグラフと同じ概形になる。v-t グラフの傾きが加速度 a を表すことから，(あ)を解いて

$$a=g-\frac{kv}{M}$$

(i)落下開始と同時には $v=0$ であるから，$a=g$。このとき，グラフの傾きは最大で g である。

(ii)その後，落下速度 v は徐々に増加するから，a は徐々に減少する。すなわち，グラフの傾きは徐々に小さくなる。

(iii)終端速度に達したとき，加速度 a は0であるから，グラフの傾きは0である。

よって，v-t グラフは右図のようになる。

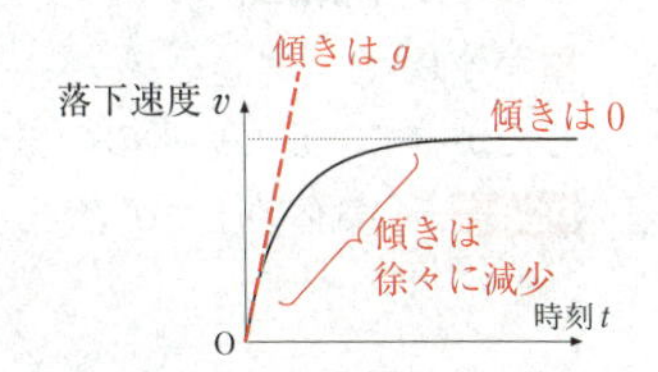

したがって，$|f-f_0|$ と t の関係のグラフの概形として最も適当なものは②である。

第3問 標準 ―― 力学，熱力学 《ばね定数，気体の等温変化と断熱変化》

問1　12　正解は③

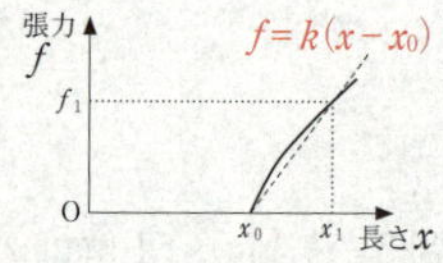

図1の破線で示された関係より，ゴムひもの長さを x，張力の大きさを f，ゴムひもをばねとみなした場合のばね定数を k とすると，フックの法則より

$$f=k(x-x_0)$$

ここで，$x=x_1$ のとき，$f=f_1$ であるから

$$f_1=k(x_1-x_0)$$

$$\therefore \quad k=\frac{f_1}{x_1-x_0}$$

問2　13　正解は⑥

(イ)・(ロ)　図3の気体の圧力を P，体積を V とすると，グラフの灰色に塗った部分の面積，すなわち，P-V グラフと V 軸で囲まれる面積は，気体がする仕事を表す。ここでは，体積が V_1 から V_2 へ増加しているから，気体がする仕事は正である。

(ハ)・(ニ)　気体が吸収する熱量を Q，気体の内部エネルギーの変化を ΔU，気体がする仕事を W' とすると，熱力学第一法則より

$$Q=\Delta U+W'$$

図3の気体の等温変化の場合，気体の温度は変化しないので，$\Delta U=0$ であるから

$$Q=W'$$

ここで，$W'>0$ であるから $Q>0$ である。

よって，体積が V_1 から V_2 へ増加する間に，気体がする仕事と気体が吸収する熱量が等しい。

したがって，正しいものの組合せとして最も適当なものは⑥である。

POINT　○気体の圧力が P で，体積が微小量 ΔV 増加するとき，気体がする微小な仕事 $\Delta W'$ は

$$\Delta W'=P\Delta V$$

逆に，気体の体積が減少するとき，気体は仕事をされる。

図3で気体がピストンを押す力を F，ピストンの断面積を S とすると

$$P=\frac{F}{S}$$

気体の体積が ΔV 増加するとき，シリンダーの底からピストンまでの長さが Δx 増加するとすると

$$\Delta V=S\Delta x$$

よって

$$\Delta W'=P\Delta V=\frac{F}{S}\cdot S\Delta x=F\Delta x \quad \cdots\cdots (お)$$

○気体の内部エネルギー U は，気体の絶対温度 T に比例する。気体の物質量を n，定積モル比熱を C_V とすると

$$U=nC_VT$$

気体の温度が ΔT 変化したとき，気体の内部エネルギーの変化 ΔU は

$$U+\Delta U=nC_V(T+\Delta T)$$

$$\therefore\ \Delta U=nC_V\Delta T$$

CHECK 気体の場合，図5のA→Bの断熱圧縮で温度は上昇するが，ゴムの場合，図6のD→Fの断熱膨張で温度は上昇するので，ゴムは通常の固体とは異なる特殊な構造をもつ物質である。

○気体に熱を加えると，気体分子の運動エネルギーが増加して温度が上昇し，一定圧力のもとで体積は増加する。

○ゴムは多数の鎖状の高分子からできていて，通常はこれらが絡み合い丸まった状態で運動エネルギーが大きく自由度の高い状態にある。ゴムを伸ばすと，これらの高分子が整列して運動エネルギーが小さい自由度の低い状態になる。よって，ゴムを急に伸ばすと，余った運動エネルギーが発散して温度が上がる。逆に，伸ばしたゴムに熱を加えると縮もうとする。これを，Gough-Joule（グー-ジュール）効果という。

問3 14 正解は④

A→Bの過程は断熱変化であるから，気体が吸収する熱量は0である。

よって　$Q_{AB}=0$

B→Cの過程は定積変化であるから，気体がされる仕事は0である。

よって　$W_{BC}=0$

A→Cの過程は等温変化であるから，気体の内部エネルギーの変化は0である。

よって　$\Delta U_{AC}=0$

したがって，最も適当なものは④である。

CHECK 問2では，気体が外へする仕事を正として W' としたが，本問の題意に沿って，気体が外からされる仕事を正として W とすると，熱力学第一法則は

$$\Delta U=Q+W$$

となる。このとき，

A→Bでは，$Q_{AB}=0$ であるから　$\Delta U_{AB}=0+W_{AB}$

B→Cでは，$W_{BC}=0$ であるから　$\Delta U_{BC}=Q_{BC}+0$

A→Cでは，$\Delta U_{AC}=0$ であるから　$0=Q_{AC}+W_{AC}$

問4 15 正解は①　16 正解は①

15 **• 気体の場合**

図5で気体の体積が減少するとき，気体が外からされた正の仕事（ピストンを外から押す力がした仕事）W は，圧力 P-体積 V グラフと V 軸で囲まれる面積である。よって，A→Bの断熱変化でされる仕事 W_{AB} の方が，A→Cの等温変化でされる仕事 W_{AC} より，灰色に塗られた部分の面積だけ大きい。このとき，A→BとA→Cの気体の体積変化，すなわち，ピストンの移動距離は等しいので，問2(お)より，

気体が外からされる仕事 W が大きい方が，ピストンを押す力 F も大きい。

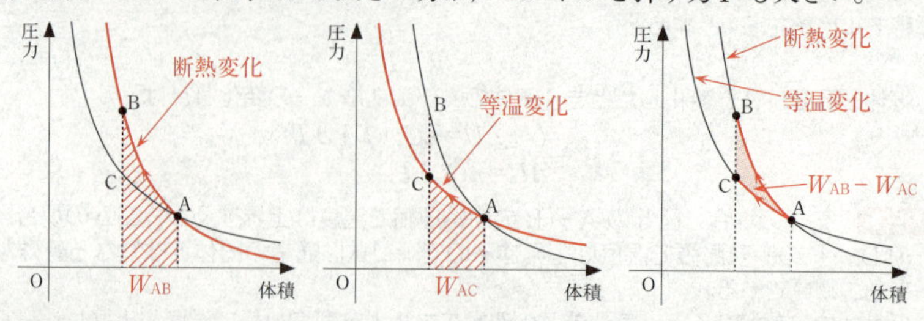

• ゴムの場合

図6でゴムの長さが増加するとき，ゴムひもが外からされた正の仕事（ゴムを外から引っ張る力がした仕事）W は，張力 F-長さ x のグラフと x 軸で囲まれる面積である。よって，D→E のすばやく伸ばした断熱変化でされる仕事 W_{DE} の方が，D→F でゆっくり伸ばした等温変化でされる仕事 W_{DF} より，灰色に塗られた部分の面積だけ大きい。このとき，D→E と D→F のゴムの長さの変化は等しいので，ゴムが外からされる仕事 W が大きい方が，ゴムを引く張力 F も大きい。

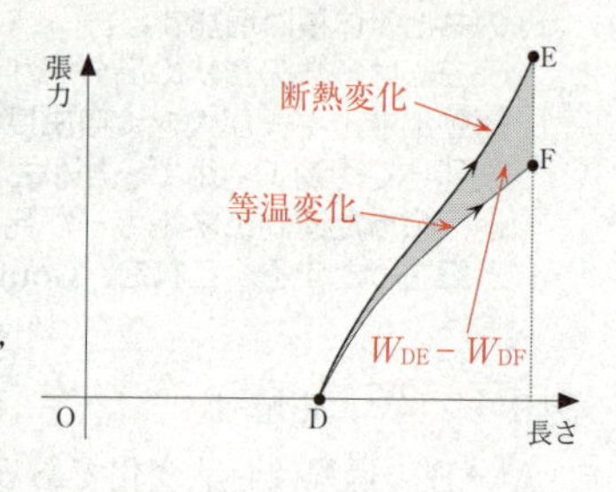

したがって，**気体もゴムも断熱変化の方が**，強い力が必要で，外からされる仕事も大きくなる。

16　• 気体の A→B→C→A のサイクル

B→C では気体の体積が変化していないので，気体が外からされる仕事は0である。A→B では気体の体積が減少しているので気体は外から仕事をされ，C→A では気体の体積が増加しているので気体は外へ仕事をしている。このとき，A→B で気体が外からされる仕事の大きさの方が，C→A で気体が外へする仕事の大きさより大きいから，A→B→C→A 全体では，気体は外から仕事をされている。

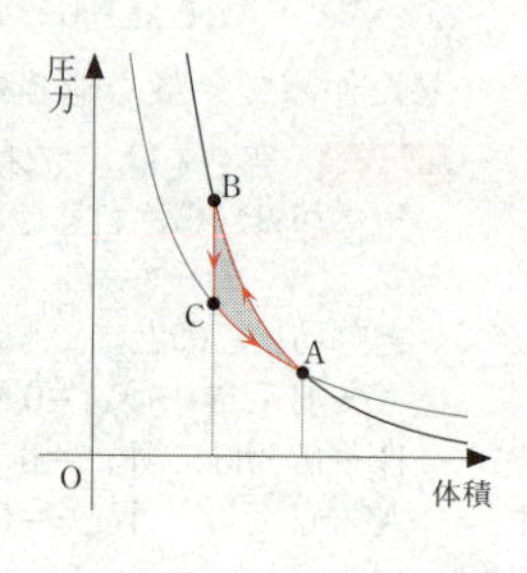

• ゴムの D→E→F→D のサイクル

E→F ではゴムの長さが変化していないので，ゴムが外からされる仕事は0である。D→E ではゴムの長さが増加しているのでゴムは外から仕事をされ，F→D ではゴムの長さが減少しているのでゴムは外へ仕事をしている。このとき，D→E でゴムが外からされる仕事の大きさの方が，

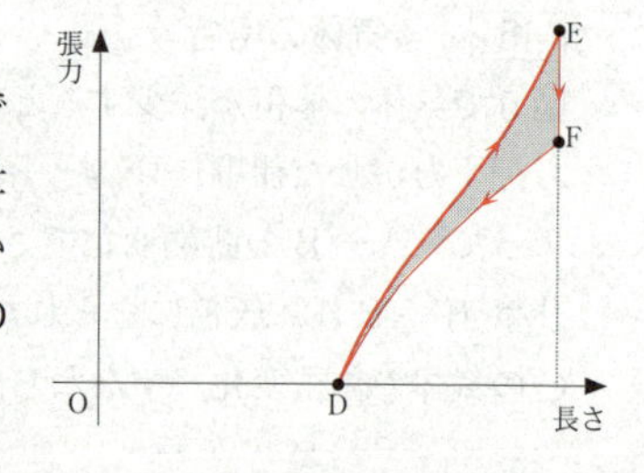

F→Dでゴムが外へする仕事の大きさより大きいから，D→E→F→D全体では，ゴムは外から仕事をされている。

したがって，気体やゴムがされる仕事の総和は，気体の場合は正，ゴムの場合も正になる。

第4問 ── 原　子

A 標準 《ブラッグ反射》

問1 17 正解は② 18 正解は④

17 右図のように点A～Dをとる。入射X線の(Ⅰ)，(Ⅱ)の点A，Cは同位相であり，反射X線が強め合うとき，(Ⅰ)，(Ⅱ)の点A，Dは同位相である。よって，(Ⅰ)，(Ⅱ)の経路差は，$\overline{CB}+\overline{BD}$である。

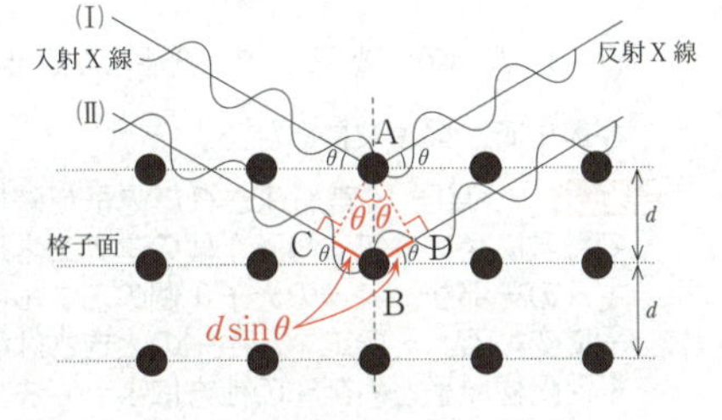

$$\overline{CB}=\overline{BD}=d\sin\theta$$

であるから

$$\overline{CB}+\overline{BD}=2d\sin\theta$$

18 X線が格子面で反射するとき，(Ⅰ)，(Ⅱ)の反射による位相のずれはないので，反射X線が強め合うためには，経路差が，波長λの整数倍であればよい。

CHECK 格子間隔dの結晶に波長λのX線を格子面とのなす角θで当てると，各格子面で散乱したX線が干渉する。このとき，1つの格子面を鏡とみなして，反射の法則を満たす方向に干渉して，それらが同位相のとき互いに強め合う。これを，ブラッグ反射という。

B 標準 《X線の発生》

問2 19 正解は③

ア 題意より，電子が陽極の金属と衝突し，運動エネルギーのすべてが1個のX線の光子のエネルギーに変わると，最短波長のX線が発生する。よって，電子とX線の光子のエネルギーの保存則が成立している。

イ 電子とX線の光子と陽極原子のエネルギーの保存則より，X線の波長λが最短波長より長いとき，X線の光子のエネルギー$\dfrac{hc}{\lambda}$が小さくなるので，陽極原子の熱運動のエネルギーQが増加している。

したがって，語の組合せとして最も適当なものは③である。

POINT　○発生するX線の振動数をν，波長をλとすると，X線の光子のエネルギーEは

$$E=h\nu=\frac{hc}{\lambda}\quad（波の式\ c=\nu\lambda）$$

○電子とX線の光子，陽極原子のエネルギー保存則は

電子がフィラメント・陽極間の電場から受けた仕事eV
＝電子が陽極に衝突する直前にもつ運動エネルギーK
＝陽極から発生したX線の光子のエネルギー$\dfrac{hc}{\lambda}$
＋陽極原子の熱運動のエネルギーQ
＋電子が陽極に衝突した直後にもつ運動エネルギーK'

運動エネルギーと仕事の関係より

$$K=eV$$

$Q=0$，$K'=0$であるとき，発生したX線の光子のエネルギー$\dfrac{hc}{\lambda}$は最大となり，波長λが最小で，最短波長となる。

CHECK　○電圧Vで加速された電子が陽極で急激に止められ，電子１個の運動エネルギーの一部が，X線の光子１個のエネルギーに変わる。そのエネルギーの大きさは電子と陽極原子との衝突の仕方によって決まり，いろいろな値のエネルギーをもつX線が放出される。これを連続X線という（問２・問３）。

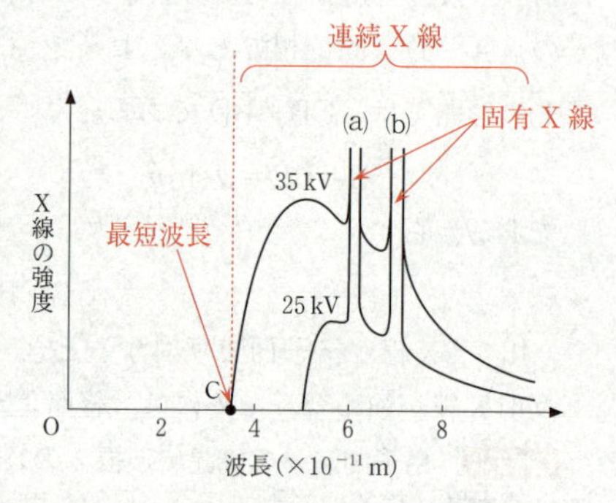

○陽極の金属に飛び込んだ電子が，陽極原子の束縛電子をはじき飛ばすと，それより外側の軌道から電子が移ってくる。このとき，電子の軌道の差で決まるエネルギーがX線の光子として放出される。外側の軌道から内側の軌道に移る方法はいろいろあり，それぞれの差に対応する波長のX線が観測される。これを固有X線（特性X線）という（問４）。よって，陽極原子の種類が異なると，鋭いピークの波長が変化する。

問３　20　正解は④

ウ　X線の最短波長をλ_0とすると，電子とX線の光子のエネルギーの保存則より

$$eV=\frac{hc}{\lambda_0}$$

$$\therefore\quad \lambda_0=\frac{hc}{eV}\quad\cdots\cdots(か)$$

エ　(か)より，両極間の電圧Vを大きくすると，X線の最短波長λ_0は短くなる。よって，C点の波長より**短く**なる。

したがって，式と語の組合せとして最も適当なものは④である。

問4 21 正解は③

オ 図3の二つの鋭いピークの波長は，(a)の方が短く，(b)の方が長い。X線の光子のエネルギー$\frac{hc}{\lambda}$が小さいのは，波長λが長い方であるから，それは(b)である。

カ X線の最短波長λ_0は，(か)より，$\lambda_0=\frac{hc}{eV}$であるから，これは，陽極金属の種類によらない。よって，最短波長は図3のC点と比べて変化しない。
したがって，記号と語の組合せとして最も適当なものは③である。

物理基礎　追試験

問題番号(配点)	設問	解答番号	正解	配点	チェック
第1問 (17)	問1	1	⑦	4	
	問2	2	②	4	
	問3	3	①	3	
		4	⑥	2	
	問4	5	⑤	4	
第2問 (19)	問1	6	③	4*1	
		7	①		
	問2	8	③	4*1	
		9	②		
	問3	10	⑤	4	
	問4	11	③	4	
		12	③	3	

問題番号(配点)	設問	解答番号	正解	配点	チェック
第3問 (14)	問1	13-14	②-④	4 (各2)	
	問2	15	③	3	
		16	②	2*2	
	問3	17	②	3	
		18	④	2*3	

(注)

1　＊1は，両方正解の場合のみ点を与える。

2　＊2は，解答番号15で③を解答した場合のみ②を正解とし，2点を与える。ただし，解答番号15の解答に応じ，下記①〜③のいずれかを解答した場合も2点を与える。
①解答番号15で①を解答し，かつ，解答番号16で④を解答した場合
②解答番号15で②を解答し，かつ，解答番号16で③を解答した場合
③解答番号15で④を解答し，かつ，解答番号16で①を解答した場合

3　＊3は，解答番号17で②を解答した場合のみ④を正解とし，2点を与える。ただし，解答番号17の解答に応じ，下記①〜③のいずれかを解答した場合も2点を与える。
①解答番号17で①を解答し，かつ，解答番号18で⑤を解答した場合
②解答番号17で③を解答し，かつ，解答番号18で③を解答した場合
③解答番号17で④を解答し，かつ，解答番号18で②を解答した場合

4　-（ハイフン）でつながれた正解は，順序を問わない。

自己採点欄
/50点

第1問 標準 《総合題》

問1 1 正解は⑦

力の向き：物体は，エの直前までは0.1s間に4目盛り進んでいたものが，エの直後からは0.1s間に2目盛りしか進まないようになったので，物体の速さが小さくなったことがわかる。よって，物体はエの位置で運動の向きと逆向きにブレーキがかかるような力を瞬間的に受けたことになり，力の向きは左である。

位置：物体は，エの位置で瞬間的に力を受け，その瞬間に速度が変化する。しかし，エの位置以外では，力を受けないので，等速直線運動をする。よって，オの位置を通過してから0.1s後における位置をカとすると，エを通過した後のエ～オ間の距離と，オ～カ間の距離は等しいので，カの位置はcである。

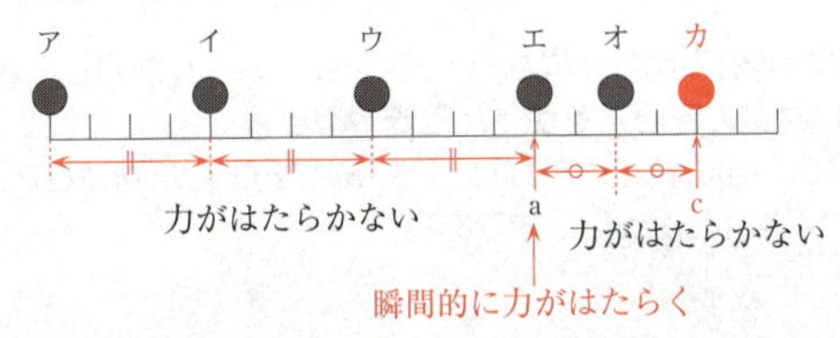

したがって，力の向きと位置の組合せとして最も適当なものは⑦である。

問2 2 正解は②

ア 比熱（比熱容量）とは，単位質量（通常は1g）あたりの物体の温まりにくさや冷めにくさを表す量である。(比熱)×(質量) を熱容量といい，熱容量が大きいほど温まりにくく冷めにくく，小さいほど温まりやすく冷めやすい。質量が等しく材質が異なる二つの容器に，同じ量の熱い液体を入れたとき，液体と容器が熱平衡に達した後の温度が高くなったのは，容器が温まりやすかったからであり，この容器の方が比熱の値が小さい。

よって，熱平衡に達した後の温度が高いのは，材質Aの容器を使った方である。

イ 材質は同じ，すなわち比熱が同じで質量が異なる二つの容器に，同じ量の熱い液体を入れたとき，容器の質量が大きいほど熱容量が大きいので，容器の温度変化が小さく，容器の質量が小さいほど温度変化が大きい。

よって，熱平衡に達した後の温度が高いのは，質量が小さい容器を使った方である。

したがって，記号と語の組合せとして最も適当なものは②である。

CHECK 容器の質量を m_1，比熱を c_1，液体の質量を m_2，比熱を c_2，最初の容器の温度を t_1，液体の温度を t_2，熱平衡に達したときの温度を t とする。熱が液体と容器の間だけで移動するとき，高温の液体が放出した熱量 $Q_2=m_2c_2(t_2-t)$ と，低温の容器が吸収した熱量 $Q_1=m_1c_1(t-t_1)$ が等しいので

$$m_2c_2(t_2-t)=m_1c_1(t-t_1)$$

$$\therefore\quad t=\frac{m_2c_2t_2+m_1c_1t_1}{m_2c_2+m_1c_1}=\frac{1+\dfrac{m_1c_1t_1}{m_2c_2t_2}}{1+\dfrac{m_1c_1}{m_2c_2}}t_2$$

水の比熱は $c_2=4.19$〔J/(g·K)〕であるから，液体と容器の比熱について，$c_2>c_1$。問題文中の図より，液体と容器の質量について，$m_2>m_1$，液体と容器の最初の温度について，$t_2>t_1$ と考えると，$m_2c_2t_2 \gg m_1c_1t_1$ としてよい。よって $\dfrac{m_1c_1t_1}{m_2c_2t_2}$ を無視すると，熱平衡に達したときの温度 t は

$$t \fallingdotseq \frac{1}{1+\dfrac{m_1c_1}{m_2c_2}}t_2$$

と近似できる。
材質Aと材質Bの容器の比熱が異なり，m_1，m_2，c_2，t_2 が同じとき，温度 t が高いのは，比熱 c_1 が小さい材質の容器Aを使ったときである。
材質Aと材質Bの容器の質量が異なり，c_1，m_2，c_2，t_2 が同じとき，温度 t が高いのは，質量 m_1 が小さい容器を使ったときである。

問3　3　正解は①　4　正解は⑥

3　電流計は，充電器とスマホをつなぐ導線を流れる電流を調べるのだから，回路に直列に，すなわち図の端子 ac 間の A_1 の位置か，端子 bd 間の A_2 の位置に入れる。
電圧計は，スマホの端子間の電位差，あるいは充電器の端子間の電位差を調べるのだから，回路に並列に，すなわち図の端子 ab 間の V_1 の位置か，端子 cd 間の V_2 の位置に入れる。
したがって，模式図として最も適当なものは①である。

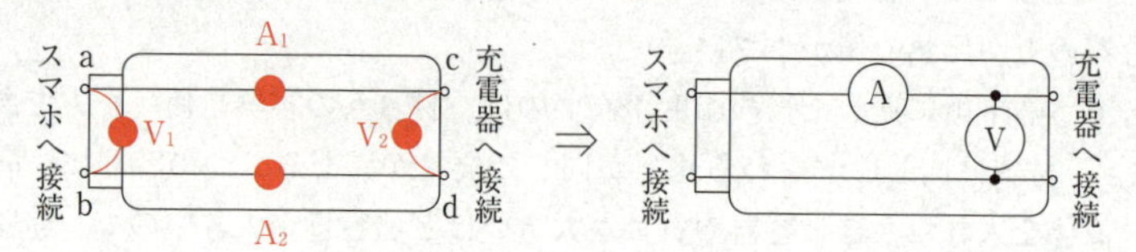

4　充電チェッカーに電圧 V〔V〕がかかり電流 I〔A〕が流れるとき，消費電力 P〔W〕は

$$P=VI=5.00\times2.00=\mathbf{10.0}\text{〔W〕}$$

問4　5　正解は⑤

コイルを流れる電流が一定のとき，コイルを流れる電流がつくる磁場の向きと強さは一定で，コイルが磁石の磁場から受ける力は一定となり，コイルおよびコーンは

振動しないので，スピーカーから音は発生しない。一方，コイルに交流電流が流れると，コイルを流れる電流がつくる磁場の向きと大きさが変化し，コイルが磁石の磁場から受ける力の向きと大きさも変化するので，コイルが振動すると同時に，コーンが振動してスピーカーから音が発生する。

現象１：不適。コイルに一定の大きさの直流電流を流すと，コイルは振動しないので，スピーカーから音は出ない。

現象２：適当。コイルを流れる交流電流の振動数（周波数）と，コーンの振動数は同じである。よって，コイルを流れる交流電流の振動数を大きくすると，コーンの振動数が大きくなるので，スピーカーから出る音は高くなる。

現象３：不適。コイルを流れる交流電流の振幅を変化させるとは，交流電流の最大値を変化させることである。交流電流の最大値を大きくすると，コイルを流れる電流がつくる磁場が大きくなり，コイルが磁石の磁場から受ける力が大きくなるので，コイルおよびコーンの振動の振幅が大きくなり，スピーカーから出る音が大きくなる。

現象４：適当。音波をコーンに当ててコーンを振動させると，コイルが振動し，コイルを貫く磁石の磁場が変化するので，コイルには誘導起電力が発生する。このとき，コイルを貫く磁場の向きと大きさが変化するので，コイルには交流電圧が発生することになる。

したがって，現象の組合せとして最も適当なものは⑤である。

CHECK　図のように，手回し発電機に電球をつないで発電機を回すと電球が点灯し，これとは逆に，手回し発電機に電池をつないで電流を流すと発電機の取っ手が回転する。

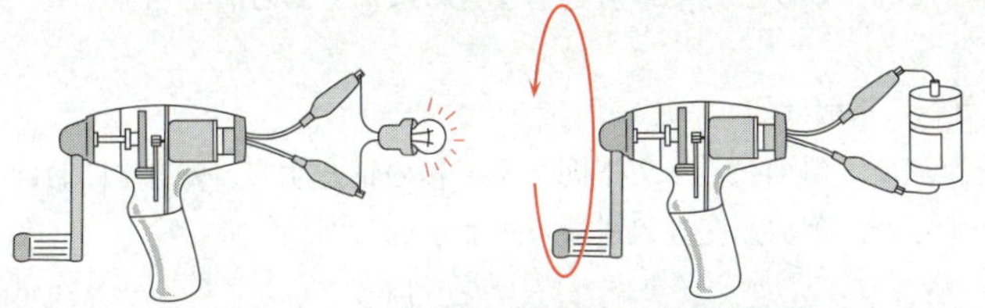

これは，前者は，発電機を回すという力学的な仕事が，電球が点灯するという電気エネルギーに変換したものであり，後者は，電池が電流を流すという電気的な仕事が，取っ手が回転するという力学的エネルギーに変換したものである。これらは，エネルギーの変換が互いに逆向きに起こったものである。

本問の前半は，コイルに与えた電気エネルギーが音波のエネルギーに変換したものであり，現象４は，これとは逆に，音波のエネルギーが電気エネルギーに変換したものである。これらも，エネルギーの変換が互いに逆向きに起こったものである。

第2問 標準 —— 物理現象とエネルギー 《斜面をすべる小球の運動》

問1　6　正解は③　　7　正解は①

小球の質量を m，重力加速度の大きさを g，水平に対する斜面の傾きを θ とする。斜面をすべりはじめたときの小球の加速度を a とすると，運動方程式より

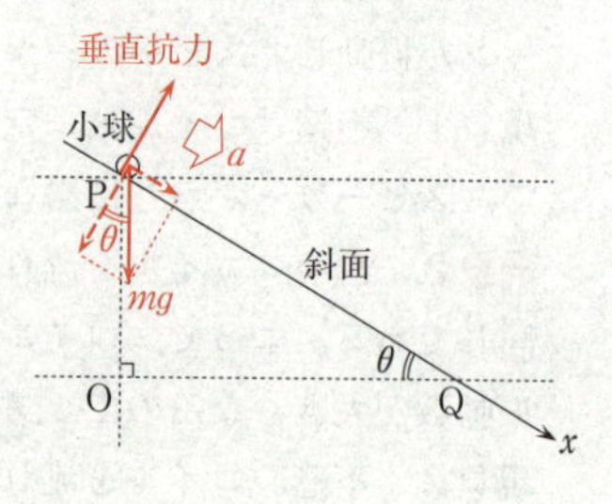

$$ma=mg\sin\theta$$

$$\therefore \quad a=g\sin\theta \quad \cdots\cdots(あ)$$

よって，小球の加速度 a の大きさは，小球の質量に関係なく，斜面の傾きが大きいほど大きい。

問2　8　正解は③　　9　正解は②

8　(あ)より，小球が斜面をすべっている間，g と θ は変化しないから，加速度 a の大きさは変化しない。

9　時刻 t における小球の速さを v とすると，加速度 a は一定，初速度は0であるから，等加速度直線運動の式より

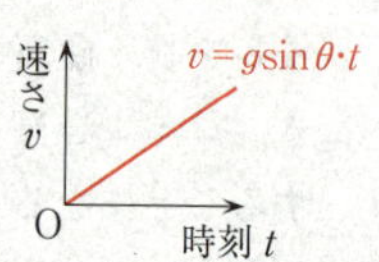

$$v=0+at=g\sin\theta\cdot t \quad \cdots\cdots(い)$$

よって，速さ v は時刻 t に比例し，傾き $g\sin\theta$ が一定の原点を通る直線である。

したがって，グラフとして最も適当なものは②である。

問3　10　正解は⑤

点Pを原点に，斜面に沿って下向きを x 軸の正とする。時刻 t における小球の位置を x とすると，等加速度直線運動の式より

$$x=0+\frac{1}{2}at^2$$

点Pから点Qまですべり落ちるのにかかる時間を t_Q とすると

$$L=\frac{1}{2}g\sin\theta\cdot t_Q{}^2=\frac{1}{2}g\cdot\frac{h}{L}t_Q{}^2$$

$$\therefore \quad t_Q=L\sqrt{\frac{2}{gh}}$$

問4　11　正解は③　　12　正解は③

11　点Qにおける小球の速さを v_Q とすると，(い)より

$$v_Q = g\sin\theta \cdot t_Q = g\cdot\frac{h}{L}\times L\sqrt{\frac{2}{gh}} = \sqrt{2gh} \quad \cdots\cdots(う)$$

よって，小球が点Qを通過する瞬間の速さ v_Q は，基準の点Qに対する最初の点Pの高さ h で決まり，斜面の傾きや長さによらない。よって，小球が斜面PQ′をすべって点Q′を通過する瞬間の速さ $v_Q{}'$ は，斜面PQをすべって点Qを通過する瞬間の速さ v_Q に等しい。

したがって，小球が基準の高さを通過する瞬間の速さは，どちらの斜面をすべっても同じである。

12　小球がすべる斜面がPQであってもPQ′であっても，小球が斜面をすべる間，小球にはたらく垂直抗力の向きは，問1の図より，小球の運動の向きに常に垂直であり，垂直抗力は小球に対して仕事をしない。

したがって，垂直抗力がする仕事は，どちらの場合も同じでありその値は0である。

別解　11　(う)は，点Pと点Qの間で力学的エネルギー保存則を用いて，次のように求めることもできる。

$$mgh = \frac{1}{2}mv_Q{}^2 \qquad \therefore \quad v_Q = \sqrt{2gh}$$

よって，小球が基準の高さを通過する瞬間の速さ v_Q は，小球が最初にもっていた重力による位置エネルギーの大きさで決まり，どちらの斜面をすべっても同じであることがわかる。

第3問　標準 ―― 物体の運動とエネルギー《糸電話を伝わる音の振動》

問1　13 - 14　正解は②-④

①不適。スピーカーによって発生した音は縦波で，音が伝わる方向と媒質の振動方向が同じである。スピーカーから発生した音は，空気分子を図の上下方向に振動させて伝わるので，紙コップ1を図の上下方向に振動させることができる。

②適当。スピーカーから発生した音が紙コップ2まで伝わる間に，空気分子の上下方向の振動は減衰して小さくなり，小球を観察可能なほど跳ねさせることはできなかった。

③不適。紙コップ1の底の図の上下方向の振動は，糸の上下方向の振動として紙コップ2まで伝わり，紙コップ2の底を上下方向に振動させ，小球を跳ねさせることができる。

④適当。スピーカーから空気の縦波の振動として紙コップ1に伝わった音は，糸の縦波の振動として紙コップ2に伝わり，紙コップ2の底を上下方向に振動させ，小球を跳ねさせることができた。

したがって，現象の説明として適当なものは②と④である。

問2　15　正解は③　　16　正解は②

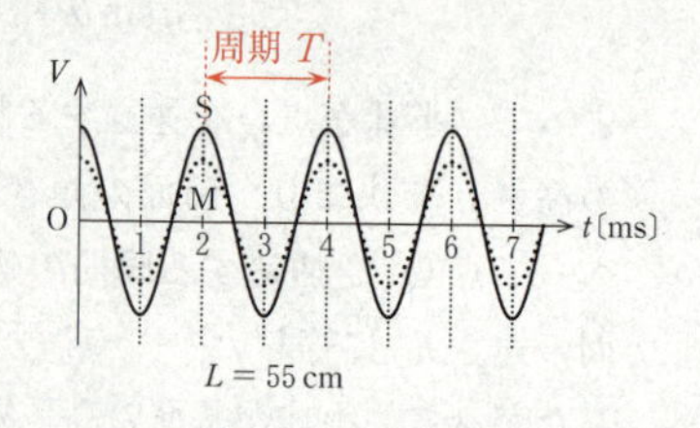

15　スピーカーに交流電圧を加えると，第1問問4の図4のように，スピーカーのコーンが振動して縦波の音が発生する。スピーカーに加えた電圧が1回振動するとスピーカーが1回振動し，音波が1個発生する。よって，スピーカーに加えた電圧の周波数と，発生した音の振動数は等しい。

本問の図4，図5のどちらの場合でも，スピーカーに加えた電圧 V の波形の周期，すなわち実線の山からその右隣の山までの時間は2ms であるから，音の周期は **2 ms** である。

16　音波の周期 T〔s〕と振動数 f〔Hz〕は互いに逆数の関係であるから，1〔ms〕=0.001〔s〕に注意して

$$f=\frac{1}{T}=\frac{1}{0.002}=\mathbf{500}\,\text{〔Hz〕}$$

問3　17　正解は②　　18　正解は④

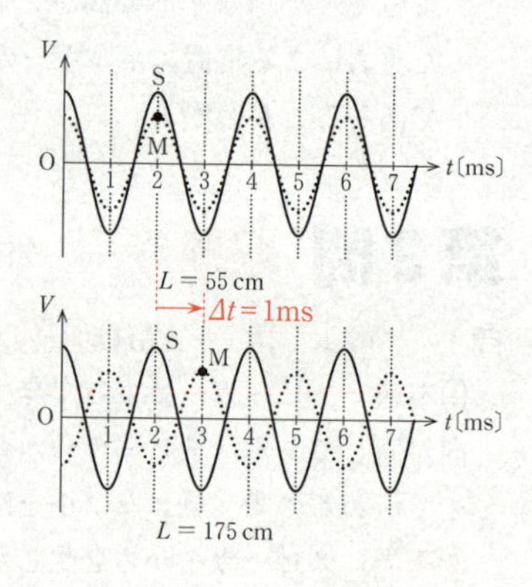

17　図4の波形では，スピーカーに加えた電圧 V の波形（実線）の山と，マイクロフォンで得られた電圧の波形（点線）の山が一致している。

図5の波形では，スピーカーに加えた電圧 V の波形（実線）の山の位置は図4と同じであるが，マイクロフォンで得られた電圧の波形（点線）の山が，図4から時間1ms だけ右へ移動している。これは，糸の長さを長くしてマイクロフォンをスピーカーから遠ざけていくと，スピーカーから出た音が糸を伝わってマイクロフォンに到達するまでの時間が長くなり，マイクロフォンで得られた電圧の波形（点線）の山がしだいに右側へ移動したからである。

マイクロフォンとスピーカーの間隔，すなわち左右の紙コップの間隔が，$\Delta L=175-55=120$〔cm〕だけ長くなったとき，マイクロフォンで得られた電圧の波形の山が初めて1ms だけずれたわけであるから，音が距離 ΔL〔m〕を伝わるのにかかった時間 Δt〔ms〕が，$\Delta t=$ **1〔ms〕** であったことを表している。

18　糸を伝わる音の速さ v は

$$v=\frac{\Delta L}{\Delta t}=\frac{1.2\,\text{〔m〕}}{0.001\,\text{〔s〕}}=\mathbf{1200}\,\text{〔m/s〕}$$

物理 本試験（第1日程）

問題番号(配点)	設問		解答番号	正解	配点	チェック
第1問 (25)	問1		1	④	5	
	問2		2	⑤	5	
	問3		3	②	5	
	問4		4	①	5	
	問5		5	②	5*1	
第2問 (25)	A	問1	6	③	2	
			7	③	2*2	
			8	⓪		
			9	①		
		問2	10	④	3	
			11	②	3	
		問3	12	④	3*3	
			13	⓪		
			14	①		
	B	問4	15	②	4	
		問5	16	③	4	
		問6	17	③	4	

問題番号(配点)	設問		解答番号	正解	配点	チェック
第3問 (30)	A	問1	18	①	4	
		問2	19	②	4	
		問3	20	④	4	
			21	①	4	
	B	問4	22	②	4	
		問5	23	①	5	
		問6	24	⑥	5	
第4問 (20)	問1		25	④	5	
	問2		26	③	5	
	問3		27	①	5	
	問4		28	④	5*4	

（注）

1　＊1は，①を解答した場合は3点を与える。
2　＊2は，解答番号6で③を解答し，かつ，全部正解の場合のみ点を与える。
3　＊3は，全部正解の場合のみ点を与える。
4　＊4は，③を解答した場合は3点を与える。

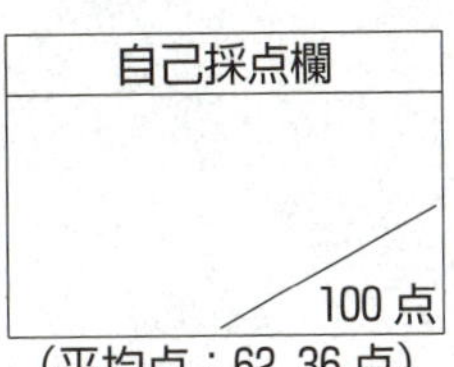

（平均点：62.36点）

第1問 標準 《総　合　題》

問1　1　正解は④

台車とともに運動する観測者から見ると，おもりにはたらく力は，鉛直方向下向きの重力，水平方向左向きの慣性力，糸方向の張力であり，これらの力がつり合っておもりが静止している。このとき，重力と慣性力の合力をみかけの重力といい，みかけの重力と張力とがつり合っている。観測者が下と感じる方向は，みかけの重力の方向である。よって，おもりの糸はみかけの重力の方向に傾き，水面はみかけの重力の方向と直交する方向に傾く。

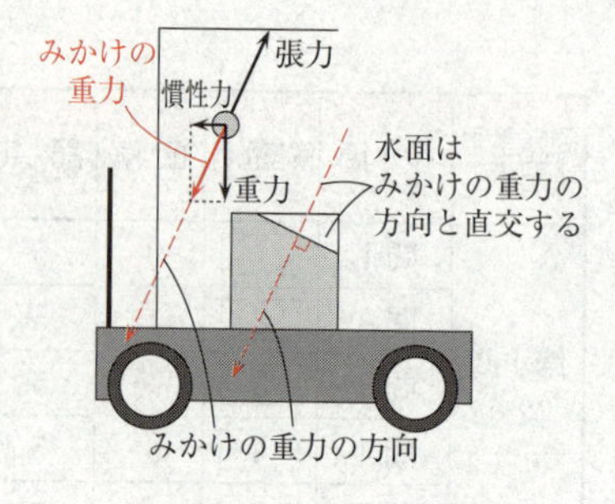

したがって，図として最も適当なものは④である。

問2　2　正解は⑤

動滑車からつるされた板と荷物，人の全体が床から持ち上がるときは，床から板にはたらく垂直抗力が0になるときであり，このときに人がロープを引く張力の大きさを T〔N〕とする。

人の質量を m〔kg〕，板と荷物の質量の和を M〔kg〕，重力加速度の大きさを g〔m/s^2〕，人が板から受ける垂直抗力の大きさを N〔N〕，動滑車と板を結ぶ1本のひもの張力の大きさを S〔N〕とする。人がロープを下向きに大きさ T〔N〕の張力で引くとき，作用・反作用の法則より，人はロープから上向きに大きさ T〔N〕の張力を受けていることに注意すると，それぞれの物体にはたらく力のつり合いの式は次のようになる。

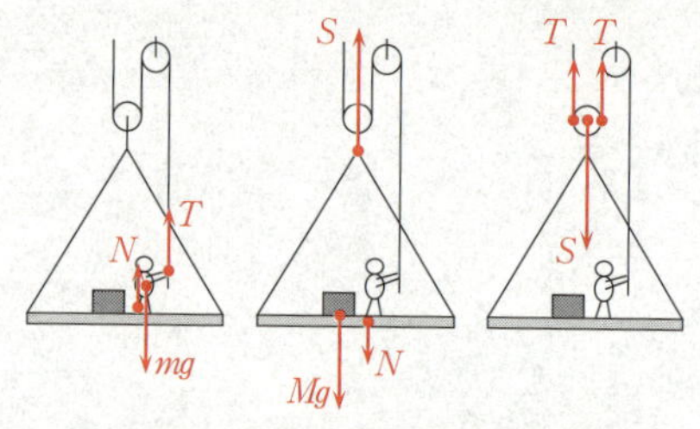

(i)　人　　(ii)　板と荷物　　(iii)　動滑車

(i)　人　　　　$T+N=mg$

(ii)　板と荷物　　$S=Mg+N$

(iii)　動滑車　　$2T=S$

N, Sを消去してTについて解くと

$$T=\frac{1}{3}(m+M)g=\frac{1}{3}\{60+(10+50)\}\times 9.8=392\fallingdotseq 3.9\times 10^2 〔\mathrm{N}〕$$

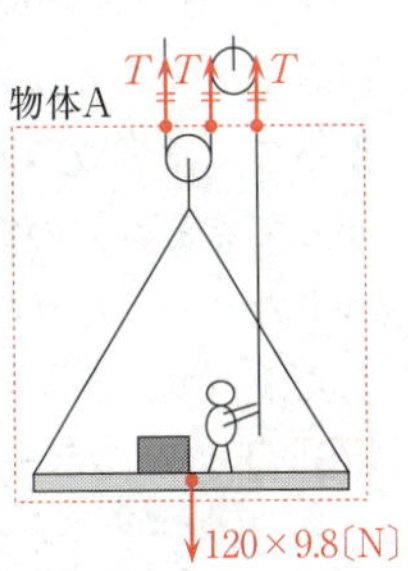

別解　動滑車からつるされた板と荷物，人をまとめて，ひとつの物体Aとする。物体Aの質量は，動滑車の質量が無視できるので，10＋50＋60＝120〔kg〕である。このときの物体Aは，動滑車を引き上げる２本のロープと，人の手を引き上げる１本のロープの，合計３本のロープでつるされていることになる。定滑車や動滑車を通しても，１本のロープに加わる張力の大きさは等しいから，これをT〔N〕とすると，重力加速度の大きさが9.8 $\mathrm{m/s^2}$であることに注意して，力のつり合いの式より

$$T\times 3=120\times 9.8 \qquad \therefore \quad T=392\fallingdotseq 3.9\times 10^2〔\mathrm{N}〕$$

問3　[3]　正解は②

平行な極板間に生じる電場は一様であり，その強さEは，極板間の電位差をV，極板間隔をdとすると

$$E=\frac{V}{d}$$

電場の強さがEの点に，電気量qの点電荷を置くとき，その点電荷にはたらく静電気力の大きさFは

$$F=qE=q\frac{V}{d}$$

図３の場合，隣り合う極板間の電位差はすべてVであり，さらに点電荷がもつ電気量qは同じであるから，Fは極板間隔dに反比例する。

したがって，点電荷を置いたときに点電荷にはたらく静電気力の大きさが最も大きくなる点は，極板間隔が最も小さい空間にある点Bである。

問4　[4]　正解は①

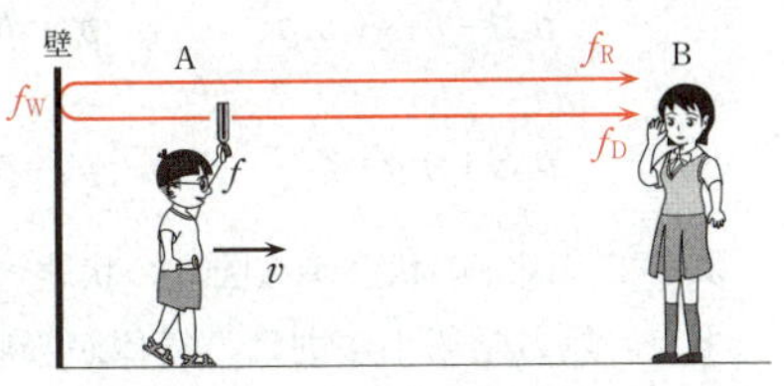

[ア]　AさんからBさんに直接届いた音波は，静止しているBさんに近づく音源が出す音波であるから，ドップラー効果の式より，この音波の振動数f_Dはfより大きい。

[イ]　Aさんから壁に届く音波は，静止している壁から遠ざかる音源が出す音波であるから，壁に届く音波の振動数f_Wはfより小さい。静止している壁から静止

しているBさんに届いた音波はドップラー効果を起こさない。よって，壁で反射してBさんに届いた音波の振動数f_Rはf_Wと等しく，fより小さい。

ウ　Bさんが聞く1秒あたりのうなりの回数は，これらの音波の振動数の差$|f_D-f_R|$である。Aさんの歩く速さが大きくなると，Aさんから直接Bさんに向かってくる音波の振動数f_Dは，fよりさらに大きくなり，壁で反射してBさんに向かってくる音波の振動数f_Rは，fよりさらに小さくなる。よって，Bさんが聞く1秒あたりのうなりの回数は多くなる。

したがって，語句の組合せとして最も適当なものは①である。

POINT　ドップラー効果の式は，音速をV，音源が出す音の振動数をf，観測者が観測する音の振動数をf'，音が進む向きを正の向きとして，音源の速度をv_S，観測者の速度をv_Oとすると，次のようになる。

$$f'=\frac{V-v_O}{V-v_S}f$$

Aさんが歩く速さをvとする。Aさんから直接Bさんに届いた音波の振動数f_Dは

$$f_D=\frac{V}{V-v}f>f$$

Aさんから壁に届いた音波の振動数をf_Wとする。壁で反射してBさんに届いた音波の振動数f_Rは，f_Wに等しく

$$f_R=f_W=\frac{V}{V+v}f<f$$

Bさんが聞く振動数f_Dの音波と振動数f_Rの音波の重ね合わせによってうなりが生じる。1秒あたりのうなりの回数nは

$$n=|f_D-f_R|=\frac{V}{V-v}f-\frac{V}{V+v}f=\frac{2Vv}{V^2-v^2}f$$

よって，vが大きくなると，nは多くなる。

問5　5　正解は②

エ・オ　ピストンの質量をm，断面積をS，容器外の気体の圧力をp_0，重力加速度の大きさをgとする。図(a)，(b)での容器内の気体の圧力をそれぞれp_a，p_bとすると，力のつり合いの式より

$$p_aS=p_0S+mg \qquad \therefore\ p_a=p_0+\frac{mg}{S}$$

$$p_bS+mg=p_0S \qquad \therefore\ p_b=p_0-\frac{mg}{S}$$

よって，図(a)の状態から図(b)の状態へ変化させると，気体の圧力は減少する。

また，熱力学第1法則は，気体が吸収した熱量をQ，気体の内部エネルギーの増加をΔU，気体が外部へした仕事をWとすると，$Q=\Delta U+W$である。

図(a)の状態から図(b)の状態へ変化させるとき，気体の体積が増加するので，気体が

外部へした仕事は正で $W>0$。断熱変化の場合は，気体は外部から熱量を吸収しないので $Q=0$。よって，熱力学第１法則より $\Delta U<0$ となり，気体の温度は下がる。一方，等温変化の場合は，気体の温度は一定である。

図(a)の状態（圧力 p_a の点A）からの変化が，等温変化の場合であっても断熱変化の場合であっても，図(b)の状態での圧力 p_b は等しいので，状態方程式より，温度が高い方が体積が大きく（点B），温度が低い方が体積が小さい（点C）。

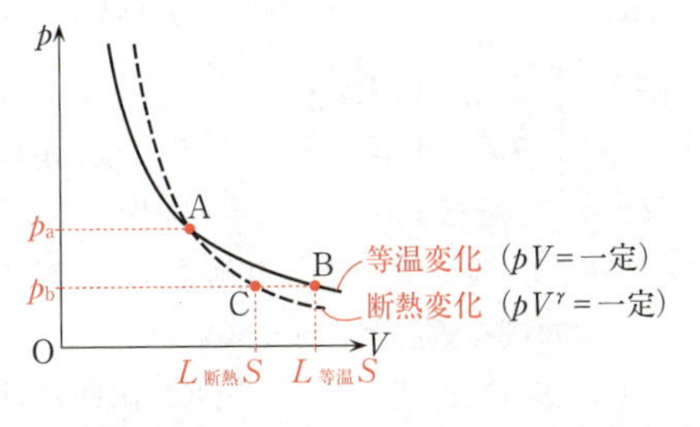

したがって，p_b（$<p_a$）における体積が大きい実線が**等温変化**，体積が小さい破線が**断熱変化**である。

カ　図(a)の状態（圧力 p_a の点A）から図(b)の状態（圧力 p_b の点Bまたは点C）へ変化したとき，等温変化の場合の方が体積が大きく（点B），断熱変化の場合の方が体積が小さい（点C）ので，ピストンの容器の底からの距離は

$$L_{等温}>L_{断熱}$$

したがって，語と式の組合せとして最も適当なものは②である。

CHECK　○図６の p-V グラフにおいて，等温変化の場合は，ボイルの法則より

$$pV=一定$$

断熱変化の場合は，ポアッソンの式より，気体の比熱比を γ（>1）とすると

$$pV^\gamma=一定$$

よって，断熱変化の p-V グラフも等温変化の p-V グラフもともに単調減少（下り勾配）であるが，$\gamma>1$ であるから，断熱変化の p-V グラフの方が急勾配である。

○p-V グラフの傾きを求める。

等温変化の場合は，$pV=a$（一定）とおくと

$$p=aV^{-1}$$

$$\therefore\ \left(\frac{dp}{dV}\right)_{等温}=-aV^{-2}=-pV^{-1}=-\frac{p}{V}$$

断熱変化の場合は，$pV^\gamma=b$（一定）とおくと

$$p=bV^{-\gamma}$$

$$\therefore\ \left(\frac{dp}{dV}\right)_{断熱}=-\gamma bV^{-\gamma-1}=-\gamma pV^{-1}=-\gamma\frac{p}{V}$$

定圧モル比熱を C_P，定積モル比熱を C_V，気体定数を R とすると

$$\gamma=\frac{C_P}{C_V}=\frac{C_V+R}{C_V}>1$$

であるから，p と V がそれぞれ等しいとき

$$\left(\frac{dp}{dV}\right)_{断熱}<\left(\frac{dp}{dV}\right)_{等温}<0$$

よって，断熱変化の p-V グラフの方が下り勾配の傾きが大きい。

第2問 ── 電磁気

A 標準 《コンデンサーと抵抗を含む直流回路》

問1　6　正解は③
　　7　正解は③　　8　正解は⓪　　9　正解は①

6　題意より，スイッチを閉じた瞬間はコンデンサーに電荷は蓄えられていないので，コンデンサーの両端の電位差は0Vであるから，この瞬間は，コンデンサーは単純な導線とみなせる。

したがって，スイッチを閉じた瞬間の回路は③と同じ回路とみなせる。

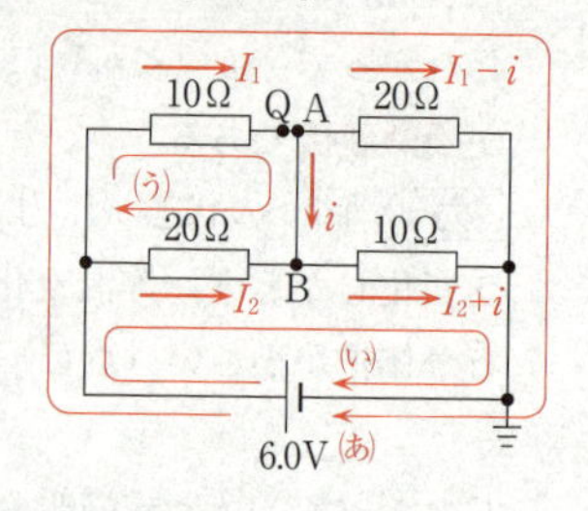

7・8・9　③の回路において，右図のように，左上の10Ωの抵抗を流れる電流をI_1〔A〕，左下の20Ωの抵抗を流れる電流をI_2〔A〕，AB間の導線を流れる電流をi〔A〕とすると，キルヒホッフの第1法則より，右上の20Ωの抵抗を流れる電流はI_1-i〔A〕，右下の10Ωの可変抵抗を流れる電流はI_2+i〔A〕となる。キルヒホッフの第2法則より

(あ)の閉回路について：$6.0=10\cdot I_1+20\cdot(I_1-i)$

(い)の閉回路について：$6.0=20\cdot I_2+10\cdot(I_2+i)$

(う)の閉回路について：$0=10\cdot I_1-20\cdot I_2$

点Qを流れる電流I_Q〔A〕はI_1と等しいから，I_2，iを消去してI_1について解くと

$$I_Q=I_1=0.30=\mathbf{3.0\times10^{-1}}〔A〕$$

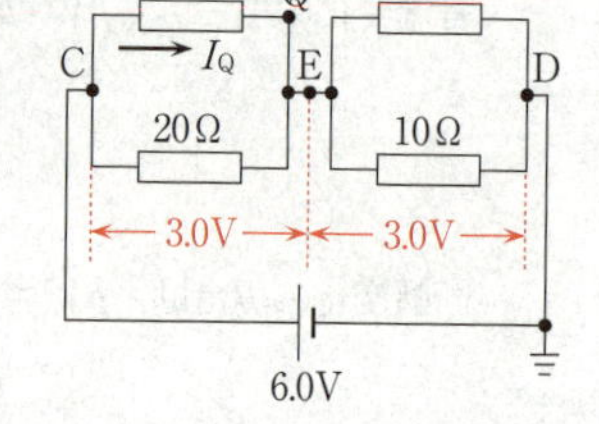

別解　この回路の電圧の分布を右図のように考え，回路の対称性に着目する。

CE間とED間の合成抵抗は等しい（それぞれの合成抵抗をr〔Ω〕とすると，$\frac{1}{r}=\frac{1}{10}+\frac{1}{20}$　より

$r=\frac{20}{3}$〔Ω〕である）ので，CE間とED間にかかる電圧は等しく，ともに3.0Vとなる。

したがって，CE間の10Ωの抵抗を流れる電流I_Q〔A〕は，オームの法則より

$$I_Q=\frac{3.0}{10}=3.0\times10^{-1}〔A〕$$

問２ 10 正解は④ 11 正解は②

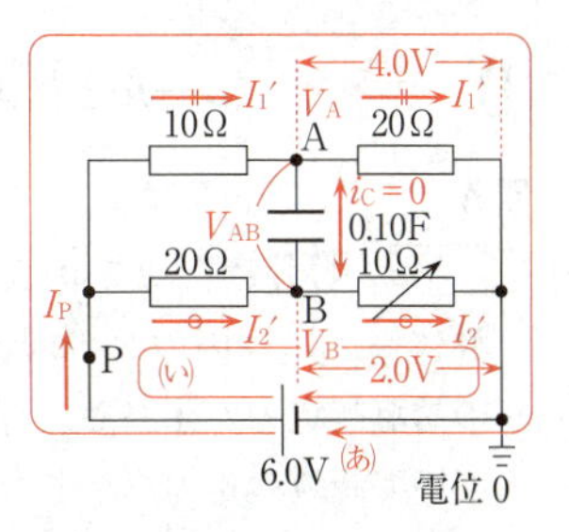

10 図１の回路において，左上の10Ωの抵抗を流れる電流をI_1'〔A〕，左下の20Ωの抵抗を流れる電流をI_2'〔A〕とする。題意より，スイッチを閉じて十分に時間が経過すると，コンデンサーに流れ込む電流i_Cは０となるから，右上の20Ωの抵抗を流れる電流はI_1'〔A〕，右下の10Ωの可変抵抗を流れる電流はI_2'〔A〕となる。キルヒホッフの第２法則より

(あ)の閉回路について：$6.0=10\cdot I_1'+20\cdot I_1'$　∴　$I_1'=0.20$〔A〕

(い)の閉回路について：$6.0=20\cdot I_2'+10\cdot I_2'$　∴　$I_2'=0.20$〔A〕

点Pを流れる電流I_P〔A〕は

$$I_P=I_1'+I_2'=0.20+0.20=\mathbf{0.40}〔A〕$$

11 電源の－極側が接地されているので，この点の電位を０とする。このとき，点A，点Bの電位をそれぞれV_A〔V〕，V_B〔V〕とすると

$$V_A=20\times0.20=4.0〔V〕$$

$$V_B=10\times0.20=2.0〔V〕$$

AB間の電位差をV_{AB}〔V〕とすると

$$V_{AB}=4.0-2.0=2.0〔V〕$$

すなわち，コンデンサーにかかる電圧は2.0Vであるから，コンデンサーに蓄えられた電気量Q〔C〕は

$$Q=0.10\times2.0=\mathbf{0.20}〔C〕$$

POINT ○問１の，スイッチを閉じた瞬間の電荷が蓄えられていないコンデンサーは，導線とみなせる。
○問２の，十分時間が経過した後の充電されたコンデンサーは，断線とみなせる。

問３ 12 正解は④ 13 正解は⓪ 14 正解は①

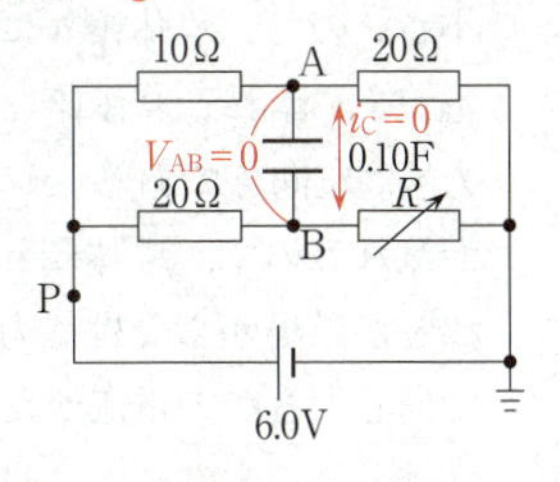

題意より，再びスイッチを入れた後，点Pを流れる電流はスイッチを入れた直後の値を保持したから，この回路は，点Aと点Bの電位が変化せず，さらに４つの抵抗とコンデンサーを流れる電流の分布が変化しない回路である。これは，点Aと点Bが等電位で，コンデンサーには電流が流れ込まない回路であるから，４つの抵抗の抵抗値がホイートストンブリッジの関係になっている回路である。よって

$$\frac{10}{20}=\frac{20}{R}\qquad\therefore\quad R=40=\mathbf{4.0\times10^1}〔\Omega〕$$

B  《レール上を運動する導体棒による電磁誘導》

問４　15　正解は②

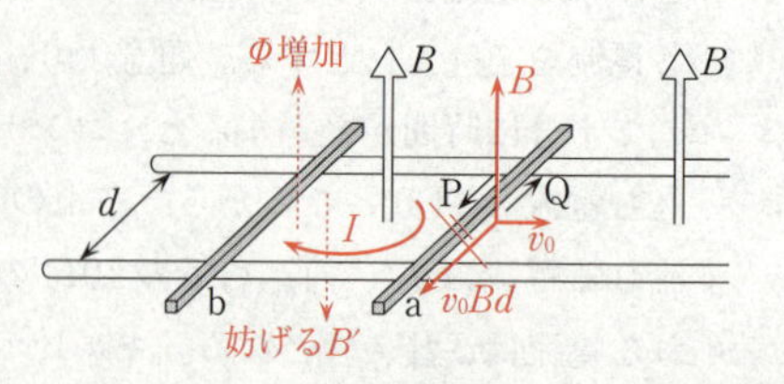

ア　導体棒が速さv_0で動き出した直後，導体棒ａには図のＰの向きに大きさv_0Bdの誘導起電力が生じる。導体棒ｂは静止していて誘導起電力を生じないので，導体棒ａに流れる誘導電流の向きは，導体棒ａに生じる誘導起電力の向きとなり，図の**Ｐ**の矢印の向きである。

イ　導体棒ａ，ｂの抵抗値は単位長さあたりrであるから，棒全体の抵抗値はともにdrである。導体棒ａにＰの向きに流れる誘導電流をIとすると，キルヒホッフの第２法則より

$$v_0Bd=dr\cdot I+dr\cdot I \qquad \therefore \quad I=\frac{v_0Bd}{2dr}=\boldsymbol{\frac{Bv_0}{2r}}$$

したがって，記号と式の組合せとして最も適当なものは②である。

POINT　○磁束密度Bの磁場中を，磁場に垂直に長さdの導体棒が速さvで動くとき，導体棒に生じる誘導起電力の大きさがvBdであることは，必須事項である。
○２本の導体棒とレールで囲まれた回路において，導体棒ａが右向きに動くと，この回路を貫く上向きの磁束Φが増加するから，レンツの法則より，それを妨げる下向きの磁場を作るように誘導電流Iが流れる。その向きは，右ねじの法則より，Ｐの向きである。

問５　16　正解は③

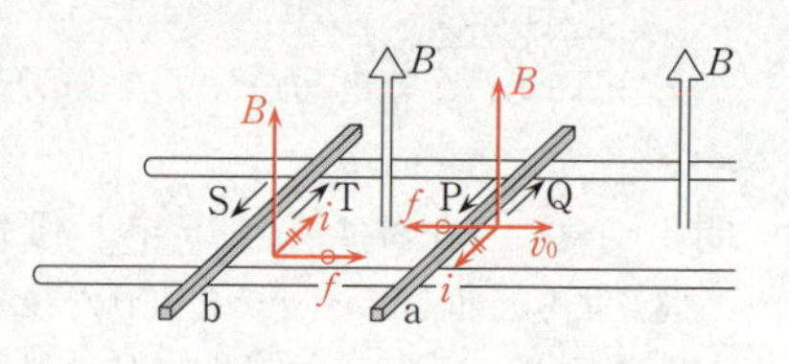

導体棒ｂが動き始めると，導体棒ｂにも誘導起電力が生じるが，その大きさは導体棒ａに生じる誘導起電力の大きさv_0Bdより小さいので，導体棒ａには図のＰの向きに電流iが流れ，導体棒ａが磁場から受ける力fは左向きである。レールと２本の導体棒でできた閉回路には同じ大きさの電流が流れるので，導体棒ｂにはａと同じ大きさの電流iが図のＴの向きに流れ，導体棒ｂが磁場から受ける力fは同じ大きさで右向きである。すなわち，導体棒ａとｂで同じ大きさの電流が反対向きに流れるので，それぞれが磁場から受ける**力の大きさは等しく，向きは反対である**。

問６ 17 正解は③

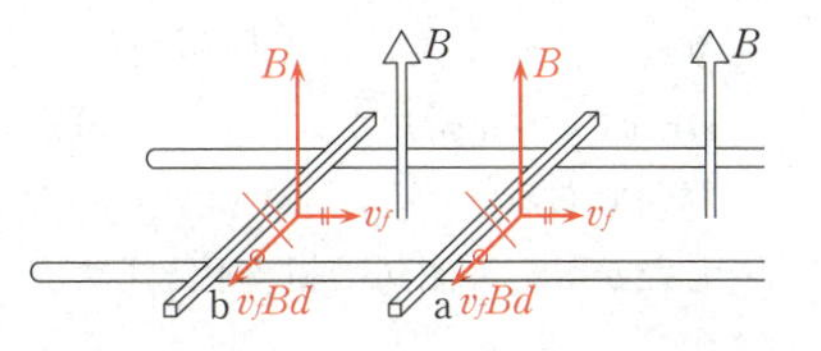

導体棒ａは，右向きの初速度 v_0 で動き出すが，左向きの電磁力（導体棒を流れる電流が磁場から受ける力）を受けて減速する。速度の減少とともに誘導起電力の大きさは v_0Bd から減少する。

導体棒ｂは，静止していた状態から，右向きの電磁力を受けて加速し，速度は増加する。導体棒ｂが動くと問５に示した図のＳの向きに誘導起電力が生じ，速度の増加とともに誘導起電力の大きさは増加する。

その結果，導体棒ａに生じるＰの向きの誘導起電力と，導体棒ｂに生じるＳの向きの誘導起電力が等しくなったところで回路に流れる電流は０となり，導体棒ａとｂにはたらく電磁力も０となる。その後，導体棒ａとｂは等しい速度 v_f で等速度運動をするようになる。

この間，導体棒ａとｂの水平方向には，問５で求めた互いに逆向きで同じ大きさの電磁力だけがはたらき，導体棒ａとｂの物体系には，外力による力積が加わらない。よって，導体棒ａとｂの水平方向にはたらく力の和は０となり，運動量の和が保存する。導体棒の質量を m とすると

$$mv_0 = mv_f + mv_f \qquad \therefore \quad v_f = \frac{v_0}{2}$$

したがって，グラフとして最も適当なものは③である。

第３問 ―― 波，原子

Ａ 標準 《ダイヤモンドが輝く理由》

問１ 18 正解は①

ア ・ イ 光が真空中から媒質中に入射したとき，振動数は変化しないで，波長が変化する。

真空中での光速を c，振動数を f，波長を λ とすると，$c = f\lambda$ であり，光が真空中から媒質中に入射すると，光の速さは遅くなり，波長も短くなる。また，問題文中の式は，媒質に対する真空の相対屈折率であり

$$媒質に対する真空の相対屈折率 = \frac{媒質中の光速}{真空中の光速} = \frac{媒質中の波長}{真空中の波長}$$

で与えられる。

ウ 白色光が媒質中に入射するとき，波長によって屈折率が違うため，色に分かれる。これを分散という。

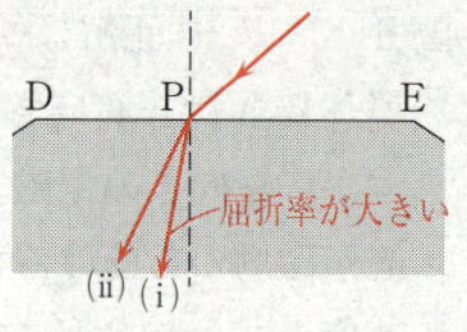

ダイヤモンドでは「波長の短い光ほど屈折率が大きく」なり，屈折率が大きいと屈折角は小さくなるので，図2のDE面での屈折角が大きい(i)の経路が波長の短い方の光の経路である。

したがって，語句の組合せとして最も適当なものは①である。

問2　19　正解は②

エ　空気に対するダイヤモンドの相対屈折率を $n_{空\to ダ}$ とすると，図3のDE面において，屈折の法則より

$$n_{空\to ダ}=\frac{n}{1},\quad n_{空\to ダ}=\frac{\sin i}{\sin r}$$

$$n=\frac{\sin i}{\sin r}\qquad \therefore\quad \boldsymbol{\sin i=n\sin r}$$

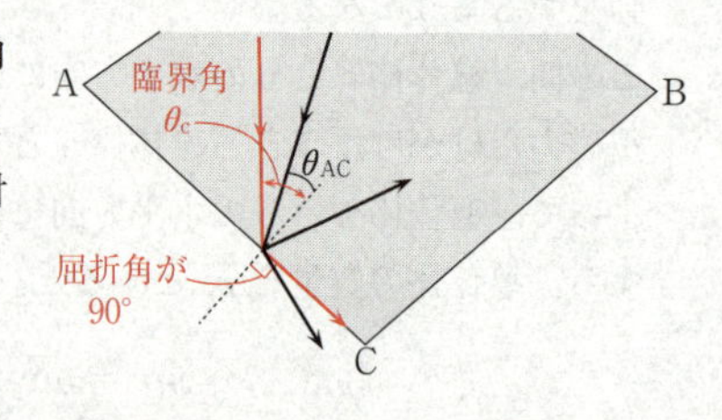

オ　図3のAC面において，光の入射角が臨界角 θ_c になったとき，屈折角は90°となる。光はダイヤモンド中から空気中へ入射するので，屈折の法則より

$$\frac{1}{n}=\frac{\sin\theta_c}{\sin 90^\circ}\qquad \therefore\quad \boldsymbol{\sin\theta_c=\frac{1}{n}}\quad \cdots\cdots(あ)$$

したがって，式の組合せとして最も適当なものは②である。

問3　20　正解は④　　21　正解は①

20　カ　ダイヤモンドでは，図5(a)より，グラフの横軸で表されるDE面への入射角 i が $0^\circ<i<i_c$ のとき，縦軸で表されるAC面への入射角 θ_{AC} は，臨界角 θ_c より大きいことがわかる。入射角が臨界角より大きいと，入射光は**全反射**する。

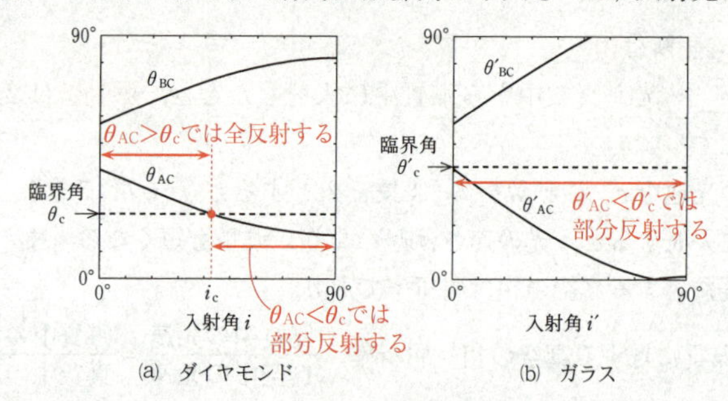

(a)　ダイヤモンド　　(b)　ガラス

キ　一方，i が $i_c<i<90^\circ$ のとき，θ_{AC} は臨界角 θ_c より小さいことがわかる。入射角が臨界角より小さいと，入射光は**部分反射**し，境界面に入射した光の一部が反射し，残りは境界面を透過する。

ク　ガラスでは，図5(b)より，DE面への入射角 i' が $0°<i'<90°$ のとき，AC面への入射角 θ'_{AC} は，臨界角 θ'_c より小さいことがわかる。入射角が臨界角より小さいと，入射光は部分反射する。

したがって，語句の組合せとして最も適当なものは④である。

21　ケ　図5(a)，(b)より，ダイヤモンドの臨界角 θ_c は，ガラスの臨界角 θ'_c より小さい。(あ)より

$$\sin\theta_c = \frac{1}{n} \qquad \therefore \quad n = \frac{1}{\sin\theta_c}$$

であるから，ガラスに比べて臨界角 θ_c が小さいダイヤモンドの方が，屈折率 n が大きい。

コ　図5(b)は，図4のようにカットしたガラスでは，DE面に入射する光の入射角 i' がどのような値をとっても，AC面で全反射することはないことを表している。これに対して，図5(a)は，図4のようにカットしたダイヤモンドでは，DE面に入射する光の入射角 i を適当に選べば，AC面とBC面で二度全反射して再び上方へ進む光が存在することを表している。すなわち，ダイヤモンドがガラスより明るく輝くのは，観察者に届く光の量が多いからである。

したがって，語句の組合せとして最も適当なものは①である。

CHECK　図5(a)より，ダイヤモンドの臨界角は $\theta_c \fallingdotseq 25°$ であるから，屈折率は

$n = \dfrac{1}{\sin\theta_c} = \dfrac{1}{\sin 25°} \fallingdotseq 2.4$（定数表のダイヤモンドの屈折率はおよそ2.42）である。

一方，図5(b)より，ガラスの臨界角は $\theta'_c \fallingdotseq 41°$ であるから，屈折率は

$n = \dfrac{1}{\sin\theta'_c} = \dfrac{1}{\sin 41°} \fallingdotseq 1.5$ である。

B　標準　《蛍光灯が光る原理》

問4　22　正解は②

電子が水銀原子と一度も衝突せずにプレートに到達したときにもつ運動エネルギー K は，電子がフィラメントとプレート間を運動するときに電場からされた仕事 W に等しい。したがって

$$K = W = eV$$

問5　23　正解は①

過程(a)において，電子が水銀原子に衝突するとき，これらは互いに作用・反作用の法則に従う力積を受けるが，電子と水銀原子の外からの力積を受けないので，運動量の和は保存する。

過程(b)においても，過程(a)と同様に，運動量の和は保存する。

したがって，最も適当なものは①である。

POINT　2物体が衝突するとき，衝突に関わる2物体に対して外力による力積が加わらなければ運動量の和は保存し，外力による力積が加われば運動量の和は保存しない。運動量が保存するかしないかということと，電子や水銀原子の運動エネルギーやエネルギー状態がどうなっているかということは無関係である。
これらは，力学において2物体が斜め衝突をする場合に，弾性衝突か非弾性衝突かによらず，運動量の和が保存するのと同じである。力学的エネルギーは，弾性衝突では保存し，非弾性衝突では減少するが，運動量の保存と力学的エネルギーの保存とは別問題である。

問6　24　正解は⑥

過程(a)において，水銀原子のエネルギー状態は，電子と衝突する前後で変化しないから，衝突前に電子がもっていた運動エネルギーは，衝突後の電子の運動エネルギーと水銀原子の運動エネルギーとなるので，運動エネルギーの和は**変化しない**。
過程(b)において，水銀原子のエネルギー状態は，電子と衝突する前後で状態Aよりエネルギーが高い状態Bに変化するから，衝突前に電子がもっていた運動エネルギーは，衝突後の電子の運動エネルギーと水銀原子の運動エネルギーのほかに，水銀原子の状態を変化させるエネルギーとなるので，運動エネルギーの和は**減る**。
したがって，最も適当なものは⑥である。

POINT　○過程(a)における蛍光灯内での水銀原子と電子との衝突は，力学における弾性衝突と同様であり，運動エネルギーの和が保存する。
○過程(b)において，エネルギー準位 E_{A} にある水銀原子が電子と衝突することによって電子からエネルギーを吸収してエネルギー準位 E_{B} に励起するとともに，運動エネルギー $E'_{\text{水銀}}$ をもって動き出す。やがてエネルギー $h\nu$ の紫外線を放出して，エネルギー準位 E_{A} に戻る。このとき，$E_{\mathrm{B}}-E_{\mathrm{A}}=h\nu$ の関係がある。ただし，h はプランク定数，ν は放出する紫外線の振動数である。

第4問  ―― 力学《斜方投射されたボールの動くそり上での捕球》

問1　25　正解は④

Aさんが投げたボールの速度の水平成分，鉛直成分の大きさはそれぞれ

$$v_{\mathrm{A}x}=v_{\mathrm{A}}\cos\theta_{\mathrm{A}},\quad v_{\mathrm{A}y}=v_{\mathrm{A}}\sin\theta_{\mathrm{A}}$$

Bさんに届く直前のボールの速度の水平成分，鉛直成分の大きさはそれぞれ

$$v_{\mathrm{B}x}=v_{\mathrm{B}}\cos\theta_{\mathrm{B}},\quad v_{\mathrm{B}y}=v_{\mathrm{B}}\sin\theta_{\mathrm{B}}$$

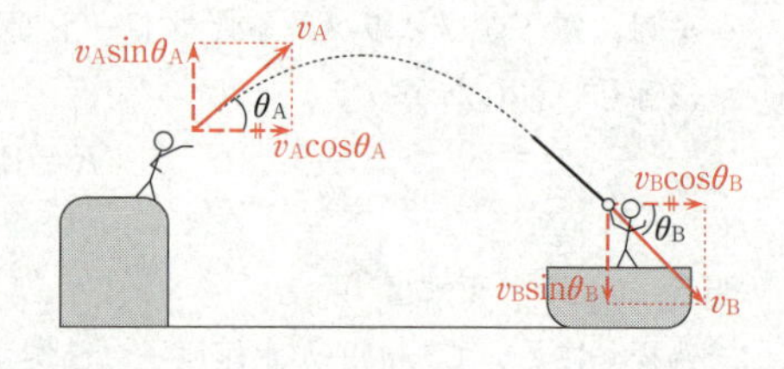

斜め上方に投げられたボールの速度の水平成分の大きさは変化しないので

$$v_{\mathrm{A}x}=v_{\mathrm{B}x}$$

Bさんに届く直前のボールの位置は，Aさんが投げた瞬間のボールの位置より低い

ので，速度の鉛直成分の大きさは

$$v_{Ay} < v_{By}$$

したがって，図より，ボールの速さの大小関係，水平面となす角の大小関係は

$$\boldsymbol{v_A < v_B,\quad \theta_A < \theta_B}$$

参考 ボールの速さの大小関係，水平面となす角の大小関係は，上記の式から次のように導かれる。

$v_A = \sqrt{v_{Ax}{}^2 + v_{Ay}{}^2}$，$v_B = \sqrt{v_{Bx}{}^2 + v_{By}{}^2}$，$v_{Ax} = v_{Bx}$，$v_{Ay} < v_{By}$ であるから

$$v_A < v_B$$

$\tan\theta_A = \dfrac{v_{Ay}}{v_{Ax}}$，$\tan\theta_B = \dfrac{v_{By}}{v_{Bx}}$，$v_{Ax} = v_{Bx}$，$v_{Ay} < v_{By}$ であるから

$$\tan\theta_A < \tan\theta_B \qquad \therefore\quad \theta_A < \theta_B$$

別解 （ボールの速さの大小関係について）

Aさんが投げた瞬間のボールに対して，Bさんに届く直前のボールは，その高さの差だけ重力による位置エネルギーが減少している。この減少分が，ボールの運動エネルギーの増加となるので，ボールの速さの大小関係は

$$v_A < v_B$$

問2 26 正解は③

Bさんがボールを捕球する前後において，そりとBさんとボールの物体系には，水平方向の外力がはたらかない（外力による力積が加わらない）ので，この物体系の水平方向の運動量が保存する。また，捕球の直前におけるボールの水平方向の速度の向きと，捕球後におけるそりとBさんの速度の向きは一致する。したがって

$$mv_B\cos\theta_B = (m+M)\,V \qquad \therefore\quad V = \boldsymbol{\frac{mv_B\cos\theta_B}{m+M}}$$

問3 27 正解は①

2物体が衝突をして一体となるような衝突を，完全非弾性衝突という。このとき，跳ね返り係数（反発係数）は0であり，力学的エネルギーは減少する。

そりの上に立ったBさんがボールを捕球して，これらが一体となるとき，力学的エネルギーは減少する。失われたエネルギーは，分子の熱運動のエネルギーに変換され，物体の温度が上昇するのに用いられたり，音や光のエネルギーになったりする。すなわち，**ΔE は負の値であり，失われたエネルギーは熱などに変換される**。

CHECK Bさんがボールを捕球する直前の全力学的エネルギー E_1 は

$$E_1 = \frac{1}{2}mv_B{}^2$$

Bさんがボールを捕球して一体となって運動するときの全力学的エネルギー E_2 は

$$E_2 = \frac{1}{2}(m+M)\left(\frac{mv_B\cos\theta_B}{m+M}\right)^2$$

これらの差 $\varDelta E$ は

$$\varDelta E=E_2-E_1=\frac{1}{2}(m+M)\left(\frac{mv_{\rm B}\cos\theta_{\rm B}}{m+M}\right)^2-\frac{1}{2}mv_{\rm B}{}^2$$
$$=-\frac{1}{2}mv_{\rm B}{}^2\cdot\frac{(1-\cos^2\theta_{\rm B})m+M}{m+M}<0$$

問4　28　正解は④

ア　衝突前に静止していたそりが，衝突後に静止したままであるためには，衝突時にそりがボールから水平方向の力を受けないことが必要である。ここでは，衝突時に，そり上面とボールの間に摩擦力がはたらかないことが条件である。すなわち，ボールからそりにはたらいた力の水平方向の成分がゼロである。

CHECK　○水平面上で静止していた物体が衝突後も動かないことは，物体の加速度の水平成分がゼロであることを意味する。このとき，運動方程式より，物体にはたらいた力の水平成分がゼロであり，これを，速度変化がゼロと考えると，運動量と力積の関係より，物体にはたらく力積の水平成分がゼロとなる。
○ボールとそりが衝突している間，そりにはたらく力は，ボールからの力，水平な氷面からの力，重力である。これらの力の鉛直成分は常につり合い，そりは鉛直方向に静止したままである。または，これらの力が与える力積の和がゼロであると考えると，そりの運動量は変化しない。すなわち，速度は変化しないといえる。

イ　ボールとそりは，鉛直方向に互いに力積を及ぼし合い，ボールはそりから与えられた力積の鉛直成分によって跳ね返る。

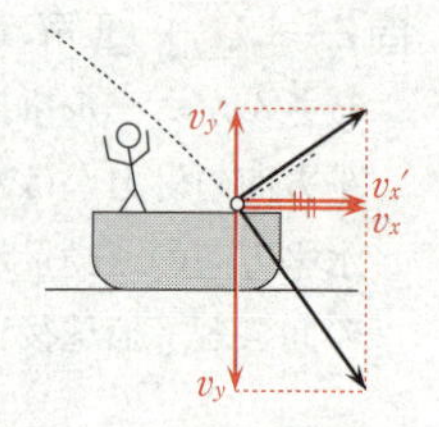

固定された面に衝突する物体について，衝突直前の速度の水平成分の大きさ，鉛直成分の大きさをそれぞれ v_x，v_y，衝突直後の速度の水平成分の大きさ，鉛直成分の大きさをそれぞれ v_x'，v_y' とする。

そり上面とボールの間に摩擦力ははたらかないから

$$v_x=v_x'$$

速度の鉛直成分の大きさの比を跳ね返り係数（反発係数）といい，e で表すと

$$e=\frac{v_y'}{v_y}$$

ここで，$v_y'=v_y$ のとき，$e=\dfrac{v_y'}{v_y}=1$ であり，この衝突を弾性衝突という。$v_y'<v_y$ のとき，$e<1$ であり，この衝突を非弾性衝突という。特に，$v_y'=0$，$e=0$ の衝突を完全非弾性衝突という。

そりと衝突した後のボールの速度の鉛直成分の大きさとボールからそりにはたらいた力の水平方向の成分とは関係がないので，鉛直方向の運動によっては弾性衝突とは限らない。

したがって，語句の組合せとして最も適当なものは④である。

物理基礎 本試験(第1日程)

問題番号(配点)	設問	解答番号	正解	配点	チェック
第1問(16)	問1	1	④	4	
	問2	2	①	4*1	
		3	⑧		
	問3	4	⑥	4	
	問4	5 - 6	② - ⑤	4(各2)	
第2問(18)	A 問1	7	③	3	
		8	⑤	2*2	
	A 問2	9	②	4	
	B 問3	10	①	3	
	B 問4	11	④	3	
	B 問5	12	④	3	
第3問(16)	問1	13	④	3	
	問2	14	⓪	3*3	
		15	③		
		16	⑥		
	問3	17	②	3	
	問4	18	②	3	
	問5	19	⑤	4*4	

(注)
1　＊1は，両方正解の場合のみ点を与える。
2　＊2は，解答番号7で③を解答した場合のみ⑤を正解とし，点を与える。
3　＊3は，全部正解の場合のみ点を与える。
4　＊4は，④を解答した場合は2点を与える。
5　-(ハイフン）でつながれた正解は，順序を問わない。

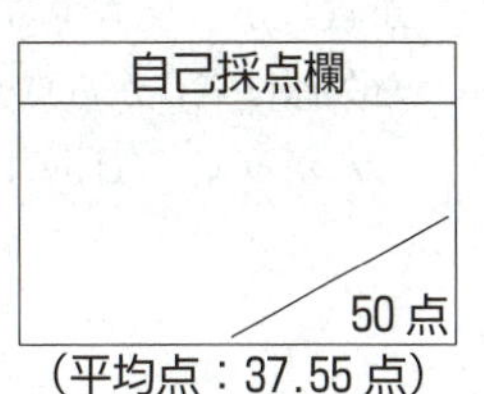

(平均点：37.55点)

第1問　標準　《総　合　題》

問1　[1]　正解は④

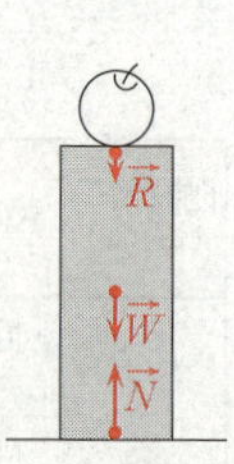

木片にはたらく地球からの重力 $\vec{W}$ は，作用点が木片の重心で，向きは鉛直下向き（地球が木片を引く向き），木片にはたらく床からの垂直抗力 $\vec{N}$ は，作用点が木片の床との接点の木片上で，向きは鉛直上向き（床が木片を押す向き），木片にはたらくりんごからの垂直抗力 $\vec{R}$ は，作用点が木片とりんごの接点の木片上で，向きは鉛直下向き（りんごが木片を押す向き）である。これらの力がつり合っているから，力の大きさは，$|\vec{W}|+|\vec{R}|=|\vec{N}|$ を満たす。

したがって，図として最も適当なものは④である。

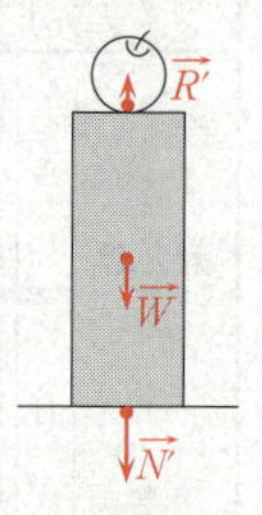

CHECK　○物体にはたらく力はベクトルで描くことができ，ベクトルの始点が力の作用点を，ベクトルの向きが力の向きを，ベクトルの長さが力の大きさを表す。

○木片から床にはたらく垂直抗力 $\vec{N'}$ は，$\vec{N}$ と作用・反作用の関係にあり，木片が床を押す向きの力である。木片からりんごにはたらく垂直抗力 $\vec{R'}$ は，$\vec{R}$ と作用・反作用の関係にあり，木片がりんごを押す向きの力である。

問2　[2]　正解は①　　[3]　正解は⑧

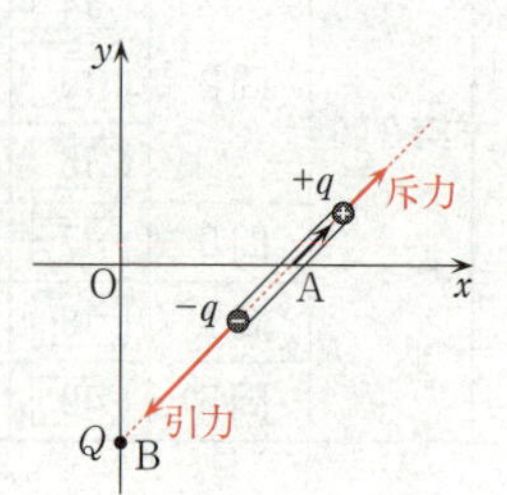

[2]　2つの点電荷が互いに静電気力をおよぼし合うとき，その電気量が同符号（正と正，または負と負）のとき斥力（反発力）を，異符号（正と負）のとき引力をおよぼし合う。また，点電荷間の距離が近いほど，静電気力の大きさは大きい。

点Bにおいた電気量 Q の小球から棒を見ると，電気量 $-q$ の部分が点Bに引き寄せられ，電気量 q の部分が点Bから反発しているので，Q の符号は正である。

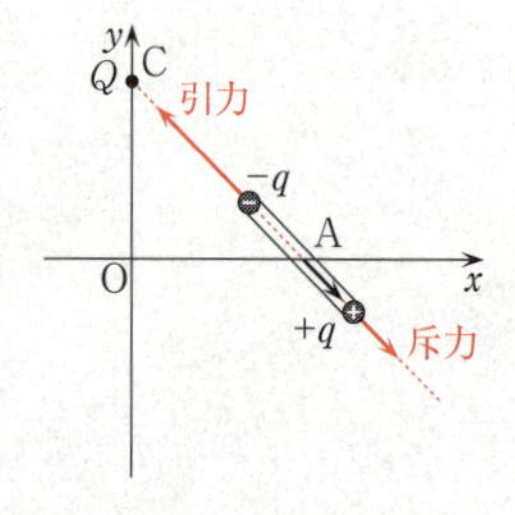

[3]　正の電気量 Q をもつ小球を点Cに移動させると，電気量 $-q$ の部分が点Cに引き寄せられ，電気量 q の部分が点Cから反発するので，棒はCA方向で，棒に描かれた矢印は点Cから点Aの方向を向く。

したがって，矢印の向きは⑧である。

問3 [4] 正解は⑥

[ア] 紫外線は，可視光線より周波数が大きく（波長が短く），物体に当てると物体を電離させたり，化合物の結合状態を変化させたりするなどの化学的な作用が著しい。日焼けの原因であり，殺菌作用があるため殺菌灯に使われている。

[イ] 電波は，携帯電話，全地球測位システム（GPS），ラジオ放送，衛星放送，無線LANなどの通信手段や電子レンジ，気象レーダーなどに利用されている。

[ウ] γ線は，がん細胞に照射する放射線治療，金属材料の厚みや内部欠陥の探知，農作物の品種改良などに使われている。

したがって，語句の組合せとして最も適当なものは⑥である。

CHECK ○電磁波は，電場と磁場の振動が伝わる横波であり，電場と磁場の振動方向はともに波の進行方向に垂直である。電磁波が伝わる速さは光の速さと等しく，真空中ではおよそ3.0×10^{8}m/sである。

電磁波は，一般の横波と同じように，反射・屈折・干渉・回折・振動面の偏りなどの現象を示し，波長が長いほど回折しやすく，短いほど直進性が強い。

○赤外線は，可視光線より周波数が小さく（波長が長く），物体に当てるとその温度を上げる作用があるので調理や暖房などの加熱機器に利用される。また，通信手段としてリモコン，赤外線通信などに利用される。

問4 [5]-[6] 正解は②-⑤

①正文。水中で手足を動かすのに使ったエネルギーは，そのほとんどが水の抵抗力に逆らって進む仕事に用いられるが，一部は水分子の熱運動のエネルギーに変化してその水の温度が少し上昇する。

②誤文。自動車のエンジンや蒸気機関などの熱機関は，高温の物体から熱を吸収して，その一部を機械的な仕事に変え，残りの熱を低温の物体に放出してもとの状態に戻ることを繰り返す装置である。すなわち，熱エネルギーは，その一部を仕事に変えることができる。ただし，すべてを仕事に変えることはできない。

③正文。外から何らかの操作をしない限り，はじめの状態に戻らない変化を不可逆変化といい，そうでない変化を可逆変化という。熱が関係する現象はすべて不可逆変化であるが，可逆変化のときだけでなく不可逆変化のときでも，熱エネルギーを含めたすべてのエネルギーの総和は保存されている。

④正文。液体が気体に変化することを気化といい，液体内部からの気泡の発生を伴う気化を沸騰という。1気圧のもとで水の温度を上げていったとき，水分子の熱運動が激しくなって，100℃になると沸騰する。沸騰が起こる温度を沸点という。

⑤誤文。物質の温度は，原子・分子の熱運動のエネルギーで決まり，その熱運動が完全に止まった状態でエネルギーが0となる。この状態での温度が温度の下限で，絶対零度といい，摂氏温度で−273.15℃である。よって，物質の温度が−300℃よりも低い温度になることはない。

したがって，誤りを含むものは②・⑤である。

CHECK ○可逆変化の例

• 一端を天井に固定したばねの他端に物体をつるし，物体を引き下げて手放したとき，ばねが縮んだのち物体は一旦静止する。この逆に，ばねが縮んだ状態から物体が動き出し，伸びた状態で一旦静止するまでの運動は，外から何らかの操作を加えなくてもひとりでに起こる。

○不可逆変化の例

• 高温の物体と低温の物体を接触させると，熱は高温の物体から低温の物体へ移動し，やがて全体が一様な温度になる。しかし，この逆に，温度が一様になった状態で熱が片方の物体からもう片方の物体へ移動し，温度差が生じるというような現象は，ひとりでには起こらない。

• 摩擦のある水平面で物体を滑らせると，摩擦による熱が周囲へ放出されて運動エネルギーが減少し，やがて物体は停止する。しかし，この逆に，静止している物体が周囲から熱を吸収して動き出すというような現象は，ひとりでには起こらない。

第2問 ―― 波，電磁気

A 易 《ギターの音の波形》

問1　7　正解は③　　8　正解は⑤

7　波形の周期を T〔s〕とする。周期 T は，図2の繰り返し現れる波形の繰り返し単位1つ分の時間であるから

$T=\mathbf{0.0051}$〔s〕

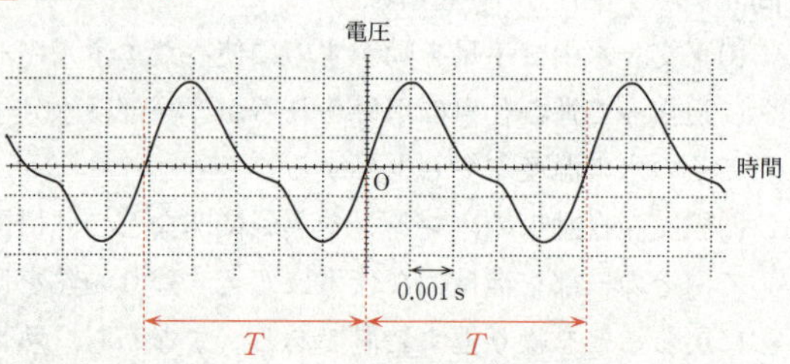

8　音の振動数を f〔Hz〕とすると

$$f=\frac{1}{T}=\frac{1}{0.0051}=196.0\fallingdotseq 196\text{〔Hz〕}$$

この振動数の音階は，表1より**ソ**である。

問2　9　正解は②

重ね合わせの原理より，基本音と2倍音が混ざった波形は，それぞれの波形の代数和である。すなわち，各時間ごとの基本音，2倍音の電圧をそれぞれ y_1，y_2 とすると，合成波形の電圧 y は，$y=y_1+y_2$ であり，右図のようになる。

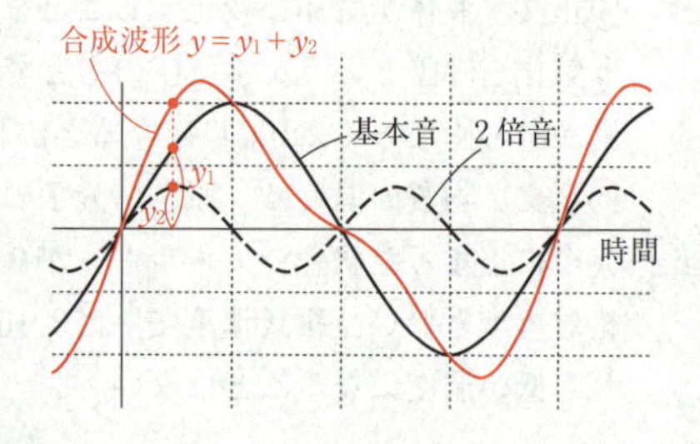

したがって，波形として最も適当なものは

②である。

CHECK 2倍音の振動数は基本音の振動数の2倍であるから，2倍音の周期は基本音の周期の$\frac{1}{2}$倍である。基本音，2倍音の周期と，電圧の波形の振幅との間に関係はない。

B 易 《変圧器と消費電力》

問3 10 正解は①

変圧器において，一次コイルの巻き数をN_1，二次コイルの巻き数をN_2，一次コイル側の電圧をV_1〔V〕，二次コイル側の電圧をV_2〔V〕とすると

$$\frac{V_2}{V_1}=\frac{N_2}{N_1} \qquad \therefore \quad \frac{N_2}{N_1}=\frac{8.0}{100}=0.08 \text{ 倍}$$

CHECK 一次コイルに交流を流すと，鉄心の中には時間によって変動する磁場が発生する。磁場は二次コイルを貫くので，電磁誘導によって二次コイルには変動する電圧，すなわち交流電圧が発生する。このような方法で，交流の電圧を変換させる装置を変圧器という。一次コイルと二次コイルとの間で，磁場の時間変化が等しいから，電流変化の時間（周期），および周波数は等しい。

問4 11 正解は④

一次コイル側の電流をI_1〔A〕，二次コイル側の電流をI_2〔A〕とする。変圧器内部で電力の損失がなく，一次コイル側と二次コイル側の電力が等しく保たれるから

$$V_1 \cdot I_1 = V_2 \cdot I_2$$

$$\therefore \quad \frac{I_2}{I_1}=\frac{V_1}{V_2}=\frac{100}{8.0}=12.5 \text{ 倍}$$

問5 12 正解は④

抵抗の抵抗値はその長さに比例する。カッターに取り付けたニクロム線は，図6の商品ラベルより，ニクロム線の長さ1mあたりの抵抗値が8.0Ωである。よって，16cmのニクロム線の抵抗値R〔Ω〕は

$$R=8.0\times0.16=1.28\text{〔Ω〕}$$

したがって，カッターの消費電力P〔W〕は

$$P=\frac{V_2{}^2}{R}=\frac{8.0^2}{1.28}=50\text{〔W〕}$$

POINT 抵抗値Rの抵抗に電圧Vがかかり電流Iが流れているとき，消費電力Pは

$$P=VI=RI^2=\frac{V^2}{R}$$

第3問 標準 ―― 力学 《記録タイマーによる台車の加速度運動の測定》

問1　13　正解は④

記録タイマーは毎秒60回打点するので，打点間の時間 T〔s〕は，$T=\dfrac{1}{60}$〔s〕であり，これを6打点ごとの区間に分けると，1区間の時間 Δt〔s〕は

$$\Delta t=\frac{1}{60}\times 6=\frac{1}{10}\text{〔s〕}$$

また，図2の線Aから線Bまでの区間の距離 x_{AB}〔cm〕は

$$x_{AB}=5.7-3.1=2.6\text{〔cm〕}$$

よって，この区間での台車の平均の速さ $\bar{v}_{AB}$〔m/s〕は

$$\bar{v}_{AB}=\frac{x_{AB}}{\Delta t}=\frac{2.6}{\frac{1}{10}}=26\text{〔cm/s〕}=0.26\text{〔m/s〕}$$

問2　14　正解は⓪　15　正解は③　16　正解は⑥

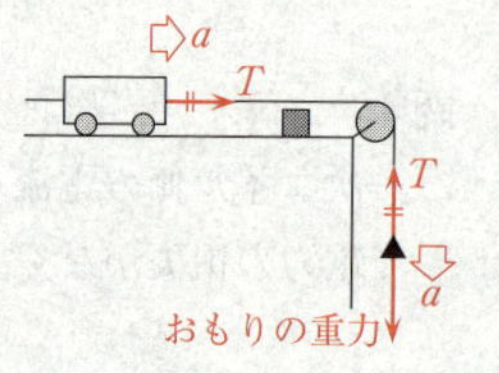

台車と実験台の間の動摩擦力は無視する。質量 $m=0.50$〔kg〕の台車が，水平方向にひもの張力 T〔N〕だけを受けて，一定の大きさの加速度 $a=0.72$〔m/s^2〕で運動するとき，図の右向きを正として，台車の運動方程式より

$$ma=T$$

$$\therefore\quad T=ma=0.50\times 0.72=0.36\text{〔N〕}$$

POINT　運動方程式は，物体に力がはたらくと加速度が生じ，逆に物体に加速度が生じるときは力がはたらいていることを意味する。本問では，台車に水平方向右向きの加速度が生じているから，台車にはその加速度の方向に力がはたらいている。

問3　17　正解は②

①不適。スマートフォンとおもりの質量の大小関係にかかわらず，加速度は小さくなる。

②適当。スマートフォンも含めた台車とおもりの全体を考えると，糸の張力は滑車を通して作用・反作用の関係で内力となって相殺されるから，これら全体はおもりの重力によって加速しているとしてよい。おもりの重力の大きさは変化しないので，運動方程式より，全体の質量が大きくなると，加速度は小さくなる。なお，ここでは台車にはたらく摩擦力は無視したが，摩擦力を考えても同じ結果が得られる。

③不適。スマートフォンをのせると，スマートフォンの質量の分だけ台車が実験台

から受ける垂直抗力が大きくなるので，台車にはたらく摩擦力は大きくなる。

④不適。スマートフォンをのせることで，加速度が $0.72\,\mathrm{m/s^2}$ から $0.60\,\mathrm{m/s^2}$ へと小さくなったことを考えると，運動方程式より，おもりにはたらく鉛直方向下向きの合力が小さくなったことがわかる。よって，おもりにはたらく重力の大きさは一定であるから，糸（ひも）の張力が大きくなったことになる。

したがって，理由として最も適当な文は②である。

CHECK 台車とおもりの加速度を a'，台車の質量を m，スマートフォンの質量を Δm，おもりの質量を M，ひもの張力の大きさを T'，台車と実験台との間の動摩擦係数を μ'，重力加速度の大きさを g とすると，台車とスマートフォン，あるいはおもりの進行方向をそれぞれ正として，運動方程式より

- 台車とスマートフォン

$$(m+\Delta m)a'=T'-\mu'(m+\Delta m)g \quad \cdots\cdots(あ)$$

- おもりについて

$$Ma'=Mg-T' \quad \cdots\cdots(い)$$

(あ)，(い)から T' を消去して a' について解くと

$$a'=\frac{M-\mu'(m+\Delta m)}{M+(m+\Delta m)}g \quad \cdots\cdots(う)$$

①スマートフォンをのせていないときの台車とおもりの加速度 a は，(う)で $\Delta m=0$ として，$a=\dfrac{M-\mu' m}{M+m}g$ である。スマートフォンをのせることによる加速度の変化は

$$a'-a=\frac{M-\mu'(m+\Delta m)}{M+(m+\Delta m)}g-\frac{M-\mu' m}{M+m}g$$

$$=-\frac{(1+\mu')\dfrac{\Delta m}{M}}{\left(1+\dfrac{m+\Delta m}{M}\right)\left(1+\dfrac{m}{M}\right)}g<0$$

よって，Δm と M の大小関係によらず，常に $a'<a$ である。

②(う)より，$\Delta m>0$ のとき（全体の質量 $M+m+\Delta m$ が大きくなると），加速度 a' は小さくなる。

③$\Delta m>0$ のとき，摩擦力 $\mu'(m+\Delta m)g$ は大きくなる。

④(い)より，Mg が一定で，a' が小さくなったときは，張力 T' が大きくなっている。

問4 18 正解は②

台車が大きさ $a'=0.60\,[\mathrm{m/s^2}]$ の加速度で運動している時間 $\Delta t\,[\mathrm{s}]$ は，図4の時間 2.5s から 4.2s までの間であるから，$\Delta t=4.2-2.5=1.7\,[\mathrm{s}]$ である。時間 0s から 2.5s までの間は停止しているとして初速度を 0 とすると，等加速度直線運動の式より

$$v_1=0+a'\Delta t=0.60\times1.7=1.02\fallingdotseq1.0\,[\mathrm{m/s}]$$

問5 19 正解は⑤

おもりは落下するので，おもりの位置エネルギーは減少する。

このとき，おもりの速度が増加するので，おもりの運動エネルギーは増加する。
台車にはたらく動摩擦力を無視すると，スマートフォンも含めた台車とおもり全体の力学的エネルギーが保存する。このとき，おもりの位置エネルギーの減少量が，台車とおもりの運動エネルギーの増加量となる。よって，おもりの力学的エネルギーは，台車の運動エネルギーの増加分だけ減少する。
したがって，おもりのエネルギーの変化として最も適当なものは⑤である。

CHECK　○選択肢の表の最も下の欄が，台車とおもりの全力学的エネルギーではなく，おもりの力学的エネルギーであることに注意が必要である。
○エネルギーと仕事の関係より，おもりの運動エネルギーの変化は，おもりにはたらく重力も含めたすべての外力がした仕事に等しい。おもりにはたらく重力が仕事をすると，おもりの位置エネルギーが減少することを用いると，おもりの力学的エネルギーの変化は，おもりにはたらく非保存力がした仕事に等しい，と書き直すことができる。
いま，静止していたおもりが高さ h だけ落下して速さ v になったとき，おもりの運動エネルギーの変化は $\frac{1}{2}Mv^2$，位置エネルギーの変化は $-Mgh$，おもりにはたらくひもの張力がした仕事は $-T'h$ であるから

$$\frac{1}{2}Mv^2-Mgh=-T'h$$

よって，おもりのエネルギーはひもの張力がした仕事 $T'h$ だけ減少する。

物 理 本試験（第２日程）

問題番号(配点)	設問		解答番号	正解	配点	チェック
第１問 (25)	問１		1	③	5	
	問２		2	①	5	
	問３		3	②	3	
			4	①	2	
	問４		5	②	3	
			6	②	2	
	問５		7	④	5*1	
第２問 (25)	A	問１	8	③	3	
			9	⑥	2*2	
		問２	10	⑤	5	
	B	問３	11	④	5	
		問４	12	⑤	5	
		問５	13	⑤	5	

問題番号(配点)	設問		解答番号	正解	配点	チェック
第３問 (25)	A	問１	14	④	4	
		問２	15	①	4*3	
			16	⑨		
			17	②		
		問３	18	⑤	4*4	
	B	問４	19	④	4	
		問５	20	⑤	3	
		問６	21	①	3	
		問７	22	④	3	
第４問 (25)	問１		23	①	5	
	問２		24	③	5	
	問３		25	③	5	
	問４		26	③	5	
	問５		27	①	5*5	

自己採点欄
100点

（平均点：53.51点）

(注)

1　＊1は，③を解答した場合は3点を与える。

2　＊2は，解答番号8で③を解答した場合のみ⑥を正解とし，点を与える。

3　＊3は，全部正解の場合に4点を与える。ただし，解答番号14の解答に応じ，解答番号15〜17を下記①〜⑦のいずれかの組合せで解答した場合も4点を与える。

①解答番号14の解答にかかわらず，解答番号15で①，16で⑧，17で②を解答した場合

②解答番号14の解答にかかわらず，解答番号15で②，16で⓪，17で②を解答した場合

③解答番号14で①を解答し，かつ，解答番号15で⑤，16で⓪，17で①を解答した場合

④解答番号14で②を解答し，かつ，解答番号15で⑨，16で⓪，17で①を解答した場合

⑤解答番号14で③を解答し，かつ，解答番号15で①，16で⑦，17で②を解答した場合

⑥解答番号14で⑤を解答し，かつ，解答番号15で②，16で⑦，17で②を解答した場合

⑦解答番号14で⑥を解答し，かつ，解答番号15で③，16で①，17で②を解答した場合

また，解答番号14の解答にかかわらず，解答番号15で⓪，16で②，17で③を解答した場合は2点を与える。

4　＊4は，①，③，⑥，⑦のいずれかを解答した場合は2点を与える。

5　＊5は，②を解答した場合は3点を与える。

第1問 標準 《総 合 題》

問1 1 正解は③

角材1と角材2は同じ形状，同じ材質で，それぞれの重心がG_1，G_2であるから，これらを貼りあわせた角材全体の重心はCとなる。Cからの重力の作用線が板を通っていれば倒れることなく床の上に立ち，板からはみ出していれば倒れる。図2のうち，倒れない条件を満たしているのは，(ア)，(イ)，(ウ)である。

(エ)では，板の左端の点を支点として，左回りに回転して倒れる。

別解 貼りあわせた角材および薄い板の全体にはたらく力は，重力Wと床からの垂直抗力Nである。重力の作用点はCであり，垂直抗力の作用点がCの直下の板上に存在すれば，これらの合力が0となって力がつりあい，角材全体は床の上で静止する。(エ)では，垂直抗力Nの作用点を板の左端までもってきても，重力Wと垂直抗力Nの作用線が一致せず，これらがつりあうことはない。

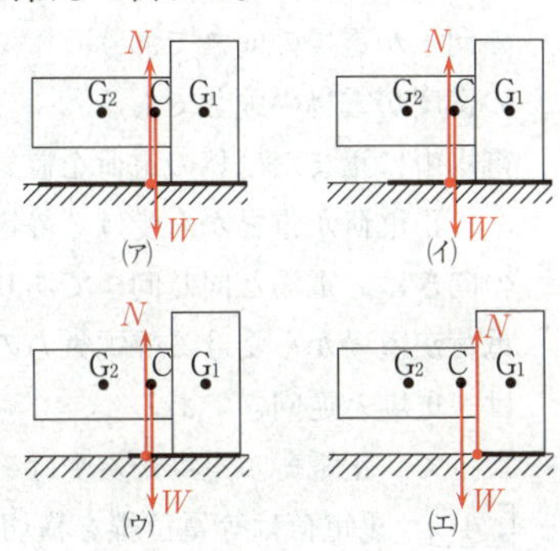

問2 2 正解は①

問題文より，小球にはたらく水平方向，鉛直方向の力について，次の式が成り立つ。

$$\text{水平方向：}T\sin\theta=m\omega^2L\sin\theta$$

$$\text{鉛直方向：}T\cos\theta+N=mg$$

これらからTを消去すると

$$m\omega^2L\cos\theta+N=mg$$

小球が床から離れずに等速円運動をする条件は，$N\geqq0$である。よって

$$N=mg-m\omega^2L\cos\theta\geqq0$$

$$\therefore\quad \omega\leqq\sqrt{\frac{g}{L\cos\theta}}$$

したがって，ωの最大値ω_0は

$$\omega_0=\sqrt{\frac{g}{L\cos\theta}}$$

問3　[3]　正解は②　[4]　正解は①

[3]　電場は電気力線で表し，電場の方向は，等電位線と常に垂直である。すなわち，電気力線と等電位線は常に直交する。電気力線は，正電荷から出て無限遠に向かい，無限遠から来て負電荷に入る。あるいは，正電荷から出て負電荷に入る。このときの電気力線の向きが電場の向きであり，電気力線の密度が電場の強さである。

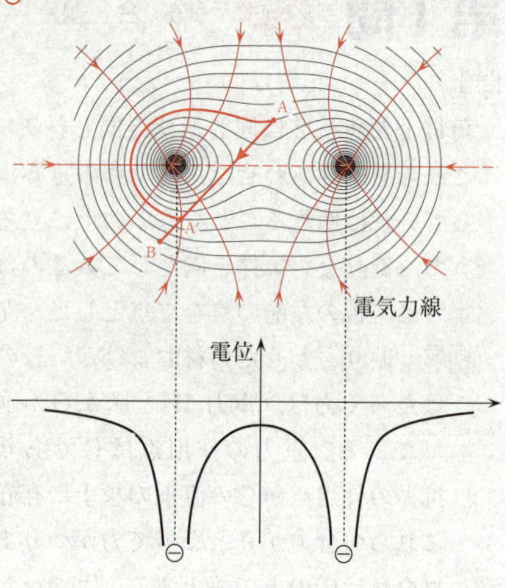

電場中に正または負の電荷を置いたとき，正電荷が電場から受ける静電気力の向きは，電場と同じ向きであり，負電荷が電場から受ける静電気力の向きは，電場と逆向きである。

よって，正電荷が電場から受ける静電気力は常に等電位線に垂直である。

[4]　正電荷は等電位線を横切って電位の高い位置や低い位置を移動するが，外力がする仕事の大きさは，移動の経路によらず，最初の位置Aと最後の位置Bの電位差だけで決まる。位置A，位置Bの電位をそれぞれ V_A，V_B，正電荷の電気量を q とすると，正電荷を位置Aから位置Bまで移動させるために外力がした仕事 W は

$$W = q(V_B - V_A)$$

であり，位置Aと位置Bでは，位置Bの方が電位が高いため，$V_B > V_A$ である。よって，外力が正電荷にした仕事の総和は正である。

POINT　正電荷を，AからBまで直線経路で移動させるかわりに，上図に太線で示したように，Aから等電位線に沿ってA′まで移動させ，その後，Bまで移動させる経路を考える。AからA′まで移動させるとき，等電位線の方向に静電気力ははたらかないから，外力がした仕事は0である。次に，A′とBでは，Bの方が電位が高いので，A′からBへ移動させるには外力による正の仕事が必要である。

CHECK　○等電位線は，地図の等高線をイメージすればよい。無限遠を基準水平面として，負電荷は谷底である。正電荷を任意の場所に放置すれば，負電荷の方に落ちていく。
○静電気力は保存力である。保存力とは，物体に力がはたらいて，ある点から別の点に移動したとき，その力がした仕事が，移動の経路によらず最初の点と最後の点だけで決まるような力をいう。重力，ばねの復元力，万有引力も保存力であるが，摩擦力は保存力ではない。物体が保存力だけを受けて運動するとき，または保存力以外の力を受けていてもその力が仕事をしないとき，物体の力学的エネルギーは保存する。

問4 [5] 正解は② [6] 正解は②

[5] 電子の質量を m，電子の衝突後の速さを v とする。x 軸と直交し，粒子が衝突後に進む向きを y 軸の正の向きとすると，運動量保存則より

x 方向：$p=mv\cos\theta$

y 方向：$0=p'-mv\sin\theta$

mv を消去すると

$$\tan\theta=\frac{p'}{p}$$

別解 運動量はベクトルである。運動量保存則は，粒子と電子の衝突前の運動量のベクトル和と，衝突後の運動量のベクトル和が等しいことを表す。よって

$$\vec{p}=\vec{p'}+m\vec{v}$$

この式が成立するようにベクトルを作図すると右図のようになる。よって

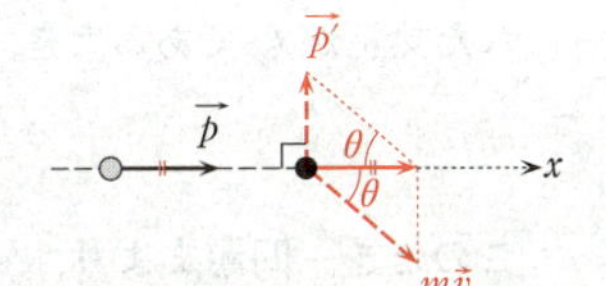

$$\tan\theta=\frac{|\vec{p'}|}{|\vec{p}|}=\frac{p'}{p}$$

[6] X線光子が電子と衝突し，電子を跳ねとばしてエネルギーの一部を失う現象をコンプトン効果といい，力学における2物体の弾性衝突と同様のことが起こる。この衝突ではエネルギーが保存するので，X線光子が衝突前にもっていたエネルギーの一部が電子に与えられ，衝突後のX線光子のエネルギーは減少する。したがって，エネルギー $h\nu$ が衝突前に比べて小さくなるとき，h は定数であるから，振動数 ν は衝突前に比べて小さくなる。

CHECK コンプトン効果とは，X線が電子に衝突して散乱されるとき，散乱X線の中に入射X線より波長の長いもの（振動数が小さいもの，エネルギーが小さいもの）が含まれる現象であり，この散乱をコンプトン散乱ともいう。X線光子の衝突前の振動数を ν，衝突後の振動数を ν' とすると，エネルギー保存則より

$$h\nu=h\nu'+\frac{1}{2}mv^2$$

光速を c とすると，振動数 ν，ν' のX線光子の運動量の大きさはそれぞれ $\frac{h\nu}{c}$，$\frac{h\nu'}{c}$ であるから，運動量保存則より

x 方向：$\frac{h\nu}{c}=mv\cos\theta$

y 方向：$0=\frac{h\nu'}{c}-mv\sin\theta$

問5 [7] 正解は④

[ア] 熱力学第一法則は，気体に与えられた熱量を Q，気体の内部エネルギーの

増加を ΔU，気体が外部にした仕事を W として，$Q=\Delta U+W$ と表せる。
気体の圧力 p を一定に保って温度を ΔT だけ上昇させ，体積が ΔV だけ増加したとき，気体が外部にした仕事 W は $p\Delta V$ である。よって，熱力学第一法則より，気体に与えられた熱量 Q は

$$Q=\Delta U+p\Delta V$$

イ　問題文より，定積モル比熱 C_V は

$$C_V=\frac{\Delta U}{n\Delta T}\qquad\therefore\quad \Delta U=nC_V\Delta T$$

定積変化では，$W=0$ であるから，熱力学第一法則より，気体が吸収した熱量 Q はすべて気体の内部エネルギーの増加に用いられる。
一方，気体の圧力を一定に保って温度を ΔT だけ上昇させた場合，気体に与えられた熱量が Q であるとき，定圧モル比熱 C_p は

$$C_p=\frac{Q}{n\Delta T}\qquad\therefore\quad Q=nC_p\Delta T$$

このとき，問題文より，気体が外部にした仕事 W は $nR\Delta T$ であるから，これらを熱力学第一法則 $Q=\Delta U+W$ に用いると

$$nC_p\Delta T=nC_V\Delta T+nR\Delta T$$

$$\therefore\quad C_p-C_V=R$$

したがって，式の組合せとして最も適当なものは④である。

CHECK　○熱力学第一法則は，気体に与えられた熱量を Q，気体が外部からされた仕事（与えられた仕事）を W'，気体の内部エネルギーの増加を ΔU として，$\Delta U=Q+W'$ と表すこともできる。この場合，ア で求めた仕事 $p\Delta V$ は気体が外部にした仕事であることに注意すると，$W'=-p\Delta V$ であるから

$$\Delta U=Q-p\Delta V\qquad\therefore\quad Q=\Delta U+p\Delta V$$

である。
○理想気体の状態方程式より，最初の状態では

$$pV=nRT$$

気体の圧力 p を一定に保って温度を ΔT だけ上昇させ，体積が ΔV だけ増加したとき

$$p(V+\Delta V)=nR(T+\Delta T)$$

上の２式の差をとると

$$p\Delta V=nR\Delta T$$

すなわち，気体が外部にした仕事は

$$W=p\Delta V=nR\Delta T$$

○$C_P-C_V=R$ をマイヤーの式という。これは $Q-\Delta U=W$ すなわち $nC_P\Delta T-nC_V\Delta T=p\Delta V$ を書き換えて得られたものである。気体を，圧力一定の場合と体積一定の場合で，加熱して同じ温度 ΔT だけ上昇させるとき，圧力一定（定圧変化）で行う場合は，体積一定（定積変化）で行う場合に比べて，気体が膨張して外部へ仕事 $p\Delta V$ をする分だけ多くの熱量が必要であることを表している。

第2問 ―― 電磁気

A 標準 《電流計と電圧計》

問1　8　正解は③　　9　正解は⑥

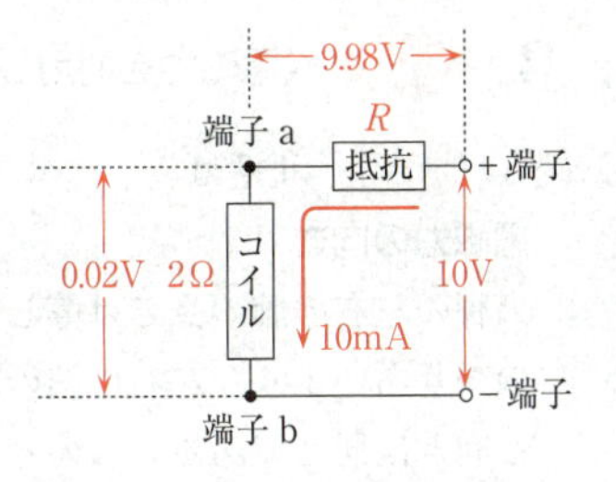

8　目的は，電流計のコイルに 10mA の電流が流れているときに，電圧 10V を測定する方法を得ることである。

問題文より，主要部は最大目盛が 10mA の電流計である。コイルの端子 a，b 間の抵抗値が 2Ω であるから，10mA すなわち 0.01A の電流が流れたとき，端子間の電圧は $2〔\Omega〕\times 0.01〔\mathrm{A}〕=0.02〔\mathrm{V}〕$ である。つまり，この電流計をそのまま電圧計として用いるとき，最大目盛は 0.02V である。

そこで，この電流計を，最大目盛が 10V を示す電圧計として用いるためには，コイルの端子間に 0.02V の電圧をかけたままで，これとは別に接続した抵抗に $10-0.02=9.98〔\mathrm{V}〕$ の電圧がかかるようにすればよい。このような電圧のかかり方にするためには，接続する抵抗はコイルと直列でなければならない。これに該当する図は③または④である。

次に，＋端子，－端子の選択は，図1の電流が端子 a から入り端子 b から出るときに指針が正しく振れるようになっているので，端子 a が＋端子，端子 b が－端子である。したがって，最も適当なものは③である。

9　コイルに流れる電流の最大値が 10mA と決まっているから，これと直列に接続した抵抗に 10mA の電流が流れたとき，この抵抗に 9.98V の電圧がかかるようにしなければならない。その抵抗値 $R〔\Omega〕$ は，オームの法則より

$$R=\frac{9.98}{0.01}=998〔\Omega〕$$

問2　10　正解は⑤

ア　電圧計は，回路の2点間の電位差を測定するから，測定したいところに並列に接続する。

イ　測定したい部分と電圧計は並列であるからその両方に電流が流れ，回路全体としての電流が増加する。そこで，この電流の増加をできるだけ小さく抑えるためには，電圧計全体の内部抵抗の値を大きくしなければならない。

ウ　電圧計全体の内部抵抗の値が大きいと，電圧計を流れる電流が小さくなる。理想的には，電圧計を流れる電流が0であることが望ましいから，内部抵抗は無限

大である。

したがって，語句の組合せとして最も適当なものは⑤である。

CHECK　電圧計は，測定したいところに並列に接続するが，これに対して，電流計は，回路のある一点を通る電流を測定するから，測定したいところに直列に接続する。

B　標準　《電磁力を利用した天秤の原理》

問 3　11　正解は④

電磁力の向き

天秤（てんびん）の左右の腕の長さは等しいから，力のモーメントのつりあいより，左右の腕の端にはたらく力の大きさと向きは同じである。このとき，左の腕の皿には大きさ mg の重力が鉛直下向きに，右の腕のコイルには大きさ IBL の電磁力が鉛直下向きにはたらいている。

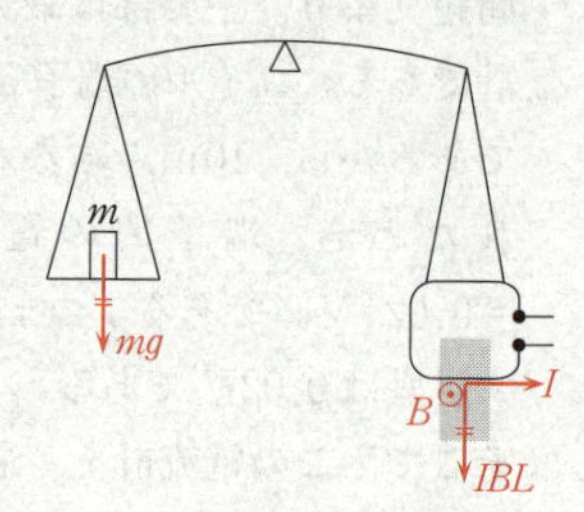

電流の向き

紙面の裏から表向きの磁場の中で，コイルにはたらく電磁力が鉛直下向きになるためには，フレミングの左手の法則より，電流の向きは図のQの向きである。

したがって，組合せとして正しいものは④である。

CHECK　天秤の左の腕の端には皿をつるす糸の張力が，右の腕の端にはコイルをつるす糸の張力がはたらき，それぞれを T_L，T_R とすると，$T_L=mg$，$T_R=IBL$ である。支点から左右の腕の端までの水平距離を l とすると，力のモーメントのつりあいの式 $T_L\times l=T_R\times l$ より

$$mg\times l=IBL\times l \qquad \therefore \quad mg=IBL$$

となり，式(1)が得られる。

問 4　12　正解は⑤

エ　コイルが鉛直上向きに移動すると，コイルを貫く紙面の裏から表向きの磁束が減少する。レンツの法則より，その磁束の変化を妨げる向きである，紙面の裏から表向きの磁場をつくる電流 I' を流す向きに起電力が生じる。その向きは，右ねじの法則より，図のQの向きである。

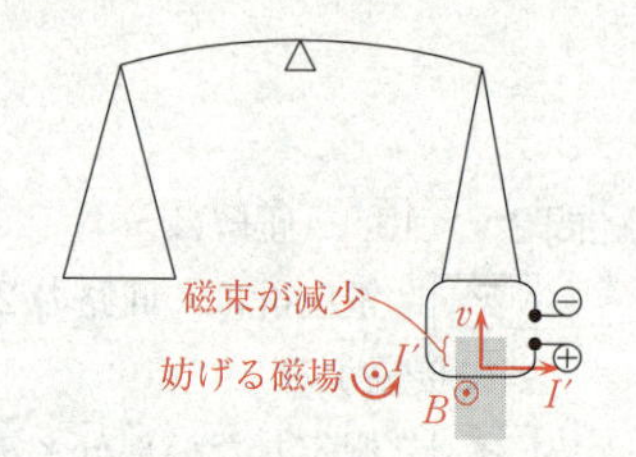

オ　コイルに生じる起電力の大きさ V は

$$V=vBL$$

これと式(1)の両辺を互いに割り算して BL を消去すると

$$\frac{mg}{V}=\frac{I}{v} \qquad \therefore \quad mgv=IV$$

したがって，記号と式の組合せとして最も適当なものは⑤である。

問5 13 正解は⑤

物理量の意味

物体が一定の大きさの力 F を受けて，一定の速さ v で微小時間 Δt だけ動くとき，動いた距離は $v\Delta t$ であるから，この間に力のした仕事 W は，$F\times v\Delta t$ である。この間の仕事率 P は

$$P=\frac{W}{\Delta t}=\frac{F\times v\Delta t}{\Delta t}=Fv$$

コイルを持ち上げる糸の張力は，鉛直上向きで，重力の大きさ mg に等しい。また，コイルが鉛直上向きに速さ v で動くとき，左腕の皿の物体は鉛直下向きに速さ v で動く。このとき，物体は一定の大きさの重力 mg を受けて，一定の速さ v で動いていることになる。

よって，mgv は，上の式で $F=mg$ としたものであるから，重力のする仕事の仕事率である。

記号

仕事率の単位の記号はWであり，ワットと読む。

したがって，物理量の意味と記号の組合せとして最も適当なものは⑤である。

別解 問4より $mgv=IV$ が導かれているから，mgv の単位と，IV の単位は同じものである。

IV は電力（または消費電力）であり，電流を流すために行われた仕事の仕事率を表す。単位はW（ワット）である。

CHECK ○物理量の意味の選択肢にある，重力による位置エネルギーは（重力 mg）×（基準点からの高さ h）で単位はJ，物体の運動量は（質量 m）×（速さ v）で単位は kg·m/s=N·s である。

○ mgv の単位の関係は

〔kg〕·〔m/s²〕·〔m/s〕=〔N〕·〔m/s〕=〔J/s〕=〔W〕

第3問 ―― 波

A 標準 《弦に生じる定常波，正弦波の式》

問1　14　正解は④

$L=0.50$〔m〕，すなわち，

$\dfrac{1}{L}=\dfrac{1}{0.50}=2$〔1/m〕のときの振動数 f〔Hz〕を，図2で最小目盛の $\dfrac{1}{5}$ まで読み取ると，およそ 190 Hz である。よって，最も適当な数値は

$$f=\mathbf{1.9\times10^2}\text{〔Hz〕}$$

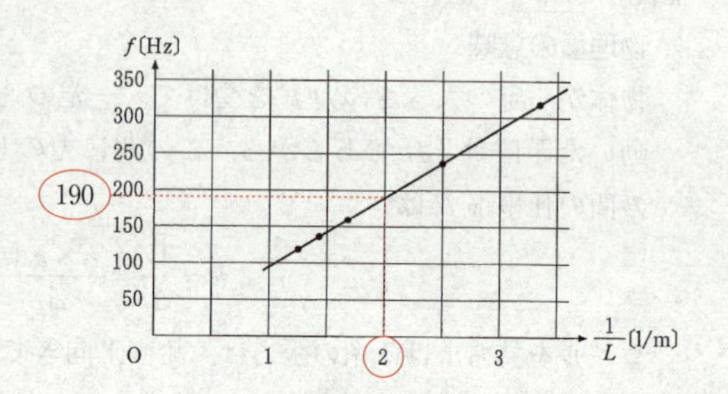

問2　15　正解は①　16　正解は⑨　17　正解は②

$L=0.50$〔m〕で基本振動が生じているから，この波の波長 λ〔m〕は

$$\lambda=2L=2\times0.50=1.0\text{〔m〕}$$

弦を伝わる波の速さを v〔m/s〕とすると，波の式より

$$v=f\lambda=1.9\times10^2\times1.0=\mathbf{1.9\times10^2}\text{〔m/s〕}$$

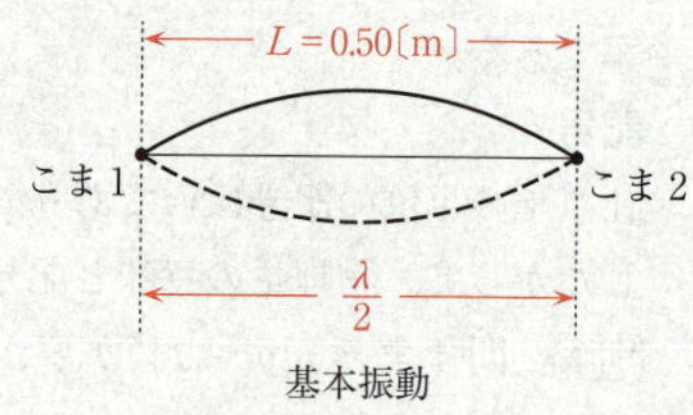

基本振動

CHECK　弦に定常波が生じるすべての振動を固有振動という。固有振動のうち，振動数が最も小さく波長が最も長い振動を基本振動といい，両端に節と，中央に腹を1つもつ。振動数が2，3，… 倍になれば，波長は $\dfrac{1}{2}$，$\dfrac{1}{3}$，… 倍になり，これを2倍振動，3倍振動，…，といい，まとめて倍振動という。

問3　18　正解は⑤

ア　図3の左に進む波の原点 $x=0$ での時刻 t における変位 $y_{2,0}$ は，時刻 $t=0$ の直後，波が左に進むとともに原点の媒質は y 軸の正の向きに動く（破線の正弦波を x 軸に沿って少しだけ左に平行移動させたものが時刻 $t=0$ の直後の波形であり，原点の媒質が y 軸の正の向きに動いていることがわかる）ことに注意すると

$$y_{2,0}=\frac{A_0}{2}\sin2\pi ft$$

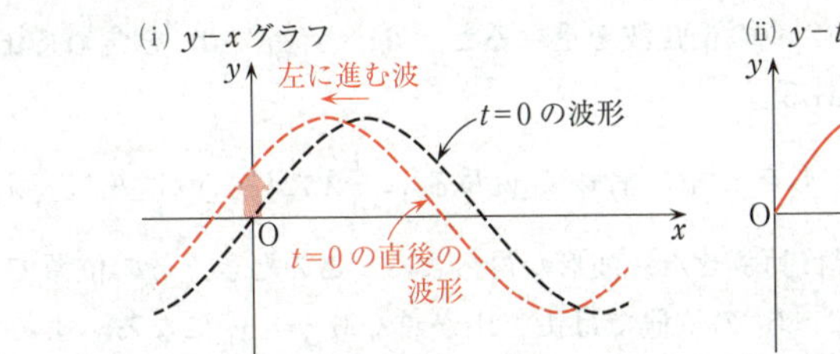

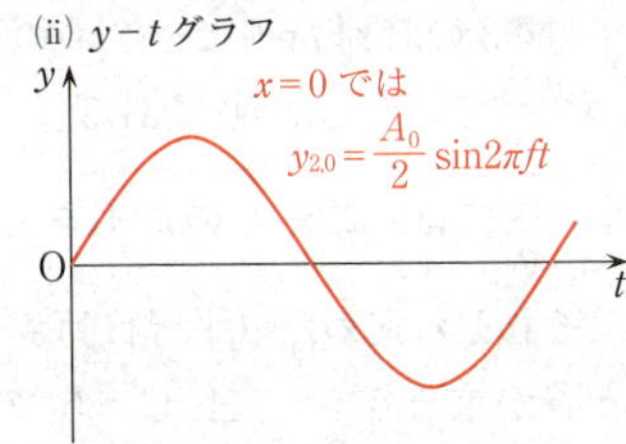

この波の速さを v，位置 x（>0）から原点まで進むのに要した時間を Δt とすると

$$\Delta t=\frac{x}{v}$$

この波の位置 x（>0）での時刻 t における変位 y_2 は，原点での時刻 t における変位 $y_{2,0}$ より時間 $\Delta t=\frac{x}{v}$ だけ前に現れていたものであるから

$$y_2=\frac{A_0}{2}\sin 2\pi f\left\{t-\left(-\frac{x}{v}\right)\right\}=\frac{A_0}{2}\sin 2\pi\left(ft+\frac{fx}{v}\right)=\frac{A_0}{2}\sin 2\pi\left(ft+\frac{x}{\lambda}\right)$$

別解　図3の，時刻 $t=0$ の瞬間に左に進む正弦波の，時刻 $t=0$ での変位 $y_{2,0}$（下図の y-x グラフの波形の式）は

$$y_{2,0}=\frac{A_0}{2}\sin 2\pi\frac{x}{\lambda}\quad\cdots\cdots(※)$$

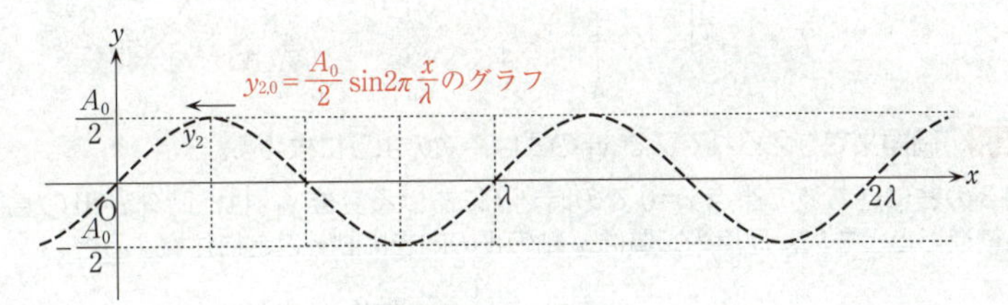

＜方法1＞　選択肢①～⑧の式に $t=0$ を代入して，(※)に一致するものは

$$y_2=\frac{A_0}{2}\sin 2\pi\left(ft+\frac{x}{\lambda}\right)$$

である。

＜方法2＞　$t=0$ で(※)と表される波が，時間 t の間に進む距離を Δx とすると

$$\Delta x=vt$$

波は x 軸の負の向きに進むので，時刻 t での位置 x（>0）における変位 y_2 は，$t=0$ での波形より $\Delta x=vt$ だけ戻したものであるから

$$y_2=\frac{A_0}{2}\sin 2\pi\frac{\{x-(-vt)\}}{\lambda}=\frac{A_0}{2}\sin 2\pi\left(\frac{x}{\lambda}+\frac{vt}{\lambda}\right)=\frac{A_0}{2}\sin 2\pi\left(ft+\frac{x}{\lambda}\right)$$

イ　図3の時刻 $t=0$ で，2つの正弦波を重ねると，a，b，a′，b′ を含めて x 軸上のすべての点で $y=0$ である。

時刻 $t=\dfrac{1}{4f}$ では，これらの波形を x 軸に沿って y_1 は右に $\dfrac{1}{4}\lambda$ だけ，y_2 は左に $\dfrac{1}{4}\lambda$ だけ，それぞれ進めた（平行移動させた）波形が得られる。このとき，b の位置では谷と谷が重なり $y=-A_0$ に，b′ の位置では山と山が重なり $y=A_0$ になる。よって，b，b′ の位置は定常波の腹であることがわかる。また，a，a′ の位置では，2つの正弦波の重なりが $y=0$ となり，定常波の節であることがわかる。
したがって，式と記号の組合せとして最も適当なものは⑤である。

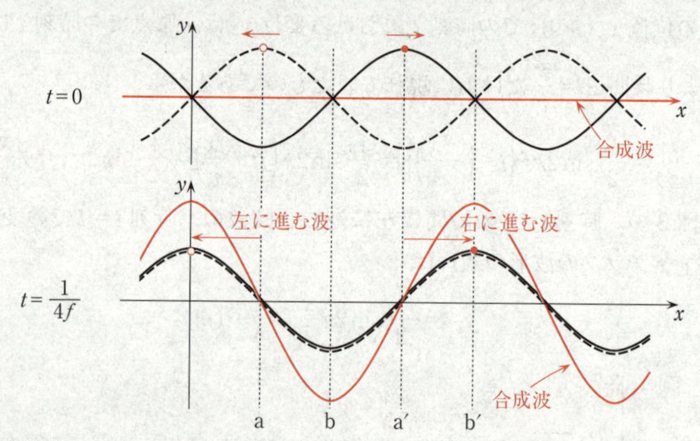

CHECK　問題文で与えられている y_1 の式は，次のように求める。

図3の右に進む波の原点 $x=0$ での時刻 t における変位 $y_{1,0}$ は，時刻 $t=0$ の直後，波が右に進むとともに，原点の媒質は y 軸の正の向きに動くことに注意すると

$$y_{1,0}=\frac{A_0}{2}\sin 2\pi ft$$

この波の位置 x（>0）での時刻 t における変位 y_1 は，原点での時刻 t における変位 $y_{1,0}$ より時間 $\Delta t=\dfrac{x}{v}$ だけ後に現れたものであるから

$$y_1=\frac{A_0}{2}\sin 2\pi f\left(t-\frac{x}{v}\right)=\frac{A_0}{2}\sin 2\pi\left(ft-\frac{x}{\lambda}\right)$$

B　標準　《くさび形薄膜での光の干渉》

問4　19　正解は④

次図のように点Oから距離 x の位置にA，その真上に A′ をとる。AA′ において，平面ガラス間の距離は d で，2つの面で反射する光の経路差は $2d$ である。また，隣り合う暗線の間隔が Δx であるから，AA′ の1つ外側の暗線は点Oから距離 $x+\Delta x$ の位置であり，ここにB，その真上に B′ をとる。BB′ では，2つの面で反

射する光の経路差は $2d$ より1波長すなわち，λ だけ長くなる。このとき，$\mathrm{AA'}$ と $\mathrm{BB'}$ の距離の差 $\mathrm{B'B''}$ は $\dfrac{\lambda}{2}$ であるから，$\triangle\mathrm{OPQ}$ と $\triangle\mathrm{A'B''B'}$ に相似の関係を用いると

$$\frac{D}{L}=\frac{\frac{\lambda}{2}}{\Delta x} \qquad \therefore\quad D=\boldsymbol{\frac{L\lambda}{2\Delta x}}$$

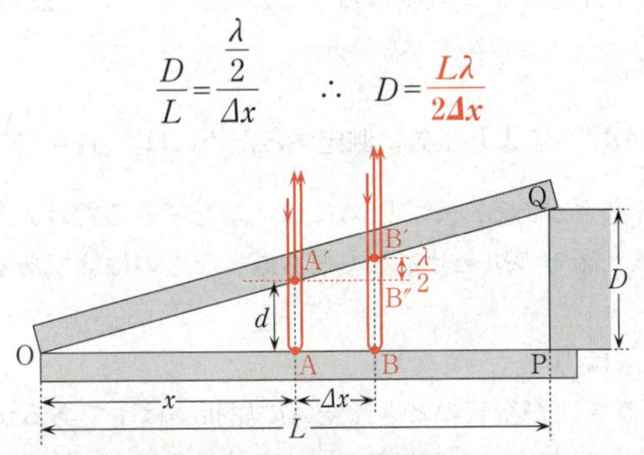

別解　平面ガラスの屈折率は空気の屈折率より大きいから，上のガラスの下面（上図の A′，B′）で反射する光は，反射の際に位相は変化しない（自由端反射）。下のガラスの上面（上図の A，B）で反射する光は，反射の際に位相が π だけ変化する。つまり，光路長で考えると波長にして半波長 $\dfrac{\lambda}{2}$ だけ変化する（固定端反射）。

これらの光が重なり合うと，光の経路差 $2d$ が波長の整数倍であるとき，反射の際の位相の変化が加わり，暗線となる。すなわち，整数を m（$m=0,\ 1,\ 2,\ \cdots$）として

$$\text{暗線条件：}2d=m\lambda$$

$$\text{明線条件：}2d=\left(m+\frac{1}{2}\right)\lambda$$

暗線の位置 $\mathrm{AA'}$ で，$\triangle\mathrm{OPQ}$ と $\triangle\mathrm{OAA'}$ に相似の関係を用いると

$$\frac{D}{L}=\frac{d}{x}$$

$$\therefore\quad x=\frac{L}{D}d=\frac{L}{D}\frac{m\lambda}{2}=m\frac{L\lambda}{2D}$$

その外側の暗線の位置 $\mathrm{BB'}$ では

$$x+\Delta x=(m+1)\frac{L\lambda}{2D}$$

上の2式の差をとると

$$\Delta x=\frac{L\lambda}{2D} \qquad \therefore\quad D=\frac{L\lambda}{2\Delta x}$$

問5　20　正解は⑤

ウ　N個の暗線をまとめて$N\Delta x=\Delta X$とおくと，$\Delta x=\dfrac{\Delta X}{N}$となる。

ここで，ΔXが$0.1\,\mathrm{mm}$まで読み取ることができるので，Δxは$\dfrac{0.1}{N}\,\mathrm{mm}$まで決めることができる。

エ　金属箔の厚さをより正確に測定するためには，$\Delta x=\dfrac{\Delta X}{N}$をできるだけ小さい値まで求める必要がある。そのためには，Nをできるだけ大きくするとよい。
したがって，式と語句の組合せとして最も適当なものは⑤である。

問6　21　正解は①

オ　平面ガラス間が空気のとき，空気の屈折率は1であるから，この空気層を進む光の波長はλである。このとき，問4の結果より

$$\Delta x=\frac{L\lambda}{2D}$$

平面ガラス間が屈折率nの液体のとき，この液体中を進む光の波長λ'は，$\lambda'=\dfrac{\lambda}{n}$であるから，隣り合う暗線の間隔を$\Delta x'$とすると

$$\Delta x'=\frac{L\lambda'}{2D}=\frac{L\lambda}{n\cdot 2D}$$

$1<n<1.5$であるから，$\Delta x'<\Delta x$となり，隣り合う暗線の間隔は狭くなった。

カ　隣り合う暗線の間隔が狭くなったのは，液体中を進む光の波長が$\lambda'=\dfrac{\lambda}{n}$となり，空気中での波長$\lambda$より短くなったからである。
したがって，語句の組合せとして最も適当なものは①である。

CHECK　○液体の屈折率がガラスの屈折率より小さい場合，上のガラスの下面で反射する光は，反射の際に位相は変化せず，下のガラスの上面で反射する光は，反射の際に位相がπだけ変化するので，これらの光の重なりの結果，暗線条件は，平面ガラス間が空気の場合の式において，λをλ'に置き換えた式で表される。
また，液体の屈折率がガラスの屈折率より大きい場合では，上のガラスの下面で反射する光は，反射の際に位相がπだけ変化し，下のガラスの上面で反射する光は，反射の際に位相が変化しないので，同様にこれらの光の重なりの結果，暗線条件は，やはり平面ガラス間が空気の場合の式において，λをλ'に置き換えた式で表される。
○液体の屈折率n（$1<n<1.5$）について，屈折率1.5は，一般的に使用される光学ガラスの屈折率であるが，問題を解く上では特に必要ない。

問7　22　正解は④

①不適。単色光は，ひとつの波長だけの光であるが，白色光は，可視光線のすべて

の単色光を含んだ光，すなわち，様々な波長の光を含んだものである。よって，単色光と比べて白色光の波長が非常に短いということはない。

②不適。空気中では屈折率を1としているので光の速さは波長によらず一定である。

③不適。白色光でも単色光でも，光は様々な方向に振動する成分をもった横波である。偏光とは，そこから一定の方向に振動する成分だけを取りだした光である。偏光の方向が異なるのは波長によるものではない。

④適当。問4より，干渉した光が明暗の縞模様をつくる位置は波長に関係し，単色光の暗線の間隔はその波長に比例する。よって，白色光を当てたときには，白色光に含まれている様々な色の光の干渉によって虹色の縞模様が見える。その理由は，波長によって明線の間隔が異なるからである。

したがって，最も適当なものは④である。

第4問 標準 —— 力学《ばねの単振動による物体の質量の測定》

問1 23 正解は①

物体が原点Oにあるとき，ばねA，ばねBはともに自然の長さから伸びた状態であるから，物体がばねAから受ける弾性力はx軸の負の向きに大きさ$k_{\mathrm{A}}L_{\mathrm{A}}$，ばねBから受ける弾性力は$x$軸の正の向きに大きさ$k_{\mathrm{B}}L_{\mathrm{B}}$である。これらがつり合っているとき，合力は0となり

$$-k_{\mathrm{A}}L_{\mathrm{A}}+k_{\mathrm{B}}L_{\mathrm{B}}=0 \qquad \therefore \quad \boldsymbol{k_{\mathrm{A}}L_{\mathrm{A}}-k_{\mathrm{B}}L_{\mathrm{B}}=0}$$

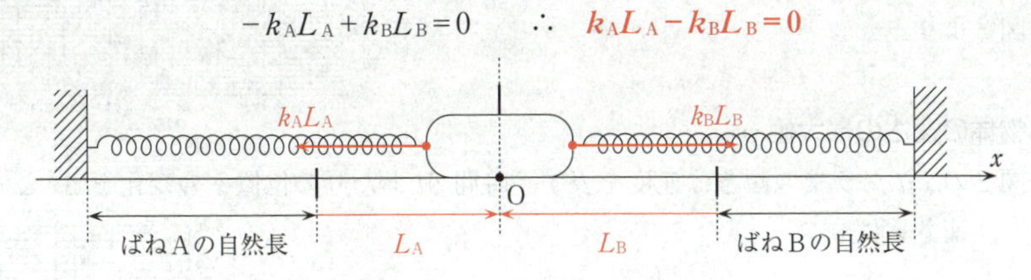

問2 24 正解は③

物体は，力のつり合いの位置である原点Oを中心に単振動をし，x_0が振幅である。すなわち，$x=x_0$から振動をはじめた物体は，$x=-x_0$で一旦静止し折り返す。よって，どちらのばねも常に自然の長さより伸びた状態であるためには

$$\boldsymbol{L_{\mathrm{A}}>x_0 \quad \text{かつ} \quad L_{\mathrm{B}}>x_0}$$

でなければならない。

問3 25 正解は③

物体が位置xにあるとき，ばねBの伸びは$L_{\mathrm{B}}-x$である。ばねは伸びているから，物体がばねBから受ける弾性力の向きはx軸の正の向きである。したがって，ばね

Ｂから物体にはたらく力は $k_B(L_B-x)$ である。

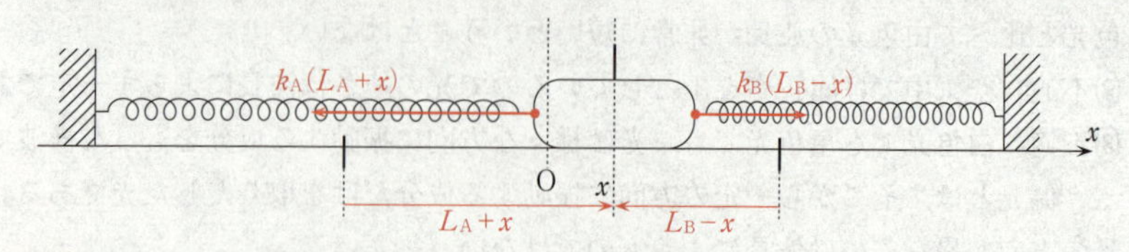

CHECK　２つのばねから物体にはたらく合力 F は

$$F=-k_A(L_A+x)+k_B(L_B-x)=-(k_A+k_B)x-(k_AL_A-k_BL_B)$$
$$=-(k_A+k_B)\left(x+\frac{k_AL_A-k_BL_B}{k_A+k_B}\right)$$

よって，ばねＡとばねＢを一つの合成ばねと見なしたときのばね定数 K は

$$K=k_A+k_B$$

また，合力 $F=0$ となる位置が力のつり合いの位置であるから，それが $x=0$ となる条件は，問１で得られたものと同様に

$$k_AL_A-k_BL_B=0$$

問４　26　正解は③

周期 T

$t=0$〔s〕で $x=x_0=0.14$〔m〕から動きはじめて１回振動して，再び $x=0.14$〔m〕に戻ってくるまでの時間が周期 T であるから，図２より

$$T=2.8〔\text{s}〕$$

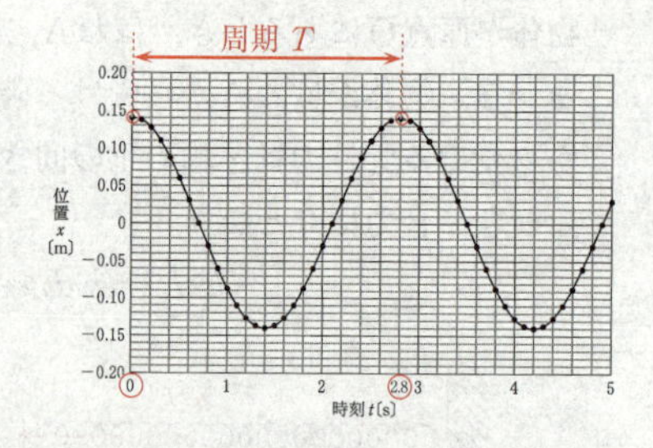

物体の速さの最大値 v_{max}

図２の x-t グラフの傾きは速度を表す。時間 Δt あたりの位置 x の変化を Δx とすると，速さ v は

$$v=\left|\frac{\Delta x}{\Delta t}\right|$$

速さの最大値 v_{max} は，グラフの傾きの最大値を求めればよく，それは物体が $x=0$ を通過する瞬間の値である。

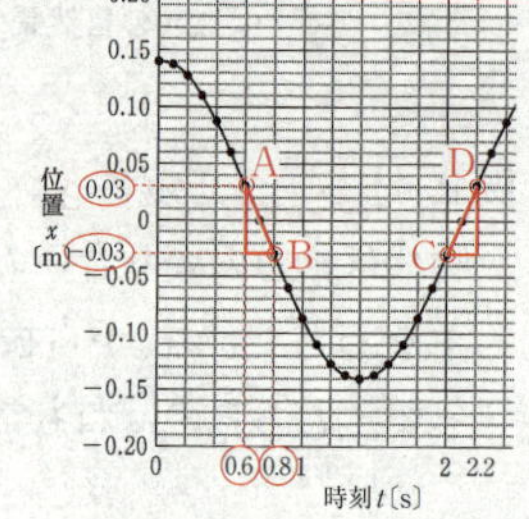

単振動の x-t グラフは三角関数で表されるが，右図で，物体が $x=0$ を右から左へ通過する $t=0.6$〜0.8〔s〕の AB 間では，グラフは直線と見なせるので，このときの傾きの大きさより

$$v_{max}=\left|\frac{(-0.03)-0.03}{0.8-0.6}\right| \qquad \therefore \quad v_{max}=0.3〔\text{m/s}〕$$

物体が $x=0$ を左から右へ通過する $t=2.0$〜2.2〔s〕の CD 間で求めても，同じ結

果が得られる。

したがって，組合せとして最も適当なものは③である。

別解　単振動する物体の速さの最大値 $v_{\max}$ は，振幅 A と角振動数 ω を用いて

$$v_{\max}=A\omega$$

角振動数 ω は，周期 T を用いて

$$\omega=\frac{2\pi}{T}$$

よって

$$v_{\max}=A\cdot\frac{2\pi}{T}=0.14\times\frac{2\times3.14}{2.8}=0.314\fallingdotseq0.3\,[\mathrm{m/s}]$$

問5　27　正解は①

ア　力学的エネルギー保存則より，$x=x_0$ で物体を静かに放したときに合成ばねがもっていた弾性力による位置エネルギーと，$x=0$ での物体の運動エネルギーが等しいから

$$\frac{1}{2}Kx_0{}^2=\frac{1}{2}mv_{\max}{}^2 \qquad \therefore \quad m=\frac{Kx_0{}^2}{v_{\max}{}^2}$$

イ　物体と水平面上との間に摩擦があると，$x=x_0$ で物体を静かに放してから，物体の速さが最大となるまでの間に，摩擦力が負の仕事をすることによって物体の力学的エネルギーが減少し，速さの最大値 $v_{\max}$ が小さくなる。

よって，摩擦がないときと比べて，$v_{\max}$ に小さい値を用いて $m=\frac{Kx_0{}^2}{v_{\max}{}^2}$ を計算すると，m は大きい値になる。

したがって，式と語句の組合せとして最も適当なものは①である。

物理基礎　本試験（第２日程）

問題番号(配点)	設問		解答番号	正解	配点	チェック
第１問 (16)	問１		1	③	4	
	問２		2	③	4	
	問３		3	④	4	
	問４		4	①	4	
第２問 (19)	A	問１	5	④	3	
		問２	6	②	3	
			7	②	3	
	B	問３	8	⑧	3	
		問４	9	①	3	
		問５	10	④	2	
			11	⑤	2	
第３問 (15)	問１		12	③	4	
	問２		13	②	4	
	問３		14	⑥	4	
	問４		15	③	3	

自己採点欄
／50点

（平均点：24.91点）

第1問 標準 《総　合　題》

問1 $\boxed{1}$ 正解は③

水中での圧力は，大気圧と，水深によって決まる水圧の和であるが，水深が異なっても大気圧は一定である。

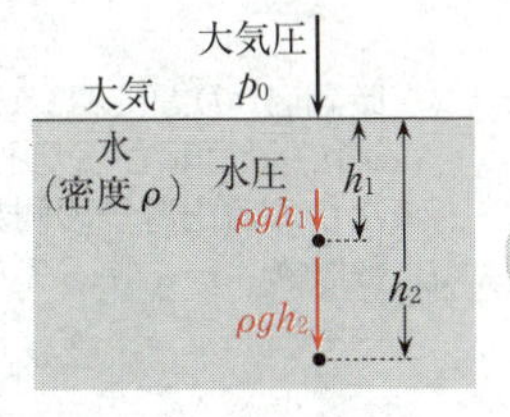

水の密度を ρ〔kg/m^3〕，重力加速度の大きさを g〔m/s^2〕とし，水深を $h_1=1.0$〔m〕，$h_2=2.0$〔m〕とすると，水深 h_1，h_2 のそれぞれの場所での水圧 p_1〔Pa〕，p_2〔Pa〕は

$$p_1=\rho g h_1$$

$$p_2=\rho g h_2$$

水圧の差を Δp〔Pa〕とすると，$h_1<h_2$ であるから

$$\begin{aligned}\Delta p&=\rho g h_2-\rho g h_1=\rho g(h_2-h_1)\\&=1.0\times10^3\times9.8\times(2.0-1.0)\\&=\mathbf{9.8\times10^3}\text{〔Pa〕}\end{aligned}$$

POINT ○水深 h の点での水圧 $p_水$ は，高さ h の水が単位面積あたりに加える力の大きさ F である。底面積 S の円柱を考えると，底面に加わる力の大きさ F は，体積 Sh の円柱内に含まれる水の重さ W であるから，$F=W=\rho\cdot Sh\cdot g$ である。よって，水圧 $p_水$ は

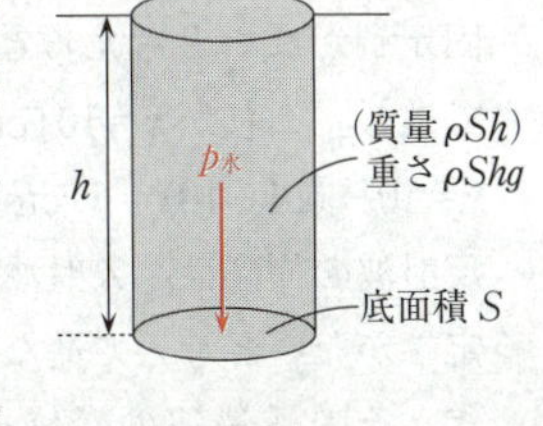

$$p_水=\frac{F}{S}=\frac{W}{S}=\frac{\rho Shg}{S}=\rho g h$$

大気圧を p_0 とすると，水深 h の点での圧力 p は，大気圧と水圧の和となるから

$$p=p_0+\rho g h$$

○単位の関係は

$$p_水\text{〔Pa〕}=\rho\text{〔kg/m}^3\text{〕}\times g\text{〔m/s}^2\text{〕}\times h\text{〔m〕}$$

右辺の単位は，〔kg/m^3〕·〔m/s^2〕·〔m〕=〔(kg·m)/(s^2·m^2)〕=〔N/m^2〕=〔Pa〕となる。

問2 $\boxed{2}$ 正解は③

図1で，断面積 S の導線を自由電子が速さ u で進むとき，導線を流れる電流の大きさ I は，自由電子の電気量の大きさを e，導線内の単位体積あたりの自由電子の個数を n とすると

$$I=enuS$$

e，n は一定であるから，A～Fで，（自由電子の速さ）×（導線の断面積）の値が図1と同じ $u\times S$ であるとき，電流の大きさ I は図1と同じになる。この条件を満たすものは，Cの $\frac{u}{2}\times2S$ と，Dの $2u\times\frac{S}{2}$ である。

CHECK　導線を流れる電流の大きさ I は，時間 Δt の間に導線のある断面を通過する自由電子の数を N，その電気量の和を Δq とすると

$$I=\frac{\Delta q}{\Delta t}=\frac{e\cdot N}{\Delta t}$$

時間 Δt の間に導線のある断面を通過した自由電子は，長さが $u\Delta t$，断面積が S の体積 $u\Delta t\cdot S$ の円柱内に含まれ，単位体積あたりの自由電子の個数が n であるから，円柱内の自由電子の個数は $N=n\cdot u\Delta t\cdot S$ である。よって

$$I=\frac{\Delta q}{\Delta t}=\frac{e\cdot N}{\Delta t}=\frac{e\times n\cdot u\Delta t\cdot S}{\Delta t}=enuS$$

問3　3　正解は④

波が固定端反射をする場合，媒質の端が固定されているので，端での入射波と反射波の合成波の変位が0になるように，反射波の位相は入射波の位相に対して π だけ変化する。すなわち，変位 y の正負が反転し，入射波の山は，谷となって反射する。

固定端がないと考えると，5s後の透過波の先端は $x=4+2\times5=14$〔cm〕の位置まで進む。これが $x=10$〔cm〕の位置で反射すると，反射波の先端は $x=10-(14-10)=6$〔cm〕の位置まで戻ってくる。

反射波の作図は，入射波をもとに，固定端がないと考えて進んだ透過波を描き，その透過波の変位を反転させた（位相を π だけ変化させた）後，固定端に対して折り返せばよい。

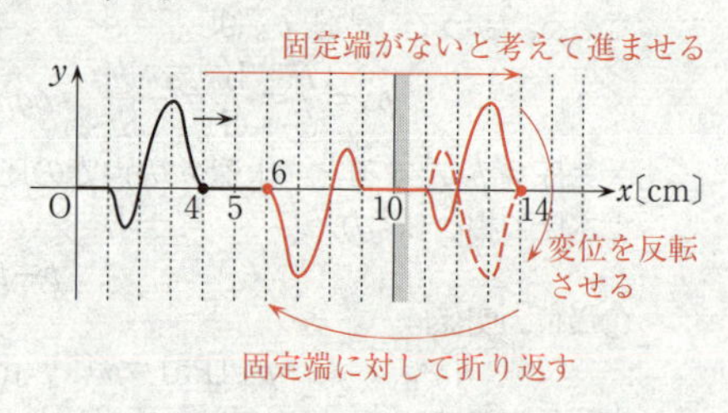

したがって，図として最も適当なものは④である。

CHECK　○波が自由端反射をする場合，媒質の端が自由に振動できるので，反射波の位相は入射波の位相と変化しない。すなわち，変位 y の正負が変化せず，入射波の山は，山のままで反射する。

○自由端反射の場合の反射波の作図は，入射波をもとに，自由端がないと考えて進んだ透過波を描き，その透過波の変位を自由端に対して折り返せばよい。$x=10$〔cm〕の位置で，パルス波が自由端反射をした場合の5s後の波形は，②である。

問4　4　正解は①

ア　アルミニウム球が放出した熱量 Q_1〔J〕は

$$Q_1=100\times0.90\times(42.0-T_3)$$

水が吸収した熱量 Q_2〔J〕は

$$Q_2=M\times4.2\times(T_3-T_2)$$

熱はアルミニウム球と水の間だけで移動するから

$$Q_1 = Q_2$$

$$100 \times 0.90 \times (42.0 - T_3) = M \times 4.2 \times (T_3 - T_2)$$

ここで，$T_3 - T_2$ すなわち $T_3 - 20.0$ を小さくすると，T_3 が小さくなるので，$42.0 - T_3$ は大きくなり，このとき，M は大きくなる。

イ　次に，$T_2 = 20.0$〔℃〕で，$T_3 - T_2 = 1.0$〔℃〕のとき，$T_3 = 21.0$〔℃〕であるから

$$100 \times 0.90 \times (42.0 - 21.0) = M \times 4.2 \times 1.0$$

$$\therefore \quad M = 450 \text{〔g〕}$$

したがって，語句および数値の組合せとして最も適当なものは①である。

第２問 ―― 波，電磁気

A 標準 《気柱の共鳴》

問１ 5 正解は④

気柱が共鳴したとき，気柱内には定常波（定在波）が生じ，管の開口部には定常波の腹が，ピストンの位置には定常波の節ができている。定常波の波長を λ とすると，隣り合う節と節の間隔は $\dfrac{\lambda}{2}$ であるから

$$L_2 - L_1 = \frac{\lambda}{2}$$

$$\lambda = 2(L_2 - L_1)$$

気柱内に生じる定常波の振動数は，スピーカーから出る音の振動数 f と等しいので，音速 V は

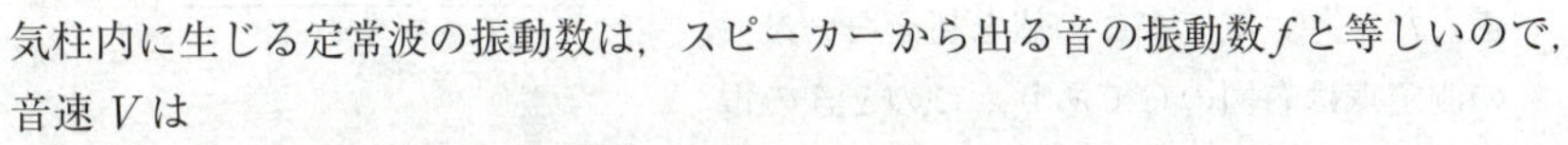

$$V = f\lambda = 2f(L_2 - L_1)$$

問２ 6 正解は②　7 正解は②

6　実験室の気温を下げると，音速 V が小さくなる。管内を伝わる音の振動数 f は，スピーカーから出る音の振動数と等しく，気温が下がる前後で変化しないから，波の式 $V = f\lambda$ より，λ が小さくなる。

すなわち，共鳴が起こらなくなったのは，管内の音の波長が短くなったからである。

POINT　空気中の音速 V〔m/s〕は，空気の温度が0℃付近で高くなりすぎない範囲のとき，空気の温度を t〔℃〕として

$$V = 331.5 + 0.6t$$

と表せる。つまり，音速は空気の温度に依存し，空気の温度が高いほど速くなる。

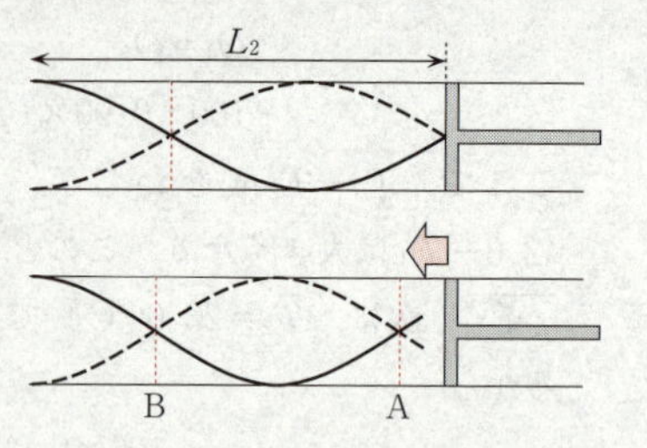

7　問1で気柱が共鳴したときよりも気温が下がり波長が短くなったとき，定常波ができたとすると，右の下の図のようになる。ピストンを左に動かして，ピストンの位置に定常波の節ができるときに共鳴が起こるから，共鳴が起こる位置は，図のAとBの位置である。
したがって，ピストンが管の開口部に達するまでに共鳴は **2回** 起こる。

B　標準　《オームの法則》

問3　8　正解は⑧

図4の目盛りの最大値は3，最小目盛りは0.1であるから，針の位置を最小目盛りの$\frac{1}{10}$まで読み取ると，2.07である。また，図3の負極側の接続端子が300mAであるから，目盛りの最大値の3を指すときの電流値は300mAである。よって，電流計の読み取り値は207mA，すなわち，**0.207A** である。

問4　9　正解は①

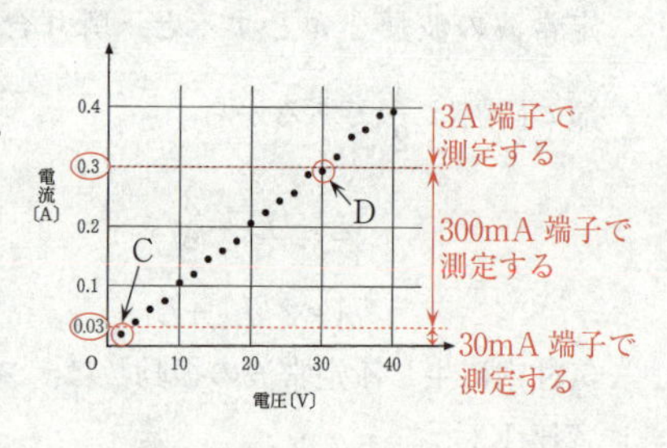

図5で，抵抗に加えた電圧が2Vから40Vまで2V刻みであることに注意しながら，電流値が30mA，300mA，3Aのそれぞれを超えないような測定点を調べる。
電流計の端子に30mAすなわち0.03Aを選んだとき，電流がこの値を超えない最大の測定点は右図のCであり，このときの電圧は2Vである。よって，30mA端子で測定するのは，電圧が **2V** のときである。
次に，端子に300mAすなわち0.3Aを選んだとき，電流がこの値を超えない最大の測定点は右図のDであり，このときの電圧は30Vである。よって，300mA端子で測定するのは，電圧が **4～30V** のときである。
さらに，電圧が30Vを超えるときは，端子に3Aを選ばなければならない。よって，3A端子で測定するのは，電圧が **32～40V** のときである。
したがって，組合せとして最も適当なものは①である。

問5 10 正解は④ 11 正解は⑤

10 図5は，測定された電流Iが加えた電圧Vにほぼ比例することを表している。オームの法則より，抵抗値Rは，$R=\frac{V}{I}$であり，これは図5を直線とみなしたときの直線の傾きの逆数である。

抵抗値Rをより正確に決定するためには，できるだけ多くの測定値を用いる必要があり，グラフでは，**なるべく多くの測定点の近くを通るように引いた直線の傾き**で求める。

11 図5において，原点を通り，なるべく多くの測定点の近くを通るように直線を引くと，右図のようになる。計算誤差をできるだけ小さくするためには，原点からできるだけ離れたところで値を読み取る必要があるので，電圧$V=40$〔V〕のとき電流$I=0.4$〔A〕と読み取ると，抵抗値R〔Ω〕は

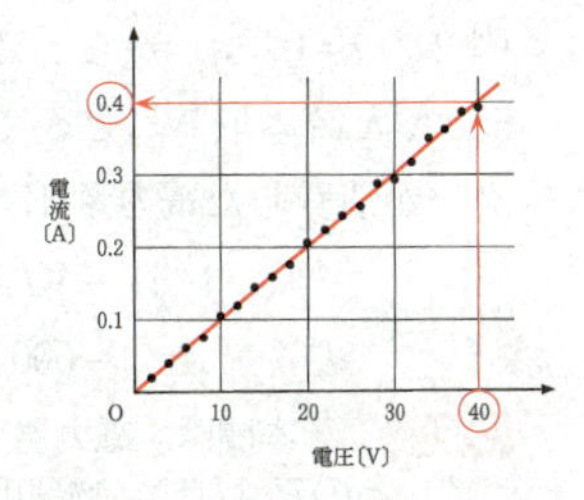

$$R=\frac{V}{I}=\frac{40}{0.4}=\mathbf{100}\text{〔Ω〕}$$

第3問 標準 —— 力学，電磁気《電車の等加速度直線運動，モーターの消費電力》

問1 12 正解は③

図1の$t=0$〔s〕から$t=20$〔s〕の間では，電車が等加速度直線運動をしているとみなしたとき，なるべく多くの測定点の近くを通るように引いた直線の傾きが加速度である。この直線上の値を，$t=0$〔s〕のとき$v=0$〔m/s〕，$t=20$〔s〕のとき$v=16$〔m/s〕と読み取ると，加速度の大きさa〔m/s^2〕は

$$a=\frac{16-0}{20-0}=\mathbf{0.8}\text{〔m/s}^2\text{〕}$$

問2 13 正解は②

図1のv-tグラフとt軸で囲まれる面積が，時間tの間の移動距離である。

右図のように，$t=0$〔s〕から$t=20$〔s〕の間，$t=20$〔s〕から$t=40$〔s〕の間，$t=40$〔s〕から$t=90$〔s〕の間のそれぞれで，v-tグラフの傾きが一定であり，等加速度直線運動をしているとみなして，これらの部分の面積の和を求める。問1と同様に，それぞ

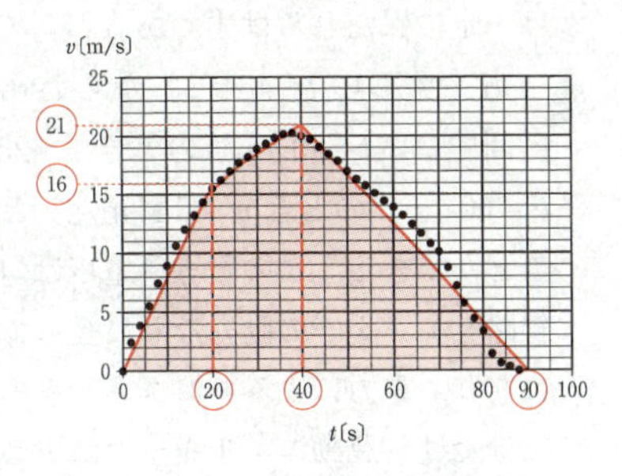

れの区間でなるべく多くの測定点の近くを通る直線を引き，直線上の値を，$t=40$〔s〕のとき $v=21$〔m/s〕，$t=90$〔s〕のとき $v=0$〔m/s〕と読み取ると，面積すなわち移動距離 S〔m〕は

$$S=\frac{1}{2}\times16\times(20-0)+\frac{1}{2}\times(16+21)\times(40-20)+\frac{1}{2}\times21\times(90-40)$$
$$=1055\fallingdotseq\mathbf{1100}\text{〔m〕}$$

問3　14　正解は⑥

図2の $t=0$〔s〕から $t=20$〔s〕の間では，モーターに流れた電流 I は一定値で550Aと読み取ることができる。電圧 V は600Vであるから，時間 Δt の間にモーターが消費した電力量 W〔J〕は

$$W=VI\Delta t$$
$$=600\times550\times(20-0)=6.6\times10^6\fallingdotseq\mathbf{7\times10^6}\text{〔J〕}$$

CHECK　○本問は，電力量 $W=VI\Delta t$ が問われているのであって，電力 $P=VI$ が問われているのではない。物理用語の正しい理解が必要である。
○抵抗値 R の抵抗に大きさ I の電流が流れるとき，または大きさ V の電圧が加わるとき，抵抗で消費した電力 P〔W〕は

$$P=VI=RI^2=\frac{V^2}{R}$$

時間 Δt の間に抵抗で消費した電力量 W〔J〕は

$$W=P\Delta t=VI\Delta t=RI^2\Delta t=\frac{V^2}{R}\Delta t$$

問4　15　正解は③

図2の $t=40$〔s〕から $t=60$〔s〕の区間では，モーターに流れた電流 I は0と読み取ることができるので，この間，モーターは電車にエネルギーを供給していない。すなわち，電車を動かすためのモーターの動力による仕事は0である。
仮に，線路に勾配がなく水平であったとすると，摩擦や空気抵抗の影響が無視できるので，力学的エネルギー保存則より，運動エネルギーの変化がなく，電車の速さは一定に保たれるはずである。

一方，図1の $t=40$〔s〕から $t=60$〔s〕の区間では，$t=40$〔s〕のとき $v=20$〔m/s〕，$t'=60$〔s〕のとき $v'=14$〔m/s〕と読み取ることができる。このとき，電車は勾配のある線路をモーターの動力なしに登っていることになり，重力による位置エネルギーが増加した分だけ，運動エネルギーが減少している。

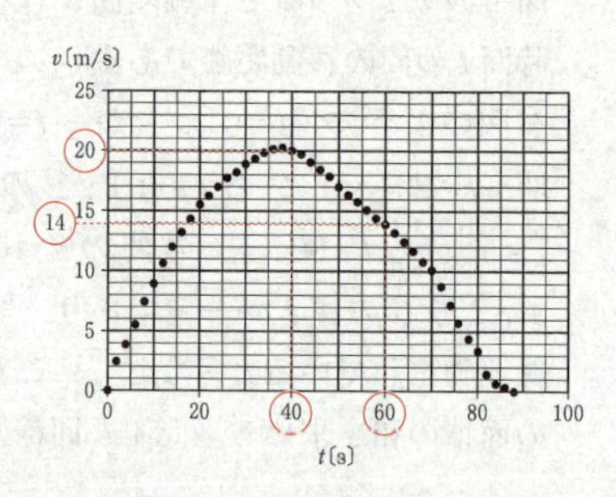

電車の質量を m〔kg〕，重力加速度の大きさを g〔m/s²〕，この区間の高低差を h〔m〕とすると，力学的エネルギー保存則より

$$\frac{1}{2}mv^2=\frac{1}{2}mv'^2+mgh$$

$$v^2=v'^2+2gh$$

$$20^2=14^2+2\times9.8\cdot h$$

$$\therefore\ h=10.4\fallingdotseq10\text{〔m〕}$$

CHECK 高低差 h を求めるのに，題意より力学的エネルギー保存則を用いたが，勾配が一定である場合は運動方程式と等加速度直線運動の式で求めることもできる。

電車には重力だけがはたらくので，電車の加速度を a'〔m/s²〕，斜面の勾配を θ〔°〕とし，斜面に沿って上向きを正とすると，運動方程式より

$$ma'=-mg\sin\theta \qquad \therefore\ a'=-g\sin\theta$$

斜面に沿って登った距離を x〔m〕とすると，等加速度直線運動の式より

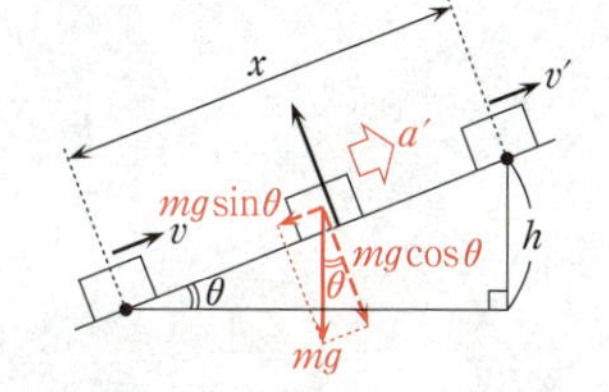

$$v'^2-v^2=2a'x$$

高低差 h は

$$h=x\sin\theta=\frac{v'^2-v^2}{2a'}\sin\theta=\frac{v'^2-v^2}{2(-g\sin\theta)}\sin\theta=-\frac{v'^2-v^2}{2g}$$

$$=-\frac{14^2-20^2}{2\times9.8}=10.4\fallingdotseq10\text{〔m〕}$$

なお，図1の v-t グラフの直線の傾きが加速度であるから

$$a'=\frac{v'-v}{t'-t}=\frac{14-20}{60-40}=-0.3\text{〔m/s}^2\text{〕}$$

これらの計算から，斜面の勾配は，$\sin\theta=-\frac{a'}{g}=-\frac{-0.3}{9.8}\fallingdotseq0.031$ より $\theta\fallingdotseq1.8°$ となり，斜面に沿って $x\fallingdotseq340$〔m〕進んで高低差 $h\fallingdotseq10$〔m〕を登る線路であることがわかる。

第２回 試行調査：物理

問題番号(配点)	設問		解答番号	正解	配点	チェック
第１問(30)	問１		1	⑦	4	
	問２		2	①	4	
			3	③	4	
	問３		4	②	4	
			5	④	5*1	
			6	①		
	問４		7	④，⑤	5*2	
	問５		8	①	4*1	
			9	⓪		
			10	①		
第２問(28)	A	問１	1	⑥	5	
		問２	2	⑧	5*3	
	B	問３	3	③	4	
			4	②	4	
		問４	5	②	5	
		問５	6	①	5	

問題番号(配点)	設問		解答番号	正解	配点	チェック
第３問(20)	A	問１	1	⑧	4	
		問２	2	④	3	
			3	③	4	
	B	問３	4	⑦	4	
		問４	5	③	5	
第４問(22)	A	問１	1	④	3	
		問２	2	⑥	4	
	B	問３	3	⑤	5*4	
		問４	4	④	5	
			5	②	5	

(注)

1　＊1は，全部正解の場合のみ点を与える。

2　＊2は，過不足なく解答した場合のみ点を与える。

3　＊3は，第２問の解答番号１で②を解答し，かつ，解答番号２で⑤を解答した場合も点を与える。

4　＊4は，④を解答した場合は２点を与える。

自己採点欄
100点

(平均点：38.54点)※

※2018年11月の試行調査の受検者のうち，３年生の得点の平均値を示しています。

第1問　標準　《総　合　題》

問1　[1]　正解は⑦

小物体が高さの基準面に達する直前の運動エネルギーを，地球上で K，月面上で K' とする。小物体を水平投射した高さ h の位置と高さの基準面との間で，力学的エネルギー保存則より

地球上では

$$mgh+\frac{1}{2}mv^2=K$$

月面上では

$$m\cdot\frac{g}{6}\cdot h+\frac{1}{2}mv^2=K'$$

したがって，二つの運動エネルギーの差を ΔK とすると

$$\Delta K=|K-K'|$$
$$=\left|\left(mgh+\frac{1}{2}mv^2\right)-\left(m\cdot\frac{g}{6}\cdot h+\frac{1}{2}mv^2\right)\right|=\frac{5}{6}mgh$$

問2　[2]　正解は①　[3]　正解は③

[2]　物資は，宇宙船から静かに切り離されたから，物資の宇宙船に対する相対初速度は0である。この物資の運動を，惑星にいる宇宙飛行士から見ると，大気による抵抗がないから，それぞれの物資は，宇宙船から切り離された位置から水平投射運動をする。すなわち，図2の水平方向左向きには宇宙船の速度に等しい初速度で等速直線運動をするので，すべての物資は宇宙船と同じ鉛直線上にある。

また，鉛直方向下向きには自由落下運動をするので，惑星上での重力加速度の大きさを g'，落下時間を t，落下距離を y とすると

$$y=\frac{1}{2}g't^2$$

よって，物資の位置は，落下時間 t の2乗に比例する距離だけ宇宙船から下方の位置である。

したがって，物資の位置および運動の軌跡を表す図はアである。

[3]　宇宙船が等速直線運動をするとき，宇宙船にはたらく力はつりあっている。水平方向には外力ははたらいていない。鉛直方向には，鉛直下向きに惑星からの重力がはたらくから，力がつりあうためには，重力と同じ大きさで鉛直上向きの力が必要である。宇宙船がロケットエンジンから燃料ガスを鉛直下向きに噴射すると，その反作用として燃料ガスから宇宙船にはたらく鉛直上向きの力が生じ，この力が重力とつりあうことになる。

問3 [4] 正解は② [5] 正解は④ [6] 正解は①

[4] 気体の圧力を p，ピストンの断面積を S とする。
理想気体の状態方程式より

$$p \cdot Sh = nRT$$

ピストンにはたらく力のつりあいより

$$pS = mg$$

pS を消去すると

$$mgh = nRT$$

[5]，[6] 熱力学第1法則は，「気体の内部エネルギーの増加 ΔU＝気体が外部から吸収した熱量 Q＋気体が外部からされた仕事 W」である。
ピストンがシリンダーの底面まで落下するとき，ピストンにはたらく重力がピストンに対して仕事をし，気体はピストンから押されることで正の仕事をされ，$W>0$ である。また，ピストンが落下して気体がシリンダー全体に広がるときでも，シリンダーが断熱材で密閉されているから，気体は断熱変化をし，$Q=0$ である。よって，熱力学第1法則より

$$\Delta U>0$$

単原子分子の理想気体であるから，定積モル比熱は $\frac{3}{2}R$ であり，温度変化を ΔT とすると

$$\Delta U=\frac{3}{2}nR\Delta T$$

したがって，$\Delta U>0$ のとき，$\Delta T>0$ となり，気体の温度は上がる。

POINT ○ピストンにはたらく重力がする仕事は mgh であり，気体はピストンから mgh の仕事をされる。
○気体の内部エネルギーの変化 ΔU は，定積モル比熱 C_V を用いると，$\Delta U=nC_V\Delta T$ であり，単原子分子の理想気体では $C_V=\frac{3}{2}R$，二原子分子の理想気体では $C_V=\frac{5}{2}R$ である。
○気体が断熱膨張するだけの条件では，気体の温度が上がるか下がるかは決まらない。断熱変化で $Q=0$ のとき，$W=\Delta U=nC_V\Delta T$ となり，仕事 W の正負によって，温度変化 ΔT の正負が決まる。気体が正の仕事をされたとき，$W>0$ で $\Delta T>0$ となり，気体の温度は上がる。気体が負の仕事をされたとき，$W<0$ で $\Delta T<0$ となり，気体の温度は下がる。
○ピストンが固定されているならば，気体が真空へ膨張していくだけで気体は仕事をされない。このとき，$Q=0$，$W=0$ であるから，$\Delta U=nC_V\Delta T=0$ となり，気体の温度は変化しない。すなわち，等温で膨張していったことになる。

問4　7　正解は④，⑤

凸レンズに入射する光線は，凸レンズを通過後，次のように進む。

(あ)　凸レンズの中心を通るように入射した光線は，屈折せずに直進する。

(い)　凸レンズ前方の焦点を通って入射した光線は，屈折後，光軸に平行に進む。

(う)　光軸に平行に入射した光線は，屈折後，凸レンズ後方の焦点を通る。

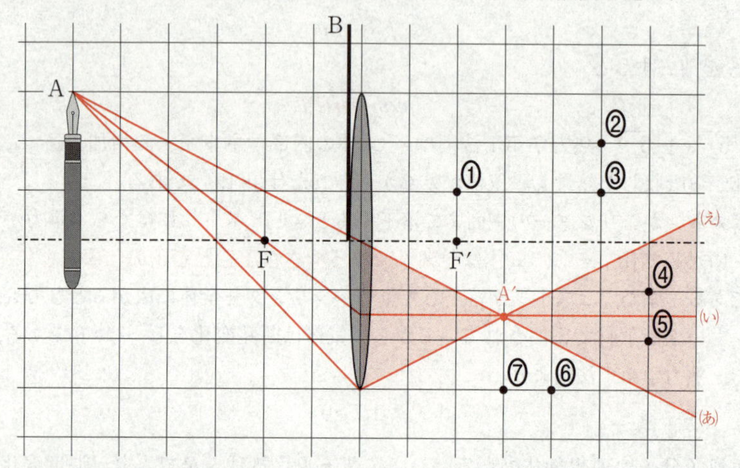

図4の万年筆の先端Aの像A′は，(あ)，(い)の光線による作図で得られる。このとき，Aから出て凸レンズの下端を通った光線も屈折後A′へ進むので（(え)の光線），Aから出た光がレンズで屈折した後に進む範囲は，上図の網かけ部分である。

したがって，Aから出た光が届く点として適当なものは④と⑤である。

問5　8　正解は①　　9　正解は⓪　　10　正解は①

水素原子のエネルギー準位のうち，エネルギーの最も低い励起状態は $n=2$ であり

$$E_2=-\frac{13.6}{2^2}\mathrm{eV}$$

基底状態は $n=1$ であり

$$E_1=-\frac{13.6}{1^2}\mathrm{eV}$$

このエネルギー準位の差に等しいエネルギーが，光子1個のもつエネルギー E として放出される。

$$E=E_2-E_1$$

$$=\left(-\frac{13.6}{2^2}\right)-\left(-\frac{13.6}{1^2}\right)=13.6\times\frac{3}{4}=10.2\fallingdotseq\mathbf{1.0\times10^1}\,\mathrm{eV}$$

第２問 ── 力と運動

A  《２物体の衝突》

問１ [1] 正解は⑥

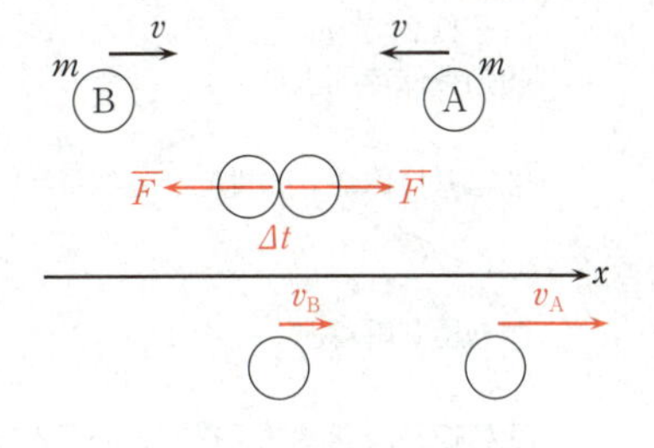

衝突後の小物体Ａ，Ｂの速度をそれぞれ v_A，v_B とする。

運動量保存則より

$$m(-v)+mv=mv_A+mv_B$$

はね返り係数（反発係数）の式より

$$e=-\frac{v_A-v_B}{(-v)-v}$$

連立して解くと

$$v_A=\boldsymbol{ev}$$

$$v_B=-ev$$

問２ [2] 正解は⑧

小物体Ａが小物体Ｂから受けた力の平均値を $\overline{F}$ とする。小物体Ａについての運動量と力積の関係より，小物体Ａの運動量の変化は小物体Ａが受けた力積に等しいから

$$\overline{F}\cdot\Delta t=mv_A-m(-v)$$

$$=m\cdot ev-m(-v)$$

$$\therefore\quad \overline{F}=\boldsymbol{\frac{(1+e)mv}{\Delta t}}\quad\cdots\cdots(お)$$

B  《衝突時に２物体がおよぼし合う力》

問３ [3] 正解は③ [4] 正解は②

[3] 質量が等しい２物体が弾性衝突をするとき，衝突前後でその速度は交換される。衝突前の台車Ａの速度を $-v$，台車Ｂの速度を v とすると，衝突後の台車Ａの速度は v，台車Ｂの速度は $-v$ となる。

図２において，台車Ａが受けた力 F と時刻 t の関係のグラフの面積 S が，台車Ａが受けた力積 I を表し，台車Ａが受けた力積 I は台車Ａの運動量の変化 Δp に等しいから

$$S=I=\Delta p=mv-m(-v)=\boldsymbol{2mv}\quad\cdots\cdots(か)$$

別解　台車Aが受けた力積 I は，(お)より

$$I=\overline{F}\cdot\Delta t=(1+e)\,mv$$

弾性衝突では，はね返り係数 $e=1$ であるから

$$I=(1+1)\,mv=2mv$$

CHECK　衝突前の台車A，Bの速度をそれぞれ v_{A}，v_{B}，衝突後の台車A，Bの速度をそれぞれ v_{A}'，v_{B}' とする。

運動量保存則より

$$mv_{\mathrm{A}}+mv_{\mathrm{B}}=mv_{\mathrm{A}}'+mv_{\mathrm{B}}'$$

はね返り係数（弾性衝突では $e=1$）の式より

$$1=-\frac{v_{\mathrm{A}}'-v_{\mathrm{B}}'}{v_{\mathrm{A}}-v_{\mathrm{B}}}$$

連立して解くと

$$v_{\mathrm{A}}'=v_{\mathrm{B}},\ \ v_{\mathrm{B}}'=v_{\mathrm{A}}$$

すなわち，速度が交換されることがわかる。

4　図2の網かけ部分の面積を，下図の太線で囲まれた三角形の面積で近似する。この三角形の高さが f，底辺の長さが Δt であるから，面積 S は

$$S=\frac{1}{2}f\Delta t\quad\cdots\cdots(き)$$

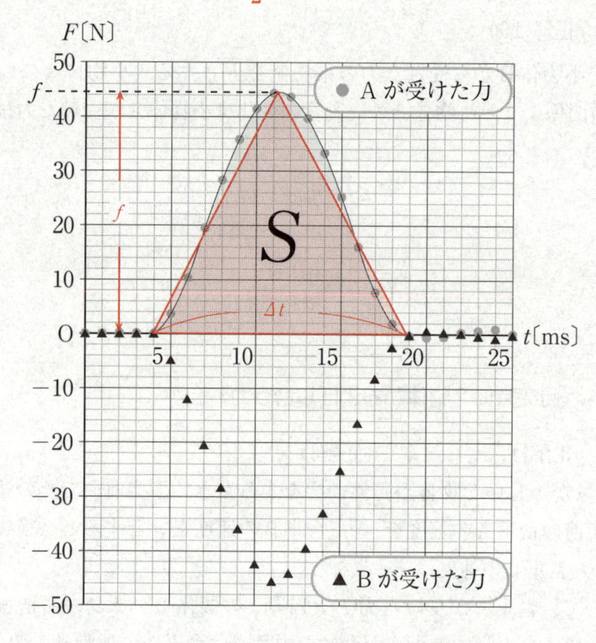

問4 [5] 正解は②

「図2の F-t グラフの面積 S＝台車Aが受けた力積 I＝台車Aの運動量の変化 Δp」であるから，(カ)，(キ)より

$$\frac{1}{2}f\Delta t=2mv$$

F-t グラフからは $f=44.5\,\mathrm{N}$ と読み取ることができ，与えられた時刻 t の値を代入すると

$$\frac{1}{2}\times 44.5\times(19.0\times10^{-3}-4.0\times10^{-3})=2\times1.1\times v$$

$$\therefore\quad v=0.151\fallingdotseq\mathbf{0.15}\,\mathrm{m/s}$$

問5 [6] 正解は①

図3で，台車Aの実線のグラフと t 軸で囲まれる面積と，台車Bの破線のグラフと t 軸で囲まれる面積は等しいから，台車Aが受けた力積を I_A，台車Bが受けた力積を I_B とすると，I_A，I_B は，作用反作用の関係より，大きさが等しく向きが反対であることがわかる。また，2つの台車が接触していた時間 Δt は等しいから，台車Aが受けた力の大きさの最大値 f と台車Bが受けた力の大きさの最大値 f が等しく，向きが反対であることもわかる。

次に，台車A，Bの衝突させる速さを変えたときも，問3と同様に，弾性衝突ならば，衝突前後でその速度は交換される。衝突前の台車Aの速度が0，台車Bの速度が $2v$ のとき，衝突後の台車Aの速度は $2v$，台車Bの速度は0となる。台車Aが受けた力積を I_A' とすると，I_A' は，台車Aの運動量の変化 Δp_A に等しいから

$$I_\mathrm{A}'=\Delta p_\mathrm{A}=m\cdot2v-0=2mv$$

このとき，問4と同様に，台車Aが受けた力の最大値は f となる。

また，台車Bが受けた力積を I_B' とすると，I_B' は，作用反作用の関係より

$$I_\mathrm{B}'=-I_\mathrm{A}'=-2mv$$

このとき，台車Bが受けた力の最小値は $-f$ となる。

したがって，グラフとして最も適当なものは①である。

第3問 ── 波　動

A  《せっけん膜による光の干渉》

問1　1　正解は⑧

せっけん膜の二つの表面で反射した光の，屈折率を考慮した経路差（光路差，光学距離の差）をΔとすると，せっけん膜の屈折率がnであるから

$$\Delta = n \times 2d$$

光が，空気中を進んでせっけん膜の左側表面で反射したとき，光の位相はπ変化し，せっけん膜中を進んでせっけん膜の右側表面で反射したときは，光の位相は変化しない。

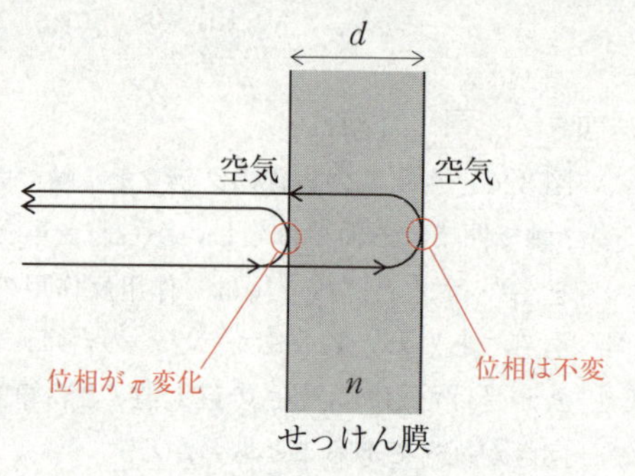

これら二つの反射光が重なるとき，反射の際の位相の変化の差πは半波長分の光路差に相当するので，光路差Δが波長の半整数倍のとき，その光は強め合う。したがって，$m=0,\ 1,\ 2,\ 3,\ \cdots$を用いて

$$2nd = \left(m + \frac{1}{2}\right)\lambda \quad \cdots\cdots(く)$$

別解　せっけん膜の二つの表面間の往復距離をΔ'とすると

$$\Delta' = 2d$$

せっけん膜中を進む光の波長をλ'とすると，せっけん膜の屈折率がnであるから

$$\lambda' = \frac{\lambda}{n}$$

したがって，二つの光が強め合う条件は

$$2d = \left(m + \frac{1}{2}\right)\frac{\lambda}{n} \qquad \therefore \quad 2nd = \left(m + \frac{1}{2}\right)\lambda$$

POINT　○光が，屈折率の小さい媒質（光学的に疎）から大きい媒質（光学的に密）に向かって入射し，その境界面で反射したとき，位相がπ変化する（固定端反射に相当）。すなわち光路長が半波長分だけ変化する。

○光が，屈折率の大きい媒質から小さい媒質に向かって入射し，その境界面で反射したとき，位相は変化しない（自由端反射に相当）。

問2 　2　 正解は④ 　3　 正解は③

　2　 題意より，上から見える色の順は，波長が短い順である。白色光を虹の7色に分けるとき，波長の長いものから順に，赤・橙・黄・緑・青・藍・紫である。したがって，与えられた3色を波長の短いものから順に並べると，青・緑・赤である。

　3　 (く)より，せっけん膜の厚み d は光の波長 λ に比例するから，波長 λ が長いほど，せっけん膜の厚み d が厚い。虹色の領域で，上部に波長の短い色，下部に波長の長い色が見えているから，せっけん膜は下部ほど厚いと考えられる。

B 標準 《電波の干渉》

問3 　4　 正解は⑦

電波の強弱は，電波の振幅でわかり，電波の振幅は，電圧の実効値に比例する。

表1の値から，

電波が強められているおよその位置の，距離 d は

$$d=95,\ 109,\ 123\,\mathrm{mm} \quad \cdots\cdots(け)$$

電波が弱められているおよその位置の，距離 d は

$$d=86,\ 100,\ 116,\ 130\,\mathrm{mm} \quad \cdots\cdots(こ)$$

であり，強められた位置（腹）と，弱められた位置（節）が交互に並んでいる。

これは，図3の右向きに進む入射波と，金属板で反射して左向きに進む反射波が干渉して，定常波（定在波）がつくられたためである。

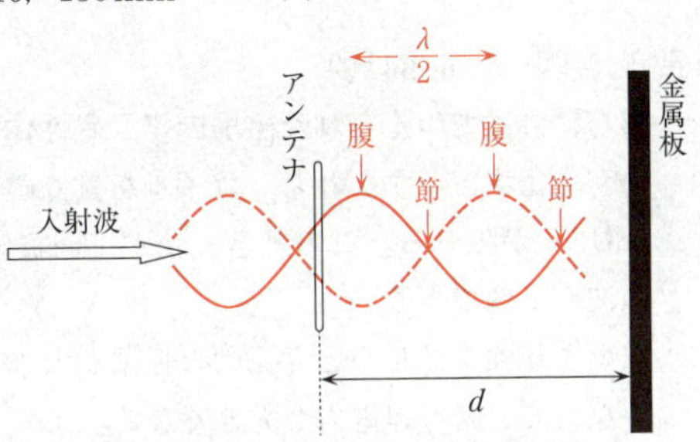

問4 　5　 正解は③

電波の波長を λ とする。定常波の隣り合う強め合いの位置（腹）の間隔，または弱め合いの位置（節）の間隔は $\frac{1}{2}\lambda$ であり，(け)，(こ)より，その間隔はおよそ14 mmである。よって

$$\frac{1}{2}\lambda=14 \qquad \therefore\ \lambda=28\,\mathrm{mm}$$

したがって，最も近い値は30 mmである。

参考　表1の値をグラフに描くと，定常波の隣り合う強め合いの位置（腹）の間隔，または弱め合いの位置（節）の間隔が明らかになる。

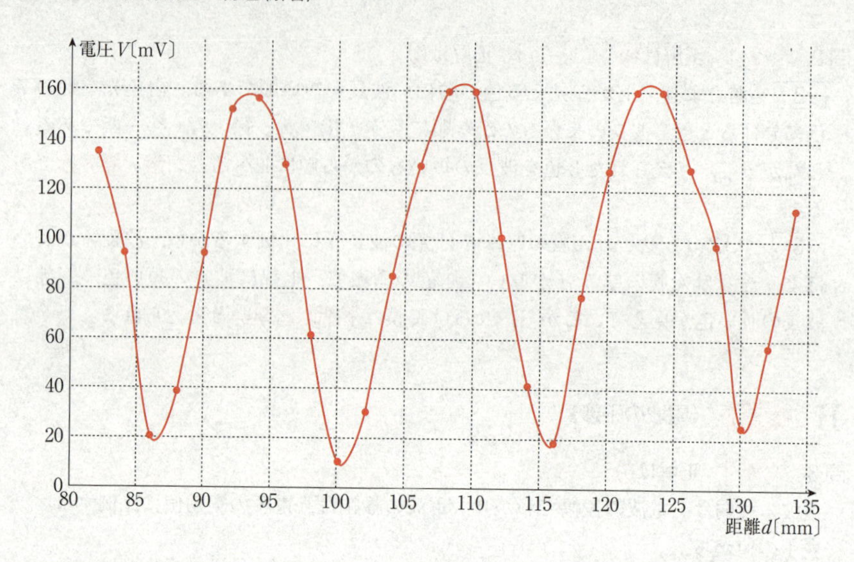

第4問 ── 電気と磁気

A 標準 《エレキギターのしくみ》

問1　1　正解は④

磁石によってつくられた磁場内で，磁性体である鉄製の弦が振動すると，もとの磁場が変化する。すなわち，コイルを貫く磁束が変化するので，コイルに誘導起電力（電圧）が生じる。このとき，弦が1回振動すると，オシロスコープに現れる電圧の波が1個できる。

弦をより強くはじくと，振動の振幅が大きくなり，コイルを貫く磁束の変化が大きくなって，誘導起電力が大きくなる。よって，オシロスコープに現れる波の振幅，すなわち縦軸の電圧の最大値が大きくなる。しかし，弦の長さは変化していないので，弦の振動の波長は変化せず，振動数（周期）も変化しない。よって，オシロスコープに現れる波の周期，すなわち横軸の波の時間間隔は変わらない。

したがって，オシロスコープの画面として最も適当なものは④である。

問2　2　正解は⑥

銅製のおんさを振動させた場合，縦軸の電圧の振幅がほぼ0であることから，誘導起電力が発生していないことがわかる。これは，コイルを貫く磁束の変化がほぼ0であったからで，その原因は，鉄や銅の磁気的な性質を表す量である比透磁率の違いにある。

CHECK ○磁場内におくと磁化される物質を磁性体という。鉄，コバルト，ニッケルを磁場内におくと，これらは磁場の向きに強く磁化され，磁場を取り去っても磁気が残るという性質をもつ。これを強磁性体という。

○磁性体の磁化の様子を表す量を，透磁率という。透磁率 μ は，磁性体に強さ H の磁場が与えられたとき，磁性体が磁化して生じた磁束密度を B とすると，$B=\mu H$ の関係から得られる。真空に対する物質の透磁率を，比透磁率という。比透磁率は，銅ではほぼ1であり，鉄では2000～200000である。

B 標準 《コイルに生じる誘導起電力》

問3 3 正解は⑤

ア 図8で，グラフの山が最初に現れていることは，このとき，端子Aの電位が端子Bの電位より高いことを表し，コイル内部には端子Bから端子Aに電流を流そうとする向きに誘導起電力が生じている。

コイルは上から見て端子Aから端子Bへ時計回りに巻かれているから，端子Bから端子Aへの向きは，反時計回りである。

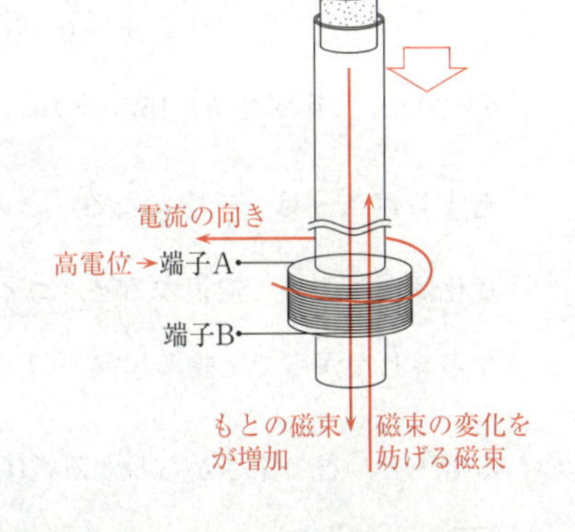

POINT コイルの端子A，B間に抵抗をつないだとき，高電位の端子Aから電流を取り出すことになり，この電流は端子Bからコイルに入り，コイル内部で端子Bから端子Aに流れる。誘導起電力は，コイルから電流を取り出す端子Aが高電位である。

イ コイルを貫く磁束が変化すると，その変化を妨げる向きに誘導起電力が生じる。その向きは，右ねじの法則に従う。

上から見てコイルに反時計回りの電流を流そうとするような誘導起電力によって生じる磁束は，図の上向きである。この上向きの磁束を生じさせるようなもとの磁束の変化は，上向きの磁束が減少するときか，または下向きの磁束が増加するときかのどちらかである。

よって，コイルを上から下に貫く磁束は増加したときである。

POINT 誘導起電力は，コイルを貫く磁束の変化を妨げる向きに生じるのであるが，この場合，上向きの磁束の減少を妨げる磁束は上向きであり，下向きの磁束の増加を妨げる磁束も上向きである。

ウ 磁束は，N極から出てS極に入る。磁石が落下することによって，コイルを上から下に貫く磁束が増加するのは，N極を下にして落下し，コイルに近づいてきたときである。

したがって，語句の組合せとして最も適当なものは⑤である。

問4　[4]　正解は④　[5]　正解は②

[4]　コイルに生じる誘導起電力の大きさは，コイルを貫く単位時間当たりの磁束の変化に比例する。磁石の面がコイルの端と一致する瞬間に，磁束の変化が最大となるから，電位のグラフに山の頂上が現れる時刻は，落下してきた磁石の先端がコイルに入った瞬間であり，谷の底が現れる時刻は，磁石の後端がコイルから出た瞬間である。磁石がコイルを通過するときの磁束の変化は一定であるが，コイルを通過する時間が長くなると，単位時間当たりの磁束の変化が小さくなり，誘導起電力は小さくなる。

磁石を自由落下させたとき，落下距離が h のときの速さ v は，重力加速度の大きさを g とすると，等加速度直線運動の式より

$$v^2-0=2gh \qquad \therefore \quad v=\sqrt{2gh}$$

$h=30\,\mathrm{cm}$ に比べて $h=15\,\mathrm{cm}$ の場合，落下距離 h が $\dfrac{1}{2}$ 倍になるので，コイルを通過する速さ v は $\dfrac{1}{\sqrt{2}}$ 倍になる。このとき，磁石がコイルを通過するときの速さの変化は小さいので無視すると，コイルを通過するのに要する時間はおよそ $\sqrt{2}$ 倍となる。したがって，誘導起電力の大きさはおよそ $\dfrac{1}{\sqrt{2}}$ 倍になり，山の高さからわかる電圧も，谷の深さからわかる電圧も，ともに**およそ $\dfrac{1}{\sqrt{2}}$ 倍になる**。

[5]　電位のグラフの山の頂上と谷の底の時間差は，磁石がコイルを通過するのに要する時間であるから，**およそ $\sqrt{2}$ 倍になる**。

第２回 試行調査：物理基礎

問題番号(配点)	設問		解答番号	正解	配点	チェック
第１問(20)	問１		1	③	4	
			2	④	4	
	問２		3	③	4*1	
	問３		4 - 5	①-③	4*2	
	問４		6	④	4	
第２問(18)	A	問１	7	⑤	4	
		問２	8	④	4	
	B	問３	9	⑤	2	
			10	⑤	2	
			11	⑤	2	
		問４	12	①	4	
第３問(12)	問１		13	③	4	
	問２		14	④	4	
	問３		15	②	4	

（注）

1　＊１は，①，④，⑦のいずれかを解答した場合は２点を与える。

2　＊２は，両方正解の場合のみ点を与える。

3　-（ハイフン）でつながれた正解は，順序を問わない。

自己採点欄
50点

（平均点：29.13点）※

※2018年11月の試行調査の受検者のうち，３年生の得点の平均値を示しています。

第1問 標準 《総　合　題》

問1 [1] 正解は③　[2] 正解は④

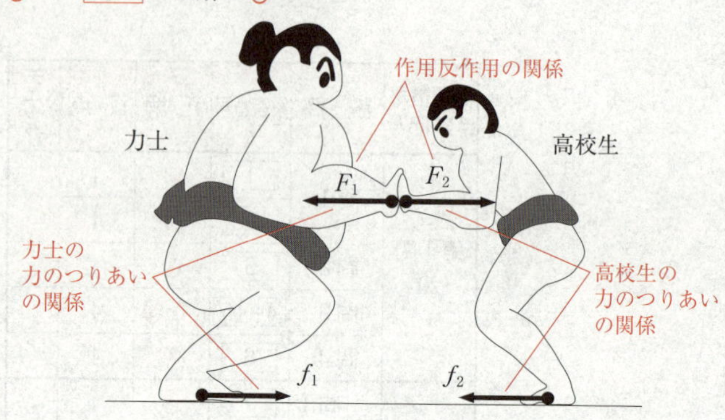

[1] F_1は高校生から力士にはたらいた力の大きさ，F_2は力士から高校生にはたらいた力の大きさである。これらの力は，高校生と力士の間に互いにはたらきあう力であり，**作用反作用の関係にある**。作用反作用の関係にある力は，大きさが等しく（$F_1=F_2$），向きが反対である。

[2] 高校生が水平方向に動かなかったのは，高校生にはたらく水平方向の**力がつりあっていた**からである。高校生にはたらいた水平方向の力は，力士から高校生にはたらいた大きさF_2の力と，高校生の足の裏にはたらいた大きさf_2の摩擦力である。力のつりあいの関係にある2力は，大きさが等しく（$f_2=F_2$），向きが反対である。

POINT ○物体Aが物体Bを押す力$F_{A\to B}$と，物体Bが物体Aを押す力$F_{B\to A}$は，力を加える物体と力を受ける物体であるAとBとを入れ替えた力であって，これらは作用反作用の関係にある。
○物体Bが物体Aを押す力$F_{B\to A}$と，物体Cが物体Aを押す力$F_{C\to A}$は，一つの物体Aが二つの物体B，Cのそれぞれから受ける力であって，合力が0ならば，これらは力のつりあいの関係にある。

問2 [3] 正解は③

音速をv，振動数をf，波長をλとすると，波の式より

$$v=f\lambda$$

[ア] 気温が下がっても管の長さが変化しないとすると，基本振動の波長λは変化しない。よって，気温が下がって音速vが小さくなると，振動数fは**小さく**なる。

[イ] 気温が下がっても音速vが変化しないとする。気温が下がって管の長さが縮んで，基本振動の波長λが小さくなると，振動数fは**大きく**なる。

[ウ] 気温が1K下がるときに，**音速**の変化の割合が，管の長さの変化の割合に比べて大きく，音の高さ（振動数）の変化に対する影響が大きい。

したがって，語句の組合せとして最も適当なものは③である。

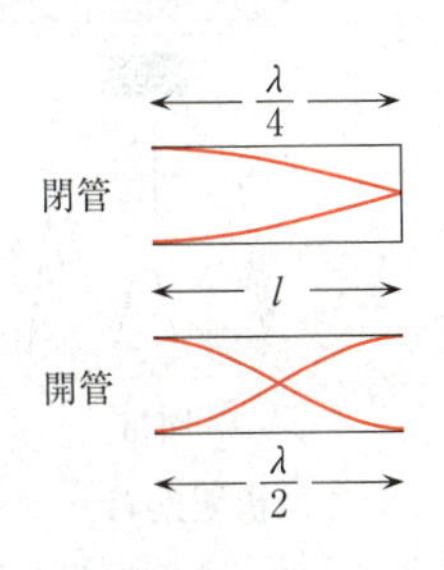

CHECK 管楽器は，その種類によって，閉管であったり開管であったりする。

- クラリネット，フルート，サックスなどは閉管である。管の長さを l とすると，基本振動では $l=\frac{\lambda}{4}$ であるから，波長は $\lambda=4l$，振動数は $f=\frac{v}{\lambda}=\frac{v}{4l}$ となる。
- トランペット，トロンボーンなどは開管である。管の長さを l とすると，基本振動では $l=\frac{\lambda}{2}$ であるから，波長は $\lambda=2l$，振動数は $f=\frac{v}{\lambda}=\frac{v}{2l}$ となる。

問3 [4]-[5] 正解は①-③

コイルに生じる誘導起電力の大きさは，コイルを貫く単位時間あたりの磁力線の変化量に比例する。

①適当。コイルの1巻きについて生じる誘導起電力の大きさは同じであるから，巻数が増えた分だけ，全体の誘導起電力の大きさは大きくなる。

②不適。棒磁石を動かす速さを小さくすると，単位時間あたりのコイルを貫く磁力線の変化量は減少するので，発生する誘導起電力は小さくなる。

③適当。同じ棒磁石を磁極の向きをそろえてもう1本束ねると，これらの磁石から出る磁力線の量が増加するので，単位時間あたりの磁力線の変化量も増加し，生じる誘導起電力は大きくなる。

④不適。コイルを貫く単位時間あたりの磁力線の変化量は，コイルを動かしても，棒磁石を動かしても，その相対的な速さが同じならば，生じる誘導起電力の大きさは同じである。

問4 [6] 正解は④

箔検電器の金属板と紙袋を一体として考える。図4の状態では，箔検電器が正に帯電して箔が開き，ストローが負に帯電している（図では，紙袋に「＋」が6個，箔に「＋」が4個，ストローに「－」が10個描かれている）。

図5の状態で，箔の開いている角度が小さくなって止まったのは，箔検電器の正電荷の量が減少したからである。これは，紙袋に指で触れたときに，自由電子が指から紙袋に移動して，紙袋の正電荷の量が減少したからであり，紙袋の正電荷が指を伝って逃げたと考えてもよい（図では，紙袋に「＋」が4個，箔に「＋」が2個描かれているから，箔検電器から「－」4個分の自由電子が紙袋に入ったことになる）。

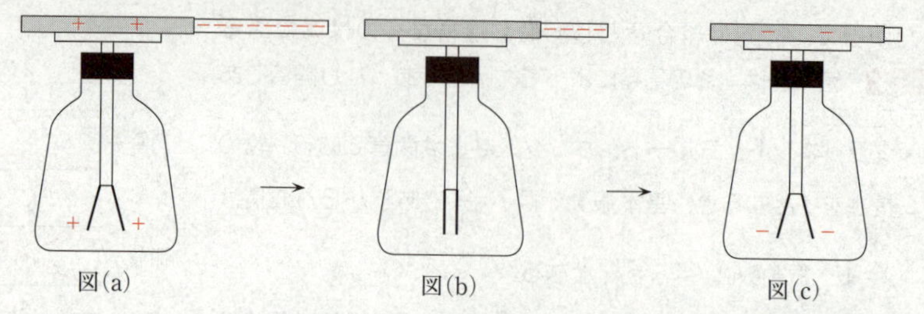

この状態から，ゆっくりとストローを紙袋に入れていくと，箔検電器の正電荷とストローの負電荷が打ち消しあい，箔検電器の正電荷の量が減少していき，箔は徐々に閉じていく。

ストローを入れる途中で，箔検電器の正電荷とストローの負電荷が完全に打ち消しあうと，箔検電器は帯電がなくなり，箔は完全に閉じる（図(b)では，箔検電器の「+」6個とストローの「−」6個が打ち消しあった状態である）。

さらにストローを入れると，ストローの負電荷によって，箔検電器の負電荷の量が増加していき，箔は徐々に開いていく（図(c)では，ストローの残りの「−」の4個が紙袋に徐々に入っていく状態である）。

第2問 ―― 力と運動

A 易 《記録タイマーのテープの解析》

問1　7　正解は⑤

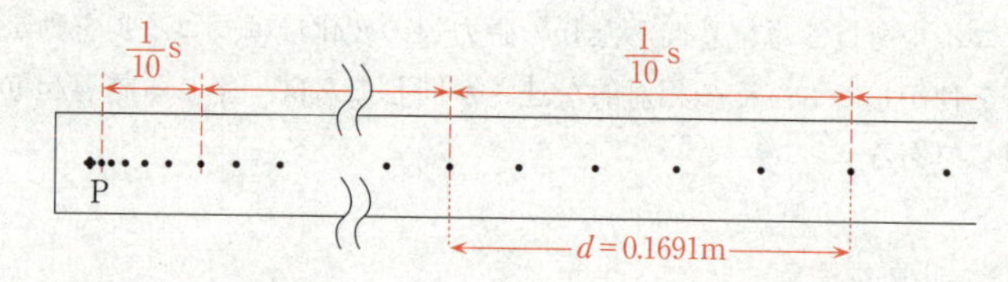

1秒間に点を50回打つ記録タイマーでは，1打点間の時間間隔は$\frac{1}{50}$秒であり，5打点間の時間間隔は$\frac{1}{10}$秒となる。ある区間での5打点間の距離が0.1691mのとき，この区間における平均の速さを$\bar{v}$〔m/s〕とすると

$$\bar{v}=\frac{0.1691}{\frac{1}{10}}=1.691\fallingdotseq 1.69\,\mathrm{m/s}$$

問２　8　正解は④

図２は，速さ v が時刻 t に比例する運動であるから，等加速度直線運動を表すグラフである。時間 $\Delta t=1.0$s 間に，速さの変化が $\Delta v=1.96$m/s であるから，加速度の大きさを a〔m/s²〕とすると

$$a=\frac{\Delta v}{\Delta t}=\frac{1.96}{1.0}=1.96\,\text{m/s}^2$$

POINT　$a=\dfrac{\Delta v}{\Delta t}$ は，v-t グラフの傾きが加速度 a であることを表している。

B　標準　《惑星での鉛直投射》

問３　9　正解は⑤　10　正解は⑤　11　正解は⑤

重力が存在する惑星表面では，物体が静止していても運動していても，物体には常に同じ向きに同じ大きさの重力がはたらく。物体を鉛直上向きに投げ上げ，Ｒの高さで図４**オ**の矢印の向きと大きさで表される重力がはたらくとき，Ｐ，Ｑ，Ｓでも，オと同じ向きと大きさの重力がはたらく。

POINT　Ｑは，鉛直投げ上げ運動の最高点で，物体は一旦停止するが，物体にはたらく力が０になるわけではない。Ｐで，物体は上昇しているが，物体にはたらく力が鉛直上向きになるわけではない。また，物体の運動の接線方向に力を受けているわけでもない。

問４　12　正解は①

重力加速度の大きさが a であることに注意すると，惑星表面を重力による位置エネルギーの基準として，力学的エネルギー保存則より

$$\frac{1}{2}mv_0{}^2+mah=\frac{1}{2}mv^2 \qquad \therefore \quad v=\sqrt{v_0{}^2+2ah}$$

第３問　標準 ―― 電気と磁気　《電気回路》

問１　13　正解は③

測定開始後６分での電流は，図２のグラフの値を読み取ると，およそ1.25 A である。電圧は常に100V であるから，このときの抵抗値を R〔Ω〕とすると，オームの法則より

$$R=\frac{100}{1.25}=80\,\Omega$$

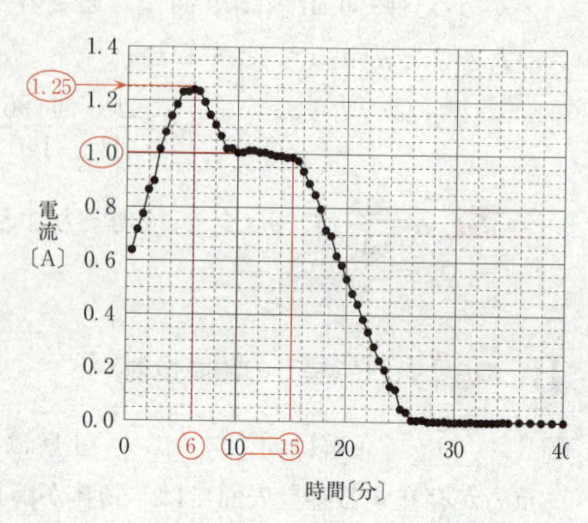

CHECK　○図１で，電圧計の端子は，容器の２枚の鉄板と並列に接続し，電流計の端子は，容器の１枚の鉄板と電源装置の間に直列に接続する。
○電源が交流のとき，電圧と電流は時間とともに大きさと向きが変化するが，電圧計と電流計で測定する値は一定で，時間変化しない。このような値を実効値という。

問２　14　正解は④

測定開始後10分から15分までの間の電流値は，図２のグラフより，およそ1.0A である。電圧は常に100V であるから，この間に消費された電力量を W〔J〕とすると

$$W=100\times1.0\times(5\times60)=30000\,\text{J}$$

POINT　抵抗値 R の抵抗に，電圧 V をかけて電流 I が時間 t の間流れたとき

- 消費された電力量 W は

$$W=VIt=RI^2t=\frac{V^2}{R}t \quad \cdots\cdots(\text{あ})$$

単位は，J（ジュール）である。

- 消費電力 P は，単位時間あたりに消費された電力量であり，(あ)より

$$P=\frac{W}{t}=VI=RI^2=\frac{V^2}{R} \quad \cdots\cdots(\text{い})$$

単位は，J/s＝W（ワット）である。
このとき，抵抗で消費された電力を，単位時間あたりに消費する（放出あるいは発生する）ジュール熱という。

問３　15　正解は②

①不適。測定開始後15分から25分までの間のケーキ生地にかかる電圧は常に100 V で変化しないが，電流値は図２のグラフより，およそ1.0A から0.05A までほぼ一様な割合で減少する。(い)より，消費電力は $P=VI$ であるから，この間の消費電力もほぼ一様な割合で減少する。

②適当。ケーキ生地の温度が100℃を大きく超えずにほぼ一定であるのは，電流が流れることで発生するジュール熱が水を蒸発させるのに使われたためである。ケーキ生地から出る湯気の量が時間の経過に伴い減少していったのと，この間に消費電力がほぼ一様に減少していったのとが合致する。

③不適。電流がほぼ一様な割合で減少するから，単位時間あたりに発生するジュール熱もほぼ一様な割合で減少する。

④不適。ケーキ生地が単位時間あたりに吸収するジュール熱がほぼ一様な割合で減少するとき，ケーキ生地から単位時間あたりに放出される熱量が一定であるなら，ケーキ生地の温度は下降していく。

第１回 試行調査：物理

問題番号	設問	解答番号	正解	備考	チェック
第１問	問１	1	⑤	＊1	
		2	③		
	問２	3	⑤		
	問３	4	⑥		
	問４	5	⑥		
	問５	6	④		
	問６	7	③		
第２問	問１	1	①，③	＊2	
	問２	2	④	＊3	
	問３	3	②，③	＊4	
	問４	4	①，⑥	＊3	
	問５	5	④		

問題番号	設問		解答番号	正解	備考	チェック
第３問	A	問１	1	②	＊1	
			2	⑤		
			3	①		
			4	①	＊1	
			5	⑥		
			6	⓪		
		問２	7	①	＊1	
			8	②		
			9	②		
		問３	10	④		
	B	問４	11	①，②	＊4	
		問５	12	③	＊1	
			13	⑤		
		問６	14	②	＊3	
第４問		問１	1	⑥		
			2	②		
		問２	3	⑤	＊5	
			4	⓪		
			5	②		

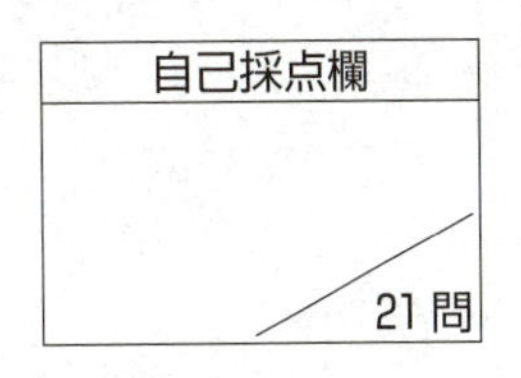

● 各設問の配点は非公表。

（注）

＊1は，全部を正しくマークしている場合のみ正解とする。

＊2は，過不足なくマークしている場合に正解とする。

＊3は，過不足なくマークしている場合のみ正解とする。

＊4は，過不足なくマークしている場合に正解とする。

＊5は，全部を正しくマークしている場合を正解とする。ただし，第4問の解答番号2で選択した解答に応じ，解答番号3～5を以下の組合せで解答した場合も正解とする。

- 解答番号2で①を選択し，解答番号3を⑤，解答番号4を⓪，解答番号5を①とした場合
- 解答番号2で③を選択し，解答番号3を⑤，解答番号4を⓪，解答番号5を③とした場合
- 解答番号2で④を選択し，解答番号3を⑤，解答番号4を⓪，解答番号5を④とした場合
- 解答番号2で⑤を選択し，解答番号3を①，解答番号4を⓪，解答番号5を⓪とした場合
- 解答番号2で⑥を選択し，解答番号3を①，解答番号4を⓪，解答番号5を①とした場合
- 解答番号2で⑦を選択し，解答番号3を①，解答番号4を⓪，解答番号5を②とした場合
- 解答番号2で⑧を選択し，解答番号3を①，解答番号4を⓪，解答番号5を③とした場合

第1問 標準 《総 合 題》

問1 ［1］ 正解は⑤ ［2］ 正解は③

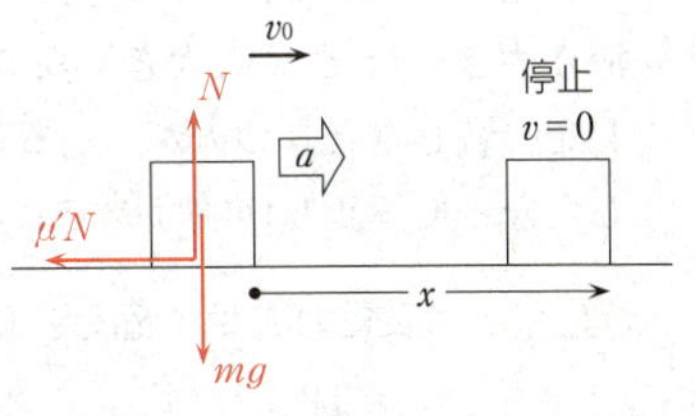

物体の質量を m，初速度の大きさを v_0，動摩擦係数を μ'，重力加速度の大きさを g とする。物体がすべっているときにはたらく力は，重力 mg，垂直抗力 N，動摩擦力 $\mu'N$ である。

物体の加速度の大きさを a とすると

水平方向の運動方程式　$ma=-\mu'N$
鉛直方向の力のつり合いの式　$N=mg$

したがって

$$ma=-\mu'mg \qquad \therefore \quad a=-\mu'g$$

すべり始めてから停止するまでの距離を x とすると，等加速度直線運動の式より

$$0-v_0{}^2=2ax$$

$$\therefore \quad x=-\frac{v_0{}^2}{2a}=\frac{v_0{}^2}{2\mu'g} \quad \cdots\cdots①$$

g は一定であるから，①より

・動摩擦係数 μ' が同じ場合，初速度 v_0 が２倍になると，停止するまでの距離 x は 4 倍になる。

・初速度 v_0 が同じ場合，動摩擦係数 μ' が $\frac{1}{2}$ 倍になると，停止するまでの距離 x は 2 倍になる。

別解　仕事とエネルギーの関係より，物体の運動エネルギーは，動摩擦力がした仕事の量だけ変化するから

$$0-\frac{1}{2}mv_0{}^2=-\mu'mg\cdot x \qquad \therefore \quad x=\frac{v_0{}^2}{2\mu'g} \quad \cdots\cdots①$$

以下，同様にして求めることができる。

問2 ［3］ 正解は⑤

発生した起電力による電流が抵抗を流れることによって消費される電気エネルギー E が大きいほど，ハンドルを回転させる仕事 W は大きい（実際には歯車などの摩擦力に逆らう仕事の影響もあるがほぼ一定である）。回転させる仕事 W が大きいほど，大きな力を必要とするので，手ごたえは重くなる。

c の不導体の棒を接続したときは，電流がほとんど流れないので，E はほとんど 0 であり，手ごたえは軽い。

a の豆電球を接続したときと，b のリード線どうしを接続したときとでは，どちら

も電流が流れ，電気エネルギーが消費される。豆電球にはある程度の抵抗があるが，リード線の抵抗は非常に小さいので，豆電球に比べてリード線を流れる電流は大きい。発電機からは同じ起電力が発生し，電圧は一定に保たれているので，流れる電流が大きいほどEも大きくなり，手ごたえも重くなる。すなわち，リード線どうしを接続したときの方が，豆電球を接続したときよりも手ごたえが重い。
したがって，正しい順は⑤である。

CHECK 消費電力Pは，電圧をV，抵抗をR，電流をIとすると，$P=VI=\dfrac{V^2}{R}=RI^2$である。本問のように，Vが一定のときは，$P=\dfrac{V^2}{R}$より，PはRに反比例する。すなわち，Rが小さいほどPは大きい。
一般に，Vが一定のときには$P=\dfrac{V^2}{R}$を，Iが一定のときには$P=RI^2$を用いると考えやすい。

問3　4　正解は⑥

光が，右図のように円板の端Pを通って目に進むとき，入射角をα，屈折角をβとする。屈折の法則より

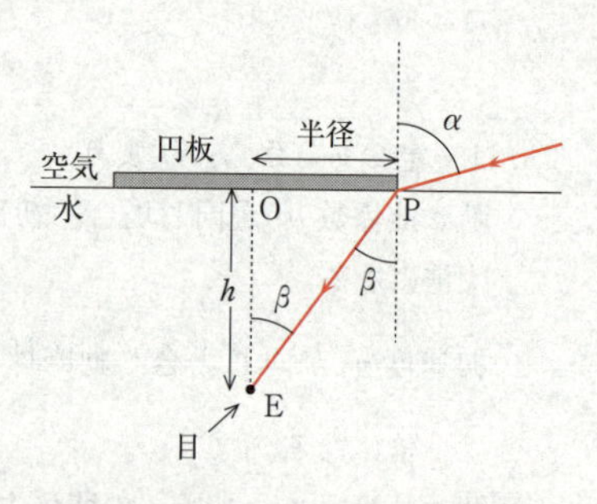

$$n=\frac{\sin\alpha}{\sin\beta}$$

潜っている人の目から外が全く見えなくなる円板の半径が最小値Rとなるときは，αがちょうど90°になるときであるから

$$n=\frac{\sin 90^\circ}{\sin\beta}\qquad \therefore\quad \sin\beta=\frac{1}{n}$$

このβは光が水中から空気中へ進むときの臨界角である。また，図の△EOPより

$$\sin\beta=\frac{\mathrm{OP}}{\mathrm{EP}}=\frac{R}{\sqrt{h^2+R^2}}$$

したがって

$$\frac{1}{n}=\frac{R}{\sqrt{h^2+R^2}}\qquad \therefore\quad R=\frac{h}{\sqrt{n^2-1}}$$

問４ 5 正解は⑥

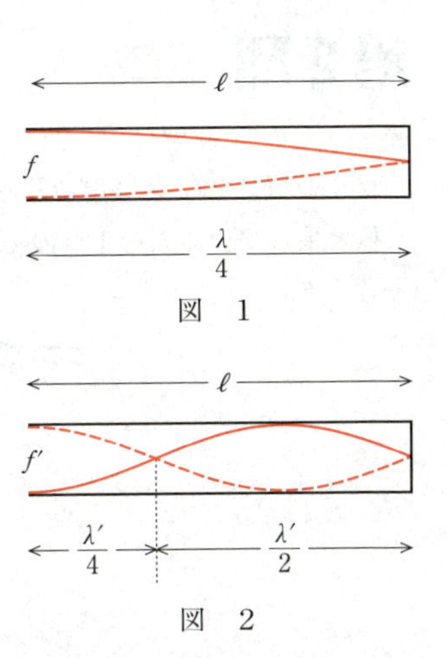

管の長さを ℓ とする。初めて共鳴した振動数 f のとき（問題の図），気柱内に生じる定常波の腹と節との間隔は $\dfrac{\lambda}{4}$ であるから

$$\ell=\frac{\lambda}{4} \qquad \therefore \quad \lambda=4\ell$$

ここで，右の図１のように共鳴した振動数が最も小さいものを基本振動という。再び共鳴した振動数 f' のときは，右の図２のような振動（３倍振動）であるから

$$\ell=\frac{3\lambda'}{4} \qquad \therefore \quad \lambda'=\frac{4\ell}{3}=\frac{\lambda}{3}$$

これらの共鳴で音速 v は一定であるから

$$v=f\lambda=f'\lambda'$$

$$\therefore \quad f'=\frac{\lambda}{\lambda'}f=\frac{\lambda}{\frac{\lambda}{3}}f=3f$$

したがって，適当な組合せは⑥である。

問５ 6 正解は④

単位時間あたりの水の位置エネルギーの減少量を U とすると

$$U=30\times 9.8\times 17=4998\,\mathrm{W}$$

このうち，電力に変換された割合は

$$\frac{2.2\times 10^3}{4998}=0.440\fallingdotseq 44\,\%$$

問６ 7 正解は③

α 粒子と金の原子核との間にはたらく静電気力は，電気量がともに正であるから反発力（斥力）である。

α 粒子が原子核から離れた位置を通過するとき，α 粒子が受ける静電気力は小さいから，その進路は少ししか曲げられない。α 粒子の経路が原子核に近づくにつれて，α 粒子が受ける静電気力は大きくなるから，その進路は大きく曲げられるようになり，さらに近づけば跳ね返されるようになる。

したがって，図として最も適当なものは③である。

第2問 標準 ―― 力学 《単振り子，単振動》

問1　1　正解は①・③

ブランコに式(1)が適用できることを前提とし，単振り子の長さ L は，ブランコの板と乗っている人を1つの物体と考えたときの重心とブランコの回転軸との距離と考える。

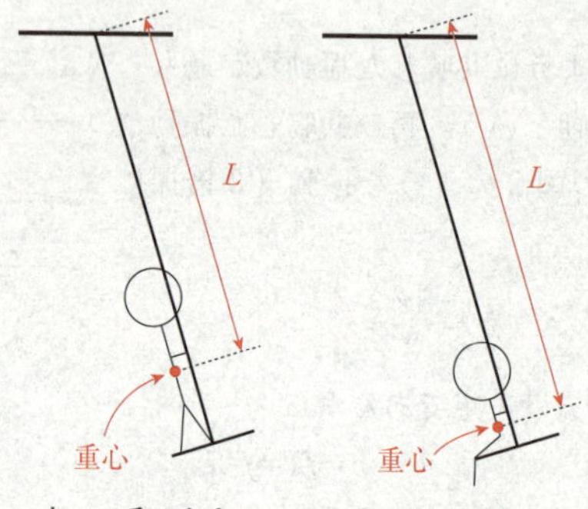

①正文。ブランコに座って乗っていた場合に比べて，板の上に立って乗ると，ブランコの板と乗っている人を1つの物体と考えたときの重心の位置がブランコの支点に近くなる。よって，式(1)より，L が小さくなり，周期は短くなると考えられる。

②誤文。ブランコに立って乗っていた場合に，座って乗ると，ブランコの板と乗っている人を1つの物体と考えたときの重心の位置がブランコの支点から遠くなる。よって，式(1)より，L が大きくなり，周期は長くなると考えられる。

③正文。ブランコのひもを短くすると，L が小さくなり，式(1)より，周期は短くなると考えられる。

④誤文。ブランコのひもを長くすると，L が大きくなり，式(1)より，周期は長くなると考えられる。

⑤誤文。式(1)によれば，周期は板や乗っている人の質量にはよらないので，ブランコの板をより重いものに交換しても周期は変化しないと考えられる。

以上より，適当なものは①と③である。

問2　2　正解は④

表1の測定結果をみると，「振動の端で測定した場合」は測定値が $14.19\times10\text{s}$～$14.47\times10\text{s}$ であり，「振動の中心で測定した場合」は測定値が $14.28\times10\text{s}$～$14.32\times10\text{s}$ である。よって，「振動の中心で測定した場合」の方が，測定値のばらつきが小さいため，測定誤差が小さく，正確であるといえる。また，「振動の中心

で測定した場合」の方が，測定値のばらつきが小さいことから，振動の中心を通過する瞬間の方が，より正確にストップウォッチを押していると考えられる。
以上より，適当なものは④である。

問3 　3 　正解は②・③
式(1)は，単振り子において，振幅が微小のときに成り立つ式であることに注意する。
①誤文。振幅によって周期が変化したのは，振幅が微小でないと式(1)は適用できず，実際には周期が振幅に依存している可能性があるためと考えられる。よって，「測定か数値の処理に誤りがある」と判断するのは合理的ではない。
②正文。式(1)は振幅が微小のときに成り立つ式であるため，表2の振れはじめの角度が45°や70°の場合には，振幅が微小でなく，実測値は式(1)からずれたと判断できる。
③正文。表2から，振幅が大きく式(1)が適用できない場合には，振れはじめの角度，つまり振幅が大きいほど，振り子の周期が長いという仮説を立てることはできる。
以上より，合理的と考えられる考察は②・③である。

問4 　4 　正解は①・⑥
式(1)より

$$T^2=\frac{4\pi^2}{g}L$$

となることから，T^2 は L に比例する。よって，横軸に単振り子の長さ，縦軸に周期の2乗をとると，グラフは右上がりの直線になり，式(1)に従っているかどうかを確認しやすい。
以上より，適当なものは①・⑥である。

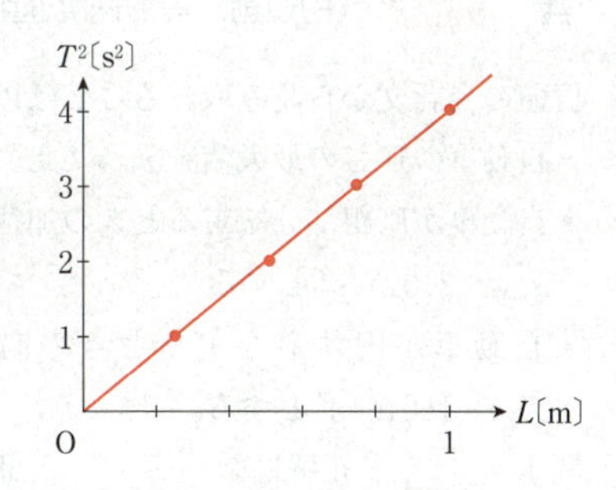

ちなみに，表3の結果をグラフにすると，上図のようになり，ほぼ式(1)に従っていることが確認できる。

問5　5　正解は④

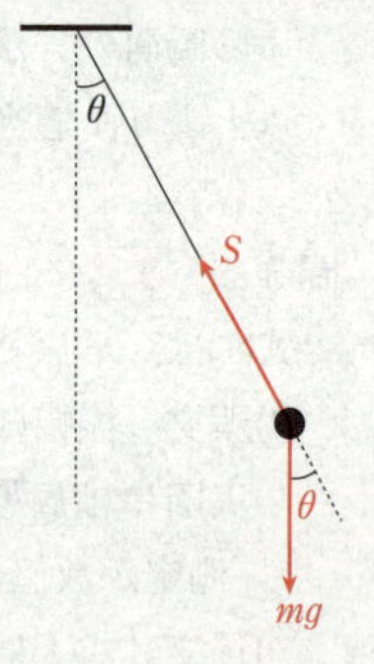

おもりの質量を m，ピアノ線の長さを L，重力加速度の大きさを g とする。最下点から測った角度が θ の位置をおもりが速さ v で通過するとき，ピアノ線の張力の大きさを S とすると，中心方向の運動方程式より

$$m\frac{v^2}{L}=S-mg\cos\theta$$

$$\therefore\quad S=m\left(\frac{v^2}{L}+g\cos\theta\right)$$

振動の中心では，おもりの速さが最大となり，$\theta=0$

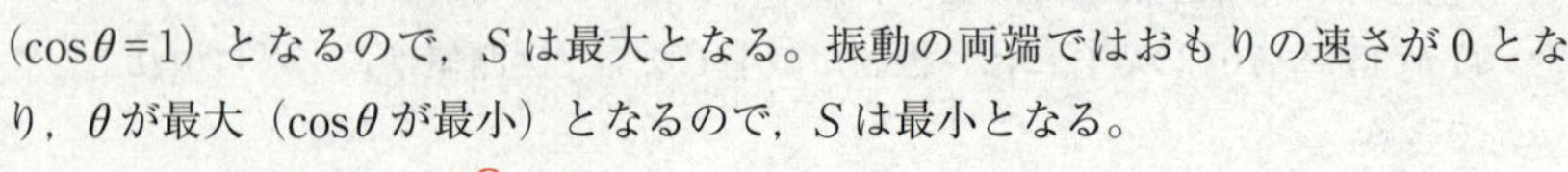
($\cos\theta=1$) となるので，S は最大となる。振動の両端ではおもりの速さが0となり，θ が最大（$\cos\theta$ が最小）となるので，S は最小となる。

以上より，適当なものは④である。

第3問 ―― 力学，熱力学

A　やや難　《円運動，等加速度運動》

冒頭の会話文から読み取れることは以下の3点である。

- 自動車の速さの最大値を $v_{\rm max}$ として，$v_{\rm max}=25\,{\rm m/s}$ とする。
- 自動車が直線部分を走るときの加速度の大きさの最大値を $a_{\rm max}$ として，$a_{\rm max}=2.0\,{\rm m/s^2}$ とする。
- 自動車が円軌道を走るときの向心加速度の大きさの最大値を $a'_{\rm max}$ として，$a'_{\rm max}=1.6\,{\rm m/s^2}$ とする。

問1　1　正解は②　　2　正解は⑤　　3　正解は①
　　　4　正解は①　　5　正解は⑥　　6　正解は⓪

図1の道路の円弧部分の半径を r_1 とすると，$r_1=400\,{\rm m}$ であり，AB 間の道路の長さを ℓ とすると

$$\ell=2\pi r_1\times\frac{90^\circ}{360^\circ}=\frac{1}{2}\pi\times400=200\pi\,{\rm m}$$

となる。自動車が制限速度である $v_{\rm max}$ で等速で走行する場合に，要する時間を Δt とすると

$$\Delta t=\frac{\ell}{v_{\rm max}}=\frac{200\pi}{25}=8\pi=25.12\fallingdotseq 2.5\times10^1\,{\rm s}$$

となり，これが AB 間を走行するのに要する時間の最小値である。また，このとき，向心加速度の大きさを a_1 とすると

$$a_1 = \frac{v_{max}^2}{r_1} = \frac{25^2}{400} = 1.56 \fallingdotseq 1.6 \times 10^0 \text{m/s}^2$$

となる。ちなみに，この向心加速度 a_1 は，冒頭の会話文にある，向心加速度の制限値 $a'_{max} = 1.6\text{m/s}^2$ 以下を満たす。

問2 7 正解は① 8 正解は② 9 正解は②

図2の道路の円弧部分の半径を r_2 とすると，$r_2 = 100\text{m}$ である。自動車が円弧部分を向心加速度の制限値 a'_{max} で走るときの速さを v とすると

$$a'_{max} = \frac{v^2}{r_2}$$

$$\therefore \quad v = \sqrt{a'_{max} r_2} = \sqrt{1.6 \times 100} \text{ m/s}$$

よって，自動車はC地点までに減速して，速さを $\sqrt{1.6 \times 100}$ m/s 以下にしなければならない。

自動車が直線部分を走るとき，加速度の大きさの制限値 a_{max} で減速し，速さが v_{max} から v となるために必要な距離を x_1 とすると，等加速度直線運動の公式より

$$v^2 - v_{max}^2 = -2a_{max}x_1$$

$$\therefore \quad x_1 = \frac{v_{max}^2 - v^2}{2a_{max}} = \frac{25^2 - (\sqrt{1.6 \times 100})^2}{2 \times 2.0} = 1.16 \times 10^2 \fallingdotseq 1.2 \times 10^2 \text{m}$$

よって，自動車はC地点より少なくとも 1.2×10^2 m 以上手前の地点から減速を始めなければならない。

問3 10 正解は④

自動車が円運動しながら減速する場合には，向心加速度（図4のbの向き）に加えて，自動車の進行方向と逆向きの加速度（図4のcの向き）が必要である。よって，これらの加速度を合成したものは，図4のbとcの間の向きとなる。

以上より，適当なものは④である。

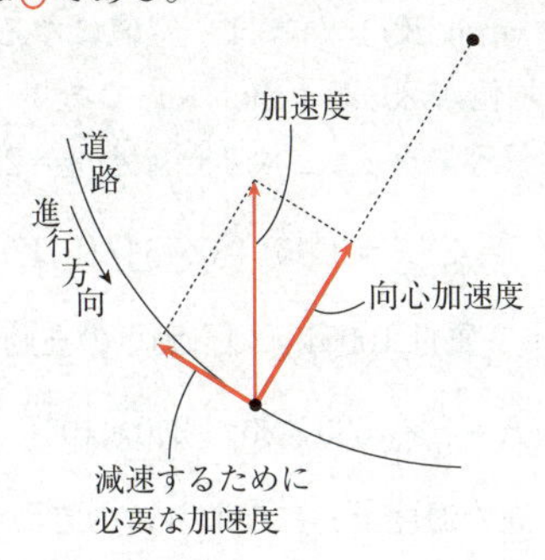

POINT 物体が半径 r の等速円運動をするとき，物体の速さを v，角速度を ω として，

中心方向に生じる加速度を向心加速度といい，その大きさ a_C は

$$a_C = r\omega^2 = \frac{v^2}{r}$$

と表される。ただし，物体が非等速円運動をするとき，物体には向心加速度に加えて，軌道の接線方向にも加速度が生じているので注意しなければならない。

B　やや難　《比熱容量，熱力学第２法則》

問４　11　正解は①・②

①正文。金属 1g の温度を 1K だけ上昇させるのに必要なエネルギーを比熱容量という。表１より，原子量 A が小さいほど，比熱容量は大きいことがわかる。

②正文。原子量 A〔g/mol〕と比熱容量 c〔J/(g·K)〕の積は，Ac〔J/(mol·K)〕となり，単位に注目すると，この値は，1mol の金属の温度を 1K だけ上昇させるのに必要なエネルギーを表すことがわかる。以下の表に，Ac の値を示すと，金属の種類によらずほぼ等しい値（平均値 25.2）になっていることがわかる。

元素記号	Mg	Al	Ti	Cu	Ag	Pb
原子量 A	24.3	27.0	47.9	63.5	107.9	207.2
比熱容量 c〔J/(g·K)〕	1.03	0.900	0.528	0.385	0.234	0.130
Ac〔J/(mol·K)〕	25.0	24.3	25.3	24.4	25.2	26.9

（平均値 25.2）

③誤文。表１から，比熱容量の値は原子量 A によって異なる。よって，金属の質量が同じときにも，金属の温度を 1K だけ上昇させるのに必要なエネルギーは，原子量 A によって異なる。

以上より，適当なものは①・②である。

問５　12　正解は③　13　正解は⑤

まずは，表１を利用して鉄の比熱容量を求める。原子量 A〔g/mol〕と比熱容量 c〔J/(g·K)〕の積 Ac〔J/(mol·K)〕がほぼ一定値になることを利用する。それぞれの原子の Ac の値の平均値が 25.2J/(mol·K) であり，鉄の原子量が 55.8g/mol であることから，鉄の比熱容量を c_{Fe} とすると，$Ac_{Fe} = 25.2$J/(mol·K) より

$$c_{Fe} = \frac{25.2}{55.8} = 0.451 \fallingdotseq 0.45\,\text{J/(g·K)}$$

となる。速さ 20m/s で走る質量 1000kg の自動車の運動エネルギーを K とすると

$$K = \frac{1}{2} \times 1000 \times 20^2 = 2.0 \times 10^5\,\text{J}$$

このエネルギーがすべて鉄の温度上昇に使われるのであれば，鉄の温度変化を ΔT として

$$K = mc_{Fe}\Delta T \qquad \therefore \quad \Delta T = \frac{K}{mc_{Fe}}$$

となるので，$\Delta T \leqq 160\,K$ となるためには

$$\Delta T = \frac{K}{mc_{Fe}} \leqq 160\,K$$

より

$$m \geqq \frac{K}{160 \times c_{Fe}} = \frac{2.0 \times 10^5}{160 \times 0.451} = 2.77 \times 10^3\,g \fallingdotseq 3.0 \times 10^0\,kg$$

となる。

参考 比熱容量 c と A^{-1} が比例することを，与えられた方眼紙を用いて確認することもできる。

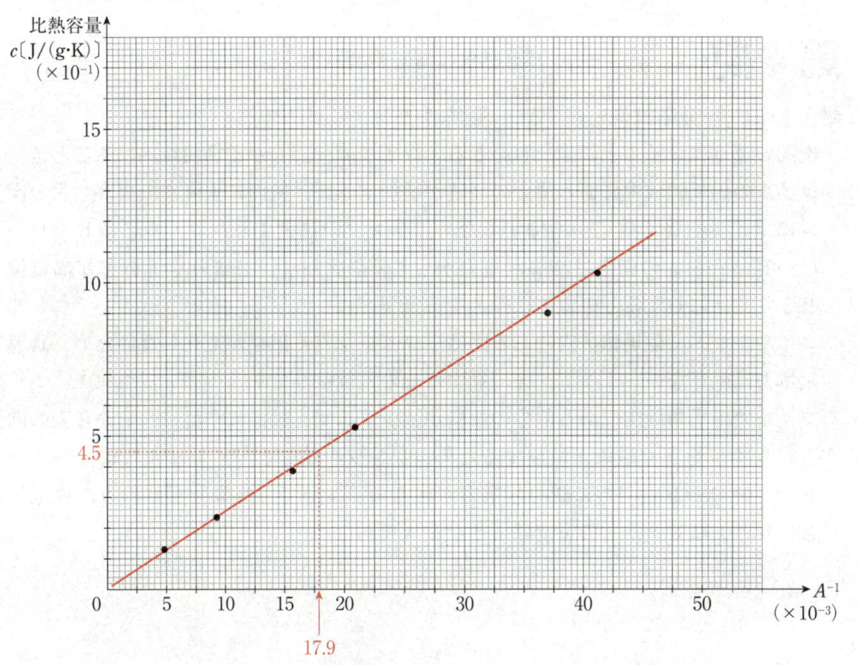

上のグラフより，比例定数 k を用いて

$$c = k \times A^{-1} \qquad \therefore \quad Ac = k = 一定$$

が確認できる。

このグラフを用いると，鉄の比熱は，$A^{-1} = 0.0179$ より $c_{Fe} \fallingdotseq 0.45\,J/(g \cdot K)$ と求めることもできる。

問6　14　正解は②

①熱機関から放出された熱の一部を再び熱機関に吸収させることは可能であり，ブレーキで発生した熱を車内の暖房に用いることはできる。

②熱をすべて，自動車の運動エネルギーに戻すことは不可能である。一般に，「与えられた熱のすべてを仕事に変化する熱機関は存在しない」ことが知られており，これを熱力学第2法則という。

③自動車の減速時に，車軸に発電機をつなぎ，作動させてエネルギーを回収し，バッテリーを充電することは可能である。これを回生ブレーキという。回生ブレーキは電車や電動自転車などにも利用されている。

以上より，物理法則に反するものは②である。

第4問　標準　—— 電磁気　《電磁誘導》

問1　1　正解は⑥　　2　正解は②

次図のようにコイル上にA～Dをとる。コイルの一部分が磁場領域内にあるとき，コイルの磁場領域内にある部分の面積が増加する間，紙面に垂直に，裏から表の向きにコイルを貫く磁束が増加するため，レンツの法則より，コイルにはb→D→C→B→A→aの向きに誘導起電力が生じる。よって，bよりもaの方が高電位となり，aに対するbの電位は負となる（図(a)）。

コイルがすべて磁場領域内にある間は，コイルを貫く磁束が変化しないため，誘導起電力は生じない。よって，aに対するbの電位は0である（図(b)）。

コイルの磁場領域内にある部分の面積が減少する間，紙面に垂直に，裏から表の向きにコイルを貫く磁束が減少するため，レンツの法則より，コイルにはa→A→B→C→D→bの向きに誘導起電力が生じる。よって，aよりもbの方が高電位となり，aに対するbの電位は正となる（図(c)）。

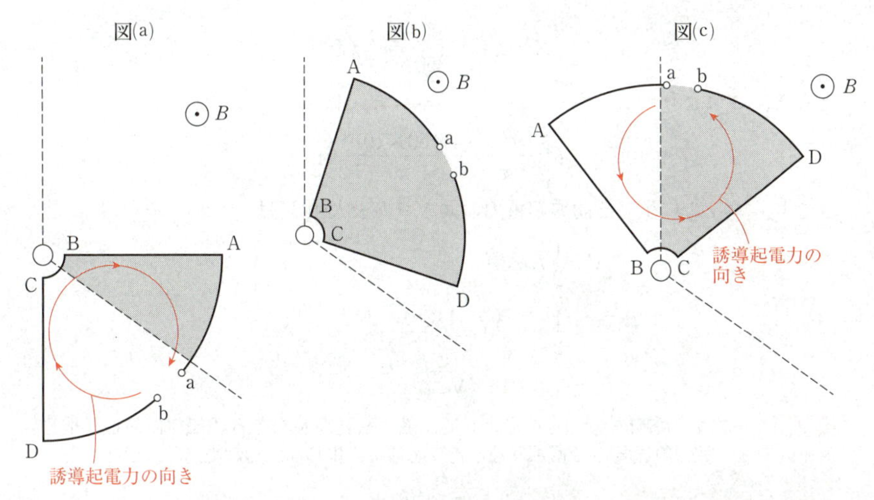

また，コイルの角速度が一定であるから，コイルに生じる誘導起電力の大きさは一定となる。以上より，aに対するbの電位の時間変化を表すと下図の色つきの線のようになり，⑥が適当である。

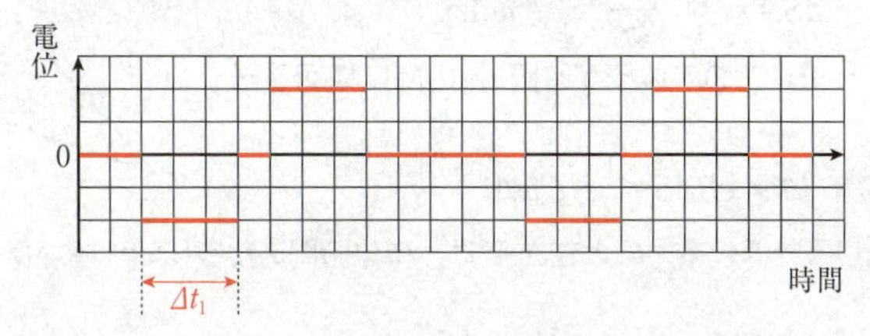

コイルの角速度をωとする。コイルの磁場領域内にある部分の面積が増加し，誘導起電力が生じる時間をΔt_1とすると，Δt_1はコイルが90°回転するのに要する時間であるから

$$\Delta t_1 = \frac{\frac{\pi}{2}}{\omega} = \frac{\frac{\pi}{2}}{\frac{50}{3}\pi} = 3.0\times10^{-2}\,\mathrm{s}$$

である。選択肢⑥のグラフではこの時間が横軸の３目盛りの大きさに相当していることから，１目盛りの大きさは

$$\frac{\Delta t_1}{3} = \frac{3.0\times10^{-2}}{3} = \mathbf{0.010}\,\mathrm{s}$$

問２ 3 正解は⑤ 4 正解は⓪ 5 正解は②

コイルの直線部分の長さをℓとすると，コイルで囲まれた部分の面積S_1は，半径ℓ，中心角90°の扇形の面積と考えて

$$S_1 = \pi \ell^2 \times \frac{90°}{360°} = \frac{1}{4}\pi \ell^2$$

となる。これより

$$\ell^2 = \frac{4S_1}{\pi} = \frac{4 \times 50 \times 10^{-4}}{\pi}\,\mathrm{m}^2$$

となり，コイルに生じる誘導起電力の大きさの最大値 V は

$$V = \frac{1}{2}B\ell^2\omega$$

$$= \frac{1}{2} \times 0.30 \times \frac{4 \times 50 \times 10^{-4}}{\pi} \times \frac{50}{3}\pi$$

$$= \mathbf{5.0 \times 10^{-2}}\,\mathrm{V}$$

POINT　長さ ℓ の導体棒がOを中心として，磁束密度の大きさ B の磁場に対して垂直な平面内を一定の角速度 ω で回転するとき，導体棒に生じる誘導起電力の大きさ V は

$$V = \frac{1}{2}B\ell^2\omega$$

となる。これは次のようにして導出される。

時間 Δt に導体棒が磁場を横切る面積を ΔS とすると

$$\Delta S = \pi \ell^2 \times \frac{\omega \Delta t}{2\pi} = \frac{1}{2}\ell^2 \omega \Delta t$$

となる。よって，この導体棒が時間 Δt の間に横切る磁束 $\Delta \Phi$ は

$$\Delta \Phi = B\Delta S = \frac{1}{2}B\ell^2\omega\Delta t$$

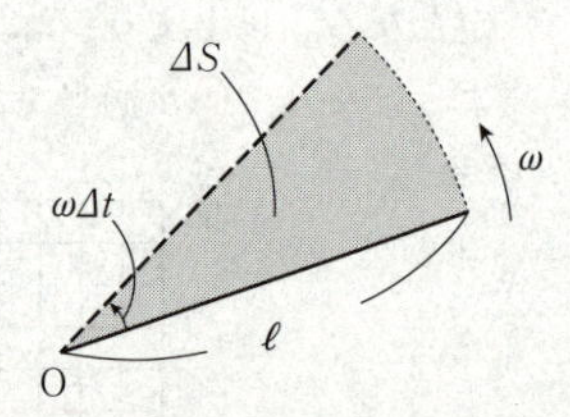

導体棒に生じる誘導起電力の大きさ V は，単位時間あたりに導体棒が横切る磁束に等しいので

$$V = \frac{\Delta \Phi}{\Delta t} = \frac{1}{2}B\ell^2\omega$$

センター試験

物理 本試験

問題番号(配点)	設問		解答番号	正解	配点	チェック
第1問 (25)	問1		1	③	5	
	問2		2	①	5	
	問3		3	④	5	
	問4		4	③*1	5	
	問5		5	④	5	
第2問 (20)	A	問1	1	④	5	
		問2	2	②	5	
	B	問3	3	⑤	5	
		問4	4	③*2	5	
第3問 (20)	A	問1	1	③	5	
		問2	2	②	5	
	B	問3	3	⑥	5	
		問4	4	⑦*3	5	

問題番号(配点)	設問		解答番号	正解	配点	チェック
第4問 (20)	A	問1	1	①	5	
		問2	2	③	5	
	B	問3	3	④	5	
		問4	4	④	5	
第5問 (15)	問1		1	①	5	
	問2		2	②	5	
	問3		3	③	5	
第6問 (15)	問1		1	⑧	5	
	問2		2	⑤	5	
	問3		3	⑥	5	

(注)

1　＊1は，解答④の場合は3点を与える。

2　＊2は，解答④の場合は3点を与える。

3　＊3は，解答⑧，⑨の場合は3点を与える。

4　第1問～第4問は必答。第5問，第6問のうちから1問選択。計5問を解答。

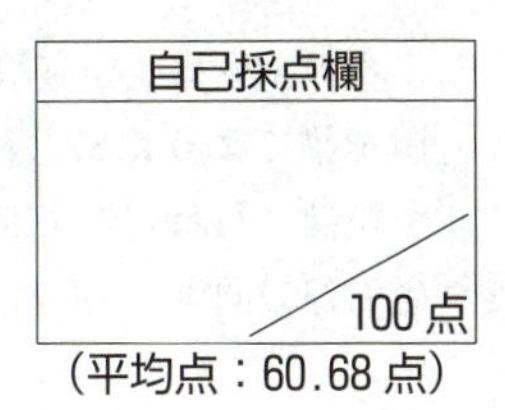

(平均点：60.68点)

第1問　標準　《総　合　題》

問1　[1]　正解は③

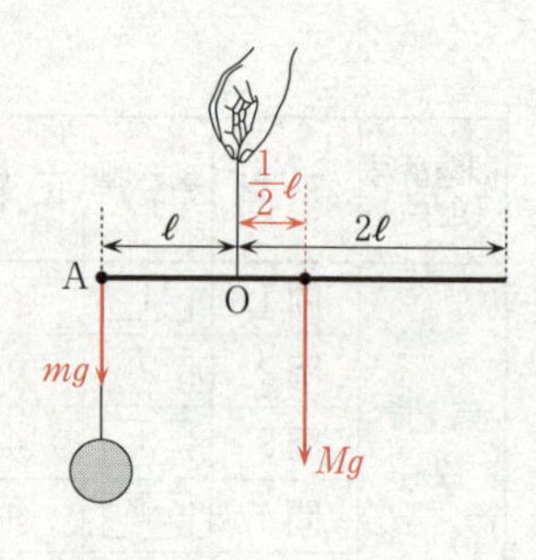

棒は一様であるから，棒の重心の位置は棒の中央で点Oからは$\frac{1}{2}\ell$の距離にあり，重力加速度の大きさをgとすると，ここに大きさMgの棒の重力がはたらく。端点Aの糸の張力の大きさは物体の重力の大きさmgに等しいので，点Oのまわりの力のモーメントのつりあいの式より

$$mg\times\ell=Mg\times\frac{1}{2}\ell$$

$$\therefore\quad m=\frac{1}{2}M$$

CHECK　力のモーメントは，ふつう左回りを正とする。このルールに従えば，棒が水平に静止して回転しないためには，力のモーメントの和が0であればよい。よって

$$mg\times\ell-Mg\times\frac{1}{2}\ell=0$$

問2　[2]　正解は①

磁場の様子を表すのには磁力線が用いられる。磁場の強さは，単位面積を通過する磁力線の本数に比例し，磁場の向きは，磁力線の接線の向きに一致する。このとき，磁力線は交わったり枝分かれしたりしない。

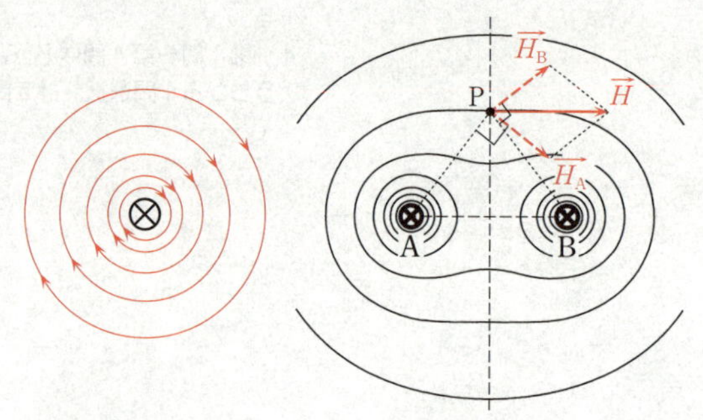

1本の十分に長い直線導線に電流を流すと，導線の周囲には導線を中心にして同心円を描くように磁力線ができる。紙面の表から裏に向かって電流⊗を流すと，磁力線は，右ねじの法則に従って，導線に対して右回り（時計回り）の向きに生じる。磁力線の向きの矢印を考えなければ，２本の直線導線A，Bを流れる電流の大きさ

と向きが同じであるから，磁力線の様子は，導線に近いほど間隔が狭く，導線A，Bを結ぶ直線の垂直二等分線に対して対称であり，垂直二等分線上の導線A，Bの中点以外の点における磁力線の向きは，導線A，Bを結ぶ直線に平行である。
したがって，図として最も適当なものは①である。

CHECK　前図のように，導線A，Bを流れる電流がつくる磁場を$\overrightarrow{H_A}$，$\overrightarrow{H_B}$とすると，これらの合成磁場$\overrightarrow{H}=\overrightarrow{H_A}+\overrightarrow{H_B}$の向きが磁力線の向きであり，その大きさが磁場の強さである。導線A，Bを結ぶ直線の垂直二等分線上の点Pでは，$|\overrightarrow{H_A}|=|\overrightarrow{H_B}|$であるので，合成磁場$\overrightarrow{H}$の向きは，導線A，Bを結ぶ直線に平行である（ただし，導線A，Bの中点では$\overrightarrow{H_A}+\overrightarrow{H_B}=\vec{0}$である）。

問3　[3]　正解は④

はじめに，Cで聞く音が最小になるのは，経路ABCを通ってきた音と経路ADCを通ってきた音との間に，πの奇数倍の位相差が生じたときである。これは，経路ABCと経路ADCとの間に，$\frac{\lambda}{2}$の奇数倍（λの半整数倍）の経路差があったときであるといえる。
次に，管Dを引き出してCで聞く音が大きくなったのち，再び最小になったのは，経路ABCと経路ADCとの経路差が，さらに1波長分だけ増加したときである。はじめの状態に対して，管Dを引き出すことで経路ADCの長さが$2L$だけ長くなっているから，波長λは

$$\lambda=2L$$

問4　[4]　正解は③

[ア]　気体の絶対温度を一定に保つとき，ボイルの法則より，気体の体積は圧力に反比例するので，圧力が$\frac{1}{2}$倍になるとき，体積は2倍になる。

[イ]　気体の圧力を一定に保つとき，シャルルの法則より，気体の体積は絶対温度に比例するので，絶対温度を$\frac{1}{2}$倍にすると，体積は$\frac{1}{2}$倍になる。

[ウ]　気体の内部エネルギーは絶対温度に比例するので，絶対温度を$\frac{1}{2}$倍にすると，内部エネルギーは$\frac{1}{2}$倍になる。

したがって，数値の組合せとして最も適当なものは③である。

POINT　○気体の圧力をp，体積をV，絶対温度をTとすると，ボイル・シャルルの法則は，$\frac{pV}{T}=$一定 である。

○単原子分子の理想気体の内部エネルギーUは，気体定数をR，気体の物質量をn，絶対温度をTとすると，$U=\frac{3}{2}nRT$である。

問5　5　正解は④

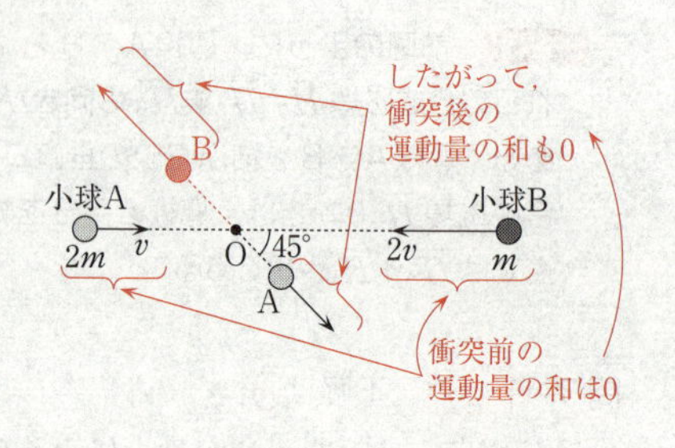

衝突では運動量の和が保存する。運動量は，向きと大きさのあるベクトルである。

衝突前の小球Aの運動量は図の右向きに大きさ$2m\times v$，小球Bの運動量は図の左向きに大きさ$m\times 2v$であるから，それらの和は0である。運動量の和が保存するので，衝突後の運動量の和も0である。衝突後の小球Aの運動量の向きは図の⑧の向きであるから，衝突後の小球Bの運動量の向きは小球Aの運動量の向きと同一直線上で逆向きであり，図の④の向きである。

運動量の向きと速度の向きは同じなので，衝突後の小球Bの速度の向きも図の④の向きである。

CHECK　衝突後の小球Aの速さをv_A，小球Bの速さをv_Bとすると，衝突後の小球Aの運動量の大きさは$2mv_A$，小球Bの運動量の大きさはmv_Bである。運動量が保存するので，衝突後の運動量の和も0であるから，$2mv_A-mv_B=0$となり，速度の向きは互いに逆であり，大きさは$v_B=2v_A$である。

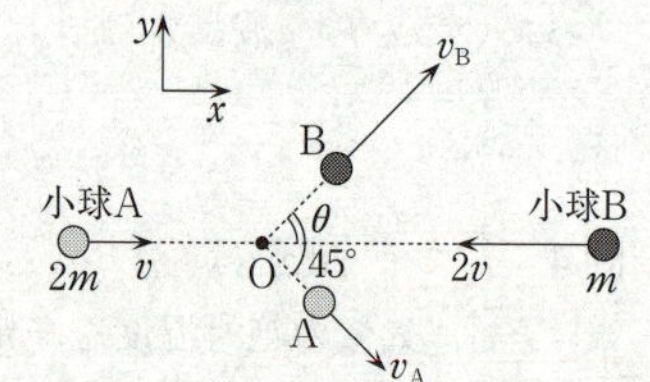

別解　右図のように，衝突前の小球Aと小球Bの運動方向にx軸を，それに垂直にy軸をとり，衝突後の小球Aの速さをv_A，小球Bの速さをv_B，小球Bの速度の向きがx軸となす角をθとする。運動量保存則より

x軸方向：$2m\cdot v+m\cdot(-2v)=2m\cdot v_A\cos 45°+m\cdot v_B\cos\theta$　……(あ)

y軸方向：$0=m\cdot v_B\sin\theta-2m\cdot v_A\sin 45°$　……(い)

(あ)より

$$v_B\cos\theta=-\sqrt{2}v_A$$

(い)より

$$v_B\sin\theta=\sqrt{2}v_A$$

よって

$$\tan\theta=-1,\ \cos\theta<0,\ \sin\theta>0 \qquad \therefore\ \theta=\frac{3}{4}\pi\ (=135°)$$

これは，④の向きである。

第2問 ―― 電気と磁気

A  《コンデンサーの接続》

問1 ［1］ 正解は④

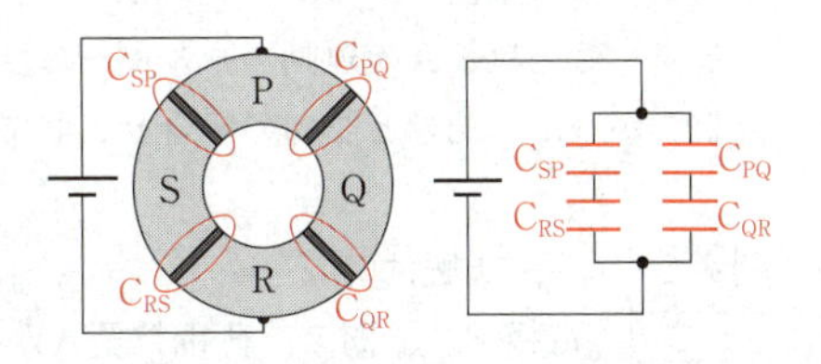

導体にはさまれた誘電体部分を1個のコンデンサー，導体部分を導線と考える。

図2の4個のコンデンサーを C_{PQ}，C_{QR}，C_{RS}，C_{SP} とすると，これらの接続は右図のようになり，図の④の回路である。

問2 ［2］ 正解は②

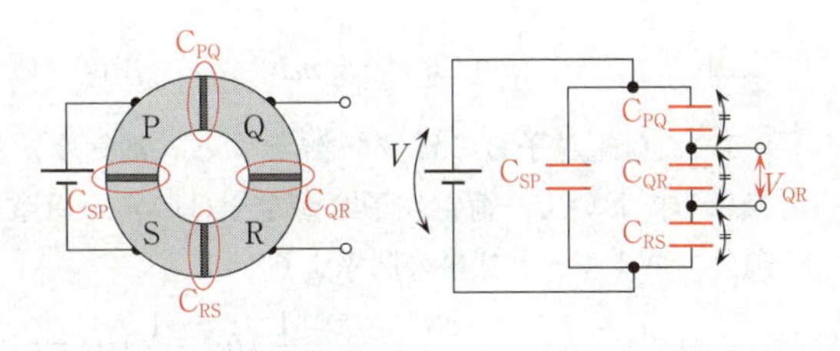

図3の4個のコンデンサー C_{PQ}，C_{QR}，C_{RS}，C_{SP} の接続は右図のようになり，これは問1の図の⑤の回路である。

4個のコンデンサーの電気容量は等しく，はじめにコンデンサーには電荷が蓄えられていないので，直列に接続された3個のコンデンサー C_{PQ}，C_{QR}，C_{RS} にかかる電圧は等しい。電池の電圧を V とし，導体Q，R間の電圧はコンデンサー C_{QR} にかかる電圧であるから，これを V_{QR} とすると

$$V_{QR}=\frac{1}{3}V$$

すなわち，導体Q，R間の電圧は電池の電圧の $\frac{1}{3}$ 倍である。

B  《電場・磁場内での荷電粒子の運動》

問3  正解は⑤

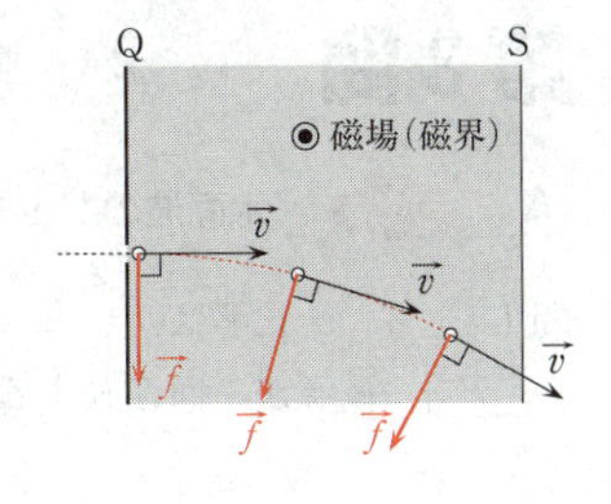

［ア］ 荷電粒子が磁場から受ける力をローレンツ力といい，ローレンツ力の向きはフレミングの左手の法則に従う。右図で，荷電粒子の速度を $\vec{v}$，荷電粒子が受けるローレンツ力を $\vec{f}$ とする。

荷電粒子Aの電荷の符号が正であるから，その運動

（速度）の向きが電流の流れの向きであることに注意してフレミングの左手の法則を用いると，電極Qの穴を通過した直後の荷電粒子Aが受けるローレンツ力の向きは図の下向きであるから，描く軌道は(b)である。

イ　荷電粒子Aが磁場から受けるローレンツ力の向きは，荷電粒子Aの速度の向きと常に垂直であるから，荷電粒子Aはローレンツ力からは仕事をされない。よって，荷電粒子Aの運動エネルギーは**変わらない**。

したがって，記号と語句の組合せとして最も適当なものは⑤である。

問4　4　正解は③

ウ　電極P，Q間で，荷電粒子Aが電場から受ける力の向きは，荷電粒子Aの速度の向きと常に同じであるから，荷電粒子Aは電場から受ける力によって仕事をされる。運動エネルギーと仕事の関係より

$$\frac{1}{2}m(2v)^2-\frac{1}{2}mv^2=qV \qquad \therefore \quad V=\frac{3mv^2}{2q} \quad \cdots\cdots (う)$$

エ　荷電粒子Bの質量をMとする。電気量qと，Qに対するPの電位Vを同じにしておいて，荷電粒子Bが電極Qの穴を通過したときの速さをuとすると，運動エネルギーと仕事の関係より

$$\frac{1}{2}Mu^2-\frac{1}{2}Mv^2=qV$$

(う)を代入すると

$$\frac{1}{2}Mu^2-\frac{1}{2}Mv^2=q\cdot\frac{3mv^2}{2q} \qquad \therefore \quad u=v\sqrt{\frac{3m}{M}+1}$$

ここで，$M>m$，すなわち，$\frac{m}{M}<1$であるから

$$u=v\sqrt{\frac{3m}{M}+1}<v\sqrt{3+1}=2v$$

よって，荷電粒子Bが電極Qの穴を通過したときの速さは$2v$よりも**小さい**。

したがって，式と語の組合せとして最も適当なものは③である。

第3問 ── 波　動

A　やや難　《水面波のドップラー効果》

問1　1　正解は③

ア　波源が1回振動すると波が1個生じ，その山と山の間隔が波長λである。

波源が静止しているとき，波長λは，波源が1回振動する時間Tの間に，波が速さVで伝わった距離Δxに等しいから

$$\lambda=\Delta x=VT \quad \cdots\cdots(え)$$

別解　波が周囲へ伝わるときの隣り合う山と山の間隔が波長λである。静止している波源が振動するとき，波源の振動数をfとすると，波の伝わる速さは，波の式より

$$V=f\lambda=\frac{\lambda}{T} \qquad \therefore \quad \lambda=VT$$

イ　観測者が，最初の山を観測してから時間T_1の間にx軸の正の向きに移動した距離はv_0T_1であり，この間に波がx軸の正の向きに進んだ距離はVT_1であるから，観測者にとって，山と山の間隔は$VT_1-v_0T_1$である。この間隔は，下図のように静止している波源から出された波が周囲へ伝わるときの波長λに等しいから

$$\lambda=VT_1-v_0T_1$$

(え)より

$$VT=VT_1-v_0T_1 \qquad \therefore \quad T_1=\frac{V}{V-v_0}T$$

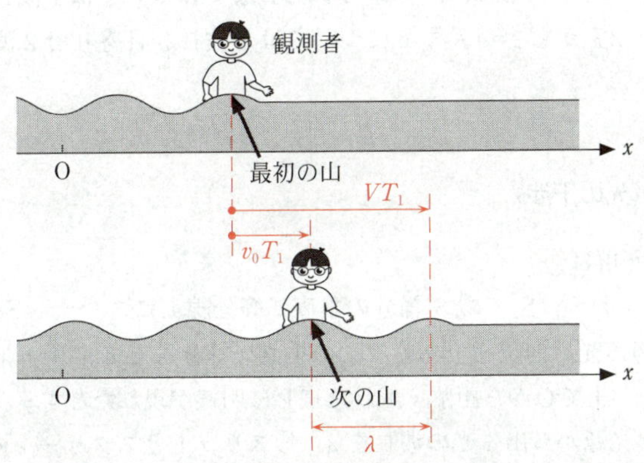

別解　波源の振動数をf，観測者が観測する波の振動数をf_1とすると，観測者が速さv_0で波源から遠ざかるときのドップラー効果の式より

$$f_1=\frac{V-v_0}{V}f \qquad \frac{1}{T_1}=\frac{V-v_0}{V}\cdot\frac{1}{T} \qquad \therefore \quad T_1=\frac{V}{V-v_0}T$$

したがって，式の組合せとして正しいものは③である。

問2　2　正解は②

図2より，波源が固定されているときの$t=0$から$t=2T$までの間に生じた波は，

時間 $2T$ の間に８目盛り分だけ進んでいる。このときの波長 λ は x 軸上の４目盛り分で表される。

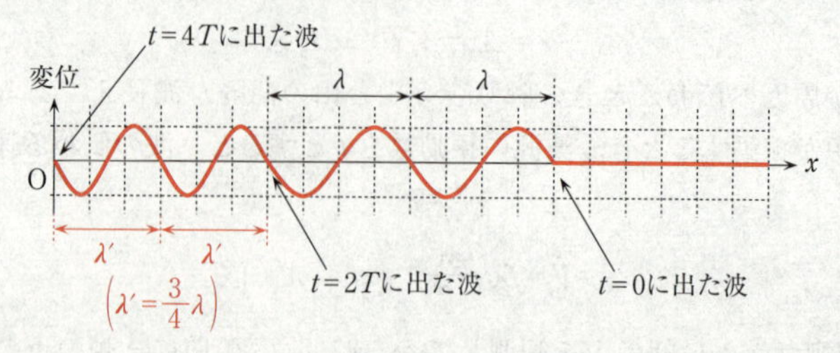

波源を x 軸の正の向きへ一定の速さ $\dfrac{V}{4}$ で移動させたときの $t=2T$ から $t=4T$ までの間では，波源が移動する前方で時間 T の間に，波は距離 VT だけ進み，波源は距離 $\dfrac{V}{4}T$ だけ進む。よって，隣り合う山と山の間隔すなわち波長 λ' は

$$\lambda' = VT - \frac{V}{4}T = \frac{3}{4}VT = \frac{3}{4}\lambda$$

この波長 λ' は x 軸上の３目盛り分で表される。

したがって，求める波形は，$t=0$ から $t=2T$ までについては１波長４目盛りで２波長分を，$t=2T$ から $t=4T$ までについては１波長３目盛りで２波長分を描いた図②である。

B　標準　《光の干渉》

問３　[3]　正解は⑥

[ウ]　スリット S_1，S_2 を結ぶ線分の垂直二等分線上にスリット S_0 がある場合，S_1，S_2 から出る光は同位相である。この垂直二等分線とスクリーンの交点をOとし，スクリーン上でOから距離 x 離れた点Pに明線が現れたとする。点Pが明線となる条件は，光源から出る光の波長を λ，複スリットとスクリーンの間の距離を ℓ とすると，m を０以上の整数として

$$|S_2P - S_1P| = m\lambda$$

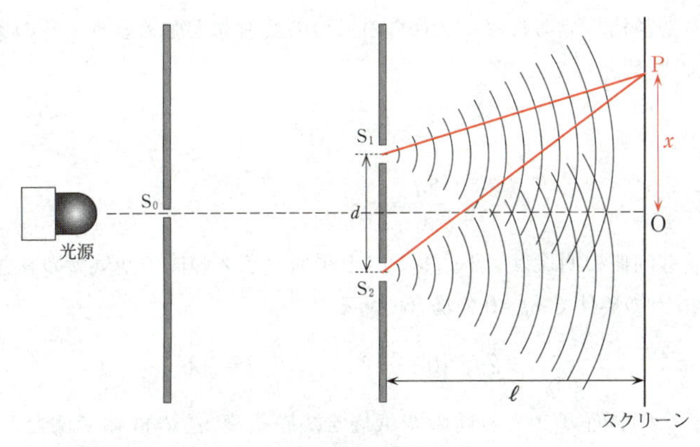

ここで，光の経路S_2PとS_1Pの２乗の差を考えると

$$|S_2P^2-S_1P^2|=\left\{\ell^2+\left(x+\frac{d}{2}\right)^2\right\}-\left\{\ell^2+\left(x-\frac{d}{2}\right)^2\right\}=2xd$$

左辺を

$$|S_2P^2-S_1P^2|=|S_2P-S_1P|\cdot(S_2P+S_1P)$$

とし，dとxがℓに比べて十分小さいとすると，$S_2P+S_1P\fallingdotseq 2\ell$と近似して

$$|S_2P-S_1P|\cdot 2\ell=2xd \qquad \therefore\ |S_2P-S_1P|=\frac{xd}{\ell}$$

よって，点Pが明線となる条件は

$$\frac{xd}{\ell}=m\lambda \qquad \therefore\ x=m\cdot\frac{\ell\lambda}{d}$$

次に，隣り合う明線，すなわちm番目の明線と$m+1$番目の明線の間隔をΔxとすると

$$\Delta x=(m+1)\frac{\ell\lambda}{d}-m\cdot\frac{\ell\lambda}{d}=\frac{\ell\lambda}{d} \quad \cdots\cdots(お)$$

よって，ℓとdを一定にしておいて，λを変えるとき，明線の間隔Δxが狭いのは，光の波長λが短いときである。赤と紫で比べた場合，波長が短いのは紫である。

エ　(お)において，ℓとλを一定にしておいて，S_1とS_2の間隔dを狭くしたとき，明線の間隔Δxは広くなる。

したがって，語句の組合せとして最も適当なものは⑥である。

問４　4　正解は⑦

オ　光が平凸レンズの下面で反射するときには位相が変化しないが，平面ガラスの上面で反射するときには位相がπ変化する。この位相差のπは半波長分の光路差に相当するから，光が点Pにおける空気層を１往復する距離が波長の半整数倍

（半波長の奇数倍）であれば，これらの二つの反射光が強め合う。その条件は，m を 0 以上の整数として

$$2d=\left(m+\frac{1}{2}\right)\lambda \quad \cdots\cdots(か)$$

$$\therefore \quad \frac{2d}{\lambda}=\boldsymbol{m+\frac{1}{2}}$$

カ　最も内側の明環は，平凸レンズと平面ガラスの間の空気層の長さが最も短いもので，(か)の条件で $m=0$ の場合である。

$$2d=\left(0+\frac{1}{2}\right)\lambda \qquad \therefore \quad d=\frac{1}{4}\lambda$$

平凸レンズと平面ガラスの間の空気層を，屈折率 n' の液体で満たしたとき，$1<n'<n$ であるから，光が平凸レンズの下面で反射するときと平面ガラスの上面で反射するときの位相の変化の条件は同じである。また，この液体中を進む光の波長を λ' とすると

$$\lambda'=\frac{\lambda}{n'} \quad \cdots\cdots(き)$$

よって，最も内側の明環における平凸レンズと平面ガラスの間の厚さを d' とすると，(き)を用いて

$$d'=\frac{1}{4}\lambda'=\frac{1}{4}\cdot\frac{\lambda}{n'}=d\cdot\frac{1}{n'}$$

ここで，$n'>1$ であるから

$$d'<d$$

平凸レンズの形状から，d' が d より小さくなる位置は，平凸レンズと平面ガラスの接触点（同心円状のしま模様の中心）に近い位置である。すなわち，明環の半径は**小さくなる**。

別解　カ　中心から m 番目の明環の半径を r とすると，右図より

$$R^2=(R-d)^2+r^2$$
$$d^2-2Rd+r^2=0$$

ここで，d は r，R に比べて十分小さいので，$d^2 \fallingdotseq 0$ と近似すると

$$-2Rd+r^2=0 \qquad \therefore \quad d=\frac{r^2}{2R}$$

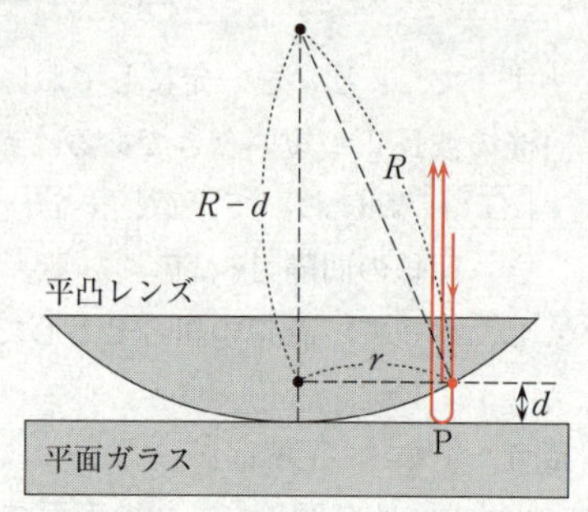

二つの反射光が強め合う条件は，(か)より

$$\frac{r^2}{R}=\left(m+\frac{1}{2}\right)\lambda$$

平凸レンズと平面ガラスの間の空気層を屈折率 n' の液体で満たしたとき，中心から m 番目の明環の半径を r' とすると，(き)を用いて

$$\frac{r'^2}{R}=\left(m+\frac{1}{2}\right)\frac{\lambda}{n'}$$

ここで，R，λ は一定であり，$n'>1$ であるから

$$r'<r$$

すなわち，明環の半径は小さくなる。

したがって，式と語句の組合せとして最も適当なものは⑦である。

POINT ○光が，屈折率の小さい媒質から大きい媒質に向かって入射し，その境界面で反射されたとき，位相が π 変化する，すなわち光路長が半波長分だけ変化する。
○光が，屈折率の大きい媒質から小さい媒質に向かって入射し，その境界面で反射されたとき，位相は変化しない。

第4問 ── 力と運動

A 標準 《二物体の衝突，鉛直円筒面内の円運動》

問1 1 正解は①

図1の右向きを正として，小物体Aと小物体Bの運動量保存則より

$$mv+3m\cdot 0=4mV \qquad \therefore \quad V=\frac{1}{4}v$$

問2 2 正解は③

小物体Cの円筒面内の最高点Pでの速さを v_{P} とすると，床面を重力による位置エネルギーの基準面として，力学的エネルギー保存則より

$$\frac{1}{2}4mV^2=\frac{1}{2}4mv_{\mathrm{P}}{}^2+4mg\cdot 2r \quad \cdots\cdots(く)$$

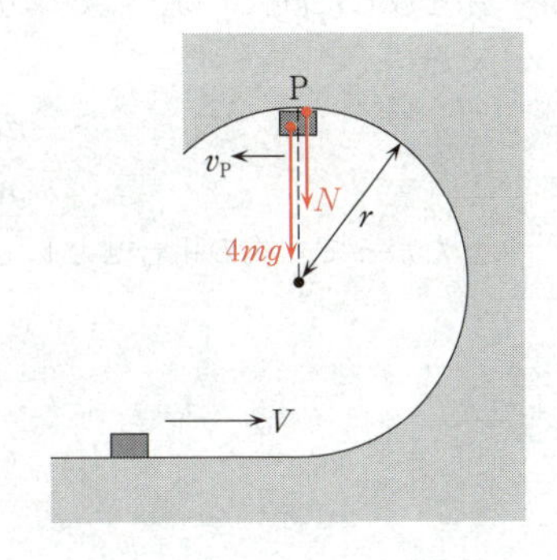

点Pで，小物体Cが円筒面から受ける垂直抗力の大きさを N とすると，中心方向の運動方程式より

$$4m\frac{v_{\mathrm{P}}{}^2}{r}=N+4mg \quad \cdots\cdots(け)$$

小物体Cが点Pを通過するための条件は，$N\geqq 0$ であるから，(く)，(け)から v_{P} を消

去してNを求めると

$$N=4m\frac{v_P{}^2}{r}-4mg=4m\frac{V^2-4gr}{r}-4mg=4m\left(\frac{V^2}{r}-5g\right)\geqq 0$$

$$\therefore\quad V\geqq\sqrt{5gr}$$

B　易　《力のつりあい，運動方程式》

問3　3　正解は④

小球1，2にはたらく力は右図のようになる。力のつりあいの式より

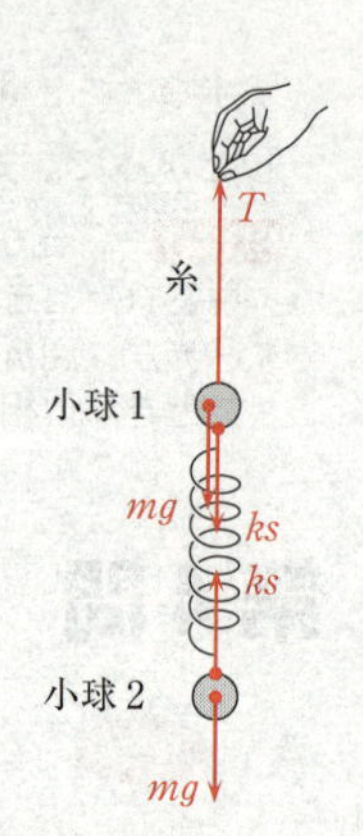

小球1：$T=mg+ks$

小球2：$ks=mg$　……(こ)

連立して解くと

$$s=\frac{mg}{k}$$

$$T=2mg$$

したがって，式の組合せとして正しいものは④である。

問4　4　正解は④

糸を静かに放すと，糸の張力は$T=0$となる。小球1，2について運動方程式より，下向きを正として

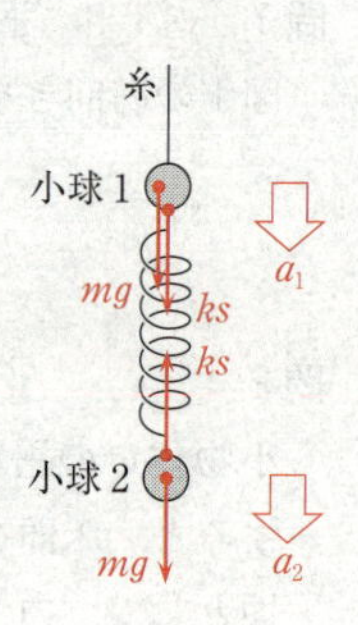

小球1：$ma_1=mg+ks$

小球2：$ma_2=mg-ks$

糸を放した直後では，(こ)が成り立っているから，これを用いて解くと

$$a_1=2g$$

$$a_2=0$$

したがって，式の組合せとして正しいものは④である。

第5問  ―― 熱と気体 《浮力，気体の圧力》

問1 1 正解は①

容器内の気体を含んだ容器全体に着目する。図1のように容器が浮いて静止しているとき，容器全体にはたらく重力と浮力がつりあっているから

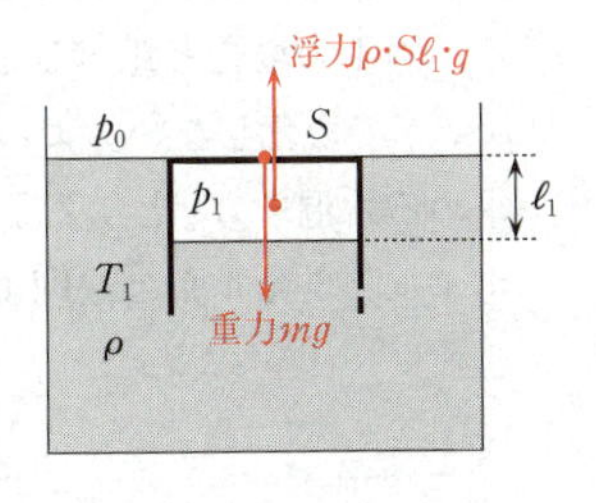

$$mg=\rho S\ell_1 g \qquad \therefore \quad \ell_1=\frac{m}{\rho S}$$

POINT 流体中の物体は，それが排除している流体の重さに等しい大きさの浮力を受ける。これをアルキメデスの原理という。すなわち，浮力の大きさは，流体中の物体の体積と同体積の流体の重さに等しい。

問2 2 正解は②

容器が水槽の底面から受ける垂直抗力の大きさ N

水槽の底に沈んでいた容器が上昇を始めるのは，水温を上げることによって容器内の気体の体積が増加して浮力が大きくなり，水槽の底が容器を支えなくなった瞬間である。このとき，容器が水槽の底面から受ける垂直抗力の大きさは0である。

容器内の気体の圧力 p_2

容器が水槽の底に沈んでいても，容器の側面の小さな孔によって容器内の水と水槽の水はつながっているから，容器内の気体の圧力 p_2 は，水面から深さ ℓ_2 の位置での圧力，すなわち，大気圧 p_0 と深さ ℓ_2 の水による圧力 $\rho\ell_2 g$ の和に等しい。

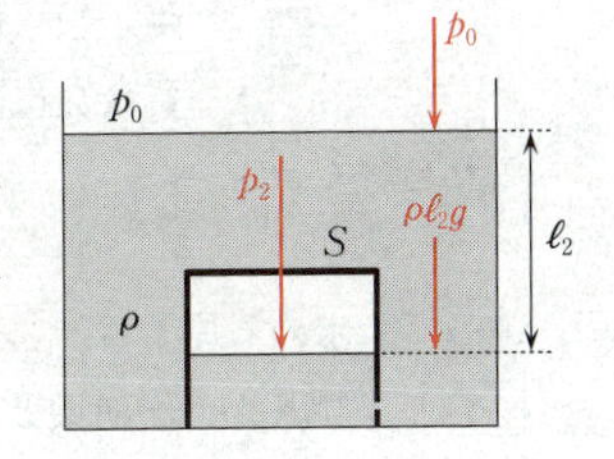

$$p_2=p_0+\rho\ell_2 g$$

したがって，式の組合せとして正しいものは②である。

POINT 密度 ρ，深さ（高さ）h の水の圧力 p は，面積 S の底面に加わる水の重さに等しいから

$$p=\frac{\rho\cdot Sh\cdot g}{S}=\rho gh$$

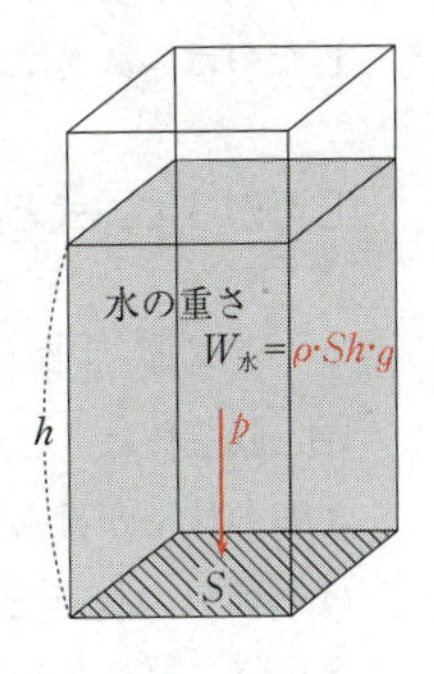

問3　[3]　正解は③

容器が上昇を始める直前では，容器が水槽の底面から受ける垂直抗力の大きさが0であるから，図1の場合と同様に，容器全体にはたらく重力と浮力がつりあっている。図1の場合と比べると，重力の大きさ mg は変化しないので，浮力の大きさも $\rho S\ell_1 g$ で変化しない。よって，容器内の気体の体積は $S\ell_1$ である。

求める水温を T_2 とすると，図1の状態と容器が上昇を始める直前の状態の間で，ボイル・シャルルの法則より

$$\frac{p_1\cdot S\ell_1}{T_1}=\frac{p_2\cdot S\ell_1}{T_2}\qquad\therefore\quad T_2=\frac{p_2}{p_1}T_1$$

第6問 標準 ―― 原子と分子 《原子核崩壊，結合エネルギー》

問1　[1]　正解は⑧

[ア]　求める元素の種類をX，原子番号を Z，質量数を A とすると，核反応式は次のように書くことができる。

$$^{A}_{Z}\mathrm{X}+{}^{209}_{83}\mathrm{Bi}\longrightarrow{}^{278}_{113}\mathrm{Nh}+{}^{1}_{0}\mathrm{n}$$

核反応の前後で，全体の陽子数の和と質量数の和が等しいから

陽子数（原子番号）について：$Z+83=113$

質量数について　　　　　　：$A+209=278+1$

これを解くと

$$Z=30,\ A=70$$

よって，求める原子は，$^{70}_{30}\mathrm{Zn}$ である。

[イ]　$^{278}_{113}\mathrm{Nh}$ が，α 崩壊と β 崩壊を繰り返して行い，$^{254}_{101}\mathrm{Md}$ になるとき，α 崩壊では，質量数が4減少し，原子番号が2減少する。また，β 崩壊では，質量数は変化せず，原子番号が1増加する。よって，原子核崩壊で質量数が278から254へ減少したのは，α 崩壊だけが原因であるから，α 崩壊の回数を x とすると

$$278-254=4x\qquad\therefore\quad x=6$$

したがって，式と数値の組合せとして最も適当なものは⑧である。

問2　[2]　正解は⑤

$^{4}_{2}\mathrm{He}$ 原子核は，2個の陽子と2個の中性子からできている。$^{4}_{2}\mathrm{He}$ 原子核を構成する4個の核子がばらばらの状態にあるときの質量は，$^{4}_{2}\mathrm{He}$ 原子核の質量より大きく，ばらばらの核子を結合させて $^{4}_{2}\mathrm{He}$ 原子核をつくったときに減る質量を，質量欠損という。質量欠損を Δm とすると

$$\Delta m = (1.673\times10^{-27}\times2+1.675\times10^{-27}\times2)-6.645\times10^{-27}$$
$$=0.051\times10^{-27}\,\mathrm{kg}$$

${}^4_2$He 原子核を，それを構成する 4 個のばらばらの核子にするのに必要なエネルギーを結合エネルギーといい，これは質量欠損をエネルギーに換算した量である。結合エネルギーを B，真空中の光速を c とすると

$$B=\Delta mc^2$$
$$=0.051\times10^{-27}\times(3.0\times10^8)^2=4.59\times10^{-12}\fallingdotseq 4.6\times10^{-12}\,\mathrm{J}$$

CHECK 結合エネルギーとは，原子核を構成するばらばらの核子を結合させて１つの原子核をつくるのに必要なエネルギーではない。原子核をばらばらの核子にするのに必要なエネルギーのことである。

問3 3 正解は⑥

α 線は，ヘリウム原子核で，正の電荷をもち質量数 4 の粒子である。

β 線は，電子で，負の電荷をもち質量が非常に小さい粒子である。

γ 線は，電荷も質量ももたない大きいエネルギーをもつ電磁波である。

よって，正の電荷をもつ α 線（α 粒子）は，電場と同じ向きに力を受けて放物運動をするので，図の左向きに曲がる軌道となる。

負の電荷をもつ β 線（β 粒子）は，電場の逆向きに力を受けて放物運動をするので，図の右向きに曲がる軌道となる。

電荷をもたない γ 線は，電場から力を受けないので，直進する。

したがって，図として最も適当なものは⑥である。

POINT 電気素量を e，陽子の質量を m_p とする。中性子の質量は陽子の質量とほぼ等しく m_p とすることができるので，α 粒子の電荷は $+2e$，質量は $4m_\mathrm{p}$ であり，β 粒子の電荷は $-e$，質量はおよそ $\dfrac{1}{1840}m_\mathrm{p}$ である。β 粒子は α 粒子に比べて，電荷の大きさが $\dfrac{1}{2}$ 倍であるから電場から受ける力の大きさも $\dfrac{1}{2}$ 倍となるが，質量が非常に小さいので，運動方程式より電場方向の加速度の大きさが大きくなり，経路の曲がり方が大きくなる。

2019 年度

物理 本試験

問題番号(配点)	設問		解答番号	正解	配点	チェック
第1問(25)	問1		1	②	5	
	問2		2	⑥	5	
	問3		3	①	5	
	問4		4	⑤	5	
	問5		5	④	5	
第2問(20)	A	問1	1	③	5	
		問2	2	⑤	5	
	B	問3	3	②	5	
		問4	4	⑤	5	
第3問(20)	A	問1	1	①	3	
			2	③	2	
		問2	3	④	2	
			4	②	3	
	B	問3	5	④	5	
		問4	6	③	5	

問題番号(配点)	設問		解答番号	正解	配点	チェック
第4問(20)	A	問1	1	③	5	
		問2	2	⑤	5	
	B	問3	3	⑤	5	
		問4	4	⑥	5	
第5問(15)	問1		1	①	5	
	問2		2	③	5	
	問3		3	⑥	5	
第6問(15)	問1		1	①	5	
	問2		2	②	5	
	問3		3	⑤	5	

(注) 第1問～第4問は必答。第5問，第6問のうちから1問選択。計5問を解答。

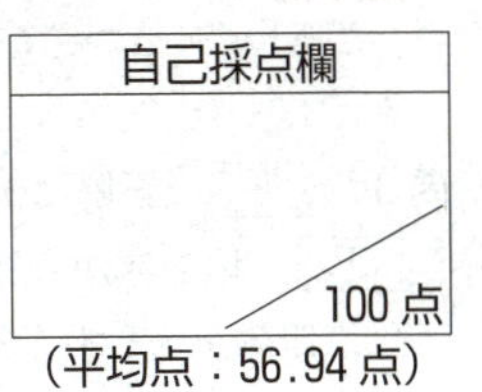

(平均点：56.94点)

第1問　標準　《総　合　題》

問1　1　正解は②

①不適。運動エネルギーは，速度の向きに無関係で，大きさだけをもつスカラーである。運動量は，大きさと向きをもつベクトルである。

②適当。二つの小球が非弾性衝突をする場合，運動量の和は保存されるが，運動エネルギーの和は保存されない。衝突後の運動エネルギーの和は，衝突前に比べて熱などで失われた分だけ減少している。二つの小球が弾性衝突（反発係数が1）をする場合には，運動量の和も運動エネルギーの和も保存される。

③不適。力を受けて物体の速度が変化したとき，運動量の変化は物体が受けた力積に等しい。運動エネルギーの変化に等しいのは，物体が受けた仕事である。ここで，速度はベクトルであるから，速度に対応するのはベクトルである運動量と力積である。

④不適。等速円運動する物体の運動量は一定ではない。運動量は質量と速度の積であり，質量は大きさだけをもつスカラーであるが，速度は大きさと向きをもつベクトルである。等速円運動では，速度の大きさ（速さ）は一定であるが，速度の向きが変化するので，ベクトルとしての速度は変化する。よって，運動量は変化する。

問2　2　正解は⑥

電気量 Q，q の点電荷が，$x=2d$ の位置につくる電場（電界）をそれぞれ E_Q，E_q とする。静電気力に関するクーロンの法則の比例定数を k とすると

$$E_Q=k\frac{Q}{(2d-0)^2}=k\frac{Q}{4d^2},\quad E_q=k\frac{q}{(2d-d)^2}=k\frac{q}{d^2}$$

$x=2d$ の位置の電場（電界）の大きさが0であるから，電場（電界）の和は0である。よって

$$E_Q+E_q=0$$

$$k\frac{Q}{4d^2}+k\frac{q}{d^2}=0$$

$$\therefore\quad Q=-4q$$

CHECK　$x=2d$ の位置の電場（電界）の大きさが0であるためには，E_Q と E_q の大きさが等しく向きが逆でなければならない。したがって，Q と q は逆符号である。

問3　3　正解は①

ア　レンズから物体までの距離を a，レンズから像までの距離を b，レンズの焦点距離を f とすると，レンズの公式は

$$\frac{1}{a}+\frac{1}{b}=\frac{1}{f}$$

像の倍率 m は，右図の△ABCと△A′B′Cの相似より

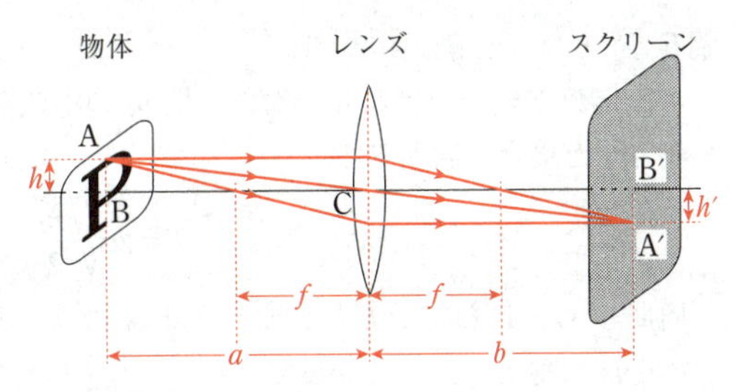

$$m=\frac{\text{像の大きさ}\ h'}{\text{物体の大きさ}\ h}=\left|\frac{b}{a}\right|$$

物体とスクリーンの間の距離が1.0mであり，また，スクリーン上に明瞭な像ができる場合，この像は倒立実像であるから $a>0$，$b>0$ で，倍率が1.0であるから

$$a+b=1.0,\quad \frac{b}{a}=1.0$$

これらを解くと

$$a=b=0.50\,\text{〔m〕}$$

レンズの公式に代入すると

$$\frac{1}{0.50}+\frac{1}{0.50}=\frac{1}{f}\qquad \therefore\quad f=\mathbf{0.25}\,\text{〔m〕}$$

イ　スクリーン上にできる像は倒立実像であるから，上下，左右の向きがどちらも逆になる。よって，像は図3のⒶのように見える。

したがって，数値と記号の組合せとして最も適当なものは①である。

POINT　レンズの公式 $\frac{1}{a}+\frac{1}{b}=\frac{1}{f}$ において，a，b，f の符号は次のように定める。

・凸レンズで $f>0$，凹レンズで $f<0$。
・光源がレンズの前方のとき $a>0$，後方のとき $a<0$。
・レンズの後方に倒立実像ができるとき $b>0$，前方に正立虚像ができるとき $b<0$。

ここで，レンズの前方，後方とは，レンズに対し，光が進んでいく向きの側が後方，反対側が前方である。

問4　4　正解は⑤

シリンダー内に閉じ込められた理想気体の圧力を p とする。

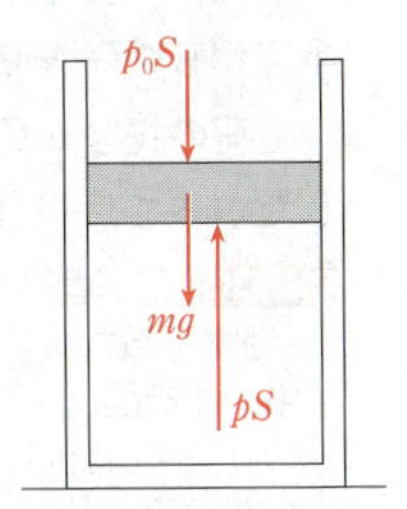

理想気体の状態方程式より

$$p\cdot Sh=nRT$$

ピストンについての力のつりあいの式より

$$pS=p_0S+mg$$

辺々割って h を求めると

$$h=\frac{nRT}{p_0S+mg}$$

問5　[5]　正解は④

ばね定数 k の軽いばねの一端に質量 m の小球を取り付け，ばねの伸縮方向に単振動させた場合，周期 T は

$$T=2\pi\sqrt{\frac{m}{k}}$$

周期 T は，ばね定数 k と小球の質量 m のみによって決まり，図5の(a)，(b)，(c)で，k と m は等しい。したがって

$$T_a=T_b=T_c$$

CHECK　ばね振り子では，ばねの弾性力と重力の振動方向成分の合力が復元力となって単振動をするが，この合力は単振動の振動中心の位置を決めるだけで，単振動の周期 T には無関係である。単振動の振動中心の位置は，小物体にはたらく力のつりあいの位置である。

第2問 ── 電気と磁気

A  《ダイオードと抵抗の回路》

問1　[1]　正解は③

図1の回路では，ダイオードの両端の電位差により，電流はダイオードの内部をAからBの向きに流れる。このとき，半導体A，B内の電流の担い手（キャリア）は，ともに接合面に向かって移動して再結合するから，半導体Aのキャリアの移動の向きは電流の流れと同じ向き（図の右向き）であり，半導体Bのキャリアの移動の向きは電流の流れと逆向き（図の左向き）である。

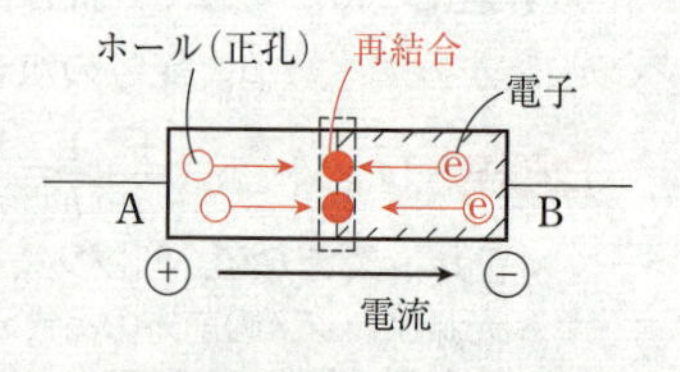

半導体Aのキャリアの移動の向きと電流の流れの向きが同じであることは，キャリアの電荷の符号が正であることを表し，このキャリアはホール（正孔）である。

半導体Bのキャリアの移動の向きと電流の流れの向きが逆であることは，キャリアの電荷の符号が負であることを表し，このキャリアは電子である。

したがって，組合せとして最も適当なものは③である。

CHECK　○n型半導体は，Ge や Si（価電子数が4の元素）の結晶の中に微量の P や Sb（価電子数が5の元素）を混ぜたもので，共有結合に加わらない電子が1個余り，この電子が結晶内を移動してキャリアとなる。

○p型半導体は，Ge や Si の結晶の中に微量の Al や In（価電子数が3の元素）を混ぜたもので，共有結合すると電子が1個不足するところができ，これをホール（正孔）という。共有結合の電子が移動してホールを埋めるが，このときホールが電場の向きに移動して正の電気をもった粒子のようにふるまい，キャリアとなる。

○ｐ型半導体とｎ型半導体を接合し，両部に電極をつけたものを半導体ダイオードといい，ｐ型側からｎ型側への一方向のみに電流を流す作用がある。これを整流作用という。

問２ 　2 　正解は⑤

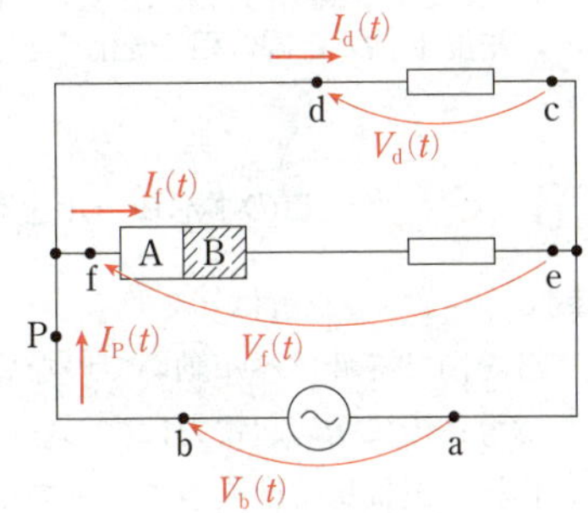

右図のように点ｃ～ｆをとり，点ａに対する点ｂの電位の時間 t による変化を $V_b(t)$ とする。cd 間には抵抗だけが接続されているから，点ｃに対する点ｄの電位の時間変化 $V_d(t)$ は $V_b(t)$ に等しく，点ｄを流れる電流 $I_d(t)$ は電位 $V_b(t)$ と同位相で変化するので，電流の時間変化を表すグラフは，図(a)のようになる。

点ｅに対する点ｆの電位の時間変化 $V_f(t)$ も $V_b(t)$ に等しいが，ダイオードには，$V_f(t)$ が正のときだけ電流が流れ，逆に，$V_f(t)$ が負のときは電流が流れない。よって，点ｆを流れる電流 $I_f(t)$ は電位 $V_b(t)$ が正のときだけに対応して同位相で変化する。また，ダイオードに電流が流れてもダイオードでの電圧降下は無視でき，ef 間と cd 間に接続されている抵抗の抵抗値は等しく，$I_d(t)$ と $I_f(t)$ の最大値は等しいので，電流の時間変化を表すグラフは，図(b)のようになる。

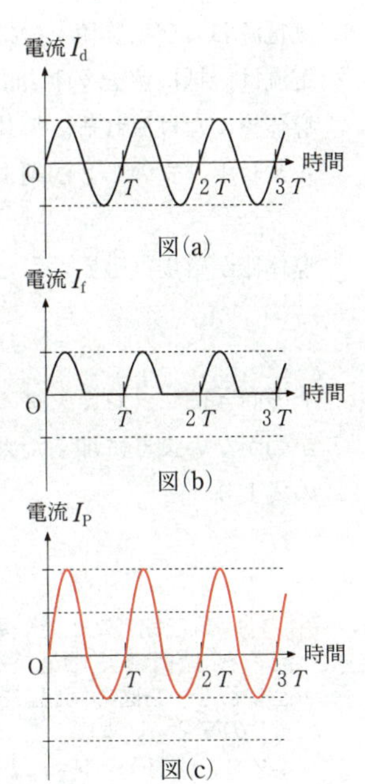

図(a)　図(b)　図(c)

点Ｐを流れる電流 $I_P(t)$ は，これらの並列接続の和であるから

$$I_P(t)=I_d(t)+I_f(t)$$

したがって，電流の時間変化を表すグラフは図(c)のようになり，グラフとして最も適当なものは⑤である。

CHECK 電位 $V_b(t)$ は交流電源の電圧の時間変化を表し，その最大値を V_0 とすると

$$V_b(t)=V_0\sin\frac{2\pi}{T}t$$

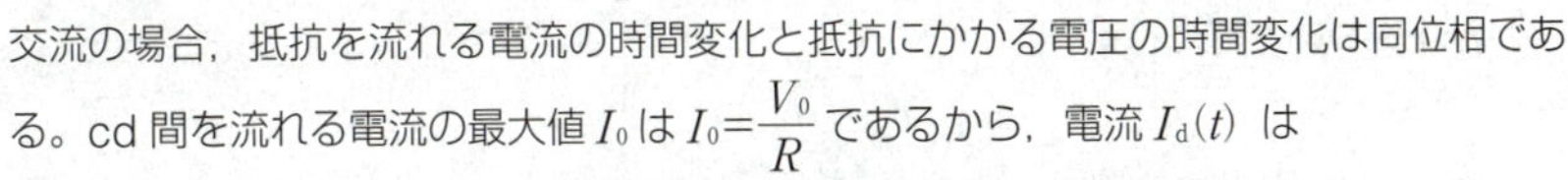

交流の場合，抵抗を流れる電流の時間変化と抵抗にかかる電圧の時間変化は同位相である。cd 間を流れる電流の最大値 I_0 は $I_0=\dfrac{V_0}{R}$ であるから，電流 $I_d(t)$ は

$$I_d(t)=\frac{V_0}{R}\sin\frac{2\pi}{T}t$$

一方，ef 間を流れる電流 $I_f(t)$ は，電位 $V_b(t)$ が正の時刻では

$$I_f(t)=\frac{V_0}{R}\sin\frac{2\pi}{T}t$$

電位 $V_b(t)$ が負の時刻では

$$I_f(t)=0$$

このとき，電流が流れていない抵抗にかかる電圧は常に0であるから，ダイオードには電位 $V_b(t)$ と同位相で変化する電圧がかかっている。

B　やや難　《コの字形レール上を運動する導体棒》

問3　3　正解は②

Sを閉じて導体棒が動いていないときは導体棒に誘導起電力は生じない。導体棒の電気抵抗は無視できるので，直流電源および抵抗値 r の抵抗を流れる電流は，抵抗値 R の抵抗には流れず，

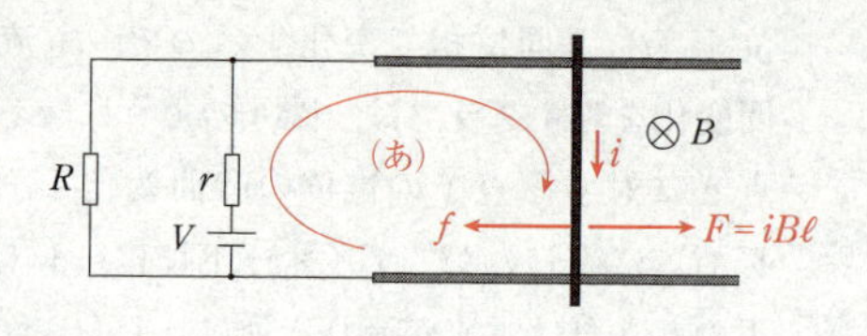

導体棒にだけ流れる。導体棒を流れる電流を i とすると，上図の回路(あ)において，キルヒホッフの第2法則より

$$V=ri$$

導体棒が磁場（磁界）から受ける力の大きさを F とすると

$$F=iB\ell=\frac{V}{r}B\ell$$

その向きは，フレミングの左手の法則より，図の右向きである。このとき，導体棒が動かないように加えた力の向きは左向きで，大きさを f とすると，力のつりあいの式より

$$f=F=\boldsymbol{\frac{VB\ell}{r}}$$

CHECK　Sを閉じたとき，導体棒を流れる電流を i，抵抗値 R の抵抗を流れる電流を I とすると，右図の回路において，キルヒホッフの第2法則より

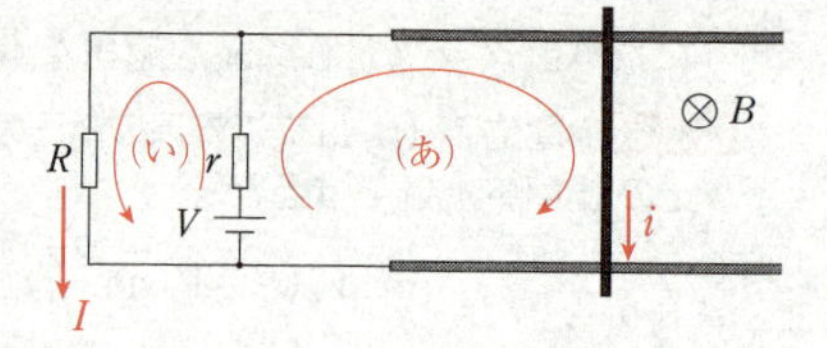

回路(あ)：$V=r(I+i)$

回路(い)：$V=r(I+i)+RI$

I，i について解くと

$$I=0,\ \ i=\frac{V}{r}$$

よって，抵抗値 R の抵抗には電流が流れないことがわかる。

問4　[4]　正解は⑤

導体棒に加えていた力をとりのぞいて，導体棒が右向きに一定の速さ v で動いているとき，導体棒に生じる誘導起電力の大きさを E とすると

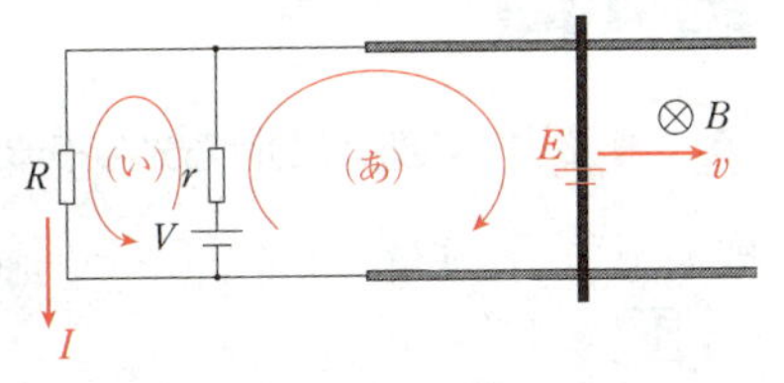

$$E=vB\ell$$

その向きは，レンツの法則より，導体棒の上側の電位が正になる向きである。

ここで，導体棒に電流は流れないから，抵抗値 R の抵抗を流れる電流を I とすると，上図の回路において，キルヒホッフの第2法則より

回路(あ)：$V-vB\ell=rI$

回路(い)：$V=rI+RI$

I を消去すると

$$\frac{V-vB\ell}{r}=\frac{V}{r+R}$$

$$\therefore\quad v=\frac{VR}{B\ell(r+R)}$$

POINT　導体棒の速さが一定となって加速度が0であることは，導体棒にはたらく外力の和が0であることを意味する。このとき，導体棒に力を加えていないので，導体棒が磁場（磁界）から受ける力 F も0であり，$F=iB\ell$ より，導体棒を流れる電流 i も0である。

CHECK　導体棒に加えていた力をとりのぞいたとき，導体棒が右向きに速さ u，加速度 a で運動しているとする。導体棒を流れる電流を i，抵抗値 R の抵抗を流れる電流を I とすると，右図の回路において，キルヒホッフの第2法則より

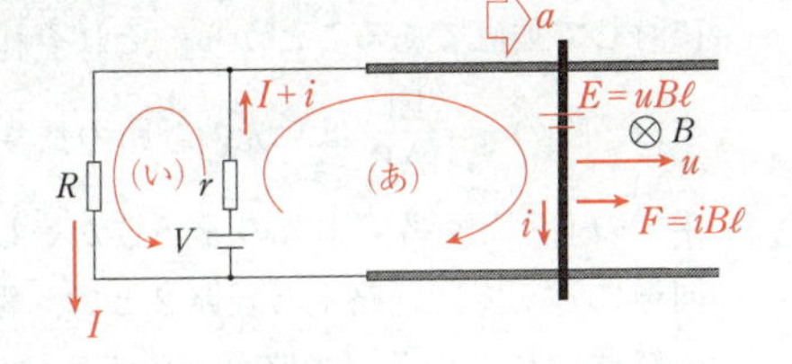

回路(あ)：$V-uB\ell=r(I+i)$

回路(い)：$V=r(I+i)+RI$

I を消去すると

$$i=\frac{VR-uB\ell(r+R)}{Rr}$$

導体棒の運動方程式より

$$ma=iB\ell$$

$$\therefore\quad a=\frac{VR-uB\ell(r+R)}{Rr}\cdot\frac{B\ell}{m}$$

導体棒の速さが一定値 v となったとき，加速度 a は0であるから

$$0=\frac{VR-vB\ell(r+R)}{Rr}\cdot\frac{B\ell}{m}$$

$$\therefore\quad v=\frac{VR}{B\ell(r+R)}$$

第3問 ── 波　動

A  《薄膜における光の干渉，光の屈折》

問1  正解は① 　2 　正解は③

1

屈折の法則より，空気に対する薄膜の屈折率 n は，入射角を i，屈折角を r とすると

$$n=\frac{\sin i}{\sin r}$$

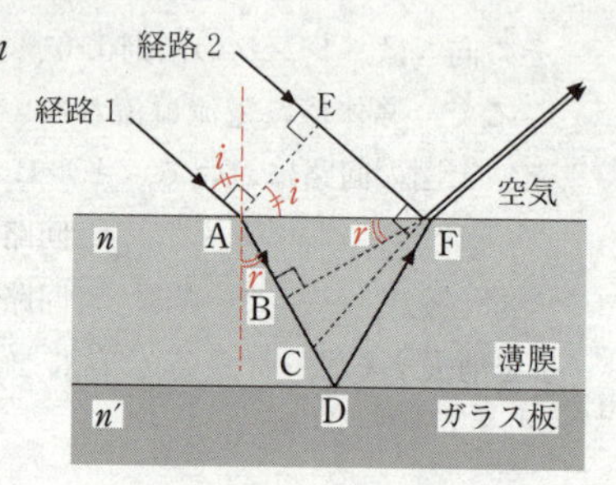

△AEF と△ABF において，i，r が右図のように対応するから

$$n=\frac{\sin i}{\sin r}=\frac{\frac{\text{EF}}{\text{AF}}}{\frac{\text{AB}}{\text{AF}}}=\frac{\text{EF}}{\text{AB}}\quad\cdots\cdots(う)$$

2

観測者に届く光が強め合うためには，点Fで屈折した直後の経路1の光と，点Fで反射した直後の経路2の光が同位相であればよい。

それぞれの光は点Aと点Eにおいて同位相であり，線分BFが薄膜中での光の経路に対して垂直であることから，それぞれの光が点Bと点Fにおいて同位相である。

また，(う)の $n=\frac{\text{EF}}{\text{AB}}$ は，光の経路の長さ（光学距離または光路長という）が，空気中でのEFと，薄膜中での $n\cdot\text{AB}$ が等しいことを表している。

同様に考えて，経路1と経路2とで，線分の長さの差が BD＋DF であるから，光の経路の長さの差（光路差という）は，$n(\text{BD}+\text{DF})$ である。また，経路1の光が点Dで反射するときは $n<n'$ であるから位相が π 変化し，経路2の光が点Fで反射するときも $1<n$ であるから位相が π 変化するので，これらの位相の変化は相殺される。よって，光の経路の差がちょうど波長 λ の整数倍であれば，観測者に届く光は同位相となるので

$$n(\text{BD}+\text{DF})=m\lambda$$

POINT 光が，屈折率の小さい媒質から大きい媒質に向かって入射し，その境界面で反射するとき（経路1の点D，経路2の点F）は，位相が π 変化する。すなわち，半波長分だけ位相がずれる。逆に，光が，屈折率の大きい媒質から小さい媒質に向かって入射し，その境界面で反射するときは，位相は変化しない。また，光が，境界面を屈折（透過）して進むとき（経路1の点Aと点F）は，位相は変化しない。

問2　3　正解は④　　4　正解は②

3

ア　図2より，透明な板と空気の間で光が屈折するときの入射角と屈折角の大小関係は，透明な板側（角度 ϕ）が小さく，空気側（角度 θ）が大きいから，透明な板の屈折率は空気より大きいことがわかる。図3では，透明な壁の屈折率は空気より大きいから，透明な壁と空気の間で光が屈折するときの入射角と屈折角の大小関係も図2と同様であり，壁の左側での屈折位置はC，壁の右側での屈折位置はDとなり，光はC→Dの経路に沿って進む。

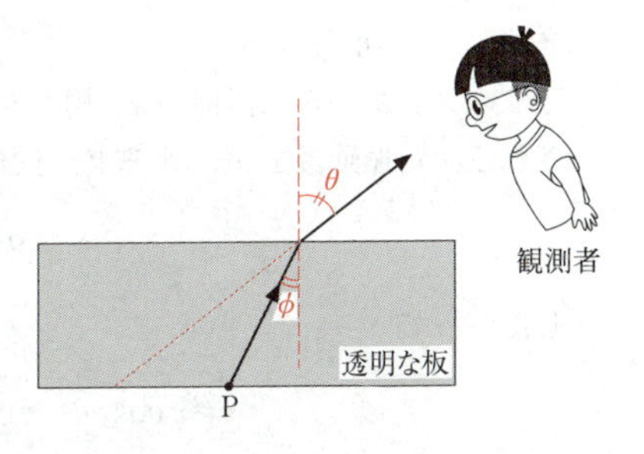

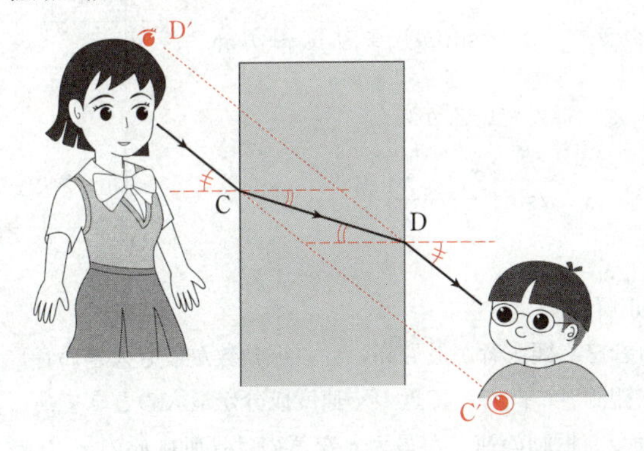

4

イ　図2で，観測者が見る点Pは矢印2の向きである。
図3でも同様に，弟には，光は点Dから目に進んできたように見えるから，姉の目の位置は，弟の目と点Dを結ぶ延長線上で，実際の姉の目より上にずれて上図の点D′の位置に見える。

ウ　姉には，光は点Cから目に進んできたように見えるから，弟の目の位置は，姉の目と点Cを結ぶ延長線上で，実際の弟の目より下にずれて上図の点C′の位置に見える。

したがって，語句の組合せとして最も適当なものは②である。

B　やや難　《単振動する音源によるドップラー効果》

問3　5　正解は④

図5のグラフから，振幅が a，周期が T で，位置 x と時間 t の関係はコサインで表される。角振動数を ω とすると，位相 θ は

$$\theta=\omega t=\frac{2\pi}{T}t$$

したがって

$$x=a\cos\omega t=a\cos\frac{2\pi}{T}t=a\sin\left(\frac{2\pi t}{T}+\frac{\pi}{2}\right)$$

別解　図5のグラフは，コサインのグラフ（$x=a\cos\omega t$）である。コサインのグラフは，サインのグラフ（$x=a\sin\omega t$）より位相が $\frac{\pi}{2}$ $\left(\frac{1}{4}\text{周期分}\right)$ だけ進んでいるから

$$x=a\sin\left(\frac{2\pi t}{T}+\frac{\pi}{2}\right)$$

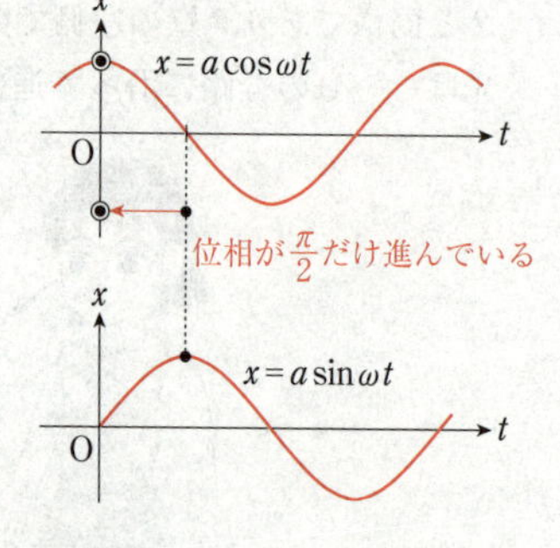

問4　6　正解は③

音源の発する音を，観測者が最も高い音（振動数が最も大きい音）として観測するのは，音源が観測者に向かって近づく速度成分が最大のときである。したがって，図5の単振動で，振動の速さが最大となるのは振動中心の $x=0$ の点を通る瞬間の点Pまたは点Rであり，そのうち観測者に近づくのは x 軸の正の向きに運動しているときの点Rである。

POINT　ドップラー効果の公式は，音速を V，音源が出す音の振動数を f，観測者が観測する音の振動数を f'，音が進む向きの速度成分を正として，音源の速度を v_s，観測者の速度を v_o とすると

$$f'=\frac{V-v_o}{V-v_s}f$$

第4問 ── 力と運動

A  《一定の加速度で減速する電車内のおもりにはたらく慣性力》

問1  正解は③

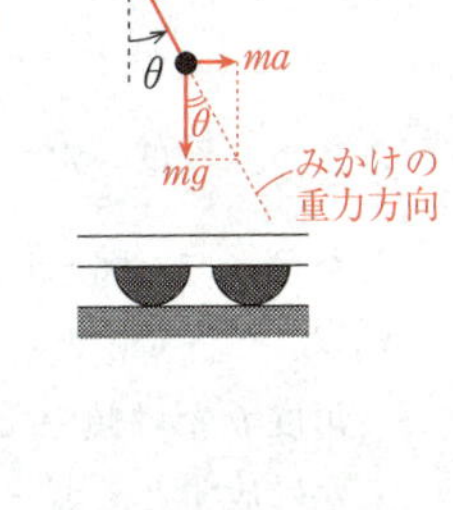

おもりの質量を m とする。電車内の少年がおもりを見ると，おもりにはたらく力は，鉛直方向下向きに重力 mg，水平方向右向きに慣性力 ma，ひもの張力 T である。これらの力がつりあっているから，右図の θ は

$$\tan\theta=\frac{ma}{mg}=\frac{a}{g}$$

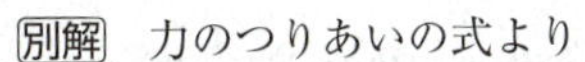
別解　力のつりあいの式より

水平方向：$T\sin\theta=ma$

鉛直方向：$T\cos\theta=mg$

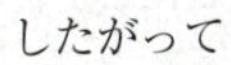
したがって

$$\tan\theta=\frac{a}{g}$$

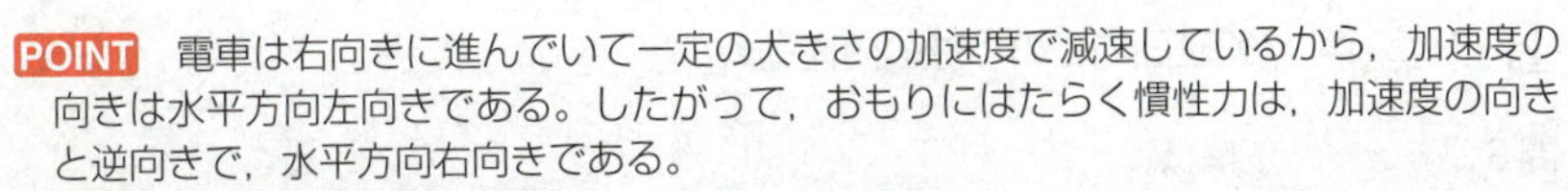
POINT　電車は右向きに進んでいて一定の大きさの加速度で減速しているから，加速度の向きは水平方向左向きである。したがって，おもりにはたらく慣性力は，加速度の向きと逆向きで，水平方向右向きである。

CHECK　ひもでつるされたおもりを電車内で観測すると，ひもは鉛直に対して角度 θ だけ傾いて静止している。このとき，おもりにはたらく重力 $m\vec{g}$ と慣性力 $m\vec{a}$ の合力を一種の重力とみなして，みかけの重力という。みかけの重力の方向は傾いたひもの方向である。みかけの重力加速度を $\vec{g'}$ とすると，みかけの重力は $m\vec{g'}=m\vec{g}+m\vec{a}$ であり，その大きさは $mg'=\sqrt{(mg)^2+(ma)^2}$ である。

問2 [2] 正解は⑤

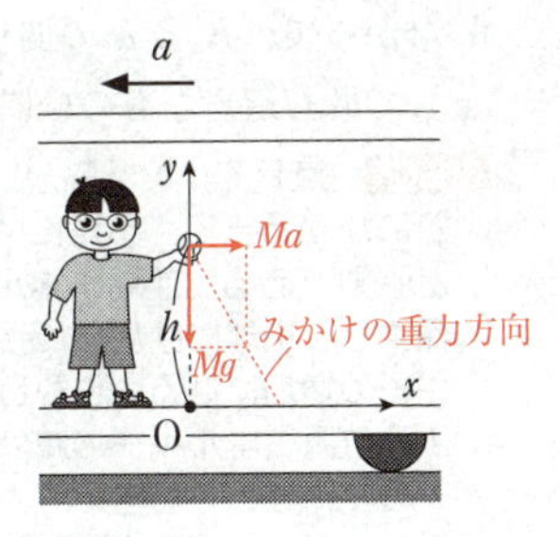

電車内の点Oを原点として，水平方向右向きを x 軸，鉛直方向上向きを y 軸とする電車内に固定された座標系を考える。

ボールの質量を M とする。ボールを放した後，ボールにはたらく力は重力 Mg と慣性力 Ma であるから，x 軸方向の加速度を a_x，y 軸方向の加速度を a_y とすると，運動方程式より

$$Ma_x=Ma \qquad \therefore \quad a_x=a$$

$$Ma_y=-Mg \qquad \therefore \quad a_y=-g$$

ここで，a，g は一定であるから，ボールは x 軸方向，y 軸方向ともに等加速度運動をすることがわかる。ボールを放してから時刻 t における位置は

$$x=\frac{1}{2}at^2$$

$$y=-\frac{1}{2}gt^2+h$$

t を消去すると

$$y=-\frac{g}{a}x+h$$

ここで，$\frac{g}{a}$ は一定であるから，軌道を表す式は，傾きが負の直線となる。

したがって，図として最も適当なものは⑤である。

別解　ボールにとってみかけの重力の方向は，問1の電車内における鉛直に対して角度 θ だけ傾いたひもの方向に等しい。したがって，静止状態からボールを静かに放すと，ボールはみかけの重力の向きへ等加速度直線運動（自由落下）をする。

B　標準　《鉛直面内での小球の円運動》

問3　3　正解は⑤

重力による位置エネルギーの基準を最下点Rにとる。小球が点Pにあるときと角度が α の位置にあるときとで，力学的エネルギー保存則より

$$mg\ell=mg\ell(1-\sin\alpha)+K$$

$$\therefore\quad K=mg\ell\sin\alpha$$

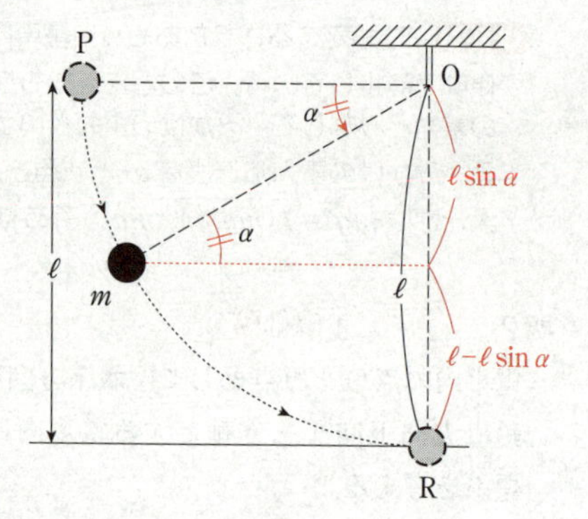

したがって，K と α の関係を表すグラフとして最も適当なものは⑤である。

CHECK　点Pで小球を静かに放してから糸が釘にかかるまで，小球にはたらく力は重力と張力である。運動エネルギーと仕事の関係より，小球にはたらく張力は仕事をしないので，重力がした仕事が小球の運動エネルギーの増加になる。しかし，重力は保存力であり，保存力が仕事をすると小球の重力による位置エネルギーの減少になるので，保存力以外の外力がした仕事が力学的エネルギーの変化となると考えてよい。問3では，重力以外の外力が仕事をしないので，力学的エネルギーが保存することになる。

問4 [4] 正解は⑥

角度 $\beta=90°$ となったときの小球の速さを v，糸の張力の大きさを T とする。小球が点Pにあるときと $\beta=90°$ となったときとで，力学的エネルギー保存則より

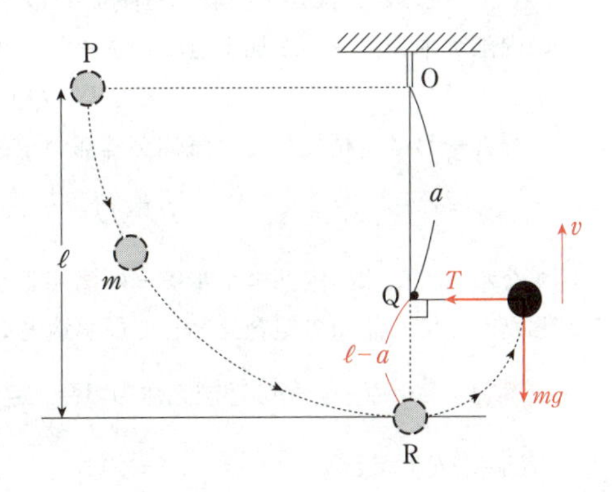

$$mg\ell=mg(\ell-a)+\frac{1}{2}mv^2$$

$$\therefore\quad v^2=2ga$$

釘を中心とした半径 $\ell-a$ の円運動の中心方向の加速度が $\dfrac{v^2}{\ell-a}$ であることに注意すると，円運動の中心方向の運動方程式は

$$m\frac{v^2}{\ell-a}=T$$

v を消去すると

$$T=m\frac{2ga}{\ell-a}=\frac{2amg}{\ell-a}$$

CHECK 糸が釘にかかる前後で，小球の円運動の半径が変化して小球が受ける糸の張力の大きさは変化するが，この張力は仕事をしないので，力学的エネルギーは変化しない。すなわち，点Pと点Rと $\beta=90°$ の点で，力学的エネルギーは保存する。

第5問  標準 —— 熱と気体 《熱サイクル》

問1  [1] 正解は①

[ア] 気体の物質量を n，気体定数を R，状態A，Bでの気体の絶対温度をそれぞれ T_0，T_B とすると，理想気体の状態方程式は

状態A：$p_0V_0=nRT_0$

状態B：$2p_0V_0=nRT_B$

$$\therefore\quad T_B=2T_0$$

過程A→Bは定積変化で，単原子分子の理想気体の定積モル比熱は $\dfrac{3}{2}R$ であるから，気体が外部から吸収した熱量 Q は

$$Q=n\cdot\frac{3}{2}R(2T_0-T_0)=\frac{3}{2}nRT_0=\frac{3}{2}p_0V_0\ (>0)$$

すなわち，気体が熱を外部から吸収している。

イ　気体が外部から吸収した熱量を Q，気体が外部からされた仕事を W，気体の内部エネルギーの増加を ΔU とすると，熱力学第1法則より

$$\Delta U = Q + W$$

過程A→Bは定積変化で，気体が外部からされた仕事 W は0であるから

$$\Delta U = Q = \frac{3}{2}p_0V_0 \ (>0)$$

すなわち，気体の内部エネルギーは**増加する**。

したがって，語句の組合せとして最も適当なものは①である。

POINT　○単原子分子の理想気体の場合，定積モル比熱は $C_V = \frac{3}{2}R$，定圧モル比熱は $C_P = \frac{5}{2}R$ である。

○気体の温度変化が ΔT のとき，内部エネルギーの変化は $\Delta U = nC_V\Delta T = \frac{3}{2}nR\Delta T$ である。この ΔU は，変化の過程（定圧，定積，断熱などの種類）によらない。

○圧力 p の定圧変化で気体の体積変化が ΔV のとき，気体が外部にした仕事を $W' = p\Delta V$ とすると，熱力学第1法則は $Q = \Delta U + W' = \frac{3}{2}nR\Delta T + p\Delta V$ である。ここで，理想気体の状態方程式において p が一定のとき $p\Delta V = nR\Delta T$ であるから，$Q = \frac{5}{2}nR\Delta T$ である。よって，定圧モル比熱は $C_P = \frac{5}{2}R$ になる。

別解　過程A→Bは定積変化であるから，ボイル・シャルルの法則より，気体の温度は上昇する。定積変化では，気体は外部から仕事をされないので，温度が上昇するためには，気体は熱を外部から吸収しなければならない。このとき，熱力学第1法則より，気体が吸収した熱量だけ，気体の内部エネルギーは増加する。

問2　2　正解は③

過程A→B→C→D→Aの間に，気体が外部にした仕事の総和 W' は，図1のグラフで囲まれた長方形ABCDの面積に等しい。したがって

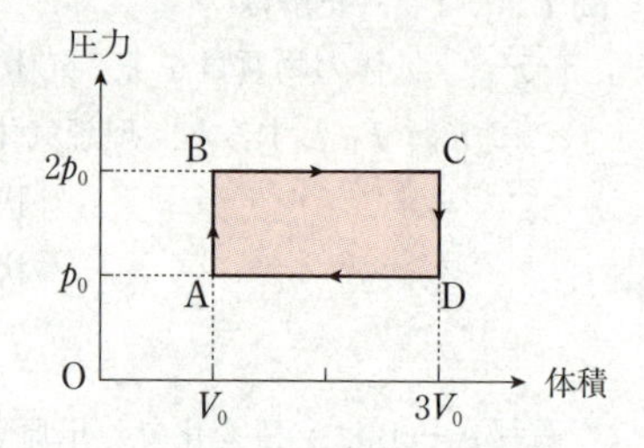

$$W' = (2p_0 - p_0) \times (3V_0 - V_0)$$
$$= \mathbf{2p_0V_0}$$

別解　過程A→BとC→Dは定積変化であるから，気体は外部へ仕事をしない。

過程B→Cで気体が外部へした仕事 W_{BC}' は

$$W_{BC}' = 2p_0 \times (3V_0 - V_0) = 4p_0V_0$$

過程D→Aで気体が外部へした仕事 W_{DA}' は

$$W_{DA}' = p_0 \times (V_0 - 3V_0) = -2p_0V_0$$

ここで，$W_{DA}' < 0$ は，気体が外部から仕事をされたことを表している。したがって，気体が外部にした仕事の総和 W' は

$$W' = 4p_0V_0 - 2p_0V_0 = 2p_0V_0$$

問３ 3 正解は⑥

気体の圧力を p，体積を V，温度を T とすると，理想気体の状態方程式より

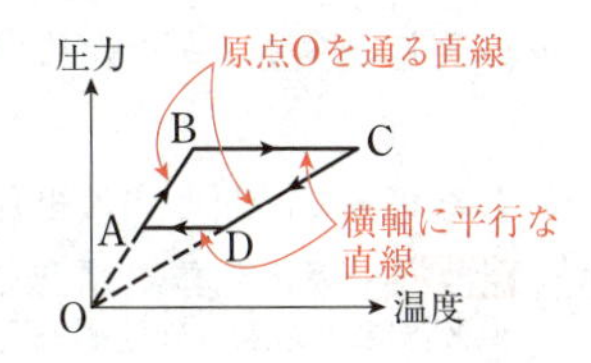

$$pV = nRT$$

はじめに，過程A→Bと過程C→Dは定積変化で，体積 V が一定であるから

$$p = \frac{nR}{V}T$$

ここで，$\frac{nR}{V}$ が一定であるから，圧力 p は温度 T に比例し，原点を通る直線である。この温度と圧力の関係の条件を満たすグラフは①と⑥である。

次に，過程B→Cと過程D→Aは定圧変化であるから，圧力 p は温度 T によらず一定である。すなわち，横軸に平行な直線となる。

よって，この温度と圧力の関係を表すグラフとして最も適当なものは，①と⑥のうち⑥である。

第６問 標準 ―― 原子と分子 《Ｘ線の発生》

問１ 1 正解は①

ア 陰極から飛び出した電子が陽極に衝突するまでの間において，運動エネルギーと仕事の関係より，電子の運動エネルギーの変化は電子が電場からされた仕事 eV に等しい。よって

$$E - 0 = eV$$

$$\therefore \quad E = eV \quad \cdots\cdots(え)$$

イ 陽極から出るＸ線の振動数が最大値 ν_0 となるときは，陽極に衝突する直前に電子がもっていた運動エネルギーのすべてがＸ線光子のエネルギーに変わったときである。よって

$$E = h\nu_0 \quad \cdots\cdots(お)$$

$$\therefore \quad \nu_0 = \frac{E}{h}$$

したがって，式の組合せとして正しいものは①である。

問2　2　正解は②

ウ　図2の特定の波長部分で強度が非常に強いX線を特性（固有）X線という。

エ　原子に束縛された電子のエネルギーは，外側の軌道にあるものほど大きい。外側の軌道にある電子が内側の軌道へ落ち込むとき，エネルギー準位の差 E_1-E_0 に等しいエネルギーが放出され，これがX線のエネルギーとなる。よって

$$E_X=E_1-E_0$$

したがって，語と式の組合せとして最も適当なものは②である。

CHECK　図2の連続した波長で強度がゆるやかに変化するX線を，連続X線という。連続X線は次のような仕組みで発生する。
加速された電子が陽極で止められるとき，電子1個の運動エネルギーの一部がX線光子1個のエネルギーに変わるが，そのエネルギーの大きさは電子と陽極の金属原子との衝突の仕方によって決まり，いろいろな値のエネルギーをもつX線，すなわち，いろいろな値の波長をもつX線が放出される。

問3　3　正解は⑤

オ　陰極から出るX線の振動数が最大値 ν_0 となるとき，波長は最小値 λ_0 となる。これを，最短波長という。光の速さを c とすると，(え)，(お)より

$$eV=h\nu_0=h\frac{c}{\lambda_0}\qquad\therefore\quad\lambda_0=\frac{hc}{eV}$$

ここで，h，c，e は定数であるから，最短波長 λ_0 は，加速電圧 V のみに依存する。よって，加速電圧が同じであれば，最短波長が同じスペクトルが得られる。その組合せは，(B)と(C)である。

カ　特性（固有）X線として放出されるX線のエネルギー E_X は，陽極の金属原子のエネルギー準位によって決まり，エネルギー準位は原子番号によって異なる。よって，E_X は元素ごとに違う値になる。X線のエネルギー E_X に対応する波長を λ_X とすると

$$E_X=h\frac{c}{\lambda_X}\qquad\therefore\quad\lambda_X=\frac{hc}{E_X}$$

ここで，h，c は定数であるから，特性（固有）X線の波長 λ_X は，放出されるX線のエネルギー E_X のみ，すなわち，陽極の金属原子のエネルギー準位，元素の種類（原子番号）に依存する。よって，陽極金属が同じであれば，特性（固有）X線の波長が同じスペクトルが得られる。その組合せは，(A)と(B)である。

したがって，語句の組合せとして最も適当なものは⑤である。

物理 本試験

問題番号(配点)	設問		解答番号	正解	配点	チェック
第1問 (25)		問1	1	⑤	5	
		問2	2	③	5	
		問3	3	⑦	5	
		問4	4	①[*1]	5	
		問5	5	②[*2]	5	
第2問 (20)	A	問1	1	①	5	
		問2	2	⑧	5	
	B	問3	3	④	5	
		問4	4	④	5	
第3問 (20)	A	問1	1	⑥	4	
		問2	2	②[*3]	4	
		問3	3	①[*4]	4	
	B	問4	4	④	4	
		問5	5	③	2	
			6	⑥	2	

問題番号(配点)	設問		解答番号	正解	配点	チェック
第4問 (20)	A	問1	1	②	4	
		問2	2	⑤	4	
	B	問3	3	④[*5]	4	
		問4	4	⑨	4	
		問5	5	⑤	4	
第5問 (15)		問1	1	⑥	5	
		問2	2	③	5	
		問3	3	⑦	5	
第6問 (15)		問1	1	②	5	
		問2	2	⑨[*6]	5	
		問3	3	⑦	5	

(注)

1　＊1は，解答②の場合は3点を与える。

2　＊2は，解答①，③，④の場合は2点を与える。

3　＊3は，解答①の場合は2点を与える。

4　＊4は，解答②の場合は2点を与える。

5　＊5は，解答⑤，⑥の場合は2点を与える。

6　＊6は，解答⑦，⑧の場合は2点を与える。

7　第1問～第4問は必答。第5問，第6問のうちから1問選択。計5問を解答。

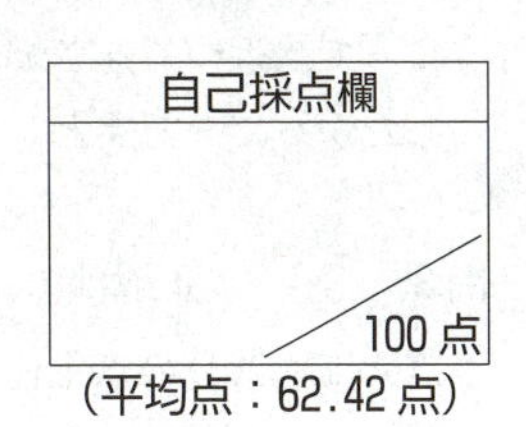

（平均点：62.42点）

第1問　標準　《総　合　題》

問1　1　正解は⑤

二つの物体が一体となって動いているときの速さを V とすると，右向きを正として，運動量保存則より

$$mv=(M+m)V$$

$$\therefore\quad V=\frac{m}{M+m}v$$

よって，一体となった物体の運動エネルギーを K とすると

$$K=\frac{1}{2}(M+m)V^2=\frac{1}{2}(M+m)\left(\frac{m}{M+m}v\right)^2=\frac{m^2v^2}{2(M+m)}$$

問2　2　正解は③

①不適。空気中を伝わる音の速さ v〔m/s〕は，空気の温度が t〔℃〕のとき

$$v=331.5+0.6t$$

である。よって，音の速さは振動数には無関係である。

②不適。音を1オクターブ高くするとは，音の振動数を2倍にすることである。音速を v，音の振動数を f，波長を λ とすると

$$v=f\lambda$$

よって，v が一定のとき，振動数 f を2倍にすると，波長 λ は $\frac{1}{2}$ 倍になる。

③適当。回折とは，波が障害物の背後にまわりこむ現象をいう。

④不適。うなりとは，一定の周期で音の大小が繰り返されて聞こえる現象をいう。うなりが生じるのは，振動数がわずかに異なる二つの波が重なるときに，その合成波の振幅が周期的に変化することによる。振幅が少し異なる二つの波が重なっても，二つの波の振動数が等しければ，うなりは生じない。

⑤不適。音速を v，音源が観測者に近づく速さを v_S（$v>v_S$），音源が出す音の振動数を f，観測者が聞く音の振動数を f' とすると，ドップラー効果の式より

$$f'=\frac{v}{v-v_S}f$$

よって，近づく速さ v_S が大きいほど，聞く音の振動数 f' は大きくなる。

したがって，記述として最も適当なものは③である。

問3　3　正解は⑦

点A, B, C, Dの点電荷が点Pにつくる電場をそれぞれ $\overrightarrow{E_A}$，$\overrightarrow{E_B}$，$\overrightarrow{E_C}$，$\overrightarrow{E_D}$ とすると，

これらは右図のようになり，その大きさには，$|\overrightarrow{E_A}|=|\overrightarrow{E_D}|<|\overrightarrow{E_B}|=|\overrightarrow{E_C}|$ の関係がある。また，$\overrightarrow{E_A}$ と $\overrightarrow{E_D}$ の合成電場 $\overrightarrow{E_{AD}}$ は上向き，$\overrightarrow{E_B}$ と $\overrightarrow{E_C}$ の合成電場 $\overrightarrow{E_{BC}}$ は下向きとなり，その大きさには，$|\overrightarrow{E_{AD}}|<|\overrightarrow{E_{BC}}|$ の関係がある。よって，$\overrightarrow{E_{AD}}$ と $\overrightarrow{E_{BC}}$ の合成電場 $\vec{E}$ の大きさは，$|\vec{E}|=|\overrightarrow{E_{BC}}|-|\overrightarrow{E_{AD}}|$ であり，下向きとなる。

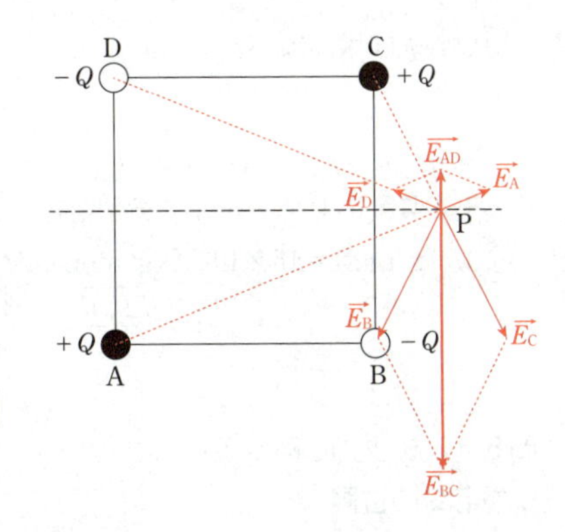

したがって，矢印として最も適当なものは⑦である。

POINT ○空間の一点に点電荷を固定すると，その周囲の空間は他の電荷に静電気力をおよぼすような状態になっている。このとき，空間に電場（電界）が生じたという。電場の向きは，その点に置いた正電荷が受ける力の向きと同じである。

○二つの点電荷間にはたらく静電気力の大きさ F は，それぞれの電気量 q_1，q_2 の積に比例し，距離 r の2乗に反比例する。これを静電気力に関するクーロンの法則という。クーロンの法則の比例定数を k として

$$F=k\cdot\frac{q_1\cdot q_2}{r^2}$$

静電気力によって，同種の電荷は互いに反発しあい，異種の電荷は互いに引きあう。

問4　[4]　正解は①

[ア]・[イ]　気体分子1個の質量を m，2乗平均速度を $\sqrt{\overline{v^2}}$，ボルツマン定数を k，気体の絶対温度を T，気体分子の平均運動エネルギーを K とすると

$$K=\frac{1}{2}m\overline{v^2}=\frac{3}{2}kT$$

よって，K は，絶対温度 T に比例し，分子量によらない。

[ウ]　2乗平均速度 $\sqrt{\overline{v^2}}$ は

$$\sqrt{\overline{v^2}}=\sqrt{\frac{3kT}{m}}$$

よって，$\sqrt{\overline{v^2}}$ は，温度 T が同じであれば，気体分子1個の質量 m の平方根に反比例する。気体分子1個の質量は，気体の分子量に比例し，ヘリウムとネオンとでは，分子量はヘリウムの方が小さいので，気体分子1個の質量もヘリウムの方が小さい。

よって，2乗平均速度 $\sqrt{\overline{v^2}}$ は，ヘリウムの方が大きい。

したがって，語句の組合せとして最も適当なものは①である。

CHECK 気体定数を R〔J/mol·K〕，アボガドロ定数を N_A〔/mol〕とすると，ボルツマン

定数k〔J/K〕は

$$k=\frac{R}{N_A}$$

すなわち，kは，気体分子１個あたりの気体定数を表す。
モル質量をM〔kg/mol〕，分子量をM_0とすると，$M=mN_A$であり，
M_0〔g/mol〕$=M_0\times10^{-3}$〔kg/mol〕$=M$〔kg/mol〕であるから，$\sqrt{\overline{v^2}}$は

$$\sqrt{\overline{v^2}}=\sqrt{\frac{3kT}{m}}=\sqrt{\frac{3RT}{mN_A}}=\sqrt{\frac{3RT}{M}}=\sqrt{\frac{3RT}{M_0\times10^{-3}}}$$

問５　5　正解は②

重心Gの位置

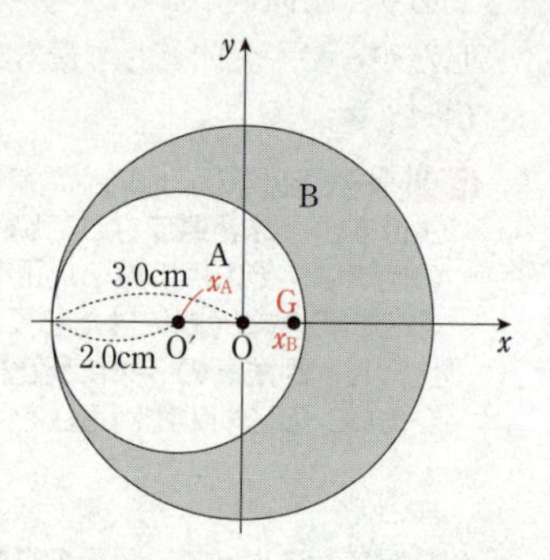

右図のように，点Oを原点としてx軸，y軸をとる。物体Bの形状から，重心Gはx軸上で点Oの右側（$x>0$の部分）にあることがわかる。

OG間の距離

円板の単位面積当たりの質量（面密度）をσ〔kg/cm²〕，円板A，物体Bのそれぞれの質量をm_A〔kg〕，m_B〔kg〕とすると

$$m_A=\sigma\cdot\pi\times(2.0)^2=4.0\pi\sigma\text{〔kg〕}$$

$$m_B=\sigma\cdot\pi\times\{(3.0)^2-(2.0)^2\}=5.0\pi\sigma\text{〔kg〕}$$

重力加速度の大きさをg〔m/s²〕とすると，切り取った円板Aの重力m_Ag（作用点O′，重心座標$x=x_A=-(3.0-2.0)=-1.0$〔cm〕）と，残った物体Bの重力m_Bg（作用点G，重心座標$x=x_B$〔cm〕）の合力の作用点が，もとの半径3.0cmの円板の重心O（作用点O，重心座標$x=x_O=0$〔cm〕）となる。これらの平行で同じ向きの二力を合成すると

$$m_Ag\cdot x_A+m_Bg\cdot x_B=(m_A+m_B)g\cdot x_O$$

$$\therefore\quad x_O=\frac{m_Ax_A+m_Bx_B}{m_A+m_B}$$

よって

$$0=\frac{4.0\pi\sigma\times(-1.0)+5.0\pi\sigma\times x_B}{4.0\pi\sigma+5.0\pi\sigma}$$

$$\therefore\quad x_B=0.8\text{〔cm〕}$$

したがって，重心Gの位置とOG間の距離の組合せとして最も適当なものは②である。

別解　円板Aを切り取る前の半径3.0cmの円板に，負の質量をもった円板Aを貼り付けたものが，物体Bになると考える。すなわち，切り取る前の円板の重力

$m_{\mathrm{O}}g=9.0\pi\sigma g$（作用点O，重心座標$x_{\mathrm{O}}=0$〔cm〕）と，円板Aの重力$m_{\mathrm{A}}g=-4.0\pi\sigma g$（作用点O′，重心座標$x=x_{\mathrm{A}}=-1.0$〔cm〕）の合力の作用点が，物体Bの重心（作用点G，重心座標$x=x_{\mathrm{B}}$〔cm〕）となる。よって

$$x_{\mathrm{B}}=\frac{m_{\mathrm{O}}x_{\mathrm{O}}+m_{\mathrm{A}}x_{\mathrm{A}}}{m_{\mathrm{O}}+m_{\mathrm{A}}}$$

$$=\frac{9.0\pi\sigma\times0+(-4.0\pi\sigma)\times(-1.0)}{9.0\pi\sigma+(-4.0\pi\sigma)}=0.8\text{〔cm〕}$$

POINT 質量m_1の物体が座標x_1に，質量m_2の物体が座標x_2にあるとき，これらの重心座標x_{G}は，二物体間を$\frac{1}{m_1}:\frac{1}{m_2}$に内分する点であり

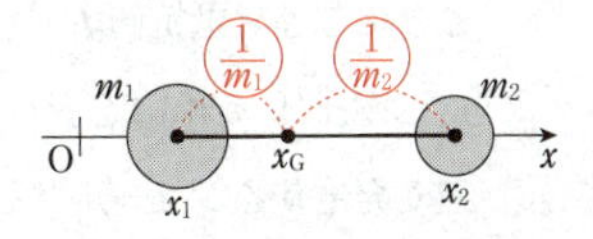

$$x_{\mathrm{G}}=\frac{m_1x_1+m_2x_2}{m_1+m_2}$$

第2問 ── 電気と磁気

A 標準 《コンデンサーと抵抗の直流回路》

問1 [1] 正解は①

コンデンサーに蓄えられた電荷をq，回路に流れる電流をIとすると，回路の式（キルヒホッフの第2法則の式）は

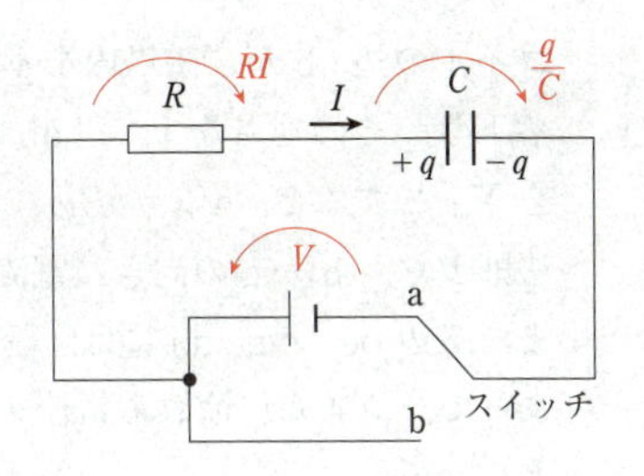

$$V=RI+\frac{q}{C}$$

$$\therefore\quad I=-\frac{1}{RC}q+\frac{V}{R}$$

(i) $t=0$（スイッチをa側に入れた直後）のとき，$q=0$であるから，電流$I=\frac{V}{R}$が流れる。

(ii)時間の経過とともに電荷qが増加すると，電流Iは減少する。

(iii)十分に長い時間が経過すると，コンデンサーは完全に充電されて電荷の移動がなくなり，電流Iは流れなくなる。

したがって，グラフとして最も適当なものは①である。

問2　2　正解は⑧

スイッチをb側に入れてから電流が流れなくなるまでの間に，抵抗で発生するジュール熱を W とすると，これは，スイッチをb側に入れる直前に，コンデンサーに蓄えられていたエネルギーに等しい。よって

$$W=\frac{CV^2}{2}$$

CHECK　コンデンサーに蓄えられていたエネルギーが，抵抗でジュール熱として失われたことになる。抵抗値 R の抵抗で消費する電力はスイッチをb側に入れた直後は電流 I または電圧 V を用いて $RI^2=\frac{V^2}{R}$ であるが，今，電流，電圧は時間変化しているので，抵抗で発生するジュール熱を求めるのにこの公式を用いることはできない。

B　標準　《落下するコイルの電磁誘導》

問3　3　正解は④

(i) $t\leqq 0$ のとき

コイルのすべての辺が磁場外を運動しているので，誘導起電力は生じない。よって，コイルに流れる電流は0である。

(ii) $0<t<T$ のとき

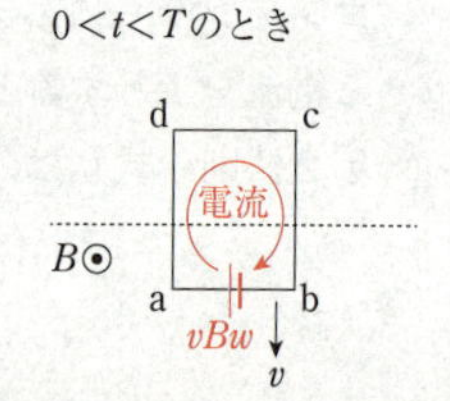

コイルの辺abが，磁場内を y 軸の負の向きに一定の速さで落下し，その速さを v，辺abに生じる誘導起電力の大きさを V_{ab} とすると，$V_{ab}=vBw$ であり，その向きは，右ねじの法則より，b→aの向きに電流を流そうとする向きである。また，辺bc，cd，daには，誘導起電力は生じない。

よって，コイルに流れる電流 I は，abcdaの向きを正とすると

$$I=-\frac{vBw}{R}$$

(iii) $T\leqq t$ のとき

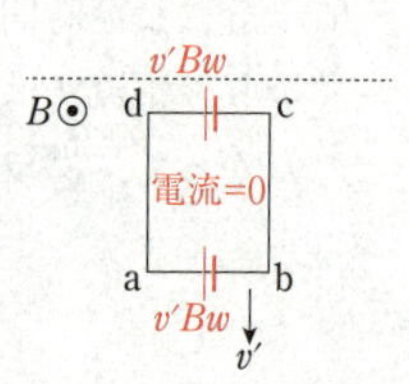

コイルのすべての辺が磁場内を運動している。ある時刻におけるコイルの落下の速さを v'，辺abに生じる誘導起電力の大きさを V_{ab}' とすると，$V_{ab}'=v'Bw$ であり，その向きは，b→aの向きである。辺cdに生じる誘導起電力の大きさを V_{cd}' とすると，$V_{cd}'=v'Bw$ であり，その向きは，c→dの向きである。また，辺bc，辺daには誘導起電力は生じない。

よって，コイルに流れる電流 I' は，abcdaの向きを正とす

ると，キルヒホッフの第２法則より

$$-v'Bw+v'Bw=RI'$$

$$\therefore \quad I'=0$$

したがって，グラフとして最も適当なものは④である。

POINT コイルが一定の速さ v で落下しているとき，時間 Δt あたりにコイルを貫く磁束の面積は $\Delta S=v\Delta t\cdot w$ だけ増加し，磁束は紙面に対して裏から表向きに $\Delta\Phi=B\cdot\Delta S$ だけ増加する。このとき，コイルに生じる誘導起電力の大きさ V_{emf} は

$$V_{\mathrm{emf}}=\left|\frac{\Delta\Phi}{\Delta t}\right|=\left|\frac{B\cdot\Delta S}{\Delta t}\right|=\left|\frac{B\cdot v\Delta t\cdot w}{\Delta t}\right|=vBw$$

誘導起電力の向きは，コイルを貫く磁束の変化を妨げる磁束をつくる向き，すなわち紙面に対して表から裏向きの磁束をつくるような誘導電流を流す向きであり，その向きは，右ねじの法則より時計回りである。

問４ 4 正解は④

$0<t<T$ では，コイルは一定の速さ v で落下しているから，コイルにはたらく力はつりあっている。コイルの辺 ab を流れる電流 I が磁場から受ける力の大きさ F は

$$F=|I|Bw=\frac{vBw}{R}\cdot Bw=\frac{vB^2w^2}{R}$$

その向きは，フレミングの左手の法則より，y 軸の正の向きである。

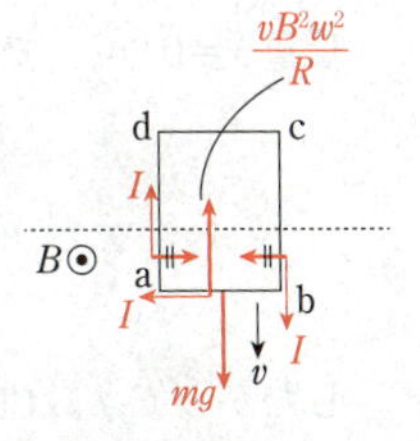

また，辺 cd は，磁場外にあるので力は受けない。辺 bc と辺 da は，磁場内にある部分が力を受けるが，電流の向きが互いに逆向きであるから力の向きも互いに逆向きで，力の大きさが同じであるから，その合力は０である。一方，コイル全体は，y 軸の負の向きに大きさ mg の重力を受けるから，力のつりあいの式より

$$\frac{vB^2w^2}{R}=mg$$

$$\therefore \quad v=\frac{mgR}{B^2w^2}$$

第３問 ―― 波

A やや難 《正弦波とその重ね合わせ》

問１ 1 正解は⑥

$x=0$〔m〕での媒質の変位の式 $y=0.1\sin\left(2\pi\dfrac{t}{T}+\alpha\right)$ で，T〔s〕は周期を，α

〔rad〕は初期位相（時刻 $t=0$〔s〕のときの位相）を表す。

T

時刻 $t=0$〔s〕（または $t=0.1$〔s〕）の波形に着目すると，波の波長 λ〔m〕は

$$\lambda=0.4\,〔\mathrm{m}〕$$

波の先端は，時刻 $t=0$〔s〕のときに位置 $x=0.1$〔m〕にあり，時刻 $t=0.1$〔s〕のときに位置 $x=0.2$〔m〕まで進んでいるから，この波の速さ v〔m/s〕は

$$v=\frac{0.2-0.1}{0.1-0}=1\,〔\mathrm{m/s}〕$$

波の式より

$$v=\frac{\lambda}{T}$$

$$\therefore\quad T=\frac{\lambda}{v}=\frac{0.4}{1}=\mathbf{0.4}\,〔\mathrm{s}〕$$

α

位置 $x=0$〔m〕で，時刻 $t=0$〔s〕のときの変位が $y=0.1$〔m〕であるから

$$0.1=0.1\sin\left(2\pi\frac{0}{0.4}+\alpha\right)\qquad \sin\alpha=1$$

$$\therefore\quad \alpha=\frac{\pi}{2}\,〔\mathrm{rad}〕$$

したがって，数値の組合せとして最も適当なものは⑥である。

問2　2　正解は②

ア　図2の入射波と反射波を合成すると下図のようになる。

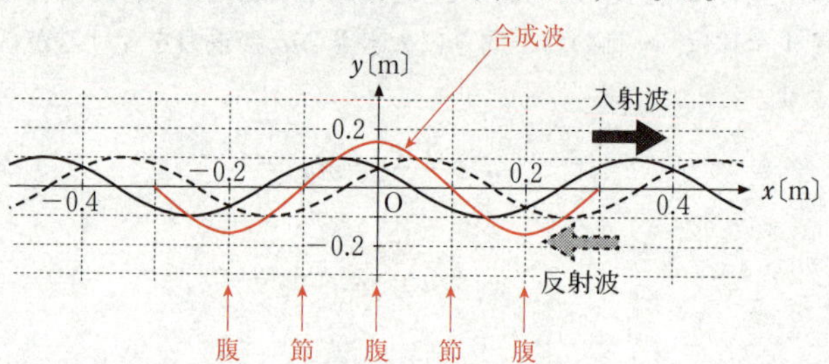

-0.2〔m〕$\leqq x \leqq 0.2$〔m〕において，合成波の変位が0の位置が定常波の節になるから，節の位置は

$$x=\mathbf{-0.1}\,〔\mathrm{m}〕,\ \mathbf{0.1}\,〔\mathrm{m}〕$$

逆に，合成波の変位が最大となる位置が定常波の腹になるから，腹の位置は

$$x=-0.2\,〔\mathrm{m}〕,\ 0\,〔\mathrm{m}〕,\ 0.2\,〔\mathrm{m}〕\quad\cdots\cdots(あ)$$

イ　定常波の隣り合う腹と腹の間隔は0.2mであるから，-0.2〔m〕$\leqq x$

≦1.0〔m〕において，腹の位置は(あ)より

$$x=-0.2〔m〕,\ 0〔m〕,\ 0.2〔m〕,\ 0.4〔m〕,\ \cdots,\ 1.0〔m〕$$

となり，$x=1.0$〔m〕の位置は腹であることがわかる。反射する位置で，入射波と反射波の合成波が腹になるためには，反射波が入射波と同位相でなければならないから，入射波は自由端反射している。

逆に，反射する位置が節になるときは，反射波が入射波と逆位相になっているから，入射波は固定端反射している。

したがって，数値と語の組合せとして最も適当なものは②である。

別解　図2の入射波および反射波の波形を延長して，位置 $x=1.0$〔m〕まで描くと，下図のようになる。

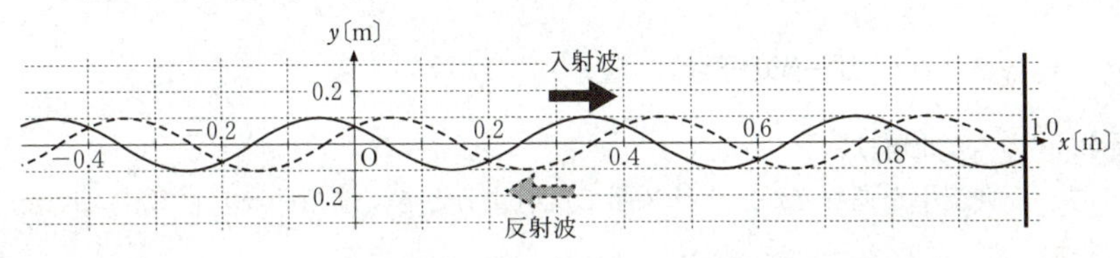

よって

$$入射波の変位は\quad y=-\frac{1}{\sqrt{2}}\times 0.1〔m〕$$

$$反射波の変位は\quad y=-\frac{1}{\sqrt{2}}\times 0.1〔m〕$$

となり，反射波の位相と入射波の位相が等しいから，入射波は自由端反射をして反射波となっている。

問3　3　正解は①

2倍振動とは，振動数が基本振動の2倍の波をいう。弦を伝わる波の速さ v が一定で，振動数 f が2倍になると，波の式 $v=f\lambda$，$T=\frac{1}{f}$ より，波長 λ が $\frac{1}{2}$ 倍に，周期 T が $\frac{1}{2}$ 倍になる。また，弦の振動は進行波ではなく定常波であるから，弦の位置によって振幅が異なる単振動を生じる。

$t=\frac{5T}{8}$ では

○基本振動の波形は，$t=\frac{T}{8}$ の波形をもとに考えると，そこから $\frac{5T}{8}-\frac{T}{8}=\frac{T}{2}$，すなわち半周期だけ経過した波形となる。これは，$t=\frac{T}{8}$ の波形を反転させた波形

$\left(t=\dfrac{3T}{8}\right.$ の波形と同じ波形$\left.\right)$ となり，図は(a)である。

○2倍振動の波形は，$t=\dfrac{T}{8}$ の波形をもとに考えると，2倍振動の周期は基本振動の $\dfrac{1}{2}$ であるから，そこから $\dfrac{5T}{8}-\dfrac{T}{8}=\dfrac{T}{2}$，すなわち一周期だけ経過した波形となる。これは，$t=\dfrac{T}{8}$ の波形と同じ波形となり，図は(c)である。

○合成波の波形は，(a)の波形と(c)の波形の和であるから，図は(e)である。
したがって，記号の組合せとして最も適当なものは①である。

B　標準　《レーザー光の干渉》

問4　[4]　正解は④

[ウ]　真空中を進む光が，ガラス面で反射するとき，位相は π だけ変化（反転）する。

光が，屈折率が小さい媒質（ここでは真空）を進んできて，大きい媒質（ここではガラス）との境界面で反射するときは，位相は π だけ変化し，固定端反射に相当する。逆に，光が，屈折率が大きい媒質を進んできて，小さい媒質との境界面で反射するときは，位相は変化せず，自由端反射に相当する。

[エ]　光がガラス面で反射せずにガラス板Bを直接透過するときは，位相は変化しない。一方，光が面 B_1 と面 A_1 で1回ずつ反射してガラス板Bを透過するときは，面 A_1 で反射するときも面 B_1 で反射するときも，ともに位相が π だけ変化するから，これらの位相の変化は相殺される。

はじめに，面 A_1 と面 B_1 の間隔が d で二つの透過光が強めあう条件は，m を正の整数として

$$2d=m\lambda \quad \cdots\cdots(い)$$

次に，間隔が $d+\dfrac{\lambda}{2}$ のとき，二つの光の経路差は，(い)より

$$2\left(d+\frac{\lambda}{2}\right)=m\lambda+\lambda=(m+1)\lambda$$

これは，光が二枚のガラス板間を往復する距離がちょうど一波長分だけ長くなったことを表している。よって，間隔を d から $d+\dfrac{\lambda}{2}$ に徐々に変化させたとき，二つの透過光は一度弱めあった後強めあう。

したがって，語句の組合せとして最も適当なものは④である。

問5　5　正解は③　　6　正解は⑥

5　二つの透過光が強めあう条件(い)に，波の式 $c=f\lambda$ より $\lambda=\dfrac{c}{f}$ を用いると

$$2d=m\frac{c}{f}$$

$$\therefore\quad f=m\frac{c}{2d}\quad\cdots\cdots(う)$$

6　レーザー光の振動数 f を大きくすると，波長 λ は小さくなるから，二枚のガラス板の間に入る波の数は増加する。振動数が Δf だけ増加するまでの間に，二つの透過光は一度弱めあったのち再び強めあったのであるから，二枚のガラス板の間に入る波の数は一個だけ増加したことになる。よって

$$f+\Delta f=(m+1)\frac{c}{2d}\quad\cdots\cdots(え)$$

(え)と(う)との差をとると

$$\Delta f=\frac{c}{2d}=\frac{3.0\times10^8}{2\times0.10}=1.5\times10^9\,〔\mathrm{Hz}〕$$

第4問 ―― 様々な運動，気体分子の運動

A 標準 《あらい水平面上のばね振り子》

問1　1　正解は②

小物体が位置 x で静止しているとき，小物体にはたらく静止摩擦力の大きさを F，垂直抗力の大きさを N とすると，力のつりあいの式より

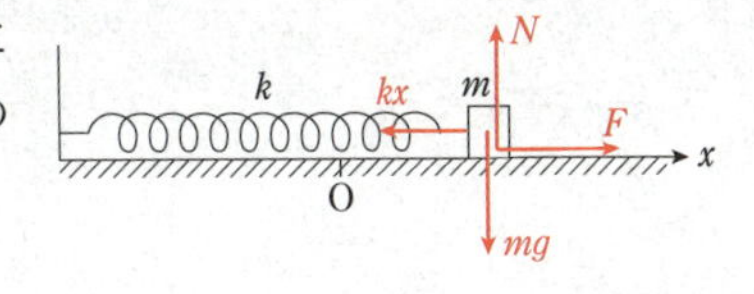

水平方向　$kx=F$

鉛直方向　$N=mg$

静止摩擦力の最大値（最大摩擦力の大きさ）は μN であるから，小物体が静止したままであるためには

$$F\leqq\mu N\qquad kx\leqq\mu mg$$

$$\therefore\quad x\leqq\frac{\mu mg}{k}$$

よって，位置 x の最大値 x_{M} は

$$x_M = \frac{\mu mg}{k}$$

問2　2　正解は⑤

ア　小物体が運動しているとき，小物体にはたらく動摩擦力の大きさは$\mu' mg$であり，小物体は左向きに運動しているので，動摩擦力の向きは右向きである。よって，小物体にはたらく力の水平成分Fは，図の右向きを正として

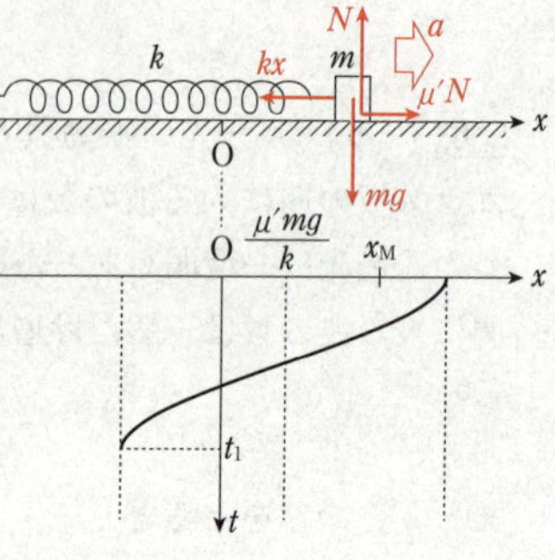

$$F = \mu' mg - kx = -k\left(x - \frac{\mu' mg}{k}\right) \quad \cdots\cdots(あ)$$

イ　一般に，物体が，位置$x = x_0$を振動中心として角振動数ωの単振動をするとき，加速度aは，次のように表される。

$$a = -\omega^2(x - x_0)$$

小物体の運動方程式は，(あ)より

$$ma = -k\left(x - \frac{\mu' mg}{k}\right)$$

$$\therefore \quad a = -\frac{k}{m}\left(x - \frac{\mu' mg}{k}\right)$$

となり，小物体は単振動をすることがわかる。その角振動数ωは

$$\omega^2 = \frac{k}{m} \qquad \therefore \quad \omega = \sqrt{\frac{k}{m}}$$

周期Tは

$$T = \frac{2\pi}{\omega} = 2\pi\sqrt{\frac{m}{k}}$$

小物体は，x_Mより右側の位置（単振動の右端）で初速度0で動き始め，次に小物体の速度が0になるのは単振動の左端にきたときであり，この間の経過時間t_1は，周期Tの$\frac{1}{2}$である。よって

$$t_1 = \frac{1}{2}T = \pi\sqrt{\frac{m}{k}}$$

したがって，式の組合せとして正しいものは⑤である。

B やや難 《ばね付きピストン内の気体の状態変化》

問3 　3 　正解は④

ばね定数 k

図2(b)の状態で，ばねの縮みを x_0 とすると，ピストンにはたらく力のつりあいの式より

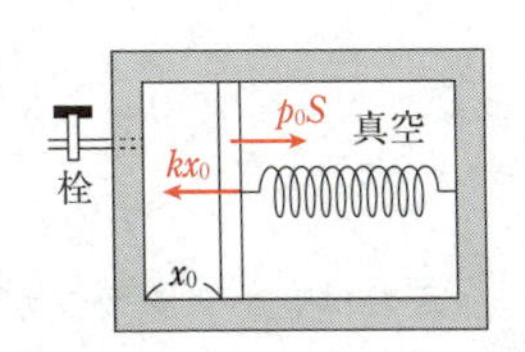

$$kx_0 = p_0S$$

ここで，$V_0 = Sx_0$ より $x_0 = \dfrac{V_0}{S}$ であるから

$$k = \frac{p_0S^2}{V_0} \quad \cdots\cdots(い)$$

ばねのエネルギー

ばねに蓄えられたエネルギーを E_0 とすると

$$E_0 = \frac{1}{2}kx_0{}^2 = \frac{1}{2}\cdot\frac{p_0S^2}{V_0}\cdot\left(\frac{V_0}{S}\right)^2 = \frac{1}{2}p_0V_0 \quad \cdots\cdots(う)$$

ここで，図2(b)の状態で，理想気体の状態方程式より

$$p_0V_0 = nRT_0$$

よって

$$E_0 = \frac{1}{2}nRT_0$$

したがって，式の組合せとして最も適当なものは④である。

問4 　4 　正解は⑨

図2(b)，図3の状態での気体の内部エネルギーをそれぞれ U_0，U とすると

$$U_0 = \frac{3}{2}nRT_0$$

$$U = \frac{3}{2}nRT$$

よって，気体の内部エネルギーの増加分 ΔU は

$$\Delta U = U - U_0 = \frac{3}{2}nR(T - T_0)$$

問5 　5 　正解は⑤

気体がした仕事は，気体の圧力 p を縦軸に，体積 V を横軸にとって描いたグラフと横軸で囲まれた部分の面積で表される。

図3の状態で，ばねの縮みを x とすると，ピストンにはたらく力のつりあいの式より

$$kx = pS \quad \cdots\cdots (え)$$

ここで，$V = Sx$ より $x = \frac{V}{S}$ （……(お)）であり，(い)を用いると

$$\frac{p_0 S^2}{V_0} \cdot \frac{V}{S} = pS$$

$$\therefore \quad p = \frac{p_0}{V_0} V$$

これは，p-V グラフが，傾きが $\frac{p_0}{V_0}$ （＝一定）で原点を通る直線であることを表している。よって，気体がした仕事は，このグラフと横軸との間で，体積 V_0 と V との間で囲まれた部分の面積である。

したがって，最も適当なものは⑤である。

別解　シリンダー内部でピストンより右側は真空であるから，気体がした仕事を W とすると，W は，ばねに蓄えられたエネルギーの増加 ΔE に等しい。

ばねに蓄えられたエネルギー E は，(え)，(お)を用いると

$$E = \frac{1}{2}kx^2 = \frac{1}{2} \cdot \frac{pS^2}{V} \cdot \left(\frac{V}{S}\right)^2 = \frac{1}{2}pV \quad \cdots\cdots (か)$$

よって，(う)，(か)より

$$W = \Delta E = E - E_0 = \frac{1}{2}pV - \frac{1}{2}p_0 V_0$$

これは，面積 $\frac{1}{2}pV$ から，面積 $\frac{1}{2}p_0 V_0$ を引いた残りの面積を表している。

第5問　標準　―― 様々な運動　《万有引力による惑星の運動》

問1　1　正解は⑥

ケプラーの第2法則より，近日点と遠日点とでの面積速度が等しいから

$$\frac{1}{2}r_1 v_1 = \frac{1}{2}r_2 v_2 \quad \cdots\cdots (あ)$$

$$\therefore \quad \boldsymbol{r_1 v_1 = r_2 v_2}$$

問2　2　正解は③

位置エネルギー

万有引力による位置エネルギーを U とすると

$$U = -G\frac{Mm}{r}$$

よって，距離 r と万有引力による位置エネルギーの関係を表すグラフは(d)である。

運動エネルギー

力学的エネルギー保存則より，惑星の運動エネルギーと万有引力による位置エネルギーの和は常に一定値となる。位置エネルギーのグラフは(d)であるので，すべての距離 r で力学的エネルギーが保たれて，距離 r と惑星の運動エネルギーの関係を表すグラフは(a)である。

したがって，組合せとして最も適当なものは③である。

問3 [3] 正解は⑦

[ア] 軌道Aの場合，惑星は，万有引力を向心力として，等速円運動をする。円の中心方向の運動方程式より

$$m\frac{v^2}{r}=G\frac{Mm}{r^2}$$

$$\therefore\quad v=\sqrt{\frac{GM}{r}}\quad\cdots\cdots(い)$$

[イ] 地表面での水平投射運動では，物体は初速度が大きいほど遠くまで飛ぶ。惑星の運動も同様に考えると，軌道Bの近日点での惑星の速さは，軌道Aの場合より大きい。すなわち，軌道Bの近日点での惑星の運動エネルギーは，軌道Aの場合より大きい。また，この点での万有引力による位置エネルギーは，軌道Bと軌道Aで等しい。

よって，軌道Bの場合の惑星の力学的エネルギーは，軌道Aの場合より大きい。

したがって，式と語の組合せとして最も適当なものは⑦である。

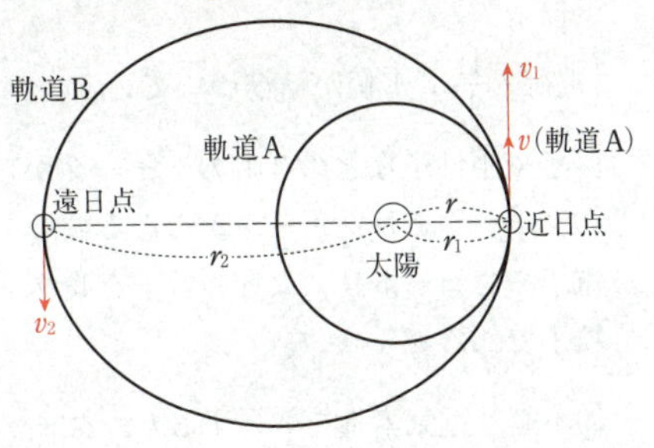

[別解] 軌道Bでの太陽からの惑星の距離と惑星の速さを，近日点で r_1，v_1，遠日点で r_2，v_2 とする。(あ)のケプラーの第2法則より

$$\frac{1}{2}r_1v_1=\frac{1}{2}r_2v_2$$

力学的エネルギー保存則より

$$\frac{1}{2}mv_1{}^2-G\frac{Mm}{r_1}=\frac{1}{2}mv_2{}^2-G\frac{Mm}{r_2}$$

v_2 を消去すると

$$v_1=\sqrt{\frac{2GMr_2}{r_1(r_1+r_2)}}$$

ここで，$r_1=r$ であり，(い)を用いると

$$v_1=\sqrt{\frac{2r_2}{r_1+r_2}}\cdot\sqrt{\frac{GM}{r}}=\sqrt{\frac{2r_2}{r_1+r_2}}\cdot v$$

$r_2>r_1$ であるから，$\sqrt{\frac{2r_2}{r_1+r_2}}>1$ となり，$v_1>v$ である。

よって，軌道Bの近日点における惑星の運動エネルギー $K_B=\frac{1}{2}mv_1^2$ は，軌道Aの場合の運動エネルギー $K_A=\frac{1}{2}mv^2$ より大きく，軌道Bの万有引力による位置エネルギーと，軌道Aの場合の万有引力による位置エネルギーは等しいから，軌道Bの近日点における惑星の力学的エネルギーは，軌道Aの場合の力学的エネルギーより大きい。

第6問　標準　── 原　子《素粒子，原子核崩壊》

問1　[1]　正解は②

①不適。原子核の内部では，正の電荷をもった陽子と電荷をもたない中性子が核力によって結びついている。陽子と中性子を結びつける力はクーロン力でも万有引力でもない。核力は原子核の直径程度の範囲でしかはたらかない。

②適当。ばらばらの状態にある陽子と中性子の質量の和は，原子核の質量より大きい。その質量差を，質量欠損という。

③不適。陽子はアップクォーク $\left(\text{電荷}+\frac{2}{3}e,\ e\text{は電気素量}\right)$ 2個とダウンクォーク $\left(\text{電荷}-\frac{1}{3}e\right)$ 1個が結びついている。クォークは内部構造をもたない素粒子である。

陽子や中性子などの3個のクォークからなる粒子をバリオンといい，π中間子などのクォークと反クォークからなる粒子をメソンという。

電子やニュートリノなどの粒子をレプトンといい，これらは内部構造をもたない素粒子である。

④不適。電気素量を e とすると，クォークの電荷は $+\frac{2}{3}e$ または $-\frac{1}{3}e$ である。

⑤不適。自然界に存在する基本的な力は，重力，弱い力，強い力，電磁気力の4種類であると考えられている。

弱い力は，弱い相互作用ともいい，中性子のβ崩壊などを引き起こす力である。

強い力は，強い相互作用ともいい，クォーク間ではたらき核力のもとになる力である。

したがって，記述として最も適当なものは②である。

問2 [2] 正解は⑨

α 崩壊では，原子核内からヘリウム原子核（$^4_2$He）が放出されるので，原子番号が2減少し，質量数が4減少した原子核になる。

β 崩壊では，原子核内の中性子が陽子と電子（e^-）に崩壊する。すなわち，原子核内では，中性子が1個減り陽子が1個増えるので，原子番号が1増加し，質量数は変化しない原子核になる。

$^{238}_{92}$U が $^{206}_{82}$Pb に変化するまでの α 崩壊の回数を x，β 崩壊の回数を y とすると

質量数について　$238-206=4x$

原子番号について　$92-82=2x-y$

$\therefore\ x=8,\ y=6$

したがって，数値の組合せとして最も適当なものは⑨である。

問3 [3] 正解は⑦

[ウ] さいころの個数は，1分ごとに，そのときにある個数の $\frac{1}{6}$ が取り除かれ，$\frac{5}{6}$ 倍になる。はじめに1000個あったさいころは，1分後に $1000\times\frac{5}{6}\fallingdotseq 833$ 個，2分後に $1000\times\left(\frac{5}{6}\right)^2\fallingdotseq 694$ 個，3分後に $1000\times\left(\frac{5}{6}\right)^3\fallingdotseq 579$ 個，… となっていく。この関係を表すグラフは(c)である。

[エ] 放射性原子核の数が崩壊によってもとの半分になるまでの時間を半減期という。

半減期を T_H，はじめの原子核数を N_0，時間 t の後に崩壊せずに残っている原子核数を N とすると

$$\frac{N}{N_0}=\left(\frac{1}{2}\right)^{\frac{t}{T_H}}$$

題意より，1000個の原子核が500個になるのにかかる時間が T であるから，$T_H=T$ である。よって，$t=2T$ のときに残っている原子核数 N は

$$\frac{N}{1000}=\left(\frac{1}{2}\right)^{\frac{2T}{T}}=\frac{1}{4}$$

$\therefore\ N=250$ 個

したがって，記号と数値の組合せとして最も適当なものは⑦である。

物 理 本試験

問題番号(配点)	設 問		解答番号	正 解	配 点	チェック
第1問(25)		問1	1	③	5	
		問2	2	②	5	
		問3	3	⑥	5	
		問4	4	⑤	5	
		問5	5	⑤	5	
第2問(20)	A	問1	1	①	4	
			2	③	4	
		問2	3	⑤	4	
	B	問3	4	③	4	
		問4	5	⑤	4	
第3問(20)	A	問1	1	②	4	
		問2	2	⑥	4	
	B	問3	3	③	4	
		問4	4	④	4	
		問5	5	⑥	4	

問題番号(配点)	設 問		解答番号	正 解	配 点	チェック
第4問(20)	A	問1	1	⑦	4	
		問2	2	⑦	4	
		問3	3	④	4	
	B	問4	4	⑥	4	
		問5	5	②	4	
第5問(15)		問1	1	⑧	5	
		問2	2	②	5	
		問3	3	①	5	
第6問(15)		問1	1	⑤	5	
		問2	2	④	5	
		問3	3	③	5	

（注） 第1問～第4問は必答。第5問，第6問のうちから1問選択。計5問を解答。

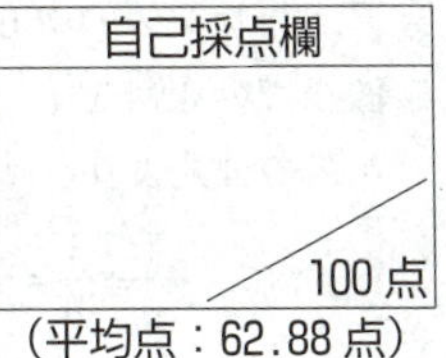

（平均点：62.88 点）

第1問　標準　《総　合　題》

問1　1　正解は③

小球Bの衝突後の速さを x 軸上の正の向きに v_B〔m/s〕とする。運動量保存則より

$$4.0\times3.0+2.0\times(-1.0)=4.0\times1.0+2.0\times v_B$$

$$\therefore\quad v_B=3.0\text{〔m/s〕}$$

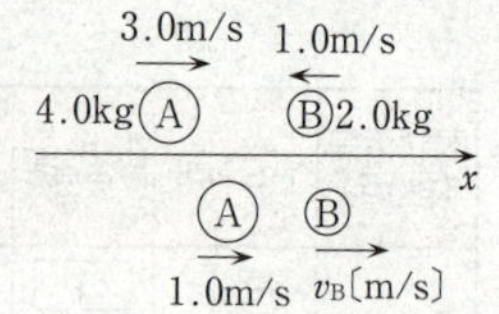

問2　2　正解は②

棒の点Pにつけられた糸の張力の大きさは Mg であり，AP：BP＝2：1を満たすから，点Aから糸の張力の作用線までの距離は $\frac{2}{3}l$ である。同様に，点Aからひもの張力の作用線までの距離は h である。棒ABについて，点Aのまわりの力のモーメントのつりあいより

$$T\times h=Mg\times\frac{2}{3}l\qquad\therefore\quad T=\frac{2l}{3h}Mg$$

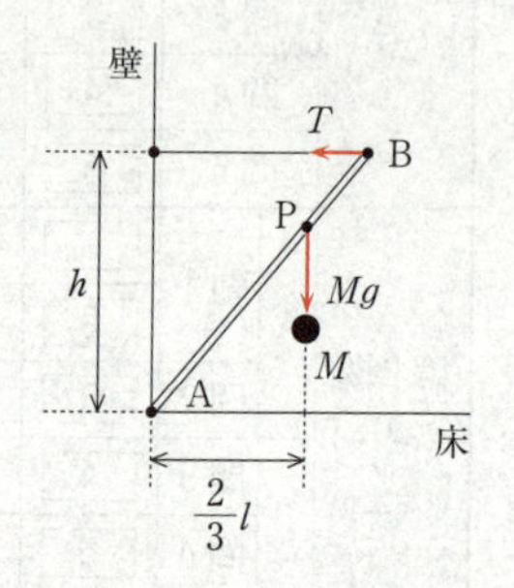

問3　3　正解は⑥

空間の電界の様子を表すのに，電気力線を用いる。電気力線の性質は

(i)正電荷から出て負電荷に向かい，交わったり，枝分かれしたり，折れ曲がったり，消滅したりしない。

(ii)電気力線の接線の向きが電界の向きであり，単位面積を通過する電気力線の本数が電界の強さに比例する。

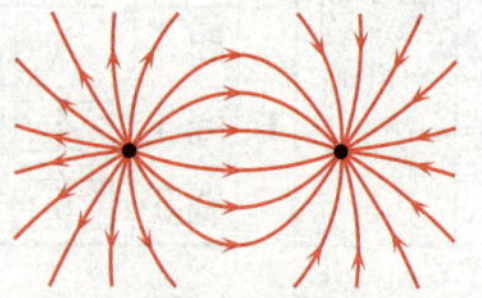

左が正電荷，右が負電荷の場合の電気力線の図。
電荷が逆のときは，矢印の向きが反転する。

本問では，二つの点電荷の電気量の絶対値は等しいので，電気力線は，二つの点電荷を結ぶ線分の垂直二等分線に対して線対称になる。したがって，図として最も適当なものは⑥である。

問4　4　正解は⑤

ア．凸レンズの中心から物体までの距離を a，像までの距離を b，焦点距離を f とすると，レンズの公式より

$$\frac{1}{a}+\frac{1}{b}=\frac{1}{f}\qquad b=\frac{af}{a-f}$$

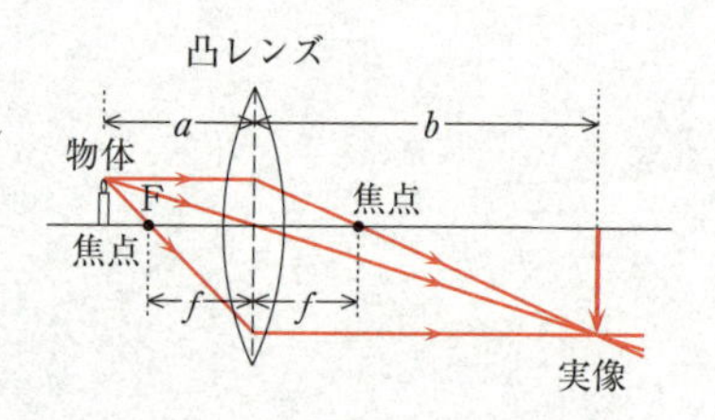

$a>f$のとき，$b>0$。すなわち，レンズの後方に**倒立**の実像ができる。

イ．レンズの公式より

$$b=\frac{af}{a-f}=\frac{f}{1-\frac{f}{a}}$$

凸レンズ
←物体
F
焦点
焦点

aを大きくするとbは小さくなる。すなわち，実像の位置は**レンズに近づく**。

したがって，語句の組合せとして最も適当なものは⑤である。

POINT　○レンズの公式$\frac{1}{a}+\frac{1}{b}=\frac{1}{f}$では，$a$，$b$，$f$の符号を次のように定める。

・凸レンズのとき$f>0$，凹レンズのとき$f<0$。
・物体がレンズの前方のとき$a>0$，後方のとき$a<0$。
・レンズの後方に倒立実像ができるとき$b>0$，前方に正立虚像ができるとき$b<0$。

ここで，光が進んでいく向きを基準として，前方とは実際の物体のある側，後方とは実像のできる側である。

問5　5　正解は⑤

ウ．空気中を伝わる音速v〔m/s〕は，0℃付近では，摂氏気温をt〔℃〕として

$$v=331.5+0.6\cdot t$$

と近似できる。冬の夜間は，上空に比べて地表付近の気温tが低いから，音速vは**地表付近の方が遅い**。

エ．地表付近の音速をv，上空の音速をv'とする。音が音速vで伝わる地表付近の空気と，音速v'で伝わる上空の空気が接する境界面があったとし，地表から斜め上方に出た音波が，境界面に角度θで入射し，角度θ'で屈折したとすると，屈折の法則より

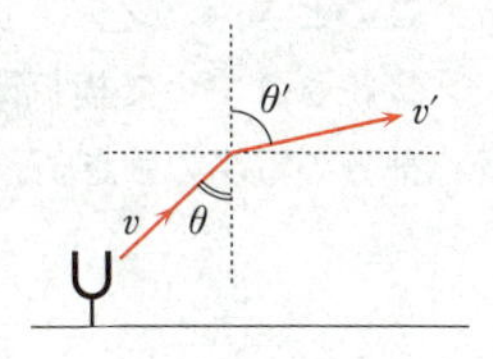

$$\frac{\sin\theta}{\sin\theta'}=\frac{v}{v'}$$

$v<v'$であるから

$$\sin\theta<\sin\theta' \qquad \therefore \quad \theta<\theta'$$

すなわち，地表で発せられた音は，境界面で地表に近づくように屈折するので，遠くの地表面上に**届きやすくなる**。

したがって，語句の組合せとして最も適当なものは⑤である。

第2問 ―― 電気と磁気

A 標準 《コンデンサー》

問1　1　正解は①　　2　正解は③

図1(a)

平行板コンデンサーの極板間の電場は一様である。すなわち，電場の強さと向きが一定である。よって，電場の強さ E_a は

$$E_a=\frac{V_0}{3d}$$

であり，電位 V と位置 x の関係は

$$V=E_a\cdot x$$

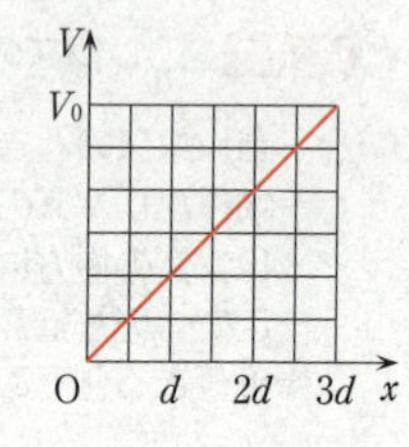

であるから，V と x の関係を表すグラフは，原点から $x=3d$, $V=V_0$ に向かい，傾きが E_a（＝一定）の直線である。

したがって，最も適当なグラフは①である。

図1(b)

極板間の電場が一様な平行板コンデンサーの極板間に金属板を挿入すると，金属板には静電誘導による電荷が現れ，もとの電場を打ち消して，金属板内での電場は0となる。よって，金属板内はすべての点が等電位となる。

このとき，コンデンサーは極板間の距離が $2d$ のものとみなすことができ，電池が接続されていて極板間の電位差が V_0 である。よって，金属板が挿入されていない部分の電場の強さ E_b は

$$E_b=\frac{V_0}{2d}$$

であり，電位 V と位置 x の関係は，$0\leqq x\leqq d$ では

$$V=E_b\cdot x$$

であるから，V と x の関係を表すグラフは

(i) $0\leqq x\leqq d$

原点から $x=d$, $V=\dfrac{V_0}{2}$ に向かい，傾きが E_b（＝一定）の直線である。

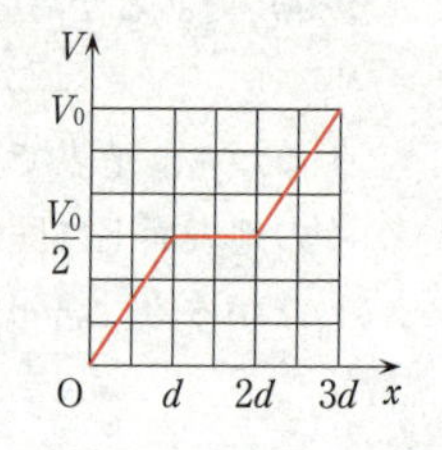

(ii) $d\leqq x\leqq 2d$

$V=\dfrac{V_0}{2}$（＝一定）の直線である。

(iii) $2d\leqq x\leqq 3d$

$x=2d$, $V=\dfrac{V_0}{2}$ から，$x=3d$, $V=V_0$ に向かい，傾きが E_b（＝一定）の直線である。

したがって，最も適当なグラフは③である。

問2 | 3 | 正解は⑤

極板の面積を S, 極板間の物質の誘電率を ε とする。図1(a)のコンデンサーの電気容量 C_a と，蓄えられたエネルギー U_a はそれぞれ

$$C_a=\varepsilon\frac{S}{3d}$$

$$U_a=\frac{1}{2}C_aV_0{}^2$$

図1(b)の金属板を挿入したコンデンサーは，極板間の距離が $2d$ のものに等しいから，電気容量 C_b と，蓄えられたエネルギー U_b はそれぞれ

$$C_b=\varepsilon\frac{S}{2d}=\frac{3}{2}C_a$$

$$U_b=\frac{1}{2}C_bV_0{}^2=\frac{1}{2}\cdot\frac{3}{2}C_aV_0{}^2=\frac{3}{2}U_a$$

したがって

$$\frac{U_b}{U_a}=\frac{3}{2}$$

B 標準 《電磁誘導》

問3 | 4 | 正解は③

コイルを貫く磁束が変化すると，コイルには誘導起電力が生じ，抵抗器を含む回路に電流が流れる。コイルを貫く磁束 Φ は

$$\Phi=BS$$

であるから，コイルの断面積 S が一定のとき，磁束密度 B が変化すれば，電流が流れる。したがって，時間範囲が

(i) $0<t<T$ のとき，電流が流れる。

(ii) $T<t<2T$ のとき，電流は流れない。

(iii) $2T<t<3T$ のとき，電流が流れる。

したがって，記述の組合せとして最も適当なものは③である。

問4　5　正解は⑤

ダイオードは図2の右向きの電流しか流さない。

(i) $0<t<T$ のとき

0<t<Tのとき

コイルを貫く磁束は図2の右向きに増加するから，誘導起電力は，その変化を妨げる左向きの磁束をつくるように，抵抗器を左から右向きに電流を流すように生じ，ダイオードはこの向きの電流を流す。

このとき，時間 Δt の間に N 回巻きコイルを貫く磁束が $\Delta\Phi$ だけ変化するとき，コイルの両端に生じる誘導起電力の大きさ（電圧）V は

$$V=N\frac{\Delta\Phi}{\Delta t}=N\frac{\{B_0-(-B_0)\}S}{T-0}=\frac{2B_0SN}{T}$$

(ii) $2T<t<3T$ のとき

2T<t<3Tのとき

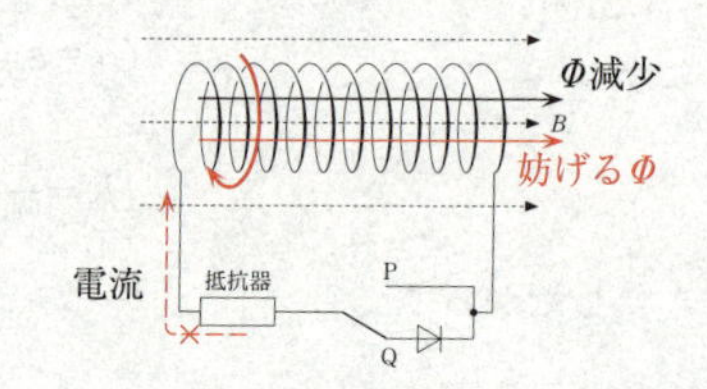

コイルを貫く磁束は図2の右向きに減少するから，誘導起電力は，その変化を妨げる右向きの磁束をつくるように，抵抗器を右から左向きに電流を流すように生じるが，ダイオードはこの向きの電流を流さない。

第3問 ── 波，気体分子の運動

A  《くさび形薄膜》

問1　1　正解は②

右図のように，点Oから m 番目（$m=1,\ 2,\ 3,\ \cdots$）の明線の位置Pで，ガラス板Aとガラス板Bにはさまれた空気の厚みを l とすると，ガラス板Aの下面で反射する光(a)と，ガラス板Bの上面で反射する光(b)の光路差は $2l$ である。光(a)がガラス板Aの下面で反射するとき，位相は変化しないが，光(b)がガラス板Bの上面で反射するとき，位相が反転するから，位置Pが明線となるためには，この位相の変化の差を打ち消すために，光路差が波長 λ の半整数倍であればよい。よって

$$2l=\left(m-\frac{1}{2}\right)\lambda$$

次に，$m+1$ 番目の明線の位置で，空気の厚みを $l+\Delta l$ とすると

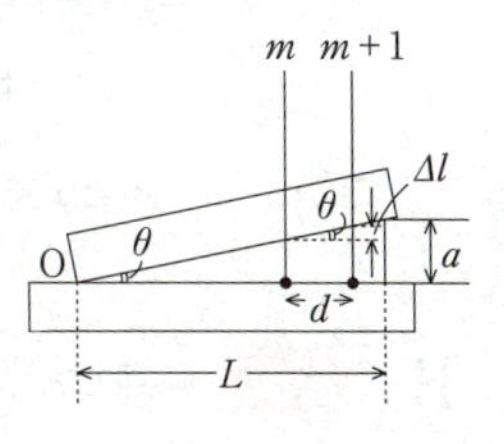

$$2(l+\Delta l)=\left\{(m+1)-\frac{1}{2}\right\}\lambda$$

2式より

$$2\Delta l=\lambda \qquad \therefore \quad \Delta l=\frac{\lambda}{2}$$

ガラス板Bに対するガラス板Aの傾きの角度を θ とすると

$$\tan\theta=\frac{a}{L}=\frac{\Delta l}{d} \qquad \therefore \quad d=\frac{L}{a}\Delta l=\frac{L}{a}\times\frac{\lambda}{2}=\frac{L\lambda}{2a}$$

問2　2　正解は⑥

ア．位置Pで，反射せずに透過する光(c)は位相が変化しないが，2回反射したのち透過する光(d)はガラス板Bの上面で反射するときも，ガラス板Aの下面で反射するときも，ともに位相が反転する。しかし，位置Pでの光路差は，問1の条件によって波長 λ の半整数倍なので，光(c)と光(d)の位相には π のずれがある。したがって，この位置は暗線となる。

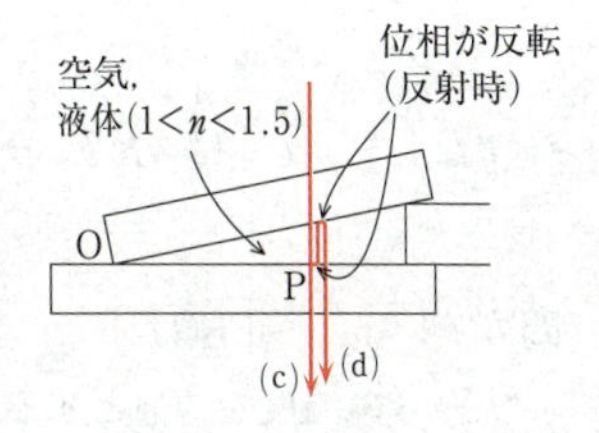

別解　入射光のエネルギーのうち，反射するエネルギーと透過するエネルギーを考えると，位置Pで，ガラス板の真上から見て明線になるということは，入射光のエネルギーがすべて反射していることになり，この位置を真下から見ると，光のエネルギーは透過してこないから，暗線となる。

イ．液体の屈折率 n は $1<n<1.5$ であり，これはガラスの屈折率より小さいから，光(c)の位相は変化しないが，光(d)はガラス板Bの上面で反射するときも，ガラス板Aの下面で反射するときも，ともに位相が反転する。

点Oから m 番目（$m=1, 2, 3, \cdots$）の明線の位置Pで，ガラス板Aとガラス板Bにはさまれた液体の厚みを l'，液体中での光の波長を λ' とすると，明線の条件は

$$2l'=m\lambda'$$

$m+1$ 番目の明線の位置で，液体の厚みを $l'+\Delta l'$ とすると

$$2(l'+\Delta l')=(m+1)\lambda' \qquad \therefore \quad \Delta l'=\frac{\lambda'}{2}$$

屈折の法則より

$$n=\frac{\lambda}{\lambda'} \qquad \therefore \quad \lambda'=\frac{\lambda}{n},\ \Delta l'=\frac{\lambda'}{2}=\frac{\lambda}{2n}=\frac{\Delta l}{n}$$

隣りあう明線の間隔を d' とすると，問1と同様にして

$$\tan\theta=\frac{\Delta l}{d}=\frac{\Delta l'}{d'}\qquad\therefore\quad d'=\frac{\Delta l'}{\Delta l}d=\frac{d}{n}$$

したがって，語と式の組合せとして最も適当なものは⑥である。

B　標準　《熱サイクル》

問3　3　正解は③

物質量 n の単原子分子の理想気体が絶対温度 T_0 の状態Aにあるとき，内部エネルギー U_A は，定積モル比熱が $\frac{3}{2}R$ であることから

$$U_A=\frac{3}{2}nRT_0$$

すなわち，U_A は nRT_0 の $\frac{3}{2}$ 倍である。

問4　4　正解は④

状態Bの温度を T_B とする。状態Aと状態Bの間で，ボイル・シャルルの法則より

$$\frac{p_0V_0}{T_0}=\frac{2p_0V_0}{T_B}\qquad\therefore\quad T_B=2T_0$$

すなわち，T_B は T_0 の 2 倍である。

問5　5　正解は⑥

過程B→Cは等温変化であるから，状態Cの温度 T_C は T_B に等しく $2T_0$ である。過程C→Aは定圧変化であるから，気体が吸収する熱量 Q は，単原子分子の理想気体の定圧モル比熱が $\frac{5}{2}R$ であることから

$$Q=\frac{5}{2}nR(T_0-2T_0)=-\frac{5}{2}nRT_0$$

気体が放出する熱量は $-Q=\frac{5}{2}nRT_0$ であるから，nRT_0 の $\frac{5}{2}$ 倍である。

別解　過程C→Aで，気体の内部エネルギーの変化 ΔU は

$$\Delta U=\frac{3}{2}nR(T_0-2T_0)=-\frac{3}{2}nRT_0$$

気体が外部へする仕事は，状態Aにおける状態方程式 $p_0V_0=nRT_0$ を用いて

$$W=p_0\cdot(V_0-2V_0)=-nRT_0$$

熱力学第１法則より，気体が吸収する熱量 Q は

$$Q=\Delta U+W=\left(-\frac{3}{2}nRT_0\right)+(-nRT_0)=-\frac{5}{2}nRT_0$$

以下，〔解答〕と同様である。

○単原子分子の理想気体の場合，定積モル比熱は $C_V=\frac{3}{2}R$，定圧モル比熱は $C_P=\frac{5}{2}R$ である。

○変化の過程によらず，内部エネルギーの変化は $\Delta U=nC_V\Delta T=\frac{3}{2}nR\Delta T$ である。

○定圧変化の場合，熱力学第１法則より $Q=\Delta U+W=\frac{3}{2}nR\Delta T+p\Delta V$ であり，これに，状態方程式より $p\Delta V=nR\Delta T$ を用いると，$Q=\frac{5}{2}nR\Delta T$ であることがわかる。

第４問 ―― 様々な運動

A 標準 《円錐内面の物体の運動》

問１　1　正解は⑦

小物体は，初速度０で頂点Oに向かって滑り出し，等加速度直線運動をする。小物体の円錐面に沿った方向の加速度を α として，頂点Oの向きを正とする。運動方程式より

$$m\alpha=mg\cos\theta \qquad \therefore \quad \alpha=g\cos\theta$$

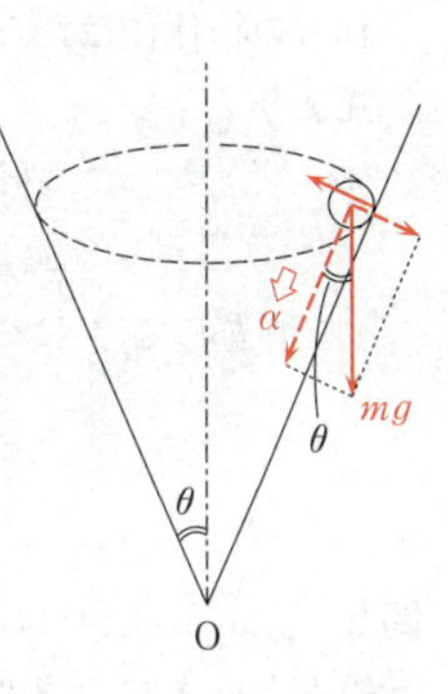

小物体を放してから，頂点Oに到達するまでの時間を t とすると，等加速度直線運動の式より

$$l=\frac{1}{2}\alpha t^2=\frac{1}{2}\cdot g\cos\theta\cdot t^2 \qquad \therefore \quad t=\sqrt{\frac{2l}{g\cos\theta}}$$

問２　2　正解は⑦

小物体が円錐面から受ける垂直抗力の大きさを N とする。水平方向（中心方向）の円運動の運動方程式より

$$m\frac{{v_0}^2}{a}=N\cos\theta$$

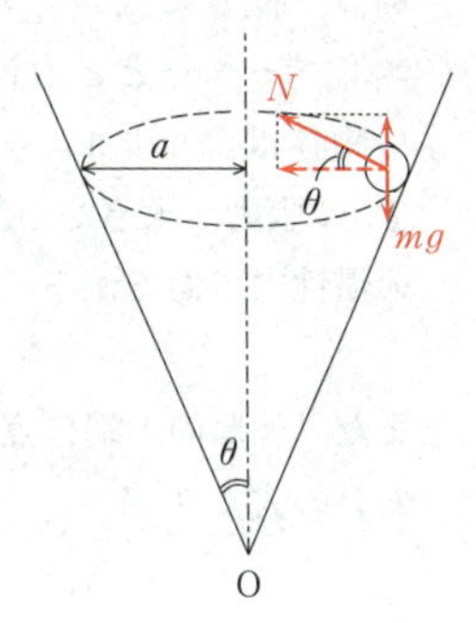

鉛直方向の力のつりあいの式より

$$N\sin\theta=mg$$

これらの式より N を消去すると

$$m\frac{{v_0}^2}{a}=\frac{mg}{\sin\theta}\cdot\cos\theta \qquad \therefore \quad a=\frac{{v_0}^2\tan\theta}{g}$$

問3　[3]　正解は④

小物体にはたらく外力は，重力と円錐面からの垂直抗力の二つである。小物体が運動をするとき，重力は保存力であり，垂直抗力は小物体に仕事をしないから，小物体の力学的エネルギーは保存される。点Bにおける小物体の速さを v_2 とし，頂点Oを重力による位置エネルギーの基準にとると

$$\frac{1}{2}m{v_1}^2+mgl_1\cos\theta=\frac{1}{2}m{v_2}^2+mgl_2\cos\theta \qquad \therefore \quad v_2=\sqrt{{v_1}^2+2g(l_1-l_2)\cos\theta}$$

B　標準　《エレベーター内の物体の運動》

問4　[4]　正解は⑥

$M>m$ であるから，質量 M の物体は下向きに，質量 m の物体は上向きに動き始める。二つの物体の加速度の大きさは等しいのでこれを a とし，それぞれの物体の運動の向きを正にとる。これらの物体にはたらく力は重力と糸の張力であるから，運動方程式より

質量 M の物体：$Ma=Mg-T$

質量 m の物体：$ma=T-mg$

a を消去して T について解くと

$$T=\frac{2Mm}{M+m}g$$

問5　[5]　正解は②

鉛直上向きに大きさ a の加速度で等加速度運動をしているエレベーターとともに運動する観測者から見ると，質量 M の物体は静止している。この物体にはたらく力は，大きさ T' の張力，大きさ Mg の重力と，鉛直下向きに大きさ Ma の慣性力であるから，力のつりあいの式より

$$T'=Mg+Ma$$

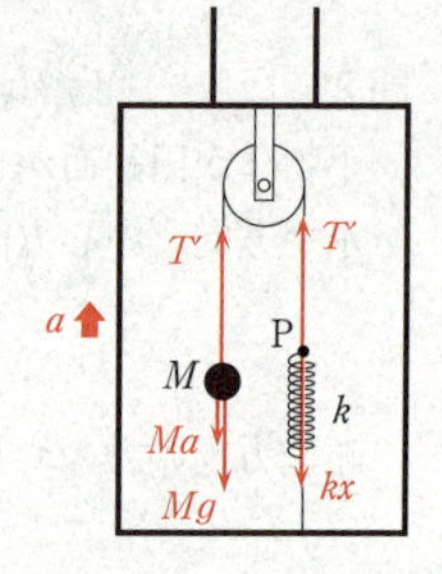

また，ばねの上端に点Pをとると，点Pにはたらく力のつりあいの式より

$$T'=kx$$

T' を消去して x について解くと

$$x=\frac{M(g+a)}{k}$$

別解　エレベーターの外で地上に静止している観測者から見ると，質量 M の物体は，エレベーターとともに鉛直上向きに大きさ a の加速度で等加速度運動をしている。運動方程式より

$$Ma=T'-Mg$$

また，ばねの上端に点Pをとると，点Pも鉛直上向きに大きさ a の加速度で等加速度運動をしているが，点Pの質量は考えなくてよいので，運動方程式より

$$0\cdot a=T'-kx$$

以下，〔解答〕と同様である。

第5問 標準 ―― 波《ドップラー効果》

問1　1　正解は⑧

ア．静止している音源に向かって観測者が近づくとき，観測者に聞こえる音の振動数は，音源が出す音の振動数 f_1 よりも大きい。

一般に，観測者に聞こえる音の振動数は音源の振動数に対して，音源と観測者が相対的に近づくと大きくなり（高く聞こえ），音源と観測者が相対的に遠ざかると小さくなる（低く聞こえる）。

別解　観測者に聞こえる音の振動数を f_1' とすると，ドップラー効果の式より

$$f_1'=\frac{V-(-v)}{V}\cdot f_1=\frac{V+v}{V}f_1 \qquad \therefore \quad f_1'>f_1$$

すなわち，観測者に聞こえる音の振動数 f_1' は，音源が出す音の振動数 f_1 よりも大きい。

イ．音源が静止しているから，音源から出る音波の波長 λ_1 は，観測者の移動の速さに無関係である。波の式 $V=f_1\lambda_1$ より

$$\lambda_1=\frac{V}{f_1}$$

したがって，語句と式の組合せとして最も適当なものは⑧である。

問2　2　正解は②

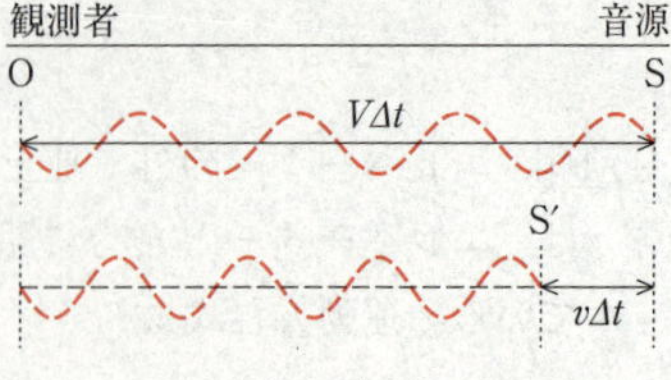

音源が位置Sで出した音波が時間Δtの後に観測者Oに達したとき，位置Sと観測者間の距離は$V\Delta t$であり，この間に音源は観測者に向かって位置S′まで距離$v\Delta t$だけ進んでいる。また，この間に，音源は$f_2\Delta t$個の音波を出すので，S′O間の音波の数も$f_2\Delta t$個である。したがって，S′O間の波長λは

$$\lambda=\frac{\text{距離}}{\text{波の数}}=\frac{V\Delta t-v\Delta t}{f_2\Delta t}=\boldsymbol{\frac{V-v}{f_2}}$$

別解　観測者に聞こえる音の振動数をf_2'とすると，ドップラー効果の式より

$$f_2'=\frac{V}{V-v}\cdot f_2$$

波の式$V=f_2'\lambda$より

$$\lambda=\frac{V}{f_2'}=\frac{V}{\frac{V}{V-v}f_2}=\frac{V-v}{f_2}$$

問3　3　正解は①

ドップラー効果の式より反射板を観測者とみなして，反射板で聞こえる音の振動数f'は

$$f'=\frac{V-(-v)}{V}\cdot f_1=\frac{V+v}{V}f_1$$

反射板を振動数f'の音を出す音源とみなして，観測者が聞く音の振動数f_3は

$$f_3=\frac{V}{V-v}\cdot f'=\frac{V}{V-v}\cdot\frac{V+v}{V}f_1=\frac{V+v}{V-v}f_1$$

vについて解くと

$$v=\boldsymbol{\frac{f_3-f_1}{f_3+f_1}V}$$

第6問　標準　── 原　子《放射線，原子核反応》

問1　1　正解は⑤

①誤文。α線はヘリウムの原子核，β線は電子であり，ともに質量をもち，大きな運動エネルギーをもつ。α線，β線が物質中の原子に衝突すると，その中の電子をはじき飛ばすことができる。電子がはじき飛ばされた原子は陽イオンとなる。これ

を電離作用という。

γ 線は波長が非常に短い電磁波で大きなエネルギーをもつ。γ 線が物質中の原子に衝突すると，そのエネルギーの一部を電子に与え，電子は原子核からの束縛をふりきるだけのエネルギーをもらうので，原子から飛び出すことができる。

②誤文。α 線は正電荷，β 線は負電荷をもつので，磁場内ではローレンツ力を受けて進路が曲がるが，γ 線は電荷をもたないので，磁場内でも直進する。

③誤文。β 崩壊では，原子核内の中性子が陽子，電子とニュートリノに変化し，この電子が原子核から放出される。原子核の質量数は原子核中の陽子と中性子の数の和であるから変化しないが，原子番号は陽子の数であるから1だけ増える。

④誤文。自然界に存在する原子核でも，原子番号の小さい原子核のなかには，核子の数が少なく，核力による結合力が弱いので不安定なものがあり，原子番号の大きい原子核のなかには，陽子の数が多く静電気的な斥力が大きくなり，核力を打ち消すので不安定なものがある。これらの原子核は，放射性崩壊をして，より安定な原子核に変化する。

⑤正文。放射能と放射線の測定単位には，ベクレル，グレイ，シーベルトなどがある。

ベクレル（記号 Bq）は，放射線を出す能力の単位で，原子核が1秒当たり1個の割合で崩壊するときの放射能の強さが1Bqである。

グレイ（記号 Gy）は，放射線の吸収線量の単位で，物質1kg当たり1Jのエネルギーの吸収線量が1Gyである。

シーベルト（記号 Sv）は，放射線を受けたときの効果を表す単位で，吸収線量に放射線の種類やエネルギーによる影響の違いを考慮した被曝効果量である。生物にとって同じ吸収エネルギーでも，α 線の被曝効果はX線の約20倍である。

したがって，記述として最も適当なものは⑤である。

問2 [2] 正解は④

物体が質量をもつことはエネルギーをもつことと等価で，質量 m の物体が静止しているときにもつエネルギーは mc^2 であり，これを静止エネルギーという。すなわち，質量 m がエネルギーに転化するとき，mc^2 のエネルギーが発生する。

原子番号 Z，質量数 A の原子核には，質量 m_{p} の陽子が Z 個，質量 m_{n} の中性子が $A-Z$ 個存在する。

「結合エネルギー」

=「ばらばらの状態にある核子がもつエネルギー」−「原子核がもつエネルギー」

であるから

$$\Delta E=\{Z\cdot m_{\mathrm{p}}c^2+(A-Z)\cdot m_{\mathrm{n}}c^2\}-Mc^2$$
$$=\{Zm_{\mathrm{p}}+(A-Z)m_{\mathrm{n}}-M\}c^2$$

POINT　結合エネルギーとは，ばらばらの状態にある核子を結合させて原子核にするためのエネルギーではない。その逆で，原子核を分解してばらばらの状態の核子にするために加えなければならないエネルギーである。

問3　3　正解は③

ア．原子核が変換されるとき，反応の前後で，原子番号の和と質量数の和は保存される。求める原子核の原子番号を x，質量数を y とすると

原子番号について：$2+2=2+x$　　$\therefore\ x=2$

質量数について　：$3+3=4+y$　　$\therefore\ y=2$

原子番号2，質量数2の原子核が1個だけ生じたとすると，その原子核は ${}^{2}_{2}\mathrm{He}$ となるが，これは適当でない。${}^{1}_{1}\mathrm{H}$ 原子核が2個生じたとすると，核反応式は

$${}^{3}_{2}\mathrm{He}+{}^{3}_{2}\mathrm{He}\longrightarrow{}^{4}_{2}\mathrm{He}+2{}^{1}_{1}\mathrm{H}$$

となる。

イ．2個の ${}^{3}_{2}\mathrm{He}$ 原子核を分解してばらばらの状態の核子にするのに，7.7〔MeV〕×2＝15.4〔MeV〕のエネルギーを与える必要がある。このばらばらの状態の核子を1個の ${}^{4}_{2}\mathrm{He}$ 原子核と2個の ${}^{1}_{1}\mathrm{H}$ 原子核にすると，${}^{1}_{1}\mathrm{H}$ 原子核の結合エネルギーは0であるから，28.3MeV のエネルギーが放出される。よって，この反応全体では

$$28.3-15.4=12.9\,〔\mathrm{MeV}〕$$

のエネルギーが放出される。

したがって，式と語の組合せとして最も適当なものは③である。

別解　核子がばらばらの状態にあるときのエネルギーを基準にすると，反応前の2個の ${}^{3}_{2}\mathrm{He}$ は，エネルギーがそれぞれ7.7MeV だけ低い状態にある。反応後の ${}^{4}_{2}\mathrm{He}$ は，エネルギーが28.3MeV だけ低い状態にある。また，${}^{1}_{1}\mathrm{H}$ は陽子で，これはばらばらの状態の核子であるから結合エネルギーは0である。よって，この反応で発生するエネルギーを $\Delta E'$ とすると

$$(-7.7)\times 2=(-28.3)+\Delta E' \qquad \therefore\ \Delta E'=12.9\,〔\mathrm{MeV}〕\ (>0)$$

すなわち，エネルギーは放出される。

2024年版

共通テスト
過去問研究

物理
物理基礎

問題編

矢印の方向に引くと
本体から取り外せます ➡

ゆっくり丁寧に取り外しましょう

問題編

<共通テスト>

- 2023年度　物理　本試験　　物理基礎　本試験
- 2022年度　物理　本試験・追試験　　物理基礎　本試験・追試験
- 2021年度　物理　本試験(第1日程)　　物理基礎　本試験(第1日程)
- 2021年度　物理　本試験(第2日程)　　物理基礎　本試験(第2日程)
- 第2回　試行調査　物理
  第2回　試行調査　物理基礎
- 第1回　試行調査　物理

<センター試験>

- 2020年度　物理　本試験
- 2019年度　物理　本試験
- 2018年度　物理　本試験
- 2017年度　物理　本試験

＊ 2021年度の共通テストは，新型コロナウイルス感染症の影響に伴う学業の遅れに対応する選択肢を確保するため，本試験が以下の2日程で実施されました。
　第1日程：2021年1月16日(土)および17日(日)
　第2日程：2021年1月30日(土)および31日(日)

＊ 第2回試行調査は2018年度に，第1回試行調査は2017年度に実施されたものです。

＊ 物理基礎の試行調査は，2018年度のみ実施されました。

マークシート解答用紙　2回分

※本書に付属のマークシートは編集部で作成したものです。実際の試験とは異なる場合がありますが，ご了承ください。

物理
物理基礎

2023

共通テスト
本試験

物理：

解答時間 60 分　配点 100 点

物理基礎：

解答時間　2 科目 60 分

配点　2 科目 100 点

（物理基礎，化学基礎，生物基礎，地学基礎から 2 科目選択）

物　　理

（解答番号 [1] ～ [26]）

第1問　次の問い（問1～5）に答えよ。（配点　25）

問1　変形しない長い板を用意し，板の両端の下面に細い角材を取り付けた。水平な床の上に，二つの体重計a，bを離して置き，それぞれの体重計が正しく重さを計測できるように板をのせた。

図1のように，体重計ではかると60 kgの人が，板の全長を2：1に内分する位置（体重計aから遠く，体重計bに近い）に，片足立ちでのって静止した。このとき，体重計aとbの表示は，それぞれ何kgを示すか。数値の組合せとして最も適当なものを，後の①～⑥のうちから一つ選べ。ただし，板と角材の重さは考えなくてよいものとする。 [1]

図　1

	体重計 a	体重計 b
①	30	30
②	60	60
③	20	40
④	40	20
⑤	40	80
⑥	80	40

問 2 次の文章中の空欄 [2] に入れる語句として最も適当なものを，直後の { } で囲んだ選択肢のうちから一つ選べ。また，文章中の空欄 [ア]・[イ] に入れる語の組合せとして最も適当なものを，後の①～⑨のうちから一つ選べ。[3]

図 2 のような理想気体の状態変化のサイクルA→B→C→Aを考える。

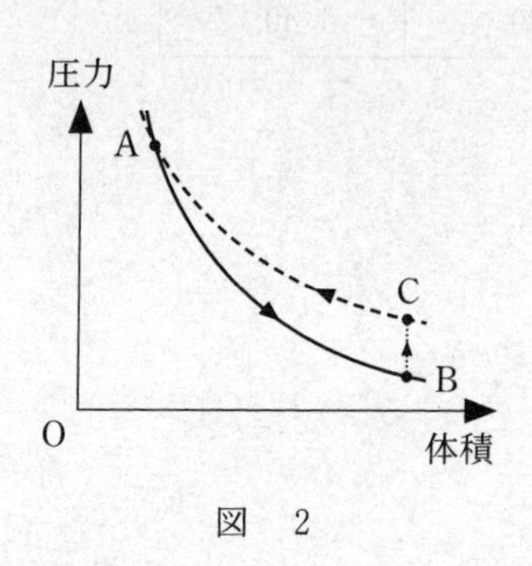

図 2

A→B：熱の出入りがないようにして，膨張させる。

B→C：熱の出入りができるようにして，定積変化で圧力を上げる。

C→A：熱の出入りができるようにして，等温変化で圧縮してもとの状態に戻す。

サイクルを一周する間，気体の内部エネルギーは

[2] { ① 増加する。 ② 一定の値を保つ。 ③ 変化するがもとの値に戻る。 ④ 減少する。 }

この間に気体がされた仕事の総和は [ア] であり，気体が吸収した熱量の総和は [イ] である。

[3] の選択肢

	①	②	③	④	⑤	⑥	⑦	⑧	⑨
ア	正	正	正	0	0	0	負	負	負
イ	正	0	負	正	0	負	正	0	負

問 3　図3のように，池一面に張った水平な氷の上で，そりが岸に接している。そりの上面は水平で，岸と同じ高さである。また，そりと氷の間には摩擦力ははたらかない。岸の上を水平左向きに滑ってきたブロックがそりに移り，その上を滑った。そりに対してブロックが動いている間，ブロックとそりの間には摩擦力がはたらき，その後，ブロックはそりに対して静止した。

ブロックがそりの上を滑り始めてからそりの上で静止するまでの間の，運動量と力学的エネルギーについて述べた次の文章中の空欄 [4]・[5] に入れる文として最も適当なものを，後の①～④のうちから一つずつ選べ。ただし，同じものを繰り返し選んでもよい。

そりが岸に固定されていて動けない場合は，[4]。そりが固定されておらず，氷の上を左に動くことができる場合は，[5]。

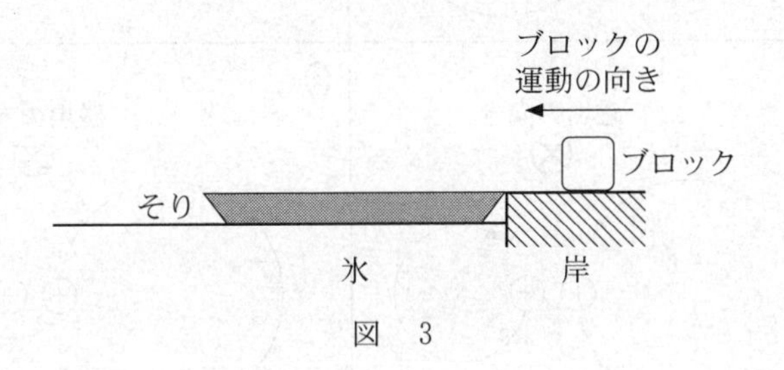

図　3

[4]・[5] の選択肢

① ブロックとそりの運動量の総和も，ブロックとそりの力学的エネルギーの総和も保存する

② ブロックとそりの運動量の総和は保存するが，ブロックとそりの力学的エネルギーの総和は保存しない

③ ブロックとそりの運動量の総和は保存しないが，ブロックとそりの力学的エネルギーの総和は保存する

④ ブロックとそりの運動量の総和も，ブロックとそりの力学的エネルギーの総和も保存しない

問 4　紙面に垂直で表から裏に向かう一様な磁場(磁界)中において，同じ大きさの電気量をもつ正と負の荷電粒子が，磁場に対して垂直に同じ速さで運動している。ここで正の荷電粒子は負の荷電粒子より，質量が大きいものとする。その運動の様子を描いた模式図として最も適当なものを，次の①～④のうちから一つ選べ。ただし，図の矢印は荷電粒子の運動の向きを表す。また，荷電粒子間にはたらく力や重力の影響は無視できるものとする。 6

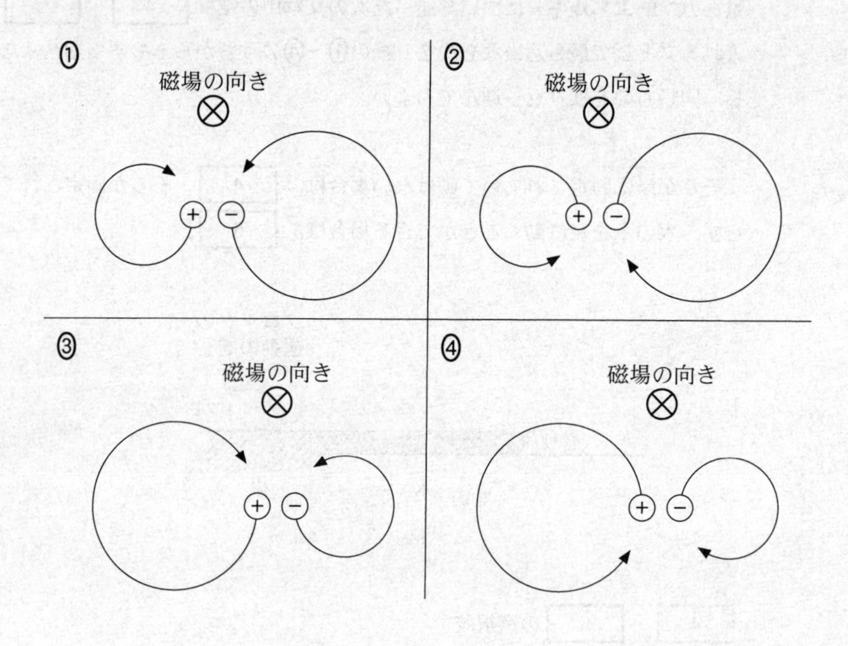

問 5　金属に光を照射すると電子が金属外部に飛び出す現象を，光電効果という。図4は飛び出してくる電子の運動エネルギーの最大値 K_0 と光の振動数 ν の関係を示したグラフである。実線は実験から得られるデータ，破線は実線を $\nu=0$ まで延長したものである。プランク定数 h を，図4に示す W と ν_0 を用いて表す式として正しいものを，後の①～⑤のうちから一つ選べ。

$h=$ [7]

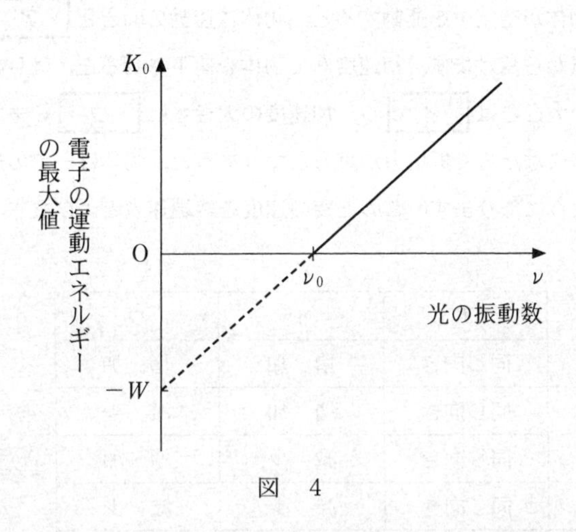

図　4

① $\nu_0 - W$　② $\nu_0 + W$　③ $\nu_0 W$　④ $\dfrac{\nu_0}{W}$　⑤ $\dfrac{W}{\nu_0}$

第2問　空気中での落下運動に関する探究について，次の問い(問1～5)に答えよ。(配点　25)

問1　次の発言の内容が正しくなるように，空欄 ア ～ ウ に入れる語句の組合せとして最も適当なものを，後の①～⑧のうちから一つ選べ。 8

先生：物体が空気中を運動すると，物体は運動の向きと ア の抵抗力を空気から受けます。初速度0で物体を落下させると，はじめのうち抵抗力の大きさは イ し，加速度の大きさは ウ します。やがて，物体にはたらく抵抗力が重力とつりあうと，物体は一定の速度で落下するようになります。このときの速度を終端速度とよびます。

	ア	イ	ウ
①	同じ向き	増　加	増　加
②	同じ向き	増　加	減　少
③	同じ向き	減　少	増　加
④	同じ向き	減　少	減　少
⑤	逆向き	増　加	増　加
⑥	逆向き	増　加	減　少
⑦	逆向き	減　少	増　加
⑧	逆向き	減　少	減　少

先生：それでは，授業でやったことを復習してください。

生徒：抵抗力の大きさRが速さvに比例すると仮定すると，正の比例定数kを用いて

$$R = kv$$

と書けます。物体の質量をm，重力加速度の大きさをgとすると，$R = mg$となるvが終端速度の大きさv_fなので，

$$v_\mathrm{f} = \frac{mg}{k}$$

と表されます。実験をしてv_fとmの関係を確かめてみたいです。

先生：いいですね。図1のようなお弁当のおかずを入れるアルミカップは，何枚か重ねることによって質量の異なる物体にすることができるので，落下させてその関係を調べることができますね。その物体の形は枚数によらずほぼ同じなので，kは変わらないとみなしましょう。物体の質量mはアルミカップの枚数nに比例します。

生徒：そうすると，v_fがnに比例することが予想できますね。

図　1

n 枚重ねたアルミカップを落下させて動画を撮影した。図2のように，アルミカップが落下していく途中で，20 cm ごとに落下するのに要する時間を10回測定して平均した。この実験を $n = 1,\ 2,\ 3,\ 4,\ 5$ の場合について行った。その結果を表1にまとめた。

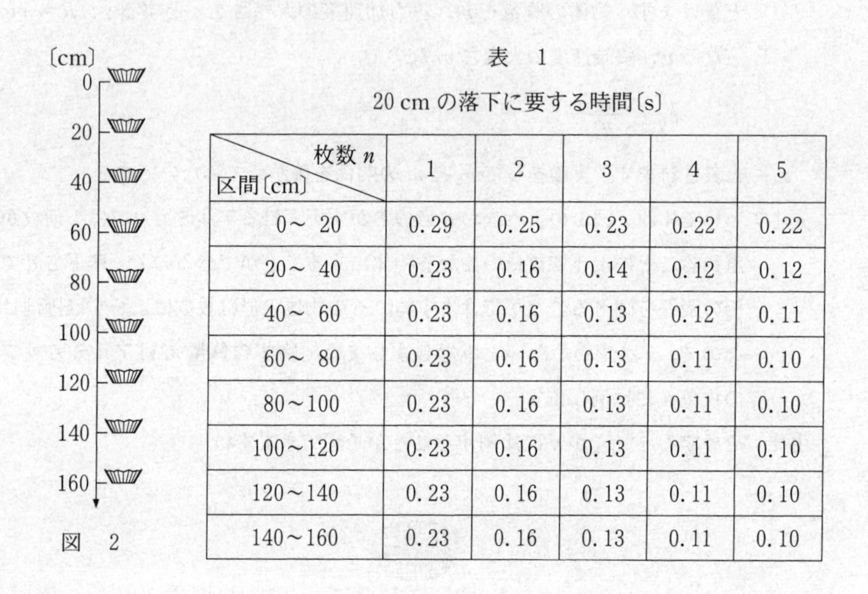

図　2

表　1

20 cm の落下に要する時間〔s〕

区間〔cm〕＼枚数 n	1	2	3	4	5
0～ 20	0.29	0.25	0.23	0.22	0.22
20～ 40	0.23	0.16	0.14	0.12	0.12
40～ 60	0.23	0.16	0.13	0.12	0.11
60～ 80	0.23	0.16	0.13	0.11	0.10
80～100	0.23	0.16	0.13	0.11	0.10
100～120	0.23	0.16	0.13	0.11	0.10
120～140	0.23	0.16	0.13	0.11	0.10
140～160	0.23	0.16	0.13	0.11	0.10

問 2　表1の測定結果から，アルミカップを3枚重ねたとき($n = 3$ のとき)の v_f を有効数字2桁で求めるとどうなるか。次の式中の空欄 [9] ～ [11] に入れる数字として最も適当なものを，後の①～⓪のうちから一つずつ選べ。ただし，同じものを繰り返し選んでもよい。

$$v_f = \boxed{9}\ .\ \boxed{10} \times 10^{\boxed{11}}\ \mathrm{m/s}$$

① 1　　② 2　　③ 3　　④ 4　　⑤ 5

⑥ 6　　⑦ 7　　⑧ 8　　⑨ 9　　⓪ 0

生徒：アルミカップの枚数 n と $v_{\rm f}$ の測定値を図3に点で描き込みましたが，

$v_{\rm f}=\dfrac{mg}{k}$ に基づく予想と少し違いますね。

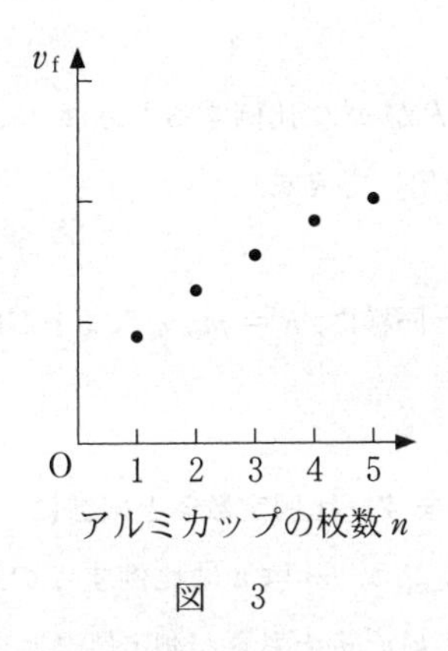

図　3

問 3　図3が予想していた結果と異なると判断できるのはなぜか。その根拠として最も適当なものを，次の①～④のうちから一つ選べ。 12

① アルミカップの枚数 n を増やすと，$v_{\rm f}$ が大きくなる。

② 測定値のすべての点のできるだけ近くを通る直線が，原点から大きくはずれる。

③ $v_{\rm f}$ がアルミカップの枚数 n に反比例している。

④ 測定値がとびとびにしか得られていない。

先生：実は，物体の形状や速さによっては，空気による抵抗力の大きさ R は，速さに比例するとは限らないのです。

生徒：そうなんですか。授業で習った v_f の式は，いつも使えるわけではないのですね。

先生：はい。ここでは，R が v^2 に比例するとみなせる場合も考えてみましょう。正の比例定数 k' を用いて R を

$$R = k'v^2$$

と書くと，先ほどと同様に，$R = mg$ となる v が終端速度の大きさ v_f なので，

$$v_f = \sqrt{\frac{mg}{k'}}$$

と書くことができます。比例定数 k と同様に，k' は n によって変化しないものとみなしましょう。m は n に比例するので，v_f と n の関係を調べると，$R = kv$ と $R = k'v^2$ のどちらが測定値によく合うかわかります。

生徒：わかりました。縦軸と横軸をうまく選んでグラフを描けば，原点を通る直線になってわかりやすくなりますね。

先生：それでは，そのグラフを描いてみましょう。

問 4　速さの2乗に比例する抵抗力のみがはたらく場合に，グラフが原点を通る直線になるような縦軸・横軸の選び方の組合せとして最も適当なものを，次の①～⑨のうちから二つ選べ。ただし，解答の順序は問わない。

［13］・［14］

	①	②	③	④	⑤	⑥	⑦	⑧	⑨
縦　軸	$\sqrt{v_f}$	$\sqrt{v_f}$	$\sqrt{v_f}$	v_f	v_f	v_f	${v_f}^2$	${v_f}^2$	${v_f}^2$
横　軸	$\sqrt{n}$	n	n^2	$\sqrt{n}$	n	n^2	$\sqrt{n}$	n	n^2

先生：抵抗力の大きさ R と速さ v の関係を明らかにするために，ここまでは終端速度の大きさと質量の関係を調べましたが，落下途中の速さが変化していく過程で，R と v の関係を調べることもできます。鉛直下向きに y 軸をとり，アルミカップを原点から初速度 0 で落下させます。アルミカップの位置 y を $\Delta t = 0.05\,\mathrm{s}$ ごとに記録したところ，図 4 のような y-t グラフが得られました。この y-t グラフをもとにして，R と v の関係を調べる手順を考えてみましょう。

問 5　この手順を説明する文章中の空欄 [エ]・[オ] には，それぞれの直後の { } 内の記述および数式のいずれか一つが入る。入れる記述および数式を示す記号の組合せとして最も適当なものを，後の①～⑨のうちから一つ選べ。[15]

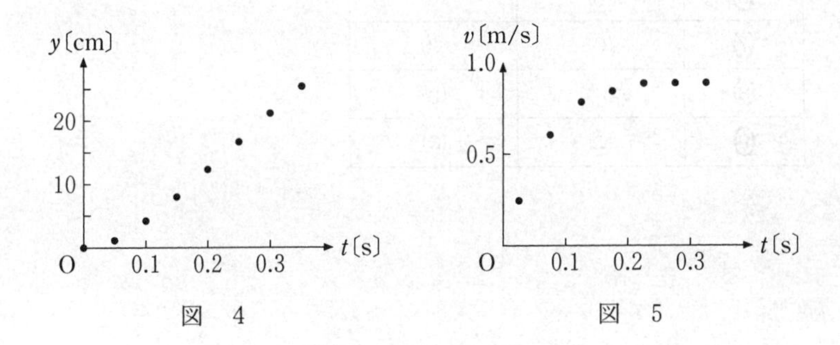

図　4　　　　図　5

まず，図 4 の y-t グラフより，$\Delta t = 0.05\,\mathrm{s}$ ごとの平均の速さ v を求め，図 5 の v-t グラフをつくる。次に，加速度の大きさ a を調べるために，

[エ] {
(a)　v-t グラフのすべての点のできるだけ近くを通る一本の直線を引き，その傾きを求めることによって a を求める。
(b)　v-t グラフから終端速度を求めることによって a を求める。
(c)　v-t グラフから Δt ごとの速度の変化を求めることによって a-t グラフをつくる。
}

こうして求めたaから，アルミカップにはたらく抵抗力の大きさRは，

$R =$ **オ** ｛(a)　$m(g+a)$　(b)　ma　(c)　$m(g-a)$｝と求められる。

以上の結果をもとに，Rとvの関係を示すグラフを描くことができる。

	エ	オ
①	(a)	(a)
②	(a)	(b)
③	(a)	(c)
④	(b)	(a)
⑤	(b)	(b)
⑥	(b)	(c)
⑦	(c)	(a)
⑧	(c)	(b)
⑨	(c)	(c)

第3問　次の文章を読み，後の問い(問1 ～ 5)に答えよ。(配点　25)

全方向に等しく音を出す小球状の音源が，図1のように，点Oを中心として半径r，速さvで時計回りに等速円運動をしている。音源は一定の振動数f_0の音を出しており，音源の円軌道を含む平面上で静止している観測者が，届いた音波の振動数fを測定する。

音源と観測者の位置をそれぞれ点P，Qとする。点Qから円に引いた2本の接線の接点のうち，音源が観測者に近づきながら通過する方を点A，遠ざかりながら通過する方を点Bとする。また，直線OQが円と交わる2点のうち観測者に近い方を点C，遠い方を点Dとする。vは音速Vより小さく，風は吹いていない。

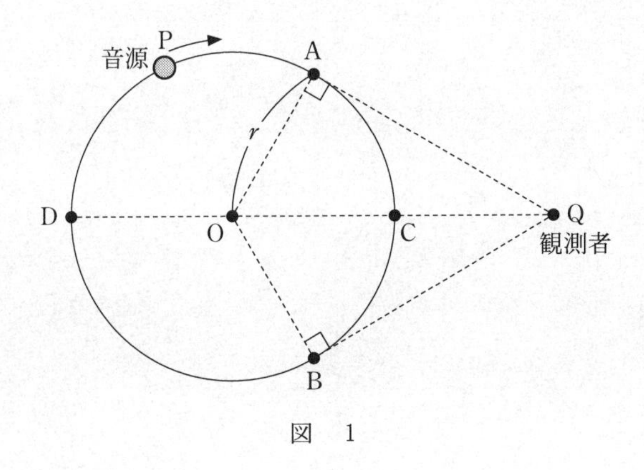

図　1

問 1　音源にはたらいている向心力の大きさと，音源が円軌道を点Cから点Dまで半周する間に向心力がする仕事を表す式の組合せとして正しいものを，次の①～⑤のうちから一つ選べ。ただし，音源の質量を m とする。 16

	①	②	③	④	⑤
向心力の大きさ	mrv^2	mrv^2	0	$\dfrac{mv^2}{r}$	$\dfrac{mv^2}{r}$
仕　事	πmr^2v^2	0	0	πmv^2	0

問 2　次の文章中の空欄 [17] に入れる語句として最も適当なものを，直後の { } で囲んだ選択肢のうちから一つ選べ。

音源の等速円運動にともなって f は周期的に変化する。これは，音源の速度の直線 PQ 方向の成分によるドップラー効果が起こるからである(図 2)。このことから，f が f_0 と等しくなるのは，音源が

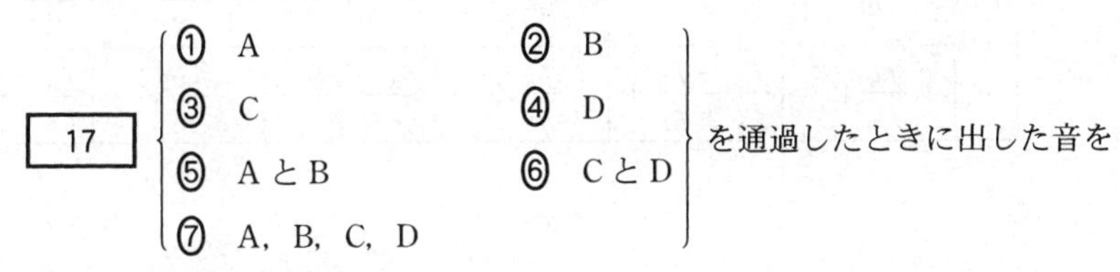

測定した場合であることがわかる。

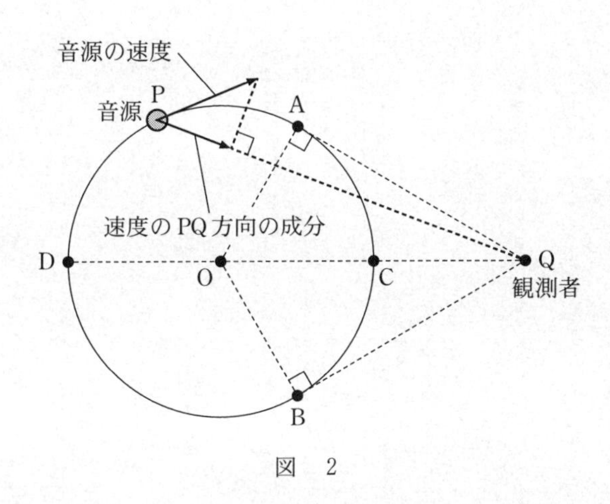

図　2

問 3　音源が点A，点Bを通過したときに出した音を観測者が測定したところ，振動数はそれぞれf_A，f_Bであった。f_Aと音源の速さvを表す式の組合せとして正しいものを，次の①～⑥のうちから一つ選べ。 **18**

	①	②	③	④	⑤	⑥
f_A	f_0	f_0	$\dfrac{V+v}{V}f_0$	$\dfrac{V+v}{V}f_0$	$\dfrac{V}{V-v}f_0$	$\dfrac{V}{V-v}f_0$
v	$\dfrac{f_B}{f_A}V$	$\dfrac{f_A-f_B}{f_A+f_B}V$	$\dfrac{f_B}{f_A}V$	$\dfrac{f_A-f_B}{f_A+f_B}V$	$\dfrac{f_B}{f_A}V$	$\dfrac{f_A-f_B}{f_A+f_B}V$

次に，音源と観測者を入れかえた場合を考える。図 3 に示すように，音源を点 Q の位置に固定し，観測者が点 O を中心に時計回りに等速円運動をする。

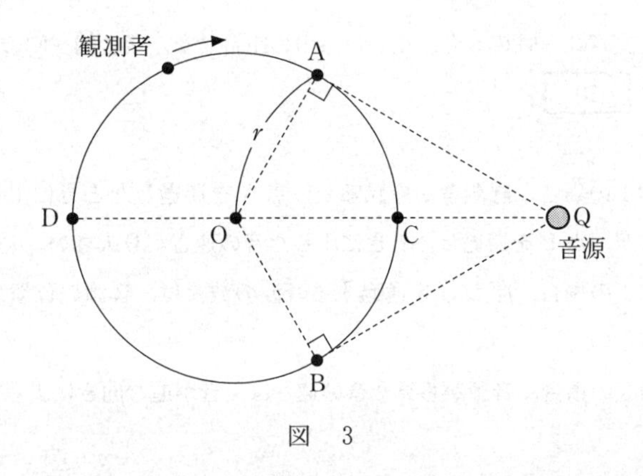

図　3

問 4　このとき，等速円運動をする観測者が測定する音の振動数についての記述として最も適当なものを，次の①～⑤のうちから一つ選べ。 19

① 点 A において最も大きく，点 B において最も小さい。

② 点 B において最も大きく，点 A において最も小さい。

③ 点 C において最も大きく，点 D において最も小さい。

④ 点 D において最も大きく，点 C において最も小さい。

⑤ 観測の位置によらず，常に等しい。

音源が等速円運動している場合(図１)と観測者が等速円運動している場合(図３)の音の速さや波長について考える。

問５ 次の文章(a)～(d)のうち，正しいものの組合せを，後の①～⑥のうちから一つ選べ。 20

(a) 図１の場合，観測者から見ると，点Ａを通過したときに出した音の速さの方が，点Ｂを通過したときに出した音の速さより大きい。

(b) 図１の場合，原点Ｏを通過する音波の波長は，音源の位置によらずすべて等しい。

(c) 図３の場合，音源から見た音の速さは，音が進む向きによらずすべて等しい。

(d) 図３の場合，点Ｃを通過する音波の波長は，点Ｄを通過する音波の波長より長い。

① (a)と(b)　　② (a)と(c)　　③ (a)と(d)
④ (b)と(c)　　⑤ (b)と(d)　　⑥ (c)と(d)

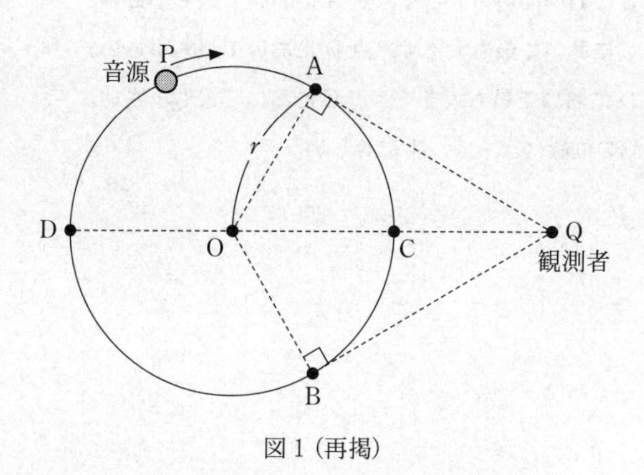

図１（再掲）

第4問　次の文章を読み，後の問い(問1～5)に答えよ。(配点　25)

物理の授業でコンデンサーの電気容量を測定する実験を行った。まず，コンデンサーの基本的性質を復習するため，図1のような真空中に置かれた平行平板コンデンサーを考える。極板の面積を S，極板間隔を d とする。

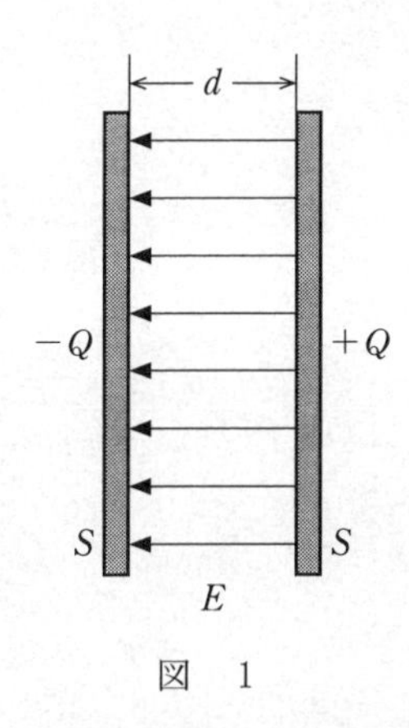

図　1

問1　次の文章中の空欄 ア ・ イ に入れる式の組合せとして正しいものを，後の①～⑧のうちから一つ選べ。 21

図1のコンデンサーに電気量(電荷) Q が蓄えられているときの極板間の電圧を V とする。極板間の電場(電界)が一様であるとすると，極板間の電場の大きさ E と V，d の間には $E=$ ア の関係が成り立つ。また，真空中でのクーロンの法則の比例定数を k_0 とすると，二つの極板間には $4\pi k_0 Q$ 本の電気力線があると考えられ，電気力線の本数と電場の大きさの関係を用いると E が求められる。これと ア が等しいことから Q は V に比例して $Q=CV$ と表せることがわかる。このとき比例定数(電気容量)は $C=$ イ となる。

	①	②	③	④	⑤	⑥	⑦	⑧
ア	Vd	Vd	Vd	Vd	$\dfrac{V}{d}$	$\dfrac{V}{d}$	$\dfrac{V}{d}$	$\dfrac{V}{d}$
イ	$4\pi k_0 dS$	$\dfrac{dS}{4\pi k_0}$	$\dfrac{4\pi k_0 S}{d}$	$\dfrac{S}{4\pi k_0 d}$	$4\pi k_0 dS$	$\dfrac{dS}{4\pi k_0}$	$\dfrac{4\pi k_0 S}{d}$	$\dfrac{S}{4\pi k_0 d}$

図2のように，直流電源，コンデンサー，抵抗，電圧計，電流計，スイッチを導線でつないだ。スイッチを閉じて十分に時間が経過してからスイッチを開いた。図3のグラフは，スイッチを開いてから時間tだけ経過したときの，電流計が示す電流Iを表す。ただし，スイッチを開く直前に電圧計は5.0Vを示していた。

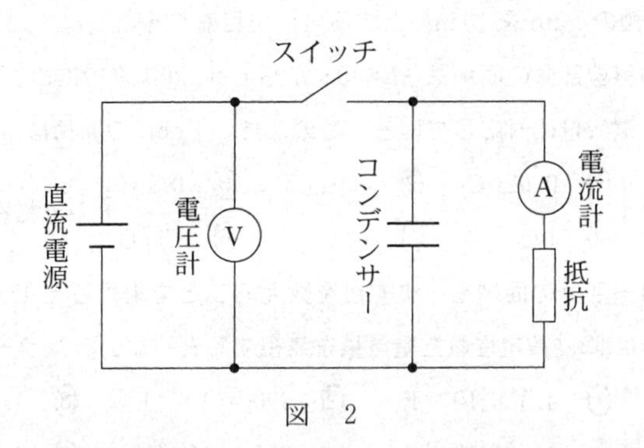

図　2

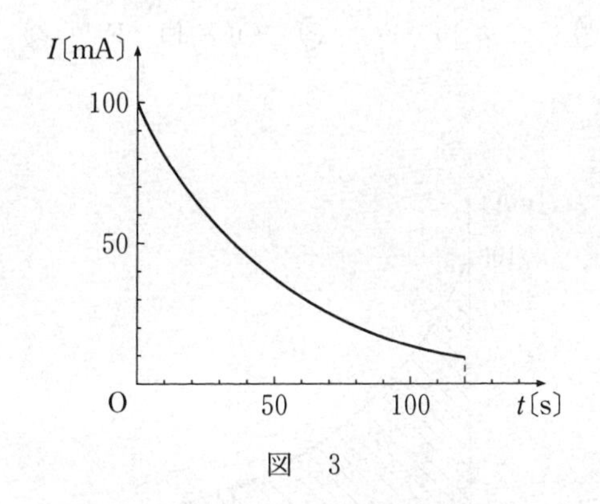

図　3

問2　図3のグラフから，この実験で用いた抵抗の値を求めると何Ωになるか。その値として最も適当なものを，次の①～⑧のうちから一つ選べ。ただし，電流計の内部抵抗は無視できるものとする。［ 22 ］Ω

①　0.02　　②　2　　③　20　　④　200
⑤　0.05　　⑥　5　　⑦　50　　⑧　500

問 3　次の文章中の空欄 **23** ・ **24** に入れる値として最も適当なものを，それぞれの直後の｛　｝で囲んだ選択肢のうちから一つずつ選べ。

図 3 のグラフを方眼紙に写して図 4 を作った。このとき，横軸の 1 cm を 10 s，縦軸の 1 cm を 10 mA とするように目盛りをとった。

図 4 の斜線部分の面積は，$t = 0$ s から $t = 120$ s までにコンデンサーから放電された電気量に対応している。このとき，1 $\mathrm{cm^2}$ の面積は

23 ｛① 0.001 C　② 0.01 C　③ 0.1 C　④ 1 C　⑤ 10 C　⑥ 100 C｝の電気量に対応する。

この斜線部分の面積を，ます目を数えることで求めると 45 $\mathrm{cm^2}$ であった。$t = 120$ s 以降に放電された電気量を無視すると，コンデンサーの電気容量は

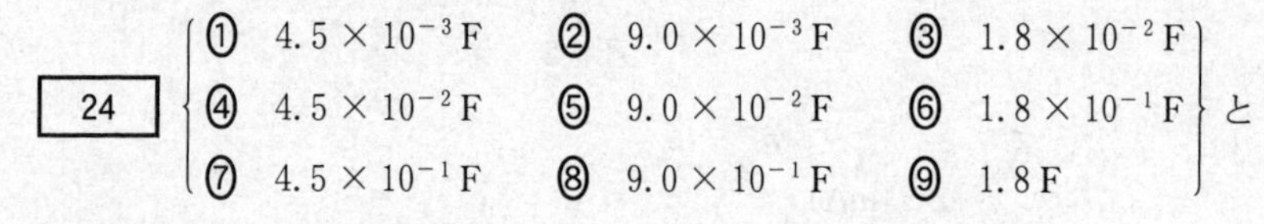

24 ｛① 4.5×10^{-3} F　② 9.0×10^{-3} F　③ 1.8×10^{-2} F　④ 4.5×10^{-2} F　⑤ 9.0×10^{-2} F　⑥ 1.8×10^{-1} F　⑦ 4.5×10^{-1} F　⑧ 9.0×10^{-1} F　⑨ 1.8 F｝と

求められた。

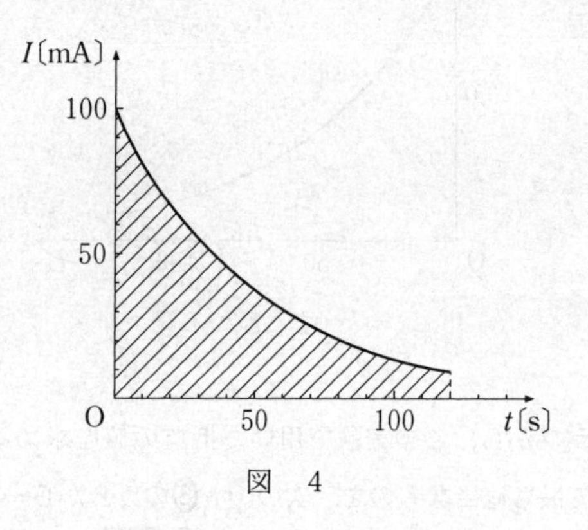

図　4

問3の方法では，$t = 120$ s のときにコンデンサーに残っている電気量を無視していた。この点について，授業で討論が行われた。

問 4　次の会話文の内容が正しくなるように，空欄 **25** に入れる数値として最も適当なものを，後の①～⑧のうちから一つ選べ。

Aさん：コンデンサーに蓄えられていた電荷が全部放電されるまで実験をすると，どれくらい時間がかかるんだろう。

Bさん：コンデンサーを 5.0 V で充電したときの実験で，電流の値が $t = 0$ s での電流 $I_0 = 100$ mA の $\frac{1}{2}$ 倍，$\frac{1}{4}$ 倍，$\frac{1}{8}$ 倍になるまでの時間を調べてみると，図5のように 35 s 間隔になっています。なかなか0にならないですね。

Cさん：電流の大きさが十分小さくなる目安として最初の $\frac{1}{1000}$ の 0.1 mA 程度になるまで実験をするとしたら， **25** s くらいの時間，測定することになりますね。それくらいの時間なら，実験できますね。

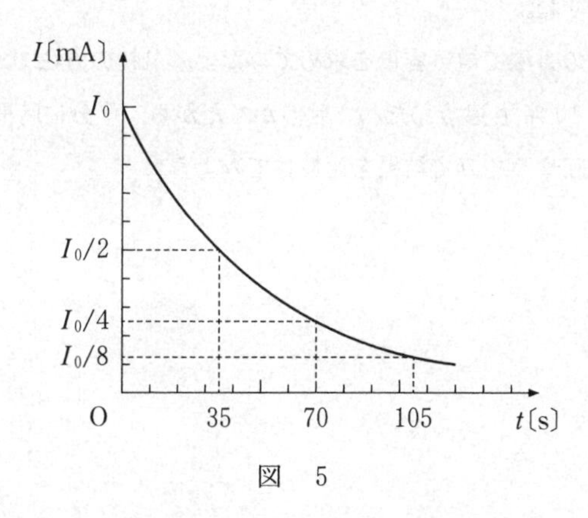

図　5

① 140　② 210　③ 280　④ 350
⑤ 420　⑥ 490　⑦ 560　⑧ 630

問 5　次の会話文の内容が正しくなるように，空欄 ウ ・ エ に入れる式と語句の組合せとして最も適当なものを，後の①～⑧のうちから一つ選べ。 26

先　生：時間をかけずに電気容量を正確に求める他の方法は考えられますか。

Aさん：この回路では，コンデンサーに蓄えられた電荷が抵抗を流れるときの電流はコンデンサーの電圧に比例します。一方で，コンデンサーに残っている電気量もコンデンサーの電圧に比例します。この両者を組み合わせることで，この実験での電流と電気量の関係がわかりそうです。

Bさん：なるほど。電流の値が $t = 0$ での値 I_0 の半分になる時刻 t_1 に注目してみよう。グラフの面積を用いて $t = 0$ から $t = t_1$ までに放電された電気量 Q_1 を求めれば，$t = 0$ にコンデンサーに蓄えられていた電気量が $Q_0 =$ ウ とわかるから，より正確に電気容量を求められるよ。最初の方法で私たちが求めた電気容量は正しい値より エ のですね。

Cさん：この方法で電気容量を求めてみたよ。最初の方法で求めた値と比べると 10 % も違うんだね。せっかくだから，十分に時間をかける実験を1回やってみて結果を比較してみよう。

	ウ	エ
①	$\dfrac{Q_1}{4}$	小さかった
②	$\dfrac{Q_1}{4}$	大きかった
③	$\dfrac{Q_1}{2}$	小さかった
④	$\dfrac{Q_1}{2}$	大きかった
⑤	$2Q_1$	小さかった
⑥	$2Q_1$	大きかった
⑦	$4Q_1$	小さかった
⑧	$4Q_1$	大きかった

物　理　基　礎

(解答番号 [1] ～ [16])

第1問　次の問い(問1～4)に答えよ。(配点　16)

問1　図1のように，なめらかな水平面上に箱A，B，Cが接触して置かれている。箱Aを水平右向きの力で押し続けたところ，箱A，B，Cは離れることなく，右向きに一定の加速度で運動を続けた。このとき，箱Aから箱Bにはたらく力をf_1，箱Cから箱Bにはたらく力をf_2とする。力f_1とf_2の大きさの関係についての説明として最も適当なものを，後の①～④のうちから一つ選べ。ただし，図中の矢印は力の向きのみを表している。 [1]

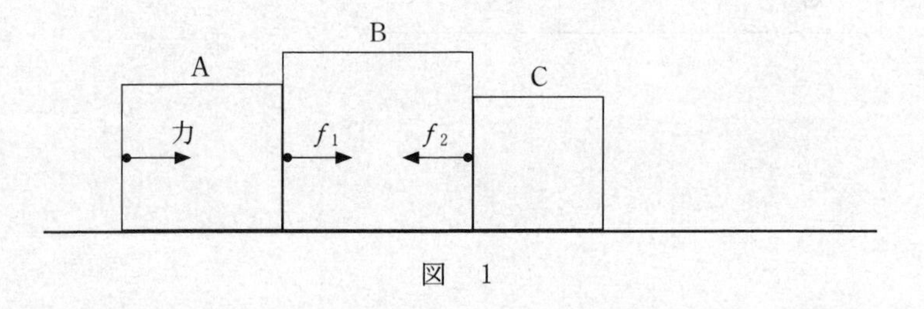

図　1

① f_1の大きさは，f_2の大きさよりも小さい。

② f_1の大きさは，f_2の大きさよりも大きい。

③ f_1とf_2の大きさは等しい。

④ f_1の大きさは，最初はf_2の大きさよりも小さいが，しだいに大きくなりf_2の大きさと等しくなる。

問 2　ばね定数の異なる軽いばねAとBがある。図2のように，それぞれのばねの一端を天井に取り付け，もう一方の端に質量 m のおもりを取り付けた。すると，ばねAは自然の長さから a だけ伸びたところで，ばねBは自然の長さから $2a$ だけ伸びたところで，それぞれつりあいの状態になっておもりが静止した。

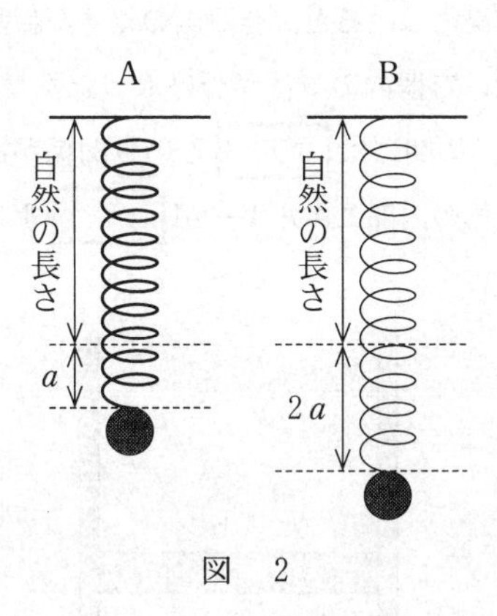

図　2

このとき，ばねBの弾性力による位置エネルギーは，ばねAの弾性力による位置エネルギーの何倍か。その値として最も適当なものを，次の①～⑥のうちから一つ選べ。 **2** 倍

① $\frac{1}{2}$　　② $\frac{\sqrt{2}}{2}$　　③ 1

④ $\sqrt{2}$　　⑤ 2　　⑥ 4

問 3　次の文章中の空欄 ア ・ イ に入れる式と語の組合せとして最も適当なものを，後の①～④のうちから一つ選べ。 3

図 3 のように，なめらかに動くピストンのついた容器に気体が閉じこめられている。最初，容器内の気体と大気の温度は等しい。気圧が一定の部屋の中でこの容器の底をお湯につけると，容器内の気体が膨張し，ピストンが押し上げられた。この間に，容器内の気体が受け取った熱量 Q と容器内の気体がピストンにした仕事 W' の間には ア という関係がある。$Q = W'$ とならないのは，容器内の気体の内部エネルギーが イ するためである。

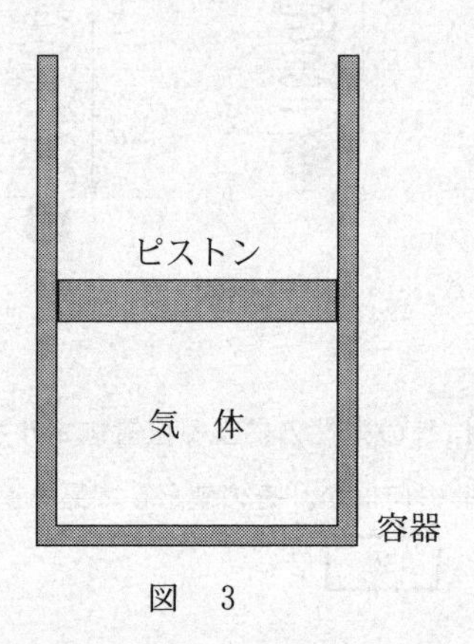

図　3

	ア	イ
①	$Q < W'$	増　加
②	$Q < W'$	減　少
③	$Q > W'$	増　加
④	$Q > W'$	減　少

問 4　次の文章中の空欄 ウ ・ エ に入れる数値と語の組合せとして最も適当なものを，後の①～⑧のうちから一つ選べ。 4

ギターのある弦の基本振動数を 110 Hz に調律したい。ここでは，図 4 のような 4 倍振動を生じさせ，4 倍音を利用して調律を行う。

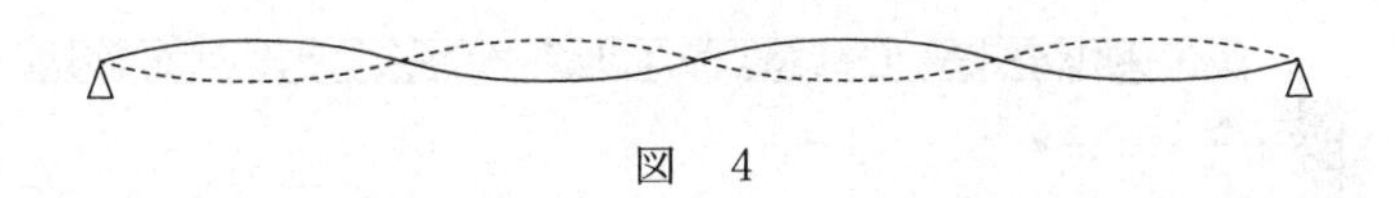

図　4

この弦の 4 倍音(以下，この音をギターの音とよぶ)を鳴らし，おんさの発生する 440 Hz の音と比べると，ギターの音の高さの方が少し低かった。また，ギターの音とおんさの音を同時に鳴らすと，1 秒あたり 2 回のうなりが聞こえた。このとき，ギターの音の振動数は ウ Hz である。

次に，1 秒あたりのうなりの回数が減っていくように弦の張力を調節する。弦の張力の大きさが大きいほど，弦を伝わる波の速さは大きくなるので，弦の張力の大きさを少しずつ エ していけばよい。うなりが聞こえなくなったとき，ギターの音とおんさの音の振動数が一致し，この弦の基本振動数は 110 Hz になる。

	ウ	エ
①	432	小さく
②	432	大きく
③	438	小さく
④	438	大きく
⑤	442	小さく
⑥	442	大きく
⑦	448	小さく
⑧	448	大きく

第2問　小球の運動についての後の問い（問1～5）に答えよ。ただし，空気抵抗は無視できるものとする。（配点　18）

図1は，ある初速度で水平右向きに投射された小球を，0.1sの時間間隔で撮影した写真である。壁には目盛り間隔0.1mのものさしが水平な向きと鉛直な向きに固定されている。

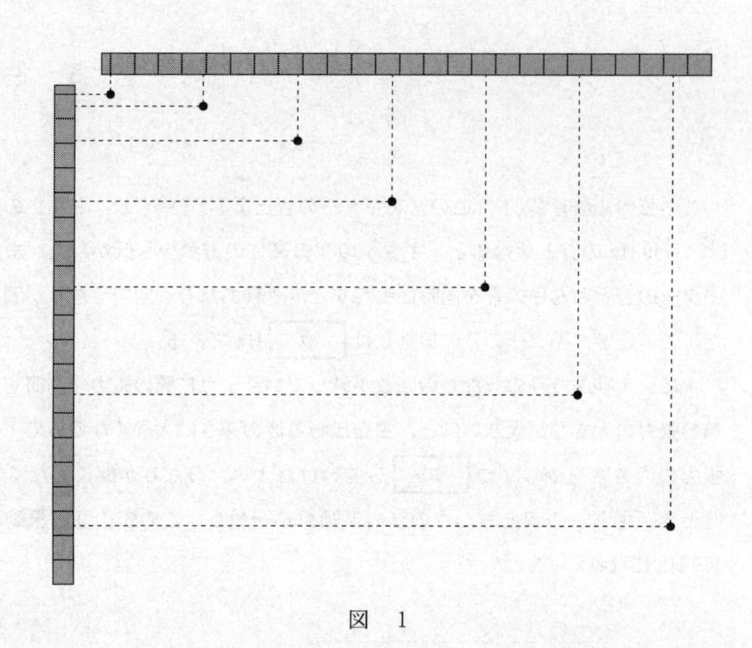

図　1

問1　水平に投射されてからの小球の水平方向の位置の測定値を，右向きを正として0.1sごとに表1に記録した。表1の空欄に入れる，時刻0.3sにおける測定値として最も適当なものを，後の①～⑤のうちから一つ選べ。 5

表　1

時刻〔s〕	0	0.1	0.2	0.3	0.4	0.5
位置〔m〕	0	0.39	0.78		1.56	1.95

①　0.39　　②　0.78　　③　0.97　　④　1.17　　⑤　1.37

問 2　鉛直方向の運動だけを考えよう。このとき，小球の鉛直下向きの速さ v と時刻 t の関係を表すグラフとして最も適当なものを，次の①〜④のうちから一つ選べ。 6

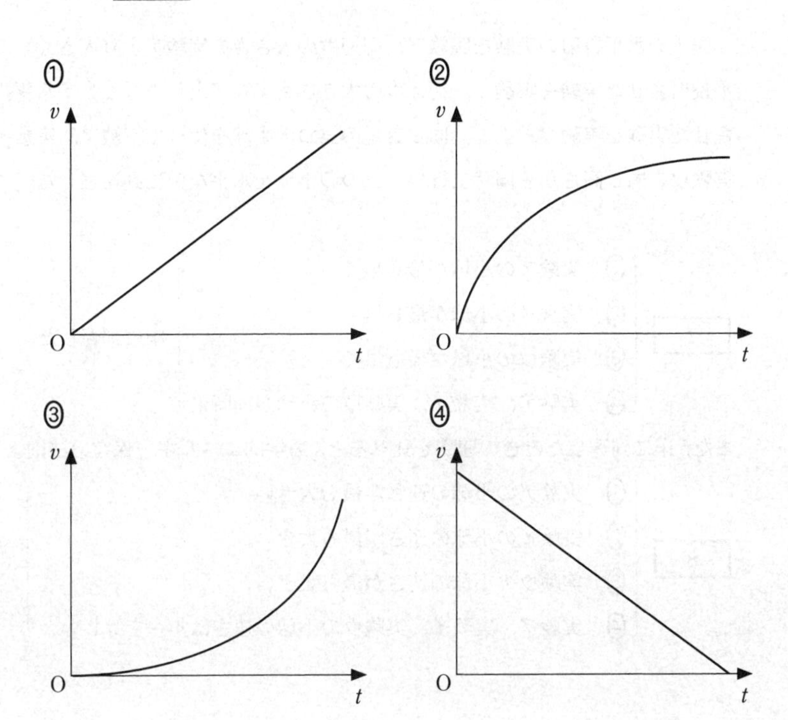

問 3　次の文章中の空欄 [7]・[8] に入れる記述として最も適当なものを，それぞれの直後の { } で囲んだ選択肢のうちから一つずつ選べ。

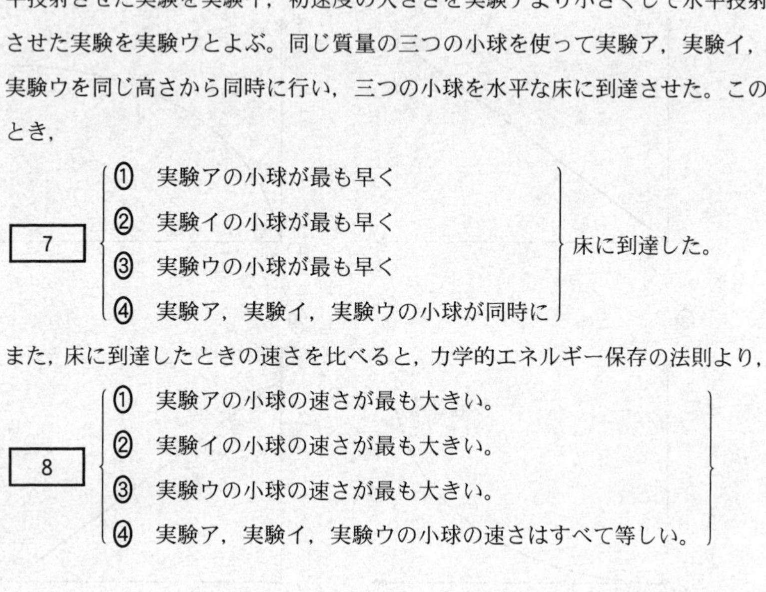

図1の水平投射の実験を実験ア，初速度の大きさを実験アより大きくして水平投射させた実験を実験イ，初速度の大きさを実験アより小さくして水平投射させた実験を実験ウとよぶ。同じ質量の三つの小球を使って実験ア，実験イ，実験ウを同じ高さから同時に行い，三つの小球を水平な床に到達させた。このとき，

[7] {
① 実験アの小球が最も早く
② 実験イの小球が最も早く
③ 実験ウの小球が最も早く
④ 実験ア，実験イ，実験ウの小球が同時に
} 床に到達した。

また，床に到達したときの速さを比べると，力学的エネルギー保存の法則より，

[8] {
① 実験アの小球の速さが最も大きい。
② 実験イの小球の速さが最も大きい。
③ 実験ウの小球の速さが最も大きい。
④ 実験ア，実験イ，実験ウの小球の速さはすべて等しい。
}

次に，同じ質量の二つの小球A，Bを用意した。図2のように，水平な床を高さの基準面として，小球Aを高さhの位置から初速度0で自由落下させると同時に，小球Bを床から初速度V_0で鉛直に投げ上げたところ，小球A，Bは同時に床に到達した。

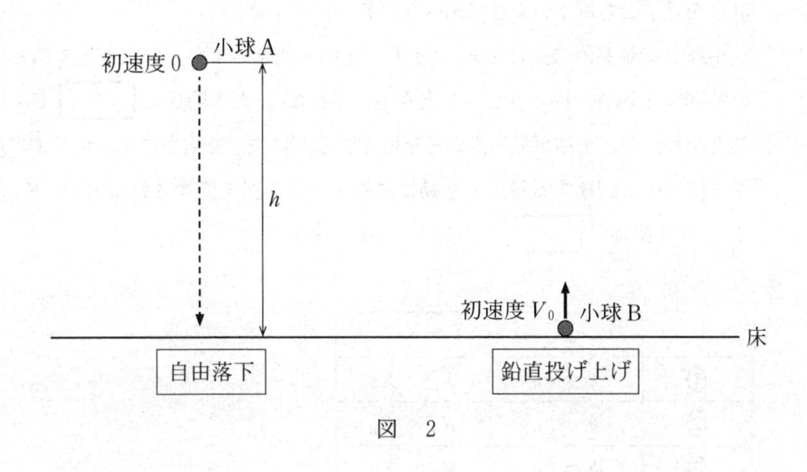

図　2

問 4　V_0を，hと重力加速度の大きさgを用いて表す式として正しいものを，次の①～⑥のうちから一つ選べ。V_0＝ **9**

① 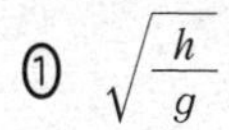 $\sqrt{\frac{h}{g}}$　　② $\sqrt{\frac{g}{h}}$　　③ $\sqrt{gh}$

④ $\sqrt{\frac{h}{2g}}$　　⑤ $\sqrt{\frac{g}{2h}}$　　⑥ $\sqrt{\frac{gh}{2}}$

問 5　次の文章中の空欄 ア ・ イ に入れる式の組合せとして正しいものを，後の①〜⑨のうちから一つ選べ。 10

床に到達する時点での小球A，Bの運動エネルギー K_A，K_B の大小関係は，計算をせずとも以下のように調べられる。

小球Bの最高点の高さを h_B とする。運動を開始してから床に到達するまでの時間は小球A，Bで等しいことから，h と h_B の大小関係は ア であることがわかる。小球が最高点から床に達する間に失った重力による位置エネルギーは，床に到達する時点で運動エネルギーにすべて変換されるので，K_A と K_B の大小関係は イ であることがわかる。

	ア	イ
①	$h = h_B$	$K_A > K_B$
②	$h = h_B$	$K_A < K_B$
③	$h = h_B$	$K_A = K_B$
④	$h < h_B$	$K_A > K_B$
⑤	$h < h_B$	$K_A < K_B$
⑥	$h < h_B$	$K_A = K_B$
⑦	$h > h_B$	$K_A > K_B$
⑧	$h > h_B$	$K_A < K_B$
⑨	$h > h_B$	$K_A = K_B$

第3問　発電および送電についての後の問い(問1～4)に答えよ。(配点　16)

授業で再生可能エネルギーについて学んだ。家の近くに風力発電所(図1)があるので見学に行き，風力発電について探究活動を行った。

図　1

問1　次の文章中の空欄 [11] ・ [12] に入れる語として最も適当なものを，後の①～⑥のうちから一つずつ選べ。ただし，同じものを繰り返し選んでもよい。

風力発電は，空気の [11] エネルギーを利用して風車を回し，それに接続された発電機で電気エネルギーを得る発電である。再生可能エネルギーによる発電には，風力発電以外に，水力発電や太陽光発電などもある。太陽光発電は，太陽電池を用いて [12] エネルギーを直接，電気エネルギーに変換する発電である。

① 力学的　　② 熱　　③ 電　気
④ 光　　⑤ 化　学　　⑥ 核(原子力)

図2は，見学した風力発電機1機の出力(電力)と風速の関係を表したグラフである。

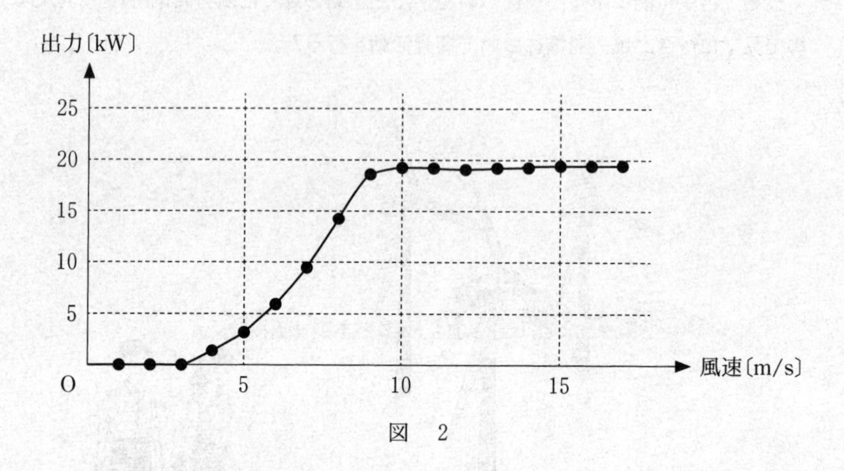

図　2

問2　次の文章中の空欄 **13** に入れる値として最も適当なものを，直後の｛　｝で囲んだ選択肢のうちから一つ選べ。

日本の一般家庭の1日の消費電力量はおよそ18 kWhである。常に10 m/s～15 m/sの風が吹き続けていると仮定すると，図2の風力発電機1機が1日に発電する電力量は，日本の一般家庭の1日の消費電力量のおよそ

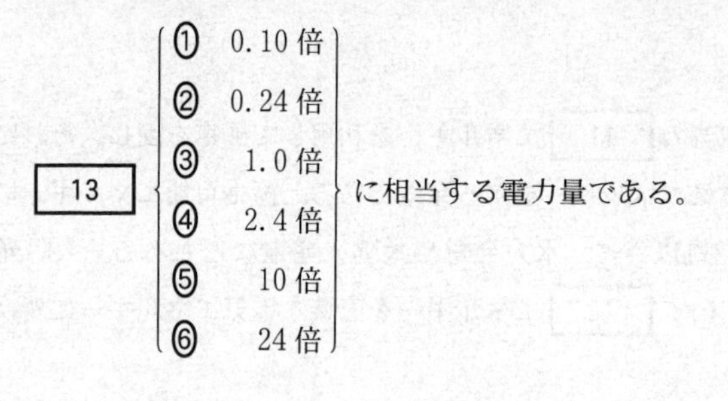

13 ｛①　0.10倍　②　0.24倍　③　1.0倍　④　2.4倍　⑤　10倍　⑥　24倍｝に相当する電力量である。

さらに電力やエネルギーに関心をもったため，発電所から家庭までの送電について調べたところ，図3に示すようなしくみで送電されていることがわかった。発電所から送電線に電力を送り出す際の交流電圧をV，送電線を流れる交流電流をI，送電線の抵抗をrとする。ただし，VやIは交流の電圧計や電流計が表示する電圧，電流であり，これらを使うと交流でも直流と同様に消費電力が計算できるものとする。

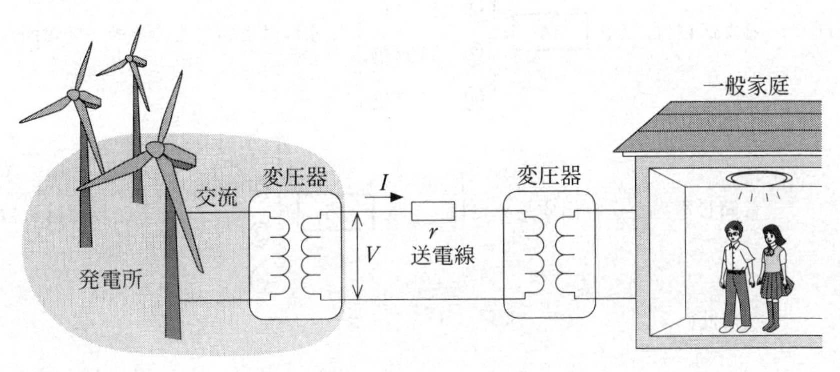

図　3

問 3　次の文章中の空欄 [14] ・ [15] に入れる値として最も適当なものを，それぞれの直後の｛　｝で囲んだ選択肢のうちから一つずつ選べ。

発電所から電力を送り出すとき，送電線の抵抗 r によって生じる電力損失(発熱による損失)を小さく抑えたい。たとえば，この電力損失を 10^{-6} 倍にするためには，I を [14] ｛① 10^{-6} 倍　② 10^{-3} 倍　③ 10^{3} 倍　④ 10^{6} 倍｝にすればよい。このとき，発電所から同じ電力を送り出すためには，V を [15] ｛① 10^{-6} 倍　② 10^{-3} 倍　③ 10^{3} 倍　④ 10^{6} 倍｝にしなければならない。

発電所で発電された交流の電圧は，変圧器によって異なる電圧に変換される。その電力は送電線によって遠方に送電される。図4は変圧器の基本構造の模式図である。

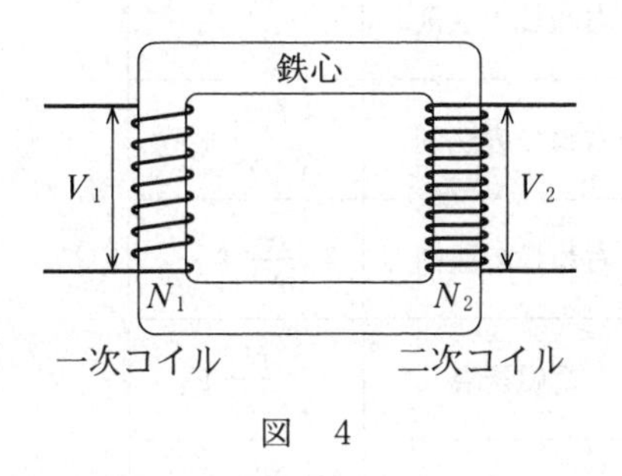

図　4

問 4　次の文章中の空欄 ア ・ イ に入れる語句と式の組合せとして最も適当なものを，後の①～⑧のうちから一つ選べ。 16

変圧器の一次コイルに交流電流を流すと，鉄心の中に変動する磁場(磁界)が発生し， ア によって二次コイルに変動する電圧が発生する。

理想的な変圧器では，変圧器への入力電圧が V_1 であるとき，変圧器からの出力電圧 V_2 は，一次コイルの巻き数を N_1，二次コイルの巻き数を N_2 とすると，$V_2 =$ イ で表される。

	ア	イ
①	右ねじの法則	$\sqrt{\frac{N_2}{N_1}}V_1$
②	右ねじの法則	$\frac{N_2}{N_1}V_1$
③	右ねじの法則	$\sqrt{\frac{N_1}{N_2}}V_1$
④	右ねじの法則	$\frac{N_1}{N_2}V_1$
⑤	電磁誘導	$\sqrt{\frac{N_2}{N_1}}V_1$
⑥	電磁誘導	$\frac{N_2}{N_1}V_1$
⑦	電磁誘導	$\sqrt{\frac{N_1}{N_2}}V_1$
⑧	電磁誘導	$\frac{N_1}{N_2}V_1$

2022

共通テスト
本試験

物理：

解答時間 60 分　配点 100 点

物理基礎：

解答時間　2 科目 60 分

配点　2 科目 100 点

（物理基礎，化学基礎，生物基礎，地学基礎から 2 科目選択）

物　　理

（解答番号 1 ～ 25）

第1問　次の問い（問1～5）に答えよ。（配点　25）

問1　次の文章中の空欄 1 に入れる式として正しいものを，後の①～④のうちから一つ選べ。

図1のように，2個の小球を水面上の点S_1，S_2に置いて，鉛直方向に同一周期，同一振幅，**逆位相**で単振動させると，S_1，S_2を中心に水面上に円形波が発生した。図1に描かれた実線は山の波面を，破線は谷の波面を表す。水面上の点PとS_1，S_2の距離をそれぞれl_1，l_2，水面波の波長をλとし，$m=0$，1，2，…とすると，Pで水面波が互いに強めあう条件は，$|l_1-l_2|=$ 1 と表される。ただし，S_1とS_2の間の距離は波長の数倍以上大きいとする。

①　$m\lambda$　　②　$\left(m+\frac{1}{2}\right)\lambda$　　③　$2m\lambda$　　④　$(2m+1)\lambda$

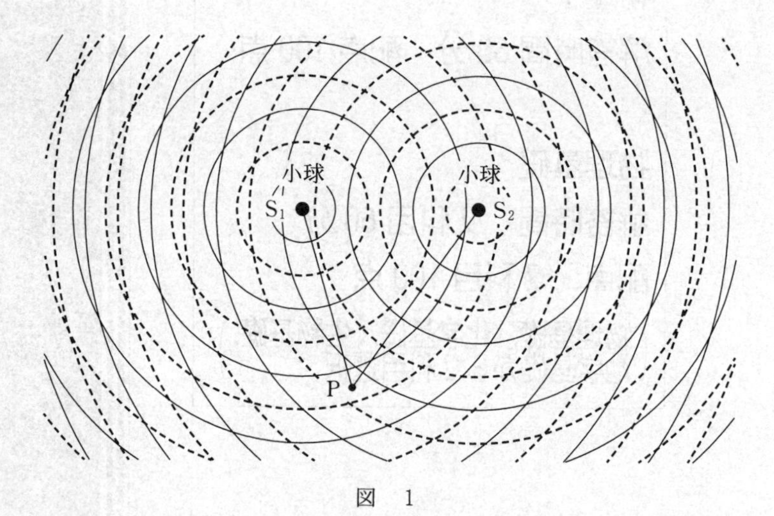

図　1

問 2　次の文章中の空欄 [2] に入れる選択肢として最も適当なものを，次ページの①～④のうちから一つ，空欄 [3] に入れる語句として，最も適当なものを，直後の｛　｝で囲んだ選択肢のうちから一つ選べ。

図 2(a)のように，垂直に矢印を組み合わせた形の光源とスクリーンを，凸レンズの光軸上に配置したところ，スクリーン上に光源の実像ができた。スクリーンは光軸と垂直であり，F，F′ はレンズの焦点である。スクリーンと光軸の交点を座標の原点にして，スクリーンの水平方向に x 軸をとり，レンズ側から見て右向きを正とし，鉛直方向に y 軸をとり上向きを正とする。光源の太い矢印は y 軸方向正の向き，細い矢印は x 軸方向正の向きを向いている。このとき，観測者がレンズ側から見ると，スクリーン上の像は [2] である。

次に図 2(b)のように，光を通さない板でレンズの中心より上半分を通る光を完全に遮(さえぎ)った。スクリーン上の像を観測すると，

[3]
① 像の $y > 0$ の部分が見えなくなった。
② 像の $y < 0$ の部分が見えなくなった。
③ 像の全体が暗くなった。
④ 像にはなにも変化がなかった。

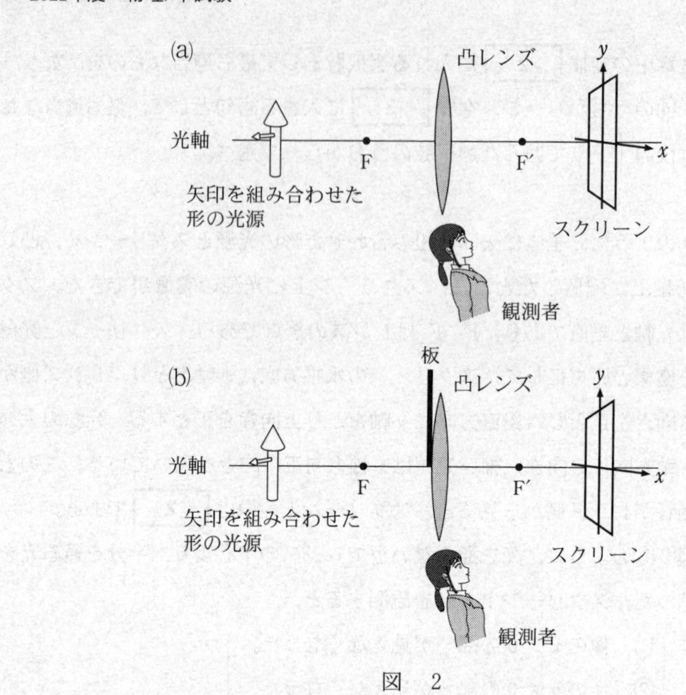
(a)
凸レンズ
y
光軸
F
F′
x
矢印を組み合わせた
形の光源
スクリーン
観測者
板
(b)
凸レンズ
y
光軸
F
F′
x
矢印を組み合わせた
形の光源
スクリーン
観測者

図　2

2 の選択肢

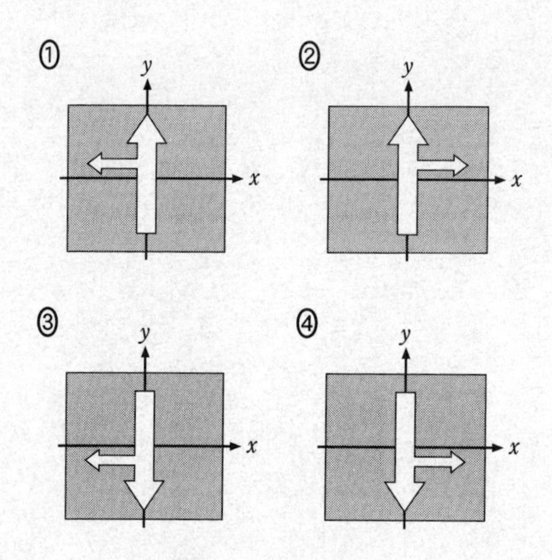
①
y
x
②
y
x
③
y
x
④
y
x

問 3　質量がMで密度と厚さが均一な薄い円板がある。この円板を，外周の点Pに糸を付けてつるした。次に，円板の中心の点Oから直線OPと垂直な方向に距離dだけ離れた点Qに，質量mの物体を軽い糸で取り付けたところ，図3のようになって静止した。直線OQ上で点Pの鉛直下方にある点をCとしたとき，線分OCの長さxを表す式として正しいものを，後の①～④のうちから一つ選べ。$x =$ [4]

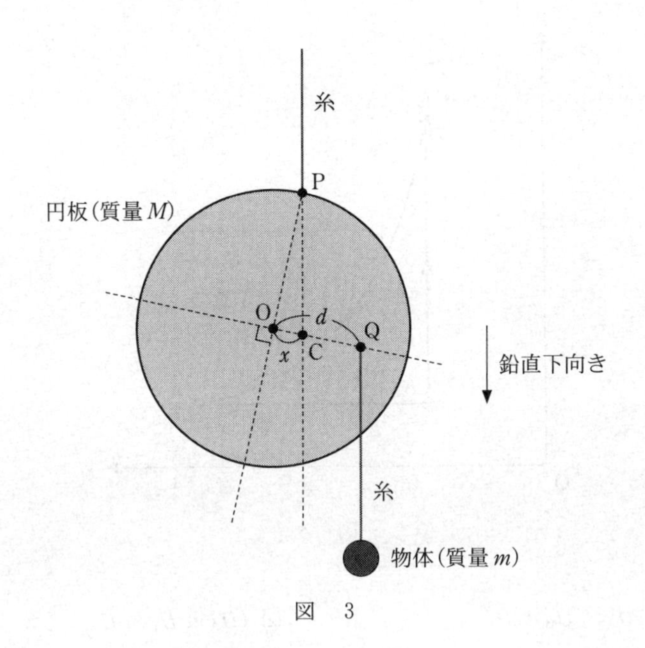

図　3

① $\dfrac{m}{M-m}d$　　② $\dfrac{m}{M+m}d$　　③ $\dfrac{M}{M-m}d$　　④ $\dfrac{M}{M+m}d$

問 4　理想気体が容器内に閉じ込められている。図4は，この気体の圧力 p と体積 V の変化を表している。はじめに状態Aにあった気体を定積変化させ状態Bにした。次に状態Bから断熱変化させ状態Cにした。さらに状態Cから定圧変化させ状態Aに戻した。状態A，B，Cの内部エネルギー U_A，U_B，U_C の関係を表す式として正しいものを，後の①～⑧のうちから一つ選べ。 5

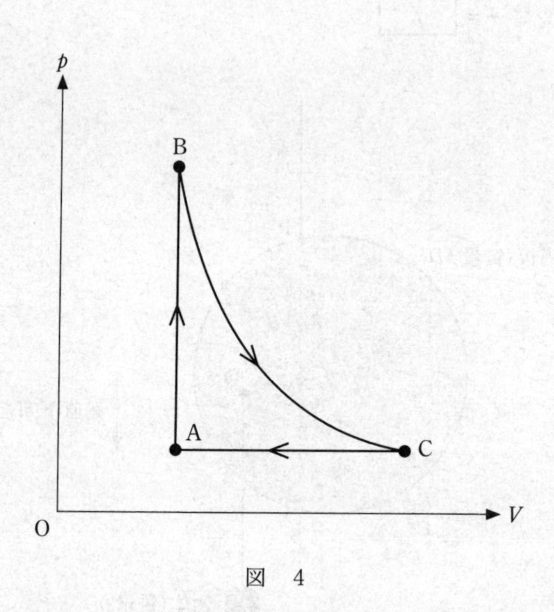

図　4

① $U_A < U_B < U_C$　　② $U_A < U_C < U_B$

③ $U_B < U_A < U_C$　　④ $U_B < U_C < U_A$

⑤ $U_C < U_A < U_B$　　⑥ $U_C < U_B < U_A$

⑦ $U_B = U_C < U_A$　　⑧ $U_A < U_B = U_C$

問 5　次の文章中の空欄 ア ～ ウ に入れる記号と式の組合せとして最も適当なものを，次ページの①～⑧のうちから一つ選べ。 6

図 5 のように，空気中に十分に長い 2 本の平行導線(導線 1，導線 2)を xy 平面に対して垂直に置き，同じ向き(図 5 の上向き)に電流を流す。それぞれの電流の大きさは I_1 と I_2，導線の間隔は r である。このとき，導線 1 の電流が導線 2 の位置につくる磁場の向きは ア である。また，この磁場から導線 2 を流れる電流が受ける力の向きは イ であり，導線 2 の長さ l の部分が受ける力の大きさは ウ である。ただし，空気の透磁率は真空の透磁率 μ_0 と同じとする。

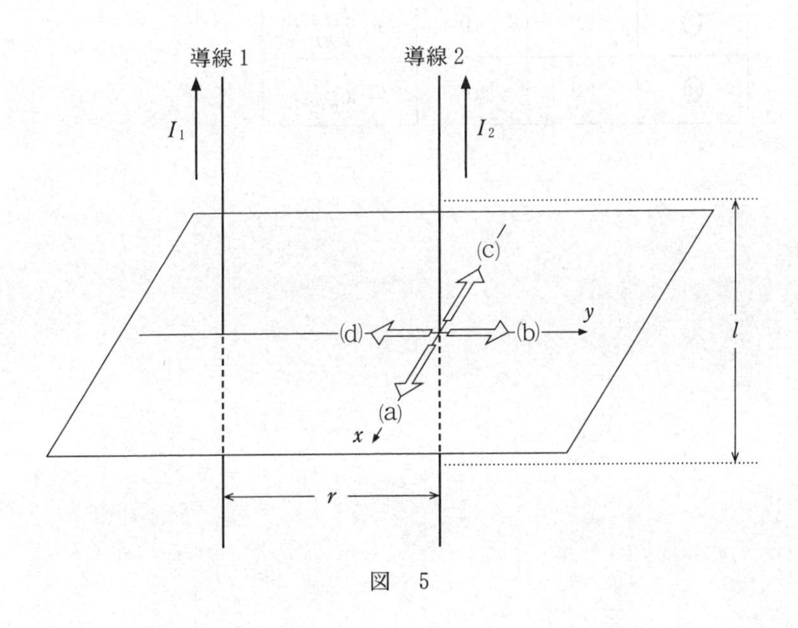

図　5

	ア	イ	ウ
①	(a)	(b)	$\mu_0 \dfrac{I_1 I_2}{2\pi r} l$
②	(a)	(b)	$\mu_0 \dfrac{I_1 I_2}{2\pi r^2} l$
③	(a)	(d)	$\mu_0 \dfrac{I_1 I_2}{2\pi r} l$
④	(a)	(d)	$\mu_0 \dfrac{I_1 I_2}{2\pi r^2} l$
⑤	(c)	(b)	$\mu_0 \dfrac{I_1 I_2}{2\pi r} l$
⑥	(c)	(b)	$\mu_0 \dfrac{I_1 I_2}{2\pi r^2} l$
⑦	(c)	(d)	$\mu_0 \dfrac{I_1 I_2}{2\pi r} l$
⑧	(c)	(d)	$\mu_0 \dfrac{I_1 I_2}{2\pi r^2} l$

第2問 物体の運動に関する探究の過程について，後の問い(問1～6)に答えよ。(配点 30)

Aさんは，買い物でショッピングカートを押したり引いたりしたときの経験から，「物体の速さは物体にはたらく力と物体の質量のみによって決まり，(a)ある時刻の物体の速さvは，その時刻に物体が受けている力の大きさFに比例し，物体の質量mに反比例する」という仮説を立てた。Aさんの仮説を聞いたBさんは，この仮説は誤った思い込みだと思ったが，科学的に反論するためには実験を行って確かめることが必要であると考えた。

問1 下線部(a)の内容をv，F，mの関係として表したグラフとして最も適当なものを，次の①～④のうちから一つ選べ。 7

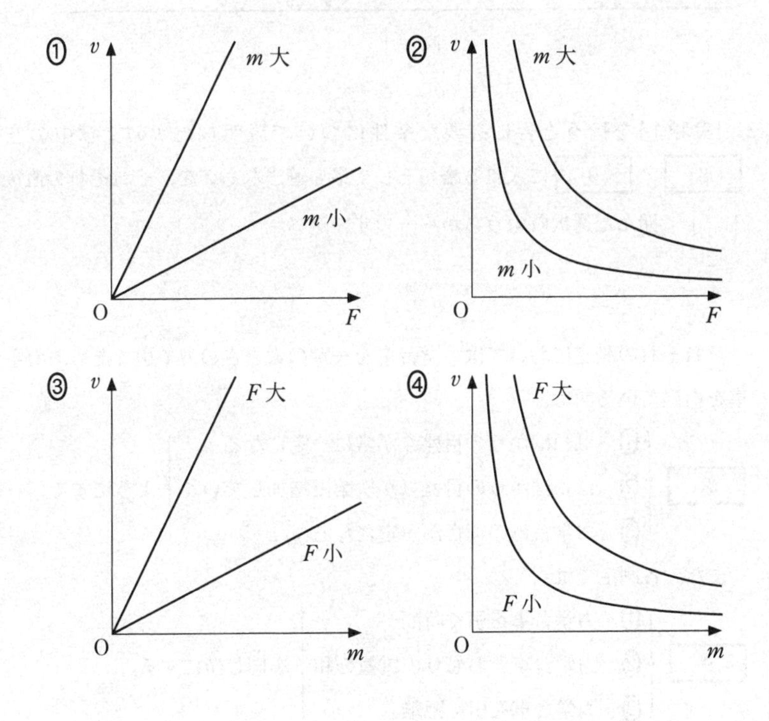

Bさんは，水平な実験机上をなめらかに動く力学台車と，ばねばかり，おもり，記録タイマー，記録テープからなる図1のような装置を準備した。そして，物体に一定の力を加えた際の，力の大きさや質量と物体の速さの関係を調べるために，次の2通りの実験を考えた。

【実験1】　いろいろな大きさの力で力学台車を引く測定を繰り返し行い，力の大きさと速さの関係を調べる実験。

【実験2】　いろいろな質量のおもりを用いる測定を繰り返し行い，物体の質量と速さの関係を調べる実験。

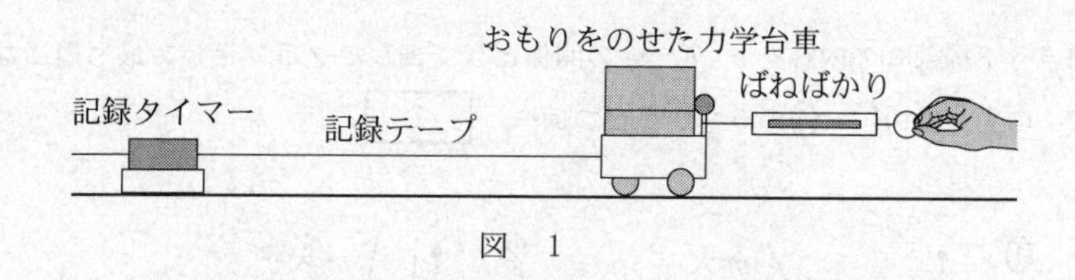

図　1

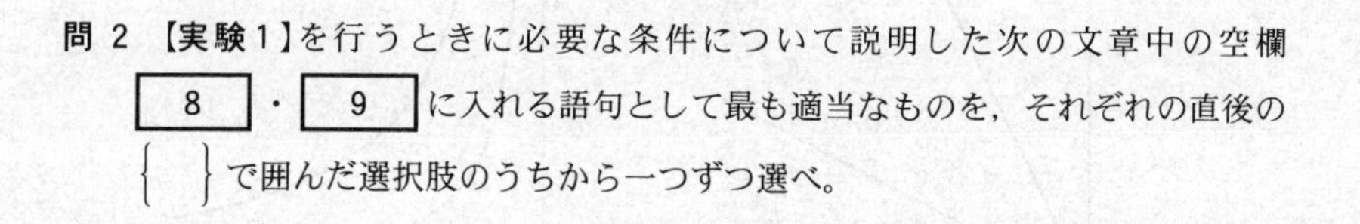

問 2　【実験1】を行うときに必要な条件について説明した次の文章中の空欄 8 ・ 9 に入れる語句として最も適当なものを，それぞれの直後の｛　｝で囲んだ選択肢のうちから一つずつ選べ。

それぞれの測定においては力学台車を一定の大きさの力で引くため，力学台車を引いている間は，

8 ｛① ばねばかりの目盛りが常に一定になる　② ばねばかりの目盛りが次第に増加していく　③ 力学台車の速さが一定になる｝ようにする。

また，各測定では，

9 ｛① 力学台車を引く時間　② 力学台車とおもりの質量の和　③ 力学台車を引く距離｝を同じ値にする。

【実験２】として，力学台車とおもりの質量の合計が

ア：3.18 kg　　イ：1.54 kg　　ウ：1.01 kg

の３通りの場合を考え，各測定とも台車を同じ大きさの一定の力で引くことにした。

この実験で得られた記録テープから，台車の速さ v と時刻 t の関係を表す図２のグラフを描いた。ただし，台車を引く力が一定となった時刻をグラフの $t = 0$ としている。

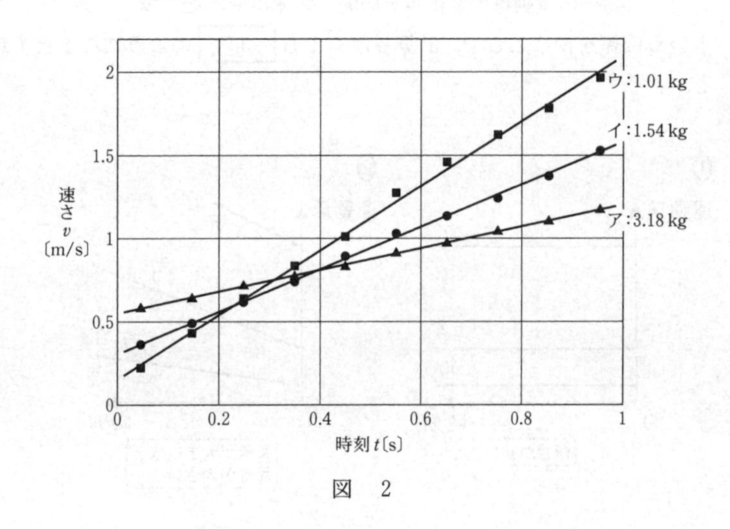

図　２

問３　図２の実験結果からＡさんの仮説が誤りであると判断する根拠として，最も適当なものを，次の①～④のうちから一つ選べ。 10

① 質量が大きいほど速さが大きくなっている。

② 質量が２倍になると，速さは $\frac{1}{4}$ 倍になっている。

③ 質量による運動への影響は見いだせない。

④ ある質量の物体に一定の力を加えても，速さは一定にならない。

Aさんの仮説には，実験で確かめた誤り以外にも，見落としている点がある。物体の速さを考えるときには，その時刻に物体が受けている力だけでなく，それまでに物体がどのように力を受けてきたかについても考えなければならない。

速さの代わりに質量と速度で決まる運動量を用いると，物体が受けてきた力による力積を使って，物体の運動状態の変化を議論することができる。

問 4　次の文章中の空欄 [11] に入れるグラフとして最も適当なものを，後の①～④のうちから一つ選べ。

図2を運動量と時刻のグラフに描き直したときの概形は，

物体の運動量の変化＝その間に物体が受けた力積

という関係を使うことで，計算しなくても [11] のようになると予想できる。

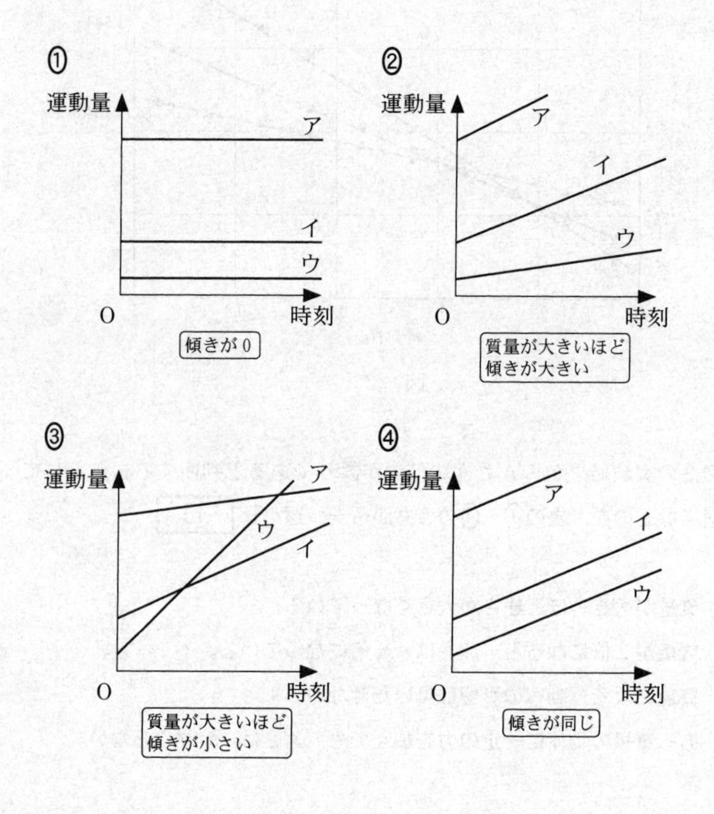

さらに，Bさんは，一定の速さで運動をしている物体の質量を途中で変えるとどうなるだろうかという疑問を持ち，次の2通りの実験を行った。

問 5　小球を発射できる装置がついた質量 M_1 の台車と，質量 m_1 の小球を用意した。この装置は，台車の水平な上面に対して垂直上向きに，この小球を速さ v_1 で発射できる。図3のように，水平右向きに速度 V で等速直線運動する台車から小球を打ち上げた。このとき，小球の打ち上げの前後で，台車と小球の運動量の水平成分の和は保存する。小球を打ち上げる直前の速度 V と，小球を打ち上げた直後の台車の速度 V_1 の関係式として正しいものを，後の①～⑥のうちから一つ選べ。 12

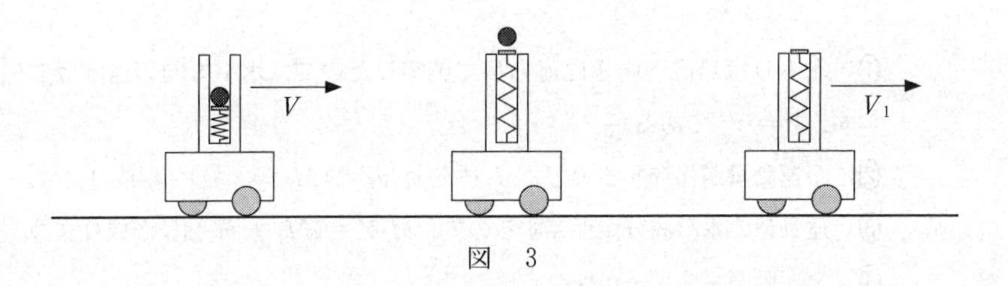

図　3

① $V = V_1$

② $(M_1 + m_1)V = M_1V_1$

③ $M_1V = (M_1 + m_1)V_1$

④ $M_1V = m_1V_1$

⑤ $\frac{1}{2}(M_1 + m_1)V^2 = \frac{1}{2}M_1{V_1}^2$

⑥ $\frac{1}{2}(M_1 + m_1)V^2 = \frac{1}{2}M_1{V_1}^2 + \frac{1}{2}m_1{v_1}^2$

問 6　次に，図4のように，水平右向きに速度 V で等速直線運動する質量 M_2 の台車に質量 m_2 のおもりを落としたところ，台車とおもりが一体となって速度 V と同じ向きに，速度 V_2 で等速直線運動した。ただし，おもりは鉛直下向きに落下して速さ v_2 で台車に衝突したとする。V と V_2 が満たす関係式を説明する文として最も適当なものを，後の①～⑤のうちから一つ選べ。 13

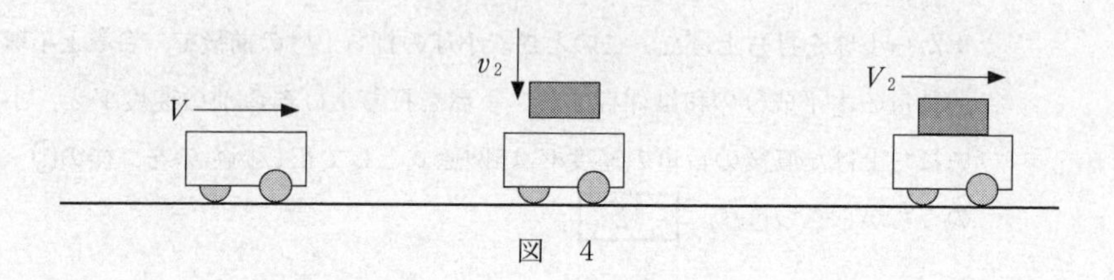

図　4

① おもりは鉛直下向きに運動して衝突したので，水平方向の速度は変化せず，$V = V_2$ である。

② 全運動量が保存するので，$M_2V + m_2v_2 = (M_2 + m_2)V_2$ が成り立つ。

③ 運動量の水平成分が保存するので，$M_2V = (M_2 + m_2)V_2$ が成り立つ。

④ 全運動エネルギーが保存するので，
$\frac{1}{2}M_2V^2 + \frac{1}{2}m_2{v_2}^2 = \frac{1}{2}(M_2 + m_2){V_2}^2$ が成り立つ。

⑤ 運動エネルギーの水平成分が保存するので，
$\frac{1}{2}M_2V^2 = \frac{1}{2}(M_2 + m_2){V_2}^2$ が成り立つ。

第3問　次の文章を読み，後の問い(問1～5)に答えよ。(配点　25)

図1のように，二つのコイルをオシロスコープにつなぎ，平面板をコイルの中を通るように水平に設置した。台車に初速を与えてこの板の上で走らせる。台車に固定した細長い棒の先に，台車の進行方向にN極が向くように軽い棒磁石が取り付けられている。二つのコイルの中心間の距離は0.20 mである。ただし，コイル間の相互インダクタンスの影響は無視でき，また，台車は平面板の上をなめらかに動く。

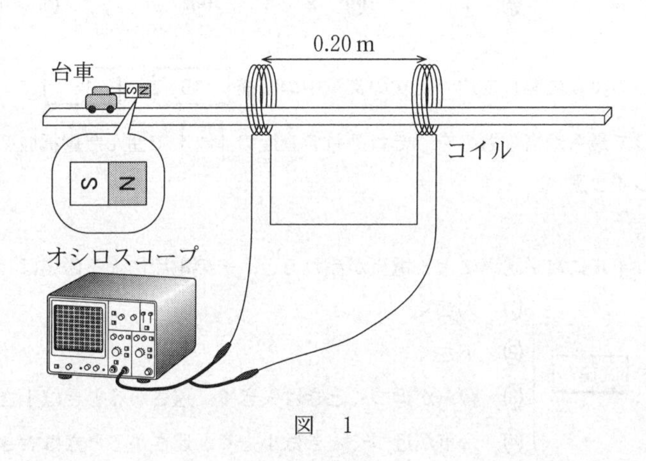

図　1

台車が運動することにより，コイルには誘導起電力が発生する。オシロスコープにより電圧を測定すると，台車が動き始めてからの電圧は，図2のようになった。

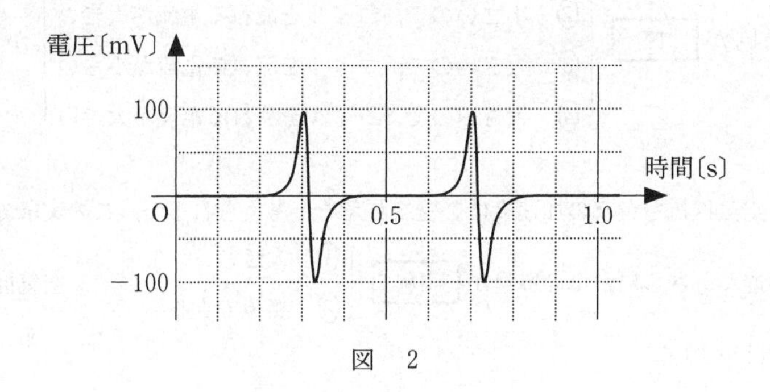

図　2

問 1　このコイルとオシロスコープの組合せを，スピードメーターとして使うことができる。この台車の運動を等速直線運動と仮定したとき，図2から読み取れる台車の速さを，有効数字1桁で求めるとどうなるか。次の式中の空欄 [14]・[15] に入れる数字として最も適当なものを，後の①～⓪のうちから一つずつ選べ。ただし，同じものを繰り返し選んでもよい。

[14] × 10^−[15] m/s

① 1　② 2　③ 3　④ 4　⑤ 5
⑥ 6　⑦ 7　⑧ 8　⑨ 9　⓪ 0

問 2　この実験に関して述べた次の文章中の空欄 [16] ～ [18] に入れる語句として最も適当なものを，それぞれの直後の { } で囲んだ選択肢のうちから一つずつ選べ。

コイルに電磁誘導による電流が流れると，その電流による磁場は，台車の速さを [16] { ① 大きく　② 小さく　③ 台車が近づくときは大きく，遠ざかるときは小さく　④ 台車が近づくときは小さく，遠ざかるときは大きく } する力を及ぼす。しかし，実際の実験ではこの力は小さいので，台車の運動はほぼ等速直線運動とみなしてよかった。力が小さい理由は，オシロスコープの内部抵抗が [17] { ① 小さいので，コイルを流れる電流が小さい　② 小さいので，コイルを流れる電流が大きい　③ 大きいので，コイルを流れる電流が小さい　④ 大きいので，コイルを流れる電流が大きい } からである。

空気抵抗も台車の加速度に影響を与えると考えられるが，この実験では台車が遅く，さらに台車の質量が [18] { ① 大きい　② 無視できる } ので，空気抵抗の影響は小さい。

問 3　A さんが，条件を少し変えて実験してみたところ，結果は図 3 のように変わった。

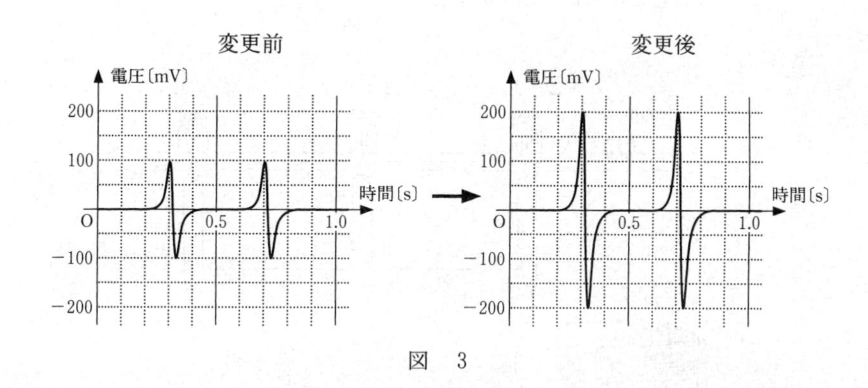

図　3

A さんが加えた変更として最も適当なものを，次の①～⑤のうちから一つ選べ。ただし，選択肢に記述されている以外の変更は行わなかったものとする。また，磁石を追加した場合は，もとの磁石と同じものを使用したものとする。

19

① 台車の速さを $\sqrt{2}$ 倍にした。

② 台車の速さを 2 倍にした。

③ 台車につける磁石を S N S N のように 2 個つなげたものに交換した。

④ 台車につける磁石を N S / S N のように 2 個たばねたものに交換した。

⑤ 台車につける磁石を S N / S N のように 2 個たばねたものに交換した。

Aさんは次に図4のようにコイルを三つに増やして実験をした。ただし，コイルの巻き数はすべて等しく，コイルは等間隔に設置されている。また，台車に取り付けた磁石は1個である。

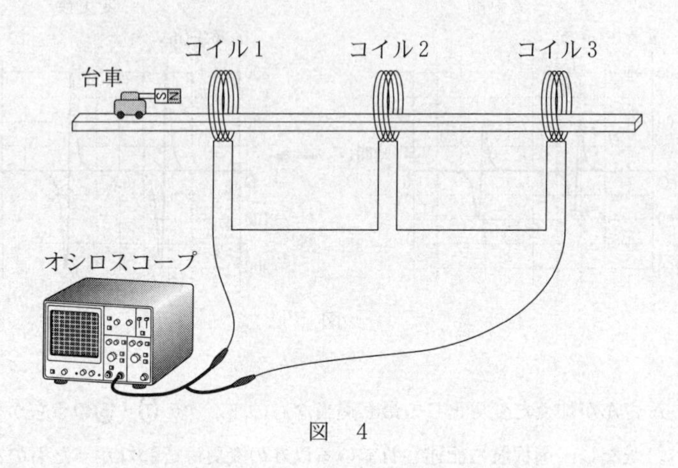

図　4

実験結果は，図5のようになった。

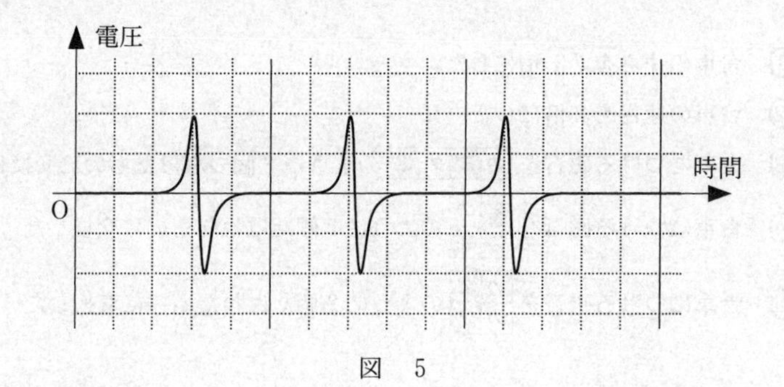

図　5

問 4　B さんが A さんと同じような装置を作り，三つのコイルを用いて実験をしたところ，図 6 のように，A さんの図 5 と違う結果になった。

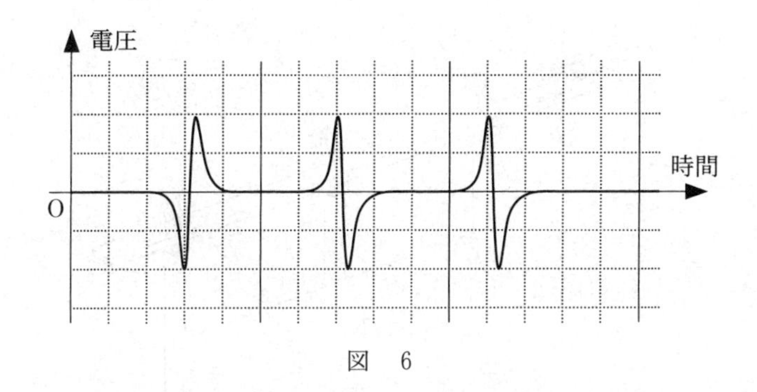

図　6

B さんの実験装置は A さんの実験装置とどのように違っていたか。最も適当なものを，次の①～⑤のうちから一つ選べ。ただし，選択肢に記述されている以外の違いはなかったものとする。 20

① コイル 1 の巻数が半分であった。
② コイル 2，コイル 3 の巻数が半分であった。
③ コイル 1 の巻き方が逆であった。
④ コイル 2，コイル 3 の巻き方が逆であった。
⑤ オシロスコープのプラスマイナスのつなぎ方が逆であった。

問 5　A さんが図 7 のように実験装置を傾けて板の上に台車を静かに置くと，台車は板を外れることなくすべり降りた。

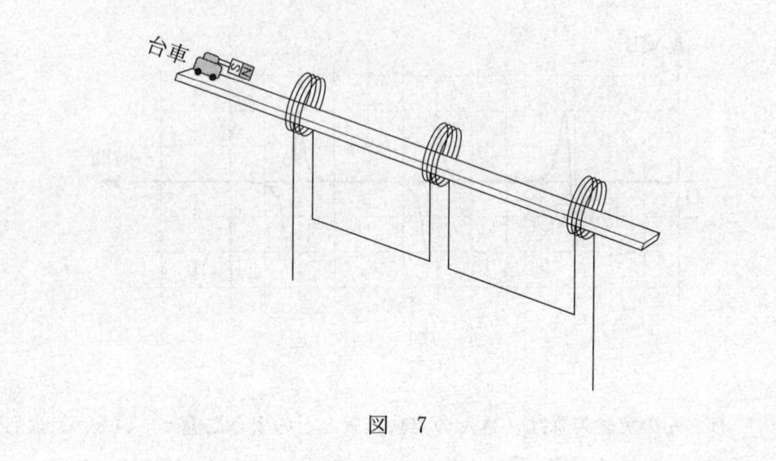

図　7

このとき，オシロスコープで測定される電圧の時間変化を表すグラフの概形として最も適当なものを，次ページの①～⑤のうちから一つ選べ。 21

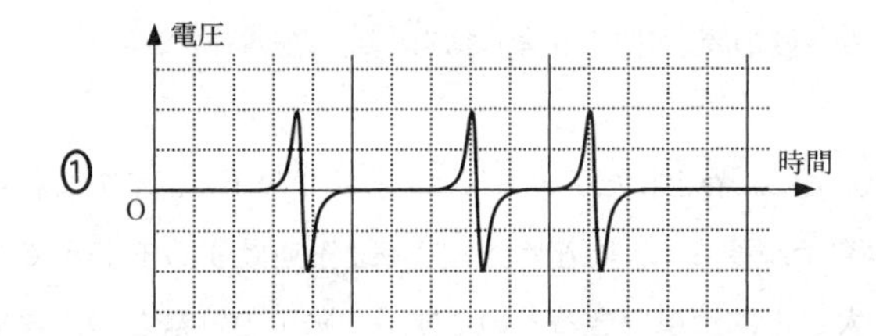
電圧
①
時間
O

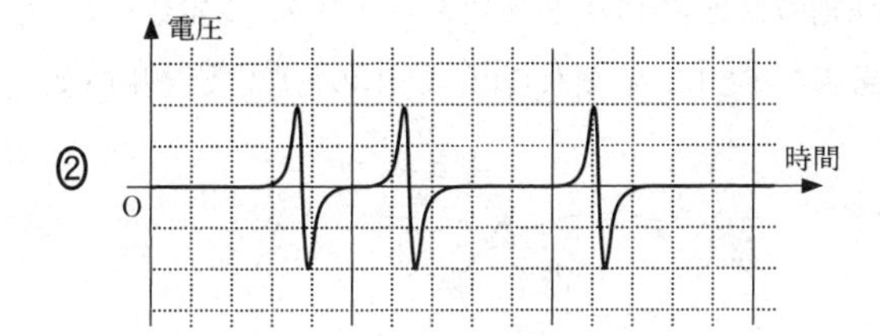
電圧
②
時間
O

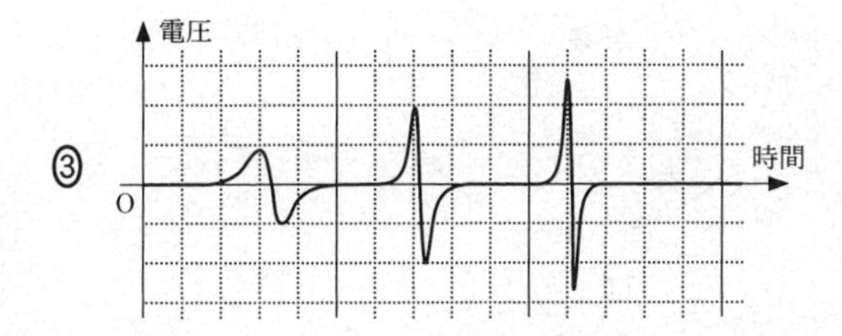
電圧
③
時間
O

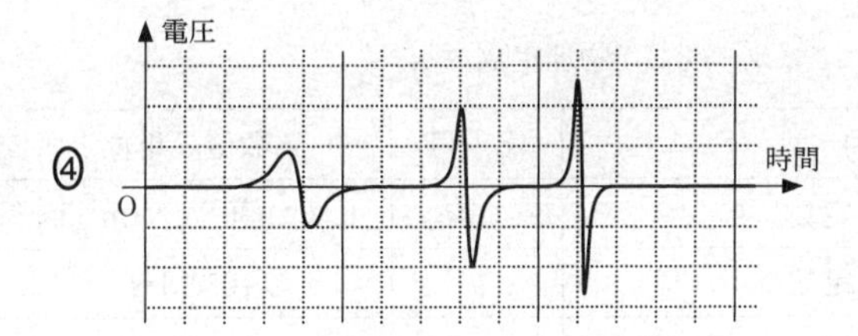
電圧
④
時間
O

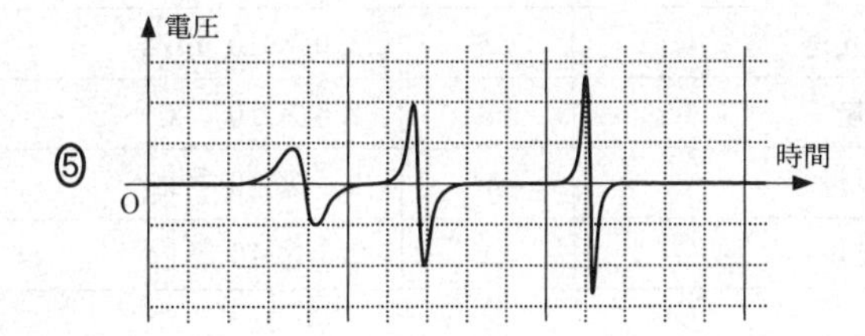
電圧
⑤
時間
O

第4問　次の文章を読み，後の問い(問1～4)に答えよ。(配点　20)

水素原子を，図1のように，静止した正の電気量eを持つ陽子と，そのまわりを負の電気量$-e$を持つ電子が速さv，軌道半径rで等速円運動するモデルで考える。陽子および電子の大きさは無視できるものとする。陽子の質量をM，電子の質量をm，クーロンの法則の真空中での比例定数をk_0，プランク定数をh，万有引力定数をG，真空中の光速をcとし，必要ならば，表1の物理定数を用いよ。

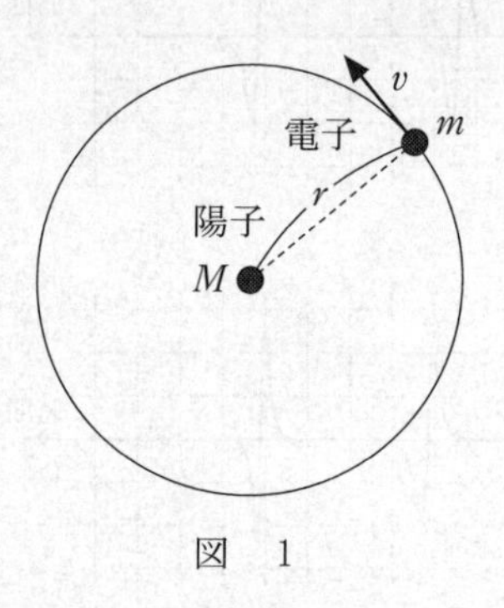

図　1

表1　物理定数

名　称	記　号	数値・単位
万有引力定数	G	6.7×10^{-11} N·m²/kg²
プランク定数	h	6.6×10^{-34} J·s
クーロンの法則の真空中での比例定数	k_0	9.0×10^{9} N·m²/C²
真空中の光速	c	3.0×10^{8} m/s
電気素量	e	1.6×10^{-19} C
陽子の質量	M	1.7×10^{-27} kg
電子の質量	m	9.1×10^{-31} kg

問 1　次の文章中の空欄 ア ・ イ に入れる式の組合せとして最も適当なものを，後の①～⑥のうちから一つ選べ。 22

図 2(a)のように，半径 r の円軌道上を一定の速さ v で運動する電子の角速度 ω は ア で与えられる。時刻 t での速度 $\vec{v_1}$ と微小な時間 Δt だけ経過した後の時刻 $t+\Delta t$ での速度 $\vec{v_2}$ との差の大きさは イ である。

ただし，図 2(b)は $\vec{v_2}$ の始点を $\vec{v_1}$ の始点まで平行移動した図であり，$\omega\Delta t$ は $\vec{v_1}$ と $\vec{v_2}$ とがなす角である。また，微小角 $\omega\Delta t$ を中心角とする弧(図 2(b)の破線)と弦(図 2(b)の実線)の長さは等しいとしてよい。

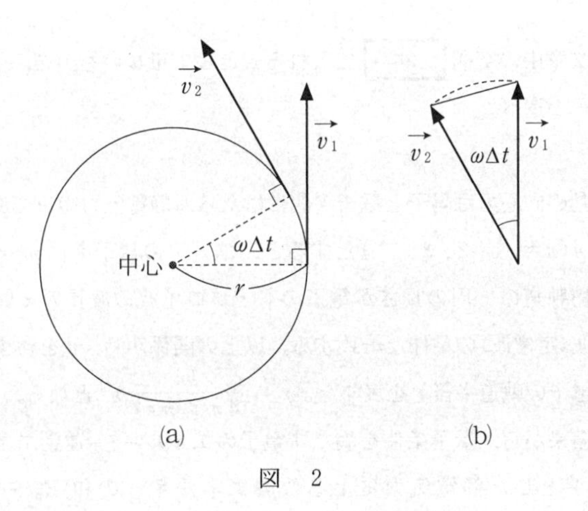

図　2

	①	②	③	④	⑤	⑥
ア	rv	rv	rv	$\frac{v}{r}$	$\frac{v}{r}$	$\frac{v}{r}$
イ	0	$rv^2\Delta t$	$\frac{v^2}{r}\Delta t$	0	$rv^2\Delta t$	$\frac{v^2}{r}\Delta t$

問 2　次の文章中の空欄 **23** に入れる数値として最も適当なものを，後の①～⑥のうちから一つ選べ。

水素原子中の電子と陽子の間にはたらくニュートンの万有引力と静電気力の大きさを比較すると，万有引力は静電気力のおよそ $10^{-\boxed{23}}$ 倍であることがわかる。万有引力はこのように小さいので，電子の運動を考える際には，万有引力は無視してよい。

①　10　　②　20　　③　30　　④　40　　⑤　50　　⑥　60

問 3　次の文章中の空欄 **24** に入れる式として正しいものを，後の①～⑧のうちから一つ選べ。

円運動の向心力は陽子と電子の間にはたらく静電気力のみであるとする。量子数を $n\,(n = 1, 2, 3, \cdots)$ とすると，ボーアの量子条件 $mvr = n\dfrac{h}{2\pi}$ は，電子の円軌道の一周の長さが電子のド・ブロイ波の波長の n 倍に等しいとする定在波（定常波）の条件と一致する。以上の関係から，v を含まない式で水素原子の電子の軌道半径 r を表すと，$r = \dfrac{h^2}{4\pi^2 k_0 me^2}n^2$ となる。

この結果から，量子条件を満たす電子のエネルギー（運動エネルギーと無限遠を基準とした静電気力による位置エネルギーの和）E_n を計算すると，$E_n = -2\pi^2 k_0{}^2 \times$ **24** と求められる。この E_n を量子数 n に対応する電子のエネルギー準位という。

①　$\dfrac{me}{nh}$　　②　$\dfrac{m^2e}{n^2h}$　　③　$\dfrac{me^2}{nh^2}$　　④　$\dfrac{me^4}{n^2h^2}$

⑤　$\dfrac{nh}{me}$　　⑥　$\dfrac{n^2h}{m^2e}$　　⑦　$\dfrac{nh^2}{me^2}$　　⑧　$\dfrac{n^2h^2}{me^4}$

問 4　次の文中の空欄 [25] に入れる式として正しいものを，後の①～④のうちから一つ選べ。

水素原子中の電子が，量子数 n のエネルギー準位 E から量子数 n' のより低いエネルギー準位 E' へ移るとき，放出される光子の振動数 ν は，$\nu =$ [25] である。

①　$\dfrac{E' - E}{h}$　　②　$\dfrac{E - E'}{h}$　　③　$\dfrac{h}{E' - E}$　　④　$\dfrac{h}{E - E'}$

物 理 基 礎

（解答番号 1 ～ 17 ）

第1問 次の問い（問1～4）に答えよ。（配点 16）

問1 次の文章中の空欄 ア ・ イ に入れる数値の組合せとして最も適当なものを，次ページの①～⑧のうちから一つ選べ。 1

図1のように，隣りあって平行に敷かれた線路上を，2台の電車（電車AとB）が，反対向きに等速直線運動をしながらすれちがう。電車AとBの長さは，それぞれ，50 m と 100 m であり，電車AとBの速さは，それぞれ，10 m/s と 15 m/s である。電車Aに対する電車Bの相対速度の大きさは ア m/s である。また，電車Aの先頭座席に座っている乗客の真横に，電車Bの先頭が来てから電車Bの最後尾が来るまでに要する時間は イ s である。

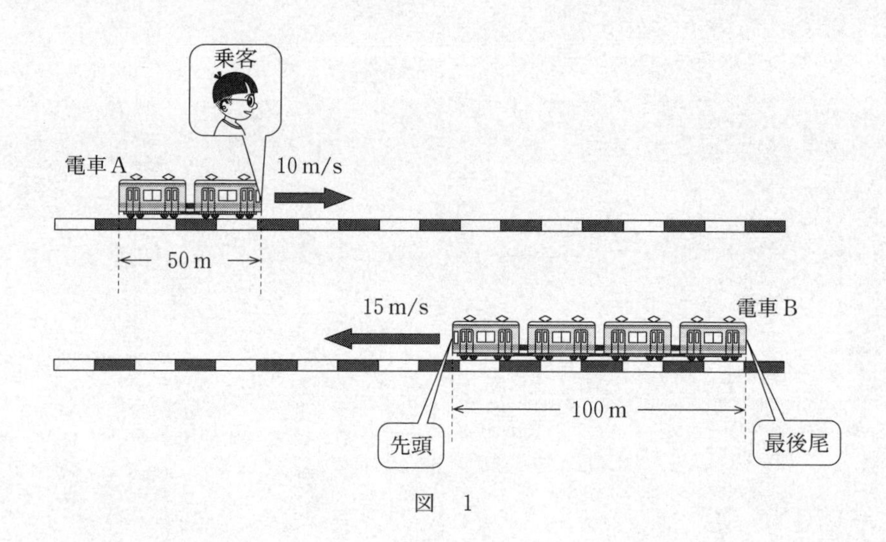

図 1

	①	②	③	④	⑤	⑥	⑦	⑧
ア	5	5	10	10	15	15	25	25
イ	20	30	10	15	6.7	10	4.0	6.0

問 2　図2のように，質量 m のおもりに糸を付けて手でつるした。時刻 $t=0$ でおもりは静止していた。おもりが糸から受ける力を F とする。鉛直上向きを正として，F が図3のように時間変化したとき，おもりはどのような運動をするか。$0<t<t_1$ の区間1，$t_1<t<t_2$ の区間2，$t_2<t$ の区間3の各区間において，運動のようすを表した次ページの文の組合せとして最も適当なものを，次ページの①～⑦のうちから一つ選べ。ただし，重力加速度の大きさを g とし，空気抵抗は無視できるものとする。 [2]

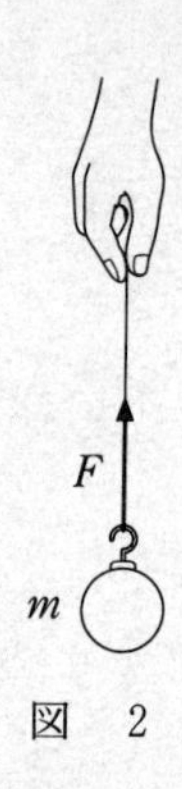

図　2

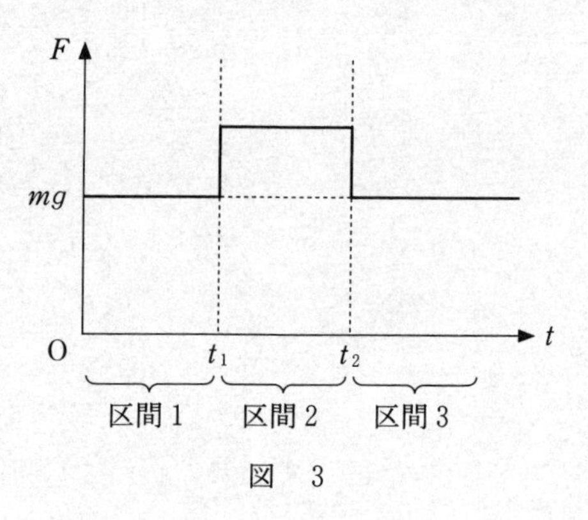

図　3

a　静止している。

b　一定の速さで鉛直方向に上昇している。

c　一定の加速度で速さが増加しながら鉛直方向に上昇している。

d　一定の加速度で速さが減少しながら鉛直方向に上昇している。

	区間 1	区間 2	区間 3
①	a	b	a
②	a	b	d
③	a	c	a
④	a	c	b
⑤	b	c	a
⑥	b	c	b
⑦	b	c	d

問 3　図4のように，鉛直上向きにy軸をとる。小球を，$y = 0$の位置から鉛直上向きに投げ上げた。この小球は，$y = h$の位置まで上がったのち，$y = 0$の位置まで戻ってきた。小球が上昇しているときおよび下降しているときの，小球のy座標と運動エネルギーの関係は，次ページのグラフ(a)，(b)，(c)の実線のうちそれぞれどれか。その組合せとして最も適当なものを，次ページの①～⑨のうちから一つ選べ。ただし，グラフ中の破線は$y = 0$を基準とした重力による位置エネルギーを表している。また，空気抵抗は無視できるものとする。

3

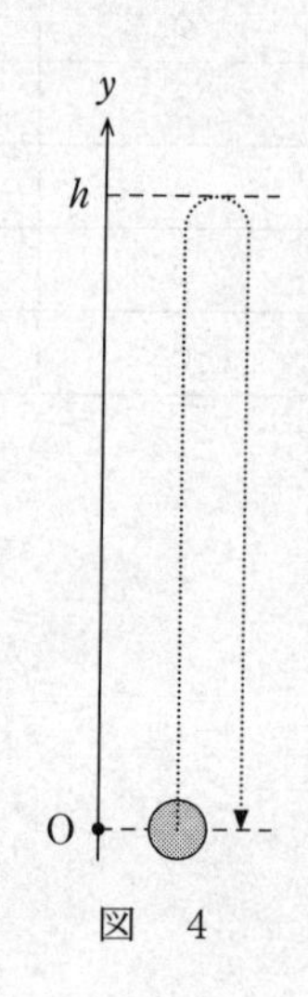

図　4

(a)

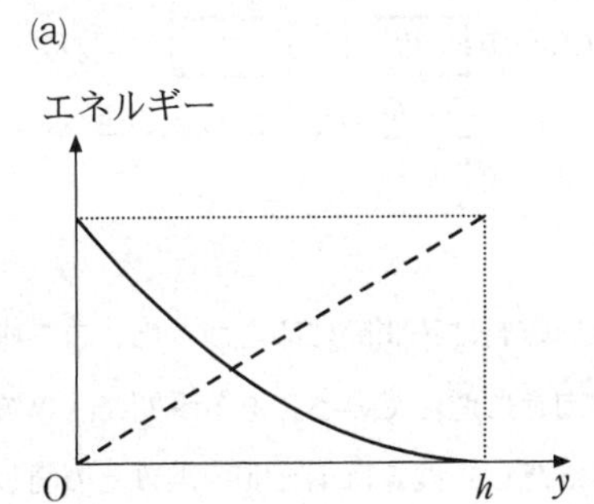

(b)

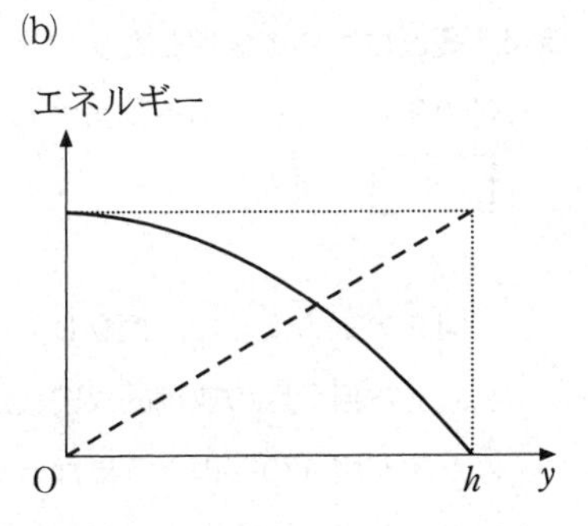

(c)

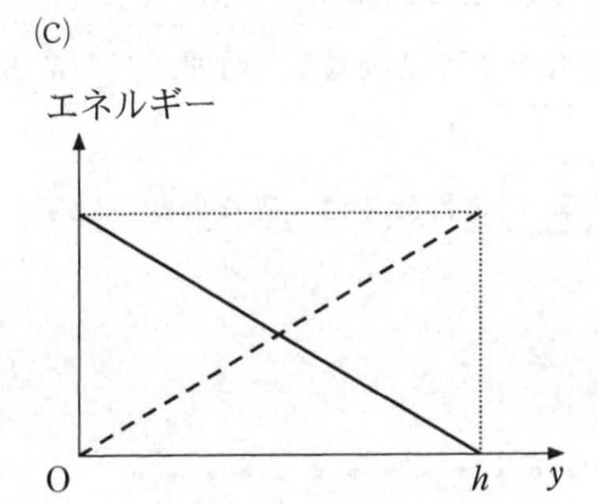

―― 運動エネルギー

---- 位置エネルギー

	上昇中	下降中
①	(a)	(a)
②	(a)	(b)
③	(a)	(c)
④	(b)	(a)
⑤	(b)	(b)
⑥	(b)	(c)
⑦	(c)	(a)
⑧	(c)	(b)
⑨	(c)	(c)

問 4　縦波について説明した次の文章中の空欄 ウ ・ エ に入れる式と記号の組合せとして最も適当なものを，後の①～⑧のうちから一つ選べ。 4

図 5 の(i)のように，振動していない媒質に等間隔に印をつけた。この媒質中を，ある振動数の連続的な縦波が右向きに進んでいる。ある瞬間に，媒質につけた印が図 5 の(ii)のようになった。ただし，破線は(i)と(ii)の媒質上の同じ印を結んでいる。また，媒質が最も密になる位置の間隔は L であった。

そのあと，再び初めて(ii)のようになるまでに経過した時間が T であるならば，縦波が媒質中を伝わる速さは ウ である。

また，(ii)の a，b，c，d のうち エ の部分では，媒質の変位はすべて左向きである。

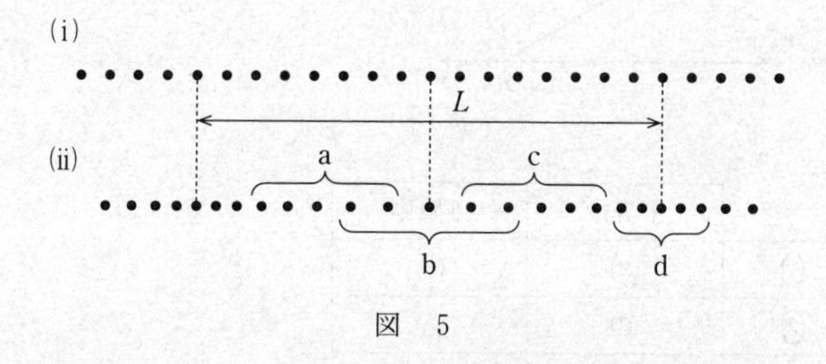

図　5

	①	②	③	④	⑤	⑥	⑦	⑧
ウ	LT	LT	LT	LT	$\frac{L}{T}$	$\frac{L}{T}$	$\frac{L}{T}$	$\frac{L}{T}$
エ	a	b	c	d	a	b	c	d

第2問　次の文章(A・B)を読み，後の問い(問1～4)に答えよ。(配点　16)

A　容器に水と電熱線を入れて，水の温度を上昇させる実験をした。ただし，容器と電熱線の温度上昇に使われる熱量，攪拌(かくはん)による熱の発生，導線の抵抗，および，外部への熱の放出は無視できるものとする。また，電熱線の抵抗値は温度によらず，水の量も変化しないものとする。

問1　図1のように，異なる2本の電熱線A，Bを直列に接続して，それぞれを同じ量で同じ温度の水の中に入れた。接続した電熱線の両端に電圧をかけて水をゆっくりと攪拌しながら，しばらくしてそれぞれの水の温度を測ったところ，電熱線Aを入れた水の温度の方が高かった。

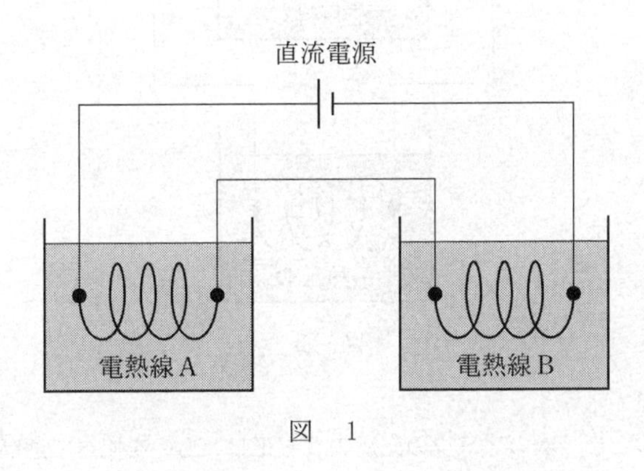

図　1

このとき，次のア～ウの記述のうち正しいものをすべて選び出した組合せとして最も適当なものを，後の①～⑧のうちから一つ選べ。 **5**

ア　電熱線Aを流れる電流が電熱線Bを流れる電流より大きかった。
イ　電熱線Bの抵抗値が電熱線Aの抵抗値より大きかった。
ウ　電熱線Aにかかる電圧が電熱線Bにかかる電圧より大きかった。

① ア　② イ　③ ウ
④ アとイ　⑤ イとウ　⑥ アとウ
⑦ アとイとウ　⑧ 正しいものはない

問 2　図 2 のように，別の異なる 2 本の電熱線 C，D を並列に接続して，それぞれを同じ量で同じ温度の水の中に入れた。接続した電熱線の両端に電圧をかけて水をゆっくりと攪拌しながら，しばらくしてそれぞれの水の温度を測ったところ，電熱線 C を入れた水の温度の方が高かった。

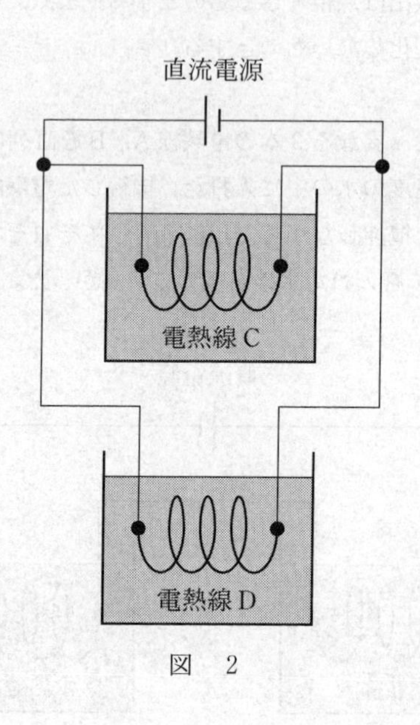

図　2

このとき，次のア～ウの記述のうち正しいものをすべて選び出した組合せとして最も適当なものを，後の①～⑧のうちから一つ選べ。 6

ア　電熱線 C を流れる電流が電熱線 D を流れる電流より大きかった。

イ　電熱線 D の抵抗値が電熱線 C の抵抗値より大きかった。

ウ　電熱線 C にかかる電圧が電熱線 D にかかる電圧より大きかった。

① ア　　② イ　　③ ウ
④ アとイ　　⑤ イとウ　　⑥ アとウ
⑦ アとイとウ　　⑧ 正しいものはない

B　ドライヤーで消費される電力を考える。ドライヤーの内部には，図3のように，電熱線とモーターがあり，電熱線で加熱した空気をモーターについたファンで送り出している。ドライヤーの電熱線とモーターは，100 V の交流電源に並列に接続されている。ドライヤーを交流電源に接続してスイッチを入れると，ドライヤーからは温風が噴き出した。ただし，モーターと電熱線以外で消費される電力は無視できるものとする。

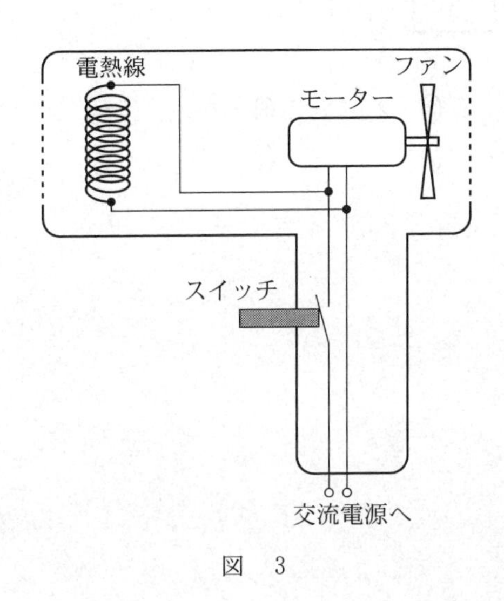

図　3

問 3　ドライヤー全体で消費されている電力 P，電熱線で消費されている電力 P_{h}，モーターで消費されている電力 P_{m} の関係を表わす式として最も適当なものを，次の①～④のうちから一つ選べ。 7

① $P = \dfrac{P_{\mathrm{h}} + P_{\mathrm{m}}}{2}$

② $P = P_{\mathrm{h}} = P_{\mathrm{m}}$

③ $\dfrac{1}{P} = \dfrac{1}{P_{\mathrm{h}}} + \dfrac{1}{P_{\mathrm{m}}}$

④ $P = P_{\mathrm{h}} + P_{\mathrm{m}}$

問 4　電熱線の抵抗値が 10 Ω のドライヤーを 2 分間動かし続けるとき，電熱線で消費される電力量は何 J か。次の式中の空欄 [8]・[9] に入れる数字として最も適当なものを，次の①～⓪のうちから一つずつ選べ。ただし，同じものを繰り返し選んでもよい。また，ドライヤーの電熱線の抵抗値は，温度によらず一定であるとする。電力量は，交流電源の電圧を 100 V として直流の場合と同じように計算してよい。

[8] . [9] $\times 10^5$ J

① 1　② 2　③ 3　④ 4　⑤ 5
⑥ 6　⑦ 7　⑧ 8　⑨ 9　⓪ 0

第3問　次の文章は，演劇部の公演の一場面を記述したものである。王女の発言は科学的に正しいが，細工師の発言は正しいとは限らないとして，後の問い(**問1～3**)に答えよ。(配点　18)

王女役と細工師役が，図1のスプーンAとスプーンBについての言い争いを演じている。

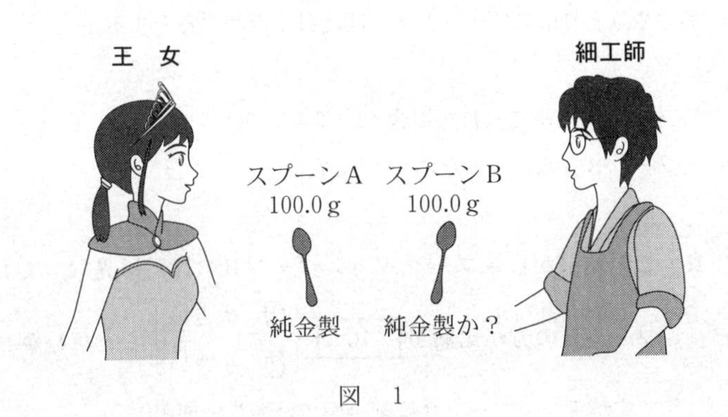

図　1

王　女：ここに純金製のスプーン(スプーンA)と，あなたが作ったスプーン(スプーンB)があります。どちらも質量は100.0 gですが，色が少し異なっているように見え，スプーンBは純金に銀が混ぜられているという噂があります。

細工師：いえいえ，スプーンBは純金製です。純金製ではないという証拠を見せてください。

王女は，スプーンBが純金製か，銀が混ぜられたものかを判別するために，スプーンAとBの物理的な性質を実験で調べることにした。

問1　次の文章中の空欄 [10] ～ [12] に入れる語句として最も適当なものを，それぞれの直後の｛　｝で囲んだ選択肢のうちから一つずつ選べ。

王女はスプーンAとスプーンBの比熱(比熱容量)を比較するために次の実験を行った。スプーンAとスプーンBを温度60.0℃にして，それぞれを温度20.0℃の水200.0gに入れたところ，以下の温度で熱平衡になった。ただし，熱のやりとりはスプーンと水の間だけで行われるとする。

- スプーンAを水に入れた場合：20.6℃
- スプーンBを水に入れた場合：20.7℃

王　女：この結果からスプーンAとスプーンBの比熱は異なっており，スプーンBの方が比熱が [10] ｛① 大きい　② 小さい｝ことがわかります。ですから，スプーンBは純金製ではありません！

細工師：いえいえ，この実験で温度の違いが0.1℃というのは，同じ温度のようなものです。どちらも純金製ですよ。

細工師の主張に対して，もしこの実験における水の量を [11] ｛① 2　倍　② 半　分｝にしていれば，あるいは，水に入れる前のスプーンと水の温度差を [12] ｛① 大きく　② 小さく｝していれば，実験結果の温度の違いをより大きくできたであろう。しかし，王女はそこまでは気が付かなかった。

問 2　次の文章中の空欄 13 ～ 15 に入れる語句として最も適当なものを，それぞれの直後の｛　｝で囲んだ選択肢のうちから一つずつ選べ。

王　女：ならば，スプーンAとスプーンBの密度を比較すれば，スプーンBが純金製かどうかわかるはずです。

スプーンAとスプーンBを軽くて細いひもでつなぎ，軽くてなめらかに回転できる滑車にかけると，空気中では，図2(i)のようにつりあって静止した。次に，このままゆっくりとスプーンAとスプーンBを水中に入れたところ，図2(ii)のように，スプーンAが下がり容器の底についた。ただし，空気による浮力は無視できるものとする。

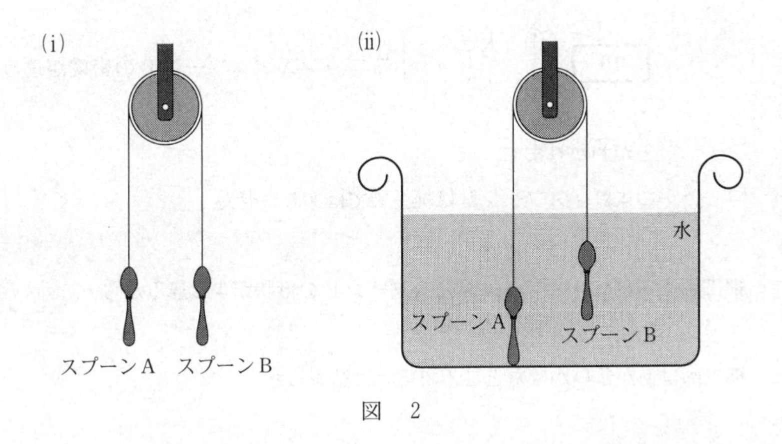

図　2

王　女：スプーンを水中に入れたとき，図2(ii)のようになった理由は，スプーンBにはたらく**重力**の大きさは，スプーンAにはたらく**重力**の大きさ［13］{①よりも大きく，②よりも小さく，③と同じであり，}

スプーンBにはたらく**浮力**の大きさは，スプーンAにはたらく**浮力**の大きさ［14］{①よりも大きい　②よりも小さい　③と同じである}ためです。

このことから，スプーンBの**体積**はスプーンAの**体積**よりも［15］{①大きく，②小さく，}スプーンAとスプーンBの密度が違うことがわかります。

つまり，スプーンBは純金製ではありません！

細工師：これは，スプーンAとスプーンBの形状が少し違うから…。

細工師は何か言いかけたところで言葉に詰まった。

問 3　次の文章中の空欄 16 ・ 17 に入れるものとして最も適当なものを，直後の{　}で囲んだ選択肢のうちから一つずつ選べ。

王　女：ならば，スプーンAとスプーンBの電気抵抗 R を測定して，さらにはっきりと判別してみせましょう。

王女はスプーンAから針金Aを，スプーンBから針金Bを，形状がいずれも

断面積　$S = 2.0 \times 10^{-8}\,\mathrm{m}^2$　　　**長　さ**　$l = 1.0\,\mathrm{m}$

となるように作製した。この針金の両端に電極をとりつけ，両端の電圧 V と流れた電流 I の関係を調べた。破線を針金A，実線を針金Bとして，その実験結果を図3に示す。

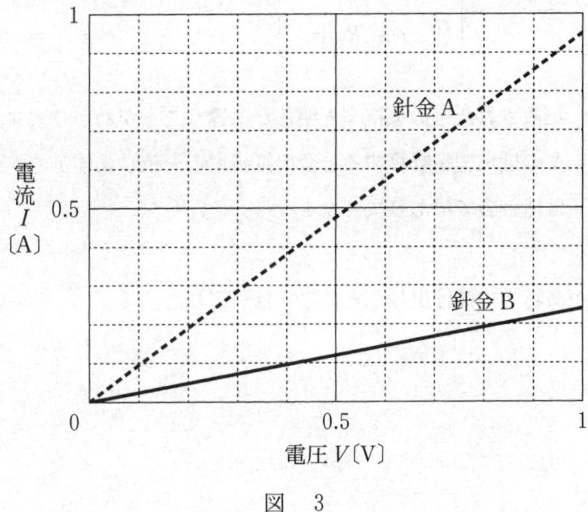

図　3

王　女：図3の結果を見てみなさい。針金Aと針金Bの電気抵抗はまったく違います。この結果から，針金Bの電気抵抗Rはおよそ

16 ｛① $4.1\times10^{-1}\,\Omega$　② $2.4\,\Omega$　③ $4.1\,\Omega$　④ $2.4\times10^{1}\,\Omega$｝であることがわかります。また，その抵抗率ρを，ρとRの間の関係式

17 ｛① $\rho=\dfrac{1}{R}\dfrac{l}{S}$　② $\rho=\dfrac{1}{R}\dfrac{S}{l}$　③ $\rho=R\dfrac{l}{S}$　④ $\rho=R\dfrac{S}{l}$｝を用いて求めると，その値は資料集に記載された金の抵抗率と明らかに違うことがわかります。一方，針金Aの抵抗率を計算すると金の抵抗率と一致します。ですから，針金Bは純金製ではありません！

細工師があわてて逃げ出したところで幕が下りた。

2022

共通テスト追試験

物理：

解答時間 60 分　配点 100 点

物理基礎：

解答時間　2 科目 60 分

配点　2 科目 100 点

（物理基礎，化学基礎，生物基礎，地学基礎から 2 科目選択）

物　　　理

（解答番号 1 ～ 21）

第1問　次の問い（問1～5）に答えよ。（配点　30）

問1　図1のように，水平面内の直線上をなめらかに運動する質量 m_A の台車Aを，同じ直線上をなめらかに運動する質量 m_B の台車Bに追突させる。台車Aにはばねが取り付けてある。図2は，このときの台車A，Bの衝突前後の速度 v と時間 t の関係を表す v-t グラフであり，速度の正の向きは図1の右向きである。次の文中の空欄 1 に入れる語句として最も適当なものを，直後の { } で囲んだ選択肢のうちから一つ選べ。ただし，台車A，Bの車輪とばねの質量は，無視できるものとする。

台車Aの質量と台車Bの質量の比 $\frac{m_A}{m_B}$ は，

1
- ① 0.5である。
- ② 1.0である。
- ③ 1.5である。
- ④ 2.0である。
- ⑤ これだけでは定まらない。

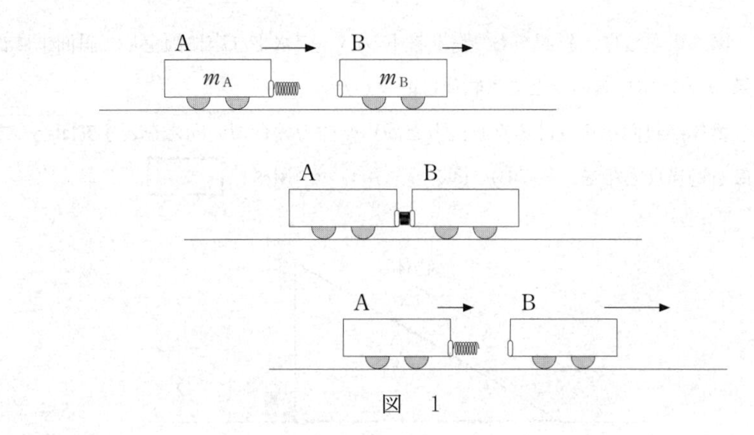
A
B
m_A
m_B
A
B
A
B

図　1

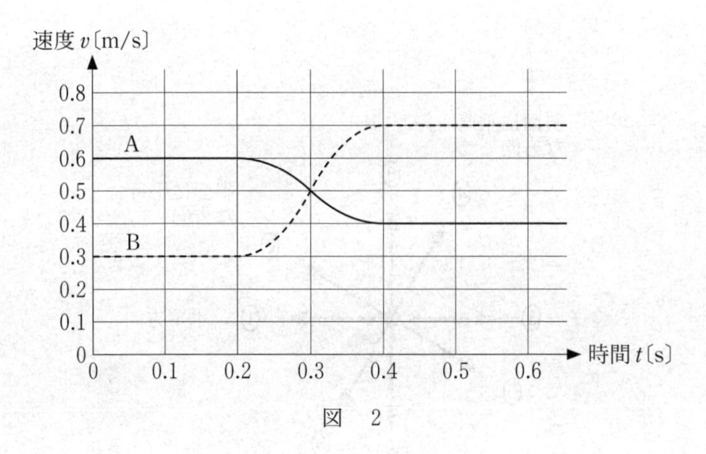
速度 v〔m/s〕
0.8
0.7
0.6
0.5
0.4
0.3
0.2
0.1
0
A
B
0
0.1
0.2
0.3
0.4
0.5
0.6
時間 t〔s〕

図　2

問 2　図 3 のように，斜面をもつ台をストッパーで水平な床に固定し，斜面上に質量 m の物体を置いたところ物体は静止した。

物体が斜面から受ける垂直抗力と静止摩擦力の合力の向きを表す矢印として最も適当なものを，後の①～⑧のうちから一つ選べ。 2

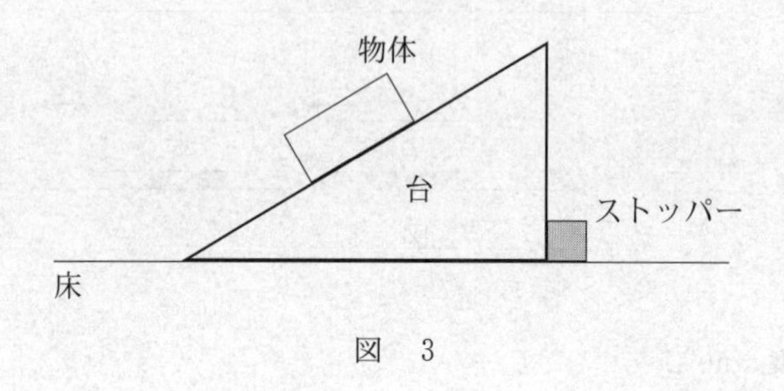

図　3

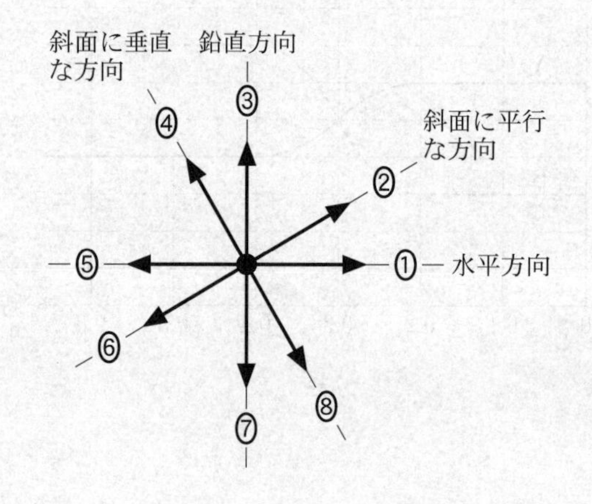

次に，斜面上に観測者を立たせてストッパーを外した後に，台を図 4 のように，右向きに大きさ a の加速度で動かしたところ，物体は斜面上をすべることなく台と一体となって運動した。次の文章の空欄 ア ・ イ に入れる語句の組合せとして最も適当なものを，後の①～④のうちから一つ選べ。 3

台とともに運動する観測者には，物体に水平方向 ア 向きに大きさ ma の慣性力がはたらいているように見える。また，物体が斜面から受ける静止摩擦力の大きさは，台が固定されていたときと比較して イ 。

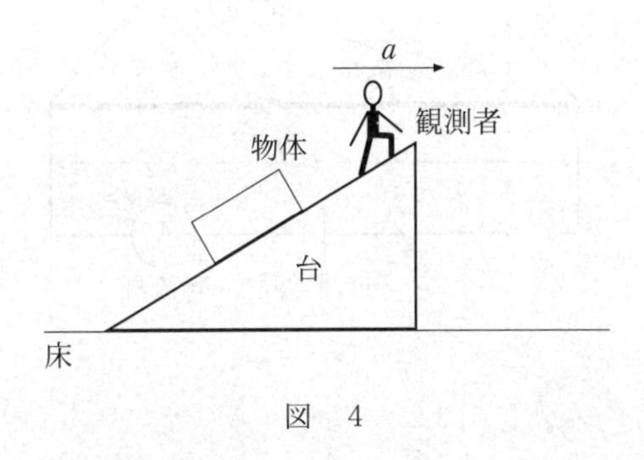

図　4

	①	②	③	④
ア	左	左	右	右
イ	増える	減　る	増える	減　る

問 3　図 5 のように，長さが L で太さが一様な抵抗線 ab，抵抗値が R_1 の抵抗 1，抵抗値が R_2 の抵抗 2，検流計 G，直流電源，電流計を接続する。接点 c は，ab 上を自由に移動できる。ここで，点 c を ab 上で動かし，検流計 G に電流が流れない点を見つけた。このときの ac 間の距離を x とした場合，$\dfrac{R_1}{R_2}$ を表す式として正しいものを，後の①～⑥のうちから一つ選べ。$\dfrac{R_1}{R_2}=$ 　4　

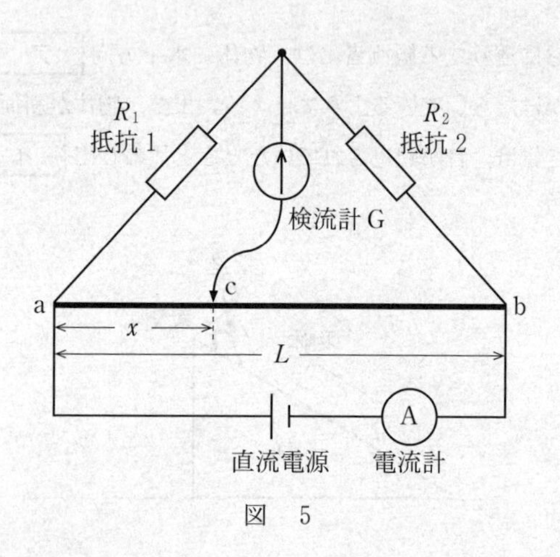

図　5

① $\dfrac{x}{L}$　　② $\dfrac{x}{L-x}$　　③ $\dfrac{x}{L+x}$

④ $\dfrac{L}{x}$　　⑤ $\dfrac{L-x}{x}$　　⑥ $\dfrac{L+x}{x}$

問 4　真空中で，図6のように，xy 平面内の二つの灰色の領域に，磁束密度の大きさが B の一様な磁場(磁界)が，xy 平面に垂直に，紙面の裏から表の向きにかけられている。質量 m，電気量 $Q(Q > 0)$の粒子が，中間の無色の領域から右の灰色の領域に垂直に入射すると，粒子は半円の軌跡を描いて右の灰色の領域を出て，中間の領域を直進して左の灰色の領域に垂直に入り，左側の磁場中でも半円を描く。中間の領域では粒子を加速するように電場(電界)をかける。これを繰り返し，粒子の速さが大きくなるにつれて，半円の半径 R と半円を描くのに要する時間 T はどのように変化するか。変化の組合せとして最も適当なものを，後の①～⑨のうちから一つ選べ。ただし，粒子は xy 平面内のみを光速より十分小さい速さで運動し，重力の影響と電磁波の放射は無視できるものとする。また，灰色の領域は，中間の領域を除いて無限に広がっているものとする。 5

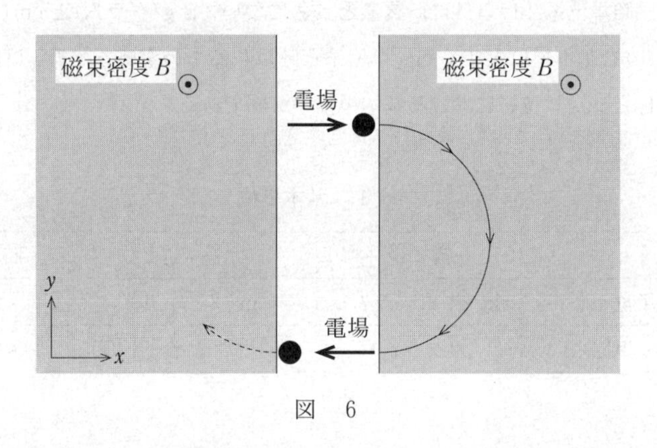

図　6

	①	②	③	④	⑤	⑥	⑦	⑧	⑨
R の変化	減少	減少	減少	増加	増加	増加	一定	一定	一定
T の変化	減少	増加	一定	減少	増加	一定	減少	増加	一定

問 5　次の文章中の空欄 6 に入れる数値として正しいものを，次ページの①～⓪のうちから一つ選べ。

物理量は単なる数値ではなく，(数値)×(単位)である。たとえば，速度 v を表すとき「$v = 36$」の表記は誤りで，「$v = 36\,\mathrm{km/h}$」などの表記が正しい。同じ量を表すとき，単位が違えば

$$36\,\mathrm{km/h} = \frac{36 \times 1\,\mathrm{km}}{1\,\mathrm{h}} = \frac{36 \times 1000\,\mathrm{m}}{3600\,\mathrm{s}} = \frac{36000 \times 1\,\mathrm{m}}{3600 \times 1\,\mathrm{s}} = 10\,\mathrm{m/s}$$

のように数値は変わる。一方，初速度を v_0，加速度を a，時間を t としたときの等加速度直線運動における速度の式 $v = v_0 + at$ は，長さと時間の単位に何を使っても変わらない。

国際単位系(SI)以外に，質量と長さについて，g(グラム)と cm(センチメートル)を基本単位とする cgs 単位系と呼ばれるものがある。表1は国際単位系(SI)と cgs 単位系における基本単位の一部である。

表1　基本単位

	質　量	長　さ	時　間
国際単位系(SI)	kg(キログラム)	m(メートル)	s(秒)
cgs 単位系	g(グラム)	cm(センチメートル)	s(秒)

以下では運動量の単位について考える。表1の二つの単位系では，運動量の大きさ p は

$$p = \underbrace{\boxed{数値(SI)} \times \frac{\mathrm{kg \cdot m}}{\mathrm{s}}}_{国際単位系(SI)} = \underbrace{\boxed{数値(cgs)} \times \frac{\mathrm{g \cdot cm}}{\mathrm{s}}}_{cgs\ 単位系}$$

のように表現される。

$$1\,\frac{\mathrm{kg \cdot m}}{\mathrm{s}} = \boxed{\ 6\ } \times 1\,\frac{\mathrm{g \cdot cm}}{\mathrm{s}}$$

であることから

$$\boxed{数値(SI)} \times \boxed{\ 6\ } = \boxed{数値(cgs)}$$

が成り立つ。

① 10^{1}　② 10^{2}　③ 10^{3}　④ 10^{4}　⑤ 10^{5}

⑥ 10^{-1}　⑦ 10^{-2}　⑧ 10^{-3}　⑨ 10^{-4}　⓪ 10^{-5}

第2問 次の文章を読み，後の問い（問1～5）に答えよ。（配点 25）

振動数 f_0 の十分大きな音を出す音源を用意する。密閉された箱内部に質量 m の物体が糸でつるされている装置に，この音源またはマイクロフォン（マイク）を取り付けて，図1のように，上空から初速度0で鉛直下方に落下させる。装置は図の姿勢を保ったまま落下するものとし，装置の落下の向きを正とする。また，重力加速度の大きさを g，物体を含む装置全体の質量を M，音速を V と表す。ただし，風などの影響はないものとする。

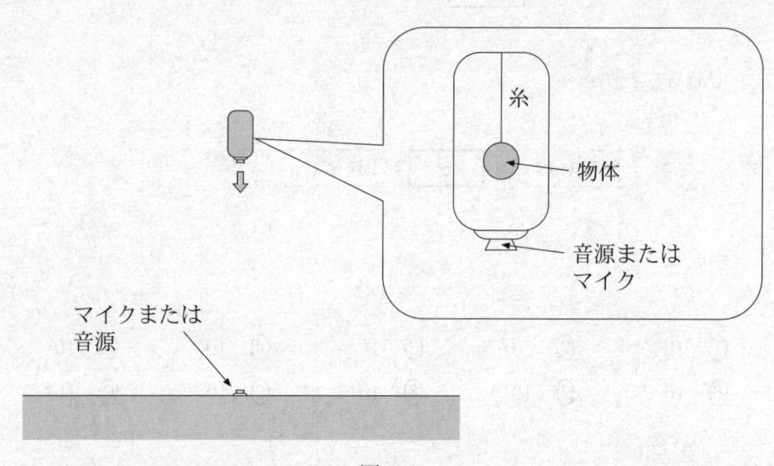

図 1

問 1　十分な高さからこの装置を落下させると，その運動に空気の抵抗力の影響が次第に現れてくる。この抵抗力 F_R は装置の落下速度 v に比例し，比例定数 $k(k > 0)$を用いて，

$$F_R = -kv$$

であるとして考えよう。さて，落下開始後しばらくすると，装置の落下速度は大きさ v' の終端速度に達し，一定となる。この v' を表す式として正しいものを，次の①～⑧のうちから一つ選べ。$v' =$ [7]

① $\dfrac{Mg}{k}$　② $\dfrac{Mk}{g}$　③ $\dfrac{k}{Mg}$　④ Mgk

⑤ $\dfrac{2Mg}{k}$　⑥ $\dfrac{2Mk}{g}$　⑦ $\dfrac{2k}{Mg}$　⑧ $2Mgk$

問 2　落下中の糸の張力の大きさを記述する文として最も適当なものを，次の①～⑤のうちから一つ選べ。[8]

① 常に mg である。

② 落下前は mg であるが，落下を開始すると徐々に小さくなり，終端速度に達すると 0 になる。

③ 落下前は mg であるが，落下を開始すると徐々に小さくなるがまた増加し，終端速度に達すると mg に戻る。

④ 落下前は mg であるが，落下を開始すると同時に 0 になり，その値を保つ。

⑤ 落下前は mg であるが，落下を開始すると同時に 0 になり，その後徐々に増加し，終端速度に達すると mg に戻る。

問 3　装置に音源を，地上にマイクを設置した場合，落下開始後しばらくして装置が終端速度(大きさ v')に達した。その後に音源を出た音がマイクに届いたときの振動数 f_1 を表す式として正しいものを，次の①～⑥のうちから一つ選べ。$f_1 =$ [9]

① $\dfrac{V+v'}{V}f_0$　② $\dfrac{V}{V+v'}f_0$　③ $\dfrac{V+v'}{V-v'}f_0$

④ $\dfrac{V-v'}{V}f_0$　⑤ $\dfrac{V}{V-v'}f_0$　⑥ $\dfrac{V-v'}{V+v'}f_0$

問 4　逆に，装置にマイクを，地上に音源を設置して落下させた。落下開始後しばらくして装置が終端速度(大きさ v')に達した後，マイクに届いた音の振動数 f_2 を表す式として正しいものを，次の①～⑥のうちから一つ選べ。

$f_2 =$ [10]

① $\dfrac{V+v'}{V}f_0$　② $\dfrac{V}{V+v'}f_0$　③ $\dfrac{V+v'}{V-v'}f_0$

④ $\dfrac{V-v'}{V}f_0$　⑤ $\dfrac{V}{V-v'}f_0$　⑥ $\dfrac{V-v'}{V+v'}f_0$

問 5　問 4 のようにマイクがついた装置を時刻 $t = 0$ に落下させる場合，装置の速度は徐々に変化して終端速度に達する。マイクに届いた音の振動数 f と f_0 の差の絶対値 $|f - f_0|$ を，時刻 t を横軸にとって表したグラフの概形として最も適当なものを，次の①～④のうちから一つ選べ。 11

①
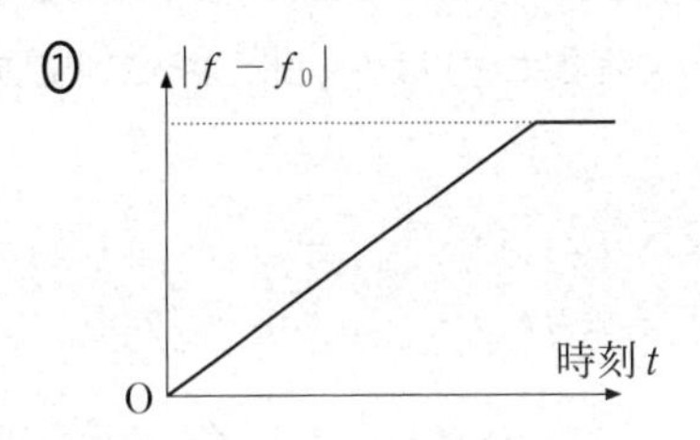

②
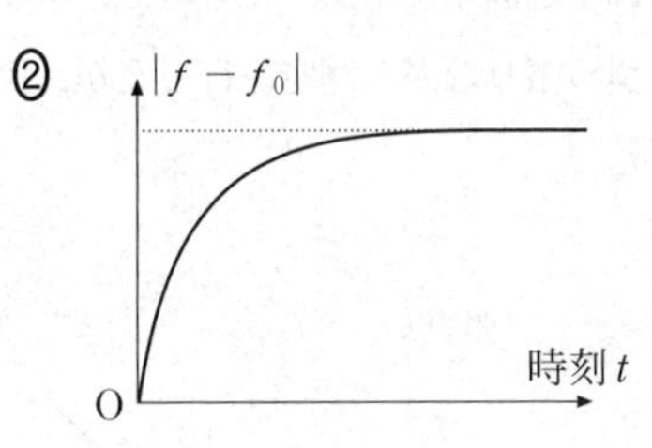

③
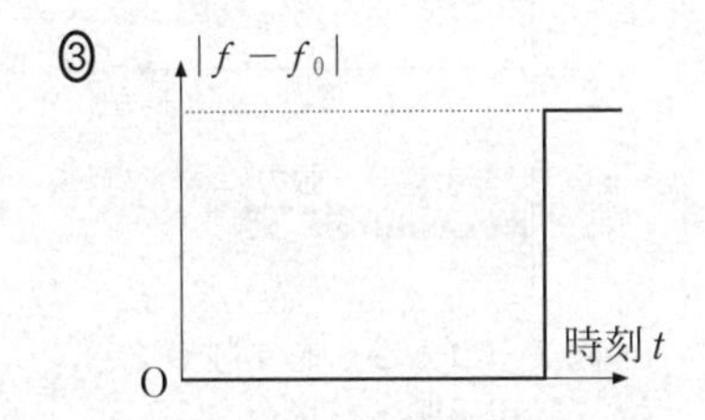

④
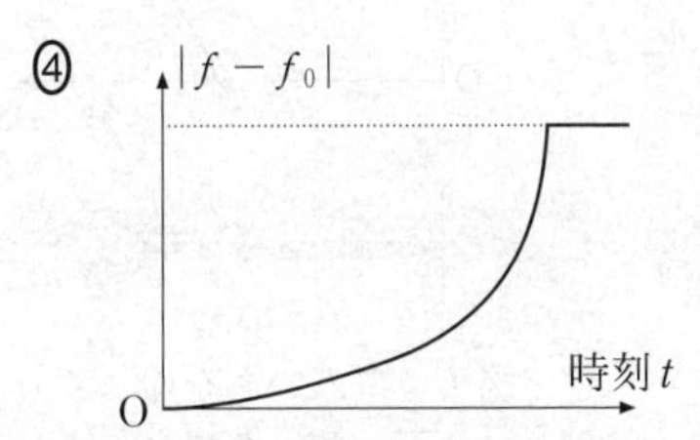

第3問　ゴムの物理現象について，これまで学習した熱力学の法則を応用して考えることができる。次の文章を読み，後の問い（問1～4）に答えよ。（配点　25）

ゴムひもを引っ張ったときの，ゴムひもの長さと張力の変化を測定したところ，図1と図2の結果が得られた。図1の実験では，ゴムひもをゆっくり時間をかけて引っ張りながら測定を行ったが，図2の実験では，すばやく引っ張って測定を行った。

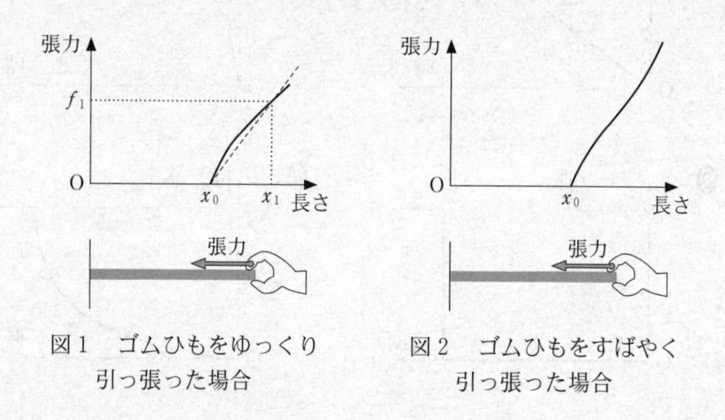

図1　ゴムひもをゆっくり引っ張った場合

図2　ゴムひもをすばやく引っ張った場合

問1　図1の実験結果から，この実験で用いたゴムひもは，ゆっくり引っ張って自然の長さx_0より長くなっているときは，自然の長さからの伸びと力がほぼ比例するという，図1の破線で示したような，ばねの性質と似た関係がおおまかに成り立つことがわかる。このように，ゴムひもをばねと見なした場合の，ばね定数の式として最も適当なものを，次の①～⑥のうちから一つ選べ。 12

① $\dfrac{f_1}{x_0}$　② $\dfrac{f_1}{x_1}$　③ $\dfrac{f_1}{x_1 - x_0}$

④ $\dfrac{x_0}{f_1}$　⑤ $\dfrac{x_1}{f_1}$　⑥ $\dfrac{x_1 - x_0}{f_1}$

ゴムの温度が常に室温と等しくなるようにゆっくり伸び縮みさせたときは，ゴムが等温変化していると考えることができる。また，ゴムひもをすばやく伸ばしたときは，ゴムと周囲との間に熱が移動する時間がないため断熱変化だと考えることができ，気体を断熱圧縮したときに温度が上がるように，ゴムの温度が上がる。このようにゴムの伸び・縮みを，気体の圧縮・膨張に対応させることができる。気体は理想気体であるものとして，熱力学の法則を応用してゴムの伸び・縮みを考えていこう。

問 2　気体の膨張について復習しよう。図3と図4は，それぞれ，シリンダーとなめらかに動くピストンで閉じ込められた気体の等温変化と断熱変化における体積と圧力の変化のグラフである。なお，図中の矢印は，気体がピストンを押す力を示す。

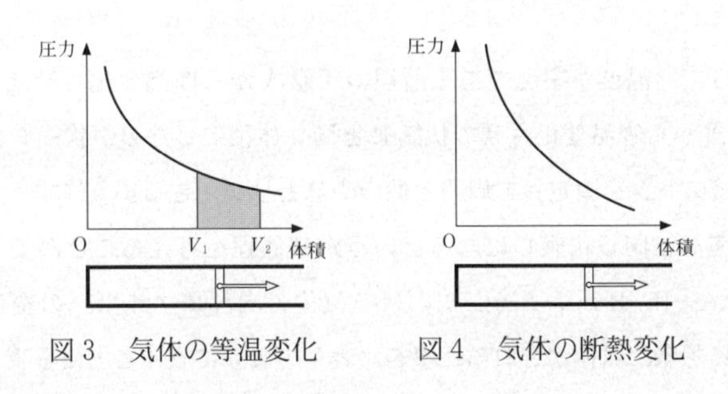

図3　気体の等温変化　　　図4　気体の断熱変化

図3のグラフの灰色に塗った部分の面積は，次の(イ)〜(ニ)のうちどれに対応するか。正しいものをすべて選び出した組合せとして最も適当なものを，後の①〜⑨のうちから一つ選べ。 13

(イ)　気体の体積が V_1 から V_2 へと変化する間に気体がする仕事
(ロ)　気体の体積が V_1 から V_2 へと変化する間に気体がされる仕事
(ハ)　気体の体積が V_1 から V_2 へと変化する間に気体が放出する熱量
(ニ)　気体の体積が V_1 から V_2 へと変化する間に気体が吸収する熱量

① (イ)	② (ロ)	③ (ハ)
④ (ニ)	⑤ (イ)と(ハ)	⑥ (イ)と(ニ)
⑦ (ロ)と(ハ)	⑧ (ロ)と(ニ)	⑨ 該当なし

問 3　気体を 2 種類の方法で圧縮するグラフを描くと，以下の図のようになる。

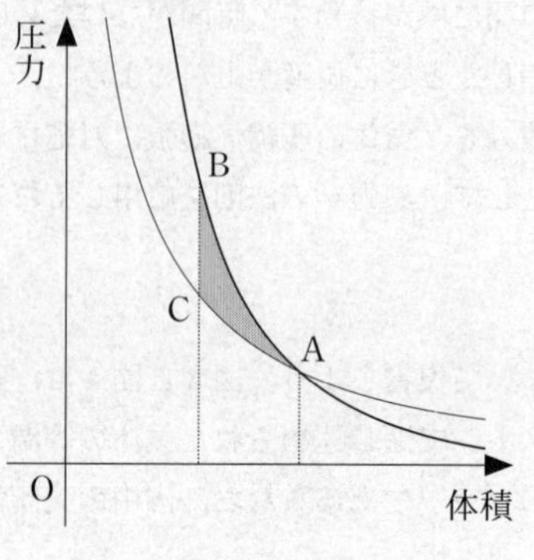

図 5　気体の状態の変化

図 5 で，温度が室温である最初の状態 A から断熱変化させたのが状態 B，状態 A から等温変化させて状態 B と同じ体積にしたのが状態 C である。状態 B でピストンを固定して周囲と熱のやりとりができるようにすると，気体の温度が室温と同じ状態 C になるという定積過程を考えることができる。三つの過程（A→B，B→C，A→C）における気体の内部エネルギーの変化，気体が吸収する熱量，気体がされる仕事を，表 1 のように表すことにしよう。

表1

	A→B	B→C	A→C
気体の内部エネルギーの変化	ΔU_{AB}	ΔU_{BC}	ΔU_{AC}
気体が吸収する熱量	Q_{AB}	Q_{BC}	Q_{AC}
気体がされる仕事	W_{AB}	W_{BC}	W_{AC}

表1には9個の量が書いてあるが，0になる量を「0」に書き直し，それ以外を空欄としたとき，最も適当なものを，次の①～⑥のうちから一つ選べ。

14

①

A→B	B→C	A→C
0		
	0	
		0

②

A→B	B→C	A→C
0		
		0
	0	

③

A→B	B→C	A→C
	0	
0		
		0

④

A→B	B→C	A→C
		0
0		
	0	

⑤

A→B	B→C	A→C
	0	
		0
0		

⑥

A→B	B→C	A→C
		0
	0	
0		

問 4　次の文章内の空欄 15 ・ 16 にあてはまるものとして，最も適当なものを，それぞれの直後の｛　｝で囲んだ選択肢のうちから一つずつ選べ。

ゴムひもの長さと張力の関係について，グラフを描くと図6のようになる。

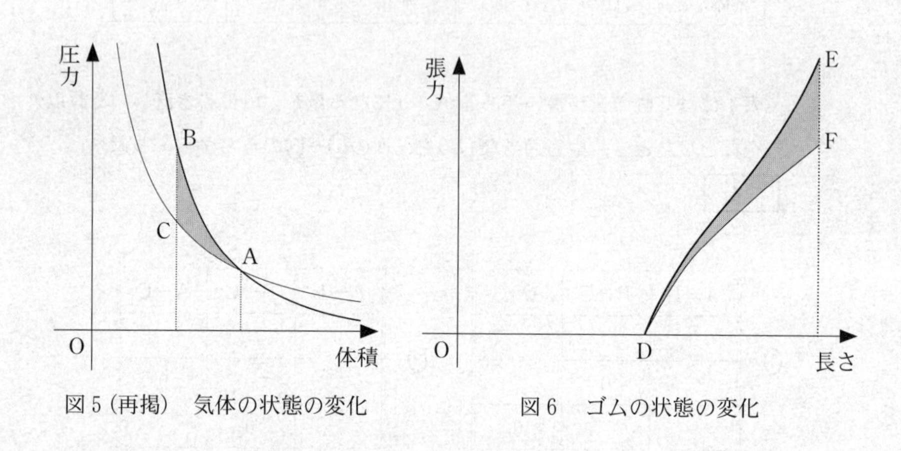

図5（再掲）　気体の状態の変化　　　図6　ゴムの状態の変化

図6には，ゴムの最初の状態D，状態Dから状態Eまですばやく伸ばした結果のグラフ，状態Dから状態Fまでゆっくり伸ばした結果のグラフが描かれている。すばやく伸ばしたD→Eが断熱変化に，ゆっくり伸ばしたD→Fが等温変化に対応する。

図5のA→B（または図6のD→E）の断熱変化と，A→C（または図6のD→F）の等温変化を比べると，どちらも気体やゴムが外から正の仕事をされるが，

15 ｛
① 気体もゴムも断熱変化の方が
② 気体は断熱変化の方が，ゴムは等温変化の方が
③ 気体は等温変化の方が，ゴムは断熱変化の方が
④ 気体もゴムも等温変化の方が
｝強い力が必要

で，外からされる仕事も大きくなる。

A→C(またはD→F)の逆の変化C→A(またはF→D)を考えると，A→B→C→A(またはD→E→F→D)のようなサイクルを作ることができる。サイクルを一周する間に気体やゴムがされる仕事の総和は，

16

① 気体の場合は正，ゴムの場合も正
② 気体の場合は正，ゴムの場合は負
③ 気体の場合は負，ゴムの場合は正
④ 気体の場合は負，ゴムの場合も負

になる。

第4問　次の文章(A・B)を読み，後の問い(問1～4)に答えよ。(配点　20)

A　結晶の規則正しく配列した原子配列面(格子面)にX線を入射させると，X線は何層にもわたる格子面の原子によって散乱される。このとき，X線の波長がある条件を満たせば，散乱されたX線が互いに干渉し強め合う。まず一つの格子面を構成する多くの原子で散乱されるX線に注目すると，反射の法則を満たす方向に進むX線どうしは，強め合う。これを反射X線という。また，隣り合う格子面における反射X線が同位相であれば，それぞれの格子面で反射されるX線は強め合う。図1は，間隔dの隣り合う格子面に角度θで入射した波長λのX線が，格子面上の原子によって同じ角度θの方向に反射された場合を示している。

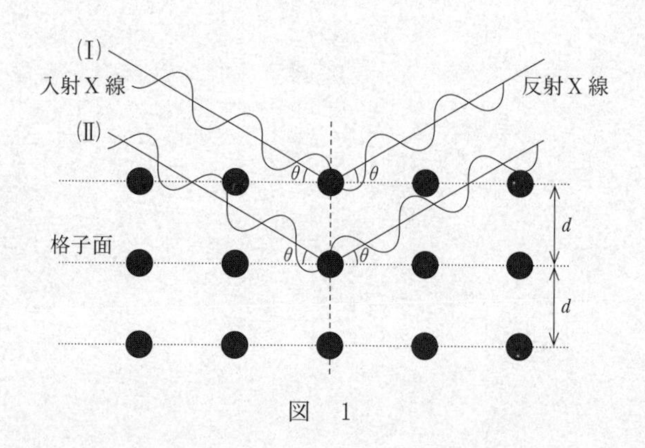

図　1

問1　次の文章中の空欄 **17** ・ **18** に入れる数式として正しいものを，それぞれの直後の{　}で囲んだ選択肢のうちから一つずつ選べ。

図1の2層目の格子面で反射される(II)のX線は，1層目の格子面で反射される(I)のX線より

17 {① $d\sin\theta$　② $2d\sin\theta$　③ $d\cos\theta$　④ $2d\cos\theta$} だけ経路が長い。この経路差が

18 {① $\frac{\lambda}{4}$　② $\frac{\lambda}{2}$　③ $\frac{3\lambda}{4}$　④ λ　⑤ $\frac{5\lambda}{4}$　⑥ $\frac{3\lambda}{2}$} の整数倍のときに常に強め合う。

B　図2のようにX線管のフィラメント(陰極)・陽極間に高電圧を加え，陰極で発生した電子を陽極の金属に衝突させるとX線が発生する。図3は，陽極にモリブデンを用いた場合の，各電圧ごとに発生したX線の強度と波長の関係(X線スペクトル)を示している。たとえば，両極間の電圧が35 kVの場合には，図のC点を最短波長とする連続スペクトルが得られた。また，連続的なスペクトルの中に鋭い二つのピーク(a)，(b)も観測され，このピークの波長は電圧によらない。

図3の結果を見たPさんとQさんが会話を始めた。ここで，プランク定数を h，光速を c とする。ただし，PさんとQさんの会話の内容は間違っていない。

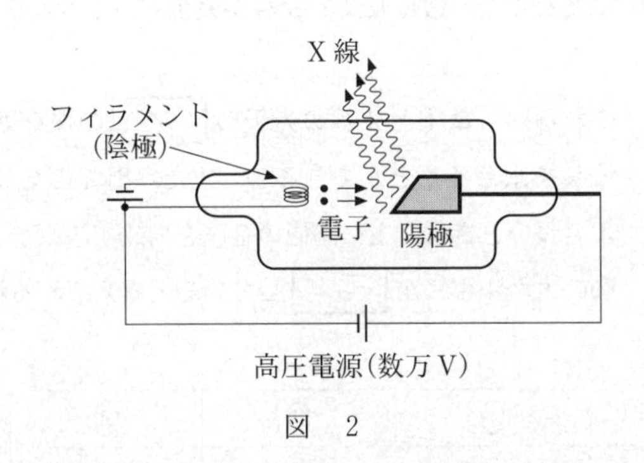

図　2

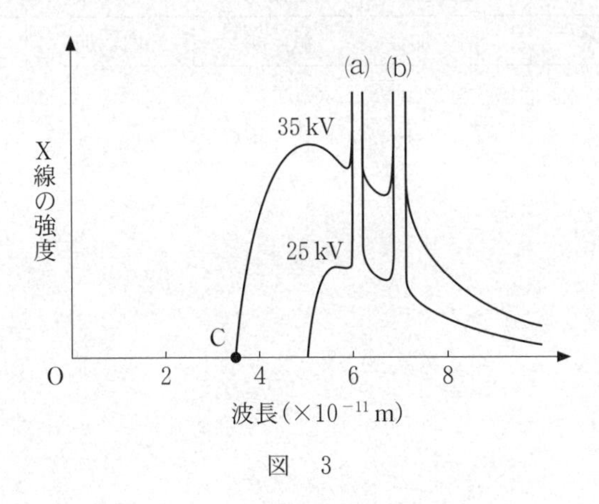

図　3

問 2　空欄 ア ・ イ に入れる語の組合せとして最も適当なものを，後の①～④のうちから一つ選べ。 19

Pさん：図3を見ると，両極間の電圧が 35 kV の場合，X 線のスペクトルはC点の波長 3.5×10^{-11} m から始まっているね。陰極から出た電子を電圧 V で加速すると，電気量 $-e$ の電子は陽極に達したときに eV の大きさの運動エネルギーを得る。この電子が陽極の金属と衝突し，運動エネルギーのすべてが 1 個の X 線の光子のエネルギーに変わると，最短波長の X 線が発生すると考えられるよ。

Qさん：それなら，電子と X 線の光子の ア の保存則から X 線の最短波長を求めることができるね。また，出てきた X 線の波長がそれより長いときは，主に陽極の金属を構成する原子(陽極原子)の熱運動のエネルギーが イ していると考えられるね。

	①	②	③	④
ア	運動量	運動量	エネルギー	エネルギー
イ	増　加	減　少	増　加	減　少

問 3　空欄 ウ ・ エ に入れる式と語の組合せとして最も適当なものを，後の①～⑥のうちから一つ選べ。 20

Pさん：X 線の最短波長は ウ と求められる。両極間の電圧を 50 kV にすると，X 線の最短波長は C 点の波長より エ なるね。

	①	②	③	④	⑤	⑥
ウ	$\dfrac{eV}{hc}$	$\dfrac{eV}{hc}$	$\dfrac{hc}{eV}$	$\dfrac{hc}{eV}$	$\dfrac{h}{cV}$	$\dfrac{h}{cV}$
エ	長　く	短　く	長　く	短　く	長　く	短　く

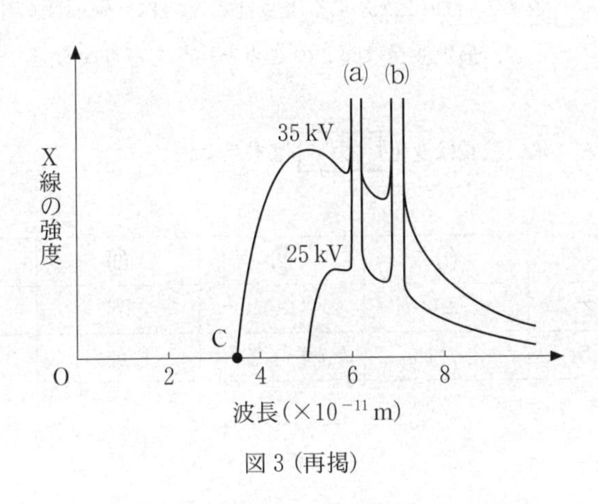

図 3 (再掲)

問 4　空欄 オ ・ カ に入れる記号と語の組合せとして最も適当なものを，後の①〜④のうちから一つ選べ。 21

Qさん：図 3 を見ると，二つの鋭いピークの波長は，電圧を変えてもまったく変化していない。二つのピーク(a)，(b)のうち，X 線の光子のエネルギーが小さいのは オ の方だね。これらの二つのピークが現れるのは何に関係しているんだろう。

Pさん：陽極金属の種類を変えてみよう。そのとき，X 線のピークの波長は変化することがわかっている。つまり，この X 線のピークは陽極金属の特性に関係するようだね。では，両極間の電圧が 35 kV のとき，最短波長は図 3 の C 点と比べてどうなるだろうか。

Qさん：最短波長は変化 カ はずだよね。

	①	②	③	④
オ	(a)	(a)	(b)	(b)
カ	しない	す　る	しない	す　る

物理基礎

（解答番号 [1] ～ [18]）

第1問　次の問い（問1～4）に答えよ。（配点　17）

問1　紙面の右向きに直線運動する物体がある。図1のア～オは0.1sごとの物体の位置を示している。図には等間隔に刻んだ目盛りを入れている。アの位置からエの位置に到達するまでは物体には力がはたらかず，エの位置に到達したとき瞬間的に物体に外から力が加わった。その後，物体は再び力を受けることなく運動を続けた。エの位置で物体に加えられた**力の向き**と，オの位置に到達してから0.1s後における物体の**位置**の組合せとして最も適当なものを，後の①～⑧のうちから一つ選べ。 [1]

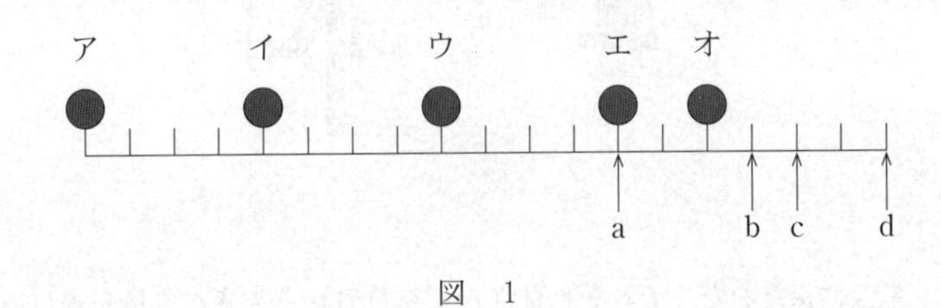

図　1

	①	②	③	④	⑤	⑥	⑦	⑧
力の向き	右	右	右	右	左	左	左	左
位　置	a	b	c	d	a	b	c	d

問 2　次の文章中の空欄 ア ・ イ に入れる記号と語の組合せとして最も適当なものを，後の①～④のうちから一つ選べ。 2

図 2 のように，机の上に置かれた室温の容器に，室温より熱いスープなどの液体を移したときの，容器と液体の温度変化について考える。ただし，熱は液体と容器の間だけで移動するものとし，液体から大気への熱の移動や，容器から机や大気への熱の移動は無視できるものとする。

図　2

室温に保たれた，それぞれ材質 A と材質 B からできた質量の等しい二つの容器に，同じ量の熱い液体を入れる。材質 A と材質 B の比熱(比熱容量)が，それぞれ，0.50 J/(g･K) と 0.80 J/(g･K) であるとき，液体と容器が熱平衡に達した後の温度が高いのは，材質 ア の容器を使った方である。

また，室温に保たれた，材質は同じで質量が異なる二つの容器に同じ量の熱い液体を移したとき，熱平衡に達した後の温度が高いのは，質量が イ 容器を使った方である。

	①	②	③	④
ア	A	A	B	B
イ	大きい	小さい	大きい	小さい

問 3　スマートフォン(スマホ)が，どのような電圧と電流で充電されているかを調べる機器(充電チェッカー)について考える。充電チェッカーは，図3のように充電器とスマホの間につないで使う。充電器の部分では，家庭用コンセントから得られる電気が交流から直流に変換される。

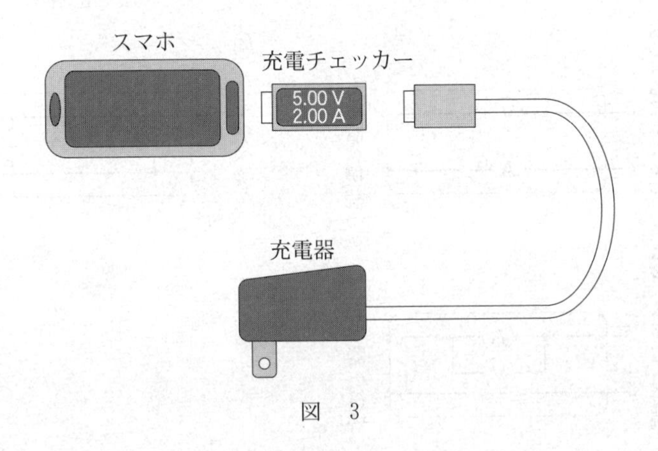

図　3

充電チェッカーの内部のしくみを簡略化して考えてみよう。充電に関係する2本の導線だけに注目するとき，充電チェッカーの内部には，どのように電流計Ⓐと電圧計Ⓥが配置されていると考えればよいだろうか。

充電チェッカーの内部のしくみを表した模式図として最も適当なものを，次ページの①～⑤のうちから一つ選べ。 [3]

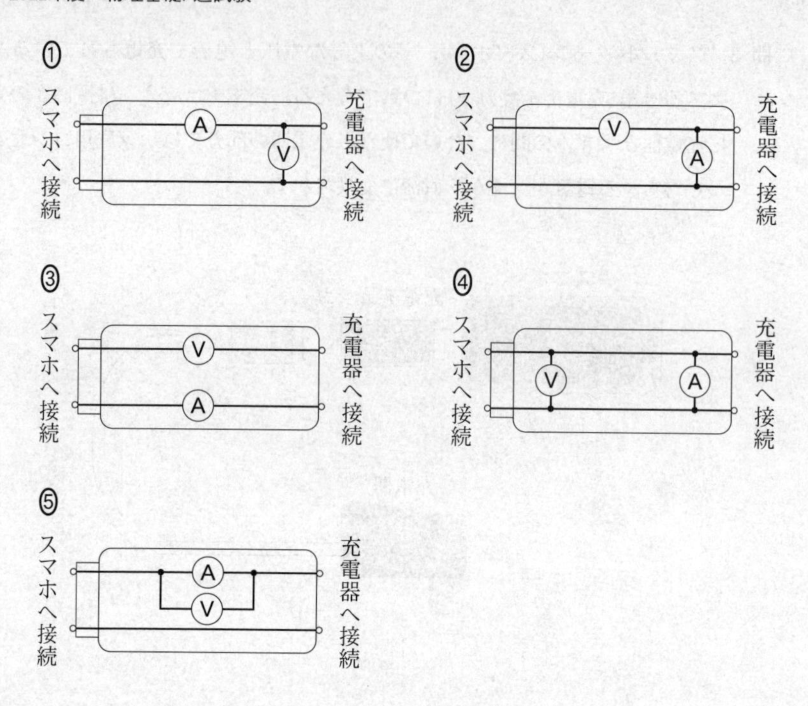

また，充電チェッカーが示す電圧，電流はそれぞれ，5.00 V，2.00 A であった。スマホに供給されている電力として最も適当なものを，次の①～⑧のうちから一つ選べ。 **4**

① 0.25 W　② 0.50 W　③ 1.00 W　④ 2.50 W
⑤ 5.00 W　⑥ 10.0 W　⑦ 12.5 W　⑧ 25.0 W

問 4　研究発表の題材としてスピーカーを分解したら，円すい状の紙(コーン)，コイル，磁石からできていることがわかった。さらに，スピーカーから音が出るしくみを調べると，スピーカーの原理的な構造は図4であり，PQ間のコイルに交流電流が流れると，コイルが磁場(磁界)から力を受けて振動し，それによってコイルに取り付けたコーンが交流電流と同じ振動数(周波数)で振動することがわかった。

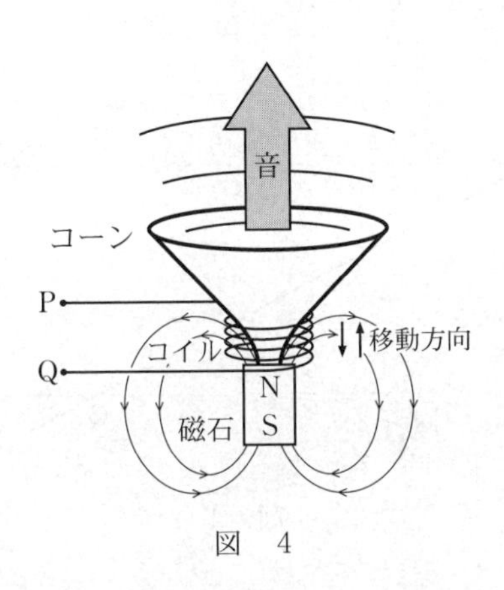

図　4

これらについて話し合った結果，次のような現象1～4が起こると予想した。実際に起こると考えられる現象の組合せとして最も適当なものを，後の①～⑥のうちから一つ選べ。 **5**

現象1：コイルに一定の大きさの直流電流を流し続けると，スピーカーから一定の高さの音が出る。

現象2：コイルに流れる交流電流の振動数を大きくしていくと，スピーカーから出る音の高さは高くなっていく。

現象3：コイルに流れる交流電流の振幅を変化させても，スピーカーから出る音の大きさは変化しない。

現象4：音波を当ててコーンを振動させると，PQ間に交流電圧が発生する。

①　現象1と現象2　　②　現象1と現象3　　③　現象1と現象4
④　現象2と現象3　　⑤　現象2と現象4　　⑥　現象3と現象4

第2問　次の文章を読み，後の問い（問1～4）に答えよ。（配点　19）

図1のように，実線で示した斜面上の高さhの点Pに小球を置く。時刻0に小球を静かに放すと，小球は初速度0ですべりはじめ，基準の高さにある斜面上の点Qまで達した。ただし，斜面と小球の間の摩擦および空気抵抗は無視でき，また，重力加速度の大きさをgとする。

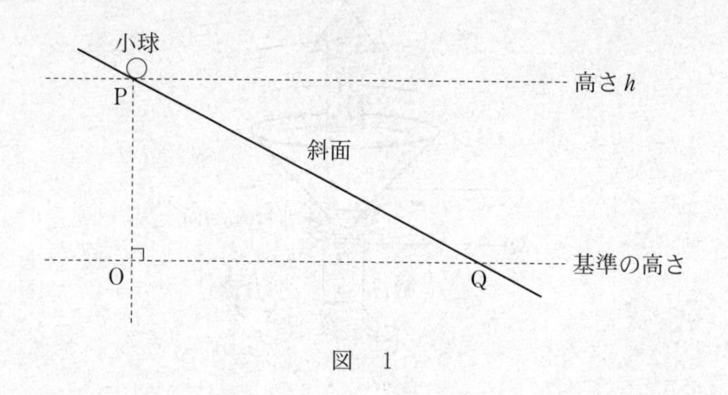

図　1

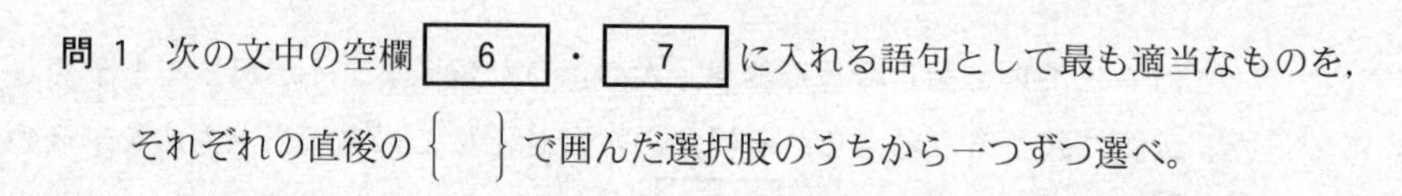

問1　次の文中の空欄 [6] ・ [7] に入れる語句として最も適当なものを，それぞれの直後の｛　｝で囲んだ選択肢のうちから一つずつ選べ。

斜面をすべり始めたときの小球の加速度の大きさは，

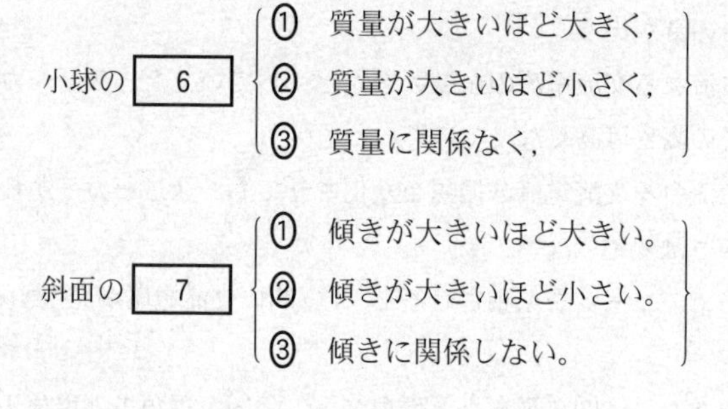

小球の [6] ｛① 質量が大きいほど大きく，　② 質量が大きいほど小さく，　③ 質量に関係なく，｝

斜面の [7] ｛① 傾きが大きいほど大きい。　② 傾きが大きいほど小さい。　③ 傾きに関係しない。｝

問 2　次の文章中の空欄 [8] ・ [9] に入れる語句と図として最も適当なものを，それぞれの直後の｛　｝で囲んだ選択肢のうちから一つずつ選べ。

小球が斜面をすべっている間，その加速度の大きさは，

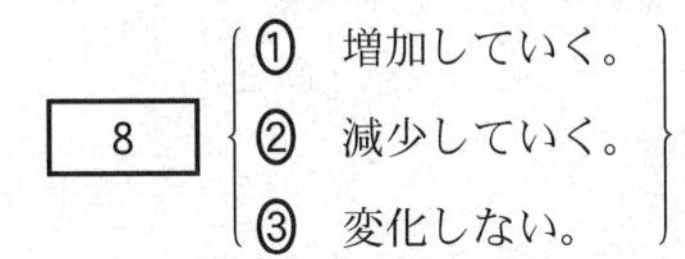

[8] ｛ ① 増加していく。 ② 減少していく。 ③ 変化しない。 ｝

この間の小球の速さと時刻の関係をあらわすグラフとして最も適当なものは，

[9]

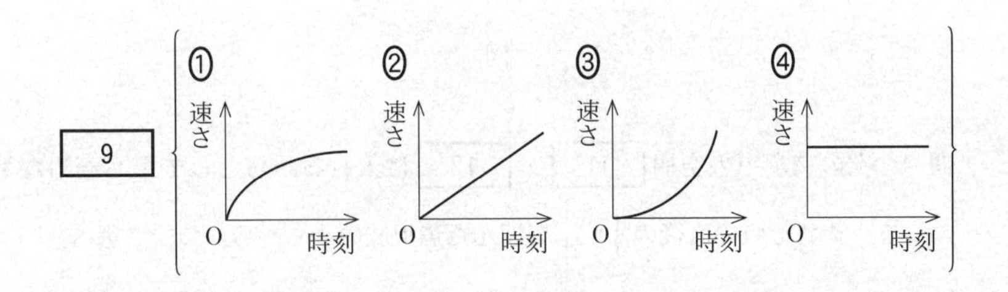

である。

問 3　図 1 において，PQ 間の距離が L であるとする。小球が初速度 0 で点 P から点 Q まですべり落ちるのにかかる時間を表す式として正しいものを，次の①～⑥のうちから一つ選べ。ただし，角 $\angle\mathrm{PQO} = \theta$ は $\sin\theta = \dfrac{h}{L}$ を満たすことを用いてよい。 [10]

① $\sqrt{\dfrac{2h}{g}}$　　② $\sqrt{\dfrac{h}{g}}$　　③ $\sqrt{\dfrac{2L}{g}}$

④ $\sqrt{\dfrac{L}{g}}$　　⑤ $L\sqrt{\dfrac{2}{gh}}$　　⑥ $L\sqrt{\dfrac{1}{gh}}$

次に，図2において実線で示したように斜面の勾配を急にして，斜面上の点Pに小球を置く。時刻0に初速度0で小球を静かに放し，基準の高さにある点Q′まですべらせた。

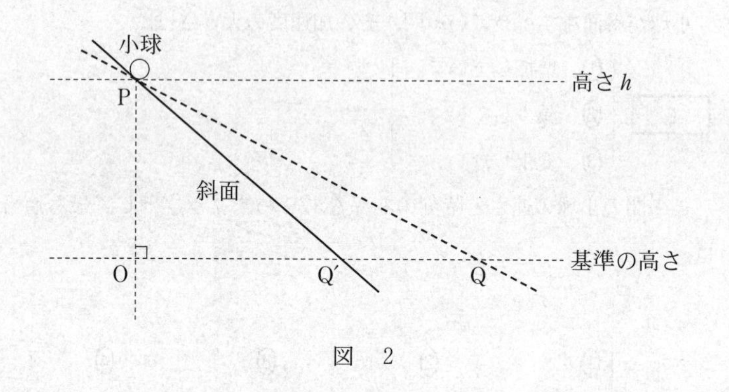

図　2

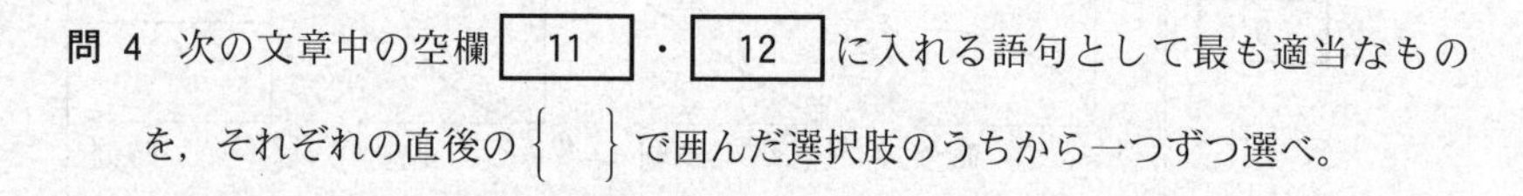

問 4　次の文章中の空欄 [11] ・ [12] に入れる語句として最も適当なものを，それぞれの直後の｛　｝で囲んだ選択肢のうちから一つずつ選べ。

点Pに置いた小球が斜面PQをすべる場合と斜面PQ′をすべる場合を比較すると，小球が基準の高さを通過する瞬間の速さは，

[11]
- ① 斜面PQをすべる場合の方が大きい。
- ② 斜面PQ′をすべる場合の方が大きい。
- ③ どちらの斜面をすべっても同じである。
- ④ どちらの斜面をすべる方が大きいか決まらない。

また，点Pに置いた小球が基準の高さを通過するまでの間に垂直抗力がする仕事は，

[12]
- ① 斜面PQをすべる場合の方が大きい。
- ② 斜面PQ′をすべる場合の方が大きい。
- ③ どちらの場合も同じでありその値は0である。
- ④ どちらの場合も同じでありその値は0ではない。

第3問　次の文章を読み，後の問い(問1～3)に答えよ。(配点　14)

クラスの実験チームが，糸電話をテーマとした探究活動に取り組んでいる。まず，二つの紙コップと3mほどの糸を用意した。紙コップの底に小さな穴をあけ，糸の一端を固定し，二つの紙コップを糸で接続すると，図1のような糸電話が完成した。一方の紙コップに向かって話すと，他方の紙コップからその音声を聞くことができた。

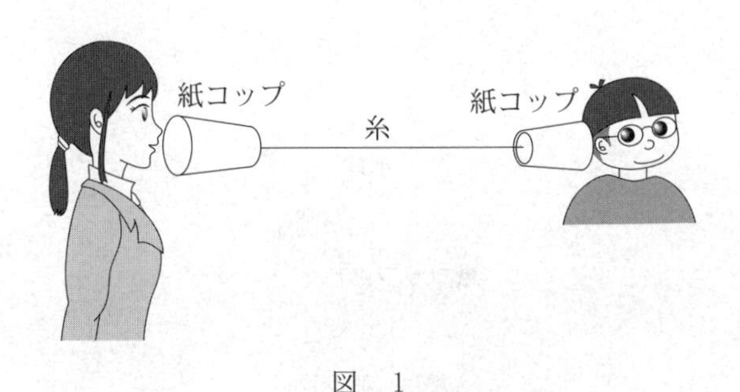

図　1

問1　生徒たちは，糸を通して音が伝わると考えて，これを確かめる実験を計画した。図2のように，糸電話を縦に設置し，質量が小さいプラスチック製の小球を紙コップ1の中と，逆さに置いた紙コップ2の上面に置いた。紙コップ1の真上にスピーカーを置き，音を発生させると，どちらの紙コップの小球も跳ねた。しかし，糸を外してスピーカーから同じ音を発生させたところ，紙コップ1の中に入れた小球は跳ねたが，紙コップ2の上面の小球は跳ねなかった。これらの現象の説明として適当なものを，次ページの①～④のうちから二つ選べ。ただし，解答の順序は問わない。 13 ・ 14

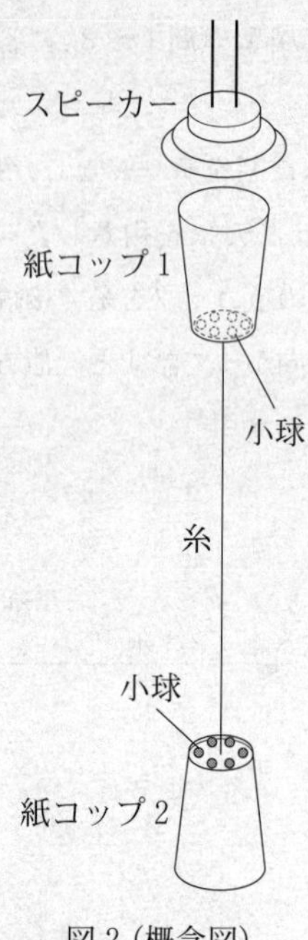

図 2（概念図）

① スピーカーから空気を伝わって紙コップ 1 に達した音は，紙コップ 1 を振動させることはできなかった。

② スピーカーから空気だけを伝わって紙コップ 2 に達した音では，小球を観察可能なほど跳ねさせることはできなかった。

③ 糸があると，紙コップ 2 の底が振動しにくくなり，代わりに小球が跳ねた。

④ スピーカーから空気を伝わって紙コップ 1 に達した音は，糸を伝わって紙コップ 2 を振動させ，小球を跳ねさせた。

糸を伝わる音について調べるために，図3のように，二つの紙コップを長さLの糸でつなぎ，一方の紙コップの中にスピーカー，他方にマイクロフォンを配置した。スピーカーには発振器をつないで，一定の振動数の音を発生させた。図4，図5は，それぞれ$L = 55$ cmと$L = 175$ cmのときの，スピーカーに加えた電圧とマイクロフォンからの電圧を同時にオシロスコープで観察した結果である。横軸が時刻t，縦軸が電圧Vであり，実線の曲線Sがスピーカーに加えた電圧の表示，点線の曲線Mがマイクロフォンの電圧の表示である。初めに$L = 55$ cmで図4の表示になるように実験配置を調整し，続いて糸の長さを長くすると，マイクロフォンの電圧変化の表示Mがしだいに右側に移動し，$L = 175$ cmのときに初めて図5の表示になった。二つの紙コップの間では，糸を介して伝わる音のみを考え，その速さは一定であったものとする。なお，1 ms = 0.001 sである。

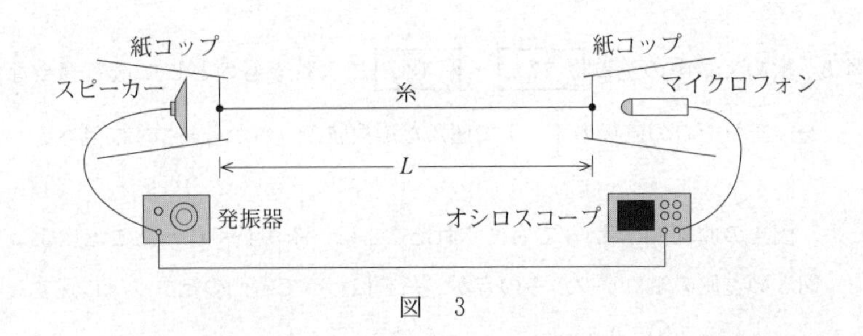

図　3

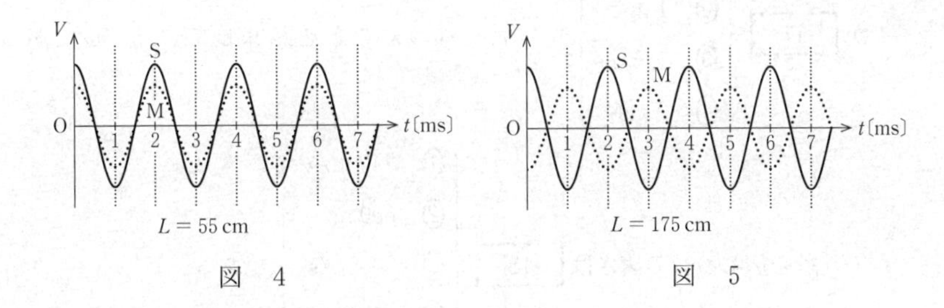

図　4　　　図　5

問 2　次の文中の空欄 [15]・[16] に入れるものとして最も適当なものを，それぞれの直後の { } で囲んだ選択肢のうちから一つずつ選べ。

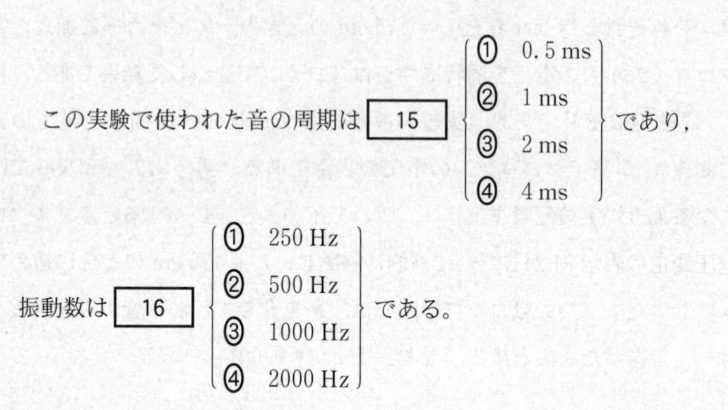

この実験で使われた音の周期は [15] {① 0.5 ms　② 1 ms　③ 2 ms　④ 4 ms} であり，

振動数は [16] {① 250 Hz　② 500 Hz　③ 1000 Hz　④ 2000 Hz} である。

問 3　次の文章中の空欄 [17]・[18] に入れるものとして最も適当なものを，それぞれの直後の { } で囲んだ選択肢のうちから一つずつ選べ。

図4の曲線Mが図5で右にずれたことは，糸が長くなったことによって，図3の左側の紙コップからの音が，糸を伝わって右側の紙コップに達する時間

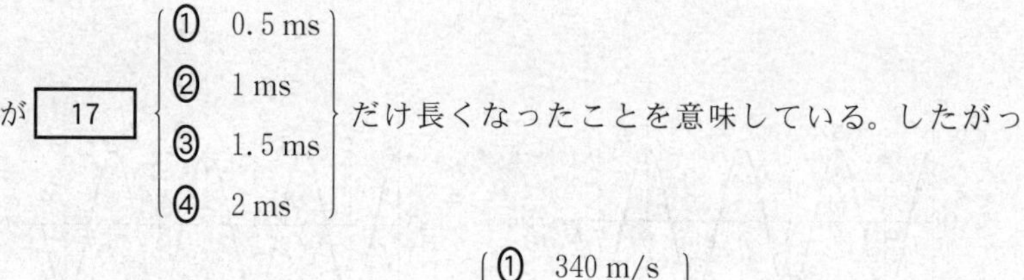

が [17] {① 0.5 ms　② 1 ms　③ 1.5 ms　④ 2 ms} だけ長くなったことを意味している。したがって，糸を伝わる音の速さは [18] {① 340 m/s　② 600 m/s　③ 800 m/s　④ 1200 m/s　⑤ 2400 m/s} である。

2021

共通テスト

本試験
（第1日程）

物理：

解答時間 60 分　配点 100 点

物理基礎：

解答時間　2 科目 60 分

配点　2 科目 100 点

（物理基礎，化学基礎，生物基礎，地学基礎から 2 科目選択）

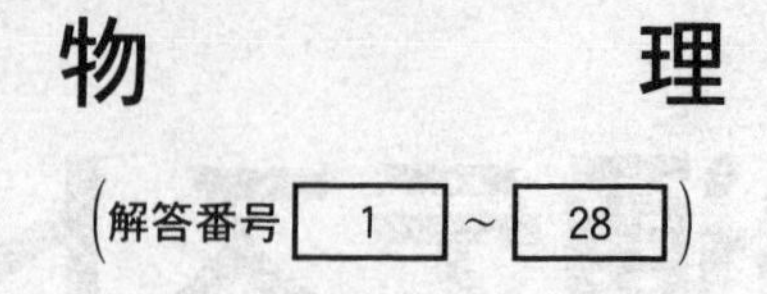

第1問　次の問い(問1～5)に答えよ。(配点　25)

問 1　図1のように，台車の上面に水と少量の空気を入れて密閉した透明な水そうが固定されており，その上におもりが糸でつり下げられている。台車を一定の力で右向きに押し続けたところ，おもりと水そう内の水面の傾きは一定となった。このとき，おもりと水面の傾きを表す図として最も適当なものを，下の①～④のうちから一つ選べ。ただし，空気の抵抗は無視できるものとする。 1

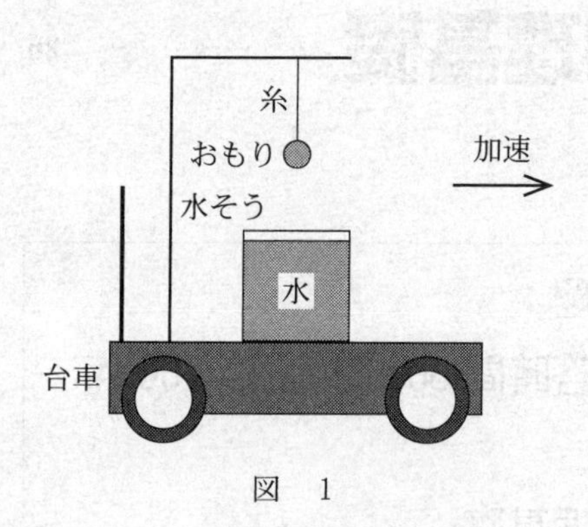

図　1

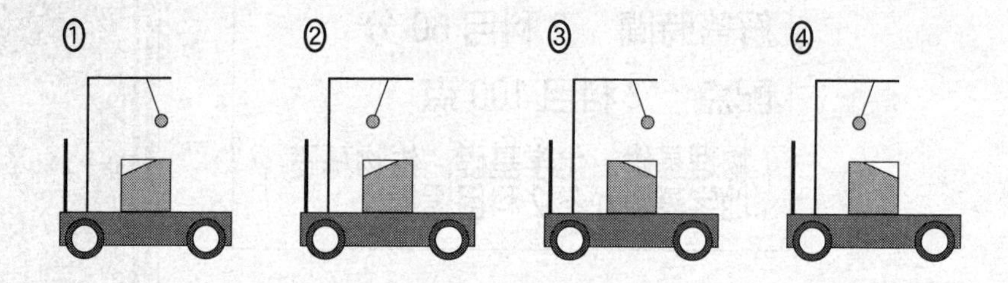

問 2　次の文章中の空欄 **2** に入れる数値として最も適当なものを，下の①～⑥のうちから一つ選べ。

なめらかに回転する定滑車と動滑車を組合せた装置を用いて，質量 50 kg の荷物を，質量 10 kg の板にのせて床から持ち上げたい。質量 60 kg の人が，図 2 のように板に乗って鉛直下向きにロープを引いた。ロープを引く力を徐々に強めていったところ，引く力が **2** N より大きくなると，初めて荷物，板および自分自身を一緒に持ち上げることができた。ただし，動滑車をつるしているロープは常に鉛直であり，板は水平を保っていた。滑車およびロープの質量は無視できるものとする。また，重力加速度の大きさを $9.8\ \mathrm{m/s^2}$ とする。

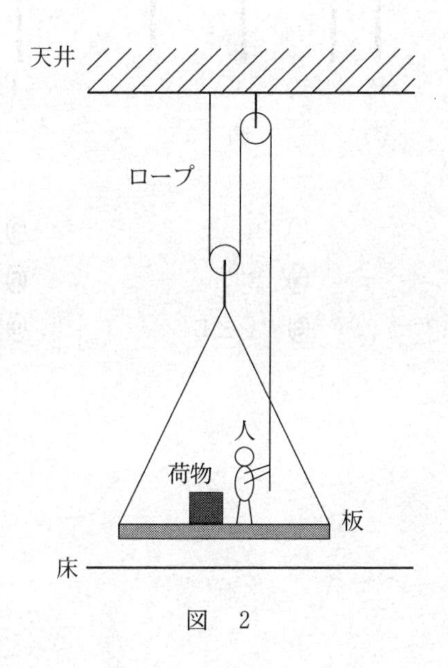

図　2

① 2.0×10^1	② 4.0×10^1	③ 6.0×10^1
④ 2.0×10^2	⑤ 3.9×10^2	⑥ 5.9×10^2

問 3　図3のように互いに平行な極板が，L，$2L$，$3L$ の3通りの間隔で置かれており，左端の極板の電位は0で，極板の電位は順に一定値 $V(>0)$ ずつ高くなっている。隣り合う極板間の中央の点A～Fのいずれかに点電荷を1つ置くとき，点電荷にはたらく静電気力の大きさが最も大きくなる点または点の組合せとして最も適当なものを，下の①～⑨のうちから一つ選べ。ただし，点電荷が作る電場(電界)は考えなくてよい。 **3**

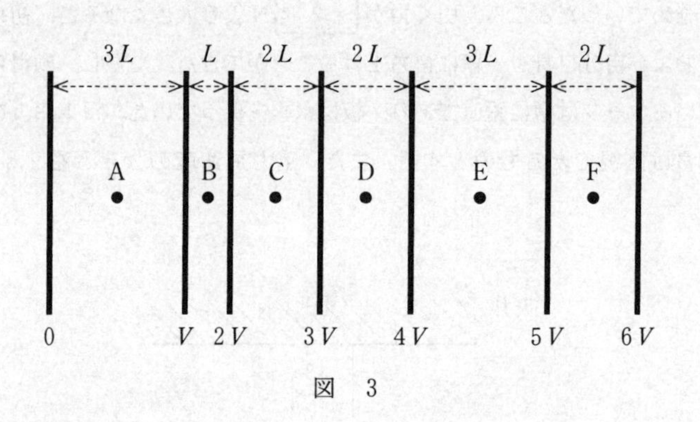

図　3

① A　　② B　　③ C

④ D　　⑤ E　　⑥ F

⑦ CとDとF　　⑧ AとE　　⑨ すべて

問 4　次の文章中の空欄 ア ～ ウ に当てはまる語句の組合せとして最も適当なものを，下の①～⑥のうちから一つ選べ。 4

図4のように，Aさんが静かな室内で壁を背にして，壁とBさんの間を振動数fの十分大きな音を発するおんさを鳴らしながら，静止しているBさんに向かって一定の速さで歩いてくる。このとき，Bさんは1秒間にn回のうなりを聞いた。これはBさんが，直接Bさんに向かってくる，振動数がfより ア 音波と，壁で反射してBさんに向かってくる，振動数がfより イ 音波の重ね合わせを聞いた結果である。Aさんがさらに速く歩いたとき，Bさんが聞く1秒あたりのうなりの回数は ウ 。ただし，Aさんの移動方向は壁と垂直であり，Aさんの背後の壁以外の壁，天井，床で反射した音は，無視できるものとする。

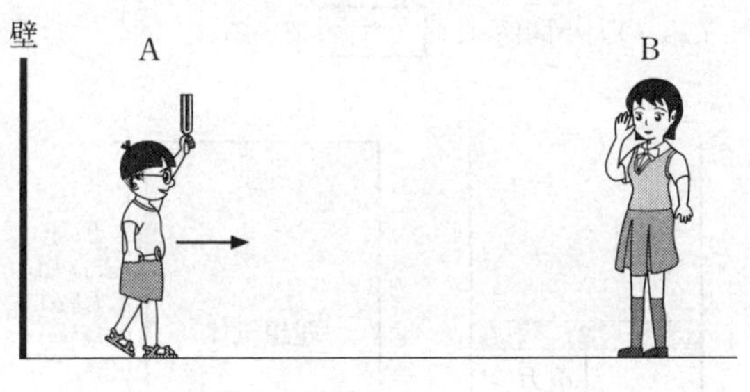

図　4

	ア	イ	ウ
①	大きい	小さい	多くなる
②	大きい	小さい	変化しない
③	大きい	小さい	少なくなる
④	小さい	大きい	多くなる
⑤	小さい	大きい	変化しない
⑥	小さい	大きい	少なくなる

問 5　次の文章中の空欄 [エ] ～ [カ] に入れる語と式の組合せとして最も適当なものを，次ページの①～④のうちから一つ選べ。 [5]

なめらかに動くピストンのついた円筒容器中に理想気体が閉じ込められている。図5(a)のように，この容器は鉛直に立てられており，ピストンは重力と容器内外の圧力差から生じる力がつり合って静止していた。つぎに，ピストンを外から支えながら円筒容器の上下を逆さにして，図5(b)のように外からの支えがなくても静止するところまでピストンをゆっくり移動させた。容器内の気体の状態変化が等温変化であった場合，静止したピストンの容器の底からの距離は$L_{等温}$であった。また，容器内の気体の状態変化が断熱変化であった場合には$L_{断熱}$であった。

図6は，容器内の理想気体の圧力pと体積Vの関係(p-Vグラフ)を示している。ここで，実線は [エ]，破線は [オ] を表しており，これを用いると$L_{等温}$と$L_{断熱}$の大小関係は， [カ] である。

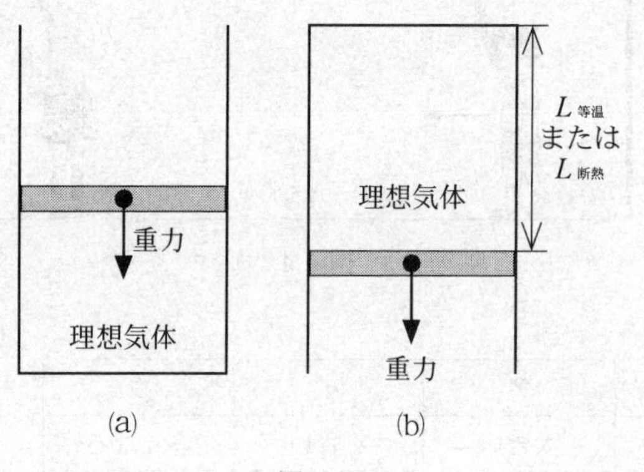

図　5

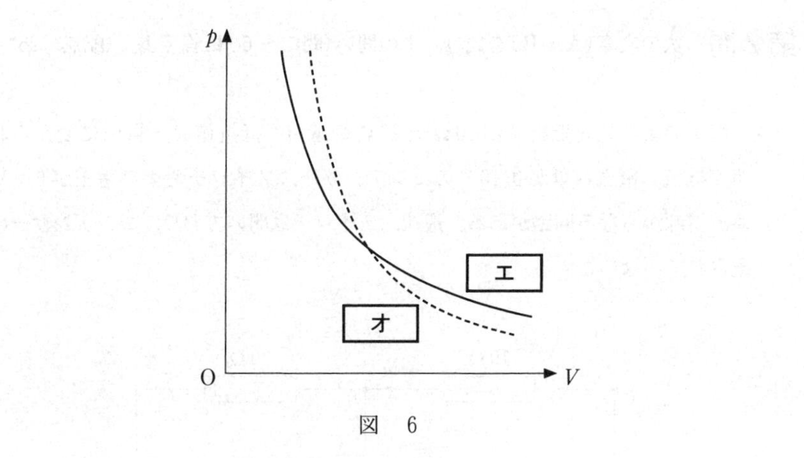

図　6

	エ	オ	カ
①	等温変化	断熱変化	$L_{等温} < L_{断熱}$
②	等温変化	断熱変化	$L_{等温} > L_{断熱}$
③	断熱変化	等温変化	$L_{等温} < L_{断熱}$
④	断熱変化	等温変化	$L_{等温} > L_{断熱}$

第2問　次の文章(A・B)を読み，下の問い(問1～6)に答えよ。(配点　25)

A　図1のように，抵抗値が10Ωと20Ωの抵抗，抵抗値Rを自由に変えられる可変抵抗，電気容量が0.10Fのコンデンサー，スイッチおよび電圧が6.0Vの直流電源からなる回路がある。最初，スイッチは開いており，コンデンサーは充電されていないとする。

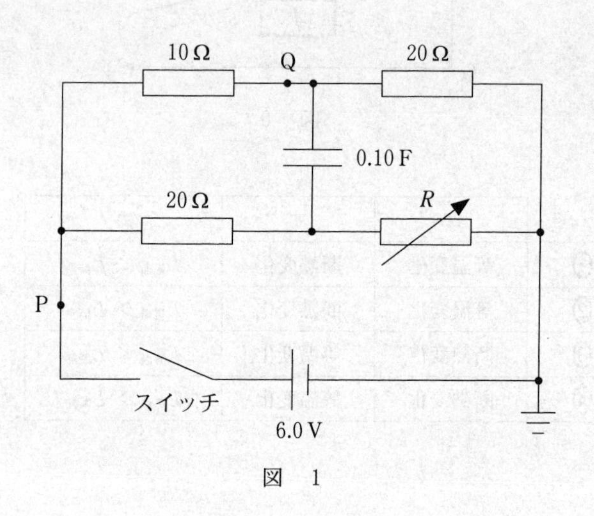

図　1

問 1　次の文章中の空欄 [6] に入れる選択肢として最も適当なものを，下の①～④のうちから一つ，空欄 [7] ～ [9] に入れる数字として最も適当なものを，下の①～⓪のうちから一つずつ選べ。ただし，[7] ～ [9] には同じものを繰り返し選んでもよい。

可変抵抗の抵抗値を $R = 10\,\Omega$ に設定する。スイッチを閉じた瞬間はコンデンサーに電荷は蓄えられていないので，コンデンサーの両端の電位差は 0 V である。スイッチを閉じた瞬間の回路は [6] と同じ回路とみなせ，スイッチを閉じた瞬間に点 Q を流れる電流の大きさを有効数字 2 桁で表すと [7] . [8] $\times 10^{-\boxed{9}}$ A である。

[6] の解答群

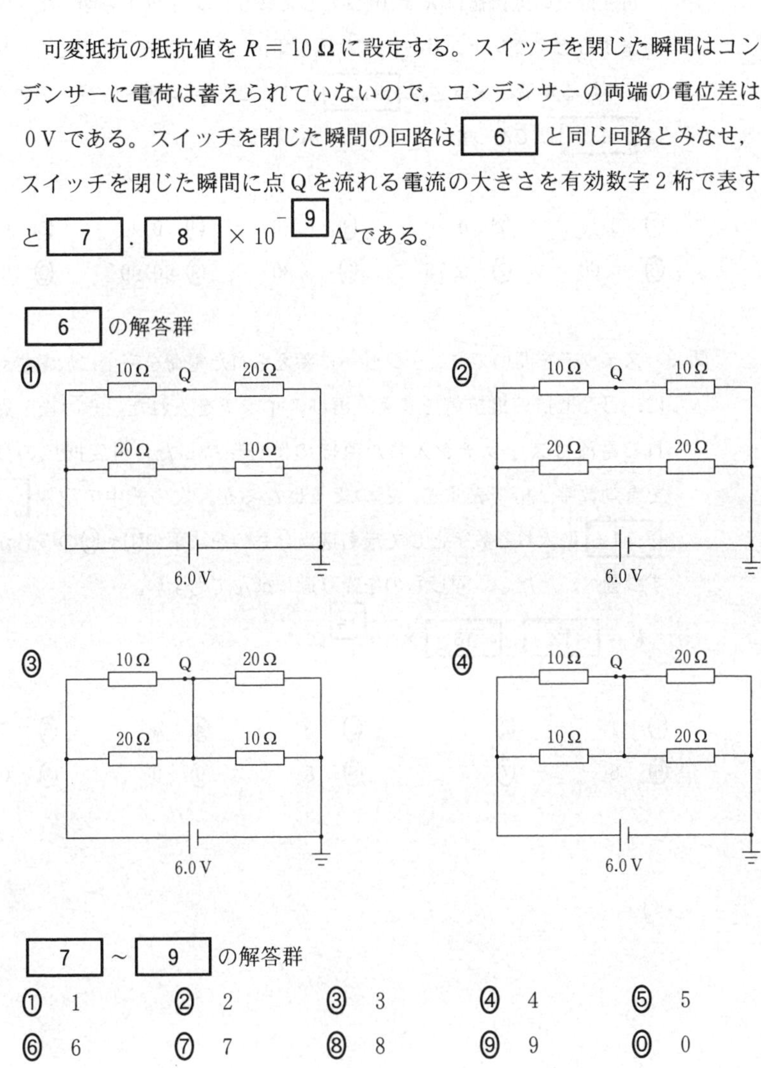

[7] ～ [9] の解答群

① 1	② 2	③ 3	④ 4	⑤ 5
⑥ 6	⑦ 7	⑧ 8	⑨ 9	⓪ 0

問 2　次の文章中の空欄 [10]・[11] に入れる数値として最も適当なものを，下の①～⓪のうちから一つずつ選べ。ただし，同じものを繰り返し選んでもよい。

可変抵抗の抵抗値は $R = 10\,\Omega$ にしたまま，スイッチを閉じて十分時間が経過すると，コンデンサーに流れ込む電流は0となる。このとき，図1の点Pを流れる電流の大きさは [10] Aで，コンデンサーに蓄えられた電気量は [11] Cであった。

① 0.10　② 0.20　③ 0.30　④ 0.40　⑤ 0.50
⑥ 0.60　⑦ 0.70　⑧ 0.80　⑨ 0.90　⓪ 0

問 3　スイッチを開いてコンデンサーに蓄えられた電荷を完全に放電させた。次に，可変抵抗の抵抗値を変え，再びスイッチを入れた。その後，点Pを流れる電流はスイッチを入れた直後の値を保持した。可変抵抗の抵抗値 R を有効数字2桁で表すと，どのようになるか。次の式中の空欄 [12] ～ [14] に入れる数字として最も適当なものを，下の①～⓪のうちから一つずつ選べ。ただし，同じものを繰り返し選んでもよい。

$$R = \boxed{12}.\boxed{13} \times 10^{\boxed{14}}\,\Omega$$

① 1　② 2　③ 3　④ 4　⑤ 5
⑥ 6　⑦ 7　⑧ 8　⑨ 9　⓪ 0

B　図2のように，鉛直上向きで磁束密度の大きさBの一様な磁場(磁界)中に，十分に長い2本の金属レールが水平面内に間隔dで平行に固定されている。その上に導体棒a，bをのせ，静止させた。導体棒a，bの質量は等しく，単位長さあたりの抵抗値はrである。導体棒はレールと垂直を保ったまま，レール上を摩擦なく動くものとする。また，自己誘導の影響とレールの電気抵抗は無視できる。

時刻$t = 0$に導体棒aにのみ，右向きの初速度v_0を与えた。

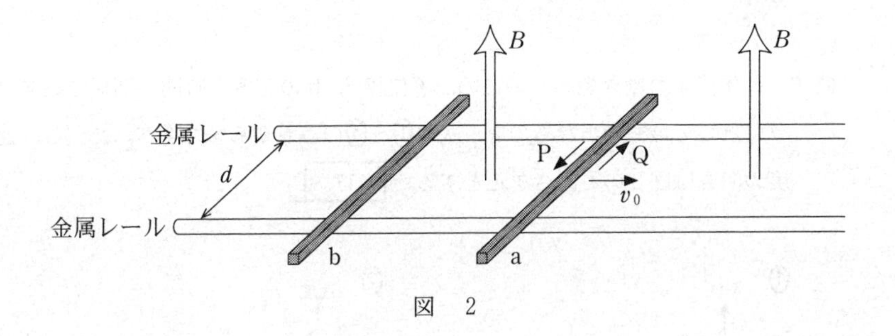

図　2

問4　導体棒aに流れる誘導電流に関して，下の文章中の空欄［ア］・［イ］に入れる記号と式の組合せとして最も適当なものを，下の①～④のうちから一つ選べ。［15］

導体棒aが動き出した直後に，導体棒aに流れる誘導電流は図の［ア］の矢印の向きであり，その大きさは［イ］である。

	①	②	③	④
ア	P	P	Q	Q
イ	$\frac{Bdv_0}{2r}$	$\frac{Bv_0}{2r}$	$\frac{Bdv_0}{2r}$	$\frac{Bv_0}{2r}$

問5　導体棒aが動き始めると，導体棒bも動き始めた。このとき，導体棒aとbが磁場から受ける力に関する文として最も適当なものを，次の①～④のうちから一つ選べ。 16

① 力の大きさは等しく，向きは同じである。
② 力の大きさは異なり，向きは同じである。
③ 力の大きさは等しく，向きは反対である。
④ 力の大きさは異なり，向きは反対である。

問6　導体棒aが動き始めたのちの，導体棒a，bの速度と時間の関係を表すグラフとして最も適当なものを，次の①～④のうちから一つ選べ。ただし，速度の向きは図2の右向きを正とする。 17

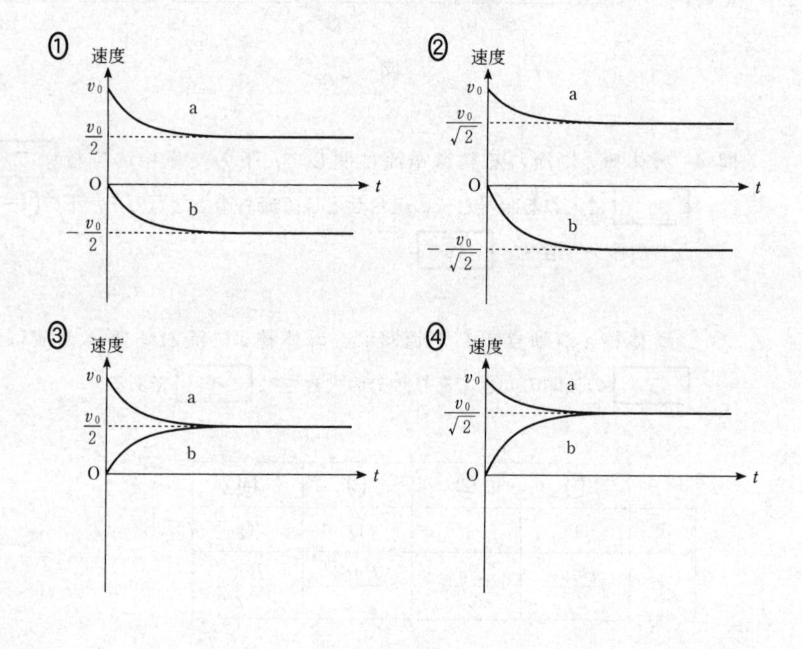

第3問　次の文章(A・B)を読み，下の問い(問1～6)に答えよ。(配点　30)

A　図1のような装飾用にカット(研磨成形)したダイヤモンドは，さまざまな色で明るく輝く。その理由を考えよう。

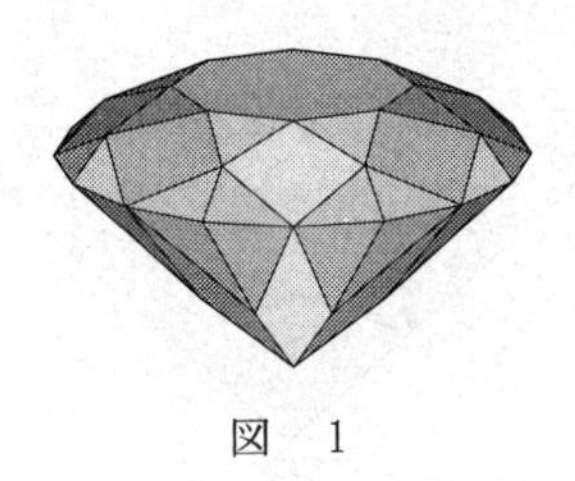

図　1

問1　次の文章中の空欄 ア ～ ウ に入れる語句の組合せとして最も適当なものを，次ページの①～④のうちから一つ選べ。 18

ダイヤモンドがさまざまな色で輝くのは光の分散によるものである。断面を図2のようにカットしたダイヤモンドに白色光がDE面から入り，AC面とBC面で反射したのち，EB面から出て行く場合を考える。

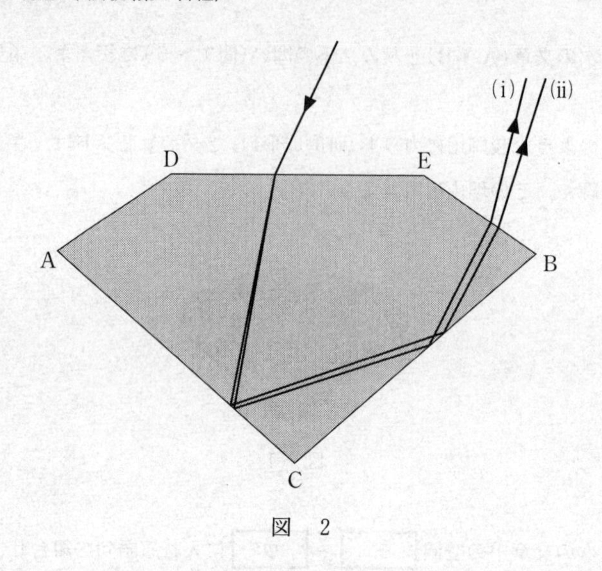

図　2

真空中では光速は振動数によらず一定である。ある振動数の光が媒質中に入射したとき，[ア]は変化しないで，[イ]が変化する。

$$\frac{媒質中の[イ]}{真空中の[イ]}$$

が光の色によって違うので分散が起こる。波長が異なる二つの光が同じ光路を通ってダイヤモンドに入射すると，図2のように(i)と(ii)の二つの光路に分かれた。ダイヤモンドでは波長の短い光ほど屈折率が大きくなることから，波長の短い方が図2の[ウ]の経路をとる。

	ア	イ	ウ
①	振動数	波　長	(i)
②	振動数	波　長	(ii)
③	波　長	振動数	(i)
④	波　長	振動数	(ii)

問 2　次の文章中の空欄 **エ** ・ **オ** に入れる式の組合せとして最も適当なものを，次ページの①～④のうちから一つ選べ。 **19**

次に，図3のように，DE 面のある点 P でダイヤモンドに入射し，AC 面に達する単色光を考える。この単色光でのダイヤモンドの絶対屈折率を n，外側の空気の絶対屈折率を 1 として，入射角 i と屈折角 r の関係は **エ** で与えられる。AC 面での入射角 θ_{AC} が大きくなって臨界角 θ_c を超えると全反射する。この臨界角 θ_c は **オ** から求められる。

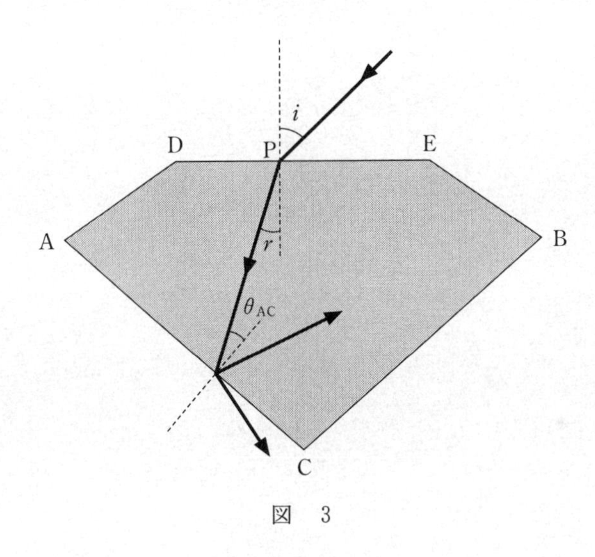

図　3

	エ	オ
①	$\sin i = n \sin r$	$\sin \theta_c = n$
②	$\sin i = n \sin r$	$\sin \theta_c = \frac{1}{n}$
③	$\sin i = \frac{1}{n} \sin r$	$\sin \theta_c = n$
④	$\sin i = \frac{1}{n} \sin r$	$\sin \theta_c = \frac{1}{n}$

問 3　つづいて，ダイヤモンドが明るく輝く理由を考えよう。

図4は，DE面上のある点Pから入射した単色光の光路の一部を示している。この光のDE面への入射角をi，AC面への入射角をθ_{AC}，BC面への入射角をθ_{BC}とする。

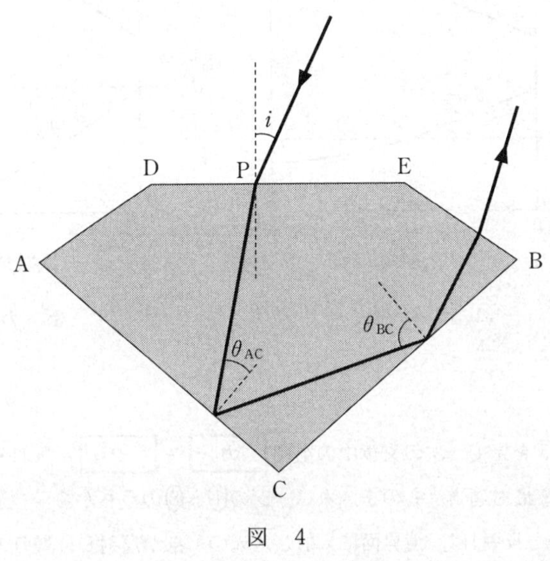

図　4

図5は入射角 i に対する θ_{AC} と θ_{BC} の変化を示す。(a)はダイヤモンドの場合を示す。(b)は同じ形にカットしたガラスの場合を示し，記号に $'$ をつけて区別する。入射角が $i=i_c$ のとき，θ_{AC} はダイヤモンドの臨界角と等しい。

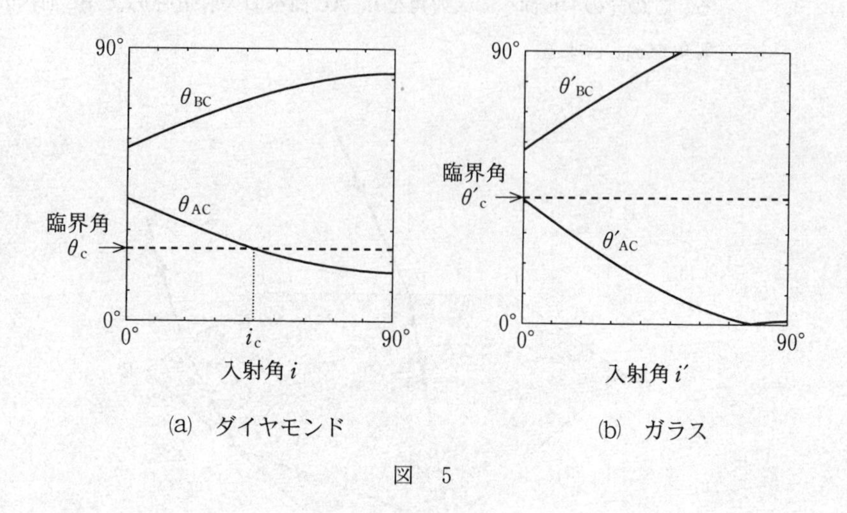

(a)　ダイヤモンド　　(b)　ガラス

図　5

図5を見て，次の文章中の空欄 カ ～ ク に入れる語句の組合せとして最も適当なものを，次ページの①～⑧のうちから一つ選べ。解答群中の「部分反射」は，境界面に入射した光の一部が反射し，残りの光は境界面を透過することを表す。 20

光は，ダイヤモンドでは，$0° < i < i_c$ のとき面ACで カ し，$i_c < i < 90°$ のとき面ACで キ する。ガラスでは，$0° < i' < 90°$ のとき面ACで ク する。ダイヤモンドでは，$0° < i < 90°$ のとき面BCで全反射する。ガラスでは，面BCに達した光は全反射する。

	カ	キ	ク
①	全反射	全反射	全反射
②	全反射	全反射	部分反射
③	全反射	部分反射	全反射
④	全反射	部分反射	部分反射
⑤	部分反射	全反射	全反射
⑥	部分反射	全反射	部分反射
⑦	部分反射	部分反射	全反射
⑧	部分反射	部分反射	部分反射

図5の考察をもとに，次の文章中の空欄 ケ ・ コ に入れる語句の組合せとして最も適当なものを，下の①～④のうちから一つ選べ。 21

ダイヤモンドがガラスより明るく輝くのは，ダイヤモンドはガラスより屈折率が ケ ため臨界角が小さく，入射角の広い範囲で二度 コ し，観察者のいる上方へ進む光が多いからである。

	ケ	コ
①	大きい	全反射
②	大きい	部分反射
③	小さい	全反射
④	小さい	部分反射

B　蛍光灯が光る原理について考えてみる。

図6は蛍光灯の原理を考えるための簡単な模式図である。ガラス管内のフィラメントを加熱して熱電子（電子）を放出させ，電圧 V で加速させる。

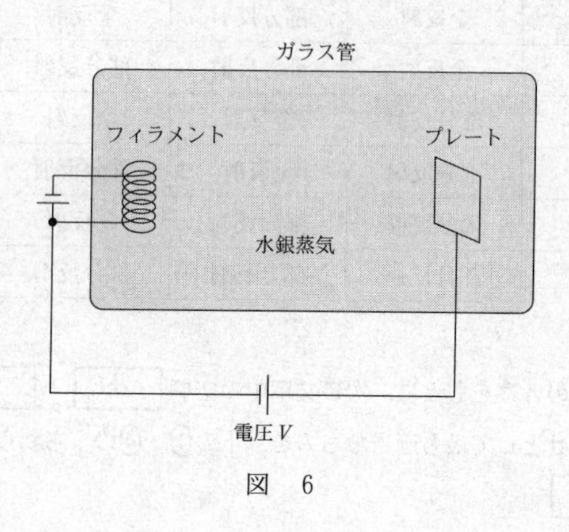

図　6

問4　電子が電圧 V によって加速され，管内で水銀原子と一度も衝突せずにプレートに到達したとき，電子が得る運動エネルギーを表す式として正しいものを，次の①～⑥のうちから一つ選べ。ただし，電気素量を e とする。　22

① $\frac{1}{2}eV$　② eV　③ $\frac{3}{2}eV$

④ $\frac{1}{2}eV^2$　⑤ eV^2　⑥ $\frac{3}{2}eV^2$

加速された電子が水銀原子に衝突した場合には，図7のような二つの過程(a)，(b)が考えられる。図に示したように，水銀原子が動いた向きを y 軸の負の向きとし，衝突は xy 平面内で起こったものとする。

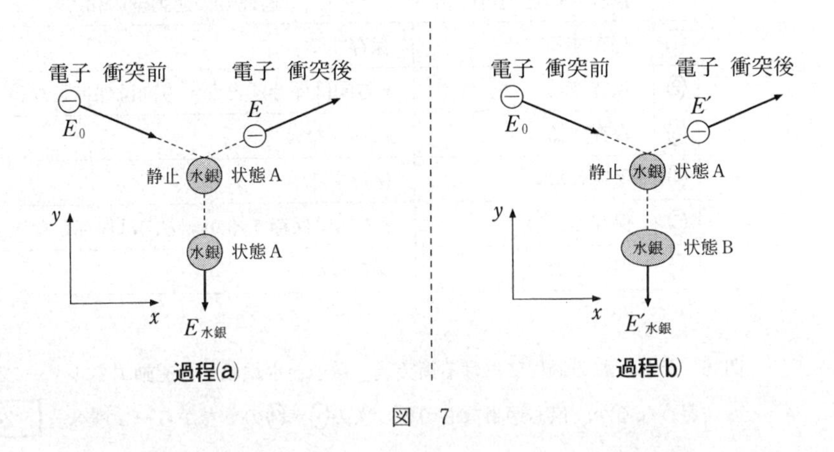

図　7

過程(a)　運動エネルギー E_0 の電子と状態Aで静止している水銀原子が衝突し，電子の運動エネルギーは E となる。水銀原子は状態Aのまま，運動エネルギー $E_{水銀}$ をもって運動する。

過程(b)　運動エネルギー E_0 の電子と状態Aで静止している水銀原子が衝突し，電子の運動エネルギーは E' となる。水銀原子は状態Aよりエネルギーが高い状態Bに変化して，運動エネルギー $E'_{水銀}$ をもって運動する。

状態Bの水銀原子は，やがてエネルギーの低い状態Aに戻り，そのとき紫外線を放出する。その後，この紫外線が蛍光灯管内の蛍光物質にあたって，可視光線が生じる。

問 5　それぞれの過程における衝突の前後で，電子と水銀原子の運動量の和はどうなるか。最も適当なものを，次の①～⑥のうちから一つ選べ。 23

	過程(a)の運動量の和	過程(b)の運動量の和
①	保存する	保存する
②	保存する	x 方向は保存するが y 方向は保存しない
③	保存する	保存しない
④	保存しない	保存する
⑤	保存しない	x 方向は保存するが y 方向は保存しない
⑥	保存しない	保存しない

問 6　それぞれの過程における衝突後，電子と水銀原子の運動エネルギーの和はどうなるか。最も適当なものを，次の①～⑨のうちから一つ選べ。 24

	過程(a)の運動エネルギーの和	過程(b)の運動エネルギーの和
①	増える	増える
②	増える	変化しない
③	増える	減る
④	変化しない	増える
⑤	変化しない	変化しない
⑥	変化しない	減る
⑦	減る	増える
⑧	減る	変化しない
⑨	減る	減る

第4問　次の問い(問1～4)に答えよ。(配点　20)

Aさんは固定した台座の上に立っていて，Bさんは水平な氷上に静止したそりの上に立っている。図1のように，Aさんが質量mのボールを速さv_A，水平面となす角θ_Aで斜め上方に投げたとき，ボールは速さv_B，水平面となす角θ_Bで，Bさんに届いた。そりとBさんを合わせた質量はMであった。ただし，そりと氷との間に摩擦力ははたらかないものとする。空気抵抗は無視できるものとし，重力加速度の大きさをgとする。

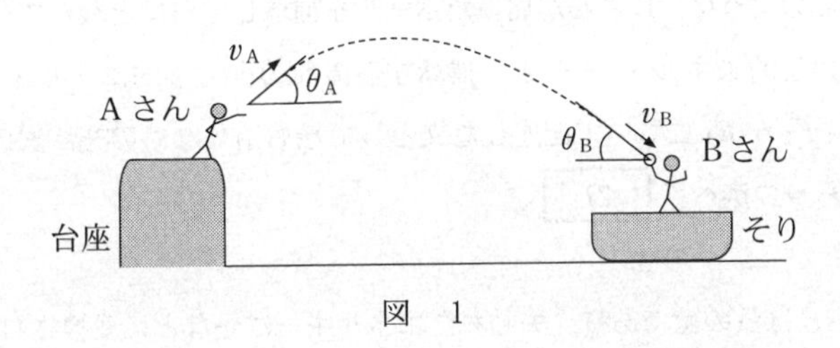

図　1

問1　Aさんが投げた瞬間のボールの高さと，Bさんに届く直前のボールの高さが等しい場合には，$v_A = v_B$，$\theta_A = \theta_B$である。図1のように，Aさんが投げた瞬間のボールの高さの方が，Bさんに届く直前のボールの高さより高いとき，v_A，v_B，θ_A，θ_Bの大小関係を表す式として正しいものを，次の①～④のうちから一つ選べ。 25

① $v_A > v_B$，$\theta_A > \theta_B$

② $v_A > v_B$，$\theta_A < \theta_B$

③ $v_A < v_B$，$\theta_A > \theta_B$

④ $v_A < v_B$，$\theta_A < \theta_B$

問 2　Bさんが届いたボールを捕球して，そりとBさんとボールが一体となって氷上をすべり出す場合を考える。捕球した後，そりとBさんの速さが一定値Vになった。Vを表す式として正しいものを，次の①～④のうちから一つ選べ。$V=$ 26

① $\dfrac{(m+M)v_B\cos\theta_B}{M}$　　② $\dfrac{(m+M)v_B\sin\theta_B}{M}$

③ $\dfrac{mv_B\cos\theta_B}{m+M}$　　④ $\dfrac{mv_B\sin\theta_B}{m+M}$

問 3　**問2**のように，Bさんが届いたボールを捕球して一体となって運動するときの全力学的エネルギーE_2と，捕球する直前の全力学的エネルギーE_1との差$\Delta E=E_2-E_1$について記述した文として最も適当なものを，次の①～④のうちから一つ選べ。 27

① ΔEは負の値であり，失われたエネルギーは熱などに変換される。
② ΔEは正の値であり，重力のする仕事の分だけエネルギーが増加する。
③ ΔEはゼロであり，エネルギーは常に保存する。
④ ΔEの正負は，mとMの大小関係によって変化する。

問 4　図2のように，Bさんが届いたボールを捕球できず，ボールがそり上面に衝突し跳ね返る場合を考える。このとき，衝突前に静止していたそりは，衝突後も静止したままであった。ただし，そり上面は水平となっており，そり上面とボールの間には摩擦力ははたらかないものとする。

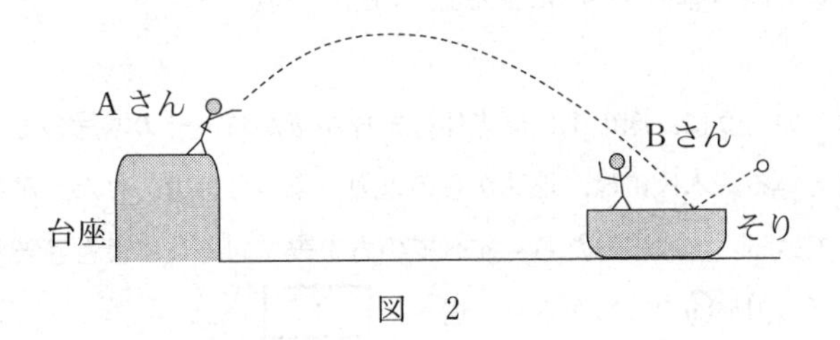

図　2

以下のAさんとBさんの会話の内容が正しくなるように，次の文章中の空欄 ア ・ イ に入れる語句の組合せとして最も適当なものを，下の①～④のうちから一つ選べ。 28

Aさん：あれ？そりはつるつるの氷の上にあるのに，全然動かなかったのは，どうしてなんだろう？

Bさん：全然動かなかったということは，ボールからそりに ア と言えるわけだね。

Aさん：こうなるときには，ボールとそりは必ず弾性衝突しているんだろうか？

Bさん： イ と思うよ。

	ア	イ
①	与えられた力積がゼロ	そうだね，エネルギー保存の法則から必ず弾性衝突になる
②	与えられた力積がゼロ	いいえ，鉛直方向の運動によっては弾性衝突とは限らない
③	はたらいた力の水平方向の成分がゼロ	そうだね，エネルギー保存の法則から必ず弾性衝突になる
④	はたらいた力の水平方向の成分がゼロ	いいえ，鉛直方向の運動によっては弾性衝突とは限らない

物理基礎

(解答番号 1 ～ 19)

第1問　次の問い(問1～4)に答えよ。(配点　16)

問1　図1のように，床の上に直方体の木片が置かれ，その木片の上にりんごが置かれている。木片には，地球からの重力，床からの力，りんごからの力がはたらいている。木片にはたらくすべての力を表す図として最も適当なものを，次ページの①～④のうちから一つ選べ。 1

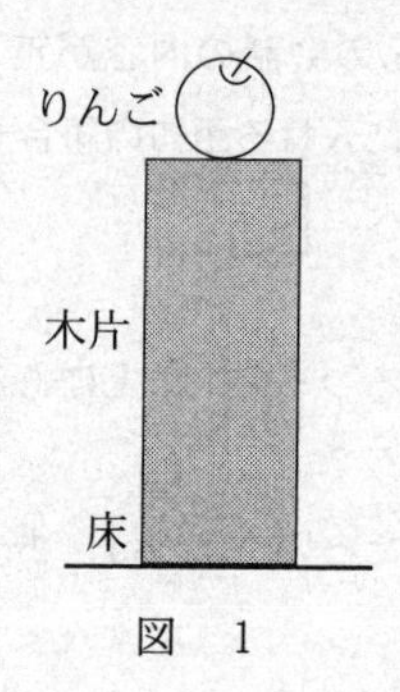

図　1

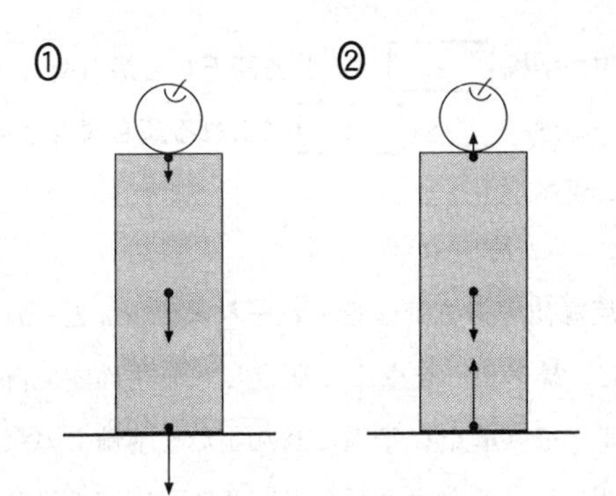
①
②

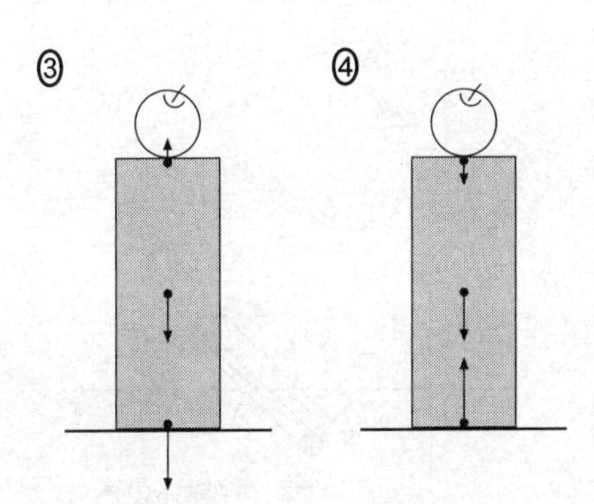
③
④

問２　次の文章中の空欄 [2] に入れる語として最も適当なものを，その直後の｛　｝から一つ選び，空欄 [3] に入れる最も適当な向きを，下の①～⑧のうちから一つ選べ。

長さLの絶縁体の棒の両端をそれぞれ電気量qと$-q(q>0)$に帯電させ，図２のように，棒の中心を点Aに固定し，xy平面内で自由に回転できるようにした。まず，電気量Qに帯電させた小球をy軸上の点Bにおくと，棒が静電気力の作用でゆっくりと回転し，図２に示す向きになったので，Qの符号は [2]｛ ①　正　②　負 ｝であることがわかった。次に，小球をy軸に沿って点Cまでゆっくり移動させると，棒に描かれた矢印の向きは [3] になった。

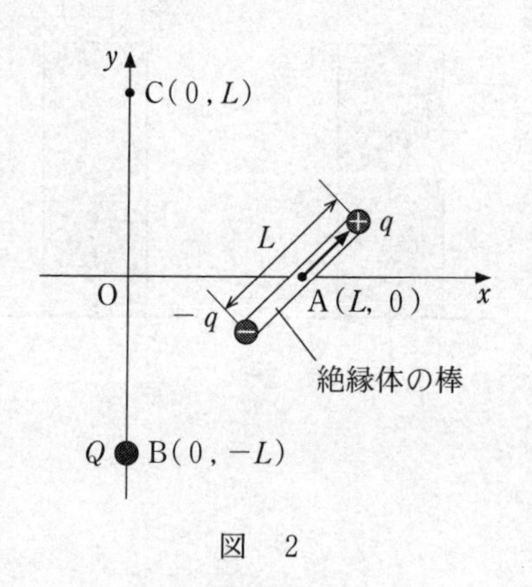

図　2

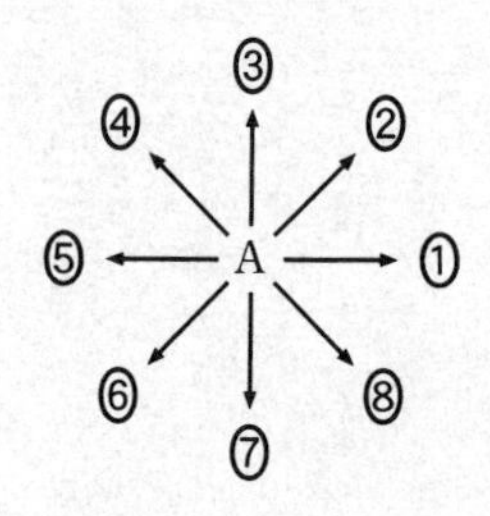

問 3 次の文章中の空欄 ア ～ ウ に入れる語句の組合せとして最も適当なものを，下の①～⑥のうちから一つ選べ。 4

電磁波は電気的・磁気的な振動が波となって空間を伝わる。周波数(振動数)が小さいほうから順に，電波，赤外線，可視光線，紫外線，X 線，γ 線のように大まかに分類される。これらは，私たちの生活の中でそれぞれの特徴を活かして利用されている。 ア は日焼けの原因であり，また殺菌作用があるため殺菌灯に使われている。携帯電話，全地球測位システム(GPS)，ラジオは イ を利用して情報を伝えている。X 線はレントゲン写真に使われている。 ウ はがん細胞に照射する放射線治療に使われている。

	ア	イ	ウ
①	可視光線	γ 線	電 波
②	可視光線	電 波	γ 線
③	赤外線	γ 線	電 波
④	赤外線	電 波	γ 線
⑤	紫外線	γ 線	電 波
⑥	紫外線	電 波	γ 線

問 4　プールから帰ってきたＡさんが，同級生のＢさんと熱に関する会話を交わしている。次の会話文を読み，下線部に**誤りを含むもの**を①～⑤のうちから**二つ**選べ。ただし，解答番号の順序は問わない。 5 ・ 6

Ａさん：プールで泳ぐのはすごくいい運動になるよね。ちょっと泳いだだけでヘトヘトだよ。水中で手足を動かすのに使ったエネルギーは，いったいどこにいってしまうんだろう？

Ｂさん：水の流れや体が進む運動エネルギーもあるし，①手足が水にした仕事で，その水の温度が少し上昇するぶんもあると思うよ。仕事は，熱エネルギーになったりもするからね。たしか，エネルギーは，②熱エネルギーになってしまうと，その一部でも仕事に変えられないんだったね。

Ａさん：物理基礎の授業で，熱が関係するような現象は不可逆変化だって習ったよ。でも，③不可逆変化のときでも熱エネルギーを含めたすべてのエネルギーの総和は保存されているんだよね。

Ｂさん：授業で，物体の温度は熱運動と関係しているっていうことも習ったよね。たとえば，④１気圧のもとで水の温度を上げていったとき，水分子の熱運動が激しくなって，やがて沸騰するわけだね。

Ａさん：それじゃ逆に温度を下げたら，熱運動は穏やかになるんだね。冷凍庫の中の温度は－20℃とか，業務用だともっと低いらしいよ。太陽から遠く離れた惑星の表面温度なんて，きっと，ものすごく低いんだろうね。

Ｂさん：そうだね，天王星とか，海王星の表面だと－200℃より低い温度らしいね。もっと遠くでは，⑤－300℃よりも低い温度になることもあるはずだよ。そんなところじゃ，宇宙服を着ないと，すぐに凍ってしまうね。

第2問 次の文章(A・B)を読み，下の問い(問1～5)に答えよ。(配点　18)

A　図1のようにクラシックギターの音の波形をオシロスコープで観察したところ，図2のような波形が観測された。図2の横軸は時間，縦軸は電気信号の電圧を表している。また，表1は音階と振動数の関係を示している。

図　1

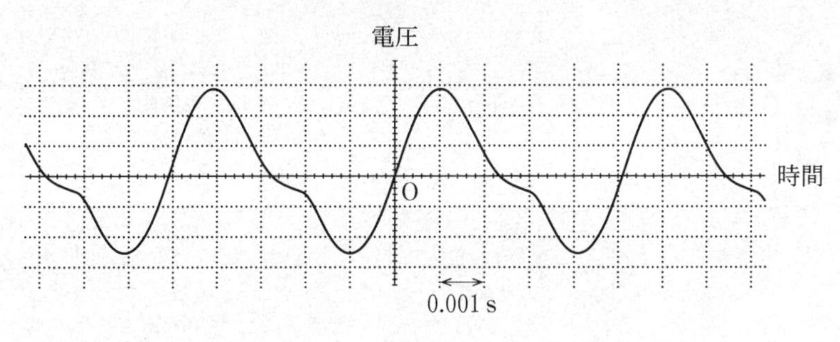

図　2

表 1

音　階	ド	レ	ミ	ファ	ソ	ラ	シ
振動数	131 Hz 262 Hz	147 Hz 294 Hz	165 Hz 330 Hz	175 Hz 349 Hz	196 Hz 392 Hz	220 Hz 440 Hz	247 Hz 494 Hz

問 1　図2の波形の音の周期は何sか。最も適当な数値を，次の①～④のうちから一つ選べ。 **7** s

①　0.0023　　②　0.0028　　③　0.0051　　④　0.0076

また，表1をもとにして，この音の音階として最も適当なものを，次の①～⑦のうちから一つ選べ。 **8**

①　ド　　②　レ　　③　ミ　　④　ファ
⑤　ソ　　⑥　ラ　　⑦　シ

問 2　図2の波形には，基本音だけでなく，2倍音や3倍音などたくさんの倍音が含まれている。ここでは，図3に示す基本音と2倍音のみについて考える。基本音と2倍音の混ざった波形として最も適当なものを，次ページの①～④のうちから一つ選べ。ただし，図3の目盛りと解答群の図の目盛りは同じとする。 **9**

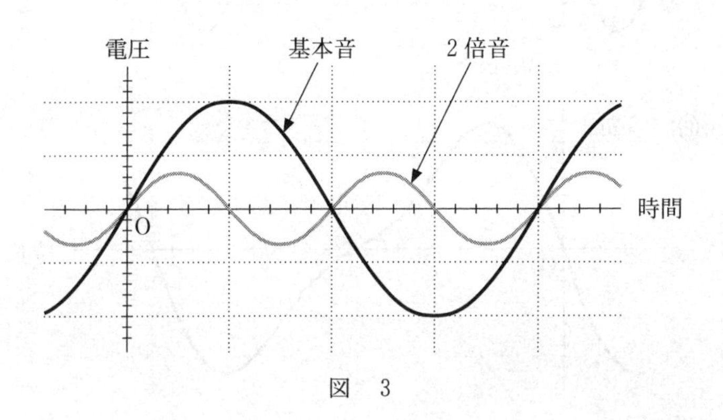

図　3

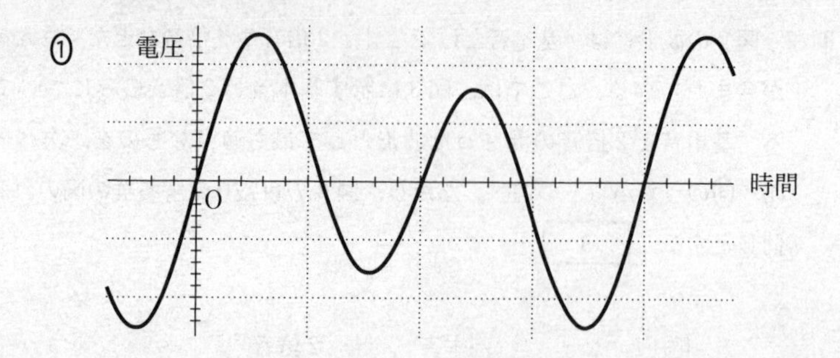
①
電圧
時間
O

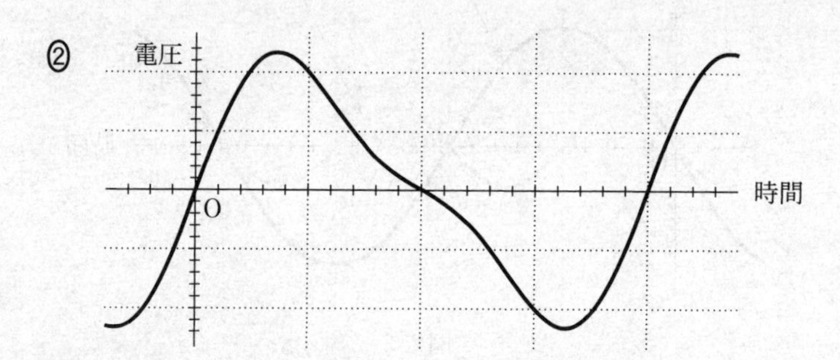
②
電圧
時間
O

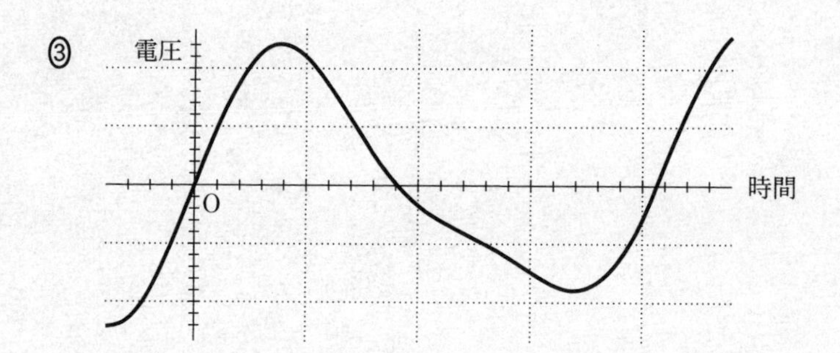
③
電圧
時間
O

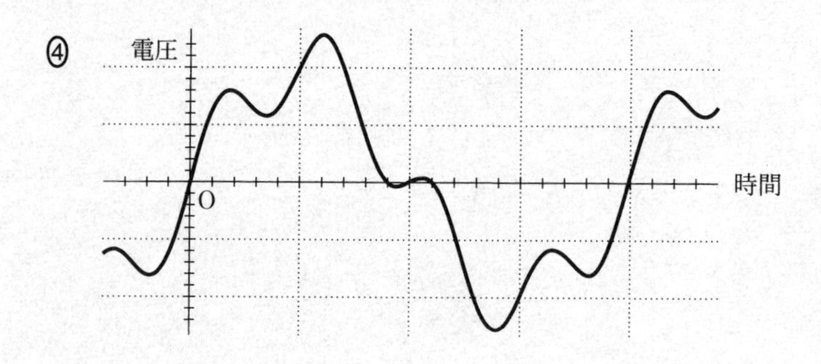
④
電圧
時間
O

B　図4は変圧器の模式図である。その一次コイルを家庭用コンセントにつなぎ，交流電圧計で調べたところ，一次コイル側の電圧は100 V，二次コイル側の電圧は8.0 Vだった。

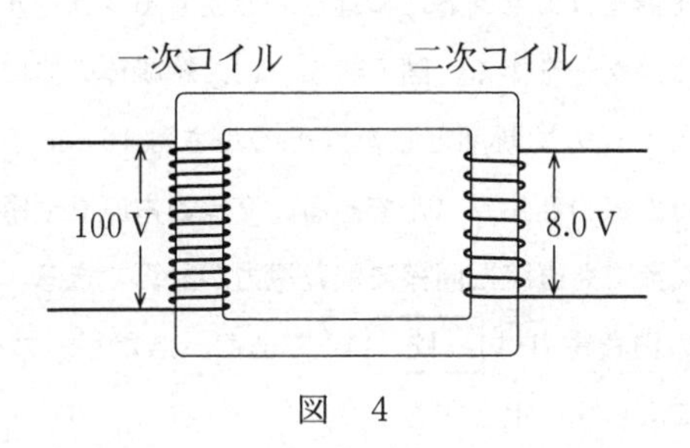

図　4

問 3　次の文中の空欄 [10] に入れる数値として最も適当なものを，下の①～⑤のうちから一つ選べ。

この変圧器の一次コイルと二次コイルの巻き数を比較すると，二次コイルの巻き数は一次コイルの [10] 倍になる。

①　0.08　　②　0.8　　③　8　　④　12.5　　⑤　100

問 4　次の文章中の空欄 [11] に入れる数値として最も適当なものを，下の①～⑤のうちから一つ選べ。

この変圧器の二次コイルの端子間に抵抗を接続し，一次コイルと二次コイルに流れる電流の大きさを交流電流計で比較する。変圧器内部で電力の損失がなく，一次コイル側と二次コイル側の電力が等しく保たれるものとすると，二次コイル側の電流は一次コイル側の [11] 倍になる。

①　0.08　　②　0.8　　③　8　　④　12.5　　⑤　100

問5　次の文章中の空欄 **12** に入れる数値として最も適当なものを，下の①～⑥のうちから一つ選べ。

この変圧器をコンセントにつなぎ，発生するジュール熱でペットボトルを切断するカッターを作る。図5のように，絶縁体の枠にニクロム線を取り付けて，カッターの切断部とした。その長さは16 cmであった。図6は使用したニクロム線の商品ラベルである。交流の電圧計や電流計が表示する値を使うと，交流でも直流と同様に消費電力が計算できる。それによれば，このカッターの消費電力は **12** Wである。ただし，ニクロム線の電気抵抗は，温度によらず一定とする。

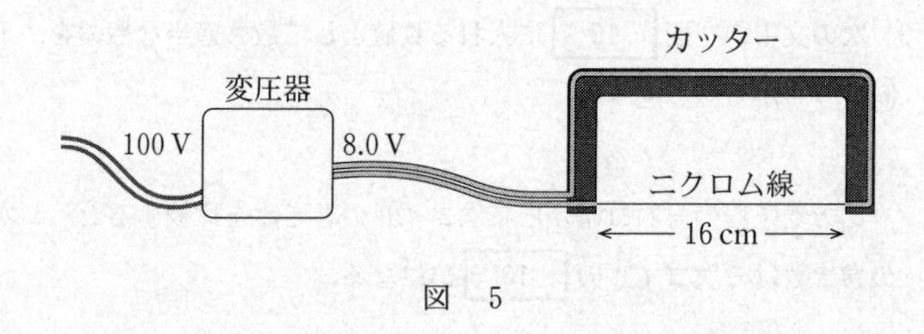

図　5

品　名　ニクロム線(ニッケルクロム)
直　径　0.4 mm　全体の長さ　1 m
最高使用温度　1100 ℃
長さ1 mあたりの抵抗値　8.0 Ω

図　6

※実際の商品ラベルをもとに作成。数値を一部変更した。

① 0.5　② 1.3　③ 8
④ 50　⑤ 82　⑥ 800

第3問　次の文章を読み，下の問い(**問1～5**)に答えよ。(配点　16)

水平な実験台の上で，台車の加速度運動を調べる実験を，2通りの方法で行った。

まず，記録タイマーを使った方法では，図1のように，台車に記録タイマーに通した記録テープを取りつけ，反対側に軽くて伸びないひもを取りつけて，軽くてなめらかに回転できる滑車を通しておもりをつり下げた。このおもりを落下させ，台車を加速させた。ただし，記録テープも記録タイマーも台車の運動には影響しないものとする。

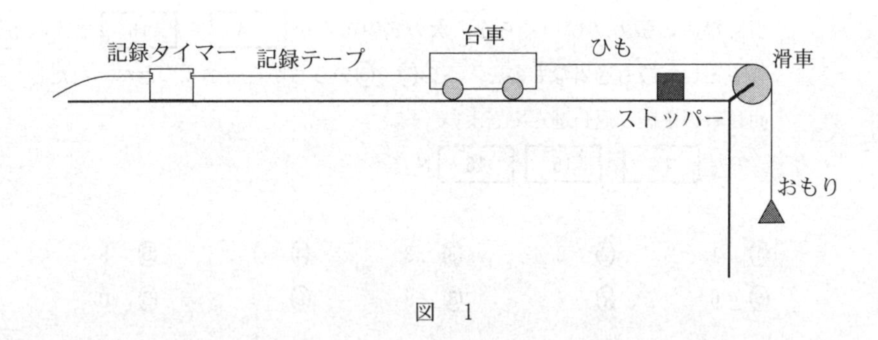

図　1

図2のように，得られた記録テープの上に定規を重ねて置いた。この記録タイマーは毎秒60回打点する。記録テープには6打点ごとの点の位置に線が引いてある。

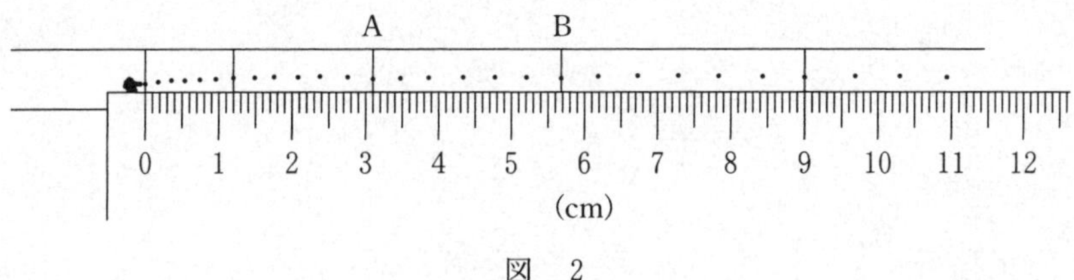

図　2

問 1　図2の線Aから線Bまでの台車の平均の速さ $\overline{v}_{AB}$ はいくらか。次の式の空欄 [13] に入れる数値として最も適当なものを，下の①～⑥のうちから一つ選べ。

$\overline{v}_{AB} =$ [13] m/s

① 0.017　② 0.026　③ 0.17
④ 0.26　⑤ 1.7　⑥ 2.6

問 2　速度と時間のグラフ(v–t グラフ)を作ると，傾きが一定になっていた。この傾きから加速度を計算すると，0.72 m/s² となった。質量が 0.50 kg の台車を引くひもの張力 T はいくらか。次の式中の空欄 [14] ～ [16] に入れる数字として最も適当なものを，下の①～⓪のうちから一つずつ選べ。ただし，同じものを繰り返し選んでもよい。

$T =$ [14] . [15] [16] N

① 1　② 2　③ 3　④ 4　⑤ 5
⑥ 6　⑦ 7　⑧ 8　⑨ 9　⓪ 0

次に，台車から記録テープを取りはずし，図3のように加速度測定機能のついたスマートフォンを台車に固定し，加速度を測定した。

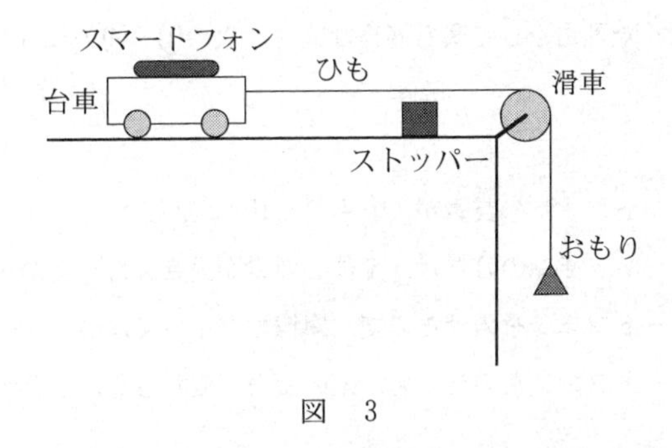

図　3

測定を開始してからおもりを落下させ，台車がストッパーによって停止したことを確認して測定を終了した。

スマートフォンには図4のような画面が表示された。図4は縦軸が加速度，横軸が時間である。ただし，スマートフォンは台車の進む向きを正とした加速度を測定している。また，台車が停止する直前の加速度はグラフの表示範囲を超えていた。

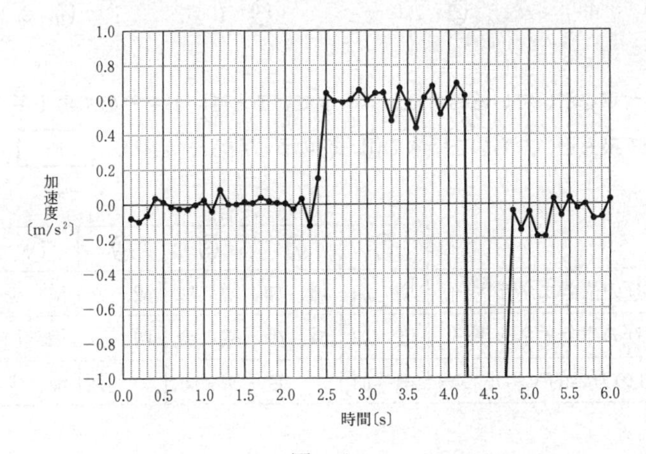

図　4

問 3　測定したデータにはわずかな乱れが含まれているが，走行中の台車は等加速度運動をしているものとする。測定結果を見ると，加速度は記録テープによる測定値 $0.72\ \mathrm{m/s^2}$ より小さい $0.60\ \mathrm{m/s^2}$ であることがわかった。加速度が小さくなった理由として最も適当な文を，次の①～④のうちから一つ選べ。
［17］

① スマートフォンの質量が，おもりと比べて小さかったから。
② スマートフォンの分だけ，全体の質量が大きくなったから。
③ スマートフォンをのせたので，摩擦力が小さくなったから。
④ スマートフォンをのせても，糸の張力が変わらなかったから。

問 4　図4から等加速度運動をしている時間を読み取り，加速度の値 $0.60\ \mathrm{m/s^2}$ を用いると，台車がストッパーに接触する直前の速さ v_1 を求めることができる。v_1 はいくらか。次の式の空欄［18］に入れる数値として最も適当なものを，下の①～④のうちから一つ選べ。

$v_1 =$ ［18］ m/s

① 0.40　　② 1.0　　③ 1.6　　④ 2.2

問 5　台車を引いているおもりが落下しているとき，おもりのエネルギーの変化として最も適当なものを，次の①～⑥のうちから一つ選べ。［19］

	①	②	③	④	⑤	⑥
おもりの位置エネルギー	増加	増加	増加	減少	減少	減少
おもりの運動エネルギー	増加	減少	減少	増加	増加	減少
おもりの力学的エネルギー	増加	一定	減少	一定	減少	減少

2021

共通テスト

本試験
(第2日程)

物理：

解答時間 60 分　配点 100 点

物理基礎：

解答時間　2 科目 60 分

配点　2 科目 100 点

(物理基礎，化学基礎，生物基礎，
地学基礎から 2 科目選択)

物　　　理

(解答番号 1 ～ 27)

第１問　次の問い(問１～５)に答えよ。(配点　25)

問１　２個の同じ角材(角材１と角材２)，および質量が無視できて変形しない薄い板を，図１のように貼りあわせて水平な床に置いた。図２の(ア)～(エ)のように薄い板の長さが異なるとき，倒れることなく床の上に立つものをすべて選び出した組合せとして最も適当なものを，次ページの①～④のうちから一つ選べ。ただし，図２は図１を矢印の向きから見たものであり，G_1 と G_2 はそれぞれ角材１と角材２の重心，C は G_1 と G_2 の中点である。 1

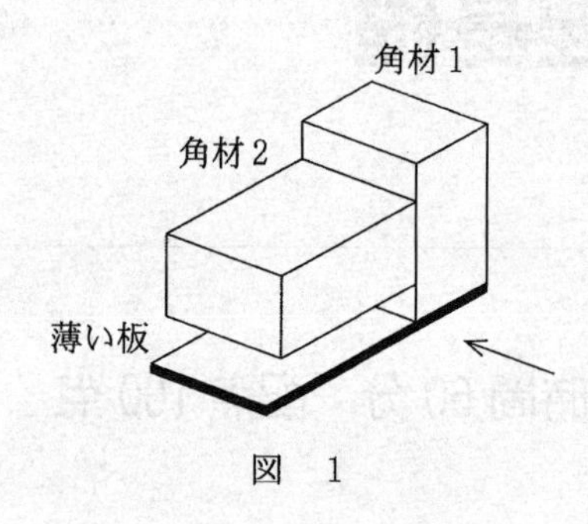

図　１

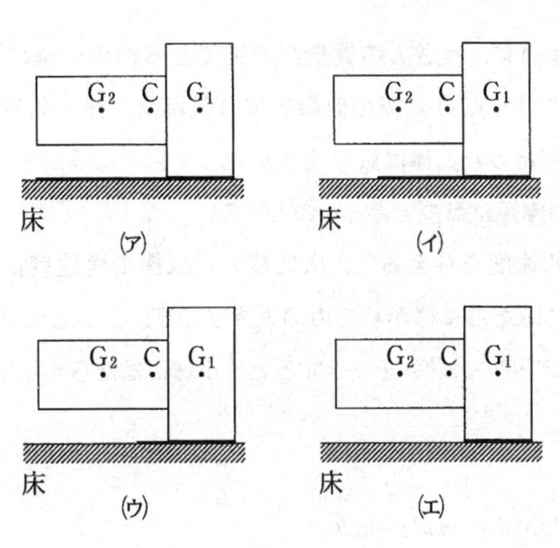

図　2

① (ア)

② (ア), (イ)

③ (ア), (イ), (ウ)

④ (ア), (イ), (ウ), (エ)

問2　図3のように，長さLの質量が無視できる棒の一端に質量mの小球を付け，固定された点Oに棒の他端を取り付けた。棒と鉛直方向のなす角度はθ($\theta > 0$)であった。棒は点Oを支点として自由に運動することができ，小球と床の間の摩擦は無視できるものとする。

小球に初速度を与えると，床に接した状態で角速度ωの等速円運動をした。小球にはたらく棒からの力の大きさをT，床からの垂直抗力の大きさをN，重力加速度の大きさをgとすると，小球にはたらく水平方向の力については，

$$T \sin\theta = m\omega^2 L \sin\theta$$

が成り立つ。また，小球にはたらく鉛直方向の力については，

$$T \cos\theta + N = mg$$

が成り立つ。

小球に大きな初速度を与えると，小球は床から離れる。小球が床から離れずに等速円運動するωの最大値ω_0を表す式として正しいものを，次ページの①～⑦のうちから一つ選べ。$\omega_0 =$ [2]

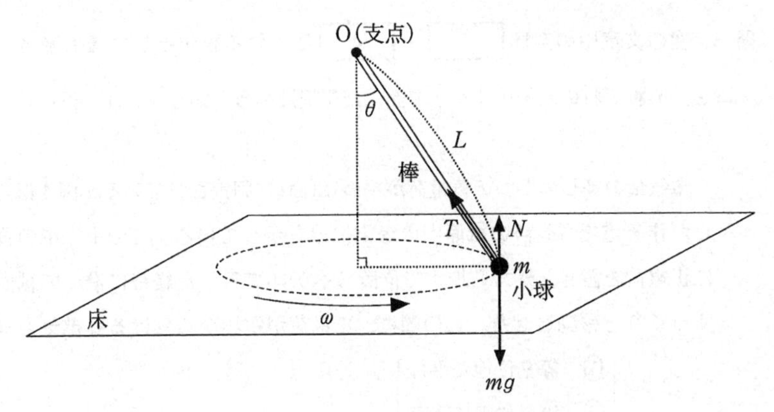

図　3

① $\sqrt{\dfrac{g}{L\cos\theta}}$

② $\sqrt{\dfrac{g}{L\sin\theta}}$

③ $\sqrt{\dfrac{g}{L\tan\theta}}$

④ $\sqrt{\dfrac{g\cos\theta}{L}}$

⑤ $\sqrt{\dfrac{g\sin\theta}{L}}$

⑥ $\sqrt{\dfrac{g\tan\theta}{L}}$

⑦ $\sqrt{\dfrac{g}{L}}$

問3　次の文章中の空欄 [3] ・ [4] に入れる語句として最も適当なものを，それぞれの直後の { } で囲んだ選択肢のうちから一つずつ選べ。

電気量の等しい2つの負電荷が平面(紙面)に固定されている。図4は，それらが作る電場(電界)の紙面内の等電位線を示している。この電場中の位置Aに正電荷を置き，外力を加えて位置Bへ矢印で示した経路に沿って紙面内をゆっくりと移動させた。この間に，正電荷が電場から受ける静電気力は常に

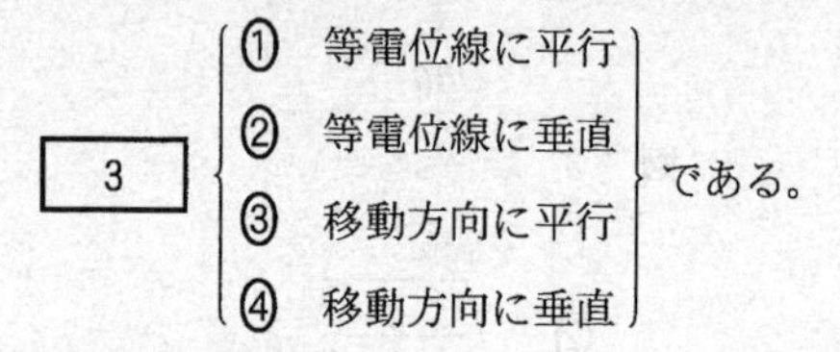
[3]
① 等電位線に平行
② 等電位線に垂直
③ 移動方向に平行
④ 移動方向に垂直

である。

また，位置Aから位置Bまで移動する間に外力が正電荷にした仕事の総和は

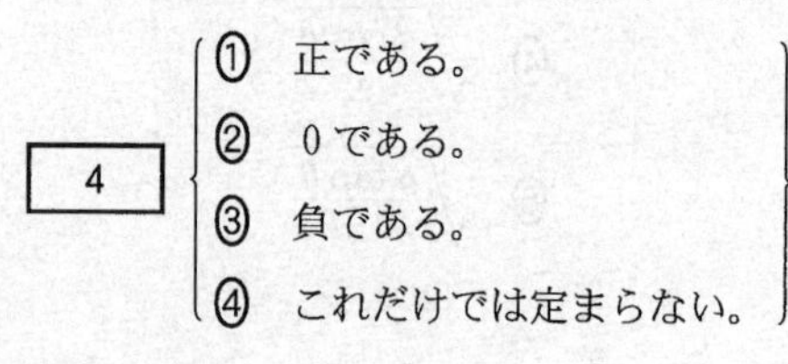
[4]
① 正である。
② 0である。
③ 負である。
④ これだけでは定まらない。

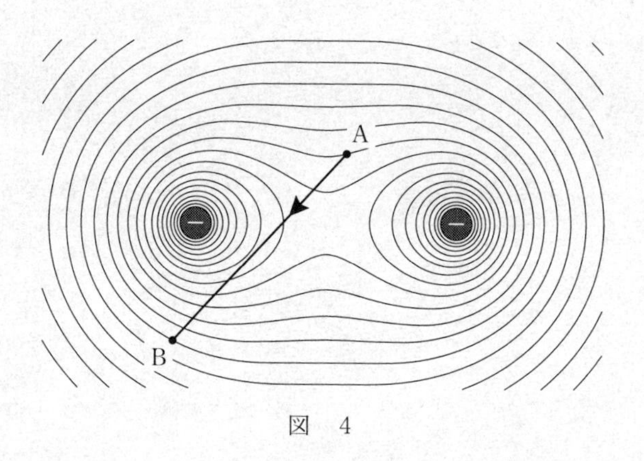

図　4

問 4　次の文章中の空欄 5 ・ 6 に入れる式と語句として最も適当なものを，それぞれの直後の｛　｝で囲んだ選択肢のうちから一つずつ選べ。

図５のように，x 軸上を正の向きに大きさ p の運動量を持った粒子が，静止している電子に衝突し，x 軸と直角の方向に大きさ p' の運動量を持って進んだ。電子がはね跳ばされた向きと x 軸がなす角を θ とするとき，運動量保存の法則から，

$\tan\theta =$ 5

① $\dfrac{p}{p'}$　② $\dfrac{p'}{p}$　③ $\dfrac{p}{\sqrt{p^2+(p')^2}}$

④ $\dfrac{p'}{\sqrt{p^2+(p')^2}}$　⑤ $\dfrac{\sqrt{p^2+(p')^2}}{p}$　⑥ $\dfrac{\sqrt{p^2+(p')^2}}{p'}$

となる。この粒子がＸ線光子である場合には，そのエネルギーは，振動数を ν，プランク定数を h として $h\nu$ で与えられる。衝突後，Ｘ線光子の振動数は

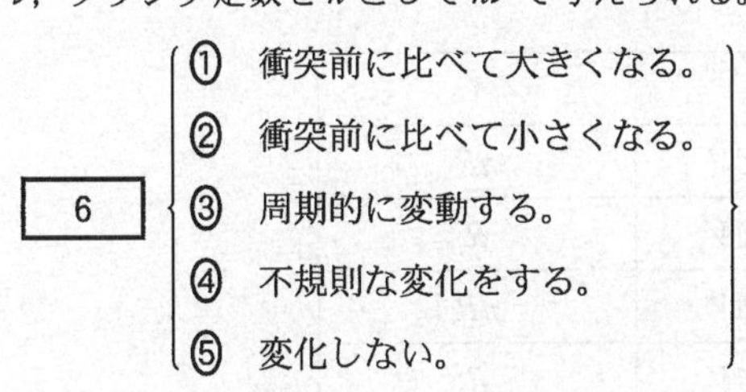

6

① 衝突前に比べて大きくなる。
② 衝突前に比べて小さくなる。
③ 周期的に変動する。
④ 不規則な変化をする。
⑤ 変化しない。

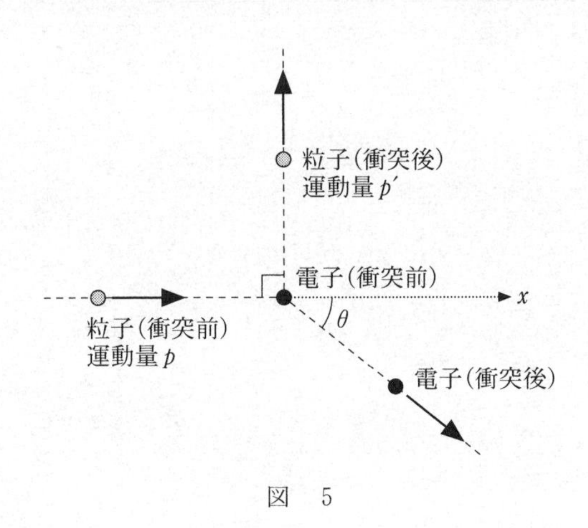

図　5

問 5　気体の比熱に関する次の文章中の空欄 ア ・ イ に入れる式の組合せとして最も適当なものを，下の①～④のうちから一つ選べ。ただし，物質量の単位はモルであり，気体定数を R とする。 7

物質量 n の単原子分子理想気体が容器中に閉じ込められており，圧力は p，体積は V，温度は T になっている。この気体の体積を一定に保って温度を T から ΔT だけ上昇させると，気体の内部エネルギーは ΔU だけ増加し，定積モル比熱 C_V は $\dfrac{\Delta U}{n\Delta T}$ で与えられる。

一方，この気体の圧力を一定に保って温度を T から ΔT だけ上昇させると，体積は ΔV だけ増加する。このとき，気体に与えられた熱量は ア であり，気体が外部にした仕事は $nR\Delta T$ で与えられる。これより，定圧モル比熱 C_p を求めると $C_p - C_V =$ イ であることがわかる。

	ア	イ
①	$\Delta U - p\Delta V$	nR
②	$\Delta U - p\Delta V$	R
③	$\Delta U + p\Delta V$	nR
④	$\Delta U + p\Delta V$	R

第２問　次の文章(A・B)を読み，下の問い(問１～５)に答えよ。(配点　25)

A　指針で値を示すタイプの電流計と電圧計はよく似た構造をしている。どちらも図１のような永久磁石にはさまれたコイルからなる主要部を持ち，電流 I が端子aから入り端子bから出るとき，コイルが回転して指針が正に振れる。

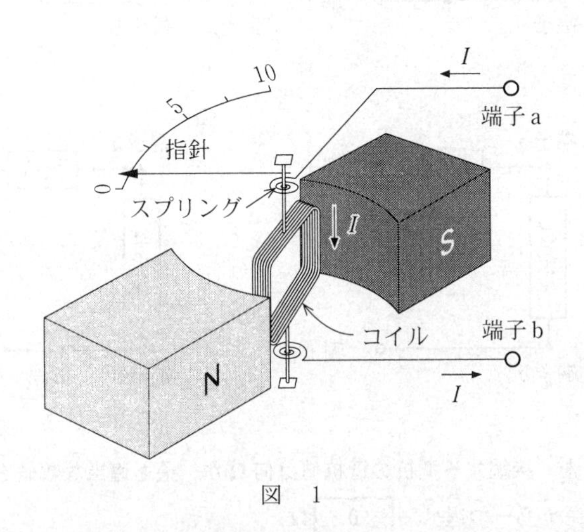

図　1

問１　この主要部はそれだけで電流計として機能し，コイルに電流を10 mA流したとき指針が最大目盛10を示した。このコイルの端子aから端子bまでの抵抗値は2 Ωであった。

このコイルに，ある抵抗値の抵抗を接続することで，最大目盛が10 Vを示す電圧計にすることができる。コイルと抵抗の接続と，電圧計として使うときの＋端子，－端子の選択を示した図として最も適当なものを，次ページの①～④のうちから一つ選べ。　8

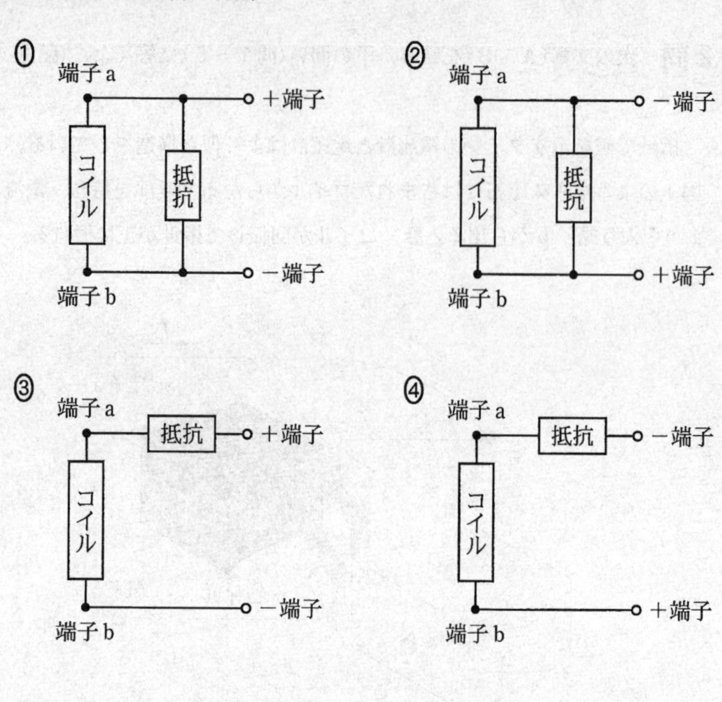

また，接続する抵抗の抵抗値は何Ωか。最も適当な数値を，次の①～⑦のうちから一つ選べ。 [9] Ω

①　0.2　　②　8　　③　18　　④　98
⑤　198　　⑥　998　　⑦　1998

問 2　次の文章中の空欄 ア ～ ウ に入れる語句の組合せとして最も適当なものを，下の①～⑧のうちから一つ選べ。 10

通常，電圧を測定するときは，測定したいところに電圧計を ア に接続する。電圧計を接続することによる影響(測定したい2点間の電圧の変化)が小さくなるように，電圧計全体の内部抵抗の値を イ し，電圧計 ウ を小さくしている。

	ア	イ	ウ
①	直　列	大きく	を流れる電流
②	直　列	大きく	にかかる電圧
③	直　列	小さく	を流れる電流
④	直　列	小さく	にかかる電圧
⑤	並　列	大きく	を流れる電流
⑥	並　列	大きく	にかかる電圧
⑦	並　列	小さく	を流れる電流
⑧	並　列	小さく	にかかる電圧

B　2018年11月に国際単位系(SI)が改定され，質量の単位は，キログラム原器(質量1 kgの分銅)によらない定義になった。図2は，分銅を使わず，電流が磁場(磁界)から受ける力(電磁力)を用いて質量を求める天秤(てんびん)の原理を示す。天秤の左右の腕の長さは等しく，左の腕には物体をのせる皿，右の腕には変形しない一巻きコイルがつるされている。図2に示した幅Lの灰色の領域には，磁束密度の大きさBの一様な磁場が紙面の裏から表の向きにかかっている。皿に何ものせず，コイルに電流が流れていないとき，天秤はつりあいの位置で静止する。紙面はある鉛直平面に一致し，天秤が揺れてもコイル面と天秤の腕は紙面内にあり，コイルの下辺は常に水平である。ただし，装置は真空中に置かれており，重力加速度の大きさをgとする。

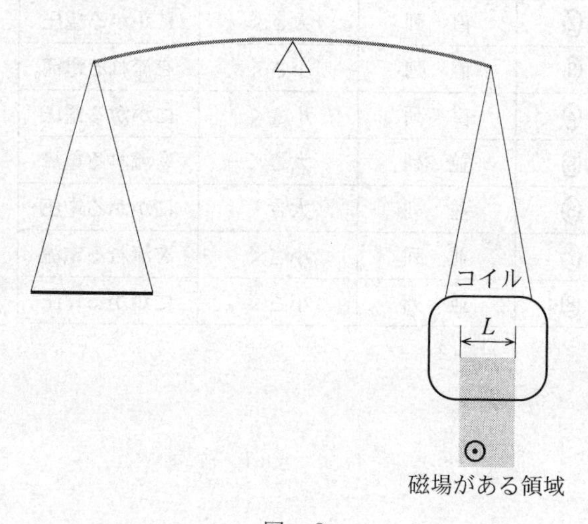

図　2

問 3　図3のように，質量mの物体を皿にのせ，一巻きコイルに直流電源をつないで，大きさIの直流電流を流したとき天秤はつりあった。このときのつりあいの式から

$$mg = IBL \tag{1}$$

である。コイルの下辺にかかる電磁力の向きと電流の向きの組合せとして正しいものを，下の①～④のうちから一つ選べ。ただし，直流電源をつなぐために開けたコイルの隙間は狭く，コイルにつないだ導線は軽く柔らかいので，測定には影響しないものとする。 11

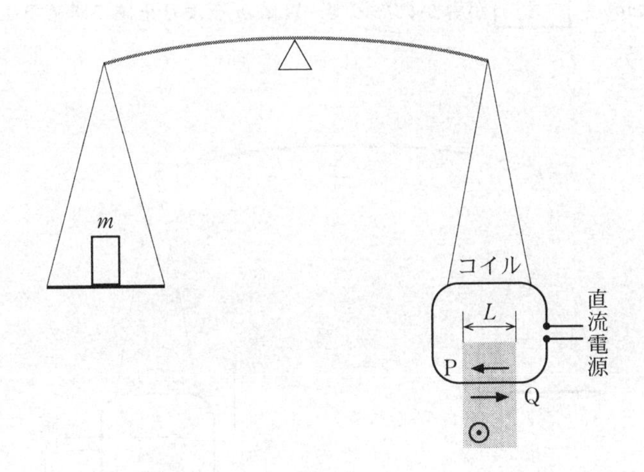

図　3

	電磁力の向き	電流の向き
①	鉛直上向き	P
②	鉛直上向き	Q
③	鉛直下向き	P
④	鉛直下向き	Q

問 4　次の文章中の空欄 **エ** ・ **オ** に入れる記号と式の組合せとして最も適当なものを，下の①～⑥のうちから一つ選べ。 **12**

問 3の式(1)に含まれる磁束密度を正確に測定することは難しい。そこで，磁束密度を含まない関係式を導くために，磁場は変えずに，図3の直流電源を電圧計に取り替えて，別の実験を行った。

天秤の腕を上下に揺らすと，コイルも上下に揺れる。図4のようにコイルがつりあいの位置を鉛直上向きに速さ v で通過したとき，コイル全体で大きさ V の起電力が発生し，誘導電流が **エ** の向きに流れた。この実験結果から B と V の関係式が得られる。これを使って式(1)から B を消去した式 $mgv =$ **オ** が導かれたので，質量 m をより正確に求めることができる。

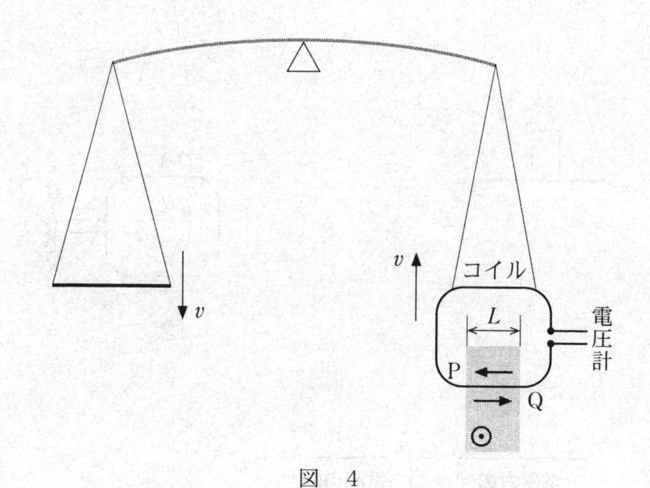

図 4

	①	②	③	④	⑤	⑥
エ	P	P	P	Q	Q	Q
オ	IVL	IV	$\dfrac{IV}{L}$	IVL	IV	$\dfrac{IV}{L}$

問 5　問4で得られた式の左辺 mgv が表す物理量の意味と，SI での単位の記号の組合せとして最も適当なものを，次の①～⑨のうちから一つ選べ。

13

	物理量の意味	記　号
①	重力による位置エネルギー	J
②	重力による位置エネルギー	W
③	重力による位置エネルギー	N・s
④	重力のする仕事の仕事率	J
⑤	重力のする仕事の仕事率	W
⑥	重力のする仕事の仕事率	N・s
⑦	物体の運動量	J
⑧	物体の運動量	W
⑨	物体の運動量	N・s

第3問　次の文章(A・B)を読み，下の問い(問1～7)に答えよ。(配点　25)

A　図1のような装置を使って，弦の定常波(定在波)の実験をした。金属製の弦の一端を板の左端に固定し，弦の他端におもりを取り付け，板の右端にある定滑車を通しておもりをつり下げた。そして，こま1とこま2を使って，弦を板から浮かした。さらに，こま1とこま2の中央にU型磁石を置き，弦に垂直で水平な磁場がかかるようにした。そして，弦に交流電流を流した。電源の交流周波数は自由に変えることができる。こま1とこま2の間隔をLとする。ただし，電源をつないだことによる弦の張力への影響はないものとする。

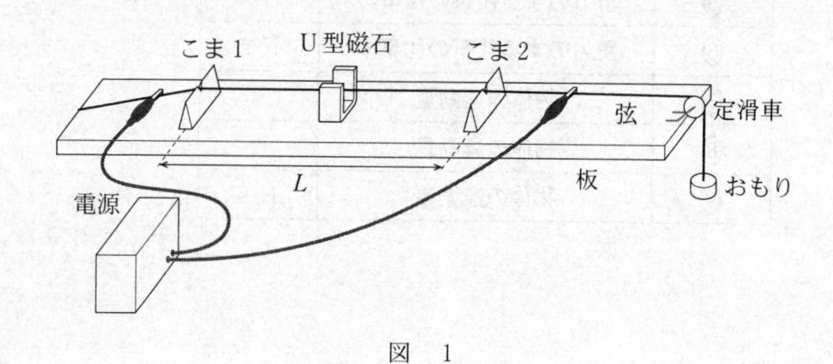

図　1

弦に交流電流を流して，腹1個の定常波が生じたときの交流周波数fを測定した。これは，交流周波数と弦の基本振動数が一致して共振を起こした結果である。U型磁石が常に中央にあるように，こま1とこま2の間隔Lを変えながら実験を行い，縦軸に基本振動数f，横軸に$\dfrac{1}{L}$を取って，図2のようなグラフを作成した。下の問いに答えよ。

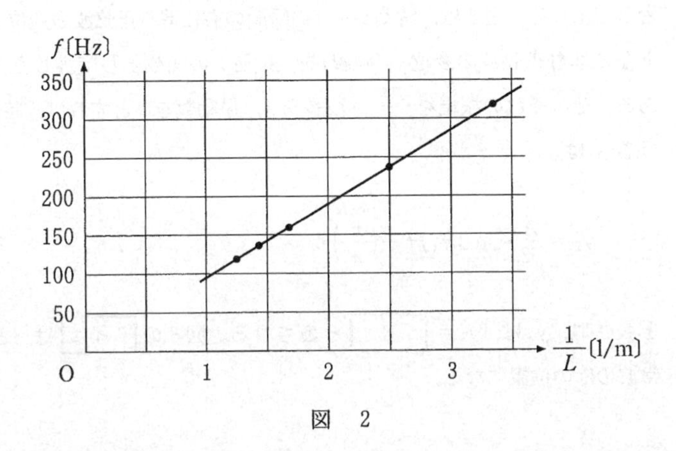

図　2

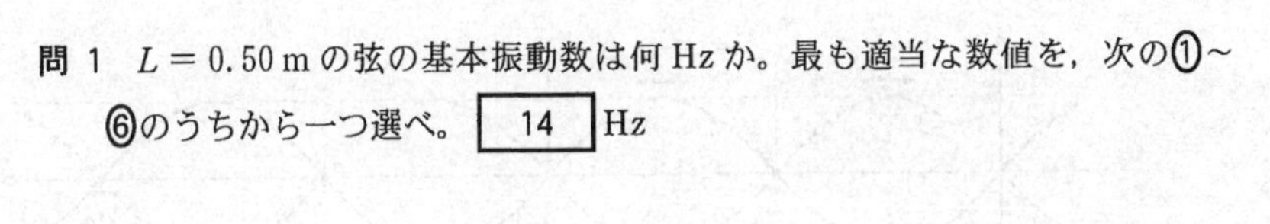

問 1　$L = 0.50$ m の弦の基本振動数は何 Hz か。最も適当な数値を，次の①～⑥のうちから一つ選べ。［14］Hz

① 50　② 90　③ 1.7×10^2

④ 1.9×10^2　⑤ 2.7×10^2　⑥ 3.1×10^2

問 2　弦を伝わる波の速さは何 m/s か。次の空欄［15］～［17］に入れる数字として最も適当なものを，下の①～⓪のうちから一つずつ選べ。ただし，同じものを繰り返し選んでもよい。

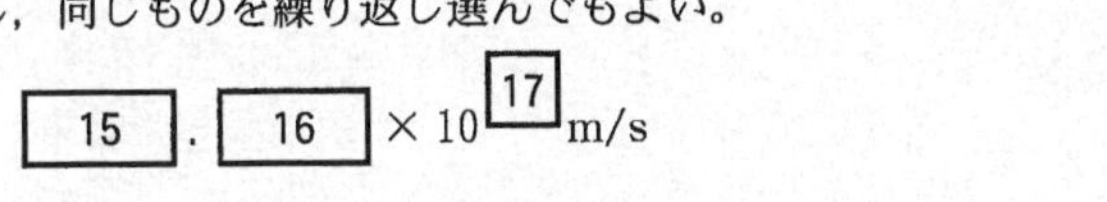

［15］.［16］× 10^［17］ m/s

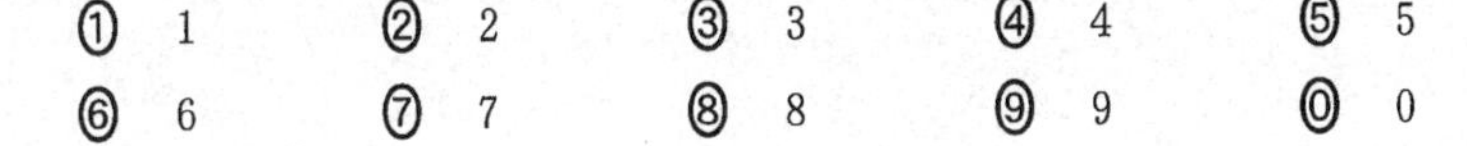

① 1　② 2　③ 3　④ 4　⑤ 5

⑥ 6　⑦ 7　⑧ 8　⑨ 9　⓪ 0

問 3 定常波について述べた次の文章中の空欄 ア ・ イ に入れる式と記号の組合せとして最も適当なものを，次ページの①～⑧のうちから一つ選べ。 18

一般に，定常波は波長も振幅も等しい逆向きに進む2つの正弦波が重なり合って生じる。図3は，時刻 $t=0$ の瞬間の右に進む正弦波の変位 y_1(実線)と左に進む正弦波の変位 y_2(破線)を，位置 x の関数として表したグラフである。それぞれの振幅を $\frac{A_0}{2}$，波長を λ，振動数を f とすれば，時刻 t における y_1 は，

$$y_1 = \frac{A_0}{2}\sin 2\pi\left(ft - \frac{x}{\lambda}\right)$$

と表され，y_2 は，$y_2 =$ ア と表される。図3の イ は，ともに定常波の節の位置になる。

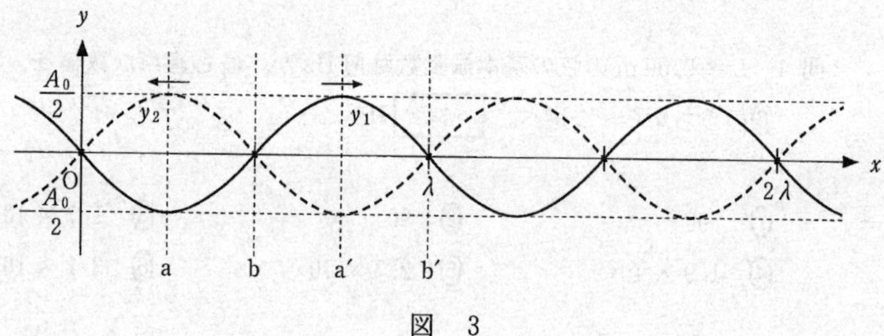

図 3

	ア	イ
①	$\frac{A_0}{2}\cos 2\pi\left(ft+\frac{x}{\lambda}\right)$	a, a′
②	$\frac{A_0}{2}\cos 2\pi\left(ft+\frac{x}{\lambda}\right)$	b, b′
③	$-\frac{A_0}{2}\cos 2\pi\left(ft+\frac{x}{\lambda}\right)$	a, a′
④	$-\frac{A_0}{2}\cos 2\pi\left(ft+\frac{x}{\lambda}\right)$	b, b′
⑤	$\frac{A_0}{2}\sin 2\pi\left(ft+\frac{x}{\lambda}\right)$	a, a′
⑥	$\frac{A_0}{2}\sin 2\pi\left(ft+\frac{x}{\lambda}\right)$	b, b′
⑦	$-\frac{A_0}{2}\sin 2\pi\left(ft+\frac{x}{\lambda}\right)$	a, a′
⑧	$-\frac{A_0}{2}\sin 2\pi\left(ft+\frac{x}{\lambda}\right)$	b, b′

B 金属箔の厚さをできる限り正確に(有効数字の桁数をより多く)測定したい。図4のように，2枚の平面ガラスを重ねて，ガラスが接している点Oから距離Lの位置に厚さDの金属箔をはさんだ。真上から波長λの単色光を当てて上から見ると，明暗の縞模様が見えた。このとき，隣り合う暗線の間隔Δxを測定すると，金属箔の厚さDを求めることができる。点Oからの距離xの位置において，平面ガラス間の空気層の厚さをdとすると，上のガラスの下面で反射する光と下のガラスの上面で反射する光の経路差は$2d$となる。ただし，空気の屈折率を1とする。

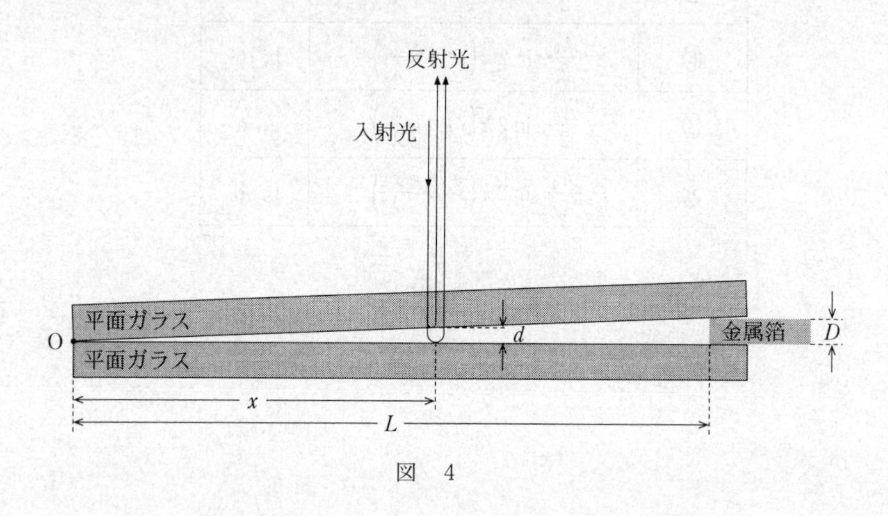

図 4

問 4 金属箔の厚さDを表す式として正しいものを，次の①～⑥のうちから一つ選べ。$D =$ 19

① $\dfrac{L\Delta x}{2\lambda}$　② $\dfrac{L\Delta x}{\lambda}$　③ $\dfrac{2L\Delta x}{\lambda}$

④ $\dfrac{L\lambda}{2\Delta x}$　⑤ $\dfrac{L\lambda}{\Delta x}$　⑥ $\dfrac{2L\lambda}{\Delta x}$

問 5　次の文章中の空欄 ウ ・ エ に入れる式と語句の組合せとして最も適当なものを，下の①～⑥のうちから一つ選べ。 20

できる限り正確に金属箔の厚さを求めるためには，隣り合う暗線の間隔 Δx をできる限り正確に測定する必要がある。この実験では，測定物の長さによらず，長さを 0.1 mm まで読み取ることができる器具を用いて測定する。N 個の暗線をまとめて $N\Delta x$ を測定できるならば，Δx を ウ mm まで決めることができる。したがって，金属箔の厚さをより正確に測定するためには，N を エ するとよい。

	①	②	③	④	⑤	⑥
ウ	$0.1N$	$0.1N$	$\dfrac{0.1}{\sqrt{N}}$	$\dfrac{0.1}{\sqrt{N}}$	$\dfrac{0.1}{N}$	$\dfrac{0.1}{N}$
エ	大きく	小さく	大きく	小さく	大きく	小さく

問 6　次の文章中の空欄 オ ・ カ に入れる語句の組合せとして最も適当なものを，下の①～⑤のうちから一つ選べ。 21

空気層に屈折率 $n\ (1 < n < 1.5)$ の液体を満たしたところ，隣り合う暗線の間隔 Δx が オ 。それは，単色光の波長が液体中で カ からである。

	オ	カ
①	狭くなった	短くなった
②	狭くなった	長くなった
③	広くなった	短くなった
④	広くなった	長くなった
⑤	変わらなかった	変わらなかった

問 7　平面ガラスの間に入れた液体を取り除いて，空気層に戻し，単色光の代わりに白色光を当てたところ，虹色の縞模様が見えた。その理由として最も適当なものを，次の①～④のうちから一つ選べ。 22

① 白色光の波長が非常に短いため

② 波長によって光の速さが異なるため

③ 波長によって偏光の方向が異なるため

④ 波長によって明線の間隔が異なるため

第4問　次の文章を読んで下の(問1～5)に答えよ。(配点　25)

無重力の宇宙船内では重力を利用した体重計を使うことができないが，ばねに付けた物体の振動からその物体の質量を測定することができる。

地球上の摩擦のない水平面上に，ばね定数が異なり質量の無視できる二つのばねと，物体を組合わせた実験装置を作った。はじめ，図1(a)のように，ばね定数k_{A}のばねAと，ばね定数k_{B}のばねBは，自然の長さからそれぞれL_{A}($L_{\mathrm{A}} > 0$)とL_{B}($L_{\mathrm{B}} > 0$)だけ伸びた状態であり，物体はばねから受ける力がつり合って静止している。このつり合いの位置をx軸の原点Oとし，図1の右向きをx軸の正の向きに定めた。次に，図1(b)のように，物体を$x = x_0$($x_0 > 0$)まで移動させてから静かに放したところ，単振動した。その後の物体の位置をxとする。ただし，空気抵抗の影響は無視できるものとする。

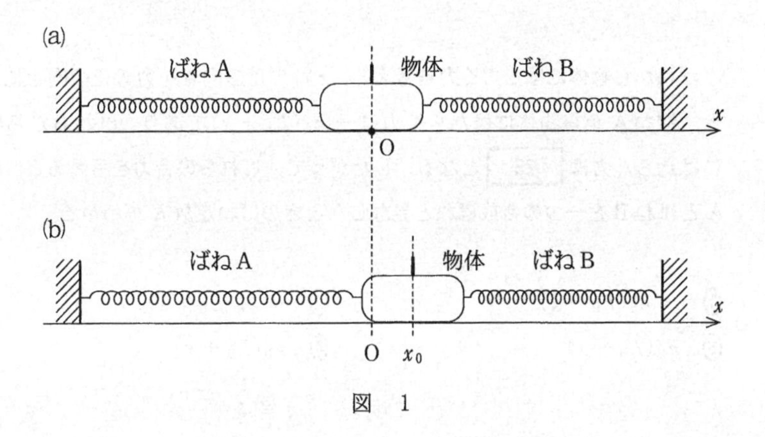

図　1

問1　k_{A}，k_{B}，L_{A}，L_{B}の間に成り立つ式として正しいものを，次の①～④のうちから一つ選べ。 23

① $k_{\mathrm{A}} L_{\mathrm{A}} - k_{\mathrm{B}} L_{\mathrm{B}} = 0$　　② $k_{\mathrm{A}} L_{\mathrm{B}} - k_{\mathrm{B}} L_{\mathrm{A}} = 0$

③ $\frac{1}{2} k_{\mathrm{A}} L_{\mathrm{A}}^2 - \frac{1}{2} k_{\mathrm{B}} L_{\mathrm{B}}^2 = 0$　　④ $\frac{1}{2} k_{\mathrm{A}} L_{\mathrm{B}}^2 - \frac{1}{2} k_{\mathrm{B}} L_{\mathrm{A}}^2 = 0$

問 2　この実験では，どちらかのばねが自然の長さよりも縮むと，ばねが曲がってしまうことがある。これを避けるため，実験を計画するときには，どちらのばねも常に自然の長さよりも伸びた状態にする必要がある。そのために L_A，L_B が満たすべき条件として最も適当なものを，次の①～④のうちから一つ選べ。
24

① $(L_A + L_B) > x_0$
② $|L_A - L_B| > x_0$
③ $L_A > x_0$ かつ $L_B > x_0$
④ $L_A > x_0$ または $L_B > x_0$

問 3　次の文章中の空欄 25 に入れる式として正しいものを，下の①～④のうちから一つ選べ。

ばねから物体にはたらく力を考える。x 軸の正の向きを力の正の向きにとると，ばねAから物体にはたらく力は $-k_A(L_A + x)$ であり，ばねBから物体にはたらく力は 25 となる。したがって，これらの合力を考えると，ばねAとばねBを一つの合成ばねと見なしたときのばね定数 K がわかる。

① $-k_B(L_B - x)$
② $-k_B(L_B + x)$
③ $k_B(L_B - x)$
④ $k_B(L_B + x)$

問 4　$x_0 = 0.14\,\mathrm{m}$として，時刻$t = 0\,\mathrm{s}$で物体を静かに放してから，$0.1\,\mathrm{s}$ごとに時刻tにおける物体の位置xを測定したところ，図2に示すx-tグラフを得た。図2から読み取れる周期Tと物体の速さの最大値$v_{\max}$の組合せとして最も適当なものを，下の①～④のうちから一つ選べ。 26

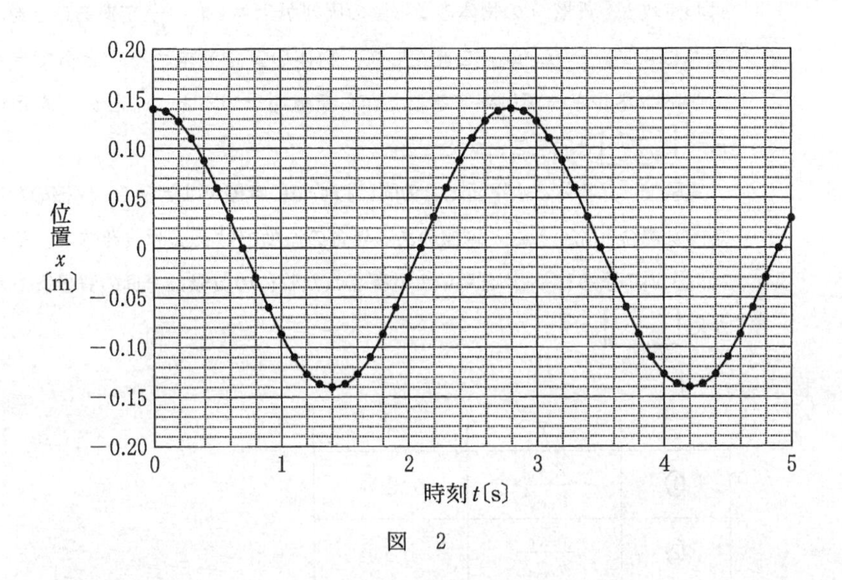

図　2

① $T = 1.4\,\mathrm{s}$,　$v_{\max} = 0.3\,\mathrm{m/s}$　　② $T = 1.4\,\mathrm{s}$,　$v_{\max} = 0.6\,\mathrm{m/s}$

③ $T = 2.8\,\mathrm{s}$,　$v_{\max} = 0.3\,\mathrm{m/s}$　　④ $T = 2.8\,\mathrm{s}$,　$v_{\max} = 0.6\,\mathrm{m/s}$

問 5　次の文章中の空欄 ア ・ イ に入れる式と語句の組合せとして最も適当なものを，下の①～④のうちから一つ選べ。 27

合成ばねの単振動の周期Tを測定して，物体の質量を求めるためには，ばね定数K，質量mの物体の単振動の周期が$T = 2\pi\sqrt{\frac{m}{K}}$であることを利用すればよい。一方，$v_{max}$を測定して，物体の質量を求めることもできる。力学的エネルギーが保存することから質量を求めると，x_0とv_{max}を用いて$m =$ ア と表すことができる。

実験では，物体と水平面上との間にわずかに摩擦がはたらく。摩擦のない理想的な場合と比べると，摩擦のある場合の振動ではv_{max}は変化する。そのため，上述のようにv_{max}を用いて計算された物体の質量は，真の質量よりわずかに イ 。

	ア	イ
①	$\frac{Kx_0^2}{v_{max}^2}$	大きい
②	$\frac{Kx_0^2}{v_{max}^2}$	小さい
③	$\frac{v_{max}^2}{Kx_0^2}$	大きい
④	$\frac{v_{max}^2}{Kx_0^2}$	小さい

物　理　基　礎

(解答番号 [1] ～ [15])

第1問　次の問い(問1～4)に答えよ。(配点　16)

問1　次の文章中の空欄 [1] に入れる指数として最も適当な数字を，下の①～⑤のうちから一つ選べ。

水圧は水面からの深さによって変化する。水深 1.0 m の場所の水圧と，水深 2.0 m の場所の水圧を比べた場合，水圧は $9.8 \times 10^{\boxed{1}}$ Pa だけ異なる。ただし，水の密度を 1.0×10^3 kg/m³，重力加速度の大きさを 9.8 m/s² とする。また，1 Pa = 1 N/m² である。

①　1　　②　2　　③　3　　④　4　　⑤　5

問 2　円柱状の金属導線を流れる電流の大きさは導線の断面を単位時間に通過する自由電子の電気量の大きさである。図１は，断面積Sの導線の一部分であり，自由電子がすべて同じ速さuで同じ向きに進んでいる様子を模式的に表している。同様に表１の図のA～Fは，導線の断面積が$2S$，$\frac{S}{2}$の２通り，自由電子の速さが$2u$，u，$\frac{u}{2}$の３通りからなる６通りの組合せを示している。図１と表１の図の導線内の単位体積あたりの自由電子の個数がすべて同じであるとして，電流の大きさが図１と同じになるものの組合せを，下の①～⑤のうちから一つ選べ。 **2**

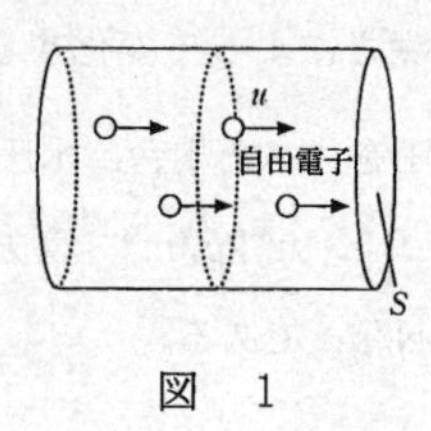

図　1

表　1

		自由電子の速さ		
		$2u$	u	$\frac{u}{2}$
導線の断面積	$2S$	A	B	C
	$\frac{S}{2}$	D	E	F

①　AとF　　②　BとE　　③　CとD

④　すべて　　⑤　なし

問 3　図2は，x 軸上を正の向きに速度 2 cm/s で進むパルス波の変位 y を表している。$x = 10$ cm の位置で，パルス波は固定端反射する。このパルス波の，図2の状態から 5 s 後の波形として最も適当なものを，下の①～④のうちから一つ選べ。 3

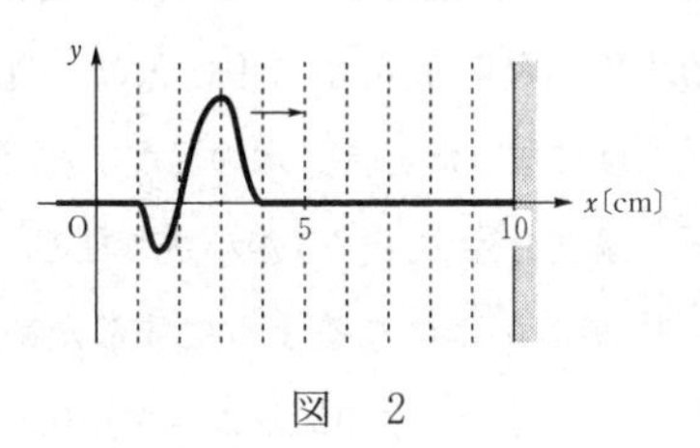

図　2

①

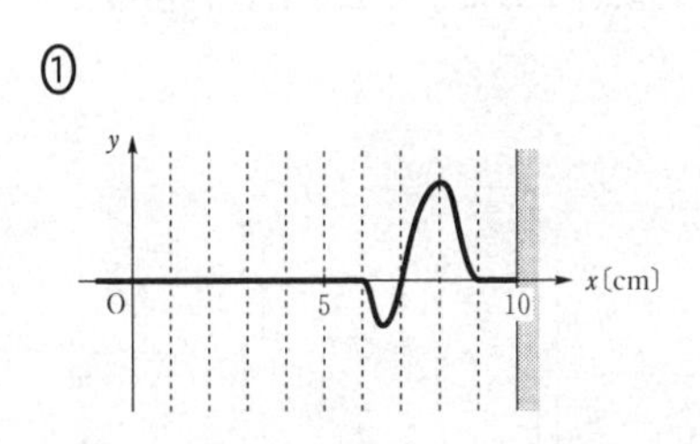

②

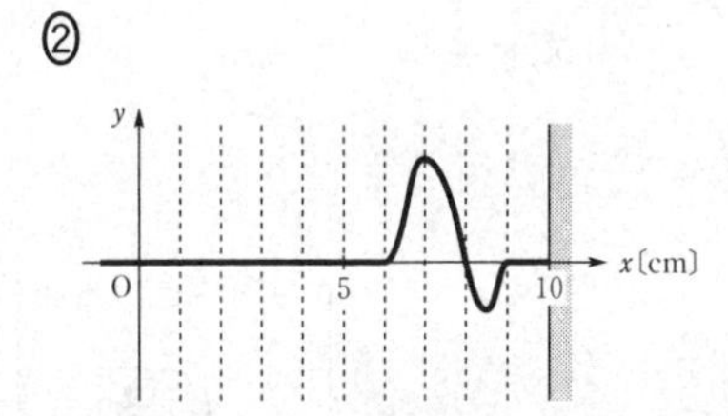

③

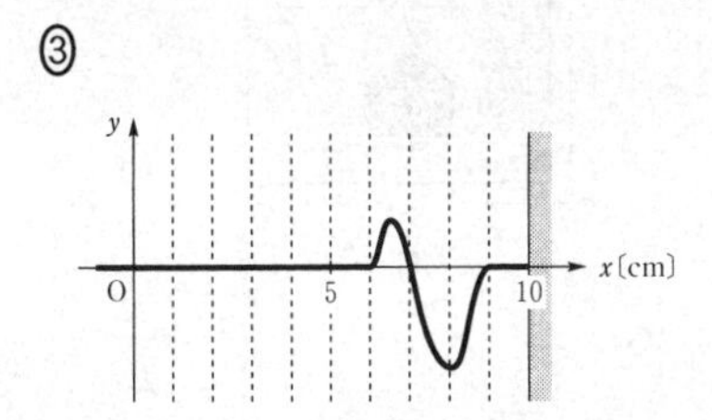

④

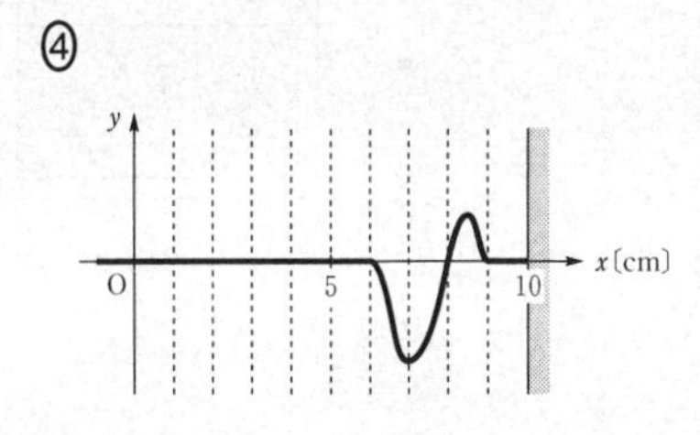

問 4　次の文章中の空欄 ア ・ イ に入れる語句および数値の組合せとして最も適当なものを，下の①～⑥のうちから一つ選べ。 4

アルミニウムの比熱(比熱容量)が 0.90 J/(g·K) であることを確認する実験をしたい。図 3 (a)のように，温度 $T_1 = 42.0$ ℃，質量 100 g のアルミニウム球を，温度 $T_2 = 20.0$ ℃，質量 M の水の中に入れ，図 3 (b)のように，アルミニウム球と水が同じ温度になったとき，水の温度 T_3 を測定する。水の質量 M が ア なるほど，温度上昇 $T_3 - T_2$ が小さくなる。

温度上昇 $T_3 - T_2$ が 1.0 ℃ になるようにするためには，$M =$ イ g としなければならない。ただし，水の比熱は 4.2 J/(g·K) であり，熱はアルミニウム球と水の間だけで移動し，水およびアルミニウムの比熱は温度によらず一定とする。

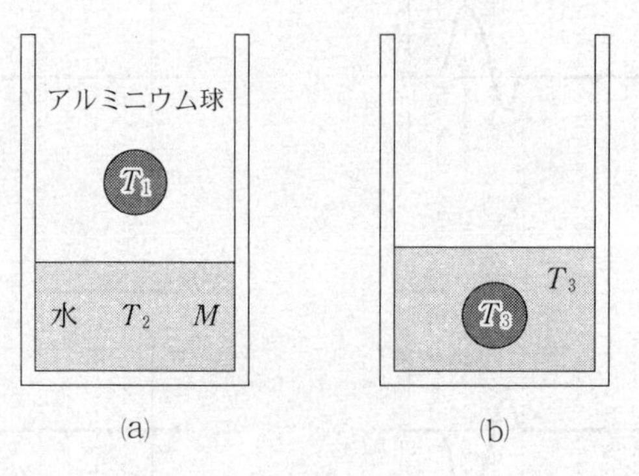

図　3

	①	②	③	④	⑤	⑥
ア	大きく	大きく	大きく	小さく	小さく	小さく
イ	450	500	630	450	500	630

第2問　次の文章(A・B)を読み，下の問い(問1～5)に答えよ。(配点　19)

A　気体の共鳴と音速について考える。

問1　次の文章中の空欄 [5] に入れる式として正しいものを，下の①～⑥のうちから一つ選べ。

実験室内に，図1のような一端がピストンで閉じられ，気柱の長さが自由に変えられる管がある。管の開口部でスピーカーから振動数 f の音を出し，ピストンを開口端から徐々に動かして，最初に共鳴が起こるときの長さを測定すると L_1 であった。さらにピストンを動かし，次に共鳴する長さを測定したところ L_2 であった。これより音速は [5] と求められる。ただし，開口端補正は無視できるものとする。

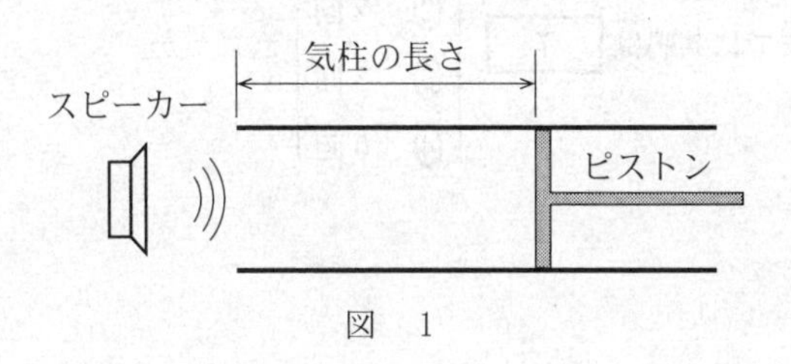

図　1

① fL_2　② $2fL_2$　③ $f(L_2 - L_1)$

④ $2f(L_2 - L_1)$　⑤ $f(L_2 - L_1)\dfrac{L_2}{L_1}$　⑥ $f(L_2 - L_1)\dfrac{L_1}{L_2}$

問２　次の文章中の空欄 6 ・ 7 に入れる語句として最も適当なものを，それぞれの直後の｛　｝で囲んだ選択肢のうちから一つずつ選べ。

気柱の長さをL_2に保ったまま，共鳴が起こらなくなるまで実験室の気温を徐々に下げた。共鳴が起こらなくなったのは，管内の空気の温度が下がったため，

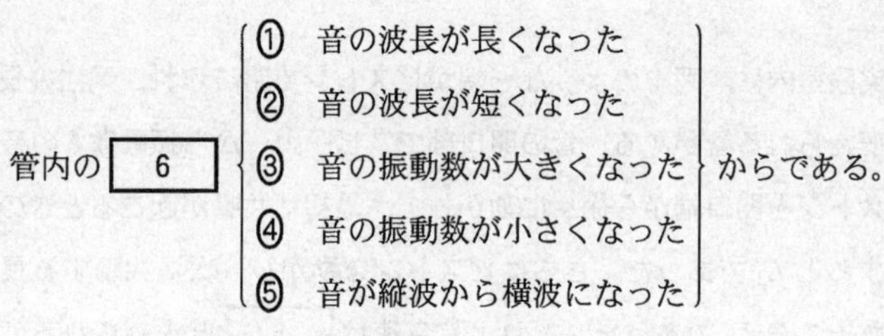

管内の 6 ｛①　音の波長が長くなった　②　音の波長が短くなった　③　音の振動数が大きくなった　④　音の振動数が小さくなった　⑤　音が縦波から横波になった｝からである。

このあと，ピストンの位置を左に動かしていったところ，管の開口端に達

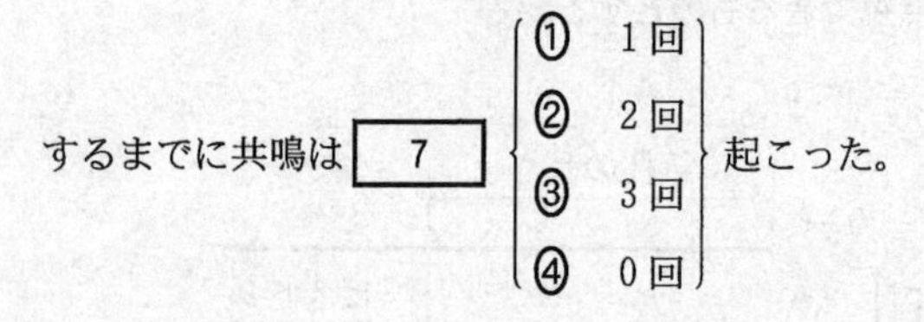

するまでに共鳴は 7 ｛①　1回　②　2回　③　3回　④　0回｝起こった。

B　オームの法則を確かめるために図2のような回路で抵抗に電圧を加え，流れる電流を電流計で測定した。

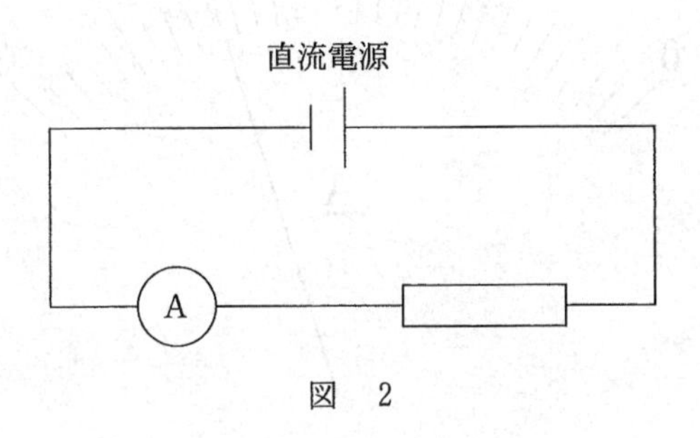

図　2

問 3　電流計の端子に図3のように導線を接続して，図2の回路の抵抗にある電圧を加えたところ，電流計の針が振れて図4の位置で静止した。最小目盛りの $\frac{1}{10}$ まで読み取るとして，電流計の読み取り値として最も適当なものを，次ページの①～⑨のうちから一つ選べ。 **8**

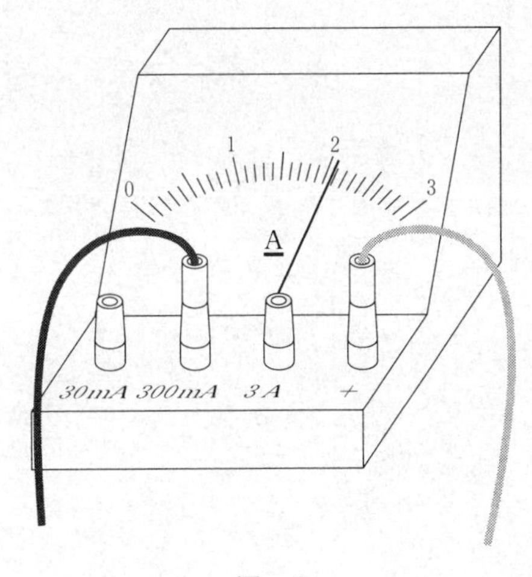

図　3

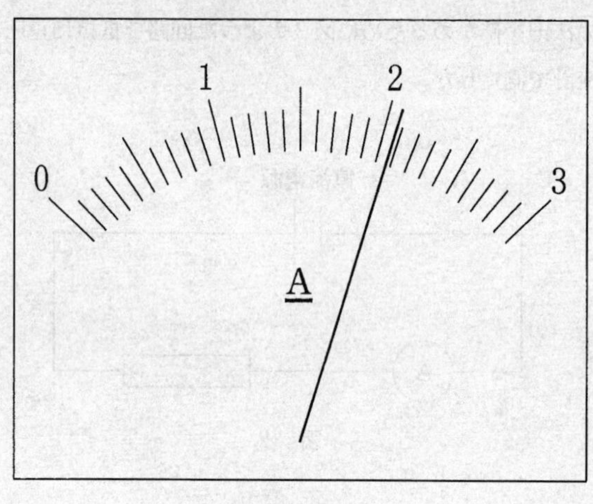

図　4

① 0.02 A	② 0.2 A	③ 2 A
④ 0.021 A	⑤ 0.21 A	⑥ 2.1 A
⑦ 0.0207 A	⑧ 0.207 A	⑨ 2.07 A

問 4　抵抗に加える電圧を2Vから40Vまで2Vずつ変えながら電流を測定して，図5のようなグラフを得た。黒丸は測定点である。測定のとき，電流計の針が振り切れず，かつ，電流がより正確に読み取れるように電流計の30 mA，300 mA，3Aの端子を選んだ。図5の各測定点の電流値を読み取ったとき，どの端子を使っていたか。各端子で測定したときに加えていた電圧の組合せとして最も適当なものを，下の①～⑥のうちから一つ選べ。

9

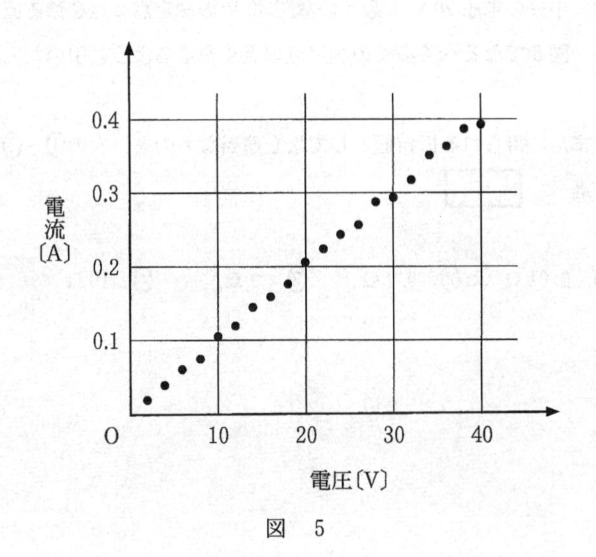

図　5

	30 mA 端子	300 mA 端子	3A 端子
①	2V	4～30V	32～40V
②	2V	4～18V	20～40V
③	2～8V	10～40V	使わない
④	2～8V	10～30V	32～40V
⑤	2～8V	10～18V	20～40V
⑥	使わない	2～30V	32～40V

問 5　図5のように，測定された電流は加えた電圧にほぼ比例するのでオームの法則が成り立っていることがわかる。この抵抗値をより正確に決定するためにどのデータを使えばよいか。最も適当なものを，次の①～④のうちから一つ選べ。 10

① 最大の電圧 40 V とそのときの測定電流
② 中央の電圧 20 V とそのときの測定電流
③ 中央の電圧 20 V と最大の電圧 40 V の測定点 2 点を通る直線の傾き
④ 図5でなるべく多くの測定点の近くを通るように引いた直線の傾き

また，得られる抵抗値として最も適当なものを，次の①～⑤のうちから一つ選べ。 11

① 0.01 Ω　② 0.1 Ω　③ 1 Ω　④ 10 Ω　⑤ 100 Ω

第3問　次の問い(問1～4)に答えよ。(配点　15)

電車の運転席には様々な計器がある。電車がA駅を出発してからB駅に到着するまで，電車の速さv，電車の駆動用モーターに流れた電流I，モーターに加わった電圧Vを2sごとに記録したデータがある。図1はvと時刻tの関係を，図2はIとtの関係をグラフにしたものである。電流が負の値を示しているのは，電車のモーターを発電機にして運動エネルギーを電気エネルギーに変換しているためである。A駅とB駅の間の線路は，地図上では直線である。車両全体の質量は3.0×10^4 kgであり，重力加速度の大きさを$9.8\,\mathrm{m/s^2}$とする。

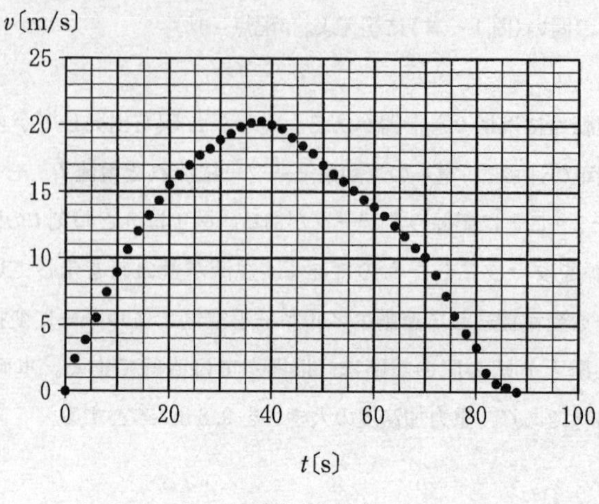

v〔m/s〕
25
20
15
10
5
0
0
20
40
60
80
100
t〔s〕

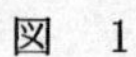

図　1

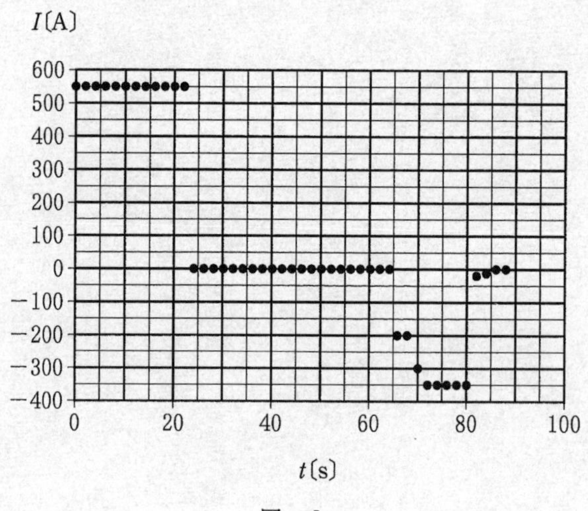

I〔A〕
600
500
400
300
200
100
0
−100
−200
−300
−400
0
20
40
60
80
100
t〔s〕

図　2

問 1　$t=0\,\mathrm{s}$ から $t=20\,\mathrm{s}$ の間，等加速度直線運動をしているとみなしたとき，加速度の大きさは，およそ何 $\mathrm{m/s^2}$ か。最も適当な数値を，次の①～⑥のうちから一つ選べ。［ 12 ］$\mathrm{m/s^2}$

① 0　② 0.4　③ 0.8　④ 1.2　⑤ 1.6　⑥ 2.0

問 2　この電車がA駅からB駅まで走った距離を図1の v-t グラフから求めると，およそ何 m か。最も適当な数値を，次の①～⑤のうちから一つ選べ。

［ 13 ］m

① 600　② 1100　③ 1700　④ 2500　⑤ 3500

問 3　$t=0\,\mathrm{s}$ から $t=20\,\mathrm{s}$ の間で，電圧 V は 600 V でほぼ一定であった。この間の，電車のモーターが消費した電力量は，およそ何 J か。最も適当な数値を，次の①～⑥のうちから一つ選べ。電力量＝［ 14 ］J

① 3×10^5　② 5×10^5　③ 7×10^5
④ 3×10^6　⑤ 5×10^6　⑥ 7×10^6

問 4　$t = 40$ s から $t = 60$ s の区間で，電車は勾配のある線路上を運動していた。摩擦や空気抵抗の影響を無視し，力学的エネルギーが保存されるものとすると，この区間の高低差はおよそ何 m か。最も適当な数値を，次の①～⑤のうちから一つ選べ。 15 m

① 1　② 5　③ 10　④ 20　⑤ 30

共通テスト

第2回　試行調査

物理：

解答時間 60 分　配点 100 点

物理基礎：

解答時間　2 科目 60 分

配点　2 科目 100 点

（物理基礎，化学基礎，生物基礎，地学基礎から 2 科目選択）

物　理

（全 問 必 答）

第1問 次の問い（問1～5）に答えよ。

〔解答番号 [1] ～ [10]〕（配点　30）

問 1 重力加速度の大きさを，地球上で g，月面上で $\frac{g}{6}$ とする。地球と月で質量 m の小物体を高さ h の位置から初速度 v で水平投射し，高さの基準面に達する直前の運動エネルギーを比較する。二つの運動エネルギーの差を表す式として正しいものを，次の①～⑧のうちから一つ選べ。ただし，空気の抵抗は無視できるものとする。[1]

① $\frac{1}{12}mv^2$　② $\frac{1}{6}mv^2$　③ $\frac{5}{12}mv^2$　④ $\frac{1}{2}mv^2$

⑤ $\frac{1}{6}mgh$　⑥ $\frac{1}{3}mgh$　⑦ $\frac{5}{6}mgh$　⑧ mgh

問 2 下の文章中の空欄 2 ・ 3 に入れる語句または記号として最も適当なものを，それぞれの直後の｛　｝で囲んだ選択肢のうちから一つずつ選べ。 2 3

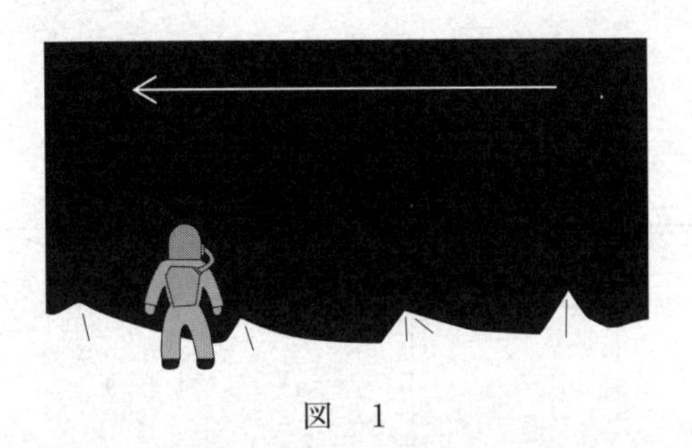

図 1

図1のように，大気のない惑星にいる宇宙飛行士の上空を，宇宙船が水平左向きに等速直線運動して通過していく。一定の時間間隔をあけて次々と物資が宇宙船から静かに切り離され，落下した。4番目の物資が切り離された瞬間の，それまでに切り離された物資の位置およびそれまでの運動の軌跡を表す図は，図2の 2 ｛① ア ② イ ③ ウ ④ エ ⑤ オ｝であった。このとき宇宙船は，等速直線運動をするためにロケットエンジンから燃焼ガスを 3 ｛
① 水平右向きに噴射していた。
② 斜め右下向きに噴射していた。
③ 鉛直下向きに噴射していた。
④ 噴射していなかった。
｝

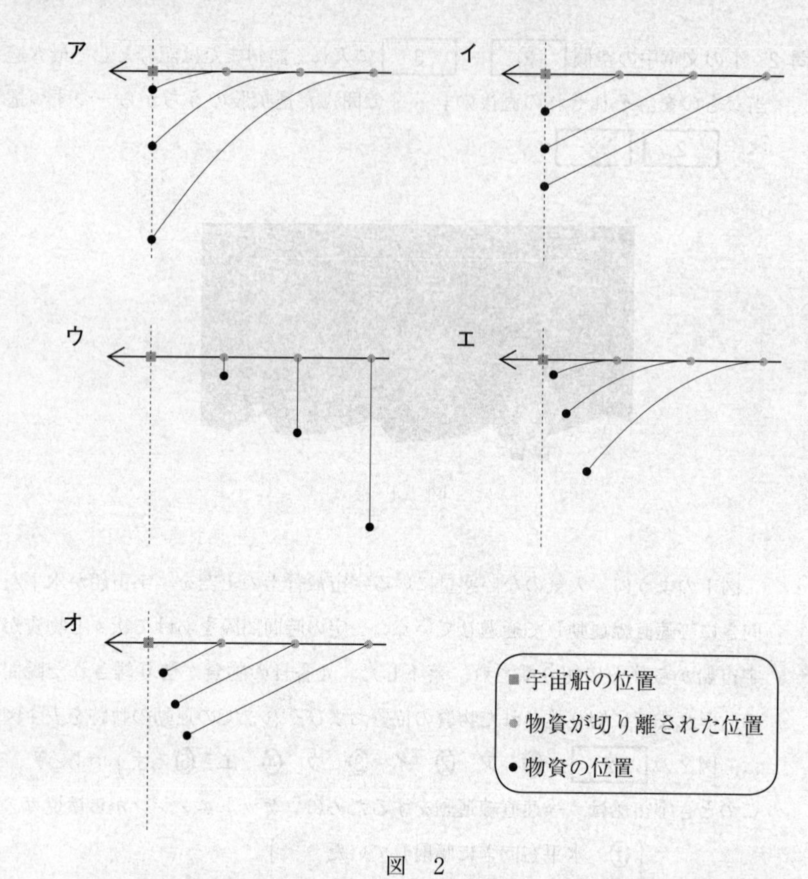

図　2

問 3　下の文章中の空欄 [4] ～ [6] に入れる式または語句として最も適当なものを，それぞれの直後の{　　}で囲んだ選択肢のうちから一つずつ選べ。ただし，気体定数は R，重力加速度の大きさを g とする。

[4] [5] [6]

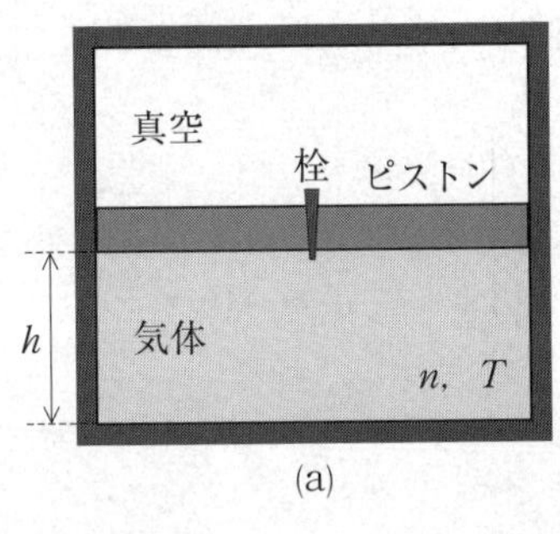

(a)

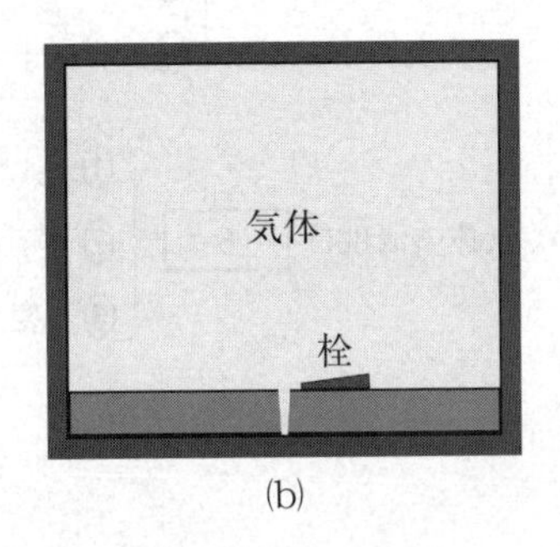

(b)

図　3

図3(a)のように，断熱材でできた密閉したシリンダーを鉛直に立て，なめらかに動く質量 m のピストンで仕切り，その下側に物質量 n の単原子分子の理想気体を入れた。上側は真空であった。ピストンはシリンダーの底面からの高さ h の位置で静止し，気体の温度は T であった。このとき，

$mgh =$ [4] {① $\frac{1}{2}nRT$　② nRT　③ $\frac{3}{2}nRT$　④ $2nRT$　⑤ $\frac{5}{2}nRT$} が成り立つ。

ピストンについていた栓を抜いたところ，図3(b)のようにピストンはシリンダーの底面までゆっくりと落下し，気体はシリンダー内全体に広がった。

気体は 5
- ① 等温で膨張するので，
- ② 断熱膨張するので，
- ③ 真空中への膨張なので仕事はせず，
- ④ ピストンから押されることで正の仕事をされ，

気体の温度は 6
- ① 上がる。
- ② 下がる。
- ③ 変化しない。

問 4 図4のように，凸レンズの左に万年筆がある。F，F′ はレンズの焦点である。レンズの左に光を通さない板Bを置き，レンズの中心より上半分を完全に覆った。万年筆の先端Aから出た光が届く点として適当なものを，図中の①～⑦のうちから**すべて選べ**。ただし，レンズは薄いものとする。 7

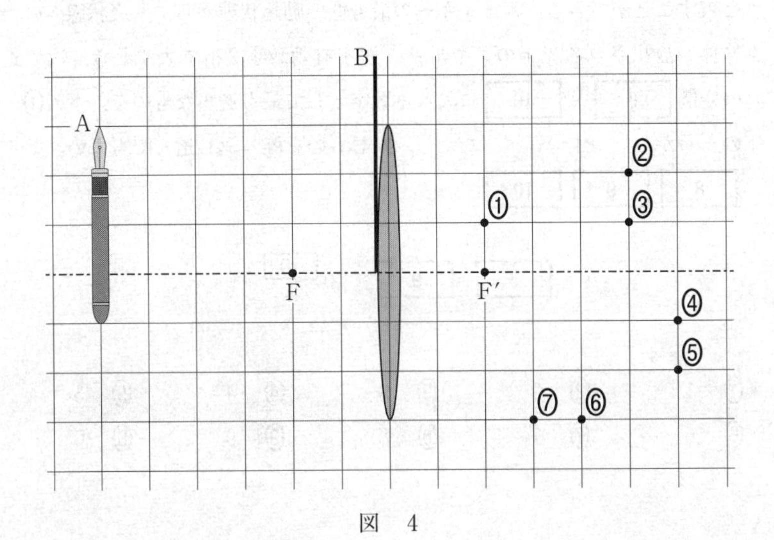

図 4

問 5　水素原子のボーア模型を考える。量子数が n の定常状態にある電子のエネルギーは,

$$E_n = -\frac{13.6}{n^2}\ \mathrm{eV}$$

と表すことができる。エネルギーの最も低い励起状態から，基底状態への遷移に伴い放出される光子のエネルギー E を有効数字2桁で表すとき，次の式中の空欄 [8] ～ [10] に入れる数字として最も適当なものを，下の①～⓪のうちから一つずつ選べ。ただし，同じものを繰り返し選んでもよい。
[8] [9] [10]

$$E = \boxed{8}\,.\,\boxed{9} \times 10^{\boxed{10}}\ \mathrm{eV}$$

① 1　② 2　③ 3　④ 4　⑤ 5
⑥ 6　⑦ 7　⑧ 8　⑨ 9　⓪ 0

第２問　次の文章（A・B）を読み，下の問い（問１～５）に答えよ。

〔解答番号 [1] ～ [6]〕（配点　28）

A　x 軸上を負の向きに速さ v で進む質量 m の小物体Aと，正の向きに速さ v で進む質量 m の小物体Bが衝突し，衝突後も x 軸上を運動した。衝突時に接触していた時間を Δt，はね返り係数（反発係数）を $e(0 < e \leqq 1)$ とする。

問１　衝突後の小物体Aの速度を表す式として正しいものを，次の①～⑦のうちから一つ選べ。[1]

①　$-2ev$　　②　$-ev$　　③　$-\frac{1}{2}ev$　　④　0

⑤　$2ev$　　⑥　ev　　⑦　$\frac{1}{2}ev$

問２　Δt の間に小物体Aが小物体Bから受けた力の平均値を表す式として正しいものを，次の①～⑨のうちから一つ選べ。[2]

①　$\frac{emv}{2\Delta t}$　　②　$\frac{emv}{\Delta t}$　　③　$\frac{2emv}{\Delta t}$

④　$\frac{(1-e)mv}{2\Delta t}$　　⑤　$\frac{(1-e)mv}{\Delta t}$　　⑥　$\frac{2(1-e)mv}{\Delta t}$

⑦　$\frac{(1+e)mv}{2\Delta t}$　　⑧　$\frac{(1+e)mv}{\Delta t}$　　⑨　$\frac{2(1+e)mv}{\Delta t}$

B　高校の授業で，衝突中に2物体が及ぼし合う力の変化を調べた。力センサーのついた台車A，Bを，水平な一直線上で，等しい速さvで向かい合わせに走らせ，衝突させた。センサーを含む台車1台の質量mは1.1kgである。それぞれの台車が受けた水平方向の力を測定し，時刻tとの関係をグラフに表すと図1のようになった。ただし，台車Bが衝突前に進む向きを力の正の向きとする。

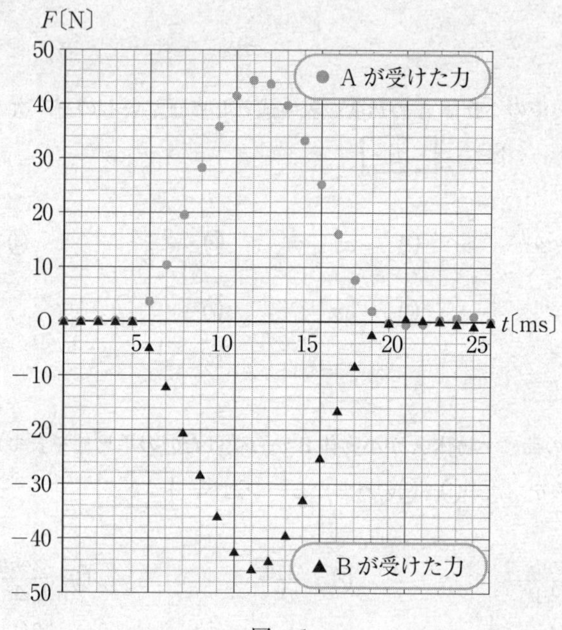

図　1

問 3　次の文章は，この実験結果に関する生徒たちの会話である。生徒たちの説明が科学的に正しい考察となるように，文章中の空欄に入れる式として最も適当なものを，下の選択肢のうちからそれぞれ一つずつ選べ。

[3] [4]

「短い時間の間だけど，力は大きく変化していて一定じゃないね。」

「そのような場合，力と運動量の関係はどう考えたらいいのだろうか。」

「測定結果のグラフの $t = 4.0 \times 10^{-3}$ s から $t = 19.0 \times 10^{-3}$ s までの間を2台の台車が接触していた時間 Δt としよう。そして，測定点を滑らかにつなぎ，図2のように影をつけた部分の面積を S としよう。弾性衝突ならば，$S =$ [3] が成り立つはずだ。」

「その面積 S はグラフからどうやって求めるのだろうか。」

「衝突の間にAが受けた力の最大値を f とすると，面積 S はおよそ [4] に等しいと考えていいだろう。」

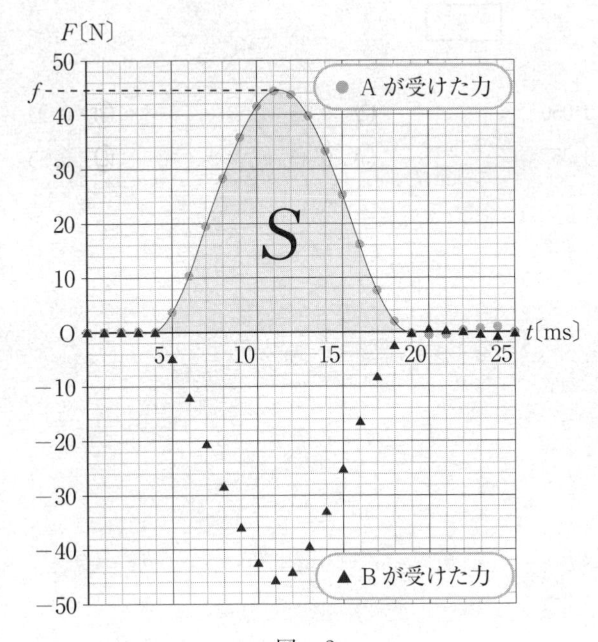

図　2

3 の選択肢

① $\frac{1}{2}mv$　② mv　③ $2mv$　④ 0

⑤ $\frac{1}{2}mv^2$　⑥ mv^2　⑦ $2mv^2$

4 の選択肢

① $\frac{1}{3}f\Delta t$　② $\frac{1}{2}f\Delta t$　③ $\frac{2}{3}f\Delta t$　④ $f\Delta t$　⑤ $2f\Delta t$

問 4　2台の台車の速さは，衝突の前後で変わらなかったとする。台車が接触していた時間を $t = 4.0 \times 10^{-3}$ s から $t = 19.0 \times 10^{-3}$ s までの間とすると，衝突前の台車 A の速さ v はいくらか。最も近い値を，次の①～⑥のうちから一つ選べ。 **5** m/s

① 0.050　② 0.15　③ 0.25

④ 0.35　⑤ 0.45　⑥ 0.55

問 5　図１のグラフの概形を図３のように表すことにする。実線は台車Ａが受けた力，破線は台車Ｂが受けた力を表す。台車Ａが受けた力の最大値をfとした。台車Ａを静止させ，台車Ｂを速さ$2v$で台車Ａに衝突させると，力の時間変化はどうなるか。そのグラフとして最も適当なものを，下の①〜⑥のうちから一つ選べ。 **6**

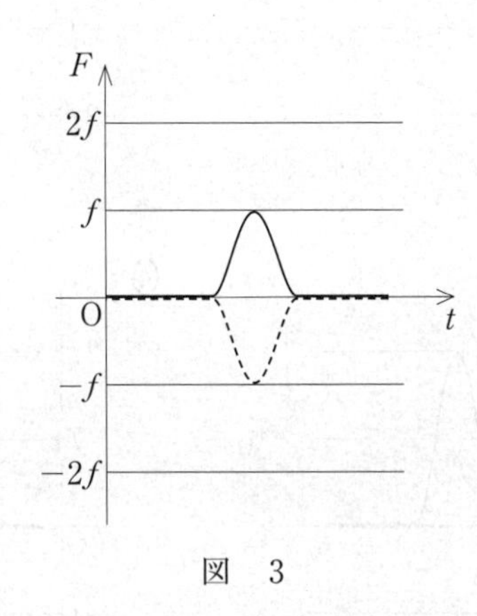

図　3

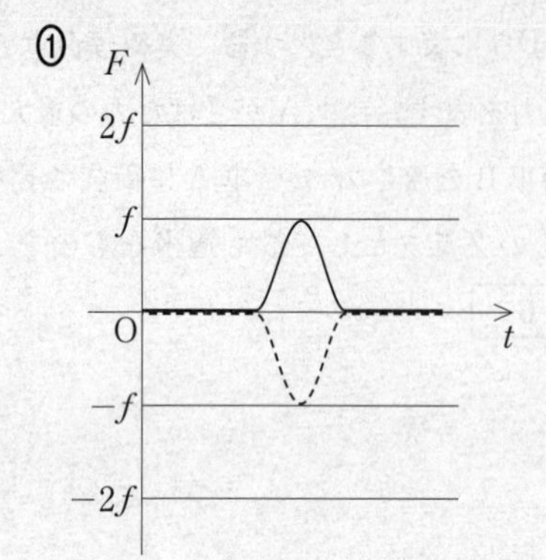
①
F
2f
f
O
t
−f
−2f

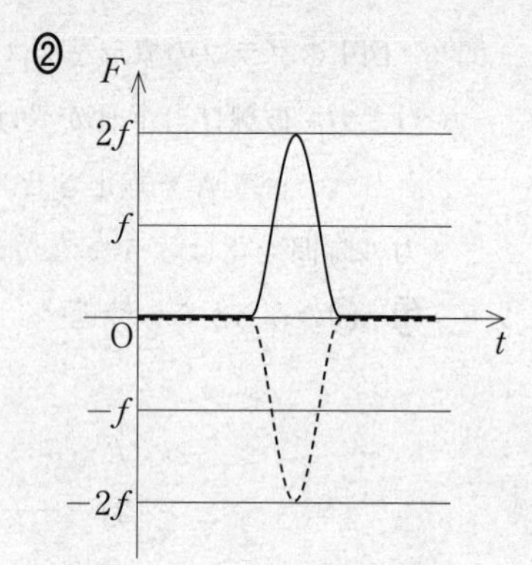
②
F
2f
f
O
t
−f
−2f

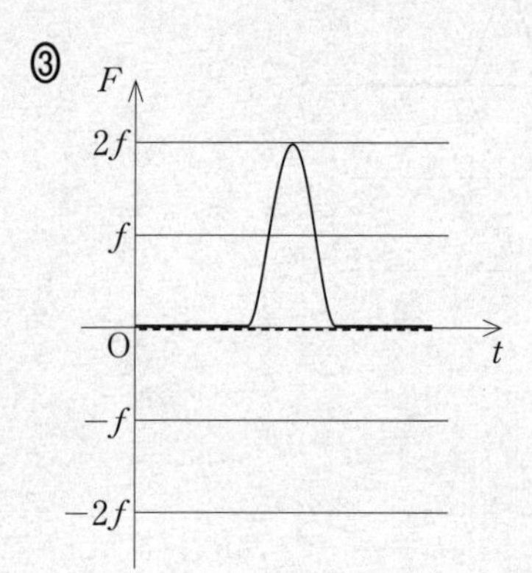
③
F
2f
f
O
t
−f
−2f

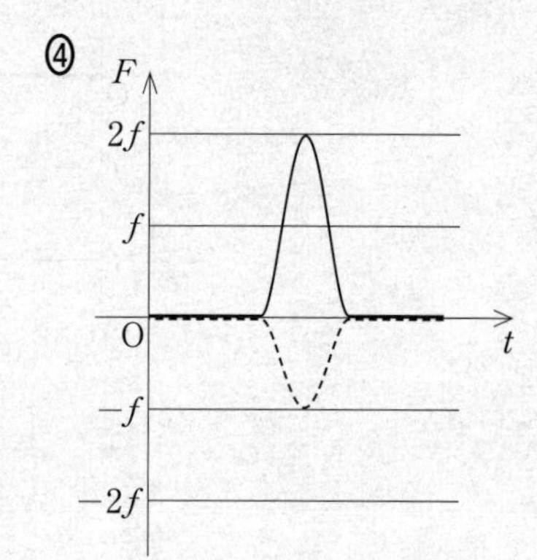
④
F
2f
f
O
t
−f
−2f

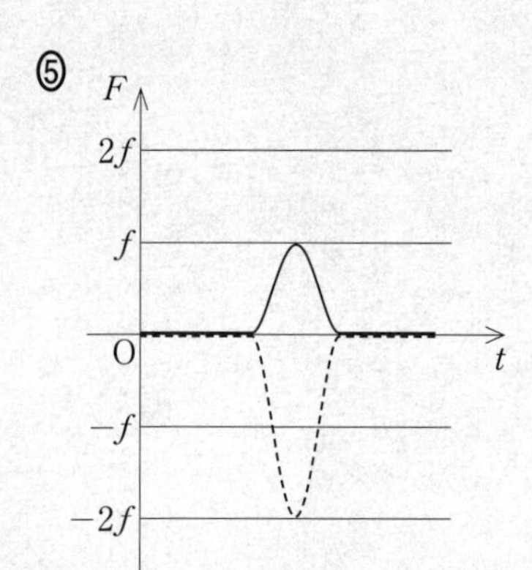
⑤
F
2f
f
O
t
−f
−2f

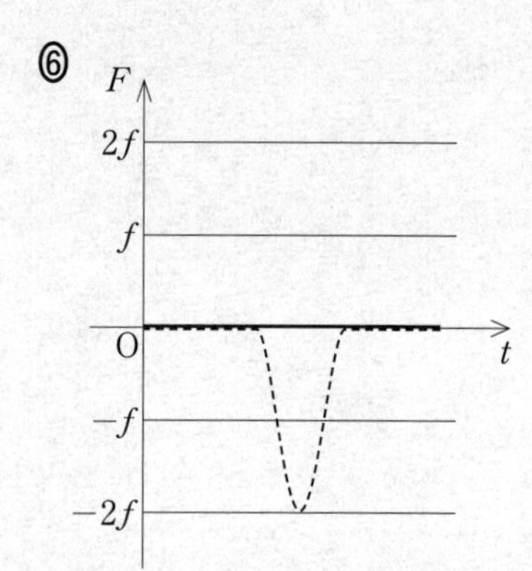
⑥
F
2f
f
O
t
−f
−2f

第3問　電磁波の性質に関する次の文章(A・B)を読み，下の問い(**問1～4**)に答えよ。

〔**解答番号** 1 ～ 5 〕(配点　20)

A　細い針金でできた枠をせっけん水につけて引き上げると，薄い膜(せっけん膜)ができる。これを鉛直に立て，白色光を当てて光源側から観察すると，図1のように虹色の縞模様(しまもよう)が見えた。この現象について考える。

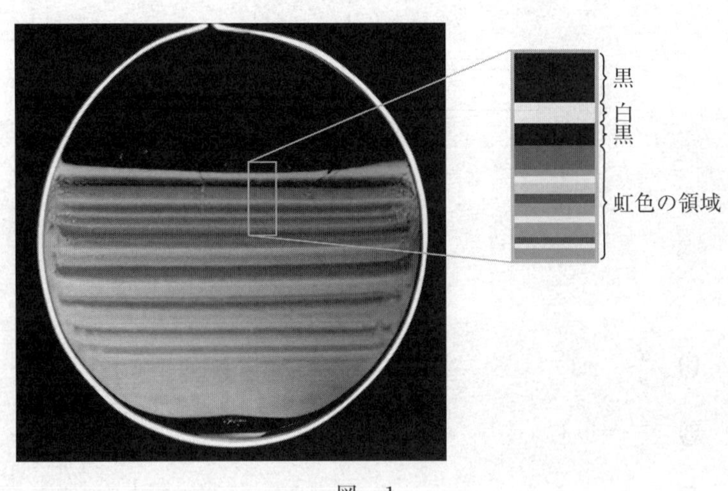

図　1

問 1　図2のように，波長 λ の光が，厚さ d，絶対屈折率 n のせっけん膜に垂直に入射する。せっけん膜の二つの表面で反射した光が強め合う条件を表す式として最も適当なものを，下の①～⑧のうちから一つ選べ。ただし，空気の絶対屈折率を1とする。また，選択肢中の m は $m=0,\ 1,\ 2,\ 3,\ \cdots$ である。 1

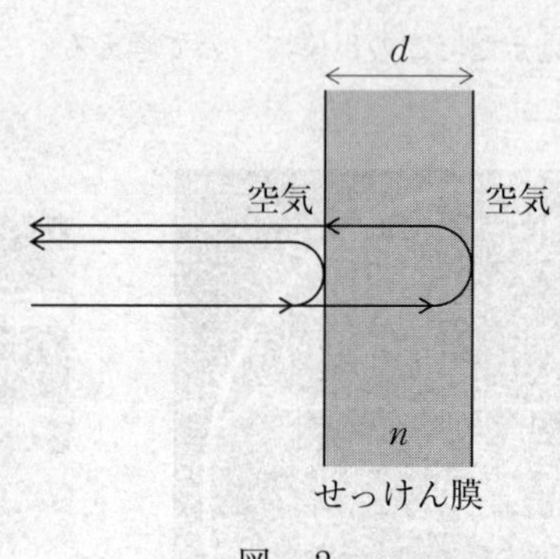

図　2

① $\dfrac{d}{n}=m\lambda$　　② $\dfrac{d}{n}=\left(m+\dfrac{1}{2}\right)\lambda$

③ $\dfrac{2d}{n}=m\lambda$　　④ $\dfrac{2d}{n}=\left(m+\dfrac{1}{2}\right)\lambda$

⑤ $nd=m\lambda$　　⑥ $nd=\left(m+\dfrac{1}{2}\right)\lambda$

⑦ $2nd=m\lambda$　　⑧ $2nd=\left(m+\dfrac{1}{2}\right)\lambda$

問２ 次の文章中の空欄 [2]・[3] に入れる語句として最も適当なものを，それぞれの直後の{　}で囲んだ選択肢のうちから一つずつ選べ。[2] [3]

図１の「虹色の領域」には，[2] {①　赤・緑・青　②　赤・青・緑　③　青・赤・緑　④　青・緑・赤　⑤　緑・青・赤　⑥　緑・赤・青} の色が上から順番に見え，これは波長が短い順である。したがって，この領域ではせっけん膜は

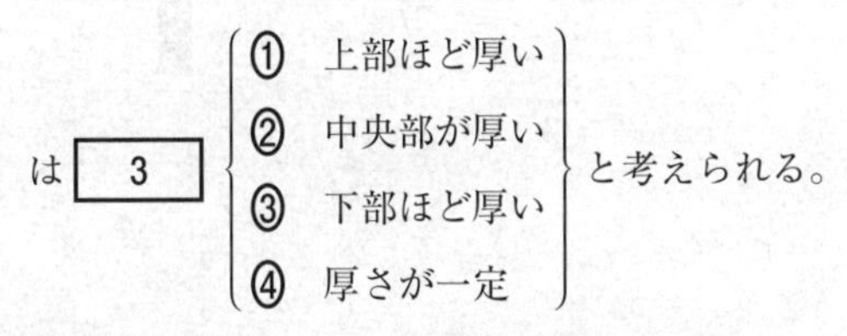

と考えられる。

B　図3のように，金属板に垂直に電波を入射させたところ，電波は金属板に垂直に反射した。入射波と反射波を棒状のアンテナで受信し，電圧の実効値 V(電波の振幅に比例する)を測定した。アンテナから金属板までの距離 d と V の関係を調べたところ，表1のようになった。

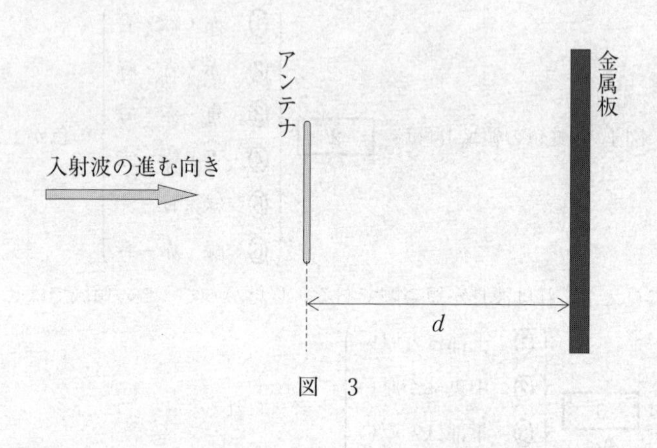

図　3

表　1

距離 d〔mm〕	82	84	86	88	90	92	94	96	98
電圧 V〔mV〕	135	94	20	38	94	152	157	130	61

距離 d〔mm〕	100	102	104	106	108	110	112	114	116
電圧 V〔mV〕	10	30	85	130	160	160	101	41	18

距離 d〔mm〕	118	120	122	124	126	128	130	132	134
電圧 V〔mV〕	77	128	160	160	129	98	25	57	113

問 3　表1の実験結果から確認できる現象として最も適当なものを，次の①～⑧のうちから一つ選べ。［ 4 ］

① うなり　② ドップラー効果　③ 回折
④ 屈折　⑤ 吸収　⑥ 分散
⑦ 定常波(定在波)　⑧ 光電効果

問 4　電波の波長はいくらか。最も近い値を，次の①～⑥のうちから一つ選べ。
［ 5 ］mm

① 10　② 20　③ 30　④ 40　⑤ 50　⑥ 60

第4問　電磁誘導に関する次の文章(A・B)を読み，下の問い(**問1～4**)に答えよ。

〔**解答番号** 1 ～ 5 〕(配点　22)

A　太郎君はエレキギターのしくみに興味を持った。図1に示すエレキギターには，矢印で示した位置に検出用コイルがある。エレキギターを模した図2のような実験装置を作り，オシロスコープにつないだ。磁石は上面がN極，下面がS極であり，上面にコイルが巻かれた鉄芯がついている。コイルの上で鉄製の弦が振動すると，その影響によりコイルを貫く磁束が変化し誘導起電力が生じる。オシロスコープの画面の横軸は時間，縦軸は電圧を示すものとする。

図　1

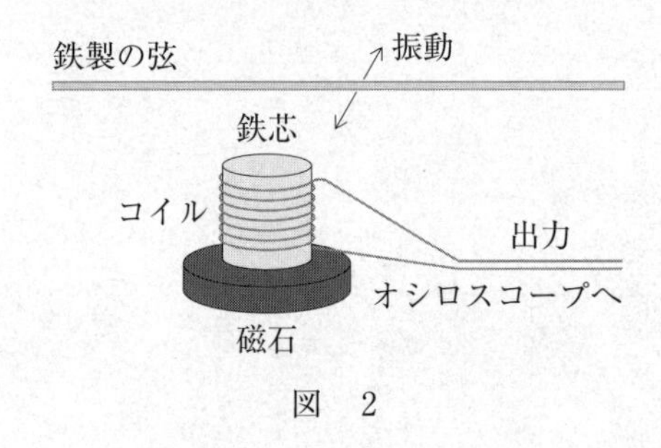

図　2

問 1　弦をはじき，コイルの両端の電圧を調べたところ，オシロスコープの画面は図３のようになった。同じ弦をより強くはじくとき，図３と同じ目盛りに設定したオシロスコープの画面はどのように見えるか。最も適当なものを，下の①～④のうちから一つ選べ。 1

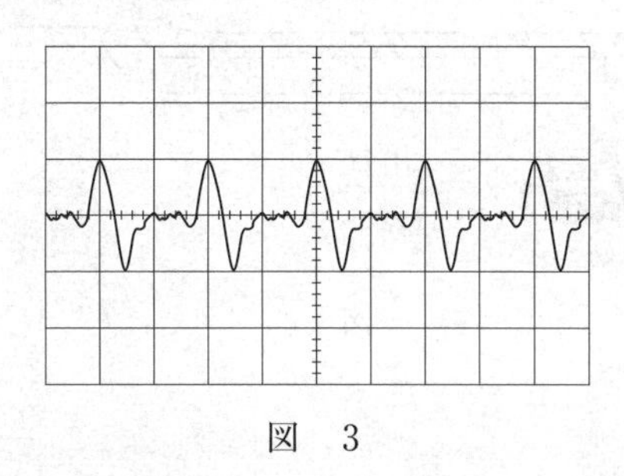

図　3

①

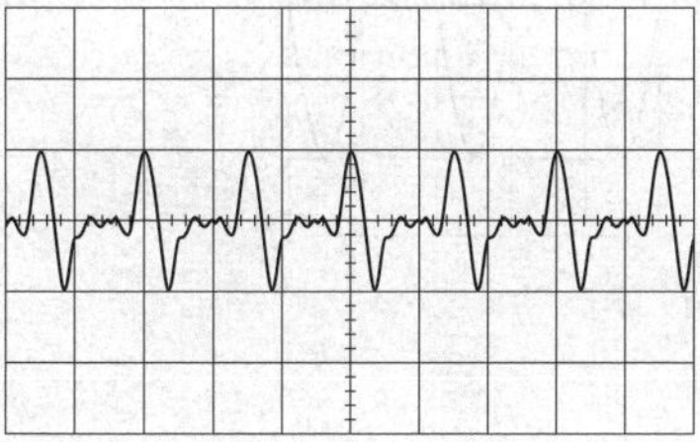

②

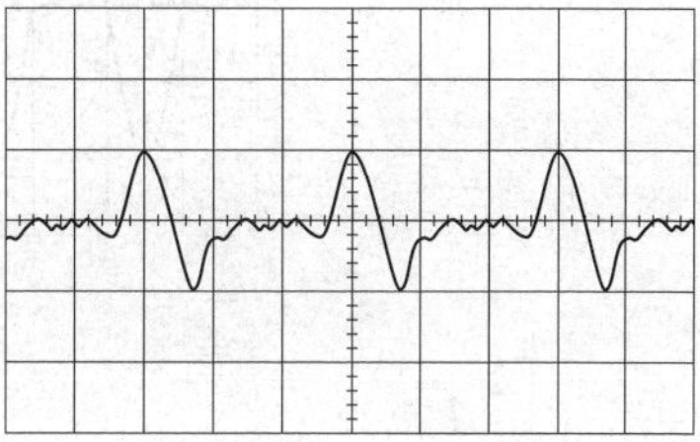

③

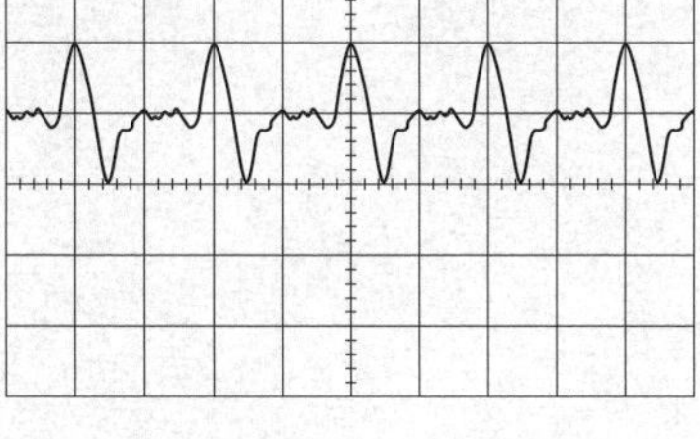

④

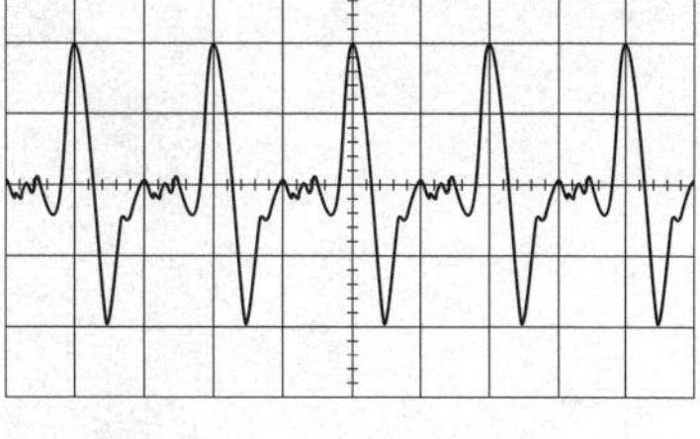

太郎君は次に，図4のように，弦の代わりに鉄製のおんさを固定した。おんさをたたいたところ，オシロスコープの画面は図5のようになった。

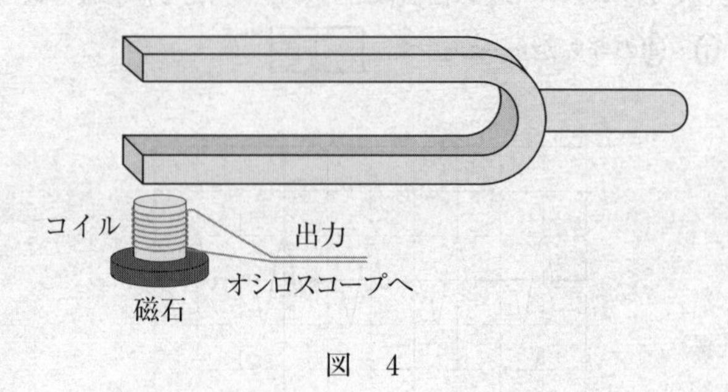

図　4

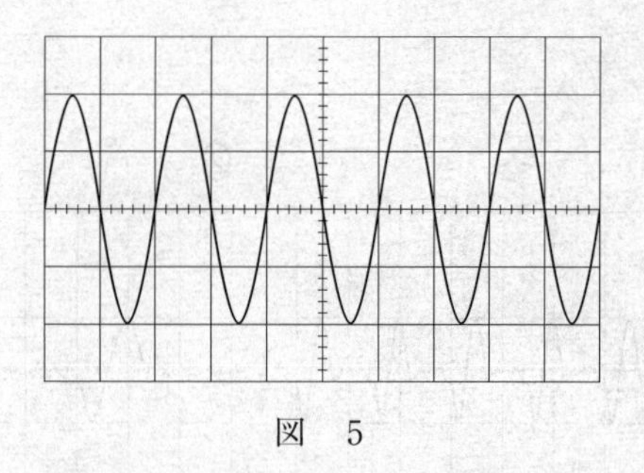

図　5

問 2　次に，鉄製のおんさと同じ形，同じ大きさの銅製のおんさで同じ実験を行ったところ，銅製のおんさの方が振動数の小さい音が聞こえた。このとき，図5と同じ目盛りに設定したオシロスコープの画面には横軸に沿って直線が見えるだけだった(図6)。図5と図6の違いは，鉄と銅のどの性質の違いによるか。最も適当なものを，下の①～⑦のうちから一つ選べ。 **2**

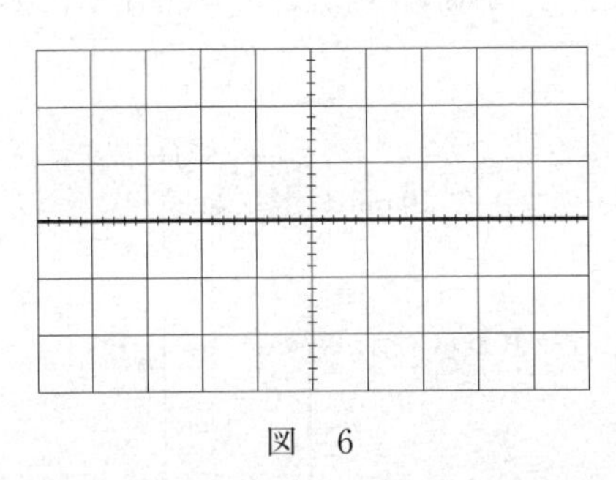

図　6

① 音速　　② 硬さ　　③ 密度　　④ 抵抗率

⑤ 比誘電率　　⑥ 比透磁率　　⑦ 比熱(比熱容量)

B　図7のように，アクリルパイプを鉛直に立て，その下端付近にコイルを設置した。コイルは，端子Aから端子Bへ上から見て時計回りに巻かれている。パイプの上端付近で円柱状の磁石を静かに放し落下させ，コイルの端子Bを基準とした端子Aの電位(電圧) V をオシロスコープで観察する。磁石の上面がコイルの上端に達するまでの落下距離を h とする。$h = 30$ cm のときの結果は，図8のようになった。ただし，時間軸の原点は $V = 100$ mV になった瞬間に設定されている。

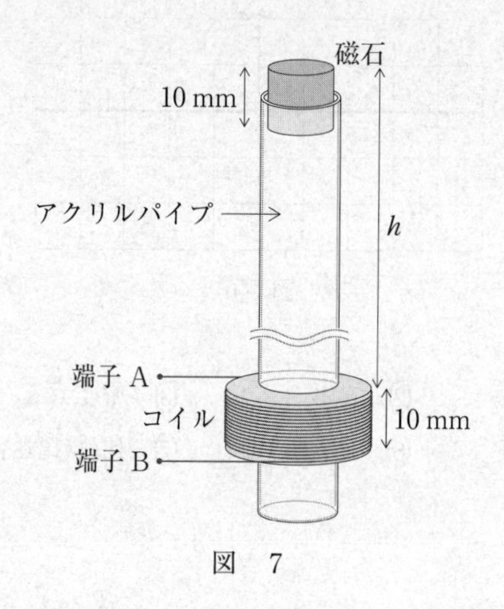

図　7

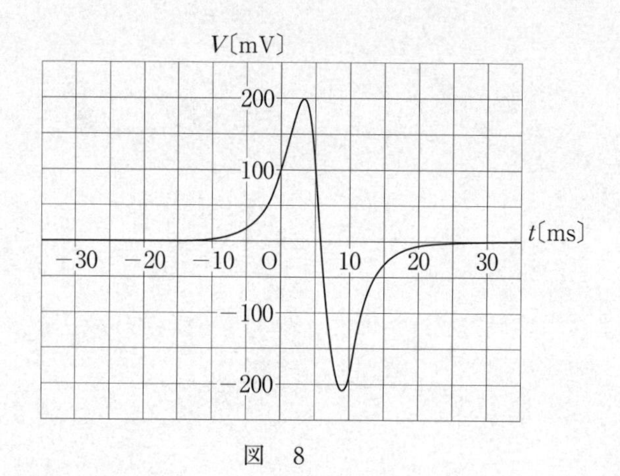

図　8

問 3　次の文章は，図8の結果から落下中の磁石の向きを推定する過程を述べたものである。文章中の空欄 ア ～ ウ に入れる語句の組合せとして最も適当なものを，下の①～⑧のうちから一つ選べ。 3

図8では，山が最初に現れることから，磁石がコイルに近づいてきたとき端子Aの電位が端子Bの電位より高くなったことがわかる。このとき，コイルには上から見て ア の電流を流そうとする向きに誘導起電力が生じていた。それは，コイルを上から下に貫く磁束が イ したからである。したがって，磁石が ウ を下にして近づいてきたことがわかる。

	ア	イ	ウ
①	時計回り	増加	N極
②	時計回り	増加	S極
③	時計回り	減少	N極
④	時計回り	減少	S極
⑤	反時計回り	増加	N極
⑥	反時計回り	増加	S極
⑦	反時計回り	減少	N極
⑧	反時計回り	減少	S極

問 4　次の文章中の空欄 [4] ・ [5] に入れる語句として最も適当なものを，下の①～⑤のうちから一つずつ選べ。ただし，同じものを繰り返し選んでもよい。[4] [5]

落下距離 $h = 15\,\mathrm{cm}$ の条件で同様の実験を行い，オシロスコープの画面を，$h = 30\,\mathrm{cm}$ の場合の図8と比較した。山の高さからわかる電圧と，谷の深さからわかる電圧はともに，[4] 。山の頂上と谷の底の時間差は [5] 。

① およそ2倍になる

② およそ $\sqrt{2}$ 倍になる

③ ほとんど変わらない

④ およそ $\frac{1}{\sqrt{2}}$ 倍になる

⑤ およそ $\frac{1}{2}$ 倍になる

物　理　基　礎

（解答番号 1 ～ 15 ）

第１問　次の問い（問１～４）に答えよ。（配点　20）

問１　力士と高校生が相撲を取る催しがあった。図１のように二人が向かい合って立ち，水平に押し合ったところ，二人とも動かなかった。図には，二人にはたらいた力のうち，水平方向の力のみを示した。ただし，図の矢印は力の向きのみを表している。

下の文章中の空欄 1 ・ 2 に入れる語句として最も適当なものを，それぞれの直後の｛　　｝で囲んだ選択肢のうちから一つずつ選べ。
1 2

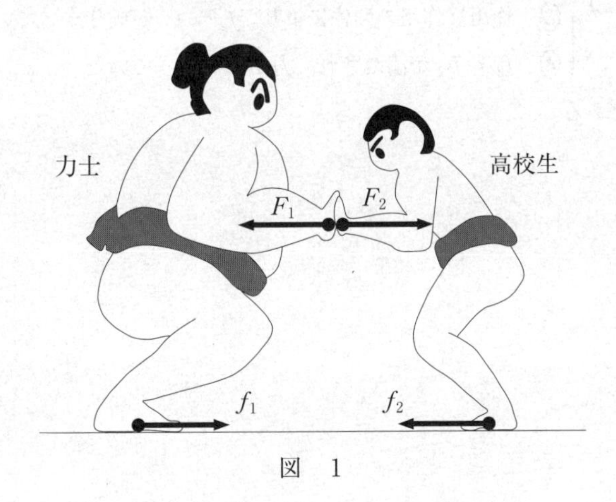

図　1

二人にはたらいた水平方向の力を考える。高校生から力士にはたらいた力の大きさを F_1，力士から高校生にはたらいた力の大きさを F_2，力士の足の裏にはたらいた摩擦力の大きさを f_1，高校生の足の裏にはたらいた摩擦力の大きさを f_2 とする。F_1 と F_2 について考えると，

1
- ① 高校生が重い力士を押しているので，$F_1 > F_2$
- ② 力士の方が強いので，$F_1 < F_2$
- ③ 作用反作用の関係にあるので，$F_1 = F_2$
- ④ つりあいの関係にあるので，$F_1 = F_2$

が成り立つ。

このとき，高校生が水平方向に動かなかったのは，

2
- ① $f_2 < F_2$ を満たす力で力士が押した
- ② $f_2 > F_2$ を満たす摩擦力がはたらいた
- ③ 作用反作用の関係により，$f_2 = F_2$ が成り立っていた
- ④ $f_2 = F_2$ が満たされ，力がつりあっていた

からである。

問 2 次の文章は，管楽器に関する生徒 A，B，C の会話である。生徒たちの説明が科学的に正しい考察となるように，文章中の空欄 ア ～ ウ に入れる語句の組合せとして最も適当なものを，下の①～⑧のうちから一つ選べ。
3

A：気温が変わると管楽器の音の高さが変化するって本当かな。

B：管楽器は気柱の振動を利用する楽器だから，気柱の基本振動数で音の高さを考えてみようか。

C：気温が下がると，音速が小さくなるから基本振動数は ア なって音の高さが変化するんじゃないかな。

B：管の長さだって温度によって変化するだろう。気温が下がると管の長さが縮むから，基本振動数は イ なるだろう。

A：どちらの影響もあるね。二つの影響の度合いを比べてみよう。

B：調べてみると，気温が下がると管の長さは 1 K あたり全長の数万分の 1 程度縮むようだ。

C：音速は 15 ℃ では約 340 m/s で，この温度付近では 1 K 下がると約 0.6 m/s 小さくなる。この変化の割合は 1 K あたり 600 分の 1 ぐらいになるね。

A：ということは， ウ の変化の方が影響が大きそうだね。予想どおりになるか，実験してみよう。

	ア	イ	ウ
①	小さく	小さく	音速
②	小さく	小さく	管の長さ
③	小さく	大きく	音速
④	小さく	大きく	管の長さ
⑤	大きく	小さく	音速
⑥	大きく	小さく	管の長さ
⑦	大きく	大きく	音速
⑧	大きく	大きく	管の長さ

問 3　防災用品の一つに，手で振って発電する懐中電灯がある。その原理である電磁誘導を理解するため，図2のような棒磁石とコイルを用いた実験を考える。N極をコイル側に向けた棒磁石を，矢印のようにコイルの中心軸に沿ってコイルに近づけたり遠ざけたりすると，コイルの両端 a，b 間に誘導起電力が生じる。この起電力を，より大きくするための工夫として適当なものを，下の①～④のうちから二つ選べ。ただし，解答の順序は問わない。なお，それぞれの選択肢において，選択肢中に書かれた条件以外は変化させないものとする。

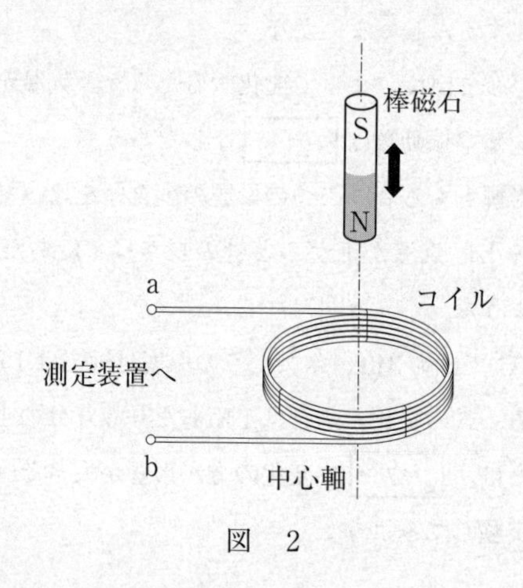

図　2

① コイルの巻数を増やす。

② 棒磁石を動かす速さを小さくする。

③ もう1本同じ棒磁石を加え，磁極の向きをそろえて束ねたものを用いる。

④ 棒磁石は静止させ，コイルの方を，棒磁石を動かす場合と同じ速さで近づけたり遠ざけたりする。

問 4　箔検電器は，箔の開き方から帯電の程度を知ることができる装置である。図3のように，箔が閉じている箔検電器の金属板に，ストローの入った紙袋を貼り付けた。このとき箔は閉じていた。

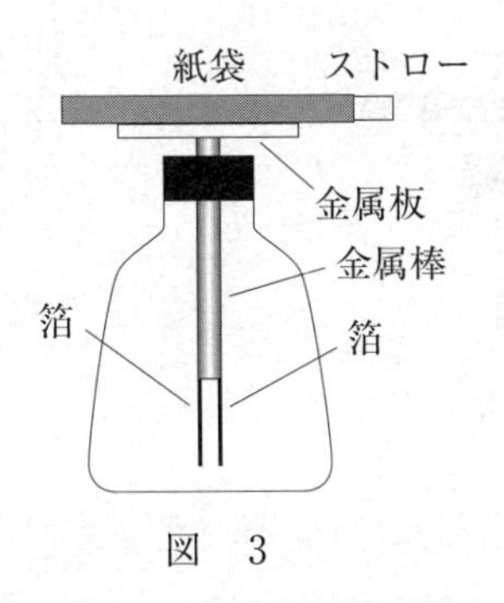

図　3

次に，指が紙袋に触れないようにストローを紙袋から引き抜き，図4のように，ストローを十分に遠ざけると箔は大きく開いた。図中の + は正に，− は負に帯電していることを模式的に表している。

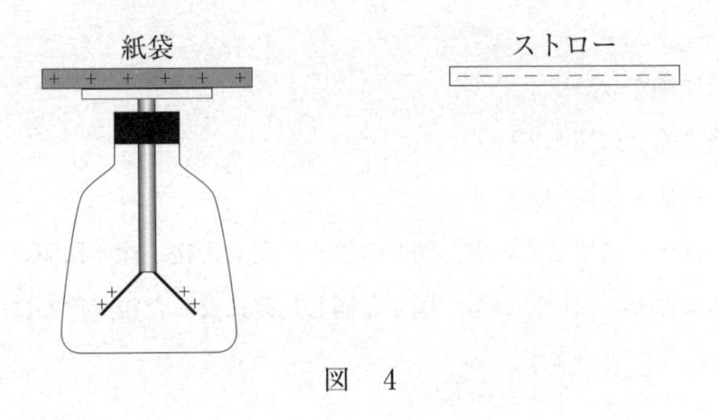

図　4

続いて，紙袋に指で少し触れた後，指を離した。この間に紙袋の電荷の一部が逃げ，大きく開いていた2枚の箔の角度が，図5のように小さくなって止まった。

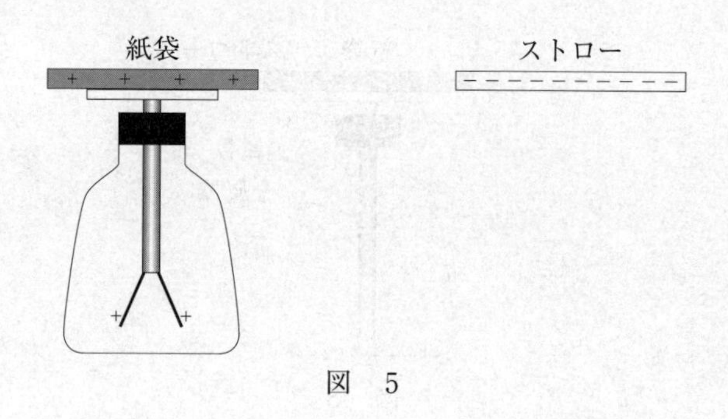

図　5

図5の状態から，先ほど引き抜いたストローをゆっくり紙袋の奥まで入れる。その間の箔の動きとして最も適当なものを，次の①〜⑤のうちから一つ選べ。ただし，ストローが紙袋から離れている間，ストローの電荷は逃げないものとする。 **6**

① 箔は動かない。
② 箔は徐々に閉じていく。
③ 箔は徐々に開いていく。
④ 箔は徐々に閉じていき，図3のように閉じた後，徐々に開いていく。
⑤ 箔は徐々に開いていき，図4と同じ角度になった後，徐々に閉じていく。

第2問　次の文章(A・B)を読み，下の問い(問1～4)に答えよ。(配点　18)

A　斜面上に置いた質量 0.500 kg の台車に記録テープの一端を付け，そのテープを1秒間に点を50回打つ記録タイマーに通す。記録タイマーのスイッチを入れ，台車を静かに放したところ，斜面に沿って動き出し，図1のような打点がテープに記録された。重なっていない最初の打点をPとし，その打たれた時刻を $t=0$ とする。打点Pから5打点ごとに印をつけ，その間隔 d を測定した。

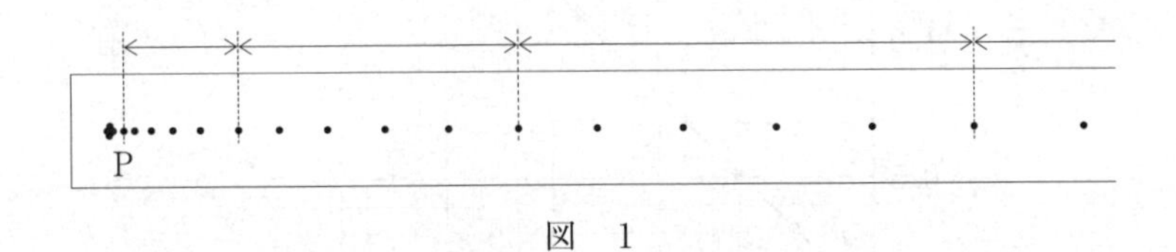

図　1

問1　ある区間での測定値は $d=0.1691$ m であった。この区間における平均の速さとして最も適当なものを，次の①～⑧のうちから一つ選べ。 [7] m/s

① 0.169　② 0.313　③ 0.714　④ 0.816
⑤ 1.69　⑥ 3.38　⑦ 4.08　⑧ 8.16

測定結果をもとに各区間の平均の速さ v を求め，時刻 t との関係を点で記すと，図2のようになり，直線を引くことができた。

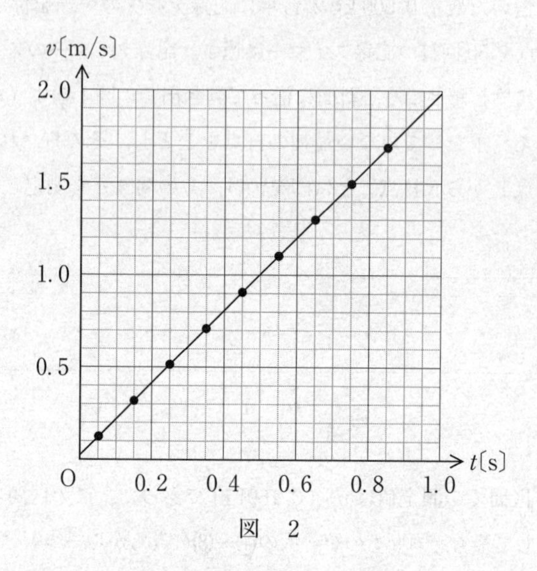

図　2

問 2　図2の直線から台車の加速度の大きさを求めるといくらになるか。最も適当なものを，次の①～⑥のうちから一つ選べ。 **8** m/s²

① 0.196　② 0.980　③ 1.69　④ 1.96　⑤ 4.90　⑥ 9.80

B　重力加速度の大きさが a の惑星で，惑星表面からの高さ h の位置から，物体を鉛直上向きに速さ v_0 で投げた。惑星の大気の影響は無視できるものとする。

問 3　図3は物体の位置と時刻の関係を示したものである。Rで物体にはたらく力の向きと大きさを図4の**オ**のように示すとき，P，Q，Sで物体にはたらく力の向きと大きさを示す図は，それぞれ図4の**ア**～**カ**のどれか。その記号として最も適当なものを，下の①～⑥のうちから一つずつ選べ。ただし，同じものを繰り返し選んでもよい。

P：［ 9 ］　Q：［ 10 ］　S：［ 11 ］

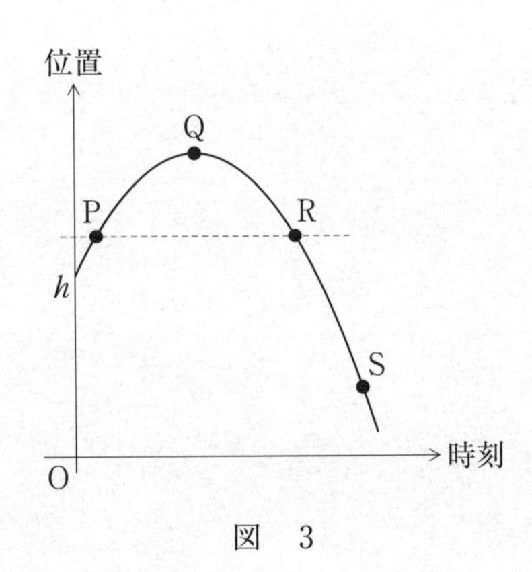

図　3

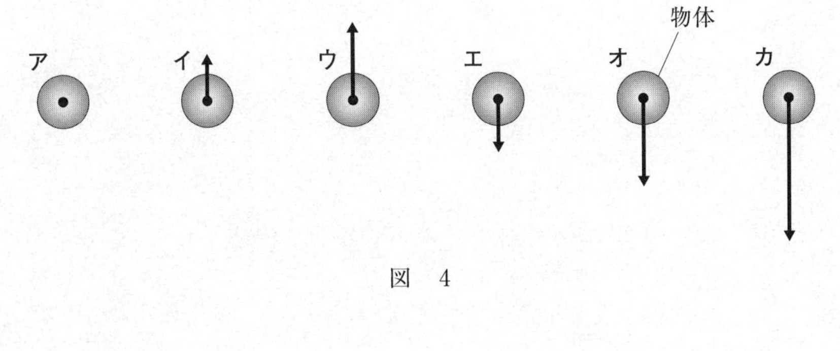

図　4

①　ア　　②　イ　　③　ウ　　④　エ　　⑤　オ　　⑥　カ

問 4　投げ上げられた物体は惑星表面に落下した。惑星表面に達する直前の物体の速さvを表す式として正しいものを，次の①〜⑥のうちから一つ選べ。

$v =$ [12]

① $\sqrt{{v_0}^2 + 2ah}$　　② $\sqrt{{v_0}^2 + ah}$　　③ $\sqrt{{v_0}^2 + \frac{1}{2}ah}$

④ $\sqrt{{v_0}^2 - 2ah}$　　⑤ $\sqrt{{v_0}^2 - ah}$　　⑥ $\sqrt{{v_0}^2 - \frac{1}{2}ah}$

第３問　次の文章を読み，下の問い（問１～３）に答えよ。（配点　12）

ケーキ生地に電流を流し，発生するジュール熱でケーキを焼く実験をすることになった。図１のように，容器の内側に，２枚の鉄板を向かい合わせに立てて電極とし，ケーキ焼き器を作った。鉄板に，電流計，電圧計，電源装置を接続した。ケーキ生地を容器の半分程度まで入れ，温度計を差し込んだ。ケーキ生地には，小麦粉に少量の食塩と炭酸水素ナトリウムを加え，水でといたものを使用した。電源装置のスイッチを入れてケーキ生地に交流電流を流し，電流，電圧，温度を測定した。

図２に電流計の示した値を，図３に温度計の示した値を，いずれもスイッチを入れて測定を開始してからの経過時間を横軸にとって表した。なお，測定中，電圧計は常に 100 V を示していた。

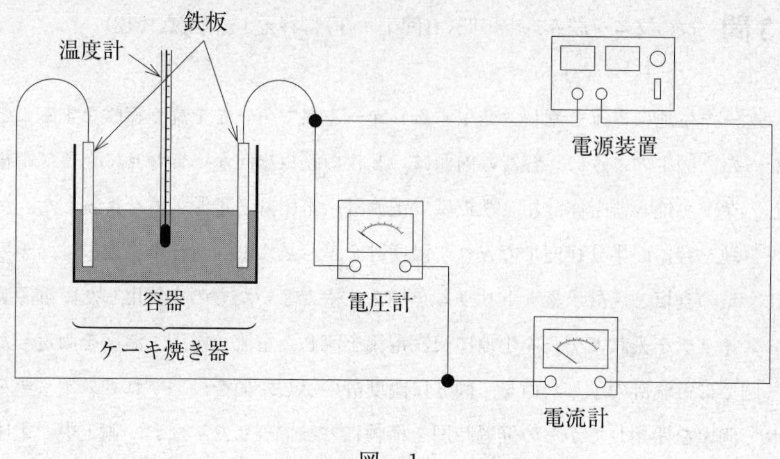

図　1

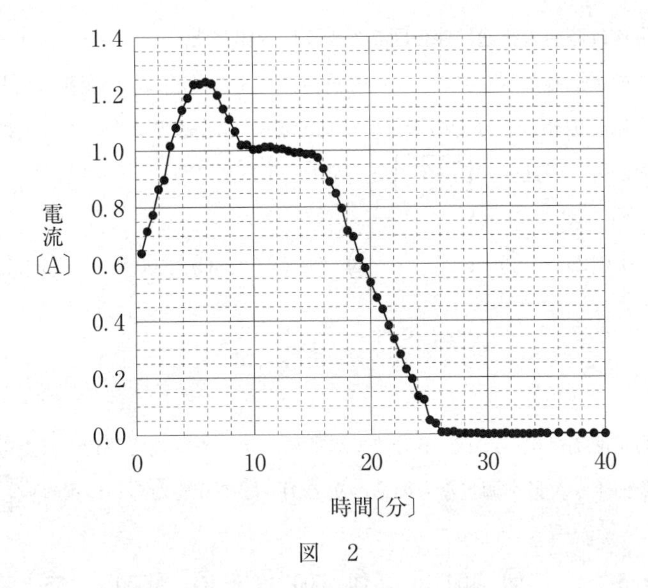
1.4
1.2
1.0
0.8
0.6
0.4
0.2
0.0
電流〔A〕
0
10
20
30
40
時間〔分〕

図　2

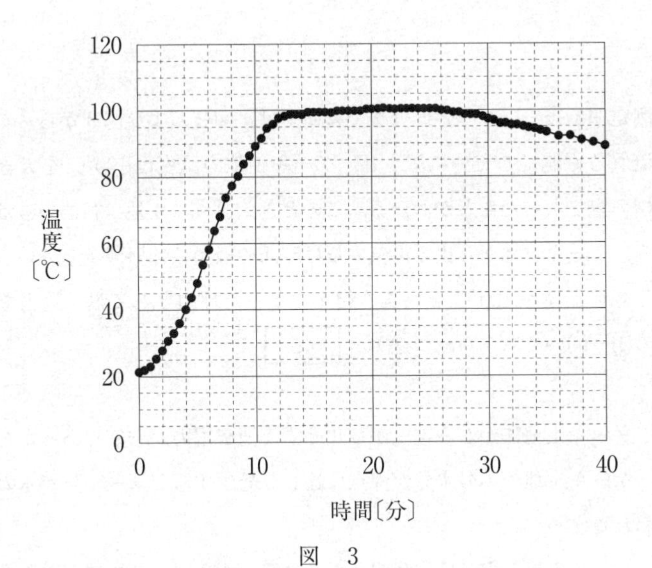
120
100
80
60
40
20
0
温度〔℃〕
0
10
20
30
40
時間〔分〕

図　3

問 1　電流は時間の経過に伴い図2のように変化した。したがって，ケーキ生地を一つの抵抗器とみなすと，その抵抗値は時間の経過に伴い変化したと考えられる。測定開始後6分での抵抗値は何Ωか。最も適当なものを，次の①～⑤のうちから一つ選べ。 **13** Ω

① 0.0125　② 1.25　③ 80　④ 100　⑤ 125

問 2　測定開始後10分から15分までの間に，ケーキ生地で消費された電力量はおよそ何Jか。最も適当なものを，次の①～⑤のうちから一つ選べ。 **14** J

① 5　② 100　③ 500　④ 30000　⑤ 50000

問 3　測定開始後15分から25分までの間では，図2および図3から，ケーキ生地に流れる電流はしだいに減少し，ケーキ生地の温度は100℃を大きく超えずほぼ一定であったことがわかる。このとき，ケーキ生地は容器いっぱいにふくらみ，ケーキ生地から出る湯気の量は時間の経過に伴い減少していった。ケーキ生地の温度が100℃を大きく超えなかった理由として最も適当なものを，次の①～④のうちから一つ選べ。 **15**

① ケーキ生地にかかる電圧が変化せず，消費電力が一定であったため。

② ケーキ生地の中の水分が沸点に達し，発生するジュール熱が水の蒸発に使われたため。

③ ケーキ生地の中で単位時間あたりに発生するジュール熱が一定であったため。

④ ケーキ生地から単位時間あたりに放出される熱量が一定であったため。

共通テスト

第1回 試行調査

物理

解答時間 60分
配点 100点

物　理

（全　問　必　答）

第1問　次の問い(問1～6)に答えよ。

〔解答番号 [1] ～ [7]〕

問 1　次の文章中の空欄 [1] ・ [2] に入れる数値として正しいものを，下の①～⑤のうちから一つずつ選べ。ただし，同じものを繰り返し選んでもよい。[1] [2]

水平なあらい面上で物体をすべらせ，すべり始めてから停止するまでの距離が初速度または動摩擦係数によってどのように変わるかを考える。動摩擦係数が同じ場合，初速度が2倍になると，停止するまでの距離は [1] 倍になる。一方，初速度が同じ場合，動摩擦係数が $\frac{1}{2}$ 倍になると，停止するまでの距離は [2] 倍になる。

① 1　② $\sqrt{2}$　③ 2
④ $2\sqrt{2}$　⑤ 4

問 2　手回し発電機は，ハンドルを回転させることによって起電力を発生させる装置である。リード線に図１に示す **a** 〜 **c** のような接続を行い，いずれの接続の場合でも同じ起電力が発生するように，同じ速さでハンドルを回転させた。

a 〜 **c** の接続について，ハンドルの手ごたえが軽いほうから重いほうに並べた順として正しいものを，下の①〜⑥のうちから一つ選べ。 **3**

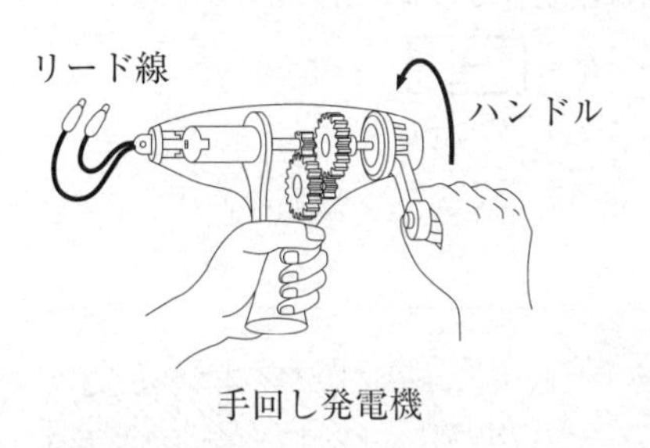

手回し発電機

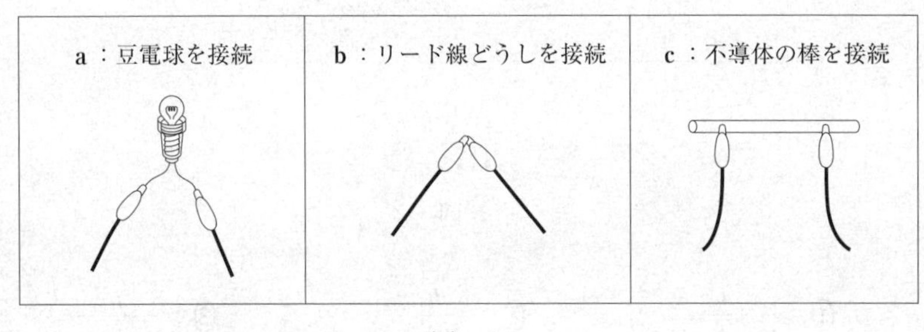

図　1

	ハンドルの手ごたえ 軽い ⟶ 重い		
①	a	b	c
②	a	c	b
③	b	a	c
④	b	c	a
⑤	c	a	b
⑥	c	b	a

問 3　池に潜り，深さhの位置から水面を見上げ，水の外を見ていた。図2のように，光を通さない円板が水面に置かれたので，外が全く見えなくなった。そのとき円板の中心は，潜っている人の目の鉛直上方にあった。このように外が見えなくなる円板の半径の最小値Rを与える式として正しいものを，下の①～⑥のうちから一つ選べ。ただし，空気に対する水の屈折率(相対屈折率)をnとし，水面は波立っていないものとする。また，円板の厚さと目の大きさは無視してよい。$R=$ **4**

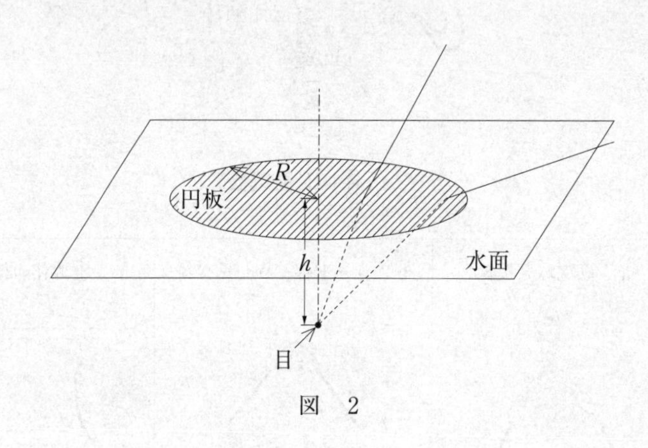

図　2

① $\dfrac{h}{\sqrt{1-\dfrac{1}{n}}}$　　② $\dfrac{h}{n-1}$　　③ $\dfrac{h}{\sqrt{n-1}}$

④ $\dfrac{h}{\sqrt{1-\dfrac{1}{n^2}}}$　　⑤ $\dfrac{h}{n^2-1}$　　⑥ $\dfrac{h}{\sqrt{n^2-1}}$

問 4　図3のように，一方の端を閉じた細長い管の開口端付近にスピーカーを置いて音を出す。音の振動数を徐々に大きくしていくと，ある振動数fのときに初めて共鳴した。このとき，管内の気柱には図のような開口端を腹とする定常波ができている。そのときの音の波長をλとする。さらに振動数を大きくしていくと，ある振動数のとき再び共鳴した。このときの音の振動数f'と波長λ'の組合せとして最も適当なものを，下の①～⑥のうちから一つ選べ。 **5**

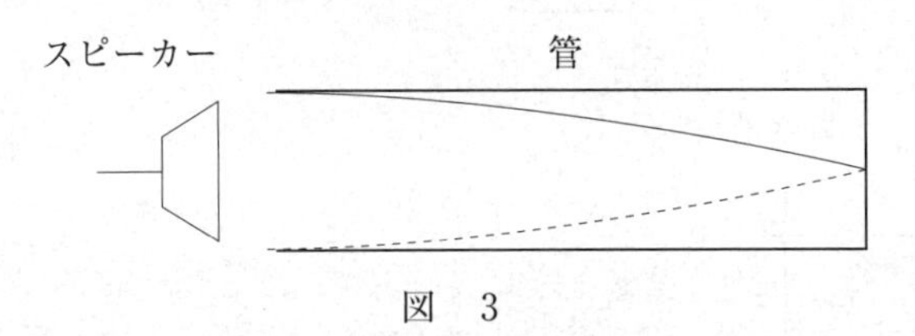

図　3

	f'	λ'
①	$\frac{3f}{2}$	$\frac{\lambda}{3}$
②	$\frac{3f}{2}$	$\frac{2\lambda}{3}$
③	$2f$	$\frac{3\lambda}{2}$
④	$2f$	$\frac{\lambda}{2}$
⑤	$3f$	$\frac{2\lambda}{3}$
⑥	$3f$	$\frac{\lambda}{3}$

問 5　図4はある小規模な水力発電所の概略を示す。川から供給される水は貯水槽に貯えられたあと，導水管を通って17 m の高さを落下し，毎秒30 kg の水が発電機に導かれる。この発電所で実際に得られた電力は2.2 kW であった。この大きさは，貯水槽と発電機の間における水の位置エネルギーの減少分が，すべて電気エネルギーに変換された場合に得られる電力の大きさの約何％か。最も適当な数値を，下の①～⑤のうちから一つ選べ。ただし，重力加速度の大きさを$9.8\,\mathrm{m/s^2}$とする。［ 6 ］％

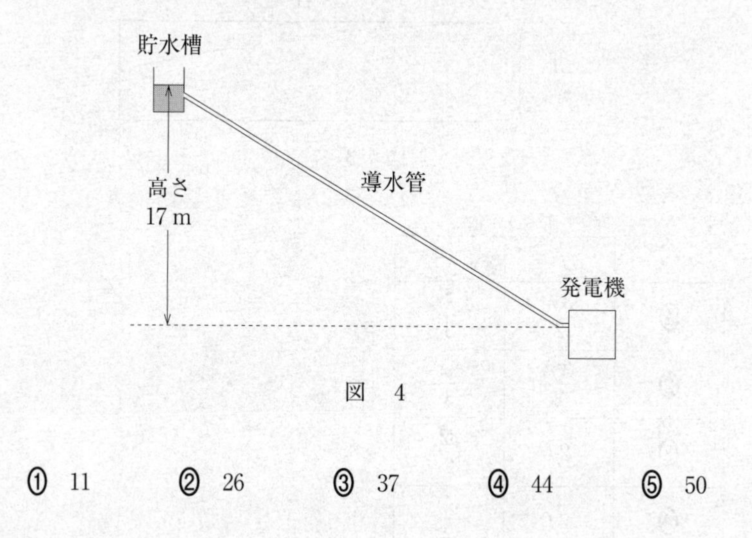

図　4

①　11　　②　26　　③　37　　④　44　　⑤　50

問 6　金箔(きんぱく)に照射した α 粒子(電気量 $+2e$，e は電気素量)の散乱実験の結果から，ラザフォードは，質量と正電荷が狭い部分に集中した原子核の存在を突き止めた。金の原子核による α 粒子の散乱の様子を示した図として最も適当なものを，次の①～⑥のうちから一つ選べ。ただし，図中の黒丸は原子核の位置を，実線は原子核の周辺での α 粒子の飛跡を模式的に示している。 7

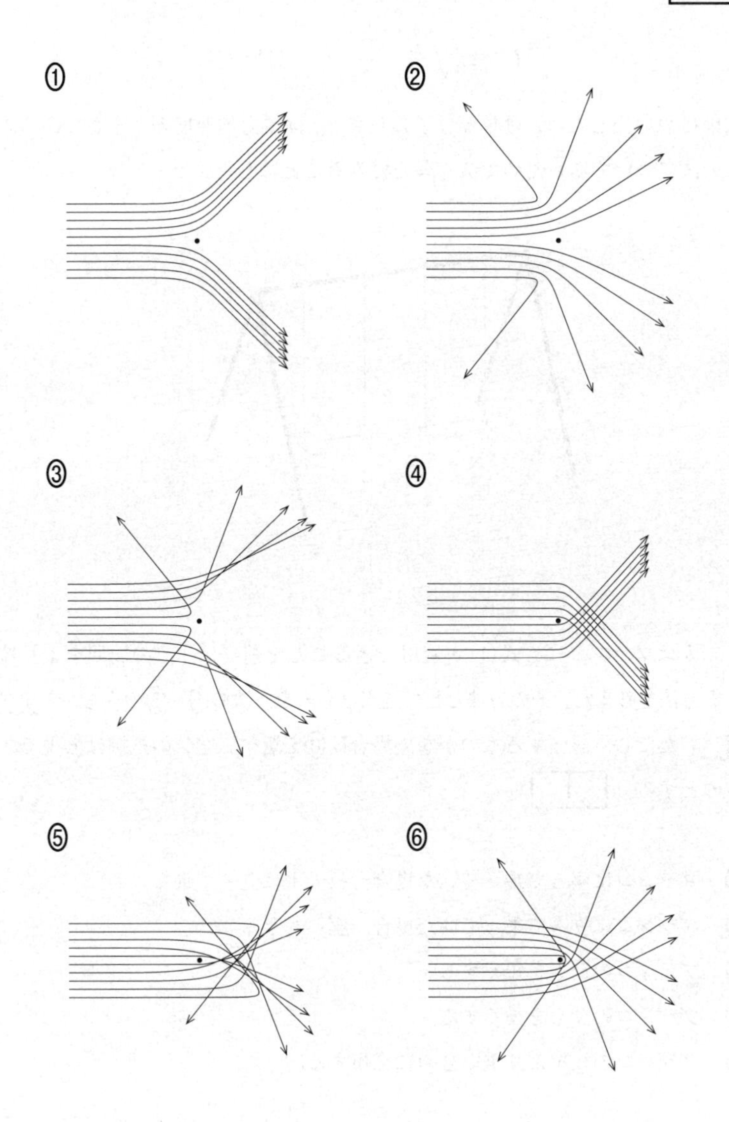

第２問　次の文章を読み，下の問い（問１〜５）に答えよ。
〔解答番号 [1] 〜 [5]〕

放課後の公園で，図１のようなブランコがゆれているのを，花子は見つけた。高校の物理で学んだばかりの単振り子の周期 T の式

$$T = 2\pi\sqrt{\frac{L}{g}} \qquad \cdots\cdots(1)$$

を，太郎は思い出した。L は単振り子の長さ，g は重力加速度の大きさである。二人はこの式についてあらためて深く考えてみることにした。

図　1

問１　二人はブランコにも式(1)が適用できることを前提に，その周期をより短くする方法を考えた。その方法として適当なものを，次の①〜⑤のうちから**すべて選べ**。ただし，該当するものがない場合は⓪を選べ。空気の抵抗は無視できるものとする。[1]

① ブランコに座って乗っていた場合，板の上に立って乗る。

② ブランコに立って乗っていた場合，座って乗る。

③ ブランコのひもを短くする。

④ ブランコのひもを長くする。

⑤ ブランコの板をより重いものに交換する。

小学校で振り子について学んだときのことを思い出した二人は，物理実験室に戻り，その結果や実験方法を見直してみることにした。

二人は実験方法について，次のように話し合った。

太郎：振り子が10回振動する時間をストップウォッチで測定し，周期を求めることにしよう。

花子：小学校のときには振動の端を目印に，つまり，おもりの動きが向きを変える瞬間にストップウォッチを押していたね。

太郎：他の位置，たとえば中心でも，目印をしておけばきちんと測定できると思う。

花子：端と中心ではどちらがより正確なのかしら。実験をして調べてみましょう。

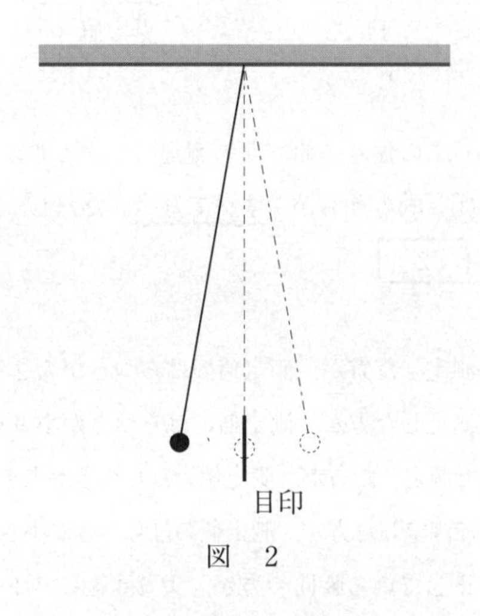

図　2

二人は長さ50 cmの木綿の糸と質量30 gのおもりを用いて振り子をつくった(図2)。振れはじめの角度を10°にとって振り子を振動させ，目印の位置に最初に到達した瞬間から，10回振動して同じ位置に到達した瞬間までの時間を測定し，振動の周期の10倍の値を求めた。振動の端を目印にとる場合と，中心に目印を置く場合のそれぞれについて，この測定を10回繰り返し，表1のような結果を得た。

表1　測定結果

振動の端で測定した場合

測定〔回目〕	周期 × 10〔s〕
1	14.22
2	14.44
3	14.31
4	14.37
5	14.35
6	14.19
7	14.25
8	14.47
9	14.22
10	14.35
平均値	14.32

振動の中心で測定した場合

測定〔回目〕	周期 × 10〔s〕
1	14.32
2	14.31
3	14.32
4	14.31
5	14.31
6	14.31
7	14.32
8	14.28
9	14.32
10	14.28
平均値	14.31

問2　表1の結果からこの振り子の周期の測定について考えられることとして適当なものを，次の①～⑤のうちから**すべて選べ**。ただし，該当するものがない場合は⓪を選べ。 2

① 振動の端で測定した方が，測定値のばらつきが大きく，より正確であった。
② 振動の端で測定した方が，測定値のばらつきが小さく，より正確であった。
③ 振動の中心で測定した方が，測定値のばらつきが大きく，より正確であった。
④ 振動の中心で測定した方が，測定値のばらつきが小さく，より正確であった。
⑤ 振り子が静止している瞬間の方が，より正確にストップウォッチを押すことができた。

式(1)の右辺には振幅が含まれていない。この式が本当に成り立つのか，疑問に思った二人は，振れはじめの角度だけを様々に変更した同様の実験を行い，確かめることにした。表2はその結果である。

表2　実験結果(平均値)

振れはじめの角度	周期〔s〕
10°	1.43
45°	1.50
70°	1.56

問3 表2の結果に基づく考察として合理的なものを，次の①～③のうちからすべて選べ。ただし，該当するものがない場合は⓪を選べ。 3

① 式(1)には，振幅が含まれていないので，振幅を変えても周期は変化しない。したがって，表2のように，振幅によって周期が変化する結果が得られたということは測定か数値の処理に誤りがある。

② 式(1)は，振動の角度が小さい場合の式なので，振動の角度が大きいほど実測値との差が大きい。

③ 実験の間，糸の長さが変化しなかったとみなしてよい場合，「振り子の周期は，振幅が大きいほど長い」という仮説を立てることができる。

次に二人は，式(1)をより詳しく確かめるため，これまでの考察を生かしつつ，次の手順の実験を行うことにした。今度は物理実験室にあった球形の金属製のおもりとピアノ線を用いた。

手順：

(1)　おもりの直径をノギスで測る。

(2)　ピアノ線の一端をおもりに取りつけ，他端を鉄製スタンドのクランプではさんで固定する。

(3)　ピアノ線の長さ(クランプとおもりの上端の距離)を測定する。

(4)　振れはじめの角度を 10° にして単振り子を振動させ，周期を測定する。

(5)　ピアノ線の長さをもう一度測定し，(3)で測定した値との平均値を求める。

(6)　(5)で求めた平均値におもりの半径を加え，その値を単振り子の長さとする。

単振り子の長さを約 1 m から始めておよそ 25 cm ずつ減らして，以上の実験を行ったところ，表3のような結果が得られた。

表3　実験結果

単振り子の長さ〔m〕	周期〔s〕
0.252	1.01
0.501	1.42
0.750	1.74
1.008	2.01

問 4　グラフ用紙を使って，表3の実験結果をグラフに描くことにした。グラフの横軸と縦軸の変数の組合せをどのように選べば式(1)を確認しやすいか。最も適当なものを，次の①～④のうちから一つ，⑤～⑧のうちから一つ，合計二つ選べ。［4］

	横軸にとる変数
①	単振り子の長さ
②	単振り子の長さの2乗
③	単振り子の長さの3乗
④	単振り子の長さの逆数

	縦軸にとる変数
⑤	周　期
⑥	周期の2乗
⑦	周期の3乗
⑧	周期の対数

問 5　この実験で，単振り子が振動の左端から振動の中心を通過して右端に達するまでの間に，ピアノ線の張力の大きさはどのように変化したか。最も適当なものを，次の①～⑨のうちから一つ選べ。［5］

	左　端	中　心	右　端
①	0	最　大	0
②	最　大	0	最　大
③	最　大	最　小	最　大
④	最　小	最　大	最　小
⑤	最　大	減　少	最　小
⑥	最　小	増　大	最　大
⑦	最　大	減　少	0
⑧	0	増　大	最　大
⑨	変化しない		

第3問　高校の授業で道路計画や自動車の物理について探究活動を行うことになった。次の文章(A・B)を読み，下の問い(**問1～6**)に答えよ。
〔**解答番号** 1 ～ 14 〕

A　道路計画を考えるには，まず自動車の運動を考えなくてはいけない。そこでみんなで次のように話し合った。

「実際に道路を走る自動車には速度制限があるね。」

「それでは仮に制限速度を 25 m/s にしてみよう。」

「急な加速や急な減速は危ないから，直線部分での加速度の大きさは 2.0 m/s^2 以下にしよう。」

「道路はまっすぐとは限らない。円運動しているときは，向心加速度というのがあったね。」

「向心加速度の大きさは 1.6 m/s^2 以下にしよう。」

「じゃあ，これまで出てきた三つの条件を満たしながら走るときの自動車の運動と，道路の形の関係を考えていこう。」

問1　図1のように，直線状の道路がA地点で円弧状の道路に滑らかにつながり，B地点で再び直線状の道路に滑らかにつながっている。1目盛りの長さは100 mである。下の文章中の空欄 [1] ～ [6] に入れる数字として最も適当なものを，下の①～⓪のうちから一つずつ選べ。ただし，同じものを繰り返し選んでもよい。 [1] ～ [6]

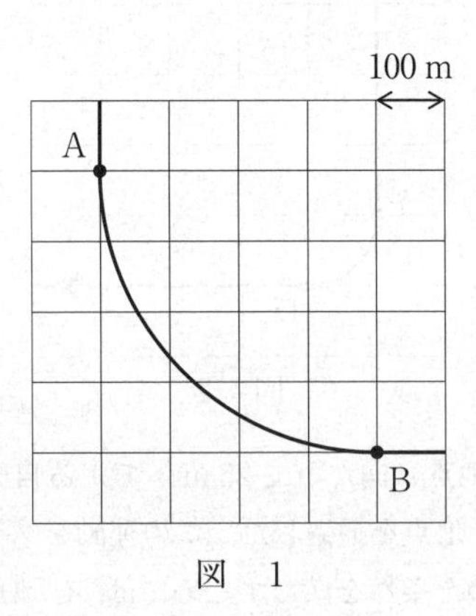

図　1

自動車がAB間を走行するのに要する時間の最小値は，有効数字2桁で表すと，

[1] . [2] × 10^[3] s

となる。また，向心加速度の大きさは一定であり，有効数字2桁で表すと，

[4] . [5] × 10^[6] m/s²

となる。

① 1	② 2	③ 3	④ 4	⑤ 5
⑥ 6	⑦ 7	⑧ 8	⑨ 9	⓪ 0

問 2 地形によっては，**問 1** よりも円弧部分が短い図 2 のような道路計画にすることもある。1 目盛りの長さは 100 m である。下の文章中の空欄 [7] ～ [9] に入れる数字として正しいものを，下の①～⓪のうちから一つずつ選べ。ただし，同じものを繰り返し選んでもよい。 [7] ～ [9]

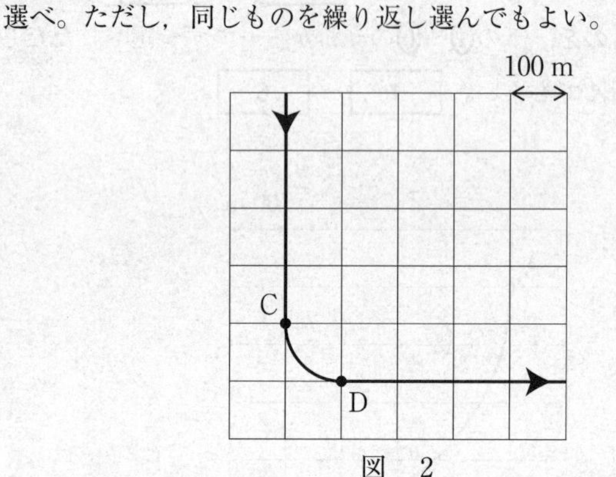

図 2

直線部分を C 地点に向かって 25 m/s で走る自動車が，ある地点から等加速度で減速し，C 地点を通過した。この運動をグラフにすると図 3 のようになる。最初に決めた条件を満たすためには，C 地点より少なくとも

$$[7] . [8] \times 10^{[9]} \text{ m}$$

以上の距離だけ手前で減速を始めなければならない。ただし，有効数字は 2 桁とする。

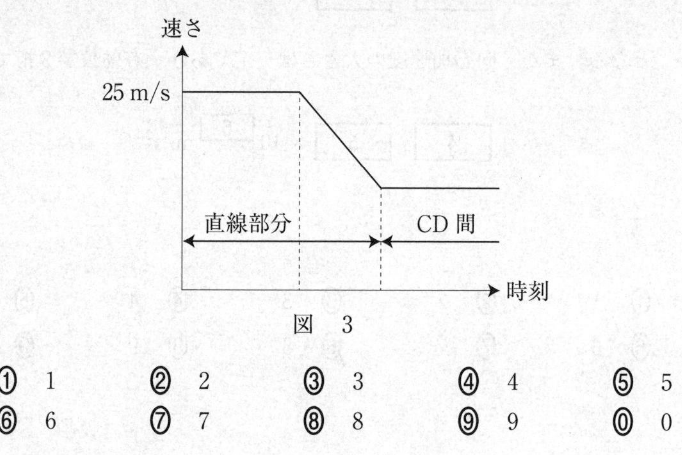

図 3

① 1	② 2	③ 3	④ 4	⑤ 5
⑥ 6	⑦ 7	⑧ 8	⑨ 9	⓪ 0

問 3　道路の円弧部分でも，最初に決めた条件を満たす範囲で速さを変えることができる。図4のような点Oを中心とする円弧状の道路で，減速しながらP地点を通過する瞬間の自動車の加速度の向きとして最も適当なものを，下の①～⑧のうちから一つ選べ。記号 a ～ d は，図4に示したものである。

10

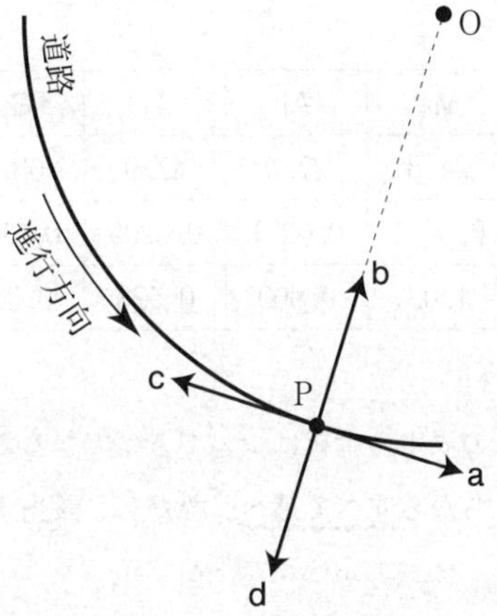

図　4

① aの向き　　② aとbの間の向き

③ bの向き　　④ bとcの間の向き

⑤ cの向き　　⑥ cとdの間の向き

⑦ dの向き　　⑧ dとaの間の向き

B　自動車の加速・減速について考えた後，減速のときに使われるブレーキについても考えてみることにした。

表1は，鉄以外のいくつかの金属について，原子量 A とその逆数 A^{-1}，温度 293 K での比熱容量を示したものである。この表を考察するとき，必要があれば，次ページの方眼紙を使え。

表　1

元素記号	Mg	Al	Ti	Cu	Ag	Pb
原子量 A	24.3	27.0	47.9	63.5	107.9	207.2
A^{-1}	0.0411	0.0371	0.0209	0.0157	0.00927	0.00483
比熱容量〔J/(g·K)〕	1.03	0.900	0.528	0.385	0.234	0.130

問 4　表1から，この表中の金属について考察できることとして適当なものを，次の①～③のうちから<u>すべて選べ</u>。ただし，該当するものがない場合は⓪を選べ。 11

① 金属1gの温度を1Kだけ上昇させるのに必要なエネルギーは，原子量 A が小さいほど大きい。

② 金属の温度を1Kだけ上昇させるのに必要なエネルギーは，金属原子の数が同じであれば，ほぼ等しい。

③ 金属の温度を1Kだけ上昇させるのに必要なエネルギーは，金属の質量が同じであれば，ほぼ等しい。

問 5　速さ 20 m/s で走る質量 1000 kg の自動車にブレーキをかけ停止させる。このとき運動エネルギーはすべて，ブレーキの鉄でできた部品の温度上昇に使われるものとする。その部品の温度の上昇を 160 K 以下に抑えるためには，鉄の質量 m は何 kg 以上でなければならないか。次の式中の空欄 [12] ・ [13] に入れる最も適当な数値を，下の選択肢群のうちから一つずつ選べ。ただし，鉄の比熱容量は 293 K のときの値を用いるものとする。また，鉄の原子量は 55.8，その逆数は 0.0179 である。 [12] [13]

$$m \geqq \boxed{12} \times 10^{\boxed{13}}\ \text{kg}$$

[12] の選択肢：

① 1.0　② 2.0　③ 3.0　④ 4.0　⑤ 5.0
⑥ 6.0　⑦ 7.0　⑧ 8.0　⑨ 9.0

[13] の選択肢：

① −4　② −3　③ −2　④ −1　⑤ 0
⑥ 1　⑦ 2　⑧ 3　⑨ 4

問 6　自動車を減速させるとき，失われる運動エネルギーを有効に利用する方法を考えて，みんなで案を出しあった。

「冬であれば，①ブレーキで発生した熱を車内の暖房に用いるってのはどうかな？」

「むしろその熱を次に加速するときのエネルギー源にしよう。②熱をすべて，自動車の運動エネルギーに戻すことだってできるんじゃない？」

「それより，③車軸に発電機をつないでバッテリーを充電するのはどうだろう？」

上の会話中の下線部①～③のうち，物理法則に**反する**ものを**すべて選べ**。ただし，該当するものがない場合は⓪を選べ。　14

第4問　次の文章を読み，下の問い(問1・問2)に答えよ。

〔解答番号 1 ～ 5 〕

図1のように，絶縁体(不導体)の円板と，円板に固定された巻き数1のコイルが，中心の回転軸のまわりに角速度 $\frac{50}{3}\pi$ rad/s で回転している。コイルの直線部分のなす角は90°である。回転軸を中心とした中心角120°の扇形の範囲には，磁束密度 B の一様な磁場(磁界)が紙面に垂直に，裏から表の向きにかかっている。

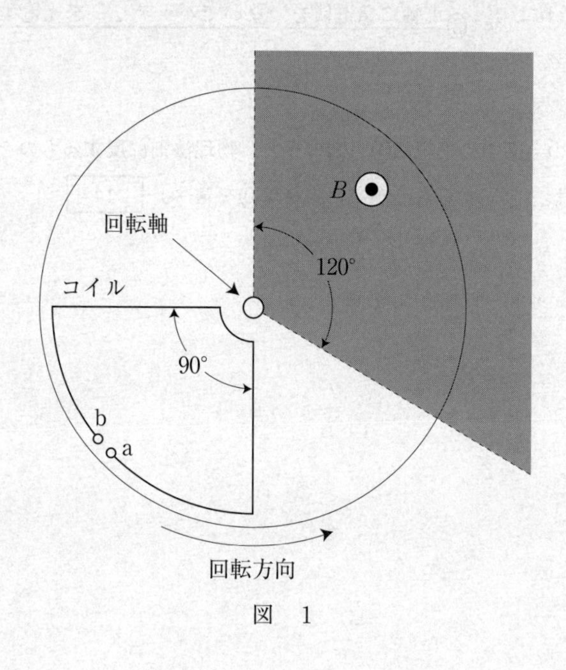

図　1

問 1 端子 a を基準とした端子 b の電位の時間変化を表すと，どのようなグラフになるか。また，そのグラフの横軸の 1 目盛りの大きさは何秒か。最も適当なものを，次の選択肢群のうちから一つずつ選べ。

グラフ　： 1

1 目盛り： 2 s

1 の選択肢：

①
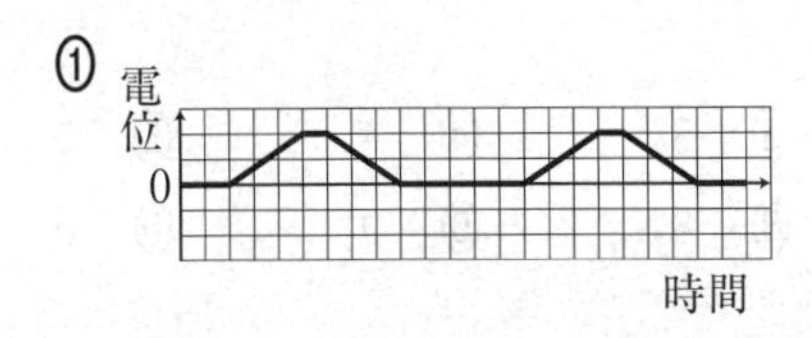

②
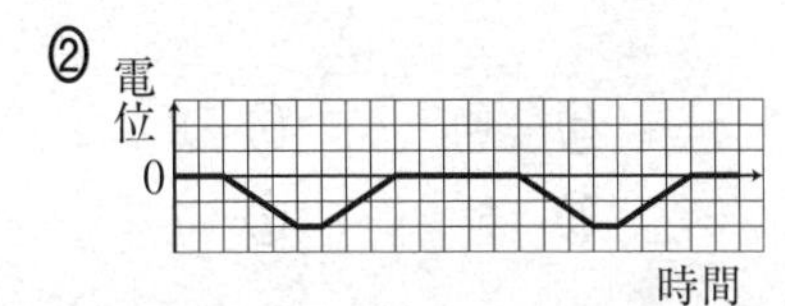

③
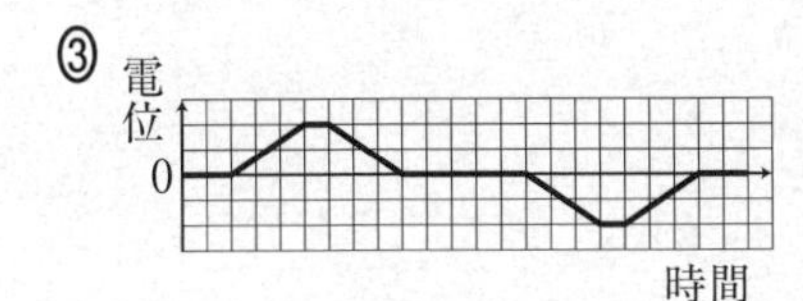

④
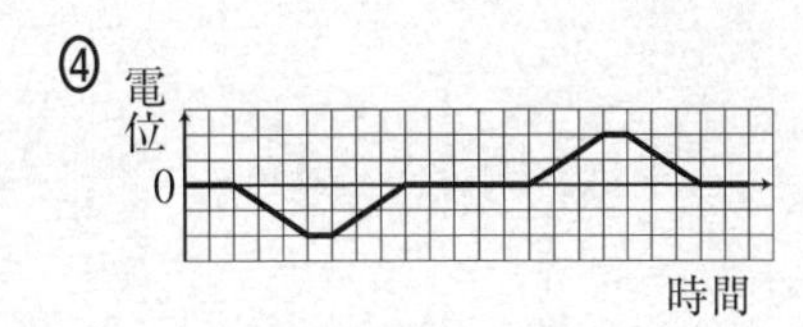

⑤
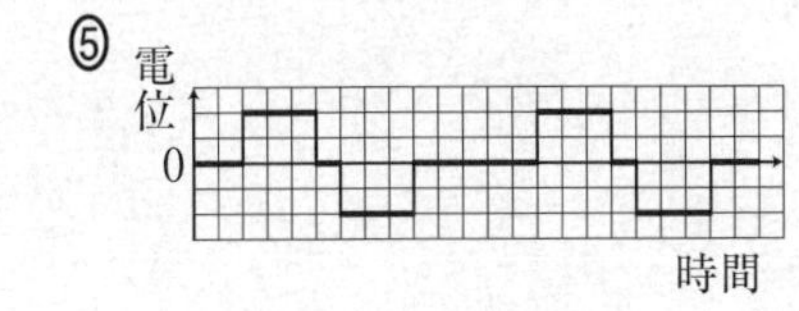

⑥
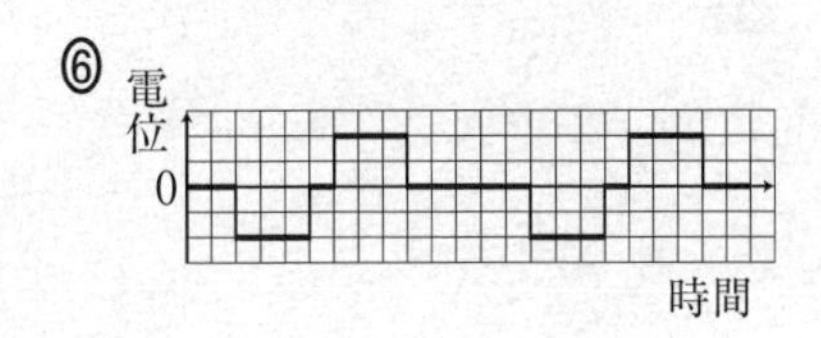

⑦
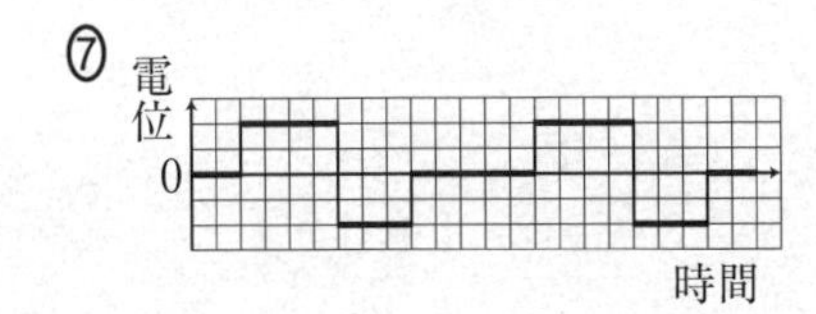

⑧
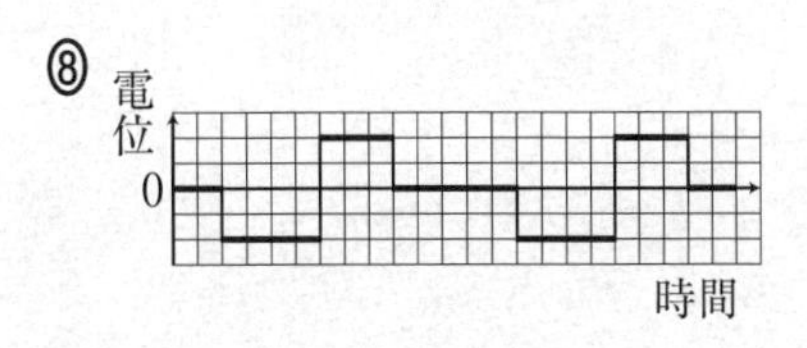

2 の選択肢：

① 0.0010　② 0.010　③ 0.10　④ 1.0

⑤ 0.00050　⑥ 0.0050　⑦ 0.050　⑧ 0.50

問 2　コイルで囲まれた部分の面積を $50\,\mathrm{cm}^2$，磁束密度 B を $0.30\,\mathrm{T}$ とする。コイルに生じる起電力の大きさの最大値 V を有効数字2桁で表すとき，次の式中の空欄 [3] ～ [5] に入れる数字として最も適当なものを，下の①～⓪のうちから一つずつ選べ。ただし，同じものを繰り返し選んでもよい。

[3] ～ [5]

$$V = \boxed{3}\,.\,\boxed{4} \times 10^{-\boxed{5}}\ \mathrm{V}$$

① 1	② 2	③ 3	④ 4	⑤ 5
⑥ 6	⑦ 7	⑧ 8	⑨ 9	⓪ 0

2020

センター試験

本試験

物理

解答時間 60 分　配点 100 点

物　理

問　題	選　択　方　法
第１問	必　　答
第２問	必　　答
第３問	必　　答
第４問	必　　答
第５問	いずれか１問を選択し，解答しなさい。
第６問	

第1問　(必答問題)

次の問い(問1～5)に答えよ。
〔解答番号 1 ～ 5 〕(配点　25)

問1　図1のように，質量がMで長さが3ℓの一様な棒の端点Aに軽い糸で物体をつなぎ，端点Aからℓだけ離れた点Oで棒をつるすと，棒は水平に静止した。このとき，物体の質量mを表す式として正しいものを，下の①～⑤のうちから一つ選べ。$m =$ 1

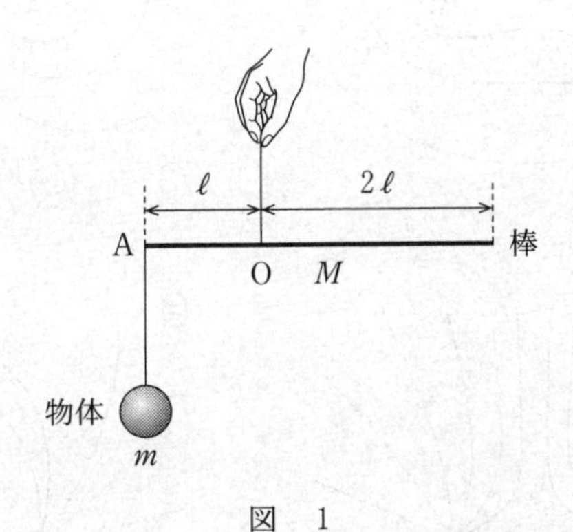

図　1

①　$2M$　　②　M　　③　$\frac{1}{2}M$　　④　$\frac{1}{3}M$　　⑤　$\frac{1}{4}M$

問 2　紙面に垂直で十分に長い直線導線 A，B に，紙面の表から裏に向かって同じ大きさの電流を流した。紙面内での磁力線の様子を表す図として最も適当なものを，次の①～④のうちから一つ選べ。ただし，磁力線の向きを表す矢印は省略してある。 2

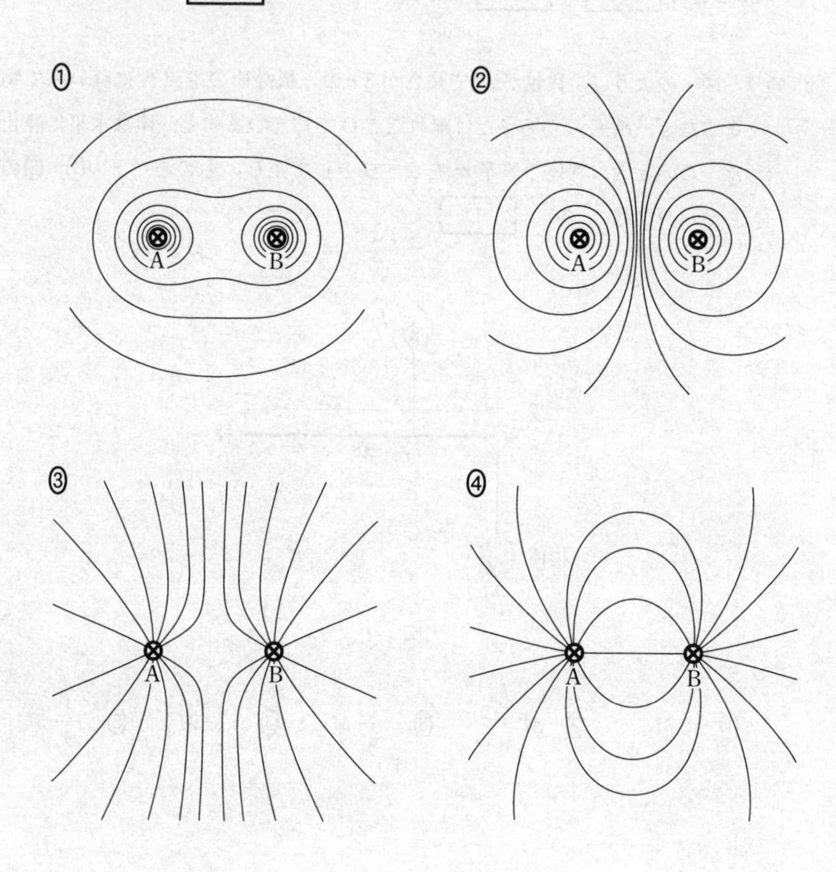

問 3　図 2 のように，入口 A から音を入れ，経路 ABC を通った音と経路 ADC を通った音が干渉した音を出口 C で聞く装置(クインケ管)がある。経路 ADC の長さは管 D を出し入れして変化させることができる。はじめに，A から一定の振動数の音を入れながら管 D の位置を調整して，C で聞く音が最小となるようにした。その状態から管 D をゆっくりと引き出すと，C で聞く音は大きくなったのち小さくなり，管 D をはじめに調整した位置から長さ L だけ引き出したとき再び最小となった。ただし，管 D を L だけ引き出すと，経路 ADC の長さは引き出す前より $2L$ だけ長くなる。音の波長 λ を表す式として最も適当なものを，下の①～⑤のうちから一つ選べ。$\lambda =$ [3]

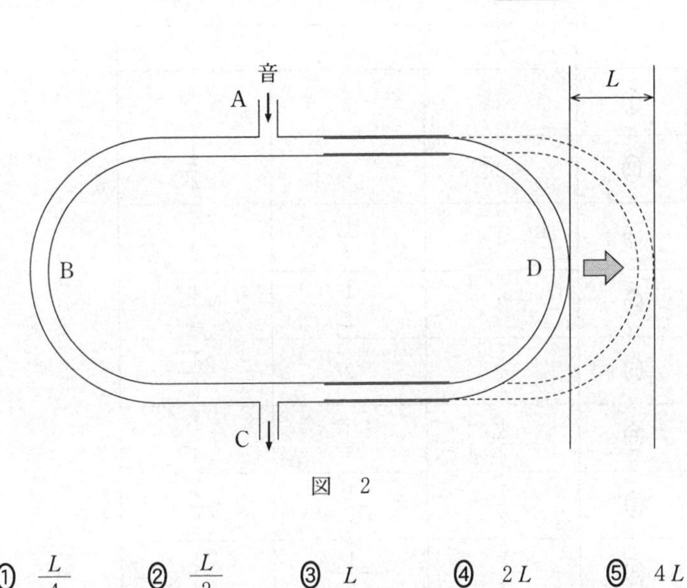

図　2

①　$\frac{L}{4}$　　②　$\frac{L}{2}$　　③　L　　④　$2L$　　⑤　$4L$

問 4　次の文章中の空欄 ア ～ ウ に入れる数値の組合せとして最も適当なものを，下の①～⑧のうちから一つ選べ。 4

ピストンのついたシリンダー内に単原子分子の理想気体が閉じ込められている。この気体の絶対温度を一定に保って体積を ア 倍にすると，圧力は $\frac{1}{2}$ 倍になる。

一方，この気体の圧力を一定に保って絶対温度を $\frac{1}{2}$ 倍にすると，体積は イ 倍になり，気体の内部エネルギーは ウ 倍になる。

	ア	イ	ウ
①	2	2	$\frac{1}{2}$
②	2	2	$\frac{1}{4}$
③	2	$\frac{1}{2}$	$\frac{1}{2}$
④	2	$\frac{1}{2}$	$\frac{1}{4}$
⑤	$\frac{1}{2}$	2	$\frac{1}{2}$
⑥	$\frac{1}{2}$	2	$\frac{1}{4}$
⑦	$\frac{1}{2}$	$\frac{1}{2}$	$\frac{1}{2}$
⑧	$\frac{1}{2}$	$\frac{1}{2}$	$\frac{1}{4}$

問 5　図3のように，なめらかな水平面上を右向きに速さ v で運動する質量 $2m$ の小球Aが，小球Aと逆向きに速さ $2v$ で運動する質量 m の小球Bと点Oで衝突した。衝突後，小球Aの速度の向きは水平面内で45°変化した。衝突後の小球Bの速度の向きとして最も適当なものを，下の①～⑧のうちから一つ選べ。ただし，①～⑧の矢印は水平面上にあり，⑤の左の破線は衝突前の小球Aの軌跡を示している。 **5**

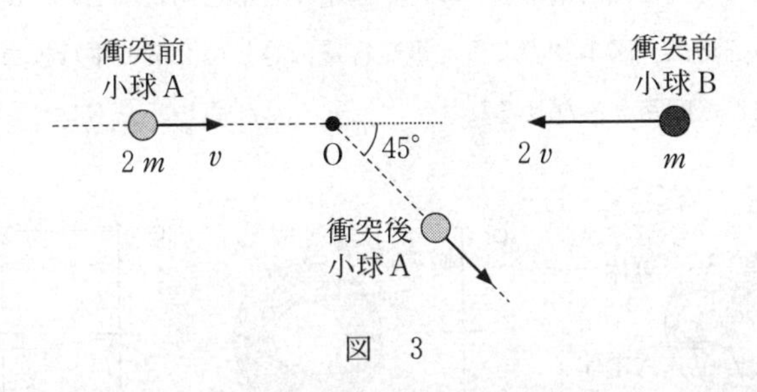

図　3

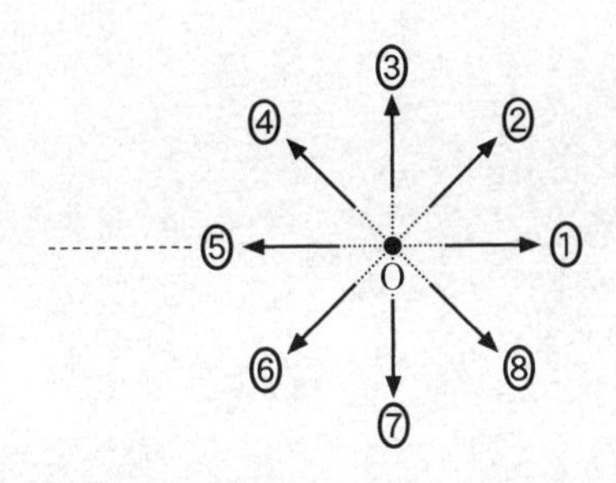

第2問 （必答問題）

次の文章（**A**・**B**）を読み，下の問い（**問1～4**）に答えよ。
〔**解答番号** [1] ～ [4] 〕（配点　20）

A　図1(a)のように，円筒形の導体を中心軸を含む平面で二つに切り離し，これら二つの導体で大きな誘電率をもつ薄い誘電体をはさんだ。これに電池をつないだ図1(b)の回路は，図1(c)のように電気容量の等しい2個の平行板コンデンサーを並列接続した回路とみなせる。

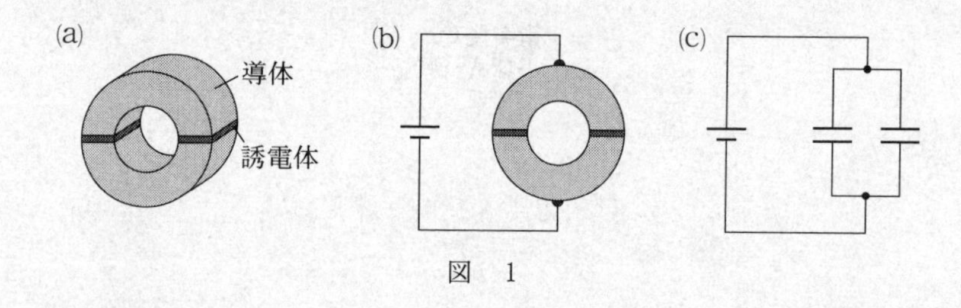

図　1

問 1　次に，導体を加工して，等しい形状の導体P，Q，R，Sに切り離し，図1(a)と同じ誘電体をはさんだ。図2のように導体P，R間に電池をつないだ回路は，図1(c)の平行板コンデンサーを4個接続した回路とみなせる。この回路として最も適当なものを，下の①～⑥のうちから一つ選べ。 1

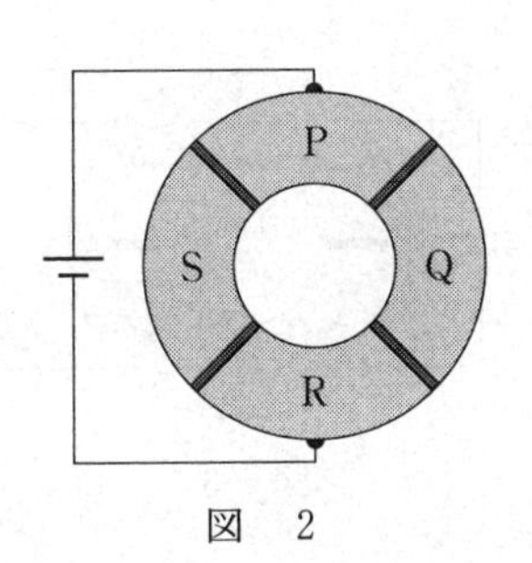

図　2

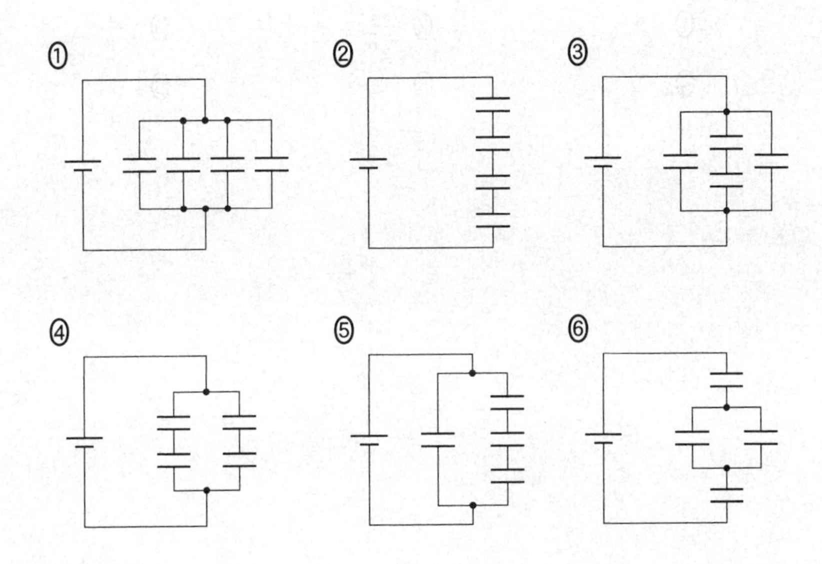

問 2　図 2 の回路から電池をはずした後，すべての電荷を放電させた。その後，図 3 のように，導体 P，S 間に電池をつないだ。十分に時間が経過した後の導体 Q，R 間の電圧は電池の電圧の何倍か。最も適当なものを，下の①～⑥のうちから一つ選べ。 **2** 倍

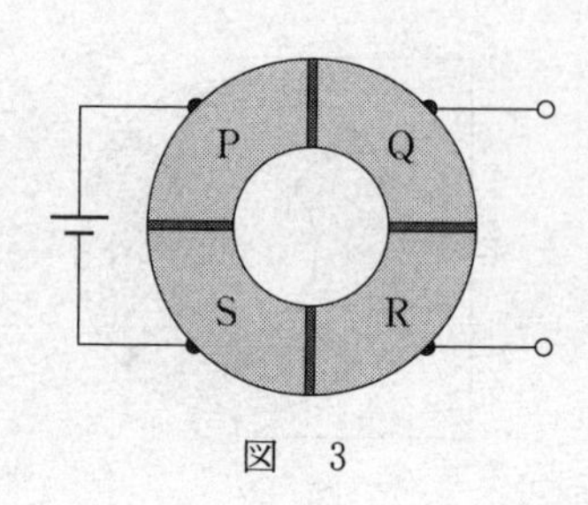

図　3

① 0　　② $\frac{1}{3}$　　③ $\frac{1}{2}$

④ 1　　⑤ 2　　⑥ 3

B　図4のように，互いに平行な板状の電極P，Qが紙面に垂直に置かれている。質量m，電気量$q(q>0)$の荷電粒子Aが電極P，Qの穴を通過した後，面Sに達した。Qに対するPの電位はVであり，電極P，Qの穴を通過したときの粒子の進行方向は，それぞれの電極の面に垂直であった。電極Qと面Sの間の灰色の領域では，紙面に垂直に裏から表の向きへ一様な磁場（磁界）がかけられており，電場（電界）はないとする。ただし，装置はすべて真空中に置かれており，重力の影響は無視できるものとする。

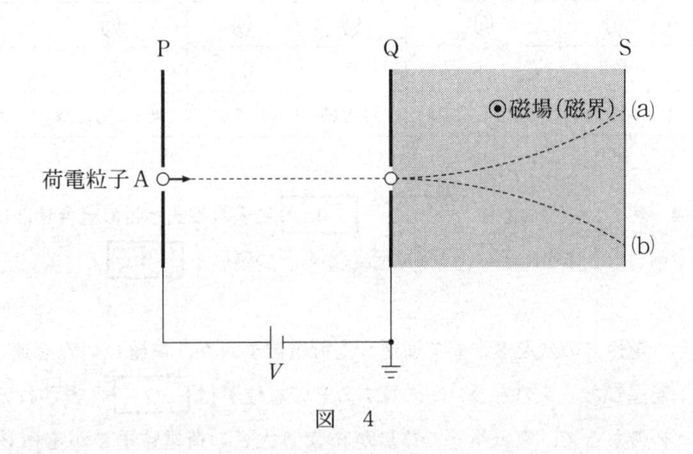

図　4

問 3　次の文章中の空欄 ア ・ イ に入れる記号と語句の組合せとして最も適当なものを，下の①～⑥のうちから一つ選べ。 3

荷電粒子Ａは，一様な磁場から力を受けて図４の ア の軌道を描いて面Ｓに達した。面Ｓに達する直前の荷電粒子Ａの運動エネルギーは，電極Ｑの穴を通過したときの運動エネルギーと比べて イ 。

	①	②	③	④	⑤	⑥
ア	(a)	(a)	(a)	(b)	(b)	(b)
イ	小さい	変わらない	大きい	小さい	変わらない	大きい

問 4　次の文章中の空欄 ウ ・ エ に入れる式と語の組合せとして最も適当なものを，下の①～⑥のうちから一つ選べ。 4

電極Ｐの穴を速さ v で通過した荷電粒子Ａが，電極Ｑの穴を速さ $2v$ で通過した。このとき，Ｑに対するＰの電位 V は ウ と表される。この V のもとで，電気量 q で質量が m より大きい荷電粒子Ｂが電極Ｐの穴を速さ v で通過した。この荷電粒子Ｂが電極Ｑの穴を通過したときの速さは $2v$ よりも エ 。

	①	②	③	④	⑤	⑥
ウ	$\frac{mv^2}{2q}$	$\frac{mv^2}{2q}$	$\frac{3mv^2}{2q}$	$\frac{3mv^2}{2q}$	$\frac{5mv^2}{2q}$	$\frac{5mv^2}{2q}$
エ	小さい	大きい	小さい	大きい	小さい	大きい

第３問　（必答問題）

次の文章（**A**・**B**）を読み，下の問い（**問１～４**）に答えよ。
〔**解答番号** [1] ～ [4] 〕（配点　20）

A　水面波のドップラー効果について考える。x 軸方向に十分長く，水の流れがない直線状の水路がある。原点Oから十分遠方の $x < 0$ の位置に波源を設置して，周期 T で振動させると，この水路の水面に x 軸の正の向きに速さ V で進む波が発生する。ただし，波は進行方向に正弦波として伝わるものとする。

問１　次の文章中の空欄 [ア]・[イ] に入れる式の組合せとして正しいものを，次ページの①～⑥のうちから一つ選べ。 [1]

はじめに，波源の位置を固定し，波を発生させた。このとき，波の隣り合う山と山は [ア] だけ離れている。観測者は，図１のように，水路に沿って x 軸の正の向きへ速さ v_0（$v_0 < V$）で移動しながら，観測者と同じ x 座標における水面の変位を観測する。観測者が図１(a)のように最初の山を観測してから，図１(b)のように次の山を観測するまでにかかる時間 T_1 は [イ] となり，観測者が観測する波の振動数は $\frac{1}{T_1}$ となる。

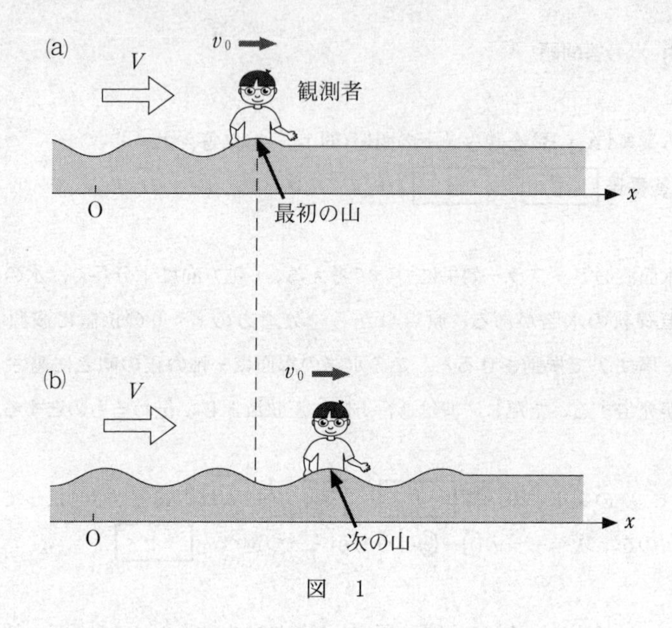

図　1

	ア	イ
①	$\frac{V}{2}T$	$\frac{V}{2(V-v_0)}T$
②	$\frac{V}{2}T$	$\frac{V}{2(V+v_0)}T$
③	VT	$\frac{V}{V-v_0}T$
④	VT	$\frac{V}{V+v_0}T$
⑤	$2VT$	$\frac{2V}{V-v_0}T$
⑥	$2VT$	$\frac{2V}{V+v_0}T$

問 2　次に，波源の位置を最初は固定し，ある時刻から動かすことを考える。時刻 $t=0$ から波を発生させた。$t=2T$ までは波源の位置を固定し，$t=2T$ からは x 軸の正の向きへ波源を一定の速さ $\dfrac{V}{4}$ で移動させた。波源の位置で $t=2T$ に発生した波が，原点 O に到達したときの波形を図 2 に示す。波源の位置で $t=4T$ に発生した波が，原点 O に到達したときの波形を表す図として最も適当なものを，下の①～④のうちから一つ選べ。ただし，図では $x \geqq 0$ の領域の波形を示した。 **2**

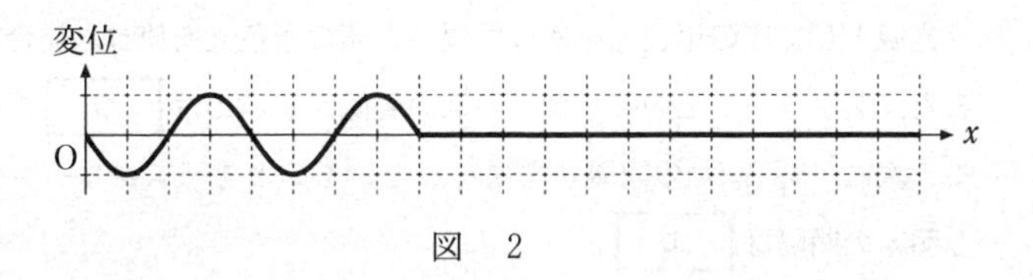

図　2

①
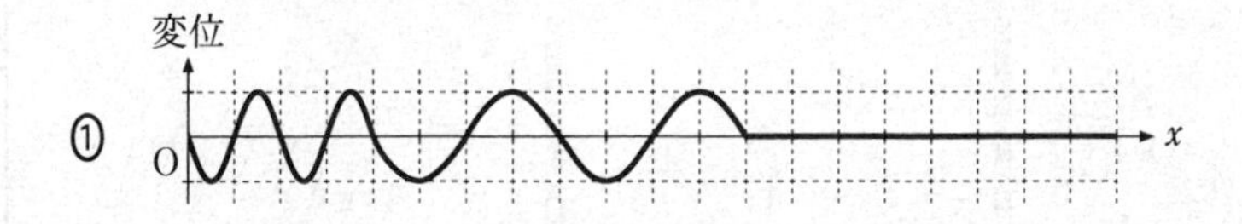

②
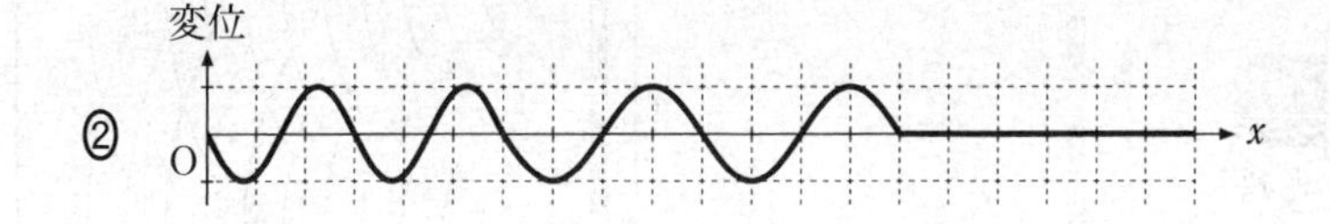

③
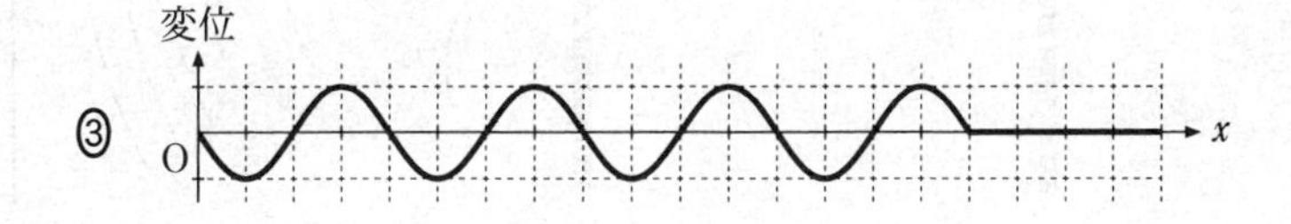

④
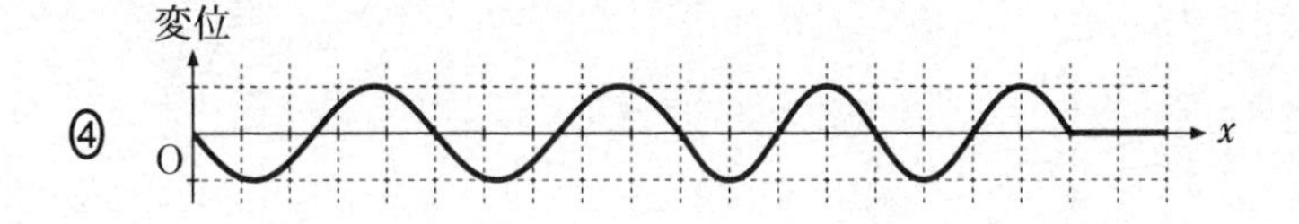

B　光の干渉について考える。

問 3　次の文章中の空欄 **ウ** ・ **エ** に入れる語句の組合せとして最も適当なものを，次ページの①～⑥のうちから一つ選べ。 **3**

図3のように，光源から出た単色光が単スリット S_0 に入射すると，その回折光は複スリット S_1，S_2 を通り，スクリーンに明暗のしま模様が観測された。

光源として赤の単色光を使った場合と紫の単色光を使った場合とを比較すると，スクリーン上の隣り合う明線の間隔が狭いのは **ウ** の単色光である。次に，S_1 と S_2 の間隔 d を狭くした。このとき，スクリーン上の隣り合う明線の間隔は **エ** 。

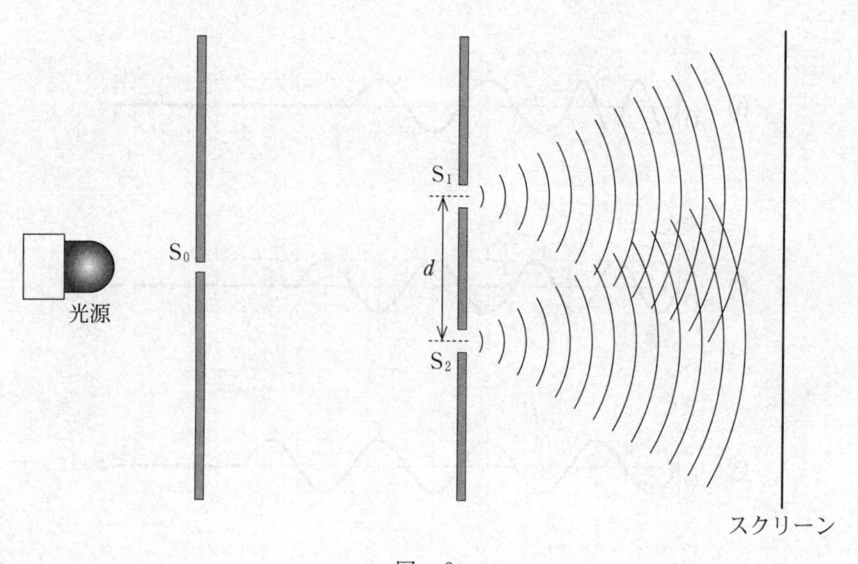

図　3

	ウ	エ
①	赤	狭くなる
②	赤	変わらない
③	赤	広くなる
④	紫	狭くなる
⑤	紫	変わらない
⑥	紫	広くなる

問 4　次の文章中の空欄 **オ** ・ **カ** に入れる式と語句の組合せとして最も適当なものを，次ページの①～⑨のうちから一つ選べ。 **4**

一方が平面で他方が半径 R の球面になっている平凸レンズを，図4のように，球面を下にして平面ガラスにのせて，真上から平面ガラスに垂直に波長 λ の単色光を当てる。その反射光を上から見ると，暗環と明環が交互に並ぶ同心円状のしま模様が観測された。ただし，空気の屈折率を1とし，平凸レンズと平面ガラスは屈折率 $n(n > 1)$ の媒質でできているとする。

図4のように，平面ガラス上のある点Pにおける鉛直方向の空気層の厚さを d とすると，平凸レンズの下面で反射した光と，平面ガラスの上面で反射した光が強め合う条件は，m を0以上の整数として $\dfrac{2d}{\lambda} =$ **オ** となる。ただし，d は R に比べて十分小さい。

次に，平凸レンズと平面ガラスの間の空気層を，屈折率 $n'(1 < n' < n)$ の透明な液体で満たす。このとき，最も内側の明環の半径は，液体で満たす前と比べて **カ** 。ただし，平凸レンズ上面からの反射光の影響は無視できるとする。

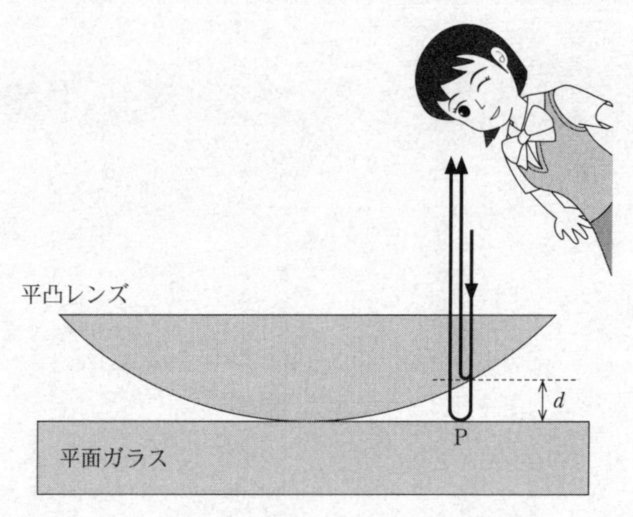

図　4

	オ	カ
①	m	小さくなる
②	m	変化しない
③	m	大きくなる
④	$m+\frac{1}{4}$	小さくなる
⑤	$m+\frac{1}{4}$	変化しない
⑥	$m+\frac{1}{4}$	大きくなる
⑦	$m+\frac{1}{2}$	小さくなる
⑧	$m+\frac{1}{2}$	変化しない
⑨	$m+\frac{1}{2}$	大きくなる

第4問 （必答問題）

次の文章（**A**・**B**）を読み，下の問い（**問**1～4）に答えよ。
〔**解答番号** [1] ～ [4] 〕（配点　20）

A　図1のように，水平でなめらかな床面上で，質量 m，速さ v の小物体Aを点Oで静止していた質量 $3m$ の小物体Bに衝突させた。衝突後，小物体Aは小物体Bと合体して質量 $4m$ の小物体Cとなり，速さは V となった。その後，小物体Cは半径 r のなめらかな円筒の内面に沿って運動した。ただし，小物体A，B，Cはすべて同じ鉛直面内で運動し，円筒の中心軸はこの鉛直面に垂直であるとする。また，点Pは円筒の内面の最高点を表し，重力加速度の大きさを g とする。

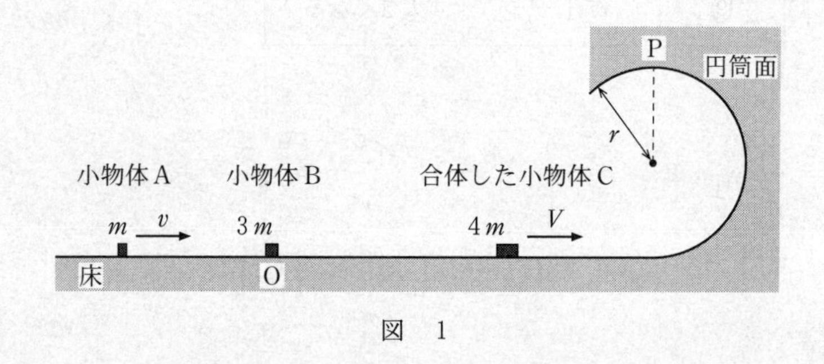

図　1

問1　合体直後の小物体Cの速さ V を表す式として正しいものを，次の①～⑤のうちから一つ選べ。$V =$ [1]

①　$\frac{1}{4}v$　　②　$\frac{1}{2}v$　　③　v　　④　$2v$　　⑤　$4v$

問2　小物体Cが円筒の内面に沿って点Pを通過するために必要な V の最小値を表す式として正しいものを，次の①～⑤のうちから一つ選べ。[2]

①　$\sqrt{3gr}$　　②　$\sqrt{4gr}$　　③　$\sqrt{5gr}$　　④　$\sqrt{6gr}$　　⑤　$\sqrt{7gr}$

B　図2のように，質量 m の小球1，2をばね定数 k の軽いばねでつなぎ，軽い糸を小球1に取り付けて，全体をつり下げ静止させた。ただし，重力加速度の大きさを g とする。

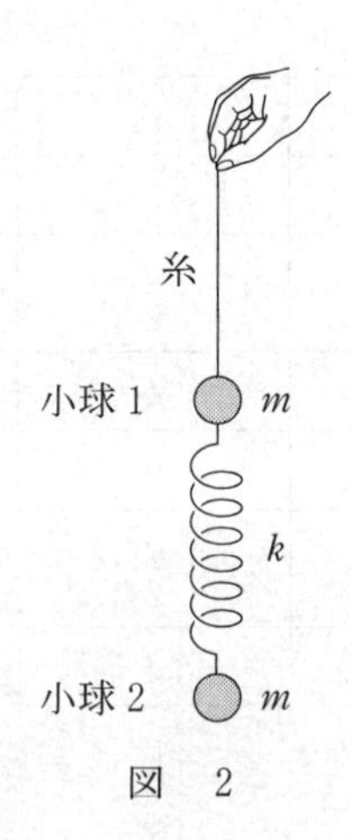

図　2

問3　この状態で，ばねは自然の長さより s だけ伸びており，糸が小球1を引く張力の大きさは T である。s と T を表す式の組合せとして正しいものを，次の①～⑥のうちから一つ選べ。 [3]

	s	T
①	$\frac{mg}{2k}$	mg
②	$\frac{mg}{2k}$	$2mg$
③	$\frac{mg}{k}$	mg
④	$\frac{mg}{k}$	$2mg$
⑤	$\frac{2mg}{k}$	mg
⑥	$\frac{2mg}{k}$	$2mg$

問 4　その後，糸を静かに放す。放した直後の，小球 1，2 それぞれの加速度の大きさ a_1，a_2 を表す式の組合せとして正しいものを，次の①～⑥のうちから一つ選べ。 4

	a_1	a_2
①	g	0
②	g	$\frac{g}{2}$
③	g	g
④	$2g$	0
⑤	$2g$	$\frac{g}{2}$
⑥	$2g$	g

第5問 （選択問題）

次の文章を読み，下の問い（**問**1～3）に答えよ。

〔**解答番号** 1 ～ 3 〕（配点　15）

水槽に入れた水温が T_1（絶対温度）の水に，理想気体を閉じ込めた円筒容器を浮かべる。図1のように，容器は上面が閉じ，下面が開いており，側面に小さな孔（あな）がある。容器の質量は m，断面積は S であり，その厚さは無視できる。容器内の気体の圧力が p_1 であり，容器内の水位が水槽の水面から ℓ_1 だけ下がったところにあるとき，容器の上面が水面と接するように浮いた。ただし，大気圧を p_0 とし，容器内の気体の質量は無視でき，その温度は常に水温と同じであるとする。また，水の密度 ρ は変化せず，水の蒸発の影響は無視できるものとする。重力加速度の大きさを g とする。

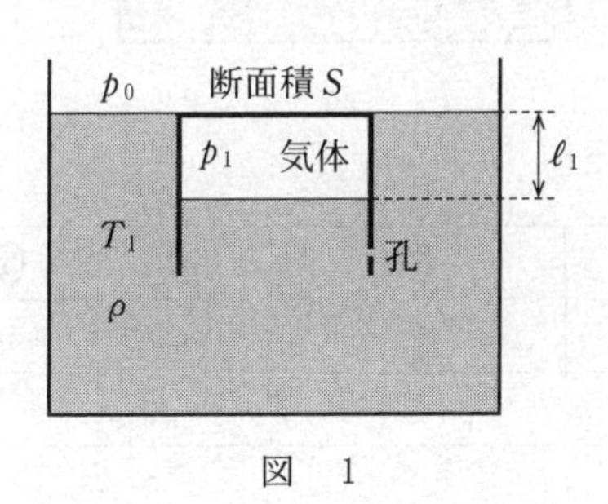

図　1

問1　図1のように容器が浮いているとき，ℓ_1 を表す式として正しいものを，次の①～④のうちから一つ選べ。$\ell_1 =$ 1

①　$\dfrac{m}{\rho S}$　　②　$\dfrac{\rho S}{m}$　　③　$\dfrac{mS}{\rho}$　　④　$\dfrac{m}{m + \rho S}$

問 2　次に，水温を T_1 から下げると，容器は水槽の底まで沈んだ。その後，水温を上げて T_1 に戻しても容器は上昇しなかったが，さらに水温を上げると容器は上昇を始めた。上昇を始めたとき，図2のように，容器内の気体の圧力は p_2，容器内の水位は水槽の水面から ℓ_2 だけ下がったところにあった。このとき，容器が水槽の底面から受ける垂直抗力の大きさ N と，容器内の気体の圧力 p_2 を表す式の組合せとして正しいものを，下の①～⑥のうちから一つ選べ。ただし，容器が水槽の底に沈んだ状態であっても，容器側面の孔を通して水は出入りできる。 2

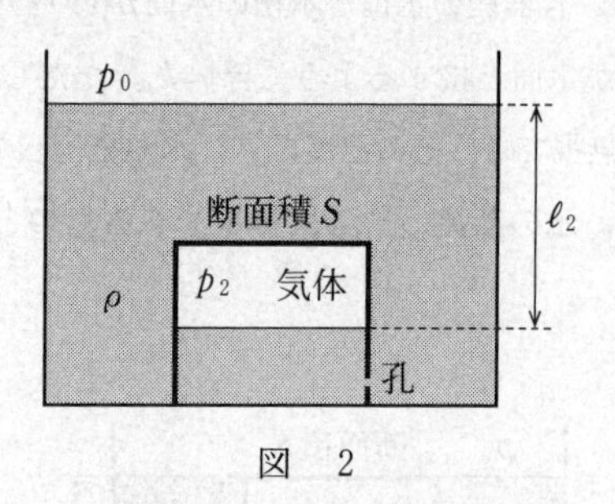

図　2

	①	②	③	④	⑤	⑥
N	0	0	0	mg	mg	mg
p_2	$p_0 + \rho\ell_1 g$	$p_0 + \rho\ell_2 g$	$p_0 + \rho(\ell_2 - \ell_1)g$	$p_0 + \rho\ell_1 g$	$p_0 + \rho\ell_2 g$	$p_0 + \rho(\ell_2 - \ell_1)g$

問 3　図2のように水槽に沈んでいる容器の中の気体の体積が，図1の場合より大きくなると，容器は上昇を始める。容器が上昇を始める直前の水温を表す式として正しいものを，次の①～⑤のうちから一つ選べ。 3

① $\dfrac{p_1 + p_2}{p_2 - p_1} T_1$　　② $\dfrac{p_1}{p_2 - p_1} T_1$　　③ $\dfrac{p_2}{p_1} T_1$

④ $\dfrac{p_1 + p_2}{p_1} T_1$　　⑤ $\dfrac{p_2 - p_1}{p_1 + p_2} T_1$

第6問 （選択問題）

原子核と放射線に関する次の問い（問1～3）に答えよ。
〔解答番号 1 ～ 3 〕（配点　15）

問1　次の文章中の空欄 ア ・ イ に入れる式と数値の組合せとして最も適当なものを，下の①～⑨のうちから一つ選べ。 1

ニホニウム(Nh)は原子番号113の元素で，2015年に日本の研究グループが命名権を獲得した新元素である。命名権獲得のきっかけとなった実験では，

$$\boxed{\text{ア}} + {}^{209}_{83}\mathrm{Bi} \longrightarrow {}^{278}_{113}\mathrm{Nh} + {}^{1}_{0}\mathrm{n}$$

という反応によりニホニウムを生成した。生成された ${}^{278}_{113}\mathrm{Nh}$ は イ 回の α 崩壊をして，${}^{254}_{101}\mathrm{Md}$（メンデレビウム）原子核になったことが確認された。

	①	②	③	④	⑤	⑥	⑦	⑧	⑨
ア	${}^{69}_{29}\mathrm{Cu}$	${}^{69}_{29}\mathrm{Cu}$	${}^{69}_{29}\mathrm{Cu}$	${}^{69}_{30}\mathrm{Zn}$	${}^{69}_{30}\mathrm{Zn}$	${}^{69}_{30}\mathrm{Zn}$	${}^{70}_{30}\mathrm{Zn}$	${}^{70}_{30}\mathrm{Zn}$	${}^{70}_{30}\mathrm{Zn}$
イ	3	6	12	3	6	12	3	6	12

問2　原子核の結合エネルギーは，質量欠損から求めることができる。${}^{4}_{2}\mathrm{He}$ 原子核の結合エネルギーは何Jか。最も適当なものを，次の①～⑥のうちから一つ選べ。ただし，陽子の質量は 1.673×10^{-27} kg，中性子の質量は 1.675×10^{-27} kg，${}^{4}_{2}\mathrm{He}$ 原子核の質量は 6.645×10^{-27} kg，真空中の光の速さは 3.0×10^{8} m/s とする。 2 J

① 5.2×10^{-29}　② 3.3×10^{-27}　③ 1.6×10^{-20}
④ 9.9×10^{-19}　⑤ 4.6×10^{-12}　⑥ 3.0×10^{-10}

問 3　穴の開いた鉛容器に放射性物質を入れて，鉛直上向きにα線，β線(電子)，γ線を放出させる。水平方向に電場(電界)をかけると，3種類の放射線は異なる進み方をする。電場の向きとこれらの放射線の軌道を表す図として最も適当なものを，次の①～⑥のうちから一つ選べ。 **3**

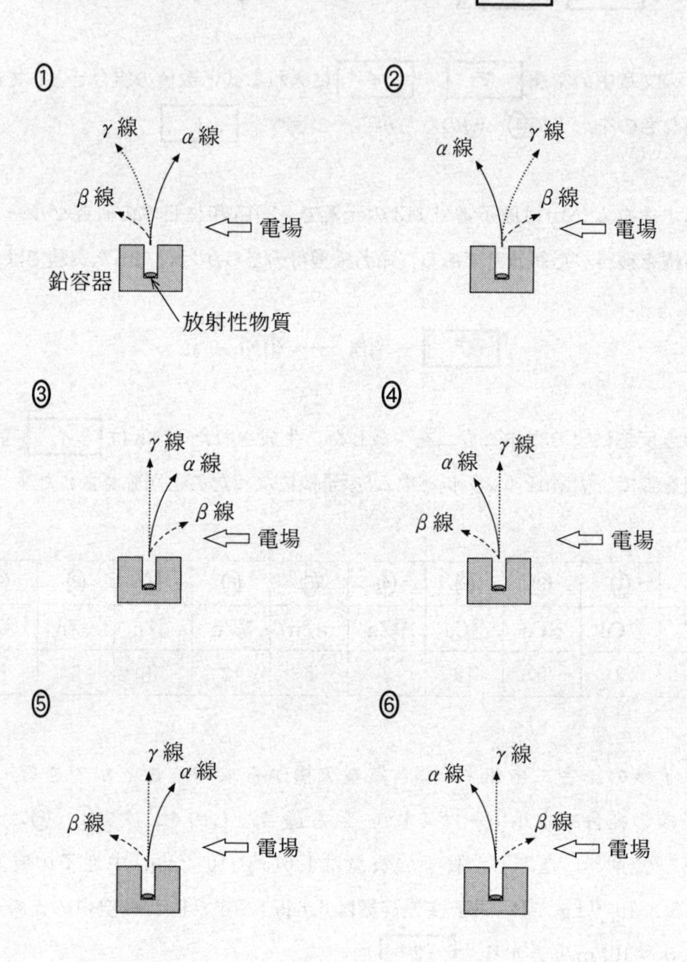

2019

本試験

物理

解答時間 60 分　配点 100 点

物　理

<table>
<tr><th>問　題</th><th>選　択　方　法</th></tr>
<tr><td>第1問</td><td>必　　答</td></tr>
<tr><td>第2問</td><td>必　　答</td></tr>
<tr><td>第3問</td><td>必　　答</td></tr>
<tr><td>第4問</td><td>必　　答</td></tr>
<tr><td>第5問</td><td rowspan="2">いずれか1問を選択し，解答しなさい。</td></tr>
<tr><td>第6問</td></tr>
</table>

第1問 (必答問題)

次の問い(問1～5)に答えよ。

〔解答番号 [1] ～ [5] 〕(配点　25)

問1 運動エネルギーと運動量について述べた文として最も適当なものを，次の①～④のうちから一つ選べ。 [1]

① 運動エネルギーは大きさと向きをもつベクトルである。

② 二つの小球が非弾性衝突をする場合，運動量の和は保存されるが運動エネルギーの和は保存されない。

③ 力を受けて物体の速度が変化したとき，運動エネルギーの変化は物体が受けた力積に等しい。

④ 等速円運動する物体の運動量は一定である。

問2 図1のように，x 軸上の原点Oに電気量 Q の点電荷，$x=d$ の位置に電気量 q の点電荷がそれぞれ固定されている。$x=2d$ の位置の電場(電界)の大きさが0のとき，Q を表す式として正しいものを，下の①～⑥のうちから一つ選べ。$Q=$ [2]

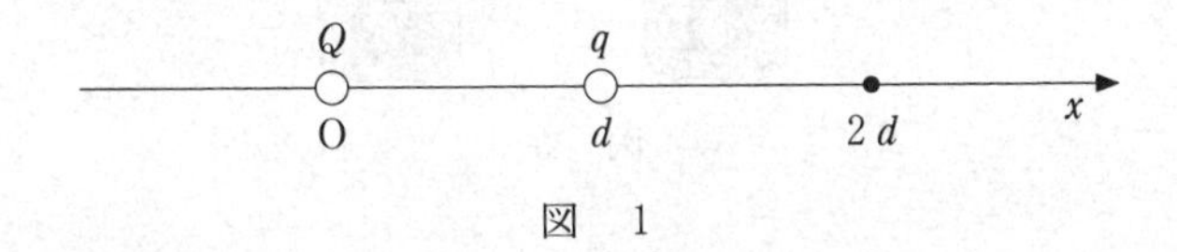

図　1

① $4q$　　② $2q$　　③ q

④ $-q$　　⑤ $-2q$　　⑥ $-4q$

問 3　次の文章中の空欄 ア ・ イ に入れる数値と記号の組合せとして最も適当なものを，次ページの①～⑥のうちから一つ選べ。 3

図 2 のように，直線 OO′ に垂直に，物体(文字板)と半透明のスクリーンを 1.0 m 離して設置した。凸レンズの光軸を直線 OO′ と一致させたまま，物体とスクリーンの間でレンズの位置を調整したところ，スクリーン上に倍率 1.0 の明瞭な像ができた。このことから，レンズの焦点距離は ア m であることがわかる。また，スクリーン上の像を O′ 側から観察すると，図 3 の イ のように見える。

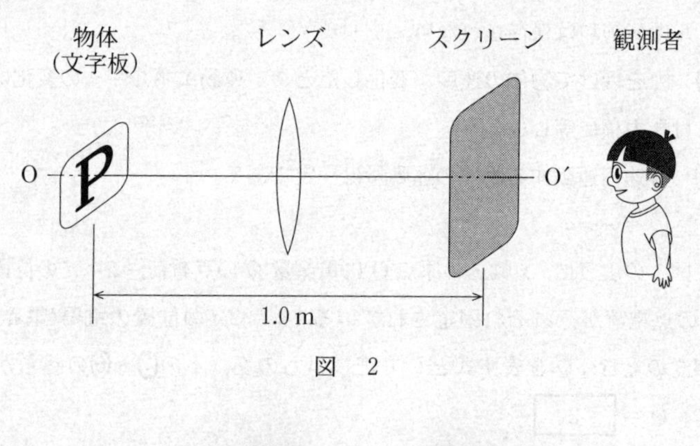

図　2

(A)　(B)

図　3

	ア	イ
①	0.25	(A)
②	0.25	(B)
③	0.50	(A)
④	0.50	(B)
⑤	1.0	(A)
⑥	1.0	(B)

問 4　図4のように，断面積Sのシリンダーを鉛直に立て，質量mのなめらかに動くピストンを取り付ける。シリンダー内には物質量nの理想気体が閉じ込められている。ピストンが静止したとき，理想気体の温度(絶対温度)は外気温と同じTであった。大気圧がp_0のとき，シリンダー内の底面からピストン下面までの高さhを表す式として正しいものを，下の①～⑥のうちから一つ選べ。ただし，重力加速度の大きさをg，気体定数をRとする。$h =$ [4]

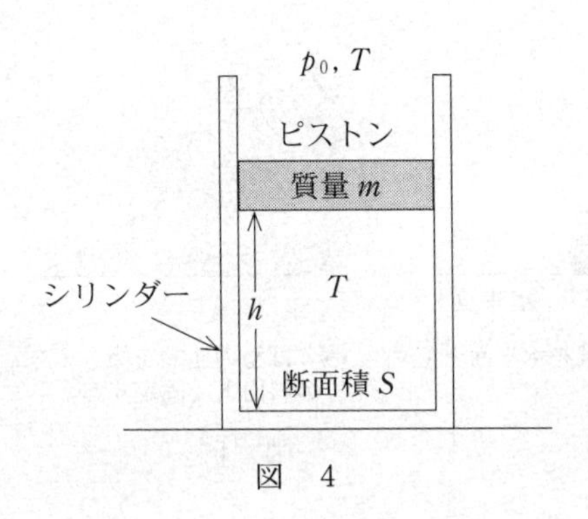

図　4

①　$\dfrac{p_0 S}{nRT}$　　②　$\dfrac{p_0 S + mg}{nRT}$　　③　$\dfrac{p_0 S - mg}{nRT}$

④　$\dfrac{nRT}{p_0 S}$　　⑤　$\dfrac{nRT}{p_0 S + mg}$　　⑥　$\dfrac{nRT}{p_0 S - mg}$

問 5　図 5(a)〜(c)のように，ばね定数 k の軽いばねの一端に質量 m の小球を取り付け，ばねの伸縮方向に単振動させる。(a)〜(c)の場合の単振動の周期を，それぞれ T_a，T_b，T_c とする。T_a，T_b，T_c の大小関係として正しいものを，下の①〜⑥のうちから一つ選べ。ただし，(a)の水平面，(b)の斜面はなめらかであるとする。 5

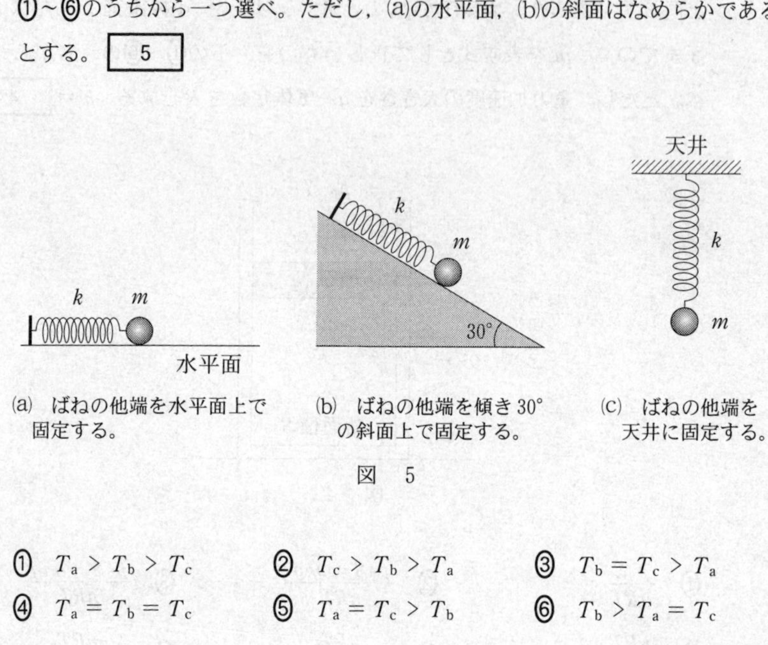

(a)　ばねの他端を水平面上で固定する。　(b)　ばねの他端を傾き 30° の斜面上で固定する。　(c)　ばねの他端を天井に固定する。

図　5

① $T_a > T_b > T_c$　② $T_c > T_b > T_a$　③ $T_b = T_c > T_a$

④ $T_a = T_b = T_c$　⑤ $T_a = T_c > T_b$　⑥ $T_b > T_a = T_c$

第２問 （必答問題）

次の文章（**A**・**B**）を読み，下の問い（**問１～４**）に答えよ。
〔**解答番号** 1 ～ 4 〕（配点　20）

A　図１のように，二つの異なる半導体Ａ，Ｂを接合したダイオードと抵抗，直流電源からなる回路がある。この回路では，ダイオードの両端の電位差により，それぞれの半導体Ａ，Ｂ内の電流の担い手（キャリア）は接合面に移動して，接合面付近で結合することで半導体Ａから半導体Ｂへ電流が流れる。直流電源を逆向きにすると，電流は流れない。

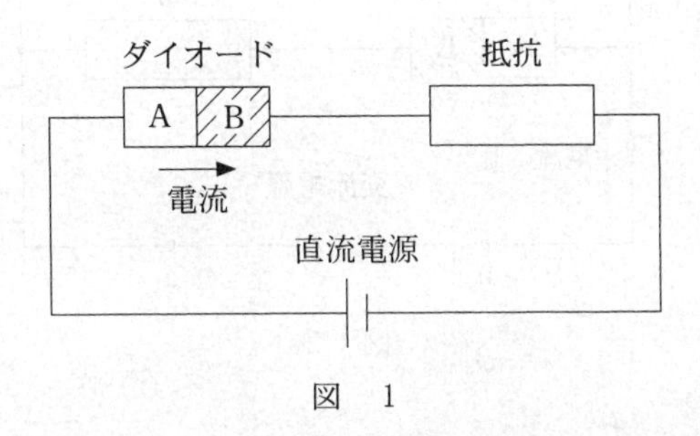

図　1

問１　半導体Ａと半導体Ｂの電流の担い手の組合せとして最も適当なものを，次の①～⑥のうちから一つ選べ。 1

	半導体Ａ	半導体Ｂ
①	電　子	ホール（正孔）
②	電　子	イオン
③	ホール（正孔）	電　子
④	ホール（正孔）	イオン
⑤	イオン	電　子
⑥	イオン	ホール（正孔）

問 2　図1の回路の直流電源を周期 T の交流電源に交換し，同じ抵抗値の抵抗を図2のように並列に付け加えた。点aに対する点bの電位の時間変化を図3に示す。点Pを流れる電流の時間変化を表すグラフとして最も適当なものを，次ページの①～⑥のうちから一つ選べ。ただし，図2中の矢印の向きを電流の正の向きとする。また，ダイオードにAからBの向きに電流が流れるとき，ダイオードでの電圧降下は無視できるものとする。 2

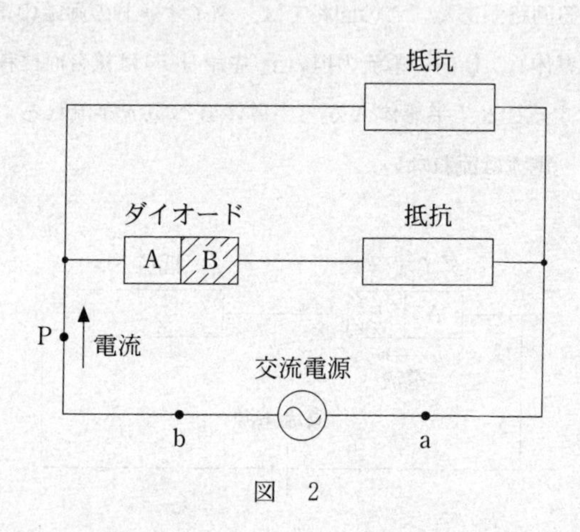

図　2

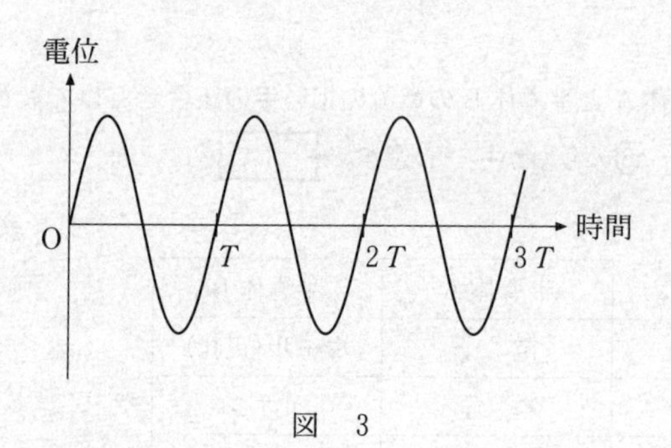

図　3

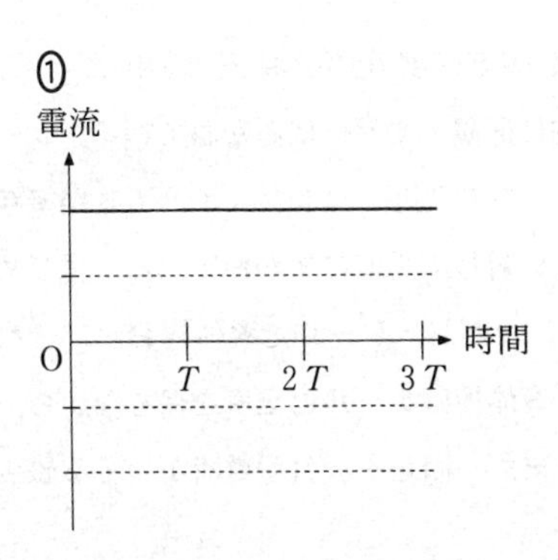
①
電流
時間
O
T
2 T
3 T

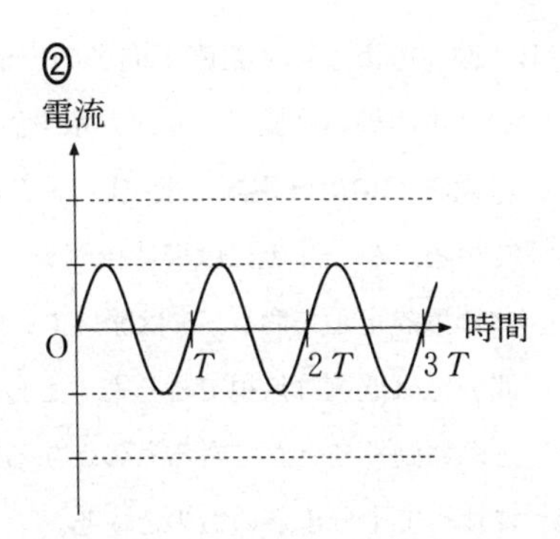
②
電流
時間
O
T
2 T
3 T

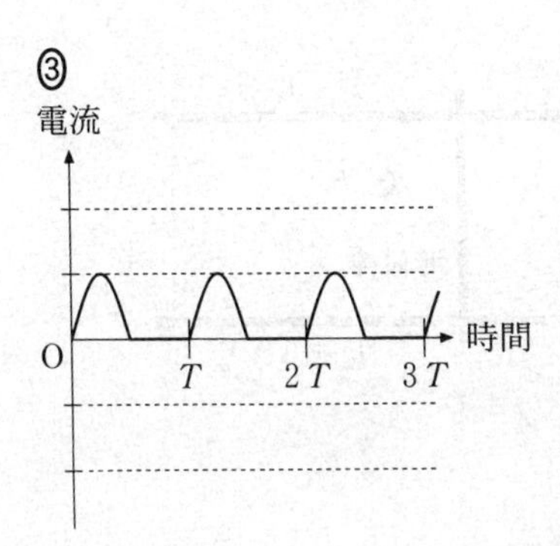
③
電流
時間
O
T
2 T
3 T

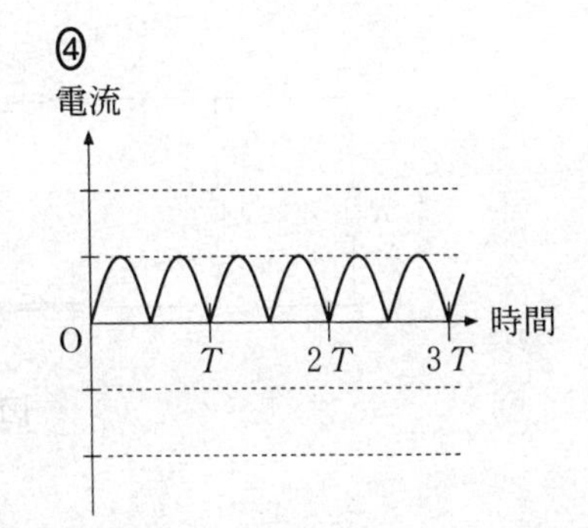
④
電流
時間
O
T
2 T
3 T

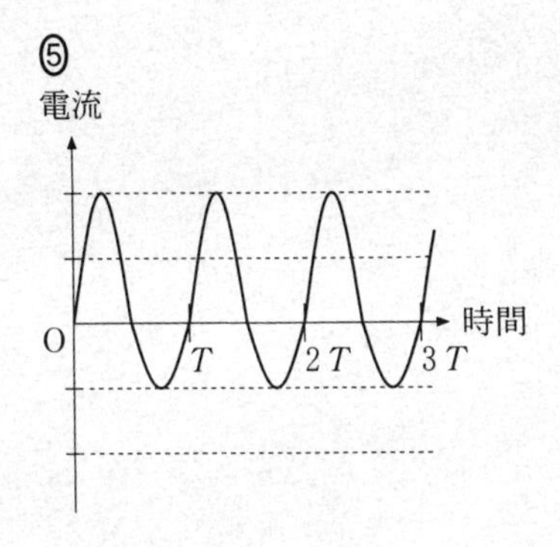
⑤
電流
時間
O
T
2 T
3 T

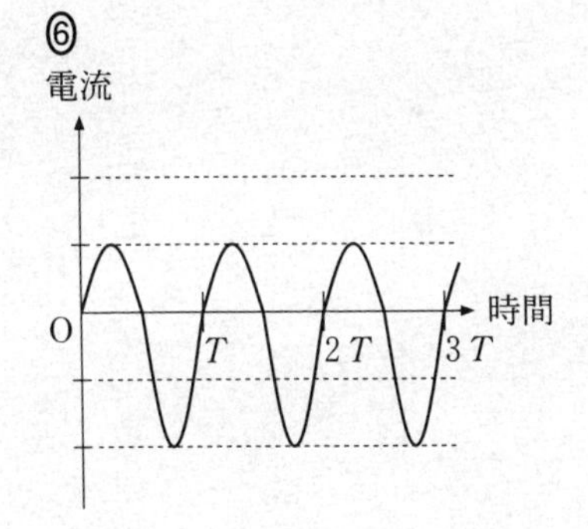
⑥
電流
時間
O
T
2 T
3 T

B　図4のように，鉛直下向きの一様な磁束密度Bの磁場(磁界)中に，十分に長い2本の細い金属レールが，水平面内に間隔ℓで平行に置かれている。レールには電圧Vの直流電源，抵抗値r，Rの二つの抵抗，およびスイッチSが接続されている。レール上には導体棒がレールに対して垂直に置かれている。はじめ，導体棒は静止しており，Sは開いている。ただし，レールと導体棒およびそれらの間の電気抵抗は無視できるものとし，導体棒はレールと垂直を保ちながら，なめらかに動くことができるものとする。また，回路を流れる電流がつくる磁場はBに比べて十分小さいものとする。

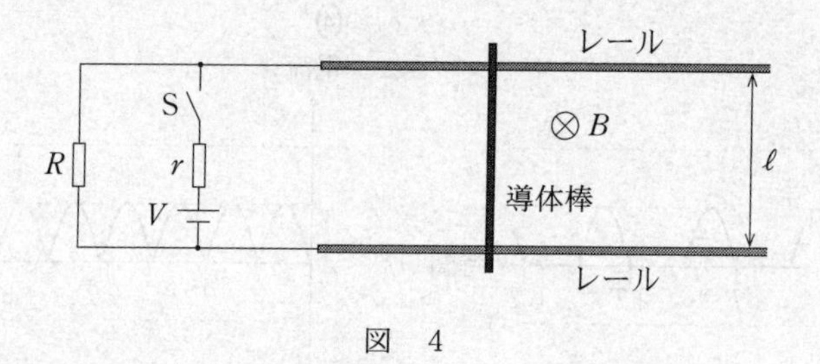

図　4

問 3　Sを閉じると，導体棒は右向きの力を受ける。このとき，導体棒が動かないように左向きに力を加えた。加えた力の大きさとして正しいものを，次の①～⑤のうちから一つ選べ。 [3]

① $VB\ell$　② $\dfrac{VB\ell}{r}$　③ $\dfrac{VB\ell}{R}$

④ $\dfrac{VB\ell}{(r+R)}$　⑤ $\dfrac{(r+R)VB\ell}{rR}$

問 4　次に，導体棒に加えていた左向きの力をとりのぞくと，導体棒は右向きに運動をはじめた。十分に時間が経過した後，導体棒に電流は流れなくなり，導体棒の速さは一定値 v となった。v を表す式として正しいものを，次の①～⑥のうちから一つ選べ。ただし，空気抵抗は無視できるものとする。

$v =$ [4]

① $\dfrac{V}{B\ell}$　② $\dfrac{R}{B\ell}$　③ $\dfrac{r}{B\ell}$

④ $\dfrac{V}{B\ell(r+R)}$　⑤ $\dfrac{VR}{B\ell(r+R)}$　⑥ $\dfrac{Vr}{B\ell(r+R)}$

第3問 (必答問題)

次の文章(**A**・**B**)を読み，下の問い(**問**1～4)に答えよ。
〔**解答番号** [1] ～ [6] 〕(配点 20)

A 光の屈折について考える。

問1 次の文章中の空欄 [1] ・ [2] に入れる式として最も適当なものを，次ページのそれぞれの解答群から一つずつ選べ。 [1] [2]

図1のように，空気中を進む平行光線が，ガラス板の上に作られた一様な厚さの薄膜に入射している。経路1を進む光は点A，D，Fを経由して観測者へ届く。一方，経路2を進む光は点Fで反射して観測者へ届く。これらの光は点A，Eにおいて同位相であった。線分AEとCFは空気中での光の経路に対して垂直であり，線分BFは薄膜中での光の経路に対して垂直である。また，薄膜とガラスの空気に対する屈折率は，それぞれnとn'であり，$1 < n < n'$である。

このとき，nを図中の線分の長さを用いて表すと$n =$ [1] となる。平行光線の空気中での波長λと屈折率nの間に，正の整数mを用いて [2] という関係が成り立つとき，観測者に届く光は強め合う。

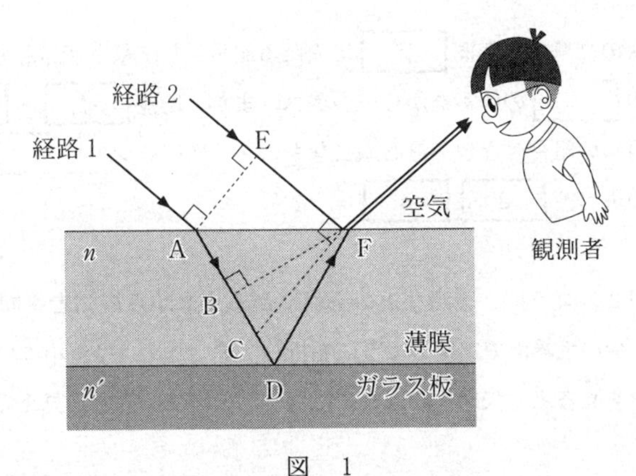

図　1

1 の解答群

① $\frac{EF}{AB}$　② $\frac{EF}{AC}$　③ $\frac{EF}{AD}$

④ $\frac{AB}{EF}$　⑤ $\frac{AC}{EF}$　⑥ $\frac{AD}{EF}$

2 の解答群

① $n(AD + DF) = m\lambda$

② $n(AD + DF) = \left(m - \frac{1}{2}\right)\lambda$

③ $n(BD + DF) = m\lambda$

④ $n(BD + DF) = \left(m - \frac{1}{2}\right)\lambda$

⑤ $n(CD + DF) = m\lambda$

⑥ $n(CD + DF) = \left(m - \frac{1}{2}\right)\lambda$

問 2　次の文章中の空欄 ア に入れる記号として最も適当なものを，次ページの 3 の解答群から一つ選べ。また，空欄 イ ・ ウ に入れる語句の組合せとして最も適当なものを，次ページの 4 の解答群から一つ選べ。 3 4

図2のように，透明な板の下面にある点Pから観測者へ向かう光は，空気と板の境界面で実線のように屈折して進むため，空気中にいる観測者から点Pを見ると，矢印1の向きではなく，矢印2の向きに見える。

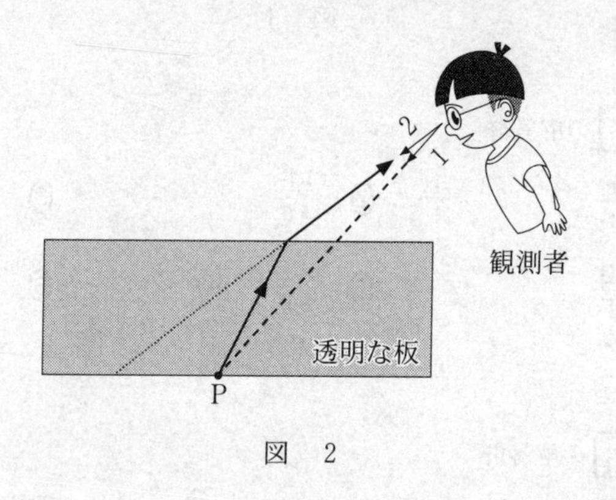

図　2

図3(a)のように，水平面に直方体の壁が置かれており，姉と弟がこの壁の両側に立っている。壁は透明で，その屈折率は空気よりも大きい。

図2を参考に光の経路を作図すると，姉の目から弟の目へ向かう光は壁の中を図3(b)の ア の経路に沿って進む。したがって，弟から見た姉の目の位置は，壁のないとき(図3(a)の破線)と比べて イ 見えることがわかる。また，姉から見た弟の目の位置は，壁のないとき(図3(a)の破線)と比べて ウ 見えることがわかる。ただし，直線BEは図3(a)の破線と同一であり，姉の目の位置は弟の目の位置より高い。

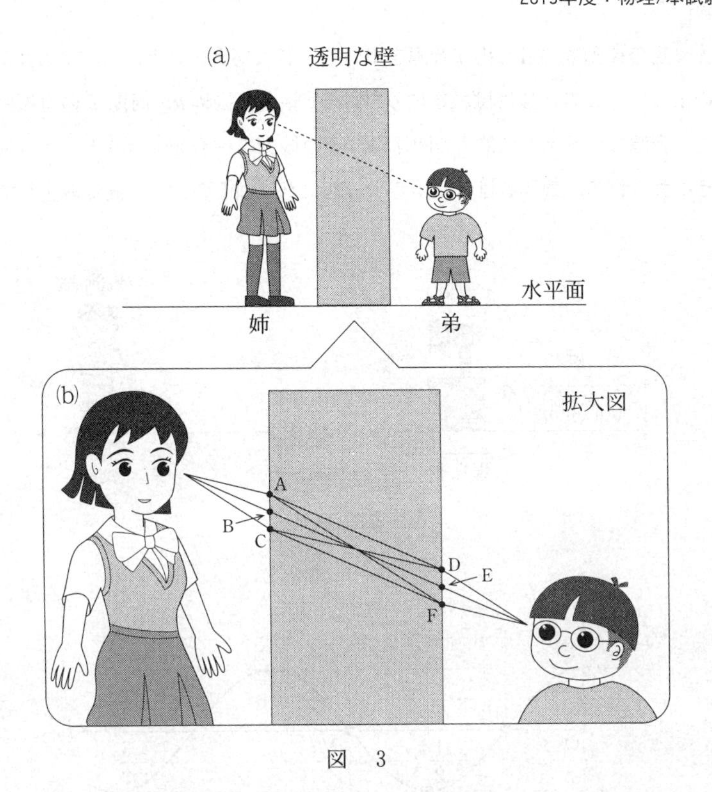

図　3

3 の解答群

	①	②	③	④	⑤
ア	A → D	A → F	B → E	C → D	C → F

4 の解答群

	①	②	③	④	⑤
イ	上にずれて	上にずれて	同じに	下にずれて	下にずれて
ウ	上にずれて	下にずれて	同じに	上にずれて	下にずれて

B　一定の振動数の音を出す音源を用いて，ドップラー効果について考える。図4のように，この音源にばねを取り付け，x 軸上で振幅 a，周期 T の単振動をさせた。音源の位置 x と時間 t の関係は，その振動の中心を $x = 0$ として，図5のように表される。観測者は音源から十分離れた x 軸上の正の位置に静止している。

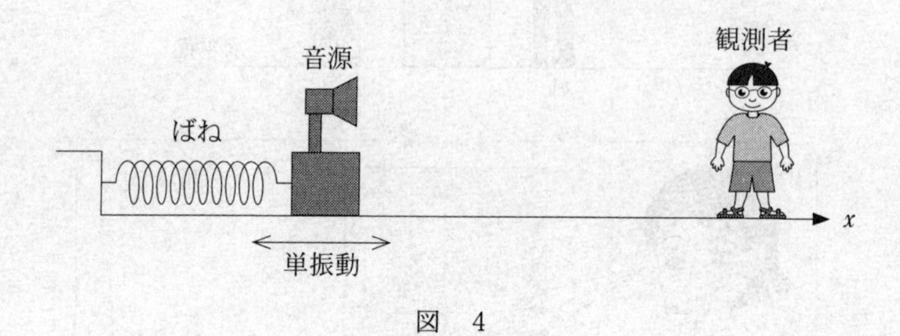

図　4

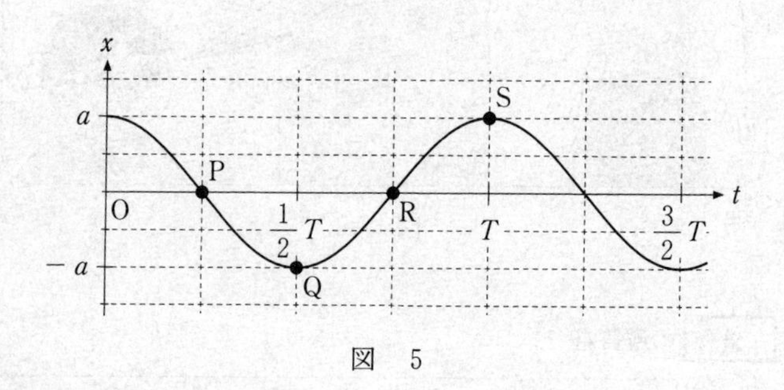

図　5

問 3　図5に表された音源の位置xと時間tの関係を表す式として正しいものを，次の①～⑥のうちから一つ選べ。 5

① $x = a\sin\left(\dfrac{t}{T}\right)$　　② $x = a\sin\left(\dfrac{2\pi t}{T}\right)$

③ $x = a\sin\left(\dfrac{t}{T} + \dfrac{\pi}{2}\right)$　　④ $x = a\sin\left(\dfrac{2\pi t}{T} + \dfrac{\pi}{2}\right)$

⑤ $x = a\sin\left(\dfrac{t}{T} - \dfrac{\pi}{2}\right)$　　⑥ $x = a\sin\left(\dfrac{2\pi t}{T} - \dfrac{\pi}{2}\right)$

問 4　次の文章中の空欄 6 に入れる記号として最も適当なものを，下の①～④のうちから一つ選べ。 6

観測者は，音源の運動によるドップラー効果(振動数の変化)を途切れることなく観測した。図5の点P，Q，R，Sのうち，最も高い音として観測される音が発生する点は 6 である。ただし，音源の速さは常に音速より小さく，風は吹いていないものとする。

① P　　② Q　　③ R　　④ S

第4問　(必答問題)

次の文章(**A**・**B**)を読み，下の問い(**問1〜4**)に答えよ。

〔**解答番号** 1 〜 4 〕(配点　20)

A　図1のように，直線の水平なレール上を動いている電車が大きさaの一定の加速度で減速している。天井からおもりをつるした軽いひもを電車内で見ると，ひもは鉛直に対して角度θだけ傾いて静止していた。

電車内の少年が床面の点Oから高さhのところでボールを静かに放すと，電車が減速している間にボールは床に落下した。ただし，重力加速度の大きさをgとする。

図　1

問 1　$\tan\theta$ を表す式として正しいものを，次の①～⑥のうちから一つ選べ。

$\tan\theta =$ [1]

① $\dfrac{a}{\sqrt{a^2+g^2}}$　　② $\dfrac{g}{\sqrt{a^2+g^2}}$

③ $\dfrac{a}{g}$　　④ $\dfrac{g}{a}$

⑤ $\dfrac{\sqrt{a^2+g^2}}{a}$　　⑥ $\dfrac{\sqrt{a^2+g^2}}{g}$

問 2　電車内で観測したとき，ボールの軌道を表す図として最も適当なものを，次の①～⑦のうちから一つ選べ。[2]

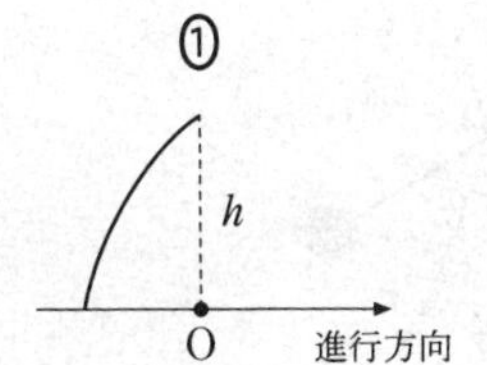

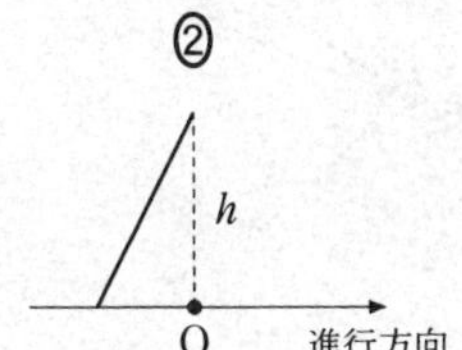

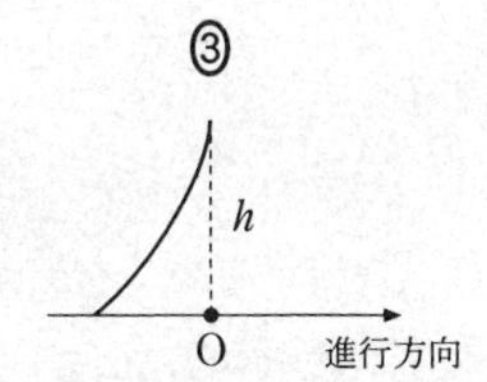

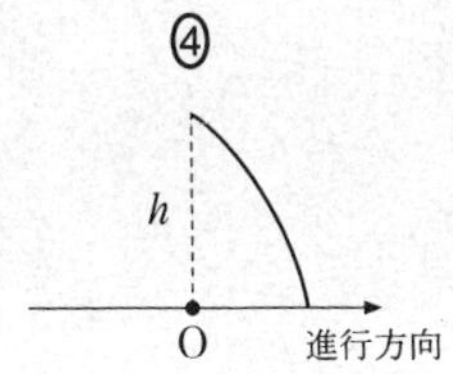

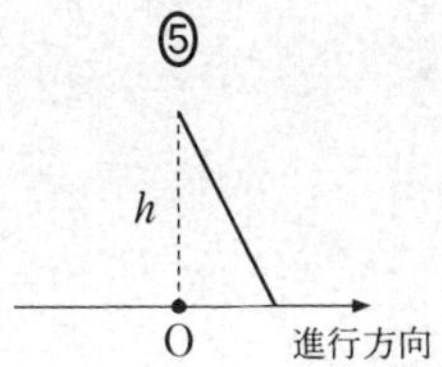

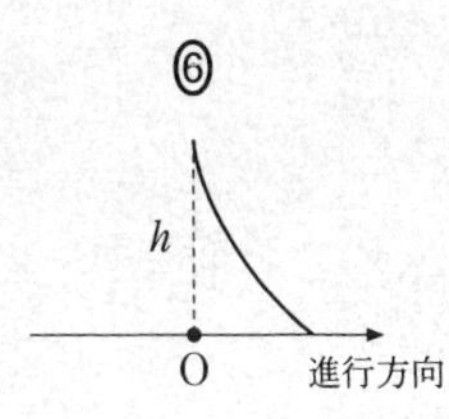

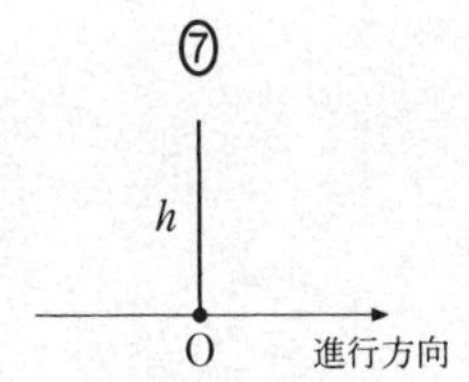

B　図2のように長さℓの軽くて伸びない糸の一端を点Oに固定し，他端に質量mの小球を取り付けて，糸がたるまず水平になる点Pで小球を静かに放す。点Oから鉛直下方に距離aだけ離れた点Qに細い釘(くぎ)があり，小球が最下点Rを通る瞬間に糸が釘にかかり，小球は点Qを中心とする円運動を始める。糸が釘にかかるまで，糸と水平方向OPのなす角度をαとする。また，糸が釘にかかったのち，点Qから小球までの間の糸と鉛直方向QRのなす角度をβと表す。ただし，重力加速度の大きさをgとする。

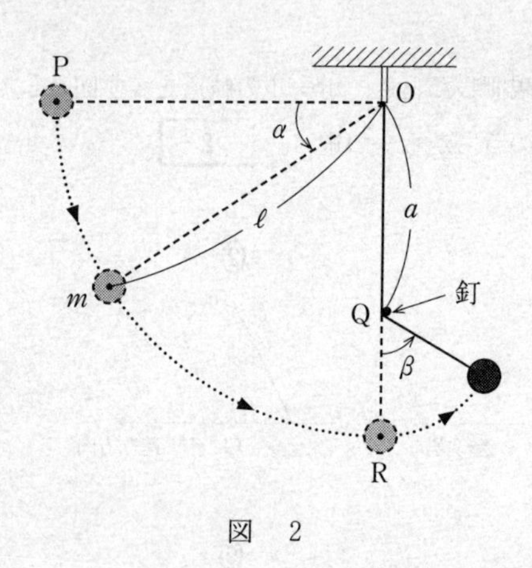

図　2

問 3　糸が釘にかかるまでの小球の運動エネルギー K と角度 α の関係を表すグラフとして最も適当なものを，次の①～⑥のうちから一つ選べ。 3

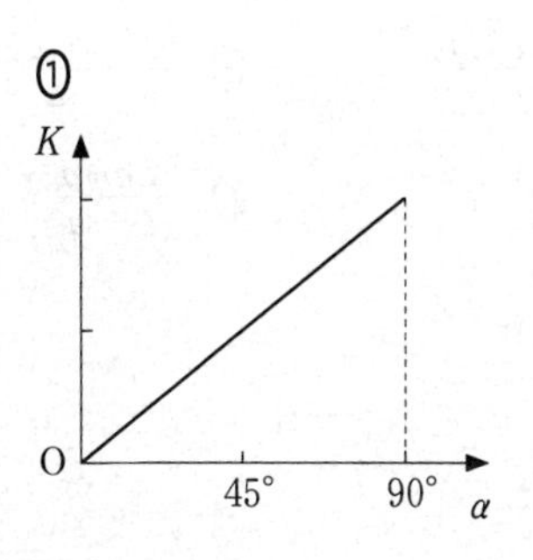

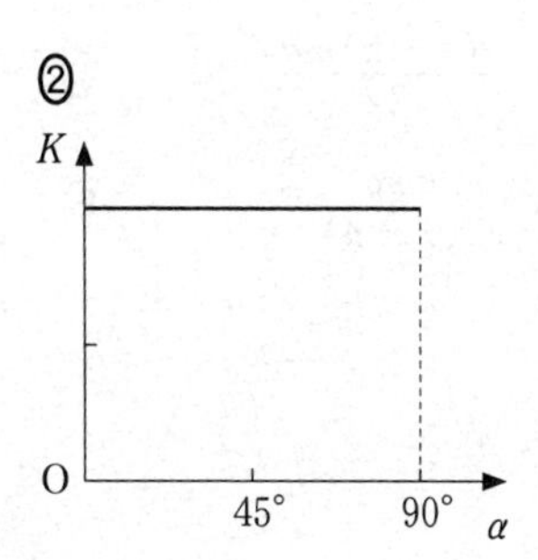

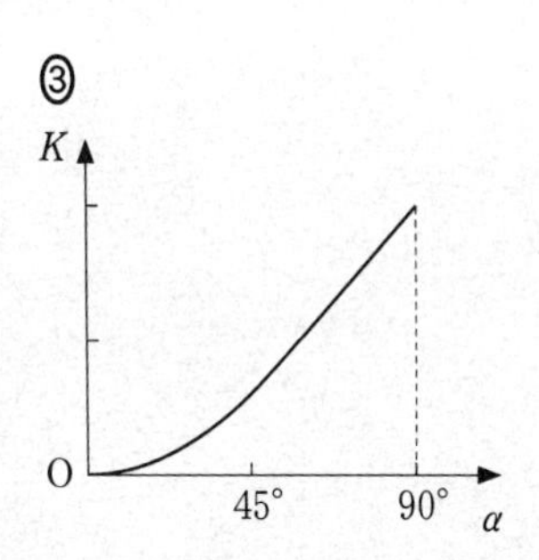

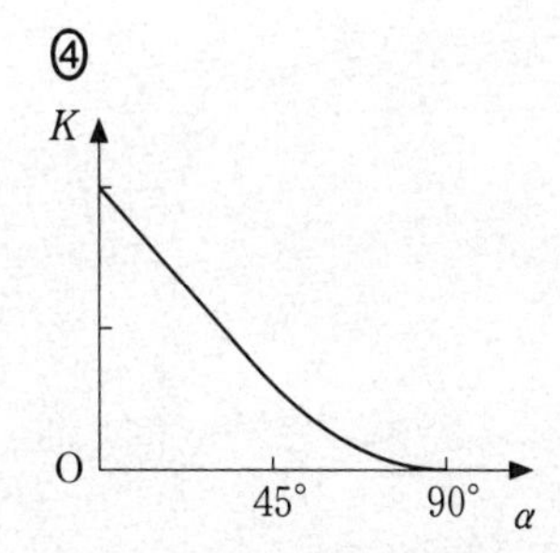

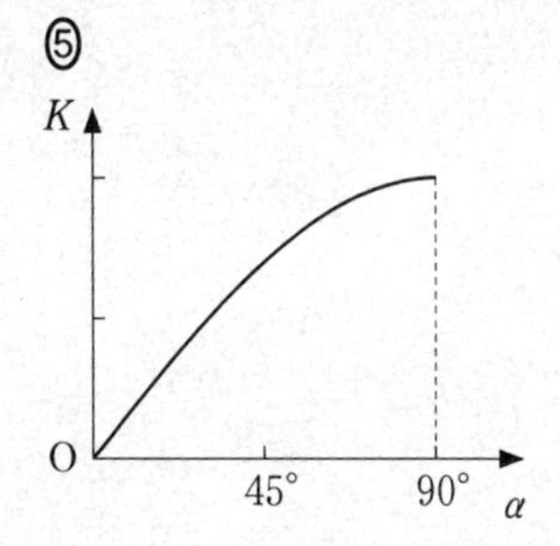

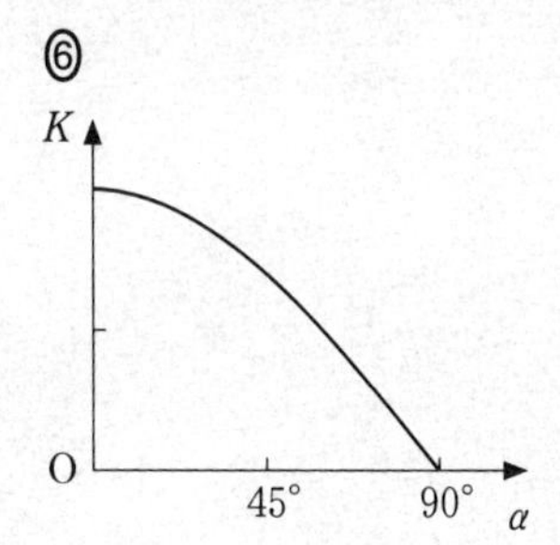

問 4　小球が点Rを通過後 $\beta = 90°$ となったとき，糸の張力の大きさを表す式として正しいものを，次の①～⑥のうちから一つ選べ。 4

① $\dfrac{(\ell - a)mg}{2a}$　② $\dfrac{(\ell - a)mg}{a}$　③ $\dfrac{2(\ell - a)mg}{a}$

④ $\dfrac{amg}{2(\ell - a)}$　⑤ $\dfrac{amg}{\ell - a}$　⑥ $\dfrac{2amg}{\ell - a}$

第5問 (選択問題)

次の文章を読み，下の問い(問1～3)に答えよ。

〔解答番号 1 ～ 3 〕(配点　15)

ピストンのついた容器に単原子分子の理想気体を閉じ込め，体積 V_0，圧力 p_0 の状態Aにした後，図1のA→B→C→D→Aのように気体の状態をゆっくり変化させた。過程A→Bと過程C→Dは定積変化，過程B→Cと過程D→Aは定圧変化であった。

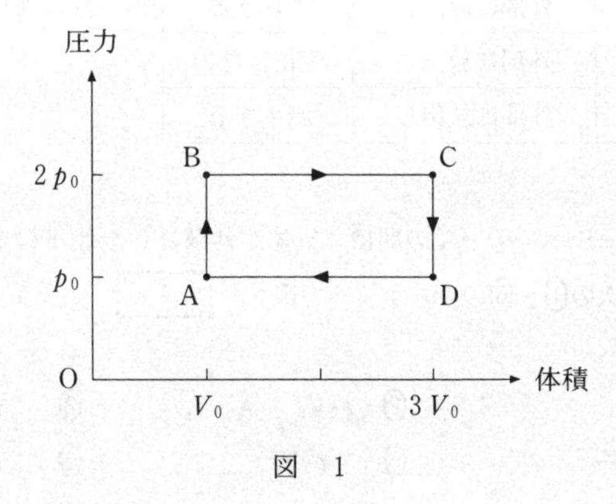

図　1

問 1 次の文中の空欄 ア ・ イ に入れる語句の組合せとして最も適当なものを，下の①～⑥のうちから一つ選べ。 1

過程 A→B では，気体が熱を ア ，気体の内部エネルギーは イ 。

	ア	イ
①	外部から吸収し	増加する
②	外部から吸収し	変化しない
③	外部から吸収し	減少する
④	外部に放出し	増加する
⑤	外部に放出し	変化しない
⑥	外部に放出し	減少する

問 2 過程 A→B→C→D→A の間に，気体が外部にした仕事の総和として正しいものを，次の①～⑥のうちから一つ選べ。 2

① 0　② p_0V_0　③ $2p_0V_0$
④ $3p_0V_0$　⑤ $4p_0V_0$　⑥ $6p_0V_0$

問 3　過程 A→B→C→D→A の温度と圧力の関係を表すグラフとして最も適当なものを，次の①～⑥のうちから一つ選べ。 **3**

①

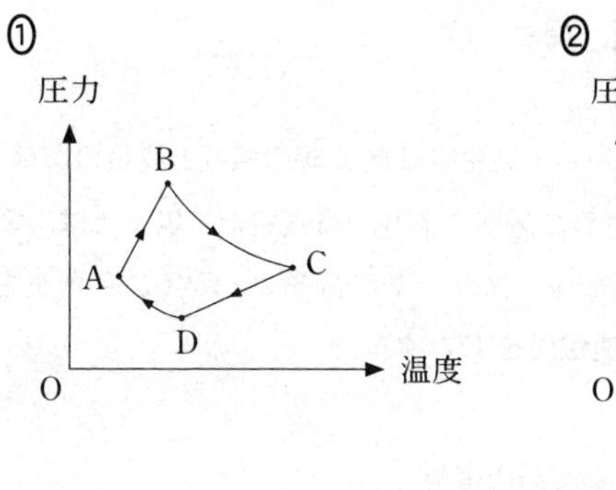

②

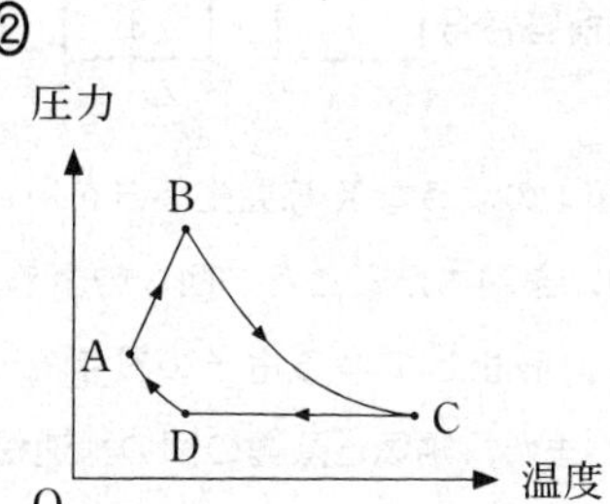

③

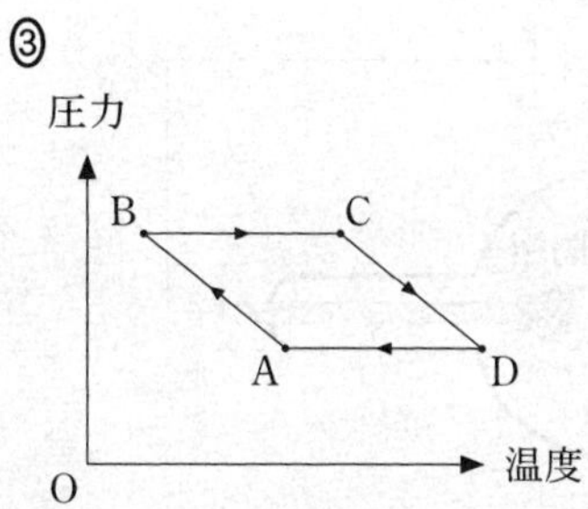

④

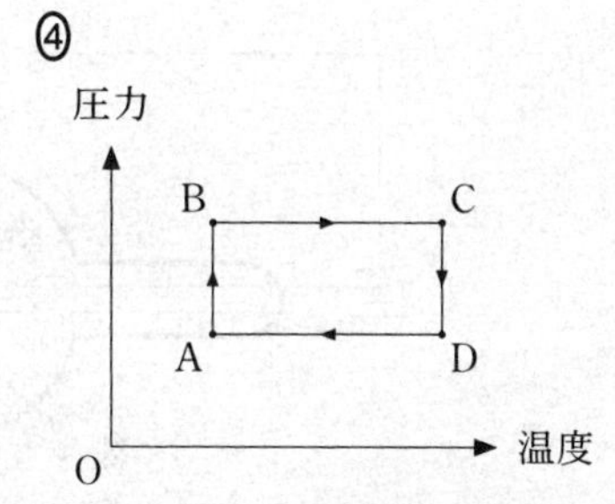

⑤

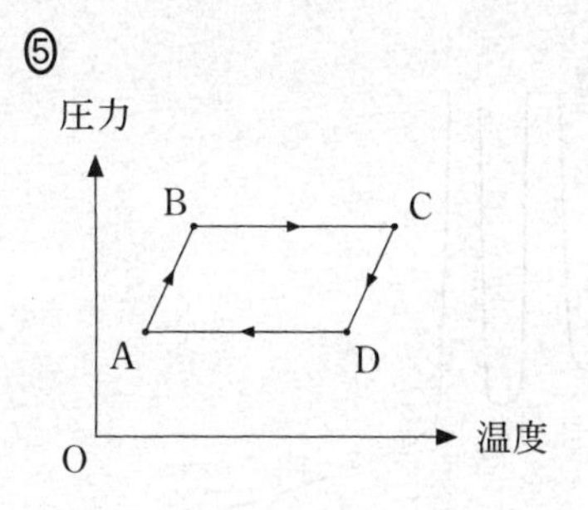

⑥

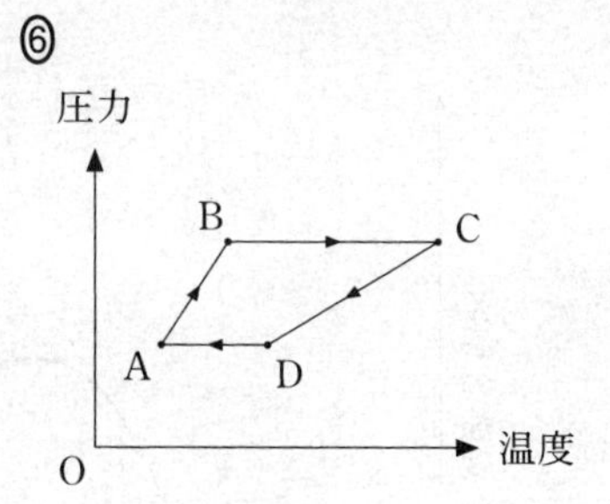

第6問 （選択問題）

X 線に関する次の文章を読み，下の問い(**問**1 ～ 3)に答えよ。

〔**解答番号** [1] ～ [3] 〕(配点　15)

図1のようなX線発生装置を用いて発生させたX線の強度と波長の関係(スペクトル)を調べたところ，図2のようなスペクトルが得られた。以下では，電気素量を e，静止している電子の質量を m，プランク定数を h，真空中の光速を c とする。また，陽極と陰極の間の加速電圧を V とする。

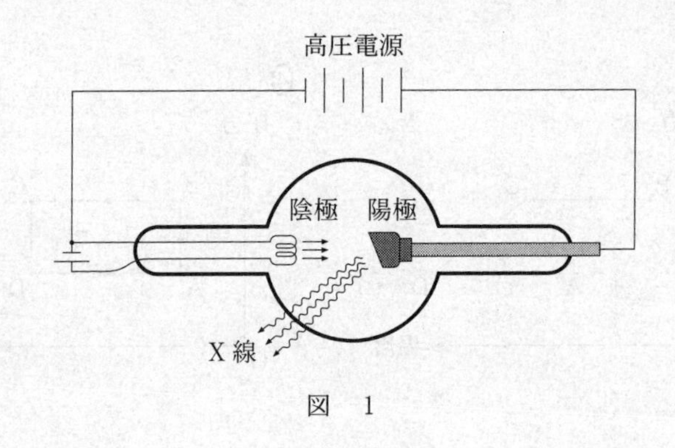

図　1

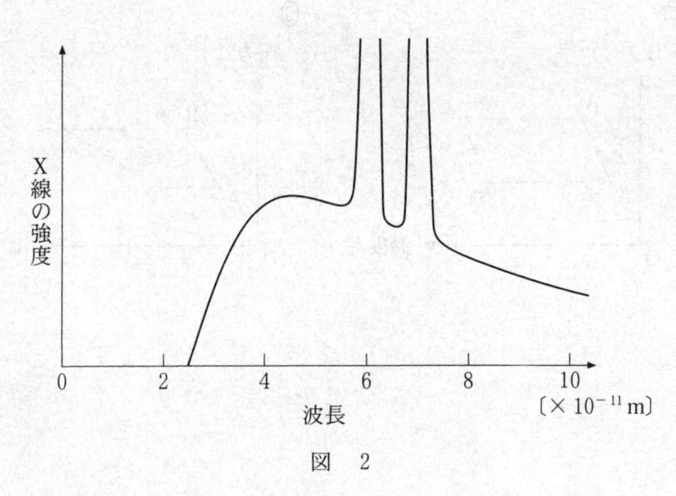

図　2

問 1　次の文章中の空欄 ア ・ イ に入れる式の組合せとして正しいものを，下の①～⑥のうちから一つ選べ。 1

陰極から飛び出した電子は，電圧 V で加速され陽極に衝突する。この電子が衝突直前に持っている運動エネルギーは，$E =$ ア であるから，陽極から出るX線の振動数の最大値 ν_0 は，$\nu_0 =$ イ である。ただし，陰極から飛び出した電子の初速度の大きさは十分小さいとする。

	ア	イ
①	eV	$\frac{E}{h}$
②	eV	$\frac{h}{E}$
③	mc^2	$\frac{E}{h}$
④	mc^2	$\frac{h}{E}$
⑤	$\frac{1}{2}mc^2$	$\frac{E}{h}$
⑥	$\frac{1}{2}mc^2$	$\frac{h}{E}$

問 2　次の文章中の空欄 ウ ・ エ に入れる語と式の組合せとして最も適当なものを，次ページの①～⑧のうちから一つ選べ。 2

図 2 に観測される鋭いピーク部分の X 線を ウ と呼ぶ。この ウ は次のような仕組みで発生する。

はじめに，図 3 (a)のように高電圧で加速された電子が陽極の金属原子と衝突して，エネルギー準位 E_0 をもつ内側の軌道の電子がたたき出される。次に，図 3 (b)のようにエネルギー準位 E_1 をもつ外側の軌道にある電子が内側の空いた軌道へ落ち込み，X 線が放出される。放出される X 線のエネルギーは $E_X =$ エ となる。この X 線の放出現象は，ボーアによって説明された水素原子からの光の放出と同じ現象である。

原子核のまわりを運動する電子のエネルギー準位は，原子番号によって異なるので，E_X は元素ごとに違う値になる。

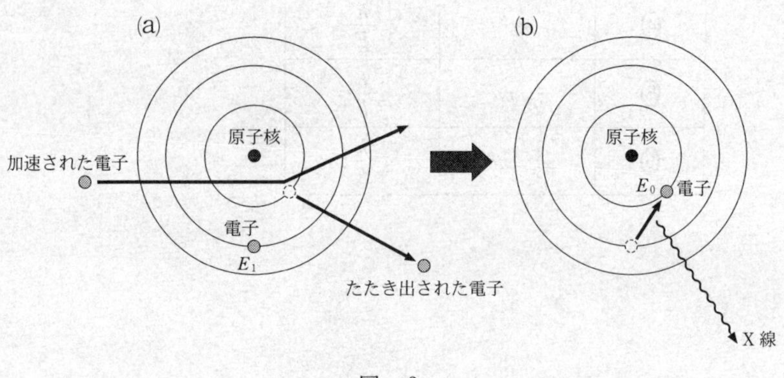

図　3

	ウ	エ
①	特性(固有)X 線	E_1
②	特性(固有)X 線	$E_1 - E_0$
③	特性(固有)X 線	$E_1 + eV$
④	特性(固有)X 線	$E_1 - E_0 + eV$
⑤	連続 X 線	E_1
⑥	連続 X 線	$E_1 - E_0$
⑦	連続 X 線	$E_1 + eV$
⑧	連続 X 線	$E_1 - E_0 + eV$

問 3　次の文章中の空欄 **オ** ・ **カ** に入れる語句の組合せとして最も適当なものを，下の①～⑥のうちから一つ選べ。 **3**

陽極金属の種類や加速電圧 V を変えて，X 線を測定したところ，図4のような三つのX線スペクトル(A)，(B)，(C)が得られた。

同じ加速電圧を用いて得られたスペクトルの組合せは **オ** であり，同じ陽極金属を用いて得られたスペクトルの組合せは **カ** である。

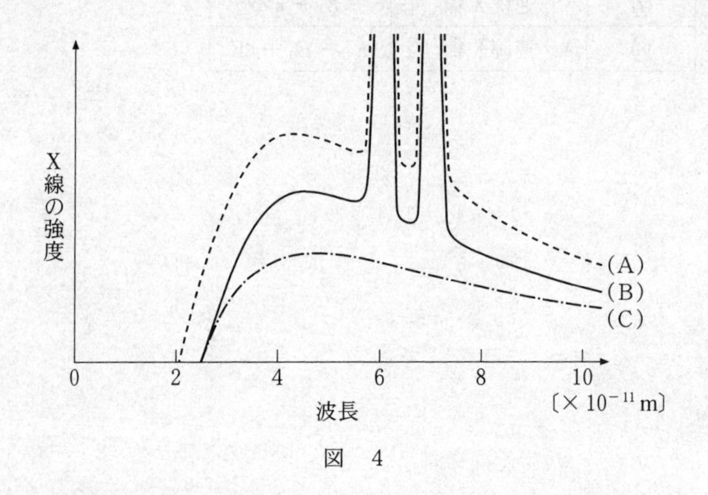

図　4

	オ	カ
①	(A)と(B)	(A)と(C)
②	(A)と(B)	(B)と(C)
③	(A)と(C)	(A)と(B)
④	(A)と(C)	(B)と(C)
⑤	(B)と(C)	(A)と(B)
⑥	(B)と(C)	(A)と(C)

2018

本試験

物理

解答時間 60 分　配点 100 点

物　理

<table>
<tr><th>問　題</th><th>選 択 方 法</th></tr>
<tr><td>第1問</td><td>必　　答</td></tr>
<tr><td>第2問</td><td>必　　答</td></tr>
<tr><td>第3問</td><td>必　　答</td></tr>
<tr><td>第4問</td><td>必　　答</td></tr>
<tr><td>第5問</td><td rowspan="2">いずれか1問を選択し，解答しなさい。</td></tr>
<tr><td>第6問</td></tr>
</table>

第1問　（必答問題）

次の問い（問1～5）に答えよ。

〔解答番号 1 ～ 5 〕（配点　25）

問1　図1(a)のように，速さ v で進む質量 m の小物体が，質量 M の静止していた物体と衝突し，図1(b)のように二つの物体は一体となり動き始めた。一体となった物体の運動エネルギーとして正しいものを，下の①～⑨のうちから一つ選べ。ただし，床は水平でなめらかであるとする。 1

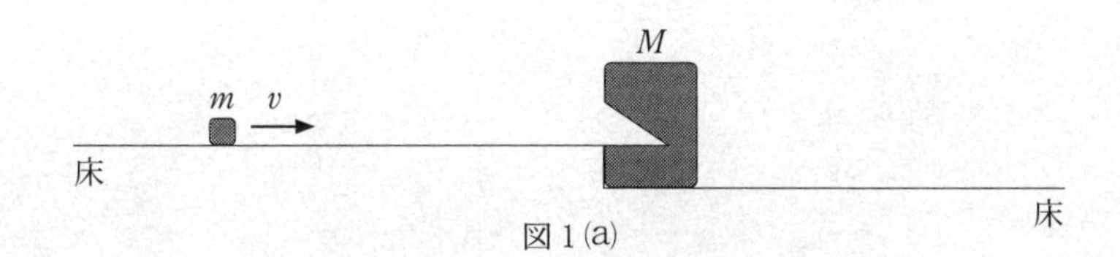

図1(a)

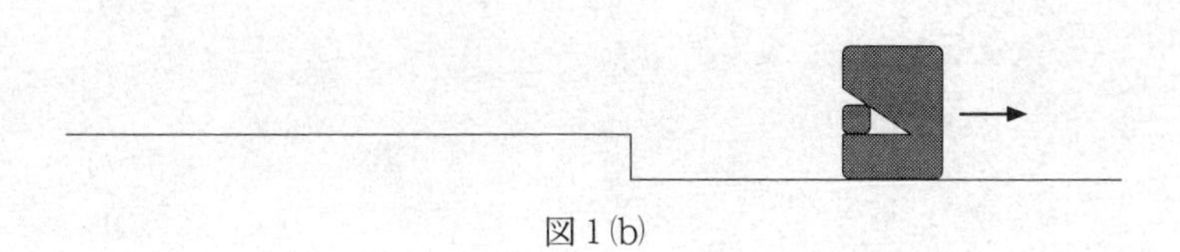

図1(b)

① $\dfrac{Mv^2}{2}$　　② $\dfrac{mv^2}{2}$　　③ $\dfrac{(M+m)v^2}{2}$

④ $\dfrac{M^2v^2}{2(M+m)}$　　⑤ $\dfrac{m^2v^2}{2(M+m)}$　　⑥ $\dfrac{Mmv^2}{2(M+m)}$

⑦ $\dfrac{M^2v^2}{M+m}$　　⑧ $\dfrac{m^2v^2}{M+m}$　　⑨ $\dfrac{Mmv^2}{M+m}$

問 2　空気中を伝わる音に関する記述として最も適当なものを，次の①～⑤のうちから一つ選べ。 2

① 音の速さは，振動数に比例して増加する。

② 音を1オクターブ高くすると，波長は2倍になる。

③ 音が障害物の背後にまわりこむ現象は，回折と呼ばれる。

④ 振動数が等しく，振幅が少し異なる二つの波が重なると，うなりが生じる。

⑤ 音源が観測者に近づく速さが大きいほど，観測者が聞く音の振動数は小さくなる。

問 3　図 2 のように，正方形 ABCD の頂点に電気量 $\pm Q(Q > 0)$ の点電荷を固定する。点 P での電場(電界)の向きを表す矢印として最も適当なものを，下の①～⑧のうちから一つ選べ。ただし，点 P は正方形と同じ面内にあり，辺 BC の垂直二等分線(破線)上で，辺 BC より右側にある。 3

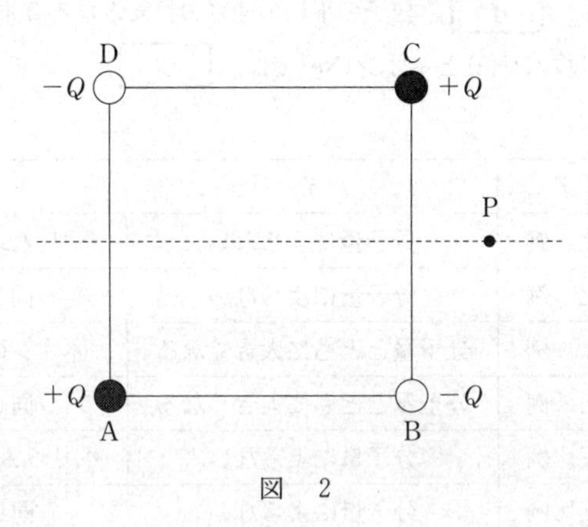

図　2

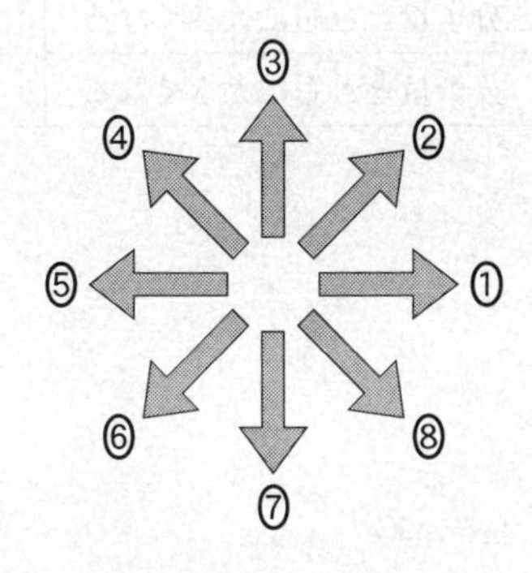

問 4 次の文章中の空欄 ア ～ ウ に入れる語句の組合せとして最も適当なものを，下の①～⑧のうちから一つ選べ。 4

単原子分子理想気体では，気体分子の平均運動エネルギーは絶対温度に ア し， イ 。分子の平均の速さの目安となる 2 乗平均速度は，同じ温度のヘリウム(He)とネオン(Ne)では， ウ 。

	ア	イ	ウ
①	比　例	分子量によらない	ヘリウムの方が大きい
②	比　例	分子量によらない	同じになる
③	比　例	分子量とともに大きくなる	ネオンの方が大きい
④	比　例	分子量とともに大きくなる	同じになる
⑤	反比例	分子量によらない	ヘリウムの方が大きい
⑥	反比例	分子量によらない	同じになる
⑦	反比例	分子量とともに大きくなる	ネオンの方が大きい
⑧	反比例	分子量とともに大きくなる	同じになる

問 5　点Oを中心とする半径3.0 cmの一様な厚さの円板がある。図3のように，点O′を中心とし，その円板に内接する半径2.0 cmの円板Aを切り取った。残った物体B(灰色の部分)の重心をGとする。直線O′O上にある重心Gの位置と，OG間の距離の組合せとして最も適当なものを，下の①～⑧のうちから一つ選べ。 5

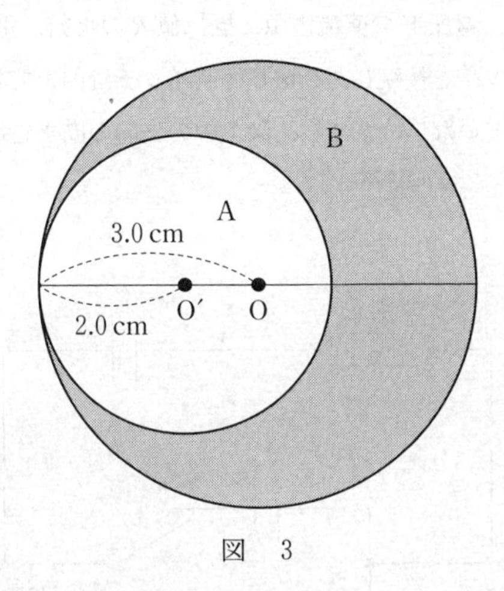

図　3

	重心Gの位置	OG間の距離〔cm〕
①	点Oの右側	0.4
②	点Oの右側	0.8
③	点Oの右側	1.2
④	点Oの右側	2.2
⑤	点Oの左側	0.4
⑥	点Oの左側	0.8
⑦	点Oの左側	1.2
⑧	点Oの左側	2.2

第２問 （必答問題）

次の文章（**A**・**B**）を読み，下の問い（**問**１～４）に答えよ。
〔**解答番号** [1] ～ [4]〕（配点　20）

A　図１のように，電圧 V の直流電源，抵抗値 R の抵抗，電気容量 C のコンデンサーおよびスイッチを接続した。はじめスイッチは開いており，コンデンサーに電荷は蓄えられていない。ただし，図１中の矢印の向きを電流 I の正の向きとする。

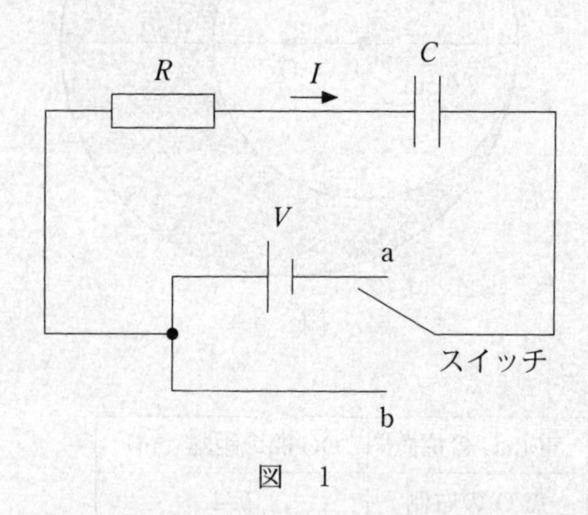

図　１

問１　時刻 $t = 0$ にスイッチを a 側に入れた。電流 I と時刻 t の関係を表すグラフとして最も適当なものを，次ページの①～⑧のうちから一つ選べ。
[1]

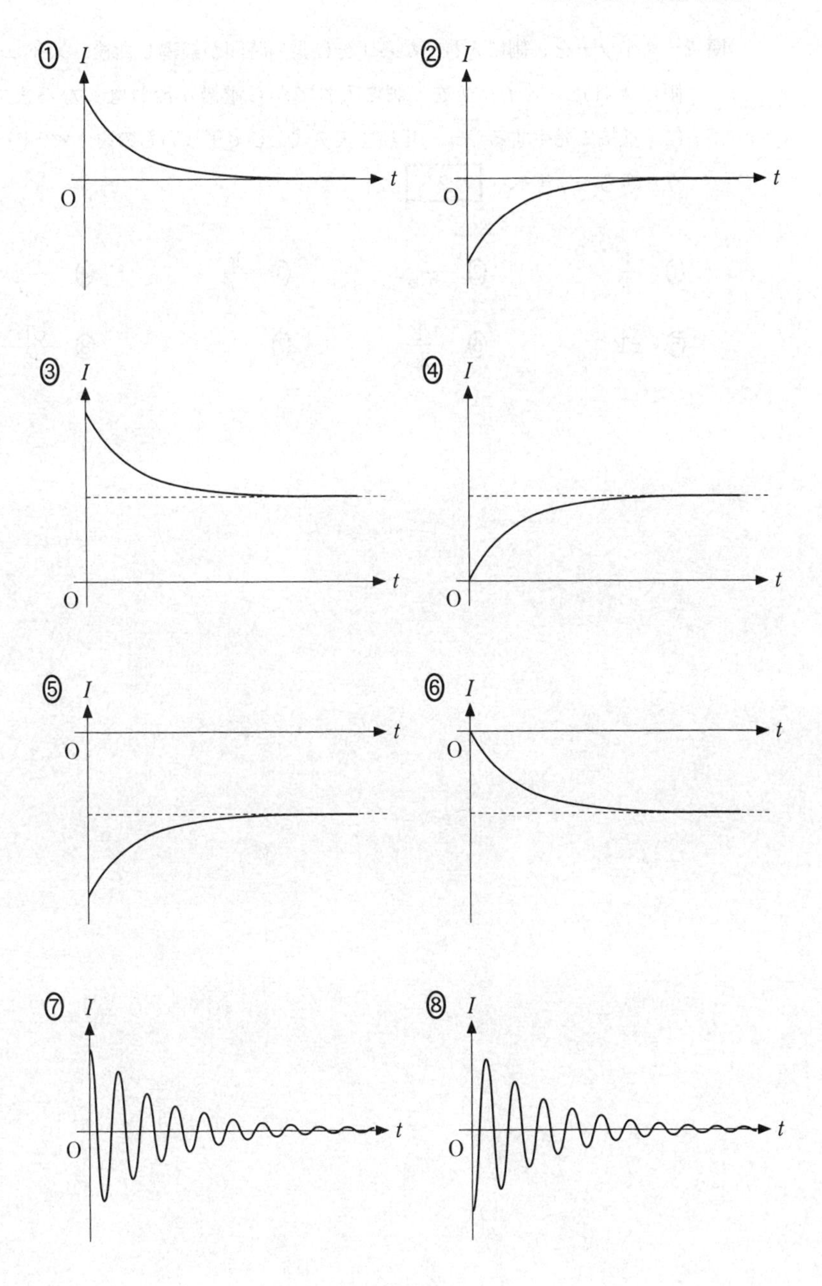

①
②
③
④
⑤
⑥
⑦
⑧
I
t
O

問 2　スイッチを a 側に入れてから十分に長い時間が経過した後，スイッチを b 側に入れた。スイッチを b 側に入れてから電流が流れなくなるまでの間に，抵抗で発生するジュール熱を表す式として正しいものを，次の①～⑧のうちから一つ選べ。 2

① $\dfrac{V}{R}$　　② $\dfrac{V}{2R}$　　③ $\dfrac{V^2}{R}$　　④ $\dfrac{V^2}{2R}$

⑤ CV　　⑥ $\dfrac{CV}{2}$　　⑦ CV^2　　⑧ $\dfrac{CV^2}{2}$

B　図2のように，鉛直上向きにy軸をとり，$y \leqq 0$の領域に，磁束密度の大きさBの一様な磁場(磁界)を紙面に垂直に裏から表の向きにかけた。この磁場領域の鉛直上方から，細い金属線でできた1巻きの長方形コイルabcdを，辺abを水平にして落下させる。コイルの質量はm，抵抗値はR，辺の長さはwとℓである。

コイルをある高さから落とすと，辺abが$y = 0$に到達してから辺cdが$y = 0$に到達するまでの間，一定の速さで落下した。ただし，コイルは回転も変形もせず，コイルの面は常に紙面に平行とし，空気の抵抗および自己誘導の影響は無視できるものとする。

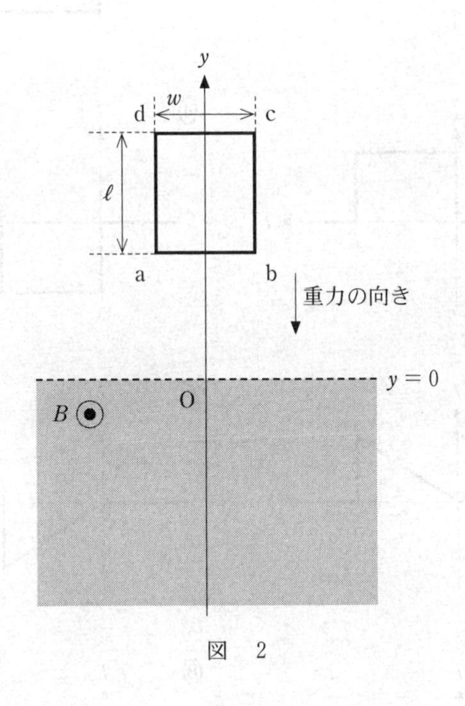

図　2

問 3　コイルに流れる電流 I と時刻 t の関係を表すグラフとして最も適当なものを，次の①～⑧のうちから一つ選べ。ただし，コイルの辺 ab が $y=0$ に到達する時刻を $t=0$，辺 cd が $y=0$ に到達する時刻を $t=T$ とし，abcda の向きを電流の正の向きとする。 **3**

①

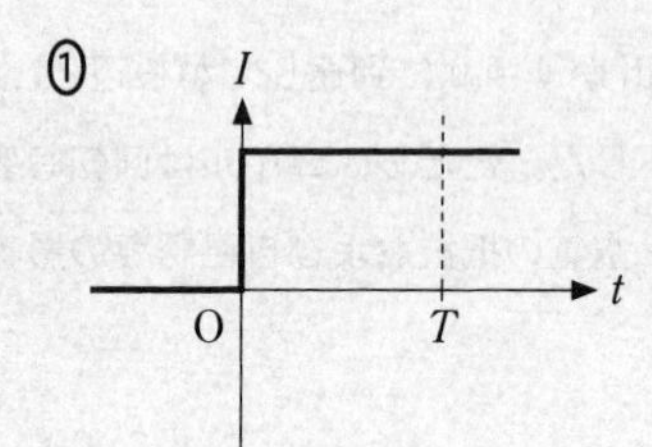

②

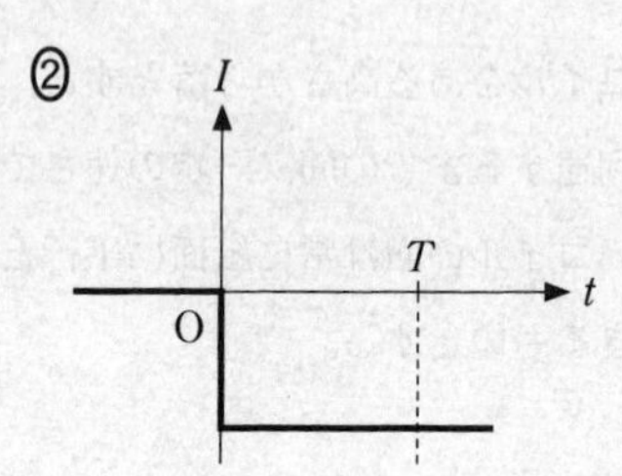

③

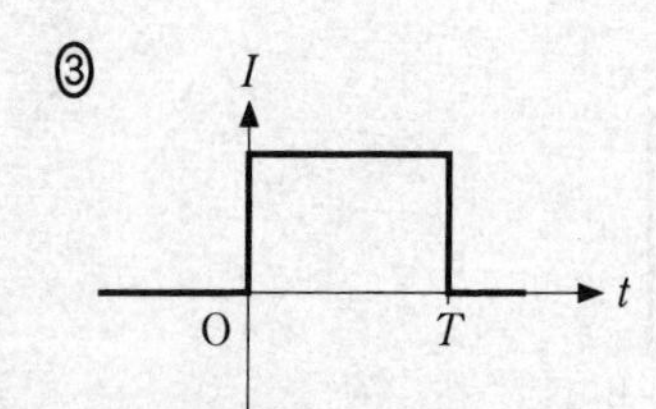

④

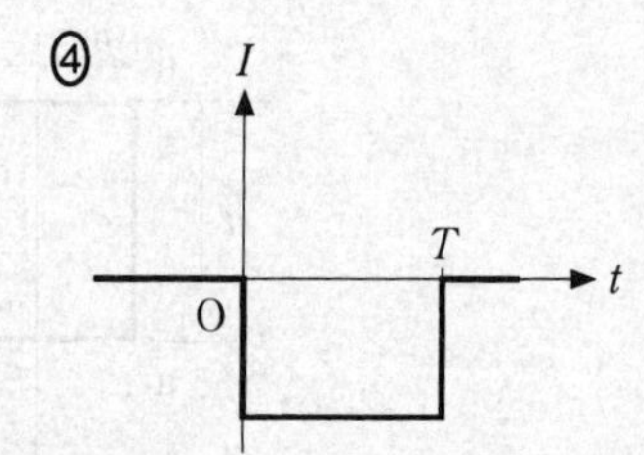

⑤

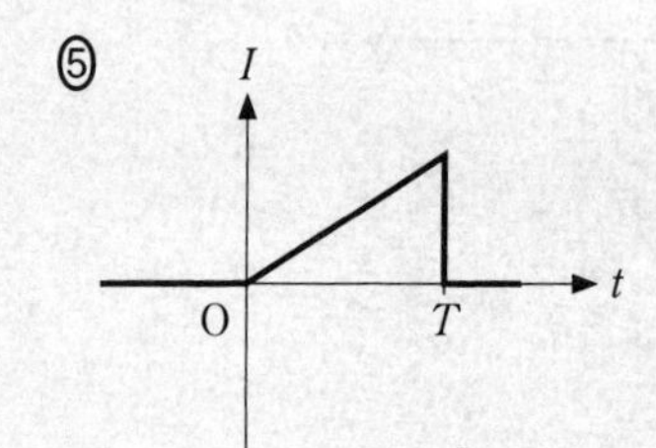

⑥

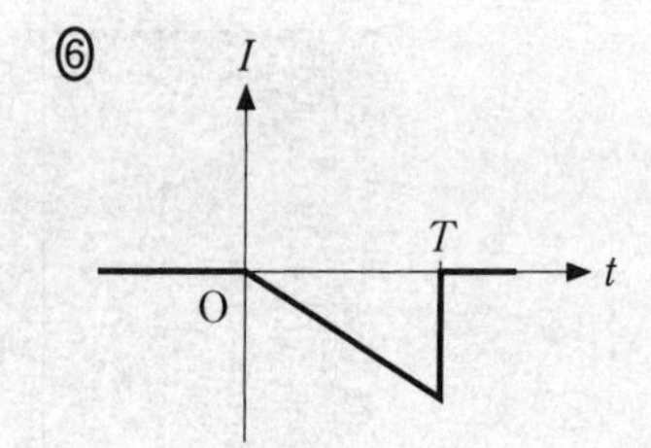

⑦

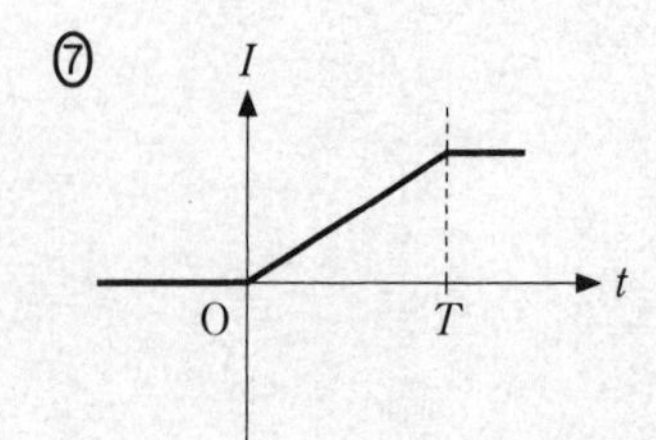

⑧

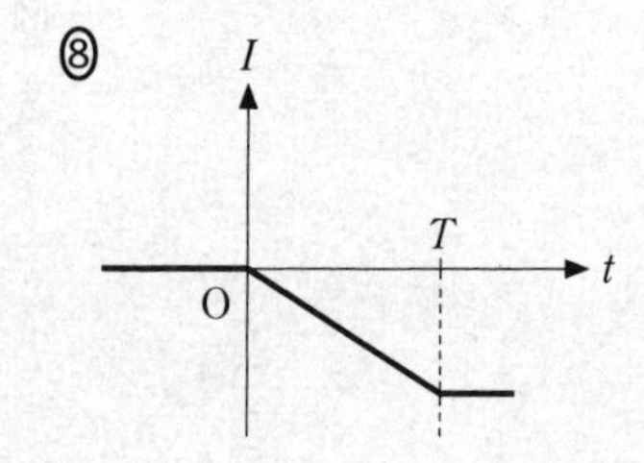

問 4　時刻 $t = 0$ と $t = T$ の間で，コイルが落下する一定の速さ v を表す式として正しいものを，次の①～⑧のうちから一つ選べ。ただし，重力加速度の大きさを g とする。$v =$ [4]

① $\dfrac{mgR}{B^2 w}$　② $\dfrac{mgR}{B^2 \ell^2}$　③ $\dfrac{mgR}{B^2 \ell w}$　④ $\dfrac{mgR}{B^2 w^2}$

⑤ $\dfrac{mgR}{Bw}$　⑥ $\dfrac{mgR}{B\ell^2}$　⑦ $\dfrac{mgR}{B\ell w}$　⑧ $\dfrac{mgR}{Bw^2}$

第3問 （必答問題）

次の文章（**A**・**B**）を読み，下の問い（**問**1～5）に答えよ。
〔**解答番号** [1] ～ [6] 〕（配点　20）

A　正弦波とその重ね合わせについて考える。

問1　x 軸の正の向きに正弦波が進行している。図1は，時刻 t〔s〕が 0 s と 0.1 s のときの，位置 x〔m〕と媒質の変位 y〔m〕の関係を表している。時刻 t（$t \geqq 0$）における $x = 0$ m での媒質の変位が

$$y = 0.1\sin\left(2\pi\frac{t}{T} + \alpha\right)$$

と表されるとき，T〔s〕と α〔rad〕の数値の組合せとして最も適当なものを，下の①～⑧のうちから一つ選べ。[1]

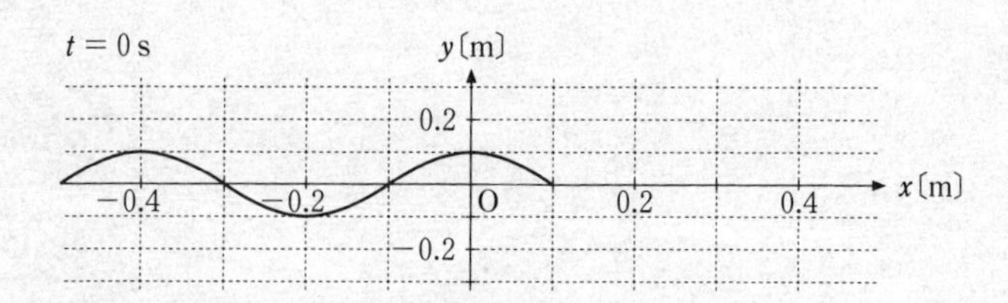

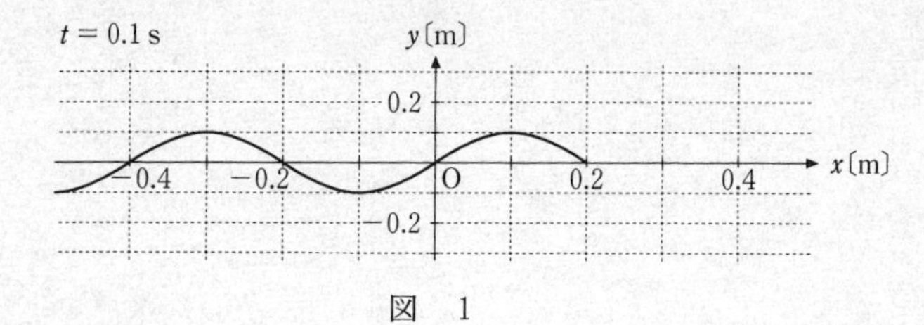

図　1

	①	②	③	④	⑤	⑥	⑦	⑧
T	0.2	0.2	0.2	0.2	0.4	0.4	0.4	0.4
α	0	$\frac{\pi}{2}$	π	$\frac{3\pi}{2}$	0	$\frac{\pi}{2}$	π	$\frac{3\pi}{2}$

問 2　次の文章中の空欄 ア ・ イ に入れる数値と語の組合せとして最も適当なものを，下の①～⑥のうちから一つ選べ。 2

x 軸の正の向きに進行してきた波(入射波)は，$x = 1.0$ m の位置で反射して逆向きに進み，入射波と反射波の合成波は定常波となる。図 2 は，ある時刻における入射波の波形を実線で，反射波の波形を破線で表している。$-0.2\,\text{m} \leqq x \leqq 0.2\,\text{m}$ における定常波の節の位置をすべて表すと，$x =$ ア m である。また，入射波は $x = 1.0$ m の位置で イ 反射している。

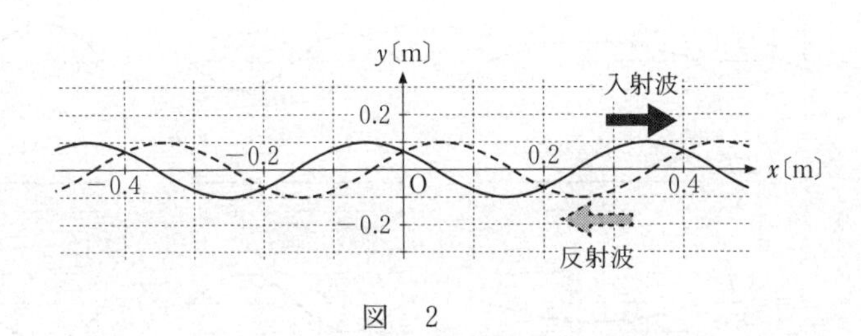

図　2

	ア	イ
①	−0.1，0.1	固定端
②	−0.1，0.1	自由端
③	−0.2，0，0.2	固定端
④	−0.2，0，0.2	自由端
⑤	−0.2，−0.1，0，0.1，0.2	固定端
⑥	−0.2，−0.1，0，0.1，0.2	自由端

問 3　両端を固定した弦の振動を考える。基本振動の周期はTであり，図3には時刻$t=0$から$t=\frac{4T}{8}$までの基本振動，2倍振動，およびそれらの合成波の様子を，$\frac{T}{8}$ごとに示している。時刻$t=\frac{5T}{8}$でのそれぞれの波形を表す図4の記号(a)～(f)の組合せとして最も適当なものを，次ページの①～⑧のうちから一つ選べ。ただし，図3と図4の破線と破線の間隔は，すべて等しい。 3

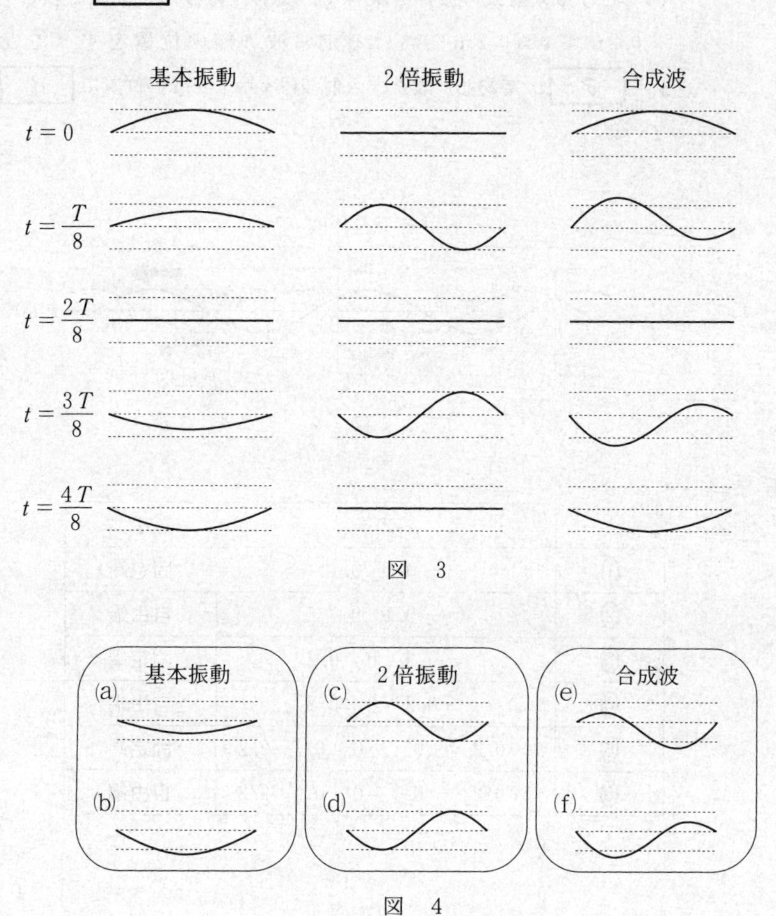

図　3

図　4

	基本振動	2倍振動	合成波
①	(a)	(c)	(e)
②	(a)	(c)	(f)
③	(a)	(d)	(e)
④	(a)	(d)	(f)
⑤	(b)	(c)	(e)
⑥	(b)	(c)	(f)
⑦	(b)	(d)	(e)
⑧	(b)	(d)	(f)

B　図5のように，真空中で2枚の平面ガラス板A，Bの向かい合う面A_1と面B_1を平行に配置した。ガラス板Aの左側からレーザー光を面A_1と面B_1に垂直に入射させた。このとき，ガラス板AとBを直接透過する光と，面B_1と面A_1で1回ずつ反射した後ガラス板Bを透過する光とが干渉する。ただし，ガラスの屈折率は1より大きいとする。また，面A_1と面B_1以外での反射は考えないものとする。

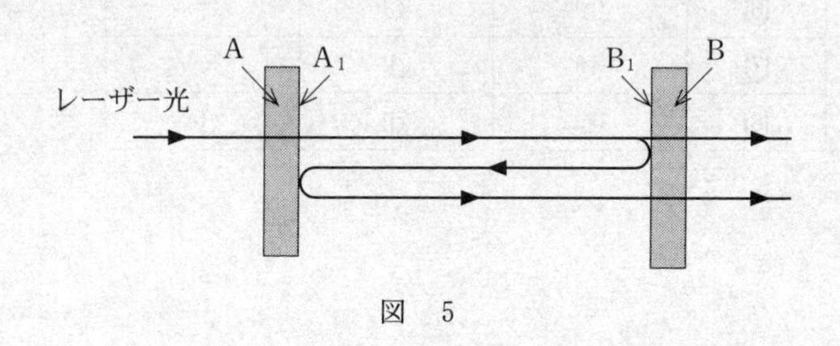

図　5

問4　次の文章中の空欄 ウ ・ エ に入れる語句の組合せとして最も適当なものを，次ページの①～⑥のうちから一つ選べ。 4

真空中を進んできた光がガラス面で1回反射するとき，位相は ウ 。レーザー光の波長をλに固定し，図5の面A_1と面B_1の間隔をdにすると，ガラス板Bの右側で二つの透過光は干渉し強めあった。次に，干渉した光の強度を測定しながら，間隔をdから$d+\dfrac{\lambda}{2}$に徐々に変化させると，二つの透過光は エ 。

	ウ	エ
①	変化しない	一度弱めあった後強めあう
②	変化しない	しだいに弱めあう
③	変化しない	強めあったまま変化しない
④	πだけ変化(反転)する	一度弱めあった後強めあう
⑤	πだけ変化(反転)する	しだいに弱めあう
⑥	πだけ変化(反転)する	強めあったまま変化しない

問 5　次の文章中の空欄 [5]・[6] に入れる式および数値として最も適当なものを，下のそれぞれの解答群から一つずつ選べ。[5] [6]

面 A_1 と面 B_1 の間隔を $d = 0.10\ \mathrm{m}$ に固定して，振動数 f のレーザー光を入射すると，ガラス板Bの右側で二つの透過光が干渉して強めあった。このとき，真空中の光の速さ c と正の整数 m を用いて $f =$ [5] が成り立つ。次に，レーザー光の振動数を f から $f + \Delta f$ まで徐々に大きくしたところ，二つの透過光は一度弱めあったのち再び強めあった。このとき，$\Delta f =$ [6] Hz である。ただし，$c = 3.0 \times 10^8\ \mathrm{m/s}$ とする。

[5] の解答群

① $m\dfrac{c}{4d}$　　② $\left(m + \dfrac{1}{2}\right)\dfrac{c}{4d}$

③ $m\dfrac{c}{2d}$　　④ $\left(m + \dfrac{1}{2}\right)\dfrac{c}{2d}$

[6] の解答群

① 7.5×10^7　　② 7.5×10^8　　③ 7.5×10^9

④ 1.5×10^7　　⑤ 1.5×10^8　　⑥ 1.5×10^9

第４問 （必答問題）

次の文章（**A**・**B**）を読み，下の問い（**問**１～５）に答えよ。

〔**解答番号** 1 ～ 5 〕（配点　20）

A　ばね定数 k の軽いばねの一端に質量 m の小物体を取り付け，あらい水平面上に置き，ばねの他端を壁に取り付けた。図１のように x 軸をとり，ばねが自然の長さのときの小物体の位置を原点Ｏとする。ただし，重力加速度の大きさを g，小物体と水平面の間の静止摩擦係数を μ，動摩擦係数を μ' とする。また，小物体は x 軸方向にのみ運動するものとする。

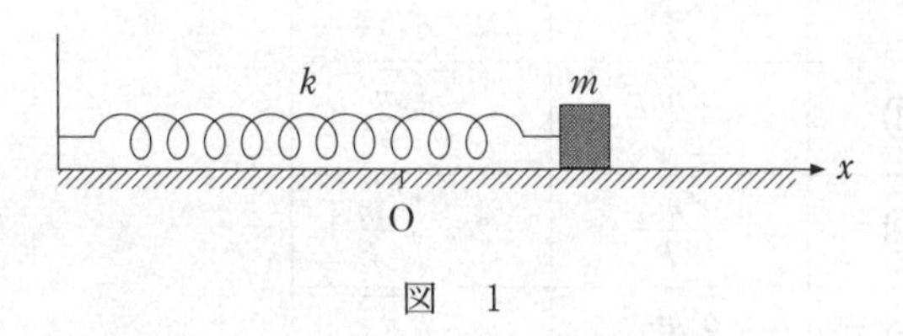

図　１

問１　小物体を位置 x で静かに放したとき，小物体が静止したままであるような，位置 x の最大値 x_M を表す式として正しいものを，次の①～⑦のうちから一つ選べ。x_M ＝ 1

① $\dfrac{\mu mg}{2k}$　　② $\dfrac{\mu mg}{k}$　　③ $\dfrac{2\mu mg}{k}$　　④ 0

⑤ $\dfrac{\mu' mg}{2k}$　　⑥ $\dfrac{\mu' mg}{k}$　　⑦ $\dfrac{2\mu' mg}{k}$

問 2　次の文章中の空欄 ア ・ イ に入れる式の組合せとして正しいものを，下の①～⑧のうちから一つ選べ。 2

問 1 の x_M より右側で小物体を静かに放すと，小物体は動き始め，次に速度が0となったのは時間 t_1 が経過したときであった。この間に，小物体にはたらく力の水平成分 F は，小物体の位置を x とすると $F = -k\left(x - \boxed{ア}\right)$ と表される。この力は，小物体に位置 ア を中心とする単振動を生じさせる力と同じである。このことから，時間 t_1 は イ とわかる。

	ア	イ
①	$\dfrac{\mu' mg}{2k}$	$\pi\sqrt{\dfrac{m}{k}}$
②	$\dfrac{\mu' mg}{2k}$	$2\pi\sqrt{\dfrac{m}{k}}$
③	$\dfrac{\mu' mg}{2k}$	$\pi\sqrt{\dfrac{k}{m}}$
④	$\dfrac{\mu' mg}{2k}$	$2\pi\sqrt{\dfrac{k}{m}}$
⑤	$\dfrac{\mu' mg}{k}$	$\pi\sqrt{\dfrac{m}{k}}$
⑥	$\dfrac{\mu' mg}{k}$	$2\pi\sqrt{\dfrac{m}{k}}$
⑦	$\dfrac{\mu' mg}{k}$	$\pi\sqrt{\dfrac{k}{m}}$
⑧	$\dfrac{\mu' mg}{k}$	$2\pi\sqrt{\dfrac{k}{m}}$

B　図2(a)のように，熱をよく伝える材料でできたシリンダーの端に断面積Sのなめらかに動くピストンがあり，ばね定数kのばねが自然の長さで接続されている。ピストンの右側は常に真空になっている。次に栓を開いて，シリンダー内部に物質量nの単原子分子理想気体を入れて再び密閉したところ，図2(b)のように，気体の圧力がp_0，体積がV_0，温度(絶対温度)が外の温度と同じT_0になった。ただし，気体定数をRとする。

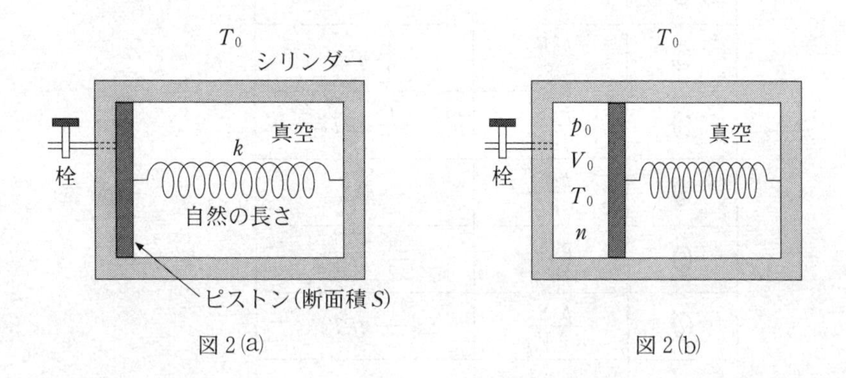

図2(a)　　図2(b)

問 3　図 2(b)の状態で，ばね定数 k とばねに蓄えられたエネルギーを表す式の組合せとして正しいものを，次の①～⑨のうちから一つ選べ。 3

	k	ばねのエネルギー
①	$\dfrac{p_0V_0}{S}$	$\dfrac{1}{2}nRT_0$
②	$\dfrac{p_0V_0}{S}$	nRT_0
③	$\dfrac{p_0V_0}{S}$	$\dfrac{3}{2}nRT_0$
④	$\dfrac{p_0S^2}{V_0}$	$\dfrac{1}{2}nRT_0$
⑤	$\dfrac{p_0S^2}{V_0}$	nRT_0
⑥	$\dfrac{p_0S^2}{V_0}$	$\dfrac{3}{2}nRT_0$
⑦	$\dfrac{p_0S^2}{2V_0}$	$\dfrac{1}{2}nRT_0$
⑧	$\dfrac{p_0S^2}{2V_0}$	nRT_0
⑨	$\dfrac{p_0S^2}{2V_0}$	$\dfrac{3}{2}nRT_0$

問 4　次に，図3のように，外の温度をTまで上昇させると，気体の圧力はp，体積はV，温度はTになった。このとき，気体の内部エネルギーの増加分ΔUを表す式として正しいものを，下の①～⑨のうちから一つ選べ。

$\Delta U =$ [4]

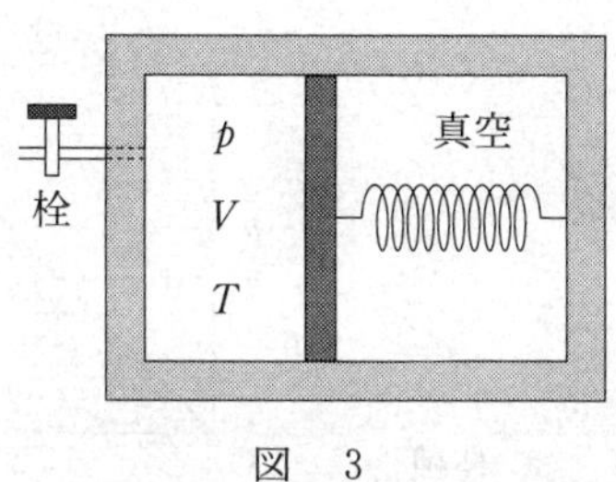

図　3

① $\frac{1}{2}nRT$　② nRT　③ $\frac{3}{2}nRT$

④ $\frac{1}{2}nRT_0$　⑤ nRT_0　⑥ $\frac{3}{2}nRT_0$

⑦ $\frac{1}{2}nR(T-T_0)$　⑧ $nR(T-T_0)$　⑨ $\frac{3}{2}nR(T-T_0)$

問 5　問3・問4において，気体の圧力と体積がそれぞれ p_0, V_0 から p, V に変化したときに，気体がした仕事を考える。その仕事の大きさは，気体の圧力と体積の関係を表すグラフにおける面積で表される。この面積を灰色部分で示したものとして最も適当なものを，次の①～⑥のうちから一つ選べ。

5

①

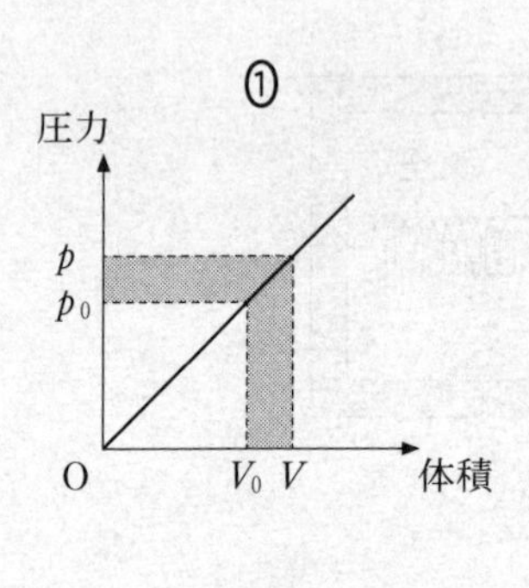

②

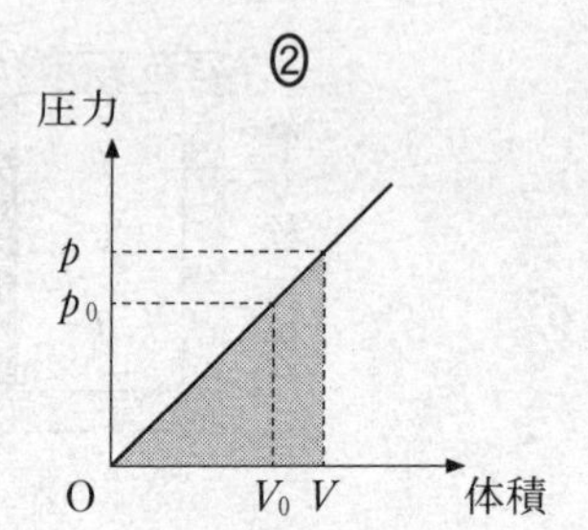

③

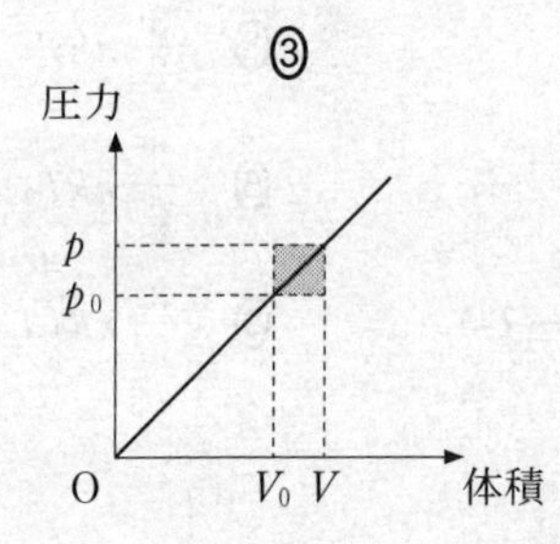

④

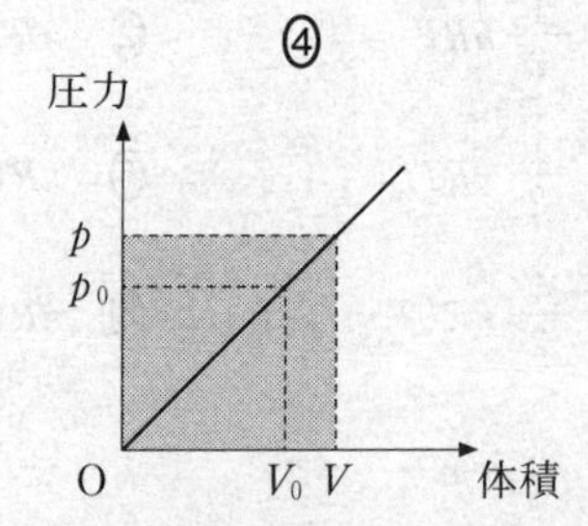

⑤

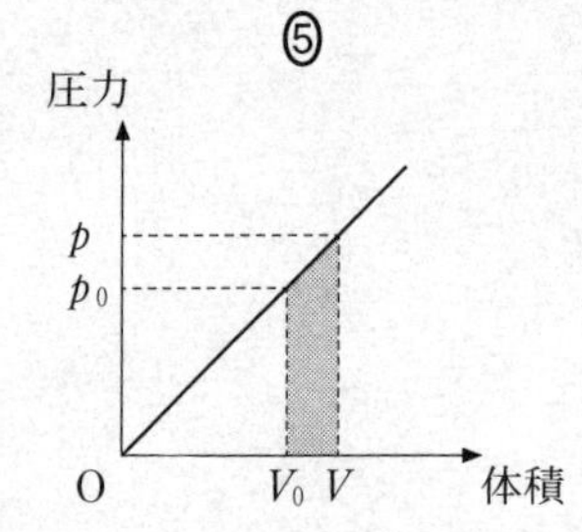

⑥

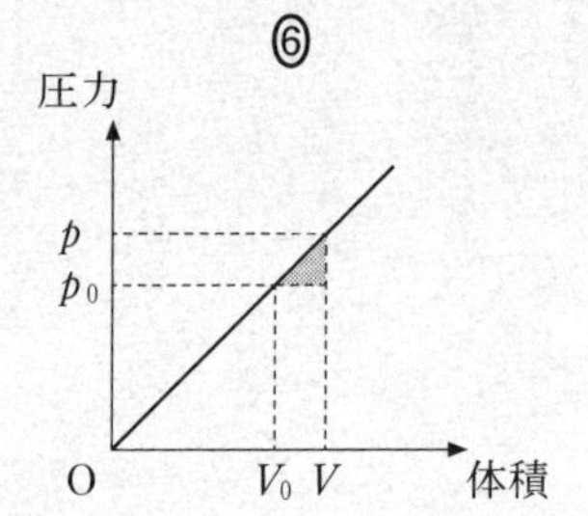

第5問 (選択問題)

太陽を周回する惑星の運動に関する次の文章を読み，下の問い(**問**1～3)に答えよ。

〔**解答番号** 1 ～ 3 〕(配点　15)

惑星が太陽に最も近づく点を近日点，最も遠ざかる点を遠日点と呼ぶ。図1のように，太陽からの惑星の距離と惑星の速さを，近日点で r_1, v_1，遠日点で r_2, v_2 とする。また，太陽の質量，惑星の質量，万有引力定数をそれぞれ M，m，G とする。

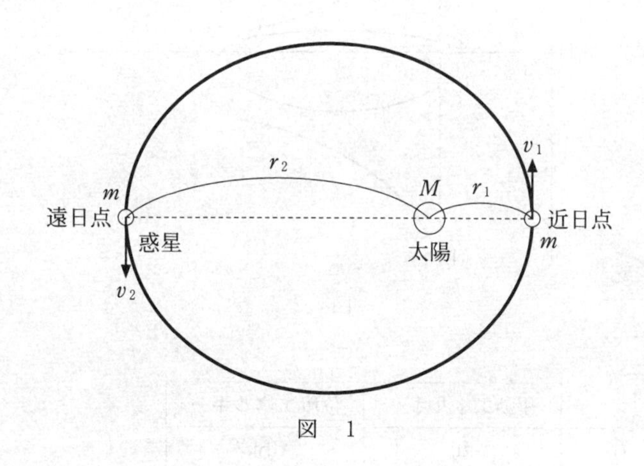

図　1

問1　惑星の運動については「惑星と太陽とを結ぶ線分が一定時間に通過する面積は一定である」というケプラーの第二法則(面積速度一定の法則)が成り立つ。これから得られる関係式として正しいものを，次の①～⑥のうちから一つ選べ。 1

① $\dfrac{r_1}{Mv_1} = \dfrac{r_2}{mv_2}$　　② $mr_1v_1 = Mr_2v_2$

③ $\dfrac{r_1}{mv_1} = \dfrac{r_2}{Mv_2}$　　④ $Mr_1v_1 = mr_2v_2$

⑤ $\dfrac{r_1}{v_1} = \dfrac{r_2}{v_2}$　　⑥ $r_1v_1 = r_2v_2$

問 2 図 2 の(a)～(d)の曲線のうち，太陽からの惑星の距離 r と惑星の運動エネルギーの関係を表すものはどれか。また，距離 r と万有引力による位置エネルギーの関係を表すものはどれか。その組合せとして最も適当なものを，下の①～⑥のうちから一つ選べ。ただし，万有引力による位置エネルギーは，無限遠で 0 とする。 2

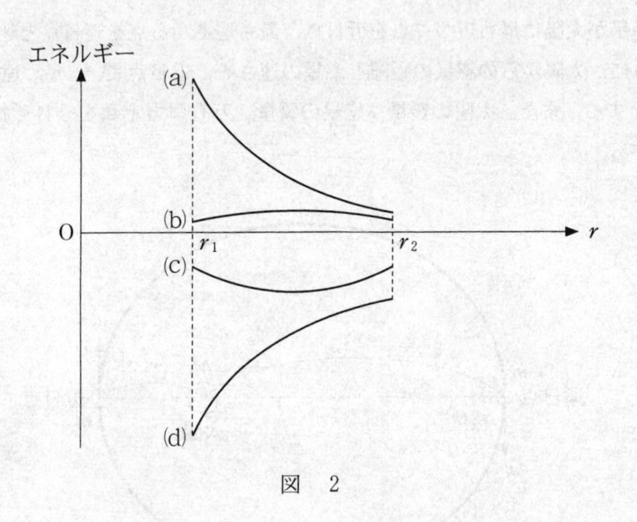

図 2

	運動エネルギー	位置エネルギー
①	(a)	(b)
②	(a)	(c)
③	(a)	(d)
④	(b)	(a)
⑤	(b)	(c)
⑥	(b)	(d)

問 3　次の文章中の空欄 ア ・ イ に入れる式と語の組合せとして最も適当なものを，次ページの①～⑧のうちから一つ選べ。 3

惑星の軌道が円である場合と，楕円（だえん）である場合の力学的エネルギーについて考える。図 3 の軌道 A のように，惑星が半径 r の等速円運動をすると，その速さは $v=$ ア となる。一方，軌道 B のように，近日点での太陽からの距離が r となる楕円運動の場合，惑星の力学的エネルギーは，軌道 A の場合の力学的エネルギーに比べて イ 。

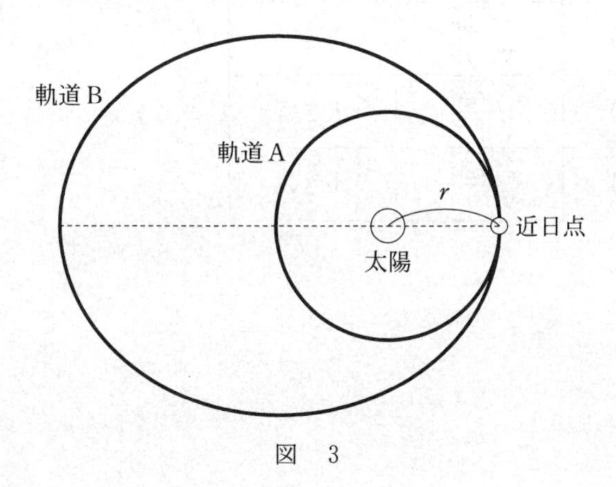

図　3

	ア	イ
①	$m\sqrt{\dfrac{G}{Mr}}$	大きい
②	$m\sqrt{\dfrac{G}{Mr}}$	小さい
③	$M\sqrt{\dfrac{G}{mr}}$	大きい
④	$M\sqrt{\dfrac{G}{mr}}$	小さい
⑤	$\sqrt{\dfrac{Gm}{r}}$	大きい
⑥	$\sqrt{\dfrac{Gm}{r}}$	小さい
⑦	$\sqrt{\dfrac{GM}{r}}$	大きい
⑧	$\sqrt{\dfrac{GM}{r}}$	小さい

第6問 (選択問題)

原子核と素粒子に関する次の問い(**問**1～3)に答えよ。
〔**解答番号** 1 ～ 3 〕(配点　15)

問1　宇宙を構成している原子核と素粒子に関する記述として最も適当なものを，次の①～⑤のうちから一つ選べ。 1

① 原子核の内部では，正の電荷をもった陽子と負の電荷をもった中性子がクーロン力によって結びついている。

② ばらばらの状態にある陽子6個と中性子6個の質量の和は，${}^{12}_{6}C$ の原子核の質量よりも大きい。

③ 陽子の内部ではクォークが2個結びついており，クォークの内部では電子とニュートリノが1個ずつ結びついている。

④ 素粒子であるクォークは電荷をもたず，電気的に中性である。

⑤ 自然界に存在する基本的な力は，重力，弱い力，強い力の3種類であると考えられている。

問 2 次の文中の空欄 ア ・ イ に入れる数値の組合せとして正しいものを，下の①～⑨のうちから一つ選べ。 2

$^{238}_{92}$U は， ア 回の α 崩壊と イ 回の β 崩壊(β^- 崩壊ともいう)によって，安定な $^{206}_{82}$Pb に変化する。

	ア	イ
①	32	26
②	32	10
③	32	6
④	16	26
⑤	16	10
⑥	16	6
⑦	8	26
⑧	8	10
⑨	8	6

問 3　次の文章中の空欄 ウ ・ エ に入れる記号と数値の組合せとして最も適当なものを，下の①～⑨のうちから一つ選べ。 3

放射能をもつ原子核が崩壊する確率は，その原子核の数や生成されてからの時間には関係がないので，原子核の数が減少する様子は，さいころを使った次の簡単な模擬実験で再現できる。

さいころを1000個用意し，それぞれを原子核とみなす。すべてのさいころを同時にふって，1の目が出たさいころを崩壊した原子核と考えて取り除き，残ったさいころの個数を記録する。以後，残ったさいころをふって1の目が出たさいころを取り除く操作を1分ごとに繰り返す。さいころの個数と時間の関係をグラフに表すと，図1の ウ が得られた。

この実験結果は，実際の原子核の崩壊の様子をよく表している。はじめに放射能をもつ原子核が1000個あったとき，それが500個に減少するのにかかる時間を T とすると，はじめから $2T$ の時間が経過した時の原子核数は約 エ 個となることがわかる。

	ウ	エ
①	(a)	250
②	(a)	50
③	(a)	0
④	(b)	250
⑤	(b)	50
⑥	(b)	0
⑦	(c)	250
⑧	(c)	50
⑨	(c)	0

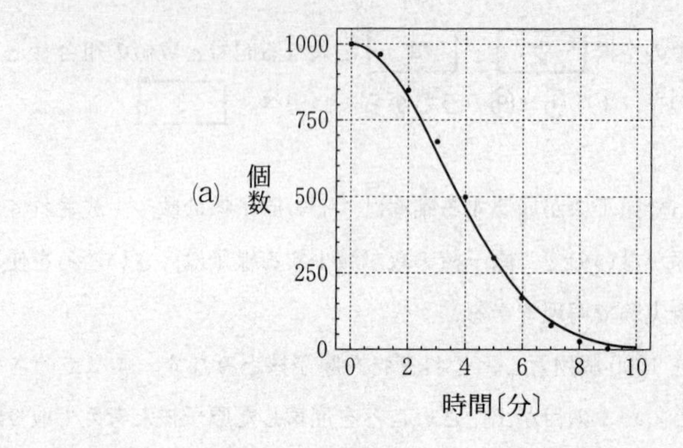
(a)
個数
1000
750
500
250
0
0 2 4 6 8 10
時間〔分〕

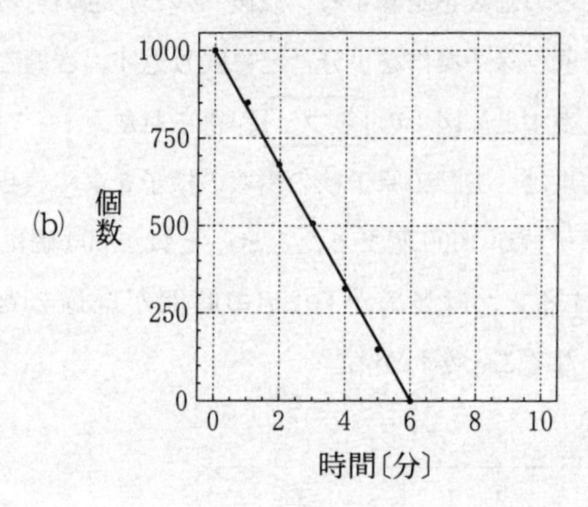
(b)
個数
1000
750
500
250
0
0 2 4 6 8 10
時間〔分〕

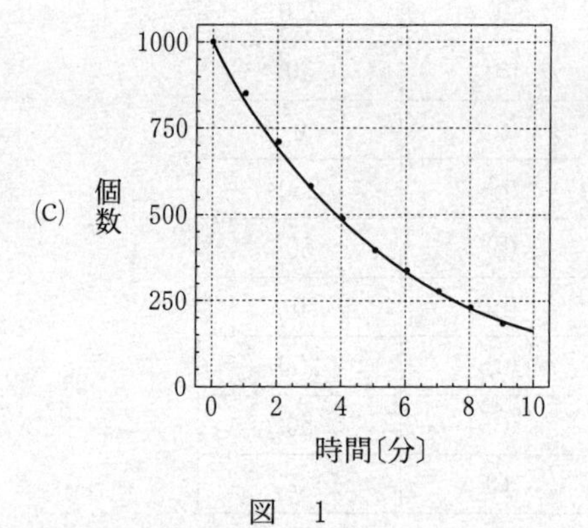
(c)
個数
1000
750
500
250
0
0 2 4 6 8 10
時間〔分〕

図　1

2017

本試験

物理

解答時間 60 分　配点 100 点

物　理

問　題	選 択 方 法
第1問	必　　答
第2問	必　　答
第3問	必　　答
第4問	必　　答
第5問	いずれか1問を選択し，解答しなさい。
第6問	

第1問 (必答問題)

次の問い(**問1～5**)に答えよ。

〔**解答番号** 1 ～ 5 〕(配点　25)

問1　x 軸上を正の向きに速さ3.0 m/s で進む質量4.0 kg の小球Aと，負の向きに速さ1.0 m/s で進む質量2.0 kg の小球Bが衝突した。その後，小球Aは速さ1.0 m/s で x 軸上を正の向きに進んだ。小球Bの衝突後の速さとして最も適当な数値を，次の①～⑧のうちから一つ選べ。 1 m/s

① 0.98　② 2.0　③ 3.0　④ 3.9
⑤ 4.0　⑥ 4.1　⑦ 5.0　⑧ 7.0

問 2　図1のように，質量Mのおもりが軽い糸で点Pからつり下げられた，細くて軽い棒ABが静止している。棒の一端Aは水平な床と鉛直な壁の隅にあり，他端Bは壁につけられた長さℓのひもで引っ張られている。ひもは水平で，床からの高さはhである。棒とひもは同一鉛直面内にあるものとする。距離APが距離BPの2倍のとき，ひもの張力の大きさTを表す式として正しいものを，下の①～⑥のうちから一つ選べ。ただし，重力加速度の大きさをgとする。$T =$ [2]

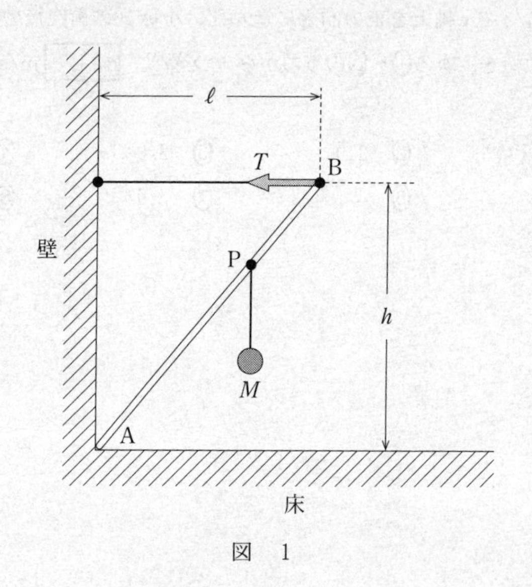

図　1

① $\dfrac{2}{3}Mg$　　② $\dfrac{2\ell}{3h}Mg$　　③ $\dfrac{2h}{3\ell}Mg$

④ $\dfrac{3}{2}Mg$　　⑤ $\dfrac{3h}{2\ell}Mg$　　⑥ $\dfrac{3\ell}{2h}Mg$

問 3　絶対値が等しく符号が逆の電気量をもった二つの点電荷がある。点電荷のまわりの電気力線の様子を表す図として最も適当なものを，次の①～⑥のうちから一つ選べ。ただし，電気力線の向きを表す矢印は省略してある。 3

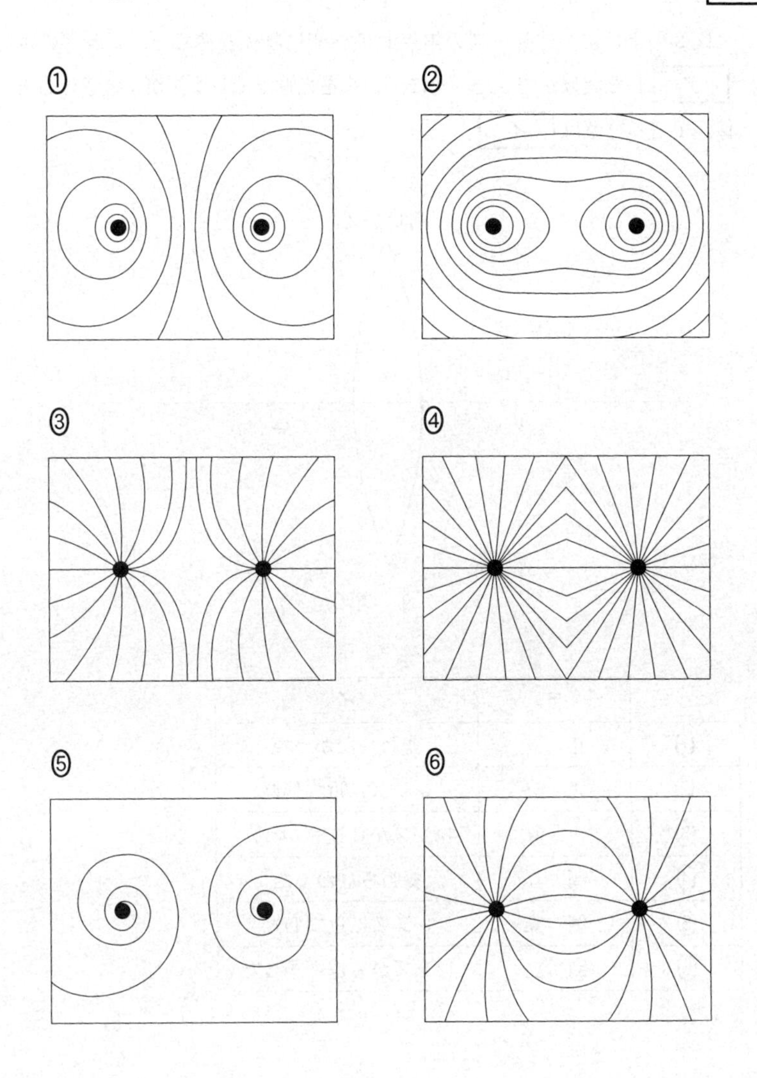

問 4　次の文章中の空欄［ア］・［イ］に入れる語句の組合せとして最も適当なものを，下の①～⑥のうちから一つ選べ。［4］

図2のように，凸レンズの焦点Fの外側に物体を置くと，レンズの後方に［ア］した実像ができた。次に，物体を光軸上でレンズから遠ざけると，実像ができる位置は［イ］。

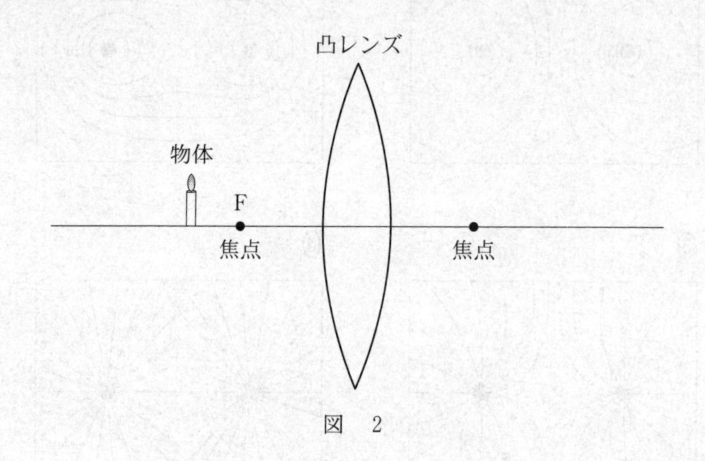

図　2

	ア	イ
①	正　立	変わらなかった
②	正　立	レンズに近づいた
③	正　立	レンズから遠ざかった
④	倒　立	変わらなかった
⑤	倒　立	レンズに近づいた
⑥	倒　立	レンズから遠ざかった

問 5　次の文章中の空欄 ウ ・ エ に入れる語句の組合せとして最も適当なものを，下の①～⑥のうちから一つ選べ。 5

風の吹いていない冬の夜間に，上空に比べて地表付近の気温が低くなるときがある。このとき，上空と地表付近での音速は ウ 。このような状況では，気温差がない場合に比べて，地表で発せられた音が遠くの地表面上に エ 。

	ウ	エ
①	地表付近の方が速い	届きやすくなる
②	地表付近の方が速い	届きにくくなる
③	等しい	届きやすくなる
④	等しい	届きにくくなる
⑤	地表付近の方が遅い	届きやすくなる
⑥	地表付近の方が遅い	届きにくくなる

第2問　(必答問題)

次の文章(**A**・**B**)を読み，下の問い(**問1～4**)に答えよ。

〔**解答番号** [1] ～ [5] 〕(配点　20)

A　図1(a)のように，極板間の距離が$3d$の平行板コンデンサーに電圧V_0を加えた。次に，帯電していない厚さdの金属板を，図1(b)のように極板間の中央に，極板と平行となるように挿入した。極板と金属板の面は同じ大きさ同じ形である。また，図1(a)および(b)のように，左の極板からの距離をxとする。図中には，両極板の中心を結ぶ線分を破線で，$x = d$および$x = 2d$の位置を点線で示した。

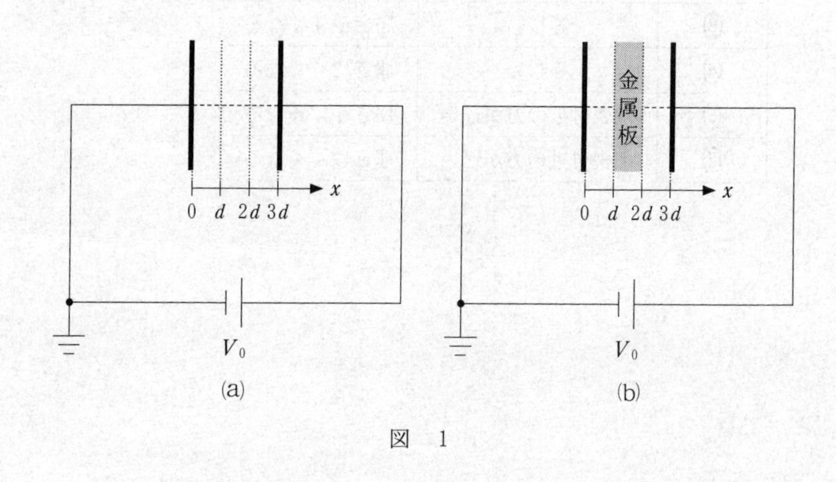

図　1

問1　図1(a)および(b)において，十分長い時間が経過した後の，両極板の中心を結ぶ線分上の電位Vとxの関係を表す最も適当なグラフを，次の①～⑥のうちから一つずつ選べ。ただし，同じものを繰り返し選んでもよい。

図1(a)：[1]

図1(b)：[2]

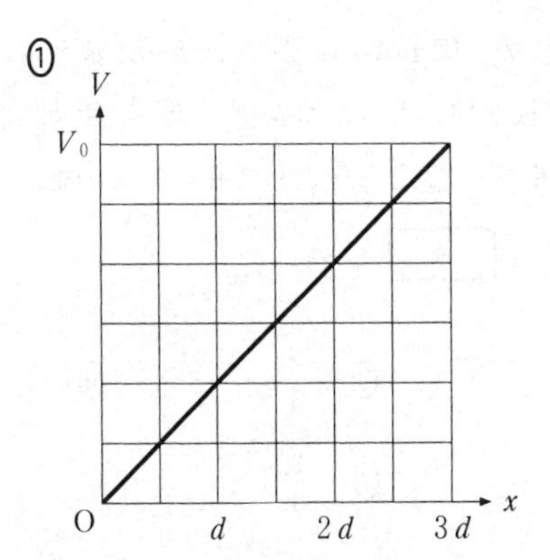
①
V
V₀
O
d
2d
3d
x

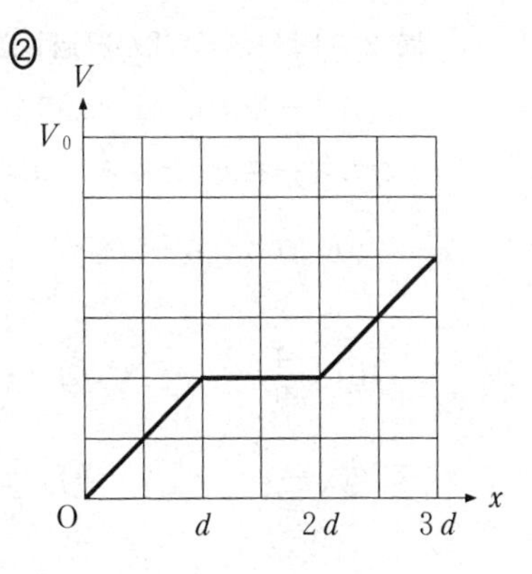
②
V
V₀
O
d
2d
3d
x

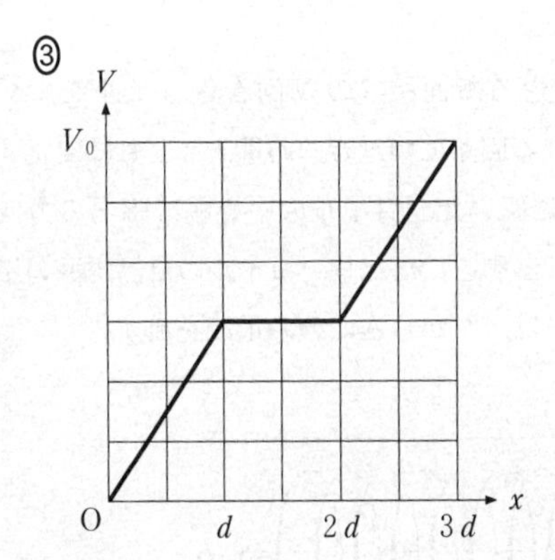
③
V
V₀
O
d
2d
3d
x

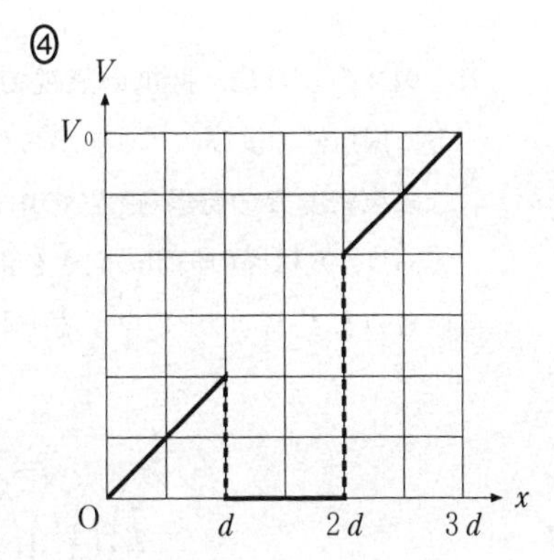
④
V
V₀
O
d
2d
3d
x

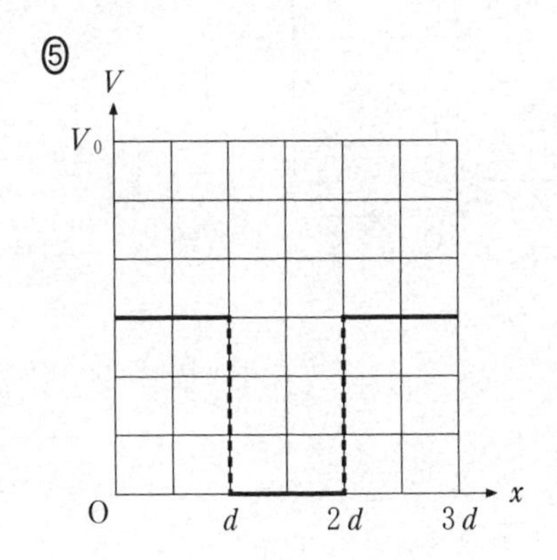
⑤
V
V₀
O
d
2d
3d
x

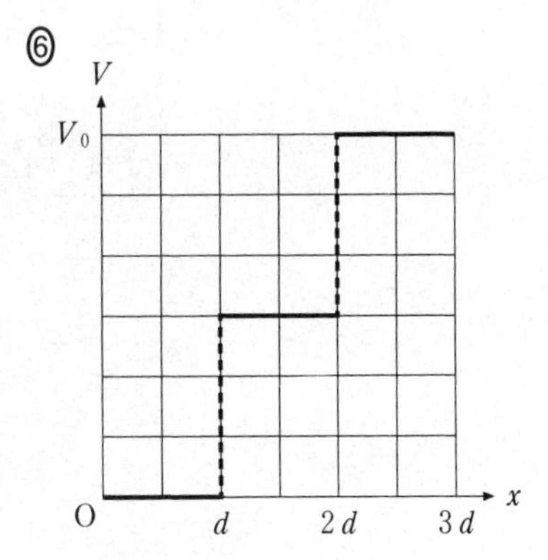
⑥
V
V₀
O
d
2d
3d
x

問 2　十分長い時間が経過した後の，図 1 (a) のコンデンサーに蓄えられたエネルギーを U_{a}，図 1 (b) の金属板が挿入されたコンデンサーに蓄えられたエネルギーを U_{b} とする。エネルギーの比 $\dfrac{U_{\mathrm{b}}}{U_{\mathrm{a}}}$ として正しいものを，次の①～⑦のうちから一つ選べ。$\dfrac{U_{\mathrm{b}}}{U_{\mathrm{a}}}$ = 3

① $\dfrac{4}{9}$　② $\dfrac{1}{2}$　③ $\dfrac{2}{3}$　④ 1

⑤ $\dfrac{3}{2}$　⑥ 2　⑦ $\dfrac{9}{4}$

B　図 2 のように，抵抗の無視できる断面積 S の N 回巻きコイルを，ダイオード，抵抗器およびスイッチからなる回路につなぎ，時間 t とともに変化する一様な磁束密度 B の磁場(磁界)の中に置いた。コイルの中心軸は磁場の方向に平行であり，B は図の矢印の向きを正とする。ただし，コイルの自己誘導の影響はないものとする。図中のダイオードは，左から右にのみ電流を流す。

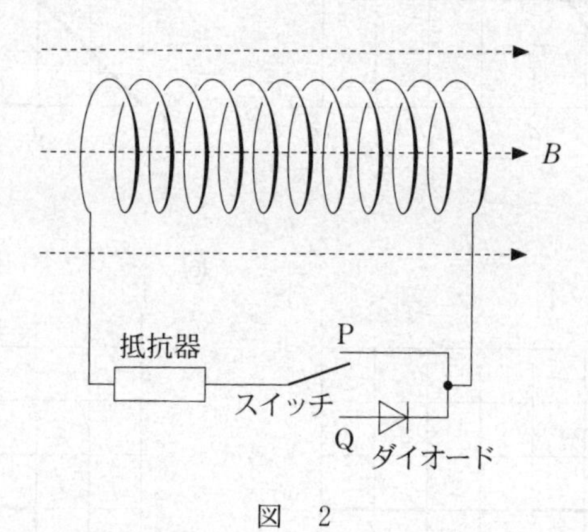

図　2

問 3　スイッチをP側に入れて，磁束密度Bを図3のように変化させた。三つの時間範囲($0 < t < T$, $T < t < 2T$, $2T < t < 3T$)における，抵抗器を流れる電流に関する記述の組合せとして最も適当なものを，下の①～⑧のうちから一つ選べ。　4

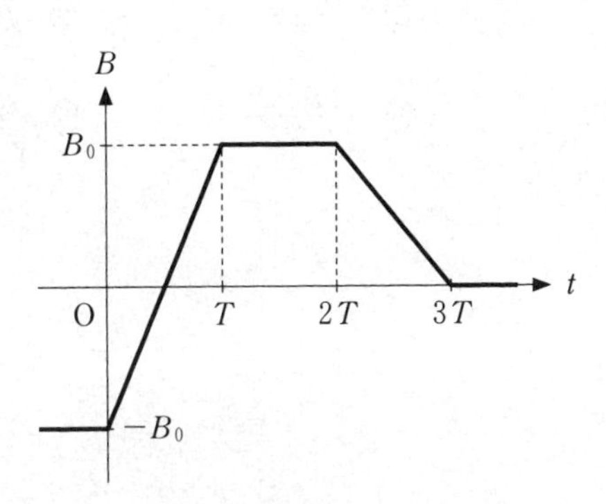

図　3

	$0 < t < T$	$T < t < 2T$	$2T < t < 3T$
①	流れる	流れる	流れる
②	流れる	流れる	流れない
③	流れる	流れない	流れる
④	流れる	流れない	流れない
⑤	流れない	流れる	流れる
⑥	流れない	流れる	流れない
⑦	流れない	流れない	流れる
⑧	流れない	流れない	流れない

問 4　次に，スイッチをQ側に入れて，磁束密度Bを図3のように変化させた。抵抗器に電流が流れるとき，コイル両端の電圧の大きさを表す式として最も適当なものを，次の①～⑥のうちから一つ選べ。 5

① B_0SN　② $\dfrac{B_0SN}{T}$　③ B_0SNT

④ $2B_0SN$　⑤ $\dfrac{2B_0SN}{T}$　⑥ $2B_0SNT$

第3問 （必答問題）

次の文章（**A**・**B**）を読み，下の問い（**問1～5**）に答えよ。
〔**解答番号** 1 ～ 5 〕（配点　20）

A　図1のように，空気中で平面ガラス板Aの一端を平面ガラス板Bの上に置き，Oで接触させた。Oから距離Lの位置に厚さaの薄いフィルムをはさんで，ガラス板の間にくさび形のすきまを作り，ガラス板の真上から波長λの単色光を入射させた。ただし，空気に対するガラスの屈折率は1.5である。屈折率の小さい媒質を進んできた光が，屈折率の大きい媒質との境界面で反射するときは，位相が反転（πだけ変化）する。

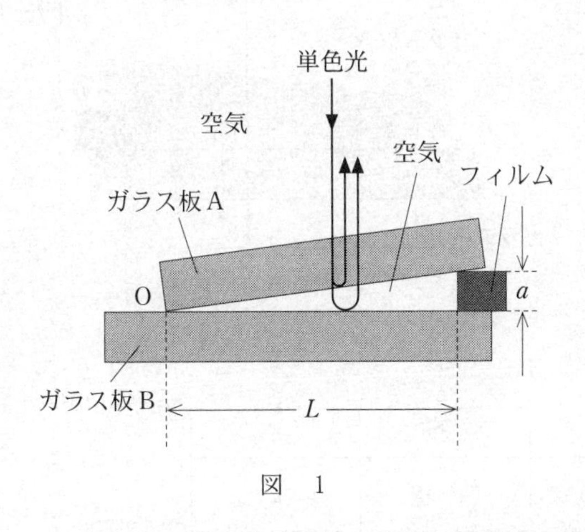

図　1

問1　ガラス板の真上から観察したとき，ガラス板Aの下面で反射する光と，ガラス板Bの上面で反射する光とが干渉し，明線と暗線が並ぶ縞模様が見えた。隣り合う明線の間隔dとして正しいものを，次の①～⑥のうちから一つ選べ。$d =$ 1

① $\dfrac{L\lambda}{4a}$　② $\dfrac{L\lambda}{2a}$　③ $\dfrac{3L\lambda}{4a}$

④ $\dfrac{L\lambda}{a}$　⑤ $\dfrac{3L\lambda}{2a}$　⑥ $\dfrac{2L\lambda}{a}$

問 2　次の文章中の空欄 ア ・ イ に入れる語と式の組合せとして最も適当なものを，下の①～⑥のうちから一つ選べ。 2

ガラス板の真下から透過光を観測した。図 2 のように，反射せずに透過する光と，2 回反射したのち透過する光とが干渉し，真上から見たとき明線のあった位置には ア が見えた。このとき，隣り合う明線の間隔は d であった。

次に，空気に対する屈折率 $n(1 < n < 1.5)$ の液体ですきまを満たしたところ，真下から見た隣り合う明線の間隔は イ であった。

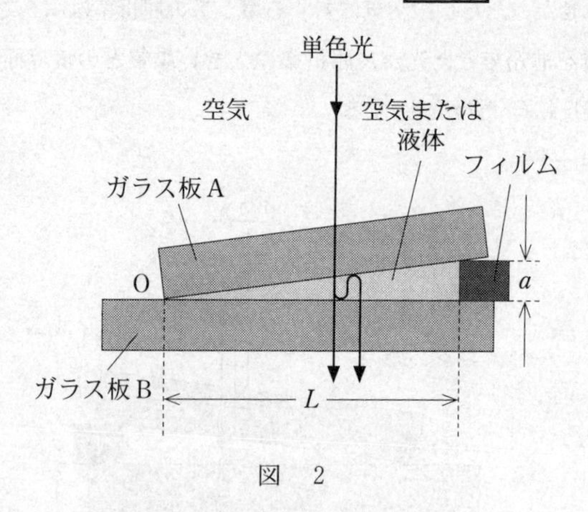

図　2

	ア	イ
①	明　線	d
②	明　線	nd
③	明　線	$\frac{d}{n}$
④	暗　線	d
⑤	暗　線	nd
⑥	暗　線	$\frac{d}{n}$

B　物質量 n の単原子分子の理想気体の状態を，図3のように変化させる。過程A→Bは定積変化，過程B→Cは等温変化，過程C→Aは定圧変化である。状態Aの温度を T_0，気体定数を R とする。

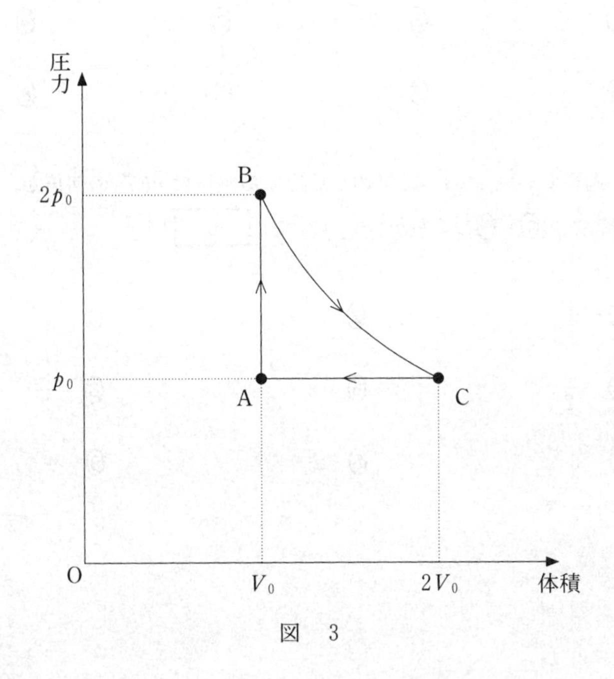

図　3

問 3　状態Aにおける気体の内部エネルギーは nRT_0 の何倍か。正しいものを，次の①～⑧のうちから一つ選べ。 [3] 倍

① $\frac{1}{2}$　　② 1　　③ $\frac{3}{2}$　　④ 2

⑤ $\frac{5}{2}$　　⑥ 3　　⑦ $\frac{7}{2}$　　⑧ 4

問 4　状態Bの温度は T_0 の何倍か。正しいものを，次の①～⑧のうちから一つ選べ。 [4] 倍

① $\frac{1}{2}$　② 1　③ $\frac{3}{2}$　④ 2

⑤ $\frac{5}{2}$　⑥ 3　⑦ $\frac{7}{2}$　⑧ 4

問 5　過程C→Aにおいて気体が放出する熱量は nRT_0 の何倍か。正しいものを，次の①～⑨のうちから一つ選べ。 [5] 倍

① 0　② $\frac{1}{2}$　③ 1

④ $\frac{3}{2}$　⑤ 2　⑥ $\frac{5}{2}$

⑦ 3　⑧ $\frac{7}{2}$　⑨ 4

第４問 （必答問題）

次の文章（**A**・**B**）を読み，下の問い（**問**１～５）に答えよ。

〔**解答番号** 1 ～ 5 〕（配点　20）

A　図１のように，十分大きくなめらかな円錐（えんすい）面が，中心軸を鉛直に，頂点Ｏを下にして置かれている。大きさの無視できる質量 m の小物体が円錐面上を運動する。頂点Ｏにおいて円錐面と中心軸のなす角度を θ とし，重力加速度の大きさを g とする。

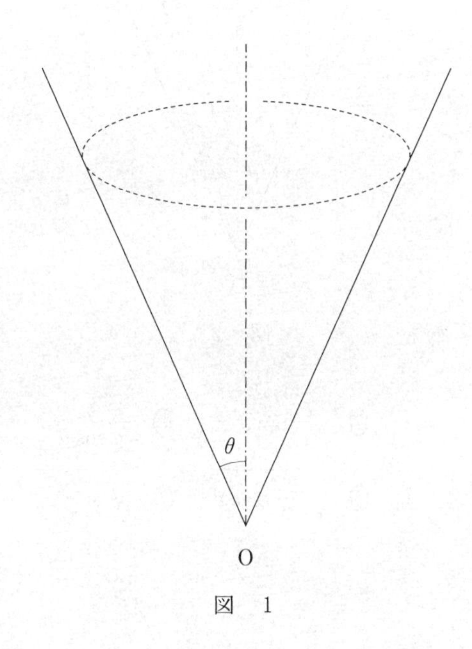

図　1

問 1　図2のように，頂点Oから距離ℓの位置に小物体を置き，静かに放した。小物体が頂点Oに到達するまでの時間を表す式として正しいものを，下の①～⑧のうちから一つ選べ。 1

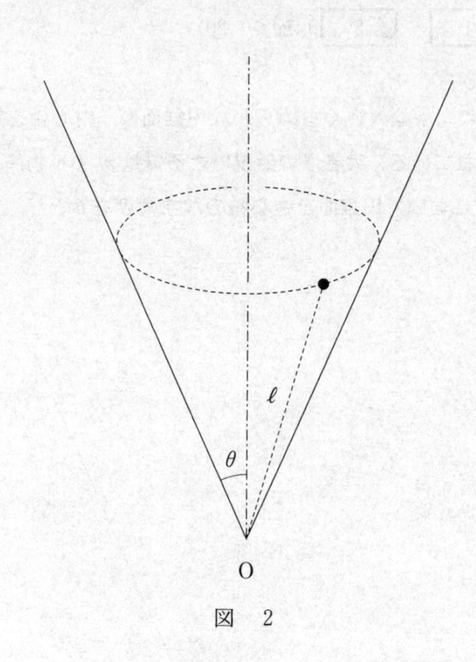

図　2

① $\dfrac{\ell}{g}$　　② $\dfrac{\ell}{g}\tan\theta$　　③ $\dfrac{\ell}{g\cos\theta}$　　④ $\dfrac{\ell}{g\sin\theta}$

⑤ $\sqrt{\dfrac{2\ell}{g}}$　　⑥ $\sqrt{\dfrac{2\ell}{g}\tan\theta}$　　⑦ $\sqrt{\dfrac{2\ell}{g\cos\theta}}$　　⑧ $\sqrt{\dfrac{2\ell}{g\sin\theta}}$

問 2　次に，図3のように，大きさ v_0 の初速度を水平方向に与えると，小物体は等速円運動をした。その半径 a を表す式として正しいものを，下の①〜⑧のうちから一つ選べ。$a =$ **2**

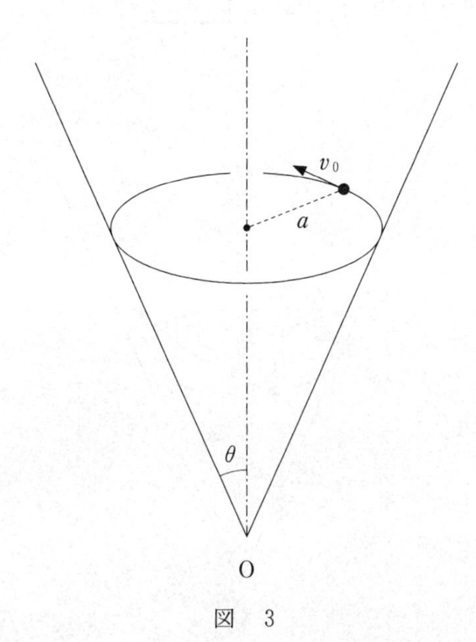

図　3

① $\dfrac{g\sin\theta}{{v_0}^2}$　② $\dfrac{g\cos\theta}{{v_0}^2}$　③ $\dfrac{g}{{v_0}^2\tan\theta}$　④ $\dfrac{g\sin\theta\cos\theta}{{v_0}^2}$

⑤ $\dfrac{{v_0}^2}{g\sin\theta}$　⑥ $\dfrac{{v_0}^2}{g\cos\theta}$　⑦ $\dfrac{{v_0}^2\tan\theta}{g}$　⑧ $\dfrac{{v_0}^2}{g\sin\theta\cos\theta}$

問 3　次に，図4のように，頂点Oから距離ℓ_1の点Aで，大きさv_1の初速度を与えたところ，小物体は円錐面に沿って運動し，頂点Oから距離ℓ_2の点Bを通過した。点Bにおける小物体の速さを表す式として正しいものを，下の①〜⑨のうちから一つ選べ。 **3**

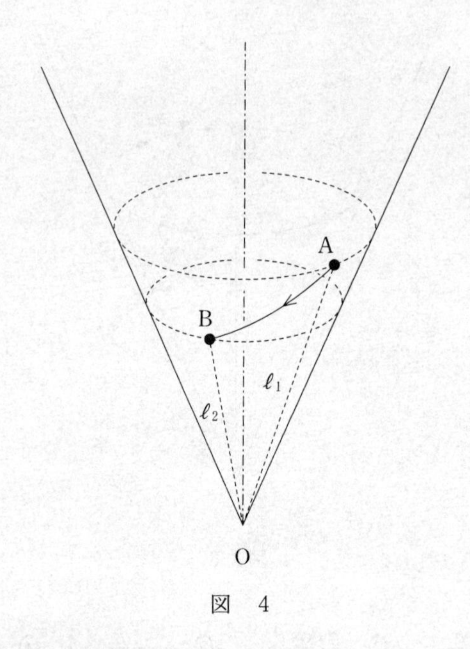

図　4

① $\sqrt{2g(\ell_1 - \ell_2)}$　　② $\sqrt{{v_1}^2 + 2g(\ell_1 - \ell_2)}$

③ $\sqrt{2g(\ell_1 - \ell_2)\cos\theta}$　　④ $\sqrt{{v_1}^2 + 2g(\ell_1 - \ell_2)\cos\theta}$

⑤ $\sqrt{2g(\ell_1 - \ell_2)\sin\theta}$　　⑥ $\sqrt{{v_1}^2 + 2g(\ell_1 - \ell_2)\sin\theta}$

⑦ v_1　　⑧ $v_1\cos\theta$

⑨ $v_1\sin\theta$

B　図5のように，エレベーターの天井に固定された，なめらかに回る軽い滑車に軽い糸をかけ，糸の両端に質量 M と質量 $m(M > m)$ の物体を取り付けた。重力加速度の大きさを g とする。

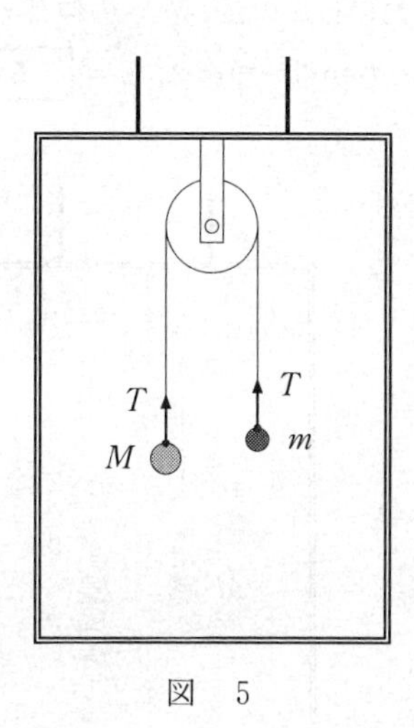

図　5

問 4　エレベーターが静止しているとき，糸がたるまないように二つの物体を支えた状態から静かに放すと，物体は鉛直方向に動き始めた。このとき，糸の張力の大きさ T を表す式として正しいものを，次の①～⑦のうちから一つ選べ。$T =$ [4]

① $(M + m)g$　　② $\frac{1}{2}(M + m)g$

③ $(M - m)g$　　④ $\frac{1}{2}(M - m)g$

⑤ $\frac{4Mm}{M + m}g$　　⑥ $\frac{2Mm}{M + m}g$

⑦ 0

問 5　図6のように，質量mの物体の代わりに床に固定したばね定数kの軽いばねを取り付けた。鉛直上向きに大きさaの加速度で等加速度運動しているエレベーターの中で，質量Mの物体がエレベーターに対して静止していた。このとき，ばねの自然の長さからの伸びxを表す式として正しいものを，下の①～⑥のうちから一つ選べ。$x =$ [5]

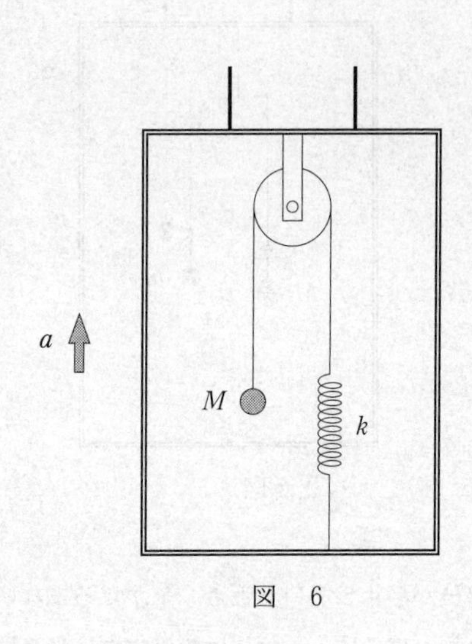

図　6

① $\dfrac{Mg}{k}$　② $\dfrac{M(g+a)}{k}$　③ $\dfrac{M(g-a)}{k}$

④ $\dfrac{2Mg}{k}$　⑤ $\dfrac{2M(g+a)}{k}$　⑥ $\dfrac{2M(g-a)}{k}$

第5問 （選択問題）

音波に関する次の文章を読み，下の問い(**問**1 ～ 3)に答えよ。
〔**解答番号** [1] ～ [3] 〕(配点　15)

音のドップラー効果について考える。音源，観測者，反射板はすべて一直線上に位置しているものとし，空気中の音の速さはVとする。また，風は吹いていないものとする。

問1　次の文章中の空欄 [ア] ・ [イ] に入れる語句と式の組合せとして最も適当なものを，下の①～⑨のうちから一つ選べ。 [1]

図1のように，静止している振動数f_1の音源へ向かって，観測者が速さvで移動している。このとき，観測者に聞こえる音の振動数は [ア] ，音源から観測者へ向かう音波の波長は [イ] である。

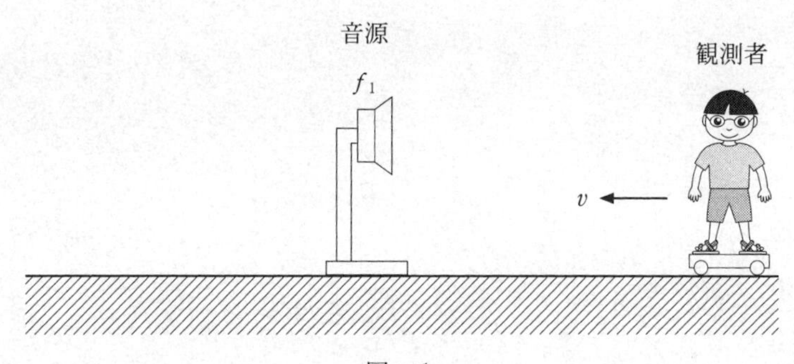

図　1

	ア	イ
①	f_1 よりも小さく	$\dfrac{V-v}{f_1}$
②	f_1 よりも小さく	$\dfrac{V}{f_1}$
③	f_1 よりも小さく	$\dfrac{V^2}{(V+v)f_1}$
④	f_1 と等しく	$\dfrac{V-v}{f_1}$
⑤	f_1 と等しく	$\dfrac{V}{f_1}$
⑥	f_1 と等しく	$\dfrac{V^2}{(V+v)f_1}$
⑦	f_1 よりも大きく	$\dfrac{V-v}{f_1}$
⑧	f_1 よりも大きく	$\dfrac{V}{f_1}$
⑨	f_1 よりも大きく	$\dfrac{V^2}{(V+v)f_1}$

問 2　図2のように，静止している観測者へ向かって，振動数f_2の音源が速さvで移動している。音源から観測者へ向かう音波の波長λを表す式として正しいものを，下の①～⑤のうちから一つ選べ。$\lambda =$ [2]

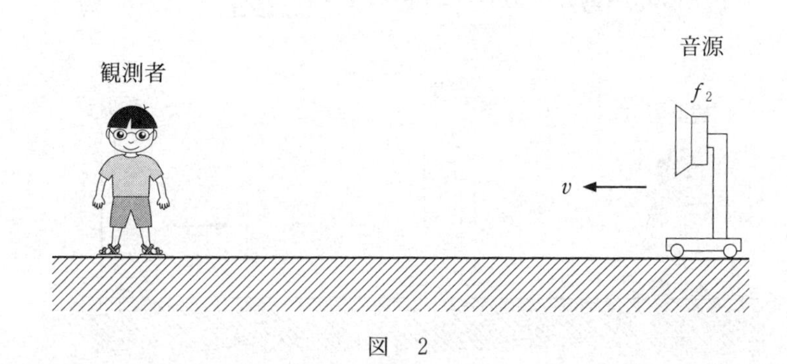

図　2

① $\dfrac{V}{f_2}$　　② $\dfrac{V-v}{f_2}$　　③ $\dfrac{V+v}{f_2}$

④ $\dfrac{V^2}{(V-v)f_2}$　　⑤ $\dfrac{V^2}{(V+v)f_2}$

問 3　図3のように，静止している振動数f_1の音源へ向かって，反射板を速さvで動かした。音源の背後で静止している観測者は，反射板で反射した音を聞いた。その音の振動数はf_3であった。反射板の速さvを表す式として正しいものを，下の①～⑧のうちから一つ選べ。$v =$ [3]

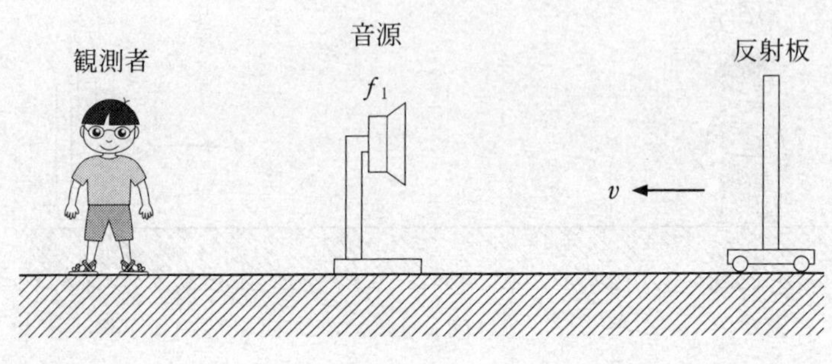

図　3

① $\dfrac{f_3 - f_1}{f_3 + f_1}V$　　② $\dfrac{f_3 + f_1}{f_3 - f_1}V$

③ $\dfrac{f_3 - f_1}{f_1}V$　　④ $\dfrac{f_3 - f_1}{f_3}V$

⑤ $\sqrt{\dfrac{f_3 - f_1}{f_1}}V$　　⑥ $\sqrt{\dfrac{f_3 - f_1}{f_3}}V$

⑦ $\dfrac{\sqrt{f_3} - \sqrt{f_1}}{\sqrt{f_1}}V$　　⑧ $\dfrac{\sqrt{f_3} - \sqrt{f_1}}{\sqrt{f_3}}V$

第6問 （選択問題）

放射線と原子核反応に関する次の問い（**問**1～3）に答えよ。

〔**解答番号** [1] ～ [3]〕（配点　15）

問 1　放射線に関する記述として最も適当なものを，次の①～⑤のうちから一つ選べ。[1]

① α 線，β 線，γ 線のうち，α 線のみが物質中の原子から電子をはじき飛ばして原子をイオンにするはたらき（電離作用）をもつ。

② α 線，β 線，γ 線を一様な磁場（磁界）に対して垂直に入射すると，β 線のみが直進する。

③ β 崩壊の前後で，原子核の原子番号は変化しない。

④ 自然界に存在する原子核はすべて安定であり，放射線を放出しない。

⑤ シーベルト（記号 Sv）は，人体への放射線の影響を評価するための単位である。

問 2　原子核がもつエネルギーは，ばらばらの状態にある核子がもつエネルギーの和よりも小さい。このエネルギー差 $\varDelta E$ を結合エネルギーという。原子番号 Z，質量数 A の原子核の場合，原子核の質量を M，陽子と中性子の質量をそれぞれ m_{p}，m_{n} とするとき，$\varDelta E$ を表す式として正しいものを，次の①～⑧のうちから一つ選べ。ただし，真空中の光の速さを c とする。$\varDelta E =$ [2]

① $\{A(m_{\mathrm{p}} + m_{\mathrm{n}}) - AM\}c^2$　　② $\{Zm_{\mathrm{p}} + (A - Z)m_{\mathrm{n}} - AM\}c^2$

③ $\{A(m_{\mathrm{p}} + m_{\mathrm{n}}) - M\}c^2$　　④ $\{Zm_{\mathrm{p}} + (A - Z)m_{\mathrm{n}} - M\}c^2$

⑤ $\{(A - Z)m_{\mathrm{p}} + Zm_{\mathrm{n}} - AM\}c^2$　　⑥ $\{Zm_{\mathrm{p}} + Am_{\mathrm{n}} - AM\}c^2$

⑦ $\{(A - Z)m_{\mathrm{p}} + Zm_{\mathrm{n}} - M\}c^2$　　⑧ $\{Zm_{\mathrm{p}} + Am_{\mathrm{n}} - M\}c^2$

問 3 次の文章中の空欄 ア ・ イ に入れる式と語の組合せとして最も適当なものを，下の①～⑧のうちから一つ選べ。 3

太陽の中心部では，$^1_1$H が次々に核融合して，最終的に $^4_2$He が生成されている。その最終段階の反応の一つは，次の式で表すことができる。

$^3_2$He + $^3_2$He ⟶ $^4_2$He + ア

この反応ではエネルギーが イ される。ただし，$^2_1$H，$^3_2$He，$^4_2$He の結合エネルギーは，それぞれ 2.2 MeV，7.7 MeV，28.3 MeV であるとする。

	ア	イ
①	$^1_1$H	放 出
②	$^1_1$H	吸 収
③	2 $^1_1$H	放 出
④	2 $^1_1$H	吸 収
⑤	$^2_1$H	放 出
⑥	$^2_1$H	吸 収
⑦	2 $^2_1$H	放 出
⑧	2 $^2_1$H	吸 収

理科 ① 解答用紙

注意事項

1　左右の解答欄で同一の科目を解答してはいけません。
2　訂正は，消しゴムできれいに消し，消しくずを残してはいけません。
3　所定欄以外にはマークしたり，記入したりしてはいけません。
4　汚したり，折りまげたりしてはいけません。

・下の解答欄で解答する科目を，１科目だけマークしなさい。
・解答科目欄が無マーク又は複数マークの場合は，０点となります。

解答科目欄	
物理基礎	◯
化学基礎	◯
生物基礎	◯
地学基礎	◯

解答番号	解答欄											
	1	2	3	4	5	6	7	8	9	0	a	b
1	①	②	③	④	⑤	⑥	⑦	⑧	⑨	⓪	ⓐ	ⓑ
2	①	②	③	④	⑤	⑥	⑦	⑧	⑨	⓪	ⓐ	ⓑ
3	①	②	③	④	⑤	⑥	⑦	⑧	⑨	⓪	ⓐ	ⓑ
4	①	②	③	④	⑤	⑥	⑦	⑧	⑨	⓪	ⓐ	ⓑ
5	①	②	③	④	⑤	⑥	⑦	⑧	⑨	⓪	ⓐ	ⓑ
6	①	②	③	④	⑤	⑥	⑦	⑧	⑨	⓪	ⓐ	ⓑ
7	①	②	③	④	⑤	⑥	⑦	⑧	⑨	⓪	ⓐ	ⓑ
8	①	②	③	④	⑤	⑥	⑦	⑧	⑨	⓪	ⓐ	ⓑ
9	①	②	③	④	⑤	⑥	⑦	⑧	⑨	⓪	ⓐ	ⓑ
10	①	②	③	④	⑤	⑥	⑦	⑧	⑨	⓪	ⓐ	ⓑ
11	①	②	③	④	⑤	⑥	⑦	⑧	⑨	⓪	ⓐ	ⓑ
12	①	②	③	④	⑤	⑥	⑦	⑧	⑨	⓪	ⓐ	ⓑ
13	①	②	③	④	⑤	⑥	⑦	⑧	⑨	⓪	ⓐ	ⓑ
14	①	②	③	④	⑤	⑥	⑦	⑧	⑨	⓪	ⓐ	ⓑ
15	①	②	③	④	⑤	⑥	⑦	⑧	⑨	⓪	ⓐ	ⓑ
16	①	②	③	④	⑤	⑥	⑦	⑧	⑨	⓪	ⓐ	ⓑ
17	①	②	③	④	⑤	⑥	⑦	⑧	⑨	⓪	ⓐ	ⓑ
18	①	②	③	④	⑤	⑥	⑦	⑧	⑨	⓪	ⓐ	ⓑ
19	①	②	③	④	⑤	⑥	⑦	⑧	⑨	⓪	ⓐ	ⓑ
20	①	②	③	④	⑤	⑥	⑦	⑧	⑨	⓪	ⓐ	ⓑ
21	①	②	③	④	⑤	⑥	⑦	⑧	⑨	⓪	ⓐ	ⓑ
22	①	②	③	④	⑤	⑥	⑦	⑧	⑨	⓪	ⓐ	ⓑ
23	①	②	③	④	⑤	⑥	⑦	⑧	⑨	⓪	ⓐ	ⓑ
24	①	②	③	④	⑤	⑥	⑦	⑧	⑨	⓪	ⓐ	ⓑ
25	①	②	③	④	⑤	⑥	⑦	⑧	⑨	⓪	ⓐ	ⓑ

・下の解答欄で解答する科目を，１科目だけマークしなさい。
・解答科目欄が無マーク又は複数マークの場合は，０点となります。

解答科目欄	
物理基礎	◯
化学基礎	◯
生物基礎	◯
地学基礎	◯

解答番号	解答欄											
	1	2	3	4	5	6	7	8	9	0	a	b
1	①	②	③	④	⑤	⑥	⑦	⑧	⑨	⓪	ⓐ	ⓑ
2	①	②	③	④	⑤	⑥	⑦	⑧	⑨	⓪	ⓐ	ⓑ
3	①	②	③	④	⑤	⑥	⑦	⑧	⑨	⓪	ⓐ	ⓑ
4	①	②	③	④	⑤	⑥	⑦	⑧	⑨	⓪	ⓐ	ⓑ
5	①	②	③	④	⑤	⑥	⑦	⑧	⑨	⓪	ⓐ	ⓑ
6	①	②	③	④	⑤	⑥	⑦	⑧	⑨	⓪	ⓐ	ⓑ
7	①	②	③	④	⑤	⑥	⑦	⑧	⑨	⓪	ⓐ	ⓑ
8	①	②	③	④	⑤	⑥	⑦	⑧	⑨	⓪	ⓐ	ⓑ
9	①	②	③	④	⑤	⑥	⑦	⑧	⑨	⓪	ⓐ	ⓑ
10	①	②	③	④	⑤	⑥	⑦	⑧	⑨	⓪	ⓐ	ⓑ
11	①	②	③	④	⑤	⑥	⑦	⑧	⑨	⓪	ⓐ	ⓑ
12	①	②	③	④	⑤	⑥	⑦	⑧	⑨	⓪	ⓐ	ⓑ
13	①	②	③	④	⑤	⑥	⑦	⑧	⑨	⓪	ⓐ	ⓑ
14	①	②	③	④	⑤	⑥	⑦	⑧	⑨	⓪	ⓐ	ⓑ
15	①	②	③	④	⑤	⑥	⑦	⑧	⑨	⓪	ⓐ	ⓑ
16	①	②	③	④	⑤	⑥	⑦	⑧	⑨	⓪	ⓐ	ⓑ
17	①	②	③	④	⑤	⑥	⑦	⑧	⑨	⓪	ⓐ	ⓑ
18	①	②	③	④	⑤	⑥	⑦	⑧	⑨	⓪	ⓐ	ⓑ
19	①	②	③	④	⑤	⑥	⑦	⑧	⑨	⓪	ⓐ	ⓑ
20	①	②	③	④	⑤	⑥	⑦	⑧	⑨	⓪	ⓐ	ⓑ
21	①	②	③	④	⑤	⑥	⑦	⑧	⑨	⓪	ⓐ	ⓑ
22	①	②	③	④	⑤	⑥	⑦	⑧	⑨	⓪	ⓐ	ⓑ
23	①	②	③	④	⑤	⑥	⑦	⑧	⑨	⓪	ⓐ	ⓑ
24	①	②	③	④	⑤	⑥	⑦	⑧	⑨	⓪	ⓐ	ⓑ
25	①	②	③	④	⑤	⑥	⑦	⑧	⑨	⓪	ⓐ	ⓑ

理科 ② 解答用紙

注意事項
1　訂正は，消しゴムできれいに消し，消しくずを残してはいけません。
2　所定欄以外にはマークしたり，記入したりしてはいけません。
3　汚したり，折りまげたりしてはいけません。

・1科目だけマークしなさい。
・解答科目欄が無マーク又は複数マークの場合は，0点となります。

解答科目欄	
物　理	◯
化　学	◯
生　物	◯
地　学	◯

解答番号	解答欄											
	1	2	3	4	5	6	7	8	9	0	a	b
1	①	②	③	④	⑤	⑥	⑦	⑧	⑨	⓪	ⓐ	ⓑ
2	①	②	③	④	⑤	⑥	⑦	⑧	⑨	⓪	ⓐ	ⓑ
3	①	②	③	④	⑤	⑥	⑦	⑧	⑨	⓪	ⓐ	ⓑ
4	①	②	③	④	⑤	⑥	⑦	⑧	⑨	⓪	ⓐ	ⓑ
5	①	②	③	④	⑤	⑥	⑦	⑧	⑨	⓪	ⓐ	ⓑ
6	①	②	③	④	⑤	⑥	⑦	⑧	⑨	⓪	ⓐ	ⓑ
7	①	②	③	④	⑤	⑥	⑦	⑧	⑨	⓪	ⓐ	ⓑ
8	①	②	③	④	⑤	⑥	⑦	⑧	⑨	⓪	ⓐ	ⓑ
9	①	②	③	④	⑤	⑥	⑦	⑧	⑨	⓪	ⓐ	ⓑ
10	①	②	③	④	⑤	⑥	⑦	⑧	⑨	⓪	ⓐ	ⓑ
11	①	②	③	④	⑤	⑥	⑦	⑧	⑨	⓪	ⓐ	ⓑ
12	①	②	③	④	⑤	⑥	⑦	⑧	⑨	⓪	ⓐ	ⓑ
13	①	②	③	④	⑤	⑥	⑦	⑧	⑨	⓪	ⓐ	ⓑ
14	①	②	③	④	⑤	⑥	⑦	⑧	⑨	⓪	ⓐ	ⓑ
15	①	②	③	④	⑤	⑥	⑦	⑧	⑨	⓪	ⓐ	ⓑ
16	①	②	③	④	⑤	⑥	⑦	⑧	⑨	⓪	ⓐ	ⓑ
17	①	②	③	④	⑤	⑥	⑦	⑧	⑨	⓪	ⓐ	ⓑ
18	①	②	③	④	⑤	⑥	⑦	⑧	⑨	⓪	ⓐ	ⓑ
19	①	②	③	④	⑤	⑥	⑦	⑧	⑨	⓪	ⓐ	ⓑ
20	①	②	③	④	⑤	⑥	⑦	⑧	⑨	⓪	ⓐ	ⓑ
21	①	②	③	④	⑤	⑥	⑦	⑧	⑨	⓪	ⓐ	ⓑ
22	①	②	③	④	⑤	⑥	⑦	⑧	⑨	⓪	ⓐ	ⓑ
23	①	②	③	④	⑤	⑥	⑦	⑧	⑨	⓪	ⓐ	ⓑ
24	①	②	③	④	⑤	⑥	⑦	⑧	⑨	⓪	ⓐ	ⓑ
25	①	②	③	④	⑤	⑥	⑦	⑧	⑨	⓪	ⓐ	ⓑ

解答番号	解答欄											
	1	2	3	4	5	6	7	8	9	0	a	b
26	①	②	③	④	⑤	⑥	⑦	⑧	⑨	⓪	ⓐ	ⓑ
27	①	②	③	④	⑤	⑥	⑦	⑧	⑨	⓪	ⓐ	ⓑ
28	①	②	③	④	⑤	⑥	⑦	⑧	⑨	⓪	ⓐ	ⓑ
29	①	②	③	④	⑤	⑥	⑦	⑧	⑨	⓪	ⓐ	ⓑ
30	①	②	③	④	⑤	⑥	⑦	⑧	⑨	⓪	ⓐ	ⓑ
31	①	②	③	④	⑤	⑥	⑦	⑧	⑨	⓪	ⓐ	ⓑ
32	①	②	③	④	⑤	⑥	⑦	⑧	⑨	⓪	ⓐ	ⓑ
33	①	②	③	④	⑤	⑥	⑦	⑧	⑨	⓪	ⓐ	ⓑ
34	①	②	③	④	⑤	⑥	⑦	⑧	⑨	⓪	ⓐ	ⓑ
35	①	②	③	④	⑤	⑥	⑦	⑧	⑨	⓪	ⓐ	ⓑ
36	①	②	③	④	⑤	⑥	⑦	⑧	⑨	⓪	ⓐ	ⓑ
37	①	②	③	④	⑤	⑥	⑦	⑧	⑨	⓪	ⓐ	ⓑ
38	①	②	③	④	⑤	⑥	⑦	⑧	⑨	⓪	ⓐ	ⓑ
39	①	②	③	④	⑤	⑥	⑦	⑧	⑨	⓪	ⓐ	ⓑ
40	①	②	③	④	⑤	⑥	⑦	⑧	⑨	⓪	ⓐ	ⓑ
41	①	②	③	④	⑤	⑥	⑦	⑧	⑨	⓪	ⓐ	ⓑ
42	①	②	③	④	⑤	⑥	⑦	⑧	⑨	⓪	ⓐ	ⓑ
43	①	②	③	④	⑤	⑥	⑦	⑧	⑨	⓪	ⓐ	ⓑ
44	①	②	③	④	⑤	⑥	⑦	⑧	⑨	⓪	ⓐ	ⓑ
45	①	②	③	④	⑤	⑥	⑦	⑧	⑨	⓪	ⓐ	ⓑ
46	①	②	③	④	⑤	⑥	⑦	⑧	⑨	⓪	ⓐ	ⓑ
47	①	②	③	④	⑤	⑥	⑦	⑧	⑨	⓪	ⓐ	ⓑ
48	①	②	③	④	⑤	⑥	⑦	⑧	⑨	⓪	ⓐ	ⓑ
49	①	②	③	④	⑤	⑥	⑦	⑧	⑨	⓪	ⓐ	ⓑ
50	①	②	③	④	⑤	⑥	⑦	⑧	⑨	⓪	ⓐ	ⓑ

2024